Moni Dianzi Xianlu Sheji

全国大学生电子设计竞赛
系列教材

第2分册

高等教育出版社·北京
HIGHER EDUCATION PRESS BEIJING

模拟电子线路设计

Design

主编 高吉祥 主审 傅丰林
编者 李建成 刘菊荣

内容简介

全国大学生电子设计竞赛系列教材是针对全国大学生电子设计竞赛的特点和需要，为高等学校电子信息类、自动化类、电气类及计算机类专业学生编写的培训教材。本书为本系列教材的第2分册。全书共分4章，涉及模拟电子线路设计相关的内容和赛题剖析。书中简要介绍了稳压稳流电路、放大电路、波形产生电路和滤波电路的基本原理，并以提高设计制作能力为出发点，精选部分典型赛题，进行详细的题目分析、方案论证和设计方法介绍。

本书内容丰富实用，叙述简洁清晰，工程性强，可作为高等学校电子信息类、自动化类、电气类及计算机类专业的大学生参加全国大学生电子设计竞赛的培训教材，也可以作为各类电子制作、课程设计、毕业设计的教学参考书，以及从事电子工程各类人员的参考资料。

图书在版编目(CIP)数据

模拟电子线路设计/高吉祥主编. --北京:高等教育出版社,2013.7(2016.3重印)

ISBN 978-7-04-037312-7

Ⅰ.①模… Ⅱ.①高… Ⅲ.①模拟电路-电路设计-高等学校-教材 Ⅳ.①TN710

中国版本图书馆CIP数据核字(2013)第089025号

策划编辑 欧阳舟　责任编辑 袁 坤　封面设计 张申申　版式设计 余 杨
插图绘制 尹 莉　责任校对 王 雨　责任印制 尤 静

出版发行 高等教育出版社
社　　址 北京市西城区德外大街4号
邮政编码 100120
印　　刷 北京天时彩色印刷有限公司
开　　本 787mm×1092mm 1/16
印　　张 26.75
字　　数 620千字
购书热线 010-58581118
咨询电话 400-810-0598
网　　址 http://www.hep.edu.cn
　　　　 http://www.hep.com.cn
网上订购 http://www.landraco.com
　　　　 http://www.landraco.com.cn
版　　次 2013年7月第1版
印　　次 2016年3月第2次印刷
定　　价 39.80元

物 料 号 37312-00

前　言

全国大学生电子设计竞赛是由教育部高等教育司、工业和信息化部人事教育司共同主办的面向高校本、专科生的一项群众性科技活动，目的在于推动普通高等学校的电子信息类学科面向21世纪的课程体系和课程内容改革，引导高等学校在教学中培养大学生的创新意识、协作精神和理论联系实际的能力，加强学生工程实践能力的训练和培养。鼓励广大学生踊跃参加课外科技活动，把主要精力吸引到学习和能力培养上来，促进高等学校形成良好的学习风气。同时，也为优秀人才脱颖而出创造条件。

全国大学生电子设计竞赛自1994年至今已成功举办了十届，深受全国大学生的欢迎和喜爱，参赛学校、参赛队和参赛学生逐年递增。对参赛学生而言，电子设计竞赛和赛前系列培训，使他们获得了电子综合设计能力，巩固了所学知识，并培养他们用所学理论指导实践，团结一致，协同作战的综合素质；通过参加竞赛，参赛学生可以发现学习过程中的不足，找到努力的方向，为毕业后从事专业技术工作打下更好的基础，为将来就业做好准备。对指导教师而言，电子设计竞赛是新、奇、特设计思路的充分展示，更是各高校之间电子技术教学、科研水平的检验，通过参加竞赛，可以找到教学中的不足之处。对各高校而言，全国大学生电子设计竞赛现已成为高校评估不可缺少的项目之一，这种全国大赛是提高学校整体教学水平、改进教学的一种好方法。

全国大学生电子设计竞赛仅在单数年份举办，但近几年来，许多地区、省市在双数年份单独举办地区性或省内电子竞赛，还有许多学校甚至每年举办多次各种电子竞赛，其目的在于通过这类电子大赛，让更多的学生受益。

全国大学生电子设计竞赛组委会为了组织好这项赛事，2005年曾编写了《全国大学生电子设计竞赛获奖作品选编(2005)》。我们在组委会的支持下，从2007年开始至今，编写了“全国大学生电子设计竞赛培训系列教程”(共9册)，深受参赛学生和指导教师的欢迎和喜爱。

“全国大学生电子设计竞赛培训系列教程”(共9册)包括：①《电子技术基础实验与课程设计》；②《基本技能训练与单元电路设计》；③《模拟电子线路设计》；④《数字系统及自动控制系统设计》；⑤《高频电子线路设计》；⑥《电子仪器仪表设计》；⑦《2007年全国大学生电子设计竞赛试题剖析》；⑧《2009年全国大学生电子设计竞赛试题剖析》；⑨《2011年全国大学生电子设计竞赛试题剖析》。

这一系列教程出版发行后，据不完全统计，被数百所高校采用作为全国大学生电子设计竞赛及各类电子设计竞赛培训的主要教材或参考教材。读者纷纷来信来电表示这套教材写得很成功、很实用，同时也提出了许多宝贵意见。基于这种情况，从2011年开始，我们对此系列教程进行整编。新编著的5本系列教材包括：《基本技能训练与单元电路设计》、《模拟电子线路设计》、《数字系统与自动控制系统设计》、《高频电子线路设计》和《电子仪器仪表设计》。

《模拟电子线路设计》是新编系列教材的第2分册，全书共四章。第一章交直流稳压、稳流电源设计；第二章放大器设计；第三章信号源设计；第四章滤波器设计。本书搜集整理历届关于模拟电子线路这方面的试题，并将它们归类成四章，且每章第一节均介绍与本章相关的基本技术及关键器件。所举每个试题均设有题目分析、方案论证及比较、理论分析与参数计算、软硬件设计、测试方法、测试结果及结果分析，内容极其丰富精彩。

参加本书编写工作的有高吉祥、李建成、刘菊荣等人。本书由高吉祥主编，李建成担任副主编，刘菊荣等参与部分章节的编写。西安电子科技大学傅丰林教授百忙之中对本书进行了审阅，中国工程院院士凌永顺，中国微电子学专家、东南大学王志功教授，北京理工大学罗伟雄教授，武汉大学赵茂泰教授等为本书出谋划策，提出宝贵意见，在此，表示衷心感谢。

由于时间仓促，本书在编写过程中难免存在疏漏和不足，欢迎广大读者和同行批评指正，在此表示衷心感谢。

编　者

2013年3月

目　　录

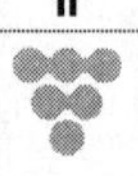

第1章 交直流稳压、稳流电源设计

内容提要

本章主要介绍了交直流稳压、稳流电源的设计基础、设计方法和设计步骤。并通过大量例题详细介绍了方案论证、软硬件设计、技术指标测试及测试结果分析。

1.1 稳压、稳流电源设计基础

电源是电子设备的能源电路,关系到整个电路设计的稳定性和可靠性。本节主要介绍直流稳压电源、直流恒流电源及交流稳压电源。

1.1.1 直流稳压电源

一、直流稳压电源的基本原理

直流稳压电源一般由电源变压器、整流电路、滤波电路及稳压电路组成,如图 1.1.1 所示。

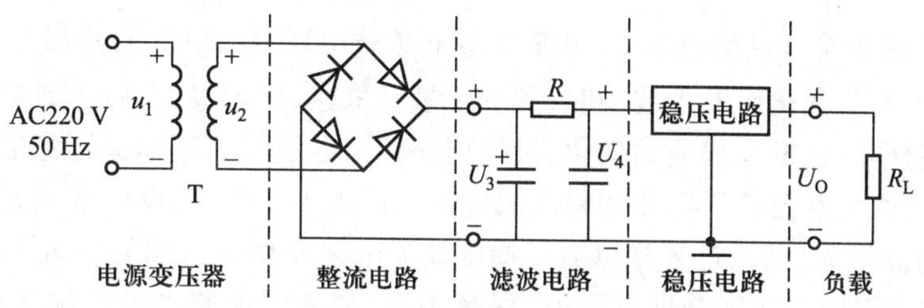

图 1.1.1　直流稳压电源的基本组成

电源变压器的作用是将电网 220 V 的交流电压 u_1 转换成整流电路所需要的电压 u_2。它们的关系为

$$u_1 = nu_2 \tag{1.1.1}$$

式中,n 为变压器的变压比。

整流电路的作用是将交流电压 u_2 转换成脉动的直流电压 U_3。滤波电路的作用是将脉动直流电压滤除纹波,变成纹波小的直流电压 U_4。稳压电路的作用就是将不稳定的直流电压转换成稳定的直流电压 U_O。

$$U_3 = (1.1 \sim 1.2)U_2 \tag{1.1.2}$$

$$U_O = U_4 - U_P \tag{1.1.3}$$

式(1.1.3)中,U_P 为稳压电路的降压,一般为 2 ~ 15 V。

二、串联型直流稳压电路

串联型直流稳压电路的原理图如图 1.1.2 所示，电路包括 4 个组成部分。

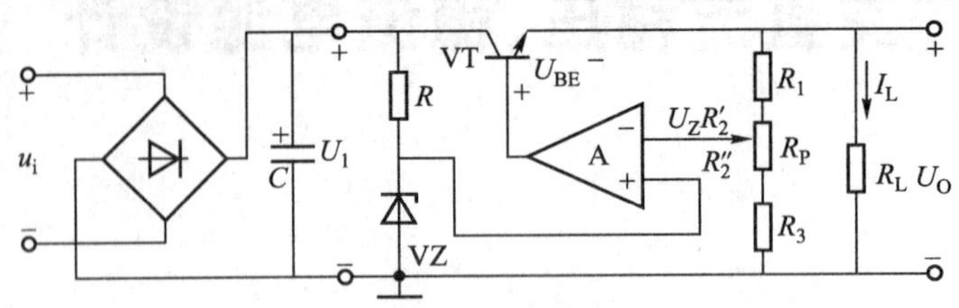

图 1.1.2　串联型直流稳压电路的原理图

1. 采样电阻

采样电阻由 R_1、R_P 和 R_3 组成。当输出电压发生变化时，采样电阻取其变化量的一部分送到放大电路的反相输入端。

2. 放大电路

放大电路 A 的作用是将稳压电路输出电压的变化量进行放大，然后再送到调整管的基极。如果放大电路的放大倍数比较大，则只要输出电压产生一点微小的变化，即能引起调整管的基极电压发生较大的变化，提高了稳压效果。因此，放大倍数越大，则输出电压的稳定性越高。

3. 基准电压

基准电压由稳压二极管 VZ 提供，接到放大电路的同相输入端。采样电压与基准电压进行比较后，再将二者的差值进行放大。电阻 R 的作用是保证 VZ 有一个合适的工作电流。

4. 调整管

调整管 VT 接在输入直流电压 U_1 和输出端的负载电阻 R_L 之间，若输出电压 U_O 由于电网电压或负载电流等的变化而发生波动时，其变化量经采样、比较、放大后送到调整管的基极，使调整管的集－射电压也发生相应的变化，最终调整输出电压使之基本保持稳定。

现在分析串联型直流稳压电路的稳压原理。在图 1.1.2 中，假设由于 u_i 增大或 I_L 减小而导致输出电压 U_O 增大，则通过采样以后反馈到放大电路反相输入端的电压 U_F 也按比例地增大，但其同相输入端的电压即基准电压 U_Z 保持不变，故放大电路的差模输入电压 $U_{id}=U_Z-U_F$ 将减小，于是放大电路的输出电压减小，使调整管的基极输入电压 U_{BE}减小，则调整管的集电极电流 I_C 随之减小，同时集电极电压 U_{CE}增大，结果使输出电压 U_O 保持基本不变。

以上稳压过程可简明表示如下：

$u_i\uparrow$ 或 $I_L\downarrow\rightarrow U_O\uparrow\rightarrow U_F\uparrow\rightarrow U_{id}\downarrow\rightarrow U_{BE}\downarrow\rightarrow I_C\downarrow\rightarrow U_{CE}\uparrow\rightarrow U_O\downarrow$。

从图 1.1.2 可见，如果运算放大器 A 的同相端作为输入端，反相端作为反馈信号输入端，U_O 作为输出端，该系统实际上就是一个直流电压串联负反馈电路。因此对输出电压 U_O 有稳定的作用，其稳定度提高了 $|1+\dot{A}\dot{F}|$倍。使纹波及外部的干扰信号减小了 $1/|1+\dot{A}\dot{F}|$倍。这就是串联型直流稳压电路稳压的实质所在。由此可见，要提高该系统的稳压性能，一是提高运放的开环电压放大倍数 A；二是提高反馈系数$\left(F=\dfrac{R_2''+R_3}{R_1+R_2+R_3}\right)$的数值。上述分析未考虑参考源的影响。实际上参考电压 U_Z 是由稳压二极管 VZ 提供的。稳压二极管 VZ 会产生噪声，

它的温度系数一般不为零，它输出的电压含有纹波成分，这些均会影响稳压时的性能指标。假设 VZ 因某种原因有一个电压波动，其值为 ΔU_Z，则引起输出电压的波动为

$$\Delta U_O = \left(1 + \frac{R_1 + R_2'}{R_3 + R_2''}\right)\Delta U_Z \tag{1.1.4}$$

因此，在要求高的稳压电路，其参考稳压源要采用精密稳压源。关于精密稳压源将在 1.2 节作详细介绍。

三、三端集成稳压器

随着集成技术的发展，稳压电路也迅速实现集成化。特别是三端集成稳压器，芯片只引出三个端子，分别接输入端、输出端和公共端，基本上不需外接元件，而且内部有限流保护、过热保护和过压保护电路，使用十分安全、方便。

1. 三端集成稳压器的组成

三端集成稳压器的组成如图 1.1.3 所示。电路内部实际上包括了串联型直流稳压电路的各个组成部分，另外，加上了保护电路和启动电路。在 CW7800 系列三端集成稳压器中，已将三种保护电路集成在芯片内部，它们是限流保护电路、过热保护电路和过压保护电路。启动电路的作用是在刚接通直流输入电压时，使调整管、放大器和基准电源等建立起各自的工作电流，而当稳压电路正常工作时启动电路被断开，以免影响稳压电路的性能。

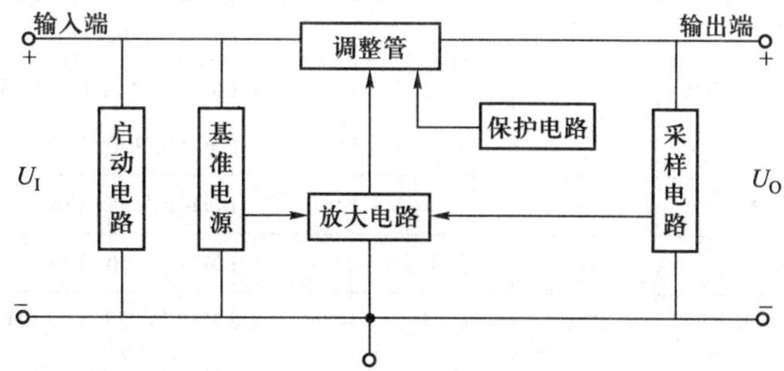

图 1.1.3　三端集成稳压器的组成

2. 三端集成稳压器的分类及特点

三端集成稳压器分固定式、可调式两大类，其分类详见表 1.1.1。

表 1.1.1　三端集成稳压器的产品分类

类型	特点	国产系列或型号[①]	最大输出电流 I_{OM}/A	输出电压 U_O/V	国外对应型号[②]
三端固定式	正压输出	CW78L00 系列	0.1	5、6、7、8、9、10、12、15、18、20、24[③]	LM78L00　μA78L00　MC78L00
		CW78N00 系列	0.3		μPC78N00　NA78N00
		CW78M00 系列	0.5		LM78M00　μA78M00　MC78M00 L78M00　TA78M00
		CW7800 系列	1.5		LM7800　μA7800　MC7800 L7800　TA7800　μPC7800　HA17800

续表

类型	特点	国产系列或型号①	最大输出电流 I_{OM}/A	输出电压 U_O/V	国外对应型号②
三端固定式	正压输出	78DL00 系列	0.25	5、6、8、9、10、12、15	TA78DL00
		CW78T00 系列	3	5、12、18、24	MC78T00
		CW78H00 系列	5	5、12、24	μA78H00
		78P05	10	5	μA78P05　LM396
	负压输出	CW79L00 系列	0.1	－5、－6、－8、－9、－12、－15、－18、－24	LM79L00　μA79L00　MC79L00
		CW79N00 系列	0.3		μPC79N00
		CW79M00 系列	0.5		LM79M00　μA78M00　MC79M00　TA79M00
		CW7900 系列	1.5		LM7900　μA7900　MC7900　L7900　TA7900　μPC7900　HA17900
三端可调式	正压输出	CW117L/217L/317L	0.1	1.2～37	LM117L/217L/317L
		CW117M/217M/317M	0.5	1.2～37	LM117M/217M/317M
		CW117/217/317	1.5	1.2～37	LM117　μA117　TA117　μPC117
		CW117HV/217HV/317HV	1.5	1.2～57	LM117HV/217HV/317HV
		W150/250/360	3	1.2～33	LM150/250/350
		W138/238/338	5	1.2～32	LM138/238/338
		W196/296/396	10	1.25～15	LM196/296/396
	负压输出	CW137L/237L/337L	0.1	－1.2～－37	LM137L/237L/337L
		CW137M/237M/337M	0.5	－1.2～－37	LM137M/237M/337M
		CW137/237/337	1.5	－1.2～－37	LM137　μPC137　TA137　SG137　FS137

① 冠以 CW 的为国标产品。

② LM(美国 NSC 公司),μA(美国仙童公司),TA(日本东芝),μPC(日本 NEC),HA(日立),MC(美国摩托罗拉公司),L(意法 SGS－THOMSON 公司)。

③ 国产型号只有 5 V、6 V、9 V、12 V、15 V、18 V 和 24 V 等 7 种规格。

美国仙童公司于 20 世纪 70 年代首先推出 μA7800 系列和 μA7900 系列三端固定式集成稳压器。这种稳压器只有输入端、输出端和公共端三个引出端。三端集成稳压器的问世,是电源集成电路的一大革命。它极大地简化了电源的设计与使用,并具有较完善的过流、过压和过热保护功能,能以最简方式接入电路。目前,7800、7900 系列已成为世界通用系列。三端固定式集成稳压器分正压输出(7800 系列)、负压输出(7900 系列)两大类。最大输出电流有 8 种规格:0.1 A(78L00 系列)、0.25 A(78DL00 系列)、0.3 A(78N00 系列)、0.5 A(78M00 系列)、1.5 A(7800 系列)、3 A(78T00 系列)、5 A(78H00 系列)、10 A(78P00 系列)。

三端固定式集成稳压器使用方便,不需作任何调整,外围电路简单、工作安全可靠,适于制作通用型标称值电压的稳压电源。其缺点是电压不能调整,不能直接获得非标称电压(如7.5 V、13 V 等),输出电压的稳定度还不够高。

三端可调式集成稳压器是20世纪80年代初发展起来的,它既保留了三端固定式稳压器结构简单的优点,又克服了其电压不可调整的缺点,并且在电压稳定度上比前者提高了一个数量级(电压调整率达到0.02%),输出电压的调整范围一般为1.2～37 V。这类产品被誉为第二代三端集成稳压器,最适合制作实验室电源及多种供电方式的直流电源。

三端可调式集成稳压器也分正、负压输出两种。它们还可作为悬浮式集成稳压器使用,获得100～200 V的高压输出。需要指出,如果把调整元件换成固定电阻,三端可调式就变成三端固定式,此时其性能指标仍远优于三端固定式集成稳压器。

上面介绍的两类产品均属于串联调整式,即内部调整管与负载相串联,而且调整管工作在线性区域,故也称作线性集成稳压器。其共同优点是稳压性能好,输出纹波电压小,成本低。主要缺点是内部调整管的压降大、功耗大、稳压电源的效率较低,一般只有45%左右。

3. 三端集成稳压器的外形及电路符号

W7800系列和W78M00系列固定正输出三端集成稳压器的外形有两种:一种是金属菱形式;另一种是塑料直插式,分别如图1.1.4(a)、(b)所示。W7900系列和W79M00系列固定负输出三端集成稳压器的外形与前者相同,但是引脚有所不同。

输出电流较小的W78L00系列和W79L00系列三端集成稳压器的外形也有两种:一种为塑料截圆式;另一种为金属圆壳式,分别如图1.1.4(c)、(d)所示。

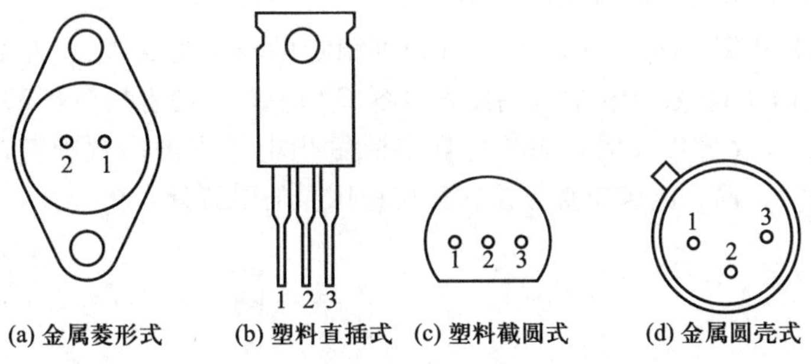

图1.1.4 三端集成稳压器的外形

W7800系列和W7900系列三端集成稳压器的引脚列于表1.1.2中。

表1.1.2 W7800、W7900系列三端集成稳压器的引脚

系列 \ 引脚 \ 封装形式	金属封装			塑料封装		
	IN	GND	*OUT*	*IN*	GND	*OUT*
W7800	1	3	2	1	2	3
W78M00	1	3	2	1	2	3
W78L00	1	3	2	3	2	1

续表

系列 \ 引脚 \ 封装形式	金属封装			塑料封装		
	IN	GND	*OUT*	*IN*	GND	*OUT*
W7900	3	1	2	2	1	3
W79M00	3	1	2	2	1	3
W79L00	3	1	2	2	1	3

W7800 系列和 W7900 系列三端集成稳压器的电路符号分别如图 1.1.5(a)、(b)所示。

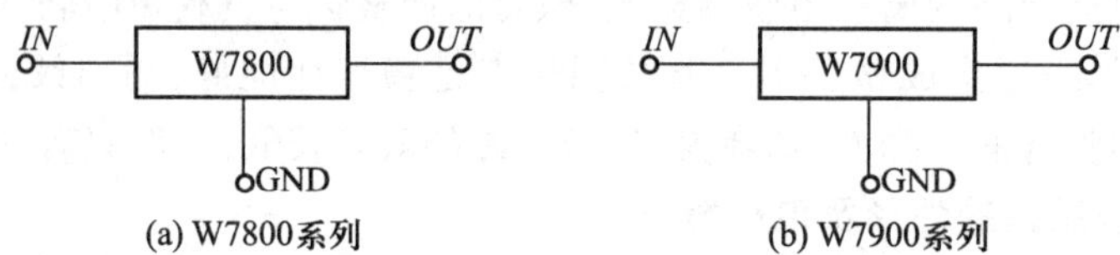

(a) W7800系列　　(b) W7900系列

图 1.1.5　W7800 系列和 W7900 系列三端集成稳压器的电路符号

4. 三端集成稳压器应用举例

三端集成稳压器的使用十分方便，应用十分广泛。现只举几个典型应用例子。

(1) 基本电路

三端集成稳压器最基本的应用电路如图 1.1.6 所示。整流滤波后得到的直流输入电压 U_I 接在输入端和公共端之间，在输出端即可得到稳定的输出电压 U_O。为了抵消输入线较长带来的电感效应，防止自激，常在输入端接入电容 C_i（一般 C_i 的容量为 0.33 μF）。同时，在输出端接上电容 C_o，以改善负载的瞬态响应和消除输出电压中的高频噪声，C_o 的容量一般为 0.1 μF 至几十微法。两个电容应直接接在集成稳压器的引脚处。

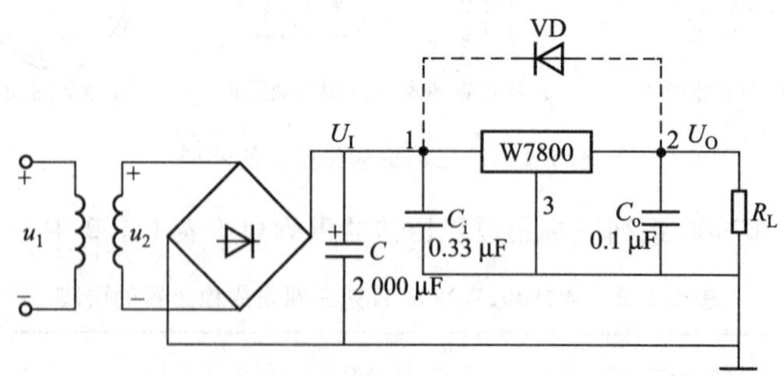

图 1.1.6　三端集成稳压器最基本的应用电路

若输出电压比较高，应在输入端与输出端之间跨接一个保护二极管 VD，如图 1.1.6 中的虚线所示。其作用是在输入端短路时，使 C_o 通过二极管放电，以便保护集成稳压器内部的调整管。

输入直流电压 U_I 的值应至少比输出电压 U_O 高 2 V。

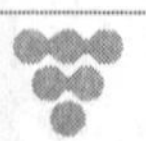

(2) 扩大输出电流

三端集成稳压器的输出电流有一定限制，如 1.5 A、0.5 A 或 0.1 A 等，如果希望在此基础上进一步扩大输出电流，则可以通过外接大功率晶体管的方法实现，电路接法如图 1.1.7 所示。

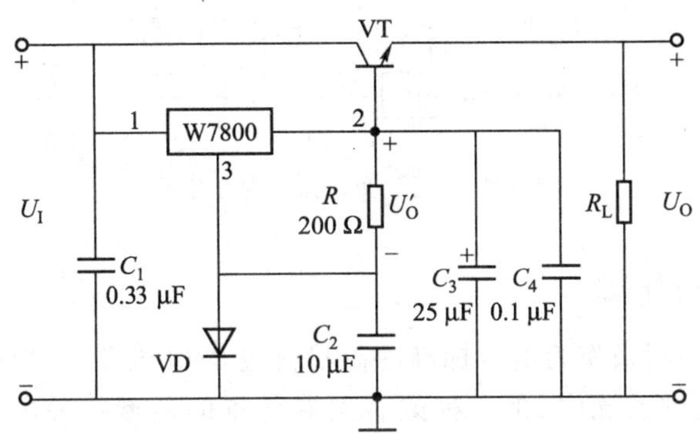

图 1.1.7　三端集成稳压器的电路接法

在图 1.1.7 中，负载所需的大电流由大功率晶体管 VT 提供，而晶体管的基极由三端集成稳压器驱动。电路中接入一个二极管 VD，用以补偿晶体管的发射结电压 U_{BE}，使电路的输出电压 U_O 基本上等于三端集成稳压器的输出电压 U'_O。只要适当选择二极管的型号，并通过调节电阻 R 的阻值以改变流过二极管的电流，即可得到 $U_D \approx U_{BE}$，此时由图 1.1.7 可见

$$U_O = U'_O - U_{BE} + U_D \approx U'_O$$

同时，接入二极管 VD 也补偿了温度对晶体管 U_{BE} 的影响，使输出电压比较稳定。

电容 C_2 的作用是滤掉二极管 VD 两端的脉动电压，以减小输出电压的脉动成分。

(3) 使输出电压可调

W7800 系列和 W7900 系列均为固定输出的三端集成稳压器，如果希望得到可调的输出电压，可以选用可调输出的集成稳压器，也可以将固定输出集成稳压器接成如图 1.1.8 所示的电路。

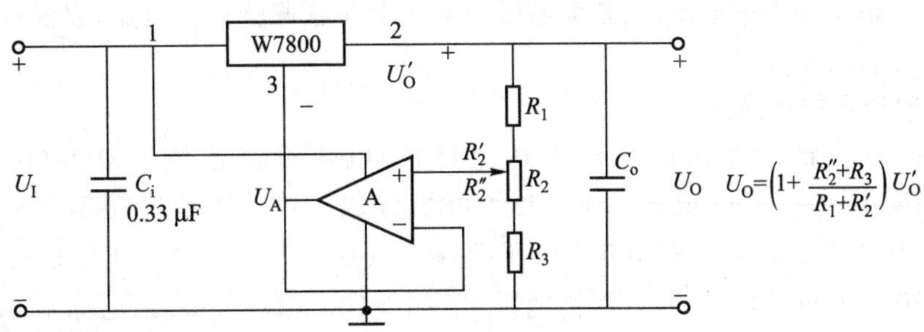

图 1.1.8　输出电压可调的稳压电路

(4) 正、负输出的稳压电源

正、负输出的稳压电源能同时输出两组数值相同、极性相反的恒定电压，如图 1.1.9 所示。

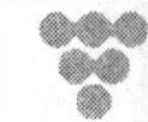

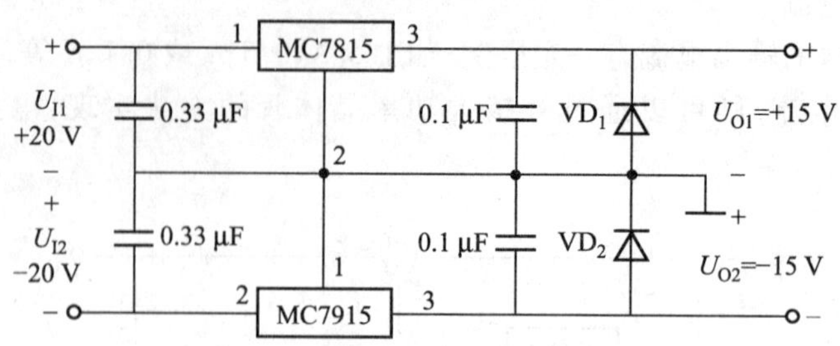

图 1.1.9　正、负输出的稳压电源

1.1.2　基准电压源

基准电压源是一种用来作为电压标准的高稳定度的电压源。目前,它已被广泛用于数字仪表、智能仪器和测试系统中,是一种颇有发展前景的新型特种电源集成电路。本节首先对国内外生产的各种基准电压源进行分类,然后重点介绍两种基准电压源典型产品的应用技巧。

一、基准电压源的特点与产品分类

1. 基准电压源的特点

基准电压源的特点可概括为 4 个字:稳、准、简、便。所谓“稳”,是指电压稳定度高,不受环境温度变化的影响。“准”,是指能通过外部元件(如精密多圈电位器)作精细调整,获得高准确度的基准电压值 U_{REF}。“简”,意为外围电路非常简单,仅用个别电阻元件。“便”,则是指使用方便、灵活。

衡量基准电压源质量等级的关键性技术指标是电压温度系数 α_T,它表示由于温度变化而引起输出电压的漂移量,故简称温漂。其单位是 10^{-6}/℃(通常用 ppm/℃表示,1 ppm = 10^{-6})。相比之下,集成稳压器或稳压二极管的温漂要大得多,电压温度系数的单位也变成 10^{-2}/℃(即%/℃),是无法与基准电压源相比较的。此外,线性集成稳压器均采用串联调整式稳压电路,能输出较大的电流,而基准电压源则属于并联调整式稳压器,它仅适合于作电压源使用,不能进行功率输出。

2. 基准电压源的产品分类

目前国内外生产的基准电压源多达上百种,电压温度系数一般为$(0.3\sim100)\times10^{-6}$/℃。根据不同产品 α_T 值的大小,大致可划分成三类:① 精密型基准电压源,$\alpha_T=(0.3\sim5)\times10^{-6}$/℃;② 准精密型基准电压源,$\alpha_T=(10\sim20)\times10^{-6}$/℃;③ 普通型基准电压源,$\alpha_T=(30\sim100)\times10^{-6}$/℃。严格地讲,当 $\alpha_T>100\times10^{-6}$/℃时,已称不上是基准电压源了。

基准电压源全部采用集成工艺而制成。在已形成的系列化产品中,输出电压分为 1.2 V、2.5 V、5 V、6.95 V(可近似视为 7 V)和 10 V 等 5 种。表 1.1.3 列出国内外生产的基准电压源分类情况。需要说明几点:第一,有的型号划分成几个档次,各档电压温度系数不同。例如,MC1403 就分 A、B、C 三档,以 C 档的电压温度系数为最低,B 档较高,A 档最高;第二,在同一系列产品中又有军品、民品之分。例如,LM199(一类军品)、LM299(二类军品)、LM399(民品)同属一个系列,它们的内部电路与外形完全相同,只是工作温度范围存在差异,分别为 -55 ℃ ~ +125 ℃、-25 ℃ ~ +85 ℃和0 ℃ ~ +70 ℃;第三,由表1.1.3可见,LM399的电压温度系数最低,典型值仅为 0.3×10^{-6}/℃;其次是REF-05(0.7×10^{-6}/℃),然后是LM3999、MAX672、MAX673(均为 2×10^{-6}/℃);第四,表中所列出的 α_T 均为典型值,对同一产品而言,其最大值与典型值可相差几倍。另外,实际值与典型值还允许有一定的偏差。

表1.1.3　国内外基准电压源产品分类

基准电压典型值/V	国外型号[①]	电压温度系数典型值 $\alpha_T/10^{-6}$/℃	最大工作电流 I_{RM}/mA	国产型号[②]	封装形式
1.2	LM113,LM313	100	10	CJ313	TO-46
	TC04,TC9491	50	20		TO-52,TO-92,DIP-8
	LM385-1.2	20	10	CJ385-1.2	TO-46,TO-92
	MP5010(分四档)	10~100	10	SW5010	
	ICL8069(分四档)	10~100	5		TO-52,TO-92
	AD589(分七档)	10~100	10		TO-99
2.5	MC1403(分三档)	10~100	10	5G1403,CH1403	DIP-8
	AD580(分七档)	10~40	10		TO-52
	LM336-2.5	20	10	CJ336-2.5	TO-46,TO-92
	LM368-2.5	11	30		TO-52
	LM385-2.5	20	10	CJ385-2.5	TO-46
	TC05	50	20		TO-52,TO-92,DIP-8
	μPC1060	≤40	10		DIP-8
5	MC1404(分两档)	10	10		DIP-8
	LM336-5.0	30	10	CJ336-5.0	TO-46,TO-92
	MAX672	2	10		TO-99,DIP-8,SOIC[③]
	REF-05	0.7	20		TO-99
6.95	LM129,LM329	20	15		TO-46
	LM199,LM399	0.3	10	CJ399,SW399	TO-46
	LM3999	2	10		TO-92

续表

基准电压典型值/V	国外型号①	电压温度系数典型值 $\alpha_T/10^{-6}/℃$	最大工作电流 I_{RM}/mA	国产型号②	封装形式
10	AD581(分六档)	5～30	10		TO－5
	MAX673	2	10		TO－99,DIP－8
	LM169,LM369	10	27		TO－92,SOIC
	REF－01	20	21		TO－99,DIP－8
	REF－10	3	20		TO－99
2.5 V、5 V、7.5 V、10 V(可编程),或在2.5～10 V内设定	AD584	5～10	10		TO－99

① 国外产品的生产厂家:LM——美国国家半导体公司(NSC);AD——美国模拟器件公司(AD);ICL——美国哈里斯公司(Harris);MC——美国摩托罗拉公司(Motorola);μPC——日本;MAX——美国马克希姆公司(MAXIM);TC——美国泰康姆公司(Telcom)。

② 国产型号的生产厂家:SW——上海无线电七厂;5G——上海元件五厂;CH——上海无线电十四厂;CJ——北京半导体器件五厂。

③ SOIC表示小型双列直插式封装,其相邻引脚的中心距仅为1.27 mm(1/20英寸)。

AD584属于可编程基准电压源,它采用TO－99圆金属壳封装,共有8个引出端。其输出电压可通过编程从10 V、7.5 V、5 V、2.5 V这4种电压值中任意设定一种(见表1.1.4),使用更加灵活。除典型输出电压之外,它还可以通过外部电阻在2.5～10 V范围内获得所需基准电压值。

表1.1.4　AD584输出电压的设定程序

输出电压 U_O/V	程序端接法	电压温度系数 $\alpha_T/10^{-6}/℃$	最大工作电流 I_{RM}/mA
10.000	第2脚和第3脚开路	5	10
7.500	第2脚和第3脚短接		
5.000	第2脚与第1脚短接		
2.500	第3脚与第1脚短接		

二、带隙基准电压源的基本原理

零温度系数的基准电压源,是人们在电子仪器和精密测量系统中长期追求的一种基本部件。传统基准电压源是基于晶体管或稳压二极管的原理而制成的,其电压温漂为mV/℃级,

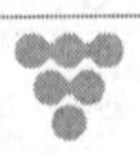

电压温度系数高达 $10^{-3}/℃ \sim 10^{-4}/℃$，根本无法满足现代电子测量的需要。随着带隙基准电压源的问世，才将上述愿望变为现实。

20 世纪 70 年代初，维德拉（Widlar）首先提出能带间隙基准电压源的概念，简称带隙（bandgap）电压。所谓能带间隙是指硅半导体材料在热力学温度为零度（0 K）时的带隙电压，其数值约 1.205 V，用符号 U_{g0} 表示。带隙基准电压源的基本工作原理，就是利用电阻上压降的正温漂去补偿 EB 结正向压降的负温漂，从而实现了零温漂。因为它不使用工作在击穿状态下的齐纳稳压管，所以其噪声电压很低。

带隙基准电压源的简化电路如图 1.1.10 所示。VT_1、VT_2 是两只几何尺寸完全相同的硅管，在集成电路中称为"镜像管"。假定 VT_1、VT_2 的共发射极电流放大系数 β 很高，且忽略基极电流，则 $I_E = I_C$。由图 1.1.10 得到基准电压的表达式

$$U_{REF} = U_{BE3} + U_{R2} = U_{BE3} + I_{C2}R_2 \quad (1.1.5)$$

因 VT_1 和 VT_2 构成微电流源电路，于是

$$I_{C2} = \frac{U_T}{R_3}\ln\frac{I_{C1}}{I_{C2}} \quad (1.1.6)$$

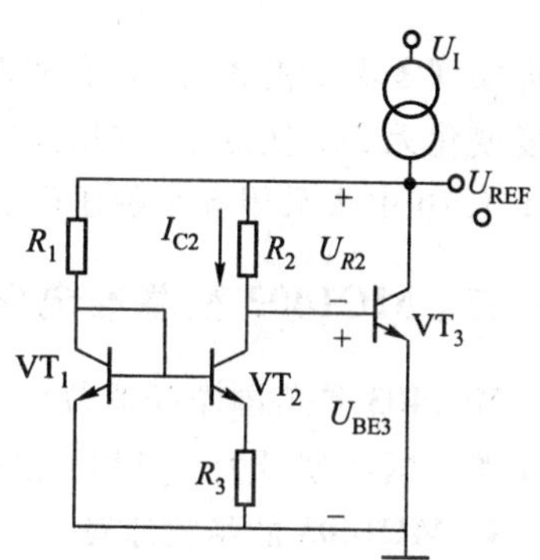

图 1.1.10　带隙基准电压源的简化电路

式（1.1.6）中，U_T 为温度电压当量，根据半导体理论

$$U_T = \frac{kT}{q} \quad (1.1.7)$$

式中，k 为玻耳兹曼常数，$k = 8.63 \times 10^{-5}\ \mathrm{eV/K}$；$q$ 为电子当量，$q = e$；T 为热力学温度。将式（1.1.7）代入式（1.1.6），得

$$I_{C2} = \frac{1}{R_3}\cdot\frac{kT}{q}\ln\frac{I_{C1}}{I_{C2}} \quad (1.1.8)$$

将式（1.1.8）代入式（1.1.5）中，可得

$$U_{REF} = U_{BE3} + \frac{R_2}{R_3}\cdot\frac{kT}{q}\ln\frac{I_{C1}}{I_{C2}} \quad (1.1.9)$$

由于 R_1、R_2 上的压降相等，根据欧姆定律有关系式 $I_{C1}/I_{C2} = R_2/R_1$，于是

$$U_{REF} = U_{BE3} + \frac{R_2}{R_3}\cdot\frac{kT}{q}\ln\frac{R_2}{R_1} \quad (1.1.10)$$

在此基准电压表达式中，第二项仅与集成电路内部的电阻比 R_2/R_1、R_2/R_3 有关，其余量均为常数，故 U_{REF} 值可以做得很准。

下面分析带隙基准电压源的温漂表达式，以及实现零温漂的条件。

将式（1.1.10）对温度求导数，并用 U_{BE} 来代替 U_{BE3} 得

$$\frac{dU_{REF}}{dT} = \frac{dU_{BE}}{dT} + \frac{R_2}{R_3}\cdot\frac{k}{q}\ln\frac{R_2}{R_1} \quad (1.1.11)$$

式中，右边第一项为负数（$dU_{BE}/dT = \alpha_T < 0$），第二项则为正数。因此，可以选择适当的电阻比 R_2/R_3 和 R_2/R_1，使这两项之和等于零，从而实现零温漂。下面推导零温漂的条件。根据半导体理论，有关系式

$$U_{BE} = U_{g0}\left(1 - \frac{T}{T_0}\right) + U_{BE0}\cdot\frac{T}{T_0}$$

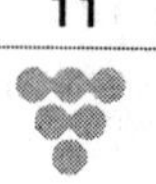

即
$$\frac{dU_{BE}}{dT}=-\frac{U_{g0}}{T_0}+\frac{U_{BE0}}{T_0} \tag{1.1.12}$$

式(1.1.12)中,U_{BE0}是常温 T_0 下的 U_{BE}值。将式(1.1.12)代入式(1.1.11)中并且令 $dU_{BEF}/dT=\alpha_T=0$,则

$$\alpha_T=\frac{dU_{REF}}{dT}=\frac{U_{g0}}{T_0}+\frac{U_{BE0}}{T_0}+\frac{R_2}{R_3}\cdot\frac{k}{q}\ln\frac{R_2}{R_1}=0$$

最后得到

$$U_{REF}=U_{BE0}+\frac{R_2}{R_3}\cdot\frac{kT_0}{q}\ln\frac{R_2}{R_1}=U_{g0}=1.205\ \text{V} \tag{1.1.13}$$

此即实现零温漂的条件,只要使左式恰好等于硅材料的带隙电压值(1.205 V),基准电压就与温度变化无关。实际上,这里忽略了基极电流 I_B 的影响,严格地讲,只是近似于零温漂。鉴于图 1.1.10 中未采用齐纳稳压管,因此这种基准电压源的热噪声电压可低至微伏级。

三、MC1403 型基准电压源的应用

MC1403 是美国摩托罗拉公司首先生产出的高准确度、低温漂、采用激光修正的带隙基准电压源。国产型号为 5G1403 和 CH1403。

1. MC1403 的结构原理

MC1403 采用 8 脚双列直插式封装(DIP-8),引脚排列如图 1.1.11(a)所示。其输入电压范围是 4.5~15 V,输出电压的允许范围是 2.475~2.525 V,典型值为 2.500 V,电压温度系数可达 $10\times10^{-6}/℃$。为便于配 8P 插座,MC1403 上设置了 5 个空脚(NC)。

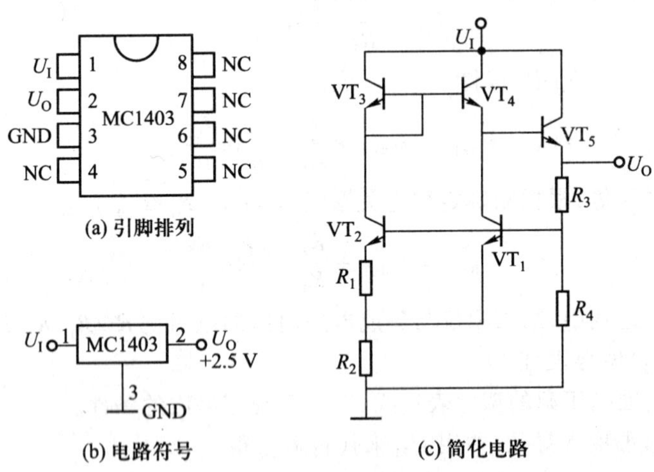

图 1.1.11　MC1403 的引脚排列、电路符号与简化电路

MC1403 的简化电路如图 1.1.11(c)所示。由前述带隙基准电压源的工作原理,对于 MC1403,其输出电压由下式确定:

$$U_O=\frac{R_3+R_4}{R_4}\left(U_{g0}-CT+\frac{2R_2}{R_1}\cdot\frac{kT}{q}\ln\frac{A_{e2}}{A_{e1}}\right) \tag{1.1.14}$$

式中，U_{g0}为硅在 0 K 时的带隙电压，约 1.205 V；C 为比例系数；A_{e1}、A_{e2}分别为 VT_1、VT_2 的发射极周长，设计的 $A_{e2}/A_{e1}=8$。

只要选择合适的电阻比 R_2/R_1，就能使式(1.1.14)中括号内的第二项与第三项之和等于零，从而实现了零温漂，即输出电压与温度无关。此时

$$U_O = \frac{R_3 + R_4}{R_4} \cdot U_{g0} \tag{1.1.15}$$

实取$(R_3+R_4)/R_4=2.08$，代入式(1.1.15)中计算出 $U_O=2.08\times1.205\ V=2.5\ V$。

2. 典型应用

MC1403 的典型应用如图 1.1.12 所示。在输出端接有 1 kΩ 的精密多圈电位器，用以精确调整输出的基准电压值。C 是消噪电容，也可省去不用。实测 MC1403 的输入/输出特性见表 1.1.5。由表可知，当输入电压从 10 V 降至 4.5 V 时，输出电压只变化 0.000 1 V，相对变化率仅为 ±0.001 8%。

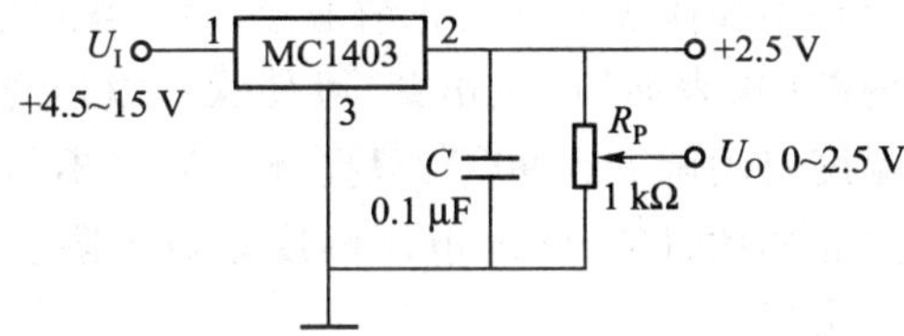

图 1.1.12　MC1403 的典型应用

表 1.1.5　MC1403 的输入/输出特性

输入电压/V	10	9	8	7	6	5	4.5
输出电压/V	2.502 8	2.502 8	2.502 8	2.502 8	2.502 8	2.502 8	2.502 7

四、LM399 型精密基准电压源的应用

在目前生产的基准电压源中，以 LM199、LM299 和 LM399 的电压温度系数为最低，性能也最佳。它们均属于四端器件，可等效于带恒温槽的稳压二极管。作为高稳定性的精密基准电压源，它们可取代普通的齐纳稳压二极管，用于 A/D 转换器、精密稳压电源、精密恒流源和电压比较器中。

1. LM399 的结构原理

LM399 的内部电路可分成两部分：基准电压源和恒温电路。图 1.1.13 示出了它的引脚排列、结构框图及电路符号。1、2 脚分别为基准电压源的正、负极。3、4 脚之间接 9 ~ 40 V 的直流电压。图中的 H 表示恒温器。LM399 的同类产品还有 LM199、LM299，均采用 TO－46 封装。LM399 的工作温度范围是 0 ℃ ~ +70 ℃，LM299 和 LM199 分别为 −25 ℃ ~ +85 ℃、−55 ℃ ~ +125 ℃。电压温度系数的典型值为 $0.3\times10^{-6}/℃$，最大值为 $1\times10^{-6}/℃$，只相当于普通基准电压源的 1/10。其动态阻抗为 0.5 Ω，能在 0.5 ~ 10 mA 的工作电流范围内保持基准电压和温度系数不变。噪声电压的有效值为 7 μV，25℃时的功耗为 300 mW。

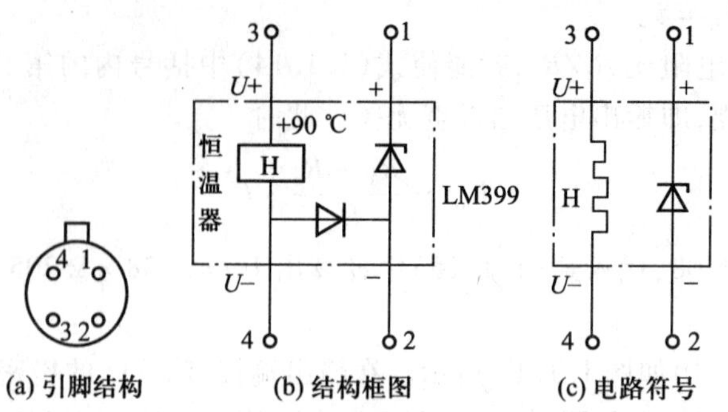

图 1.1.13　LM399 的引脚符号、结构框图及电路符号

LM399 的基准电压由隐埋齐纳二极管提供。这种新型稳压二极管是采用次表面隐埋技术制成的。普通稳压二极管在半导体表面产生齐纳击穿,因此噪声电压高,稳定性较差。次表面隐埋技术则是在半导体内部(次表面)产生击穿,可使噪声电压显著降低,稳定性大幅度提高。恒温器电路能把芯片温度自动调节到 90℃,只要环境温度不超过 90℃,就能消除温度变化对基准电压的影响。正因为如此,LM399 的电压温度系数才降至 1×10^{-6}/℃以下,这是其他基准电压源所难以达到的指标。

LM399 的基准电压实际上是由次表面稳压二极管的稳定电压 U_Z(6.3 V)与硅晶体管的发射结压降 U_{BE}(0.65 V)叠加而成。输出的基准电压为

$$U_O = U_{REF} = U_Z + U_{BE} = 6.3\ \text{V} + 0.65\ \text{V} = 6.95\ \text{V} \approx 7\ \text{V}$$

2. LM399 的应用技巧

使用 LM399 时应注意环境温度不得超出 0 ~ +70℃范围,安装位置应尽量远离发热器件(如变压器、功率管等);输入电压不能超过 40 V,否则会损坏恒温器;纹波电压必须很小;接地线力求短;工作电流 I_d 不超过 10 mA,否则应加限流电阻。

(1) 典型应用

LM399 的典型应用电路如图 1.1.14 所示。R 为限流电阻。通常负载电流 $I_L \ll I_d$,可忽略不计,因此,$I_d \approx I_R$,R 值由下式确定:

$$R = \frac{U_I - U_{REF}}{I_R} \tag{1.1.16}$$

式中的 U_I = +9 ~ +40 V,U_{REF} = 7 V,I_R = 0.5 ~ 10 mA。举例说明:当 U_I = 20 V,I_R 选 2 mA 时,由式(1.1.16)计算出 R = 6.5 kΩ。

欲获得在 0 ~ 7 V 以内的非标称值基准电压,可在图 1.1.14 的输出端并联一只 10 kΩ 多圈电位器 R_P。调节滑动触头的位置,即可获得 0 ~ 7 V 范围内的任意电压值。例如,在由 HI7159 型带微处理器单片 $5\frac{1}{2}$位 A/D 转换器构成 $5\frac{1}{2}$位智能数字电压表时,所需要的 1.000 00 V 基准电压,就可

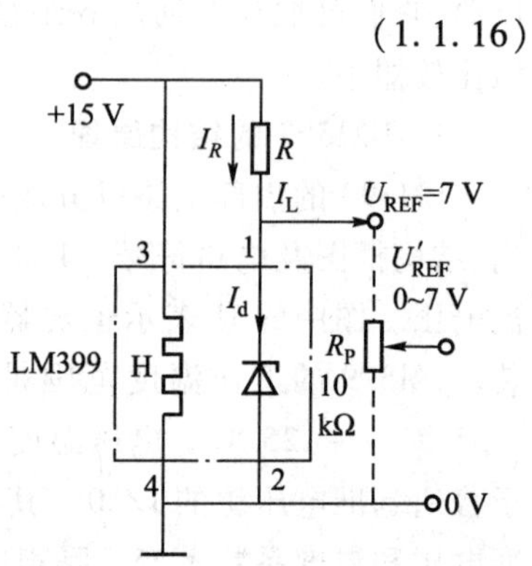

图 1.1.14　LM399 的典型应用电路

由 LM399 通过分压后产生。

（2）双电源供电电路

LM399 也可采用双电源（如 ±15 V）供电，电路如图 1.1.15 所示。

（3）串联使用

将两片 LM399 串联使用，可获得 14 V 的基准电压，电路如图 1.1.16 所示。两者可共用一只限流电阻，而恒温器只能并联在电路中。

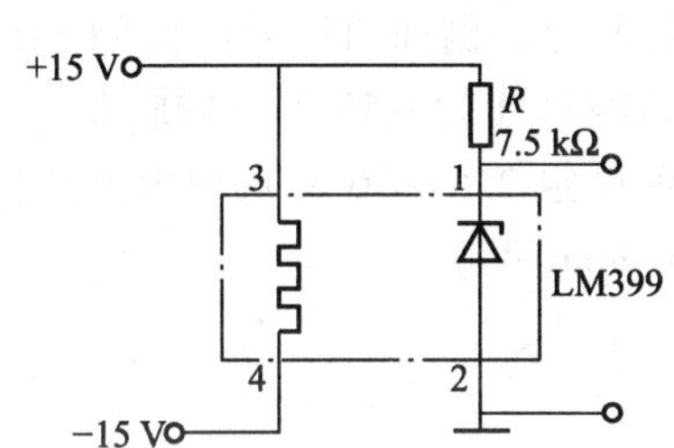

图 1.1.15　双电源供电电路

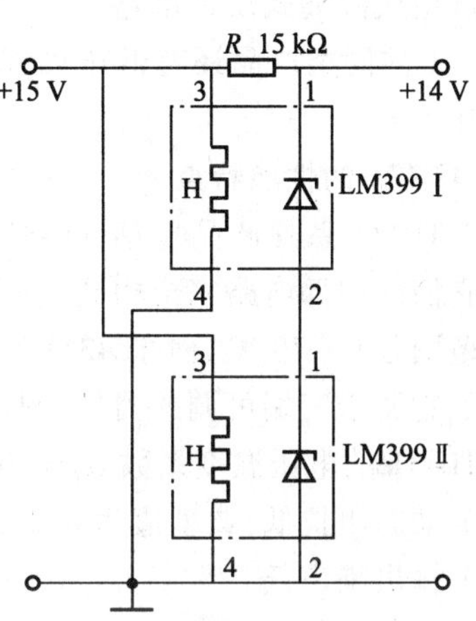

图 1.1.16　两片 LM399 串联使用

（4）提高输出电压的方法

利用 F007 型运算放大器做同相放大后，可获得其他输出电压 U_0 值，电路如图 1.1.17 所示，有公式

$$U_0 = 7\left(1 + \frac{R_f}{R_1}\right) \tag{1.1.17}$$

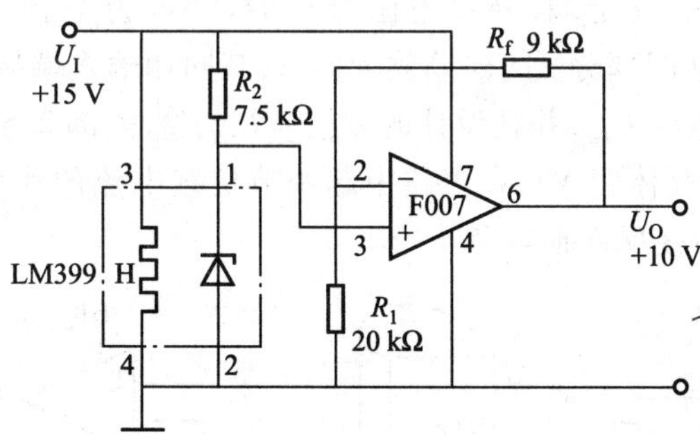

图 1.1.17　利用运算放大器获得其他 U_0 值

图中取 $R_f = 9$ kΩ，$R_1 = 20$ kΩ，由式（1.1.17）算出 $U_0 = 10$ V，R_f、R_1 应选用电阻温度系数低的金属膜电阻。

为进一步提高 U_0 的温度稳定性，还可采用斩波自稳零型精密运算放大器 ICL7650 来代替普通运算放大器 F007（或 μA741）。

五、TL431 型可调式精密并联稳压器

TL431 是美国 TI(Texas Instruments)公司生产的 2.50～36 V 可调式精密并联稳压器。它属于一种具有电流输出能力的可调基准电压源。其性能优良,价格低廉,可广泛用于单片精密开关电源或精密线性稳压电源中。此外,TL431 还能构成电压比较器、电源电压监视器、延时电路、精密恒流源等。目前在单片精密开关电源中,常用它构成外部误差放大器,再与光电耦合器一起组成隔离式反馈电路。

TL431 的同类产品还有低压可调式精密并联稳压器 TLV431A,后者能输出 1.24～6 V 的基准电压。

1. TL431 的性能特点

(1) TL431 系列产品包括 TL431C、TL431AC、TL431I、TL431AI、TL431M、TL431Y,共 6 种型号。它们的内部电路完全相同,仅个别技术指标略有差异。例如,TL431C 和 TL431AC 的工作温度范围是 0～70 ℃,而 TL431I 为 -40 ℃～85 ℃,TL431M 为 -55 ℃～125 ℃。

(2) 它属于三端可调式器件,利用两只外部电阻可设定 2.5～36 V 范围内的任何基准电压值。TL431 的电压温度系数 $\alpha_T = 30 \times 10^{-6}$/℃(即 30 ppm/℃)。

(3) 动态阻抗低,典型值为 0.2 Ω。

(4) 输出噪声低。

(5) 阴极工作电压 U_{KA} 的允许范围是 2.5～36 V,极限值为 37 V。阴极工作电流 I_{KA} = 1～100 mA,极限值是 150 mA。其额定功率值与器件的封装形式和环境温度有关。以采用双列直插式塑料封装的 TL431CP 为例,当环境温度 T_A = 25℃时,其额定功率为 1 000 mW;T_A > 25℃时则按 8.0 mW/℃的规律递减。

2. TL431 的工作原理

TL431 大多采用 DIP-8 或 TO-92 封装形式,引脚排列分别如图 1.1.18(a)、(b)所示。图中,A(ANODE)为阳极,使用时需接地。K(CATHODE)为阴极,需经限流电阻后接正电源。U_{REF} 是输出基准电压值的设定端,外接电阻分压器。NC 为空脚。TL431 的等效电路如图 1.1.18(c)所示,主要包括四部分:① 误差放大器 A,其同相输入端接采样电压 U_{REF},反相输入端则接内部 2.5 V 基准电压 U_{ref},并且设计的 $U_{REF} = U_{ref}$;② 内部 2.5 V(准确值为 2.495 V)基准电压源 U_{ref};③ NPN 型晶体管 VT,在电路中起调节负载电流的作用;④ 保护二极管 VD,能防止因 K-A 间电源极性接反而损坏芯片。

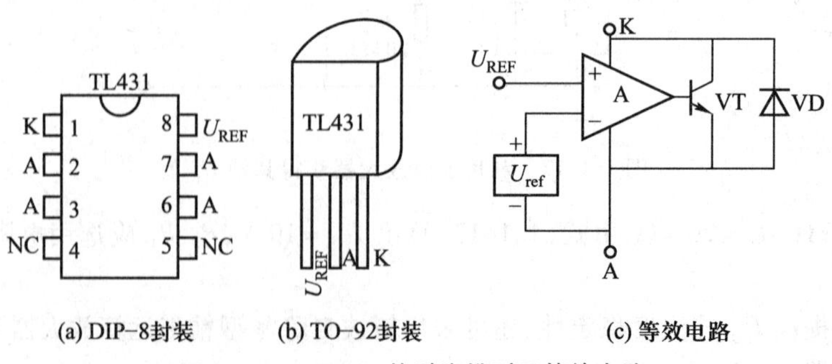

图 1.1.18 TL431 的引脚排列及等效电路

TL431 的电路符号和基本接线如图 1. 1. 19 所示。它相当于一只可调齐纳稳压二极管,输出电压由外部精密电阻 R_1 和 R_2 来设定,有公式

$$U_O = U_{KA} = \left(1 + \frac{R_1}{R_2}\right) U_{REF} \tag{1.1.18}$$

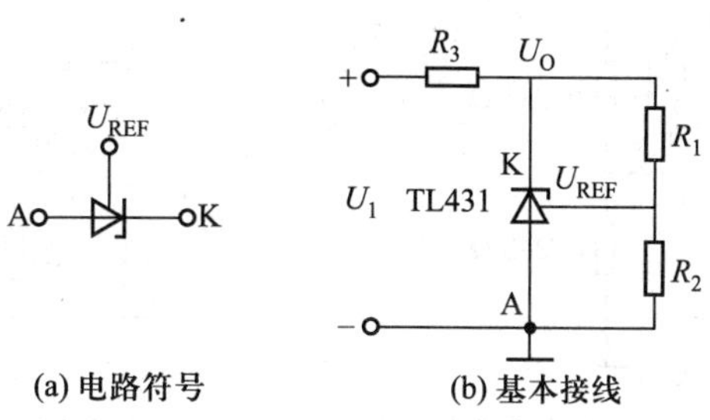

图 1. 1. 19　TL431 的电路符号与基本接线

R_3 是 I_{KA}的限流电阻。选取 R_3 阻值的原则是,当输入电压 U_I 为最小值时必须保证100 mA ≥ I_{KA} ≥1 mA,以便使 TL431 能正常工作。

TL431 的稳压原理可分析如下:当由于某种原因致使 U_O 升高时,采样电压 U_{REF},也随之升高,使 $U_{REF} > U_{ref}$,比较器输出高电平,令 VT 导通,U_O↓。反之,U_O↓→U_{REF}↓→$U_{REF} < U_{ref}$→比较器再次翻转,输出变成低电平→VT 截止→U_O↑。这样循环下去,从动态平衡的角度来看,就迫使 U_O 趋于稳定,达到了稳压目的,并且 $U_{REF} = U_{ref}$。

3. TL431 的应用技巧

TL431 在单片开关电源中的具体应用详见有关参考资料。下面介绍几种特殊应用。

(1) 三端固定式稳压器实现可调输出的电路

将 7800 系列三端固定式集成稳压器配上 TL431,即可实现可调电压输出,电路如图 1. 1. 20 所示。现将 TL431 接在 7805 型三端稳压器的公共端(GND)与地之间,通过调节 R_1 来改变输出电压值。需要说明两点:第一,因 7805 的静态工作电流 I_D 为几毫安至几十毫安,并且从 GND 端流出来,恰好可为 TL431 提供合适的阴极电流 I_{KA},故 U_I 与 TL431 的阴极之间无需接限流电阻;第二,TL431 能提升 7805 的 GND 端电位,使 $U_{GND} = U_{KA}$,因此该稳压器的最低输出电压 $U_{Omin} = U_{REF} + 5 = 7.5$ V。最高输入电压 $U_{Imax} = 37.5$ V,7805 的最高输入电压为 35 V,其余 2.5 V 压降由 TL431 承受。

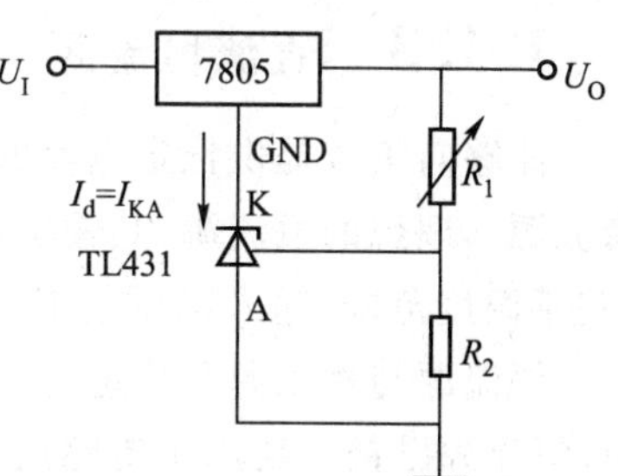

图 1. 1. 20　三端固定式稳压器实现可调输出的电路

(2) 5 V、1. 5 A 精密稳压器

TL431 也可配 LM317 型三端可调式集成稳压器,构成如图 1. 1. 21 所示的 5 V、1. 5 A 固定输出式精密稳压器。TL431 接于 LM317 的调整端(ADJ)与地之间。R_1 和 R_2 均采用误差为 ±0. 1% 的精密金属膜电阻。鉴于 LM317 本身的静态工作电流 $I_D = I_{ADJ} = 50\ \mu A \ll 1$ mA,无法给 TL431 提供正常的阴极电流值,因此在电路中需增加 R_3。U_O 经过 R_3 向 TL431 供给的阴极电流 I_{KA}应大于 1 mA,才能保证芯片正常工作。当 $R_3 = 240\ \Omega$ 时,$I_{KA} \approx 5$ mA > 1 mA。

(3) 大电流并联稳压器

前面介绍的均为 TL431 在串联式线性稳压器中的应用。若将 TL431 配以 PNP 型功率管，还可构成大电流并联式稳压器，电路如图 1.1.22 所示。调整 R_1 就能改变 U_O 值。

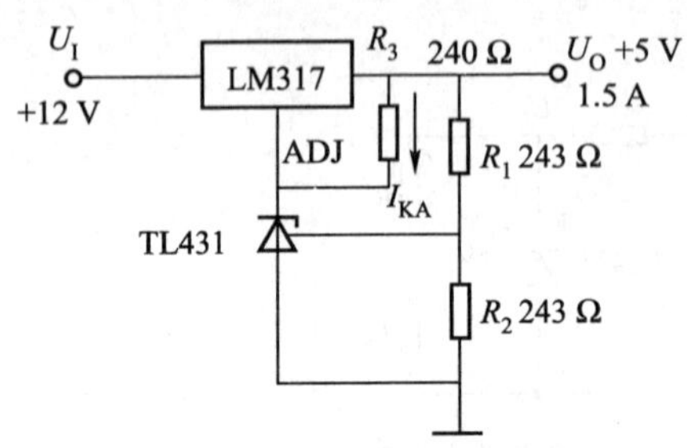

图 1.1.21　5 V、1.5 A 固定输出式精密稳压器

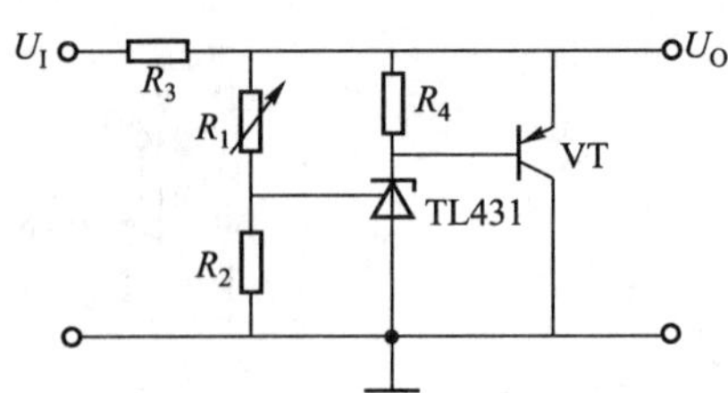

图 1.1.22　大电流并联稳压器电路

(4) 简易 5 V 精密稳压器

由 TL431 和 NPN 型功率管构成 5 V 串联式精密稳压器电路，如图 1.1.23 所示。

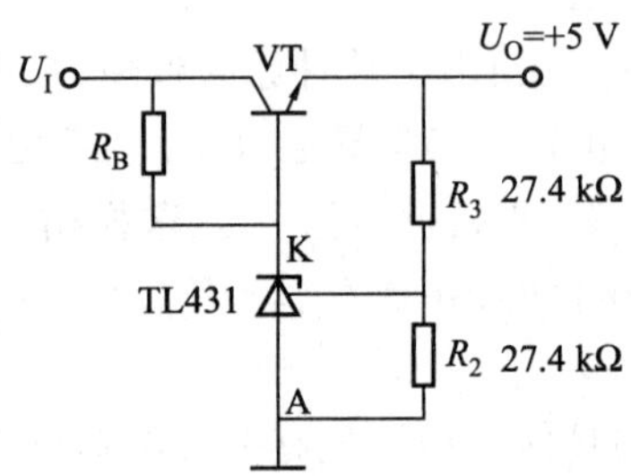

图 1.1.23　5 V 串联式精密稳压器电路

1.1.3　直流恒流源

能够向负载提供恒定电流的电源称为恒定电流源，简称恒流源。恒流源也称为电流源或稳流源。理想的恒流源，其输出电流值是绝对不变的。但实际的恒流源只能在一定的范围内(包括温度范围、输入电压范围、负载变化范围)保持输出电流的稳定性。

恒流源与稳压源是稳定电源中的两大分支。与稳压源一样，恒流源的应用十分广泛。目前，恒流源已被广泛用于传感技术、电子测量仪器、现代通信、激光、超导等高新科技领域，并显示出良好的发展前景。

一、恒流源的产品分类

从广义上讲，恒流源分通用型和专用型两大类。通用型恒流源是由通用型半导体器件或通用集成电路构成的恒流源，其电路设计灵活多样，但恒流源效果不太理想，有的外围电路比较复杂。专用型恒流源则是由特种电真空器件、半导体器件或专用集成电路构成的，它们具有恒流效果好，性能指标高，外围电路简单，便于制作、调试和维修，成本较低廉等优点，是电子技术人员的优选产品。

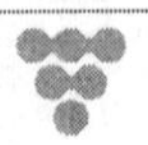

专用恒流源发展迅速，早期采用电真空器件稳流管，后来采用半导体恒流二极管(CRD)、恒流晶体管(CRT)，现已进入集成恒流源全面发展的新时期。集成恒流源集单片集成化、最佳性能指标、最简外围电路等优点于一身，它代表恒流源的发展方向。集成恒流源主要包括以下四种类型：三端可调恒流源、四端可调恒流源、高压集成恒流源、恒流源型集成温度传感器。

目前，国内外生产的专用恒流源器件的型号达数百种之多。恒流管与集成恒流源典型产品的分类情况，详见表 1.1.6。需要说明几点：第一，表中的稳流管也称镇流管，属于电真空器件；第二，恒流二极管的恒定电流是固定不变的；恒流晶体管可在较小范围(0.08 ~ 7 mA)连续调节恒定电流；三端可调恒流源能在较大范围(5 ~ 500 mA)内精确调节恒定电流；四端可调恒流源的显著特点是，它不仅能在极宽范围(3 μA ~ 2.5 A)内对恒定电流进行精细调节，而且能调节本身的电流温度系数，使 α_T 为正、为负或等于零，这就极大地方便了用户。第三，高压集成恒流源的最高工作电压可达 100 ~ 150 V。第四，AD590、HTS1、LM135/235/335 均属于集成温度传感器，但原理上它们等效于一个高内阻且输出电流与温度成正比的恒流源，此外，某些基准电压源(如 LM134/234/334)也可作为集成温度传感器使用，构成测温仪表。

表 1.1.6　国内外恒流管与集成恒流源典型产品的分类

<table>
<tr><th colspan="2">产品名称</th><th>型号[①]</th><th>恒定电流
I_H/mA</th><th>封装形式[②]</th><th>生产厂家</th></tr>
<tr><td rowspan="11">恒流管</td><td>电真空
稳流管</td><td>WL1P - WL31P(10 种)</td><td>175 ~ 1 000</td><td>J8 - 1B4 型
8 脚封装</td><td>上海电子管厂</td></tr>
<tr><td rowspan="8">恒流二极管
(CRD)</td><td>2DH1 ~ 2DH15(8 种)</td><td rowspan="2">(0.08 ~ 0.15) ~
(0.85 ~ 1.15)</td><td rowspan="2">EC - 1 或 S - 1</td><td rowspan="2">江苏南通晶体管厂</td></tr>
<tr><td>2DH101 ~ 2DH115(8 种)</td></tr>
<tr><td>2DH02 ~ 2DH60(11 种)</td><td>0.2 ~ 6.0</td><td rowspan="2">EC - 1 或 EC - 2</td><td>杭州大学</td></tr>
<tr><td>2DH022 ~ 2DH560(18 种)</td><td>0.22 ~ 5.60</td><td>浙江海门晶体管厂</td></tr>
<tr><td>1N5283 ~ 1N5314(32 种)</td><td>0.22 ~ 4.70</td><td>DO - 7</td><td>美国 Motorola 公司</td></tr>
<tr><td>CR022 ~ CR470(32 种)</td><td>0.22 ~ 4.70</td><td>TO - 18</td><td>美国 Siliconix 公司</td></tr>
<tr><td>J500 ~ J511(12 种)</td><td>0.24 ~ 4.7</td><td>TO - 90</td><td>美国 Siliconix 公司</td></tr>
<tr><td>A122 ~ A561</td><td>1.2 ~ 5.6</td><td></td><td>日本石冢电子公司</td></tr>
<tr><td rowspan="2">恒流晶体管
(CET)</td><td>3DH1 ~ 3DH15(15 种)</td><td rowspan="2">(0.08 ~ 0.15) ~
(5.30 ~ 7.00)</td><td rowspan="2">B - 1 或 S - 1</td><td rowspan="2">江苏南通晶体管厂</td></tr>
<tr><td>3DH101 ~ 3DH115(15 种)</td></tr>
<tr><td rowspan="4">集成恒流源</td><td rowspan="4">三端可调
恒流源</td><td>3DH010 ~ 3DH050(5 种)</td><td rowspan="2">5 ~ 500</td><td rowspan="2">B - 4 或 F - 2</td><td rowspan="2">杭州大学</td></tr>
<tr><td>3DH011 ~ 3DH031(3 种)</td></tr>
<tr><td>W334、SL134/234/334</td><td rowspan="2">1 μA ~ 100 mA</td><td rowspan="2">TO - 46 或 TO - 92</td><td>北京半导体
器件五厂等</td></tr>
<tr><td>LM134/234/334</td><td>美国 NSC 公司</td></tr>
</table>

续表

产品名称		型号[①]	恒定电流 I_H/mA	封装形式[②]	生产厂家
集成恒流源	四端可调恒流源	4DH1 ~ 4DH5(5 种)	3 μA ~ 2.5 A	B-3 或 F-2	杭州大学
	高压集成恒流源	3CR3H(耐压 100 V)	1.5 ~ 50	B-3(三端)	杭州大学
		HVC2(耐压 150 V)	1 ~ 10	B-3(四端)	
	恒流源型集成温度传感器	AD590	1 μA/℃	TO-52	美国 Harris 公司
		HTS1	1 μA/℃	TO-92 或 B-3	杭州大学
		LM135/235/335	10 mV/℃	TO-46 或 TO-92	美国 NSC 公司

① 括号内数字表示该系列产品共有多少种型号。

② J8-1B4 为大 8 脚电子管座；EC-1 为金属壳封装；S-1 为塑料封装；DO-7 采用玻壳封装。

二、可调式精密集成恒流源的应用

可调式精密集成恒流源是目前性能最优良的集成化恒流源，特别适合于制作精密型恒流源。可广泛用于传感器的恒流供电电路、放大器、光电转换器、恒流充电器、基准电压源中。

这类恒流源按照引出端的数目，可分为三端、四端两种器件。典型产品有 4DH1 ~ 4DH5(四端)、LM134/234/334(三端)、3CR3H(三端)、HVC2(四端)。根据器件能承受电压的高低，又可分成普通型、高压型两种。3CR3H 和 HVC2 均属于高压可调式集成恒流源。以 4DH 系列可调式精密集成恒流源为例说明它的应用情况。

1. 性能特点

国产 4DH 系列可调式精密恒流源属于四端双极型集成电路。与恒流晶体管相比，它具有以下特点：

(1) 恒定电流(I_H)的调节范围非常宽。通过两只外接电阻能够大范围地调节 I_H 值，其最小值 I_{Hmin} = 3 ~ 5 μA，最大值 I_{Hmax} 分别为 10 mA、40 mA、100 mA，个别管子甚至可达 2.5 A。

(2) 在调节 I_H 的同时，还能调节电流温度系数 α_T 值，使之为正、为负或接近于零。调节范围是 ±0.2%/℃。

(3) 尽管它属于四端器件，但外接两只电阻后就变换成两端器件，因此使用简便。

(4) 功耗低，输出电流大，电源利用率高。

4DH 系列共包括五种型号：4DH1、4DH2、4DH3、4DH4、4DH5。它们采用 B-2 或 F-2 封装，主要参数见表 1.1.7。其电路符号、典型接线如图 1.1.24 所示。R_{SET1} 和 R_{SET2} 为外接设定电阻，改变两者的电阻比即可调节电流温度系数。需要指出，对于不同型号的产品，其内部电路不同，引脚排列顺序及接线方式也不尽相同。

4DH 系列的恒定电流由下式确定

$$I_H = k_1/R_{SET1} + k_2/R_{SET2} \tag{1.1.19}$$

表 1.1.7　4DH 系列产品的主要参数①

型号	恒定电流 I_H/mA	起始电压 U_S/V	最高工作电压 U_{Imax}/V	电压调整率 S_V/%/V	电流温度系数 α_T/%/℃	最大功耗 P_M/mW
4DH1	0.005 ~ 0.1	2.5	50 ~ 70	0.02	-0.2 ~ +0.2	50
4DH2	0.002 ~ 10	2.0	50 ~ 70	0.02	-0.2 ~ +0.2	200
4DH3	10 ~ 40	2.5	50	0.02	-0.2 ~ +0.2	700
4DH5	1 ~ 100	3.0	40	0.02	-0.2 ~ +0.2	700

① 4DH2 的动态阻抗为 0.5 ~ 10 MΩ,4DH3 的动态阻抗是 50 ~ 200 kΩ。

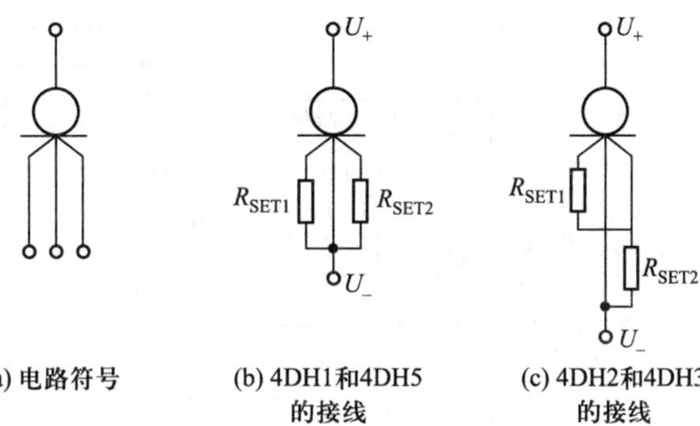

图 1.1.24　4DH 系列可调式集成恒流源

式中的 k_1、k_2 为具有量纲的常量。若 k_1、k_2 的单位取 mV,电阻的单位为 Ω,则 I_H 用 mA 来表示。对于 4DH1 而言,公式为

$$I_H = 160/R_{SET1} + 600/R_{SET2} \quad (1.1.20)$$

$$R_{SET2}/R_{SET1} = 4 \quad (1.1.21)$$

此时,电流温度系数 $\alpha_T \approx 0$。

对于 4DH5,公式变成

$$I_H = 540/R_{SET1} + 600/R_{SET2} \quad (1.1.22)$$

当 $R_{SET2}/R_{SET1} = 1.26$ 时,4DH5 的电流温度系数 $\alpha_T \approx 0$。

2. 应用电路

(1) 红外发射管的恒流供电

红外测量仪中的红外发射管,需采用恒流供电工作方式。TLN104 型红外发射管的正向电流 $I_F = 50$ mA,正向电压 $U_F = 1.5$ V,输出光功率 $P > 1.5$ mW,峰值发光波长 $\lambda_p = 940$ nm。其恒流供电电路如图 1.1.25 所示。这里由 4DH5 提供 50 mA 的恒定电流。

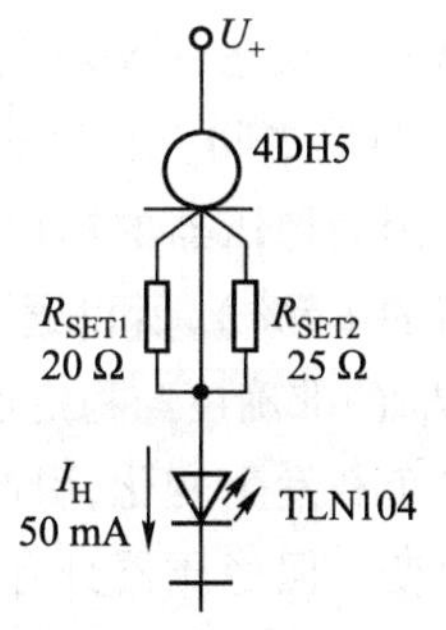

图 1.1.25　红外发射管的恒流供电电路

令 $R_{SET2} = 1.26R_{SET1}$, $I_H = 50$ mA,代入式(1.1.22)中并解出,$R_{SET1} = 20.32$ Ω,故 $R_{SET2} = 1.26 \times 20.32$ Ω $= 25.6$ Ω。实际标称值 $R_{SET1} = 20$ Ω, $R_{SET2} = 25$ Ω。再代入式(1.1.22)中进行核算,$I_H = 51$ mA ≈ 50 mA。又因 $R_{SET2}/R_{SET1} = 25$ Ω/20 Ω $= 1.25 \approx 1.26$,即

$\alpha_T \approx 0$。因此上述电路符合设计要求。

(2) 数字温度计

$3\frac{1}{2}$位数字温度计的电路如图 1.1.26 所示。现利用 1N4148 型硅开关二极管作 PN 结温度传感器，1N4148 具有负的电压温度系数，$\alpha_T \approx -2.1$ mV/℃。由 4DH2 型集成恒流源向温度传感器提供恒定电流。测温电桥由 4DH2、1N4148、R_3、R_{P1}、R_4 构成。当温度变化时，测温电桥的输出电压随之而变，并送至 $3\frac{1}{2}$位 A/D 转换器 ICL7106 的模拟输入端，被转换成数字量之后驱动液晶显示器(LCD)显示出被测温度值。仪表测量速率约为 3 次/秒。R_{P1}、R_{P2}分别为校准 0 ℃、100 ℃的电位器。仪表的测温范围是 -50 ~ +150 ℃。

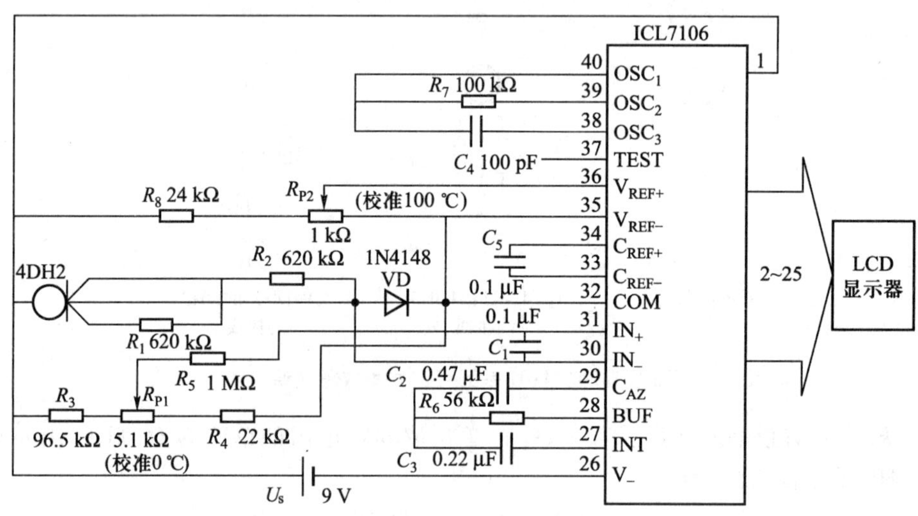

图 1.1.26 $3\frac{1}{2}$位数字温度计电路

三、用三端集成稳压器构成的恒流源

由三端集成稳压器构成的恒流源可向负载 R_L 提供某一恒定的电流 I_H，当负载发生变化时，7800 通过改变调整管的压降来维持 I_H 不变。具体电路如图 1.1.27 所示。此时三端稳压器呈悬浮状态，GND 端经外部负载 R_L 接地。U_O 与 GND 之间接上固定电阻 R，负载则接在 GND 与地之间，现对该电路的恒流原理分析如下。

因为稳压器的标称输出电压 U_O 的偏差很小(不超过标称值的 ±5%)，所以通过 R 的电流(也即流过负载 R_L 的电流)I_H 的准确度与稳定度较高。I_H 的计算公式为 $I_H = U_O/R$。如果负载发生变化，引起 I_H 改变，R 上的压降 $U_R = I_H R$ 就随之而变。但稳压器具有稳压作用，它通过自动调节内部调整管压降的大小，来保证 U_O(即 U_R)值不变，从而使 I_H 不受负载变化的影响。这就是恒流原理。

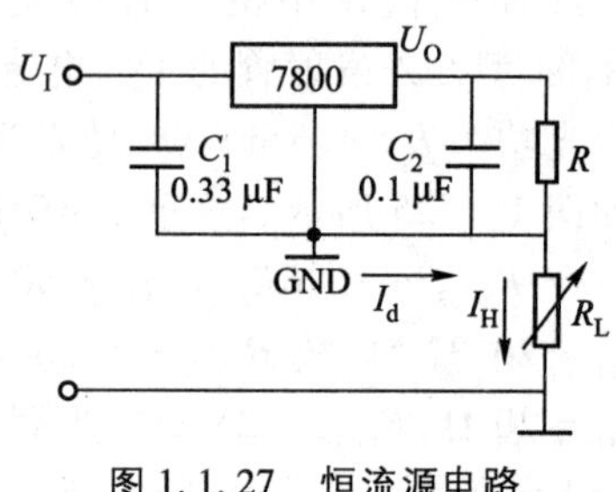

图 1.1.27 恒流源电路

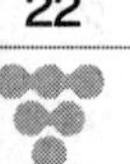

考虑到稳压器的静态工作电流 I_d 也流过 R_L,因此恒定电流的表达式应为

$$I_H = \frac{U_O}{R} + I_d \tag{1.1.23}$$

但 I_d 一般仅几毫安,只要 R 的阻值取得尽量小,使 $I_H >> I_d$,式(1.1.23)就可简化成

$$I_H = \frac{U_O}{R} \tag{1.1.24}$$

为提高电源效率,设计恒流源电路时宜选用输出电压低的三端稳压器,如选 7805,则 $I_H = 5/R$。

1.1.4 开关稳压电源

前面介绍的稳压电路,包括分立元件组成的串联型直流稳压电路及集成稳压器均属于线性稳压电路,这是由于其中的调整管总是工作在线性放大区。线性稳压电路的优点是结构简单,调整方便,输出电压脉动较小。但是这种稳压电路的主要缺点是效率低,一般只有 20% ~ 40%。由于调整管消耗的功率较大,有时需要在调整管上安装散热器,致使电源的体积和重量增大,比较笨重。而开关型稳压电路则克服了上述缺点,因而它的应用日益广泛。

一、开关型稳压电路的特点和分类

开关型稳压电路的特点主要有以下几方面:

(1) 效率高。开关型稳压电路中的调整管工作在开关状态,可以通过改变调整管导通与截止时间的比例来改变输出电压的大小。当调整管饱和导电时,虽然流过较大的电流,但饱和管压降很小;当调整管截止时,管子将承受较高的电压,但流过调整管的电流基本等于零。可见,工作在开关状态调整管的功耗很小,因此,开关型稳压电路的效率较高,一般可达 65% ~ 90%。

(2) 体积小、重量轻。因调整管的功耗小,故散热器也可随之减小。而且,许多开关型稳压电路还可省去 50 Hz 工频变压器,而开关频率通常为几万赫,故滤波电感、电容的容量均可大大减小。所以,开关型稳压电路与同样功率的线性稳压电路相比,体积和重量都将小得多。

(3) 对电网电压的要求不高。由于开关型稳压电路的输出电压与调整管导通与截止时间的比例有关,而输入直流电压的幅度变化对其影响很小,因此,允许电网电压有较大的波动。一般线性稳压电路允许电网电压波动 ±10%,而开关型稳压电路在电网电压为 140 ~ 260 V,电网频率变化 ±4% 时仍可正常工作。

(4) 调整管的控制电路比较复杂。为使调整管工作在开关状态,需要增加控制电路,调整管输出的脉冲波形还需经过 LC 滤波后再送到输出端,因此相对于线性稳压电路,其结构比较复杂,调试比较麻烦。

(5) 输出电压中纹波和噪声成分较大。因调整管工作在开关状态,将产生尖峰干扰和谐波信号,虽经整流滤波,输出电压中的纹波和噪声成分仍较线性稳压电路为大。

总的来说,由于开关型稳压电路的突出优点,使其在计算机、电视机、通信及空间技术等领域得到越来越广泛的应用。

开关型稳压电路的类型很多,而且可以按不同的方法来分类。

例如,按控制的方式分类,有脉冲宽度调制型(PWM)即开关工作频率保持不变,控制导通

脉冲的宽度；脉冲频率调制型（PFM），即开关导通的时间不变，控制开关的工作频率；以及混合调制型，为以上两种控制方式的结合，即脉冲宽度和开关工作频率都将变化。以上三种方式中，脉冲宽度调制型用得较多。

按是否使用工频变压器来分类，有低压开关稳压电路，即 50 Hz 电网电压先经工频变压器转换成较低电压后再进入开关型稳压电路，因这种电路需用笨重的工频变压器，且效率较低，目前已很少采用；高压开关稳压电路，即无工频变压器的开关稳压电路。由于高压大功率晶体管的出现，有可能将 220 V 交流电网电压直接进行整流滤波，然后再进行稳压，使开关稳压电路的体积和重量大大减小，而效率更高。目前，实际工作中大量使用的，主要是无工频变压器的开关稳压电路。

又如，按激励的方式分类，有自激式和他激式；按所用开关调整管的种类分，有双极型晶体管、MOS 场效应管和晶闸管开关电路等。此外还有其他许多分类方式，在此不一一列举。

二、开关型稳压电路的组成和工作原理

串联式开关型稳压电路的组成如图 1.1.28 所示。图中包括开关调整管、滤波电路、脉冲调制电路、比较放大器、基准电压和采样电路等各个组成部分。

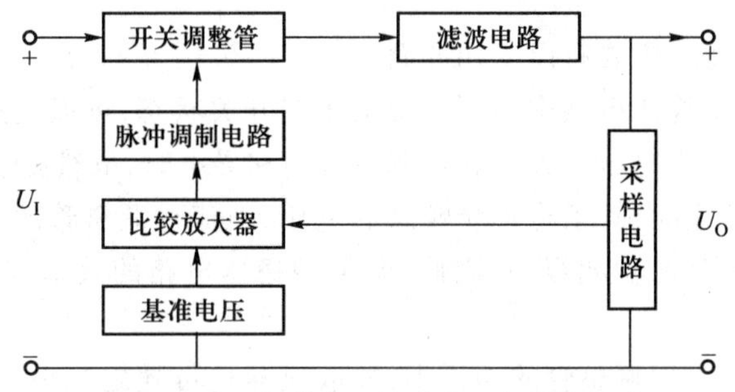

图 1.1.28　串联式开关型稳压电路的组成

如果由于输入直流电压或负载电流波动而引起输出电压发生变化时，采样电路将输出电压变化量的一部分送到比较放大电路，与基准电压进行比较并将两者的差值放大后送至脉冲调制电路，使脉冲波形的占空比发生变化。此脉冲信号作为开关调整管的输入信号，使调整管导通和截止时间的比例也随之发生变化，从而使滤波以后输出电压的平均值基本保持不变。

图 1.1.29 示出了最简单的开关型稳压电路的原理示意图。电路的控制方式采用脉冲宽度调制式。

图 1.1.29 中晶体管 VT 为工作在开关状态的调整管。由电感 L 和电容 C 组成滤波电路，二极管 VD 称为续流二极管。脉冲宽度调制电路由一个比较器和一个产生三角波的振荡器组成。运算放大器 A 作为比较放大电路，基准电源产生一个基准电压 U_{REF}，电阻 R_1、R_2 组成采样电阻。

下面分析图 1.1.29 电路的工作原理。由采样电路得到的采样电压 u_F 与输出电压成正比，它与基准电压进行比较并放大以后得到 u_A，被送到比较器的反相输入端。振荡器产生的三角波信号 u_t，加在比较器的同相输入端。当 $u_t > u_A$ 时，比较器输出高电平，即

$$u_B = +U_{OPP}$$

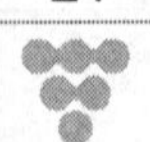

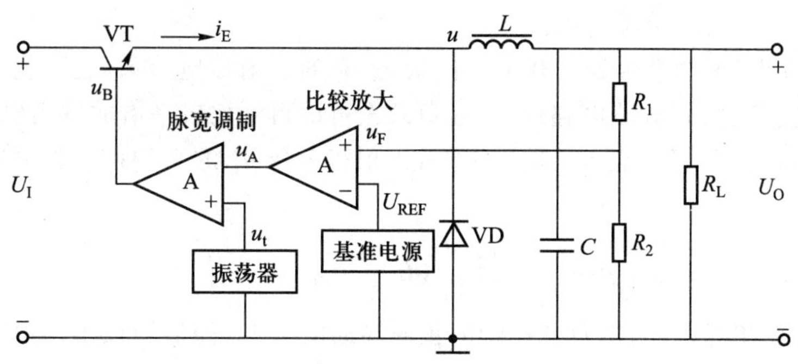

图 1.1.29　脉冲调宽式开关型稳压电路示意图

当 $u_t < u_A$ 时，比较器输出低电平，即

$$u_B = -U_{OPP}$$

故调整管 VT 的基极电压 u_B 成为高、低电平交替的脉冲波形，如图 1.1.30 所示。

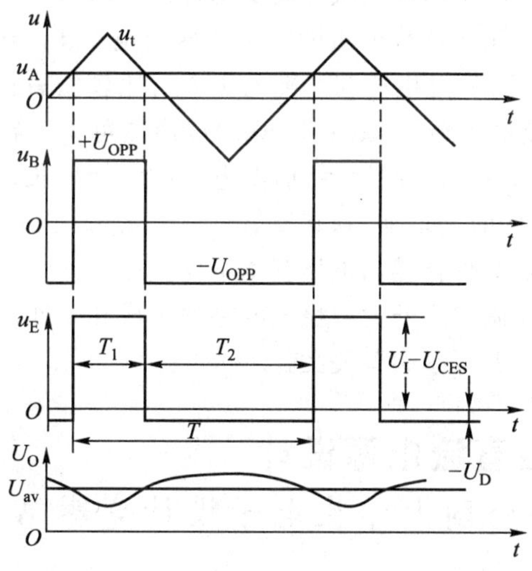

图 1.1.30　图 1.1.29 所示电路的波形图

当 u_B 为高电平时，调整管饱和导电，此时发射极电流 i_E 流过电感和负载电阻，一方面向负载提供输出电压；另一方面将能量储存在电感的磁场和电容的电场中。由于晶体管 VT 饱和导通，因此其发射极电位 u_E 为

$$u_E = U_I - U_{CES}$$

上式中 U_I 为直流输入电压；U_{CES}为晶体管的饱和管压降。u_E 的极性为上正下负，则二极管 VD 被反向偏置，不能导通，故此时二极管不起作用。

当 u_B 为低电平时，调整管截止，$i_E = 0$。但电感具有维持流过电流不变的特性，此时将储存的能量释放出来，在电感上产生的反电动势使电流通过负载和二极管继续流通，因此，二极管 VD 称为续流二极管。此时调整管发射极的电位为

$$u_E = -U_D$$

式中，U_D 为二极管的正向导通电压。

由图 1.1.30 可见，调整管处于开关工作状态，它的发射极电位 u_E 也是高、低电平交替的脉冲波形。但是，经过 LC 滤波电路以后，在负载上可以得到比较平滑的输出电压 U_O。在理想情况下，输出电压 U_O 的平均值 U_{av} 即是调整管发射极电压 u_E 的平均值。根据图 1.1.30 中 u_E 的波形可求得

$$U_{av} = \frac{1}{T}\int_0^T u_E \mathrm{d}t = \frac{1}{T}\left[\int_0^{T_1}(U_I - U_{CES})\mathrm{d}t + \int_{T_1}^{T}(-U_D)\mathrm{d}t\right]$$

因晶体管的饱和管压降 U_{CES}，以及二极管的正向导通电压 U_D 的值均很小，与直流输入电压 U_I 相比通常可以忽略，则上式可近似表示为

$$U_{av} \approx \frac{1}{T}\int_0^{T_1} U_i \mathrm{d}t = \frac{T_1}{T}U_I = DU_I \tag{1.1.25}$$

式中，D 为脉冲波形 u_E 的占空比。由上式可知，在一定的直流输入电压 U_I 之下，占空比 D 的值越大，则开关型稳压电路的输出电压 U_O 越高。

下面再来分析当电网电压波动或负载电流变化时，图 1.1.29 中的开关型稳压电路如何起稳压作用。假设由于电网电压或负载电流的变化使输出电压 U_O 升高，则经过采样电阻以后得到的采样电压 u_F 也随之升高，此电压与基准电压 U_{REF} 比较以后再放大得到的电压 u_A 也将升高，u_A 送到比较器的反相输入端，由图 1.1.30 的波形图可见，当 u_A 升高时，将使开关调整管基极电压 u_F 的波形中高电平的时间缩短，而低电平的时间增长，于是调整管在一个周期中饱和导电的时间减少，截止的时间增加，则其发射极电压 u_E 脉冲波形的占空比减小，从而使输出电压的平均值 U_{av} 减小，最终保持输出电压基本不变。

以上扼要地介绍了脉冲调宽式开关型稳压电路的组成和工作原理，至于其他类型的开关稳压电路，此处不再赘述，读者可参阅有关文献。

1.2 简易数控直流电源设计
（1994 年全国大学生电子设计竞赛 A 题）

一、任务

设计出有一定输出电压范围和功能的数控电源。其设计任务原理图如图 1.2.1 所示。

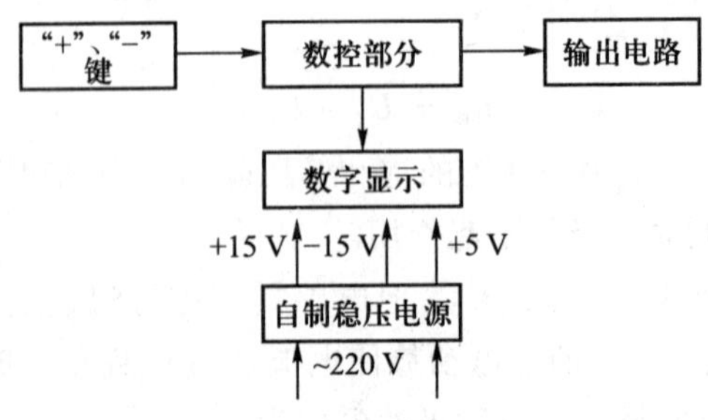

图 1.2.1 设计任务原理图

二、要求

1. 基本要求

(1) 输出电压:范围 0 ~ +9.9 V,步进 0.1 V,纹波不大于 10 mV。

(2) 输出电流:500 mA。

(3) 输出电压值由数码管显示。

(4) 由 +、- 两键分别控制输出电压步进增减。

(5) 为实现上述几个部件工作,自制一稳压直流电源,输出 ±15 V, +5 V。

2. 发挥部分

(1) 输出电压可预置在 0 ~ 9.9 V 之间的任意一个值。

(2) 用自动扫描代替人工按键,实现输出电压变化(步进 0.1 V 不变)。

(3) 扩展输出电压种类(如三角波等)。

三、评分标准

	项目	满分
基本要求	方案设计与论证、理论计算与分析 、电路图	30
	实际完成情况	50
	总结报告	20
发挥部分	完成第(1)项	5
	完成第(2)项	15
	完成第(3)项	20

1.2.1 题目分析

根据题目的任务、要求,经过反复阅读、思考以后,对原题目的任务、要完成的功能、技术指标归纳如下。

一、任务

设计一个交/直流两用的数控电压源。

二、系统功能及主要技术指标

1. 直流稳压电源

(1) 输出电压范围:0 ~ +9.9 V,扩展 0 ~ -9.9 V。

(2) 输出电流额定值:500 mA。

(3) 用"+"、"-"两键和用自动扫描控制到输出电压增减,其步进为 0.1 V。

(4) 输出电压可预置在 0 ~ ±9.9 V 之间的任意一个值。

(5) 测出输出电压值,并用数码管分别显示预置值和测量值。

(6) 纹波不大于 10 mV。

2. 自制一个直流稳压电源

(1) 输出电压：±15 V，+5 V。

(2) 输出电流：1.0 A。

(3) 输出纹波：10 mV。

3. 设计一个交流电压源

(1) 输出三角波

(2) 输出正弦波

(3) 输出矩形波

此题的重点就是生成输出电压范围为 0 ~ 9.9 V，步进 0.1 V，输出电流为 0.5 A，纹波不大于 10 mV 的直流电压源。难点就是自动扫描步进为 0.1 V 的直流电压源及扩展输出电压种类（正弦波、三角波、锯齿波和矩形波等）。本题采用单片机最小系统（内含有 ROM、RAM、A/D 转换器、D/A 转换器、键盘、拨动开关、时钟等），利用直接频率合成（DDS）技术生成信号源（含直流、正弦、方波、三角波、锯齿波等），再经过电压放大、功率放大，满足各项技术指标要求就可以完成任务。关于单片机最小系统的组成、工作原理请参见本系列培训教程第一分册《基本技能训练与单元电路设计》，第 4 章内容；关于 DDS 的工作原理参见系列培训教程第四分册《高频电子线路设计》第 1.4 节。下面只就本题重点及难点内容所涉及的 D/A 转换进行介绍。

根据题意，生成输出电压范围为 0 ~ 9.9 V，步进为 0.1 V，共有 100 种状态，采用 8 位 D/A 转换器具有 256 种状态，能满足要求。设计时可用两个电压控制字代表 0.1 V，当电压控制字为 0，2，4，…，198 时，输出电压为 0.0 V，0.1 V，0.2 V，…，9.9 V。采用 D/A 转换芯片 DAC0832，该芯片价廉且精度较高。

8 位 DAC0832 芯片介绍。

DAC0832 是由 T 形电阻网络，采用 CMOS 工艺制作成 20 脚双列直插式 8 位 DAC。结构框图如图 1.2.2 所示。引脚图如图 1.2.3 所示。如图可知，DAC0832 的引脚信号分为三类。

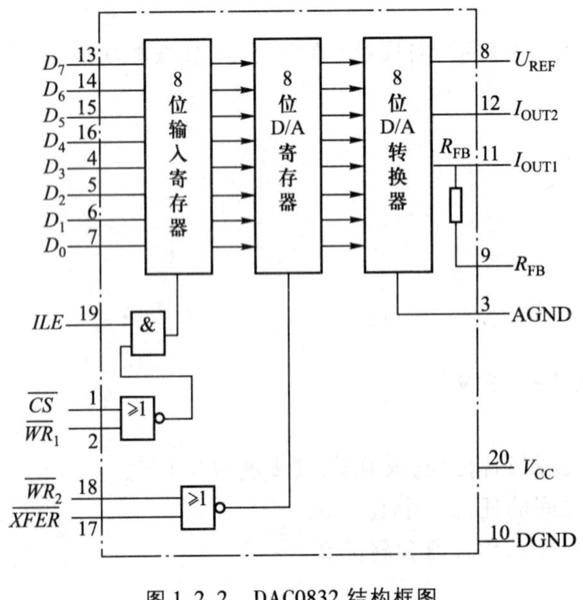

图 1.2.2　DAC0832 结构框图

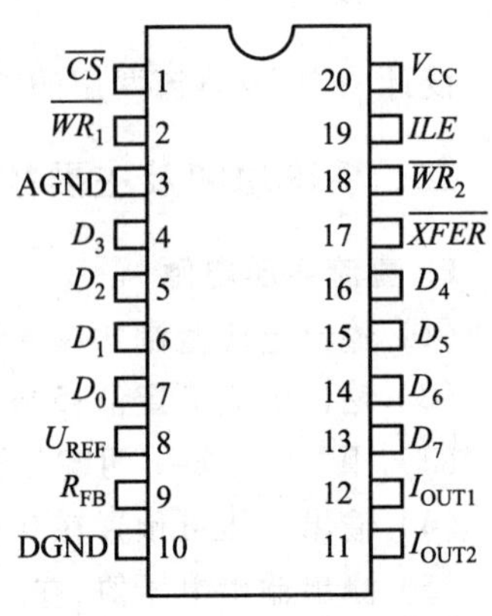

图 1.2.3　DAC0832 引脚图

1. 输入、输出信号

$D_0 \sim D_7$:8 位数据输入线。

I_{OUT1}和I_{OUT2}:电流输出 1 和电流输出 2,$I_{OUT1}+I_{OUT2}$为一常数,等于U_{REF}/R_{FB}。

R_{FB}:反馈信号输入端。DAC0832 输出是电流型的,为了获得电压输出,需在电压输出端接运算放大器,R_{FB}是运放的反馈电阻端,反馈电阻在片内。

2. 控制信号

ILE:允许输入锁存信号。

$\overline{WR}_1$ 和 $\overline{WR}_2$:锁存输入数据写信号和锁存输入寄存器输出数据的写信号。

$\overline{XFER}$:传送控制信号,用于控制 $\overline{WR}_2$ 是否被选通。

$\overline{CS}$:片选信号。当 $\overline{CS}=1$ 时,输入寄存器的数据被封锁,数据不能送入输入寄存器,该片未选中。当 $\overline{CS}=0$时,该片选中,当 $ILE=1$,$\overline{WR}_1=0$ 时,输入数据存入输入寄存器。

3. 电源

V_{CC}:主电源,电压范围 5 ~ 15 V。

U_{REF}:参考输入电压,范围 -10 ~ 10 V。

AGND:模拟信号地。

DGND:数字信号地。通常将 AGND 和 DGND 相连后接地。

DAC0832 在应用上有三个特点:

① DAC0832 是 8 位 D/A 转换器,不需要外加其他电路可以直接与微型计算机或单片机的数据总线连接,可以充分利用微处理器的控制信号对它的 $\overline{CS}$、$\overline{WR}_1$、$\overline{WR}_2$、$\overline{XFER}$ 和 ILE 控制信号进行控制。

② DAC0832 内部有两个数据寄存器,即输入寄存器和 DAC 寄存器,故称为双缓冲方式。两个寄存器可以同时保存两组数据,这样可以将 8 位输入数据先保存在输入寄存器中,再将此数据由输入寄存器送到 DAC 寄存器中锁存并进行 D/A 转换输出。这种双缓冲方式,可以防止输入数据更新期间模拟量输出出现不稳定状况。还可以在一次模拟量输出的同时就将下次需要转换的二进制数事先存入输入寄存器中,提高了转换速度。应用这种双缓冲工作方式可同时更新多个 D/A 转换器的输出,为构成多处理器系统使多个 D/A 转换器协调一致的工作带来了方便。

③ DAC0832 是电流输出型 D/A 转换器,要获得电压输出时,需外加转换电路。当用电流输出方式时,I_{OUT1}正比于输入参考电压 U_{REF}和输入数字量,I_{OUT2}正比于输入数字量的反码。即

$$I_{OUT1}=\frac{U_{REF}}{2^8 R}\sum_{i=0}^{7} D_i 2^i \tag{1.2.1}$$

$$I_{OUT2}=\frac{U_{REF}}{2^8 R}\left(2^8-\sum_{i=0}^{7} D_i 2^i-1\right) \tag{1.2.2}$$

1.2.2 方案论证

▶方案一

为了完成上面所设计的各种功能,将整个电源分成三个部分:数控部分、稳压输出部分和

供电部分。原理方框图如图 1.2.4 所示。

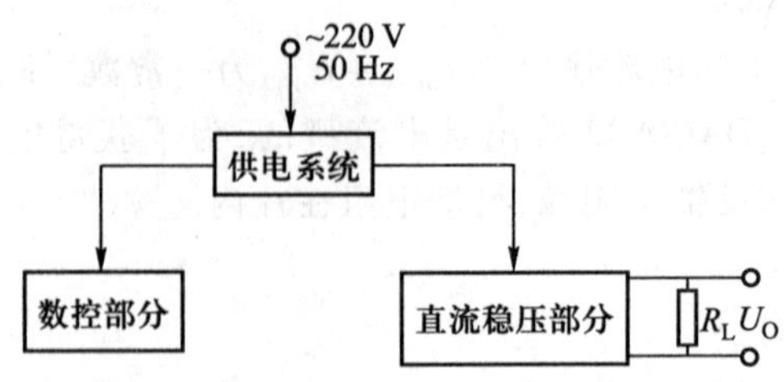

图 1.2.4　方案一原理方框图

1. 数控部分

主要由数字电路构成，它要完成键盘控制，预置拨码开关输入控制、电压控制字输出、数码管显示控制、电流过流时的软件保护及报警等功能。

由于数控部分功能较多，选用了 INTEL 公司的 8 位单片机 8031，与 Intel 公司的 8096 系列相比，8031 具有明显的价格优势，而且能够满足数控部分的需要。用 8031 实现数控功能的框图如图 1.2.5 所示。

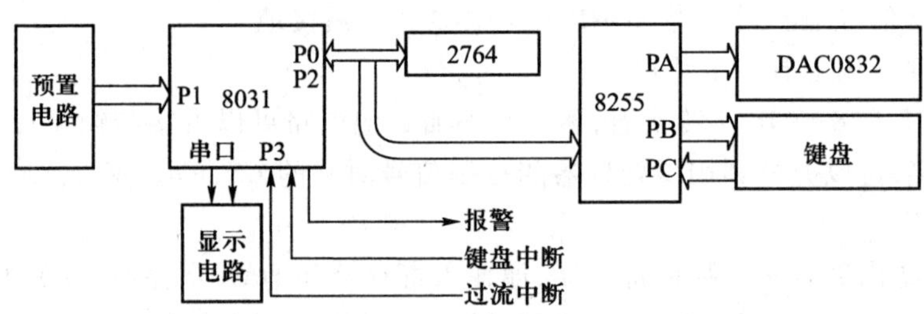

图 1.2.5　方案一用 8031 实现数控功能的方框图

数控部分的核心是一个 8031 最小应用系统，包括一片 8031 CPU，一片 2764 EPROM 程序存储器、一片地址锁存用的 74LS373、一片地址译码用的 74LS138。因功能多，接口不够用，另加了一片 8255 可编程并行接口。

采用 4 × 5 的键盘作为输入控制，键盘一共用了 20 个按钮开关，用 8255 的 PB 口和 PC 口完成键盘输入。PC 口的 PC0 ~ PC4 作为扫描输出，PB 口的 PB0 ~ PB3 作为扫描输入，每当检测到有键盘输入就产生一个中断，中断送入 CPU 的 INT0，键盘的去抖动通过 CPU 用软件实现。CPU 的输出电压控制字先送到 8255，再由 8255 的 PA 口送到稳压输出部分，控制输出电压。

预置电压输入电路包括两个 9 位的拨码开关和两片 10 线 – 4 线 BCD 优先编码器 74LS147。两个拨码开关分别表示输出电压的整数部分和小数部分，若 9 位开关全为 **0**，则表示数字 0，第几位开关为 **1**，则表示数字几，若同时有几个开关为 **1**，则以编号最高的开关作为输出。拨码开关的输出送到 74LS147 进行 10 线 – 4 线的 BCD 优先编码，编好的 BCD 码送到 8031 的 P1 口。电源加电时，在初始化程序中 CPU 从 P1 口读入预置值，根据预置值输出电压控制字，实现开机预置。

输出电压值由 2 位 LED 数码管显示，用两片 74LS164 移位寄存器静态驱动数码管，CPU

把要显示的内容通过串行口(8031 的 RXD 和 TXD)送入 74LS164。由于显示只用 2 位数码管,故采用这种显示方式硬件开销不大,又能节省 CPU 端口,静态显示也减轻了 CPU 负担,这种显示方式用在这里是比较合适的。

软件过流保护和报警通过中断实现。稳压输出电路含有过流检测电路,当电源过流时,过流检测电路输出低电平,送到 CPU 的 INT1 申请中断,CPU 接收后,延时 0.5 s,再次检测是否过流,若仍然过流,进行以下操作:电压控制字置为 **0**;控制数码管全灭全亮,交替闪烁;CPU 的 P1.1 脚送出约 1 kHz 的方波,经晶体管驱动后推动蜂鸣器发出报警声。

数控部分与稳压输出部分的接口有两个:一个是由数控部分到稳压部分的电压控制字,宽度为 8 位;另一个是稳压部分给数控部分的过渡指示信号。

2. 稳压输出部分

这部分将数字部分送来的电压控制字转换成稳定电压输出,电路主要由 D/A 转换,稳压输出、过流保护、过流保护指示和延时启动等几部分组成。原理图如图 1.2.6 所示。

3. 供电部分

供电部分输入 220 V、50 Hz 交流电,输出全机所需的三种电压: +5 V, +15 V 和 -15 V。+5 V 主要供数控部分和 D/A 转换芯片使用,电流最大约为 400 mA; +15 V 作为运放的正电源,同时也是稳压输出电路的主电源,最大电流约 650 mA; -15 V 作为运放的负电源同时也给基准电压源(LM336, -5.0 V)供电,该电流较小,不超过 50 mA。

供电部分的电路如图 1.2.7 所示。这部分电路比较简单,不作详述,要说明的就是由于 +5 V和 +15 V 需提供较大电流,因此相应的滤波电容取值较大,均为 2 200 μF, -15 V 电流很小,滤波电容取 470 μF 即可。MC7815CT 和 MC7805K 负载重,功耗大,应加装散热片。

▶方案二

该方案的总体方框图同方案一,如图 1.2.4 所示。其中数控部分和供电部分也与方案一相同,分别如图 1.2.5、图 1.2.7 所示。不同的地方就是稳压部分,方案一的稳压部分采用典型的串联直流稳压电源的原理。而方案二采用三端稳压器的应用电路,如图 1.2.8 所示。

由图 1.2.8 可知:

$$U_O = U_2 + U_1 + U_1$$
$$\approx U'_O \frac{R_3}{R_3 + R_4} + U_{IN}\frac{R_2}{R_1 + R_2} = \frac{5R_3}{R_1 + R_4} + U_{IN}\frac{R_2}{R_1 + R_2}$$

由此可见,输出电压 U_O 与 U_{IN}呈线性关系,当 U_{IN}变化时,U_O 改变。

U_{IN}电压的基准点是可调的,也就是说 U_{IN}电压的变化范围可以从正电压变化到负电压,因而 U_O 的变化可以从 0.0 ~9.9 V。

▶方案三

该方案系统方框图如图 1.2.9 所示。此方案与方案一、方案二在控制与供电部分的原理大同小异。唯独输出部分不是采用传统的调整管方式,而是在 D/A 转换之后,经过稳定的功率放大得到输出。

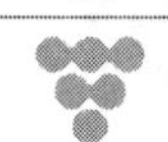

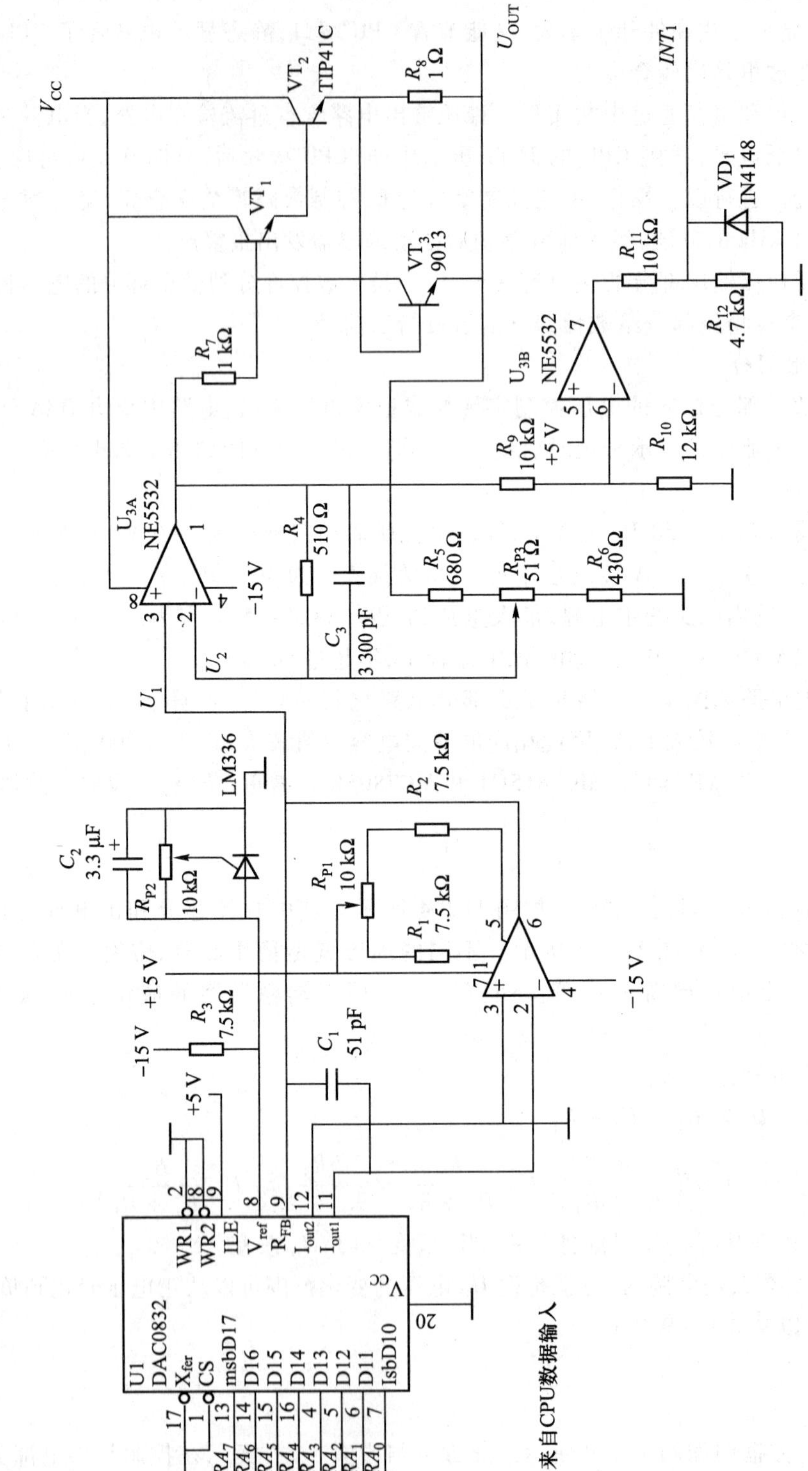

图 1.2.6　方案一稳压部分原理图

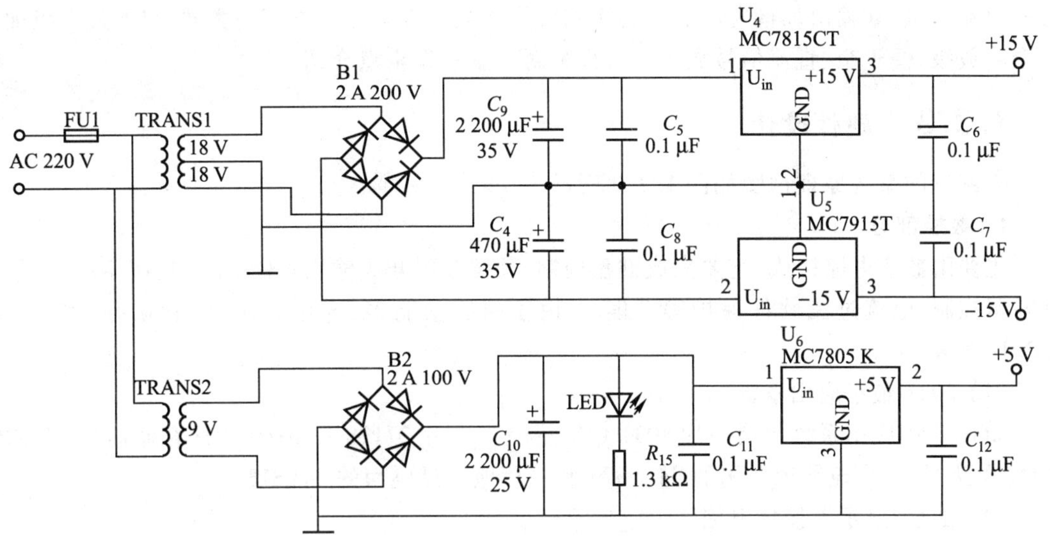

图 1.2.7　方案一供电部分电路

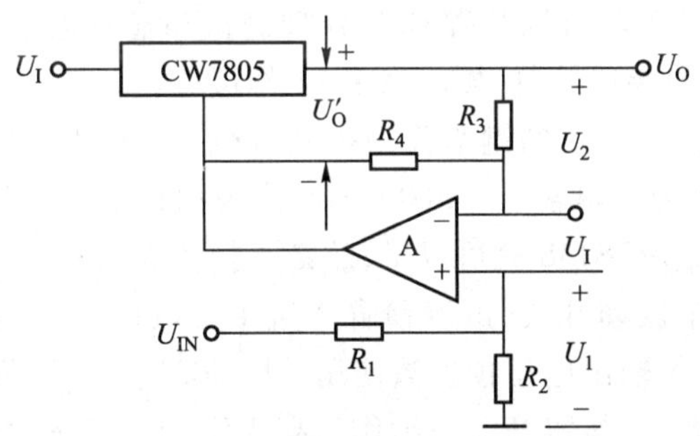

图 1.2.8　方案二稳压部分原理图

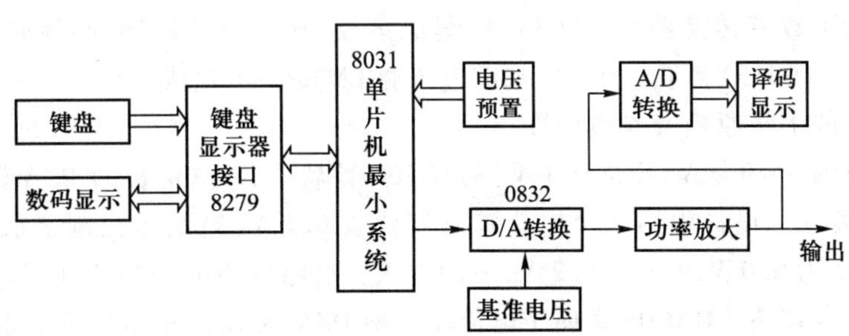

图 1.2.9　方案三系统方框图

方案比较：三个方案均是可行的。方案一原理直观，它实际上是利用电压串联负反馈的方法，将 U_I 当作输入信号，输出电压 U_0 与 U_I 呈线性变化。且输出电压 U_0 的稳定性和波纹系数等项指标可以得到改善。方案二结构简单，且具有良好的负载特性，输出负载电流可达

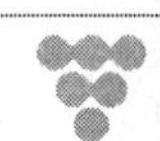

1.5 A。但要扩展电压种类(如三角波、矩形波等)会带来不方便,一般情况下,输出矩形波中含有直流分量,如输出加耦合电容又会影响波形参数。方案三与方案一类同,只不过末级加了一个功放级,便于交、直流信号放大。下面只对方案三作重点介绍。

1.2.3 硬件设计

方案三的系统原理框图如图 1.2.9 所示。

1. 数控部分

主要由数字电路构成,它要完成键盘控制、预置拨码开关输入控制、电压控制字输出、数码管显示控制、电流过流软件保护等功能 。由于控制功能多,选用 8031 最小应用系统,如图 1.2.10 所示。

(1) 8031 最小应用系统

8031 最小应用系统包括一片 8031 CPU 芯片。一片 27128 EPROM 程序存储器、一片 6264 RAM 存储器、一片地址锁存用的 74LS373 和一片地址译码用的 74LS138。

(2) 键盘/显示器接口电路

键盘/显示器电路如图 1.2.11 所示。设计选用 Intel 公司生产的通用可编程键盘/显示器的接口电路芯片 8279。它可以实现对键盘和显示器的自动扫描、识别闭合键的键号、完成显示器的动态显示、防止抖动等。可以节省 CPU 处理键盘和显示器的时间,提高 CPU 的工作效率。另外,8279 与单片机的接口简单,显示稳定,工作可靠。

在图 1.2.11 中,采用了 4×4 的键盘作为控制,键盘一共用了 16 个按钮开关,用 8279 的 RL0 ~ RL3 与键盘相连,作为键盘输入。SL0 ~ SL3 作为扫描输出。因本方案只使用 6 只数码管,采用 3 线 -8 线译码器 74LS138 就可以了,故键盘扫描输出只用了 3 位(即 SL0 ~ SL2)。

方案中采用了 2×4 个拨动开关,可以预置 2 组 4 位数据,经选择器 74LS157,由 1Y ~ 4Y 输出给 CPU P1.1 ~ P1.4,作输出电压预置数使用。因 8031 是 8 位芯片,一次只能输出 8 位数据,所以预置数也必须是 8 位,按码开关一组作为高 4 位,另一组作为低 4 位。

2. 稳压输出部分

稳压输出原理图如图 1.2.12 所示。这部分将控制部分送来的电压控制字数据转换成稳定电压输出。它由数模转换器(DAC0832)、集成运放 OP -07、LF356、晶体管 VT_1(TIP122)、VT_2(TIP127)、VT_7(9015)、VT_8(9014)、基准电压源 LM336 -5 组成。

(1) 主电路的工作原理及参数计算

电压输出范围 0 ~ 9.9 V,步进 0.1 V,共有 100 种状态,8 位字长的 D/A 转换器具有 256 种状态,能满足要求。设计中用两个电压控制字代表 0.1 V,当电压控制字从 0,2,4,…,198 时,电源输出电压为 0.0 V,0.1 V,0.2 V,…,9.9 V。电路选用的 D/A 转换芯片是 DAC0832,该芯片价廉且精度较高。DAC0832 属于电流输出型 D/A,输出的电流随输入的电压控制字线性变化。若要得到电压,还需外接一片运放来实现电流到电压的转换。该运放输入端的输入电流对转换精度影响很大,DAC0832 输出的电流有几十微安的变化,若运放输入端的输入电流为 0.1 μA,如 μA741 的输入电流约为此值,且有一定变化),则会引入相当于 1 ~ 2 个电压控制字的误差,因此应选用高输入阻抗的运放,如 JFET 输入的运放 LF356(或 0P07),它的输入电流可以忽略。DAC0832 需外接基准电压,此基准电压的性能决定了输出电压的性能,要

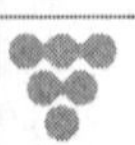

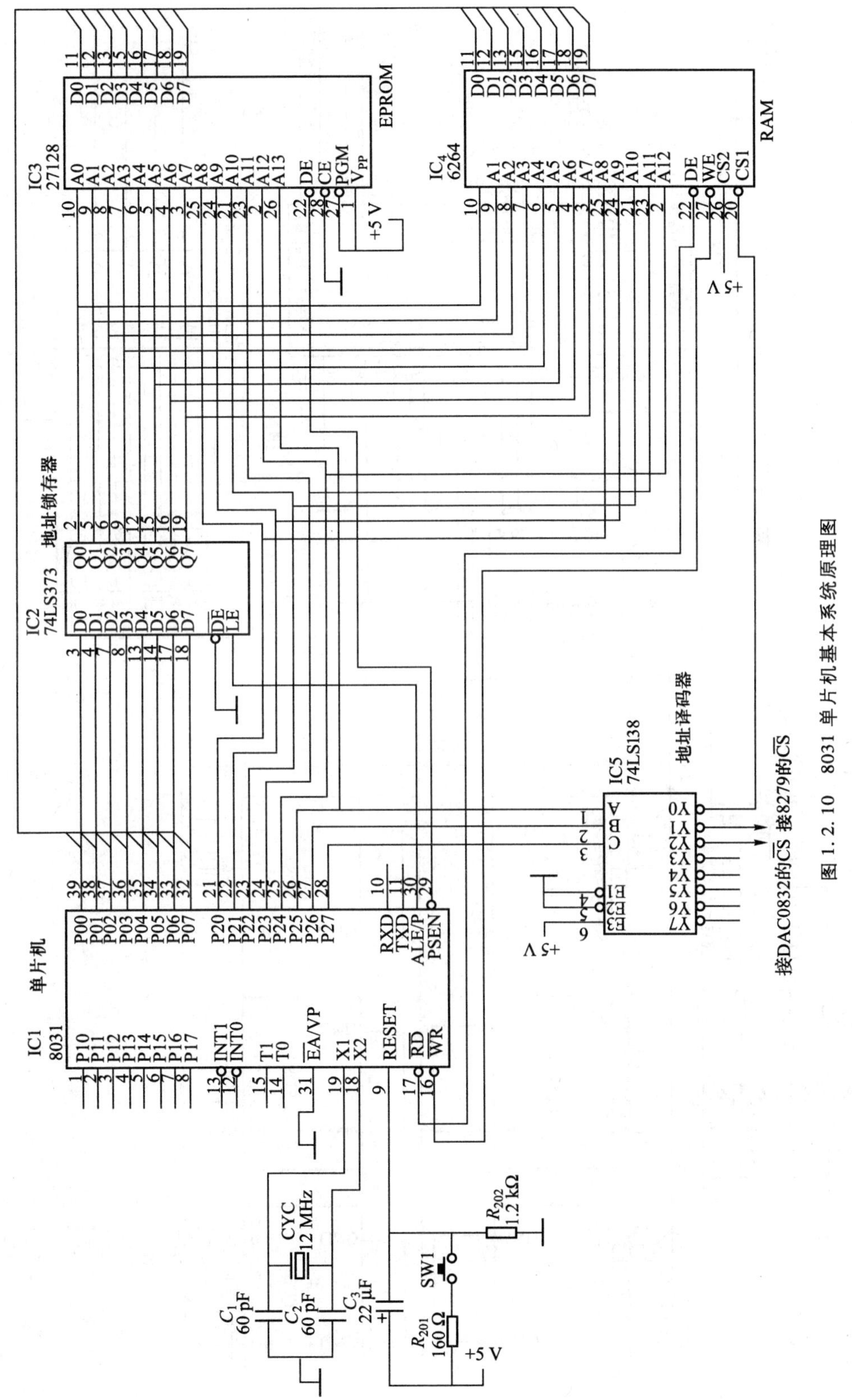

图 1.2.10 8031 单片机基本系统原理图

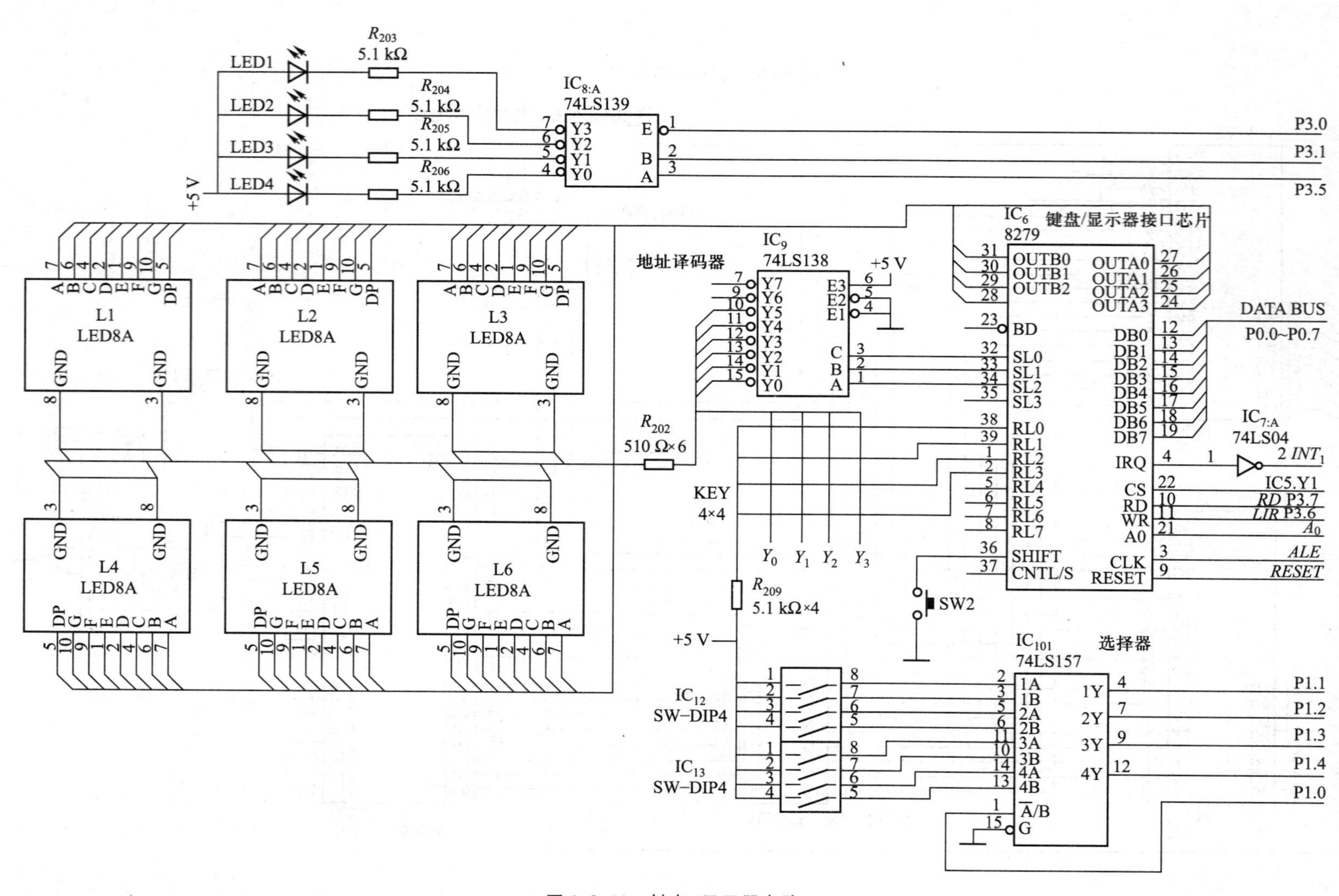

图 1.2.11 键盘/显示器电路

求基准电压具有高稳定度和低纹波,故选取 LM336 - 5 作为基准源。当 DAC0832 采用 5 V 基准电压时,D/A 转换电路的满幅输出为 5.0 V(电压控制字为 255 时)。由于实际用到的最大电压控制字为 198,因此 D/A 部分最大输出电压为

$$U_{\text{Imax}} = \left(\frac{198}{255}\right) \times 5.0\ \text{V} = 3.882\ \text{V}$$

将它写成通式,即

$$U_{\text{I}} = \frac{U_{\text{REF}}}{2^8 - 1} \cdot \sum_{i=0}^{7} 2^i D_i \tag{1.2.3}$$

D/A 转换部分输出电压 U_{I} 作为电源功放级的输入电压。功放级由 IC3(LF356)和 VT_1(TIP122)、VT_2(TIP127)构成闭环推挽输出电路。该电路属于典型的电压串联负反馈电路。于是可以写出输出电压 U_{O} 与输入电压 U_{I} 的关系式,即

$$U_{\text{O}} = \left(1 + \frac{R_{\text{P1}} + R_3}{R_2}\right) U_{\text{I}} \tag{1.2.4}$$

将式(1.2.3)代入式(1.2.4)得

$$U_{\text{O}} = \left(1 + \frac{R_{\text{P1}} + R_3}{R_2}\right) \cdot \frac{U_{\text{REF}}}{2^8 - 1} \sum_{i=1}^{7} 2^i D_i \tag{1.2.5}$$

当 $U_{\text{I}} = 3.882$ V,$R_2 = 10$ kΩ,$R_3 = 9.1$ kΩ,$U_{\text{O}} = 9.9$ V 由上述方程可求得 $R_{\text{P1}} = 6.402$ kΩ。

现选取 $R_{\text{P1}} = 10$ kΩ 的精密多圈电位器。当 CPU 输入电压控制字 $\mathbf{10111100}_2 = (198)_{10}$时,$U_{\text{I}} = 3.882$ V,调节 R_{P1}使 $U_{\text{O}} = 9.9$ V。

(2) 过流保护电路

在图 1.2.12 中,VT_7、VT_8 构成过流保护电路。正常工作时,VT_7 截止,VT_7 集电极电平为 -15 V,使 VT_8 截止,A 点输出高电平,不触发中断。当输出电流过大时(例如 $I_{\text{O}} > 500$ mA)时,采样电阻 R_{16}上的压降 >0.75 V。调节 R_{P3}使 VT_7 的 $U_{\text{BE}} > 0.6$ V 时,VT_7 管会导通,VT_7 的集电极电平提高,于是 VT_8 也导通,A 点呈现低电平,触发 8031 中断,执行中断保护程序。

(3) 扩展输出负电源

图 1.2.12 只能输出电压 0 ~ 9.9 V,不能输出负电压。只要对图 1.2.12 略做改动,便巧妙地扩充了负电源,如图 1.2.13 所示。

从图 1.2.13 可以看出,只要在 D/A 转换端再接入一级反相加法器,其输出电压 U_{O} 与输入电压 U_{I} 的关系为

$$U_{\text{O}} = -\left(\frac{U_{\text{I}}}{R_2} + \frac{U_{\text{R}}}{R_1}\right) R_4 = -2U_{\text{I}} + 3.882 \tag{1.2.6}$$

这样一来输出电压的变化范围为 -3.882 ~ 3.882 V,从而扩展了负电源。

(4) 扩展输出电压种类

下列两种方法均是扩展输出电压种类(如正弦波、矩形波、三角波等)行之有效的方法。

方法一:采用专用波形发生器芯片。如 LM324,它可以产生正弦波、矩形波、三角波、锯齿波四种波形,然后通过选择开关选择所需波形输出,如图 1.2.14 所示。再将波形输出电压加到功放级的输入端便可得到各种波形的输出电压。

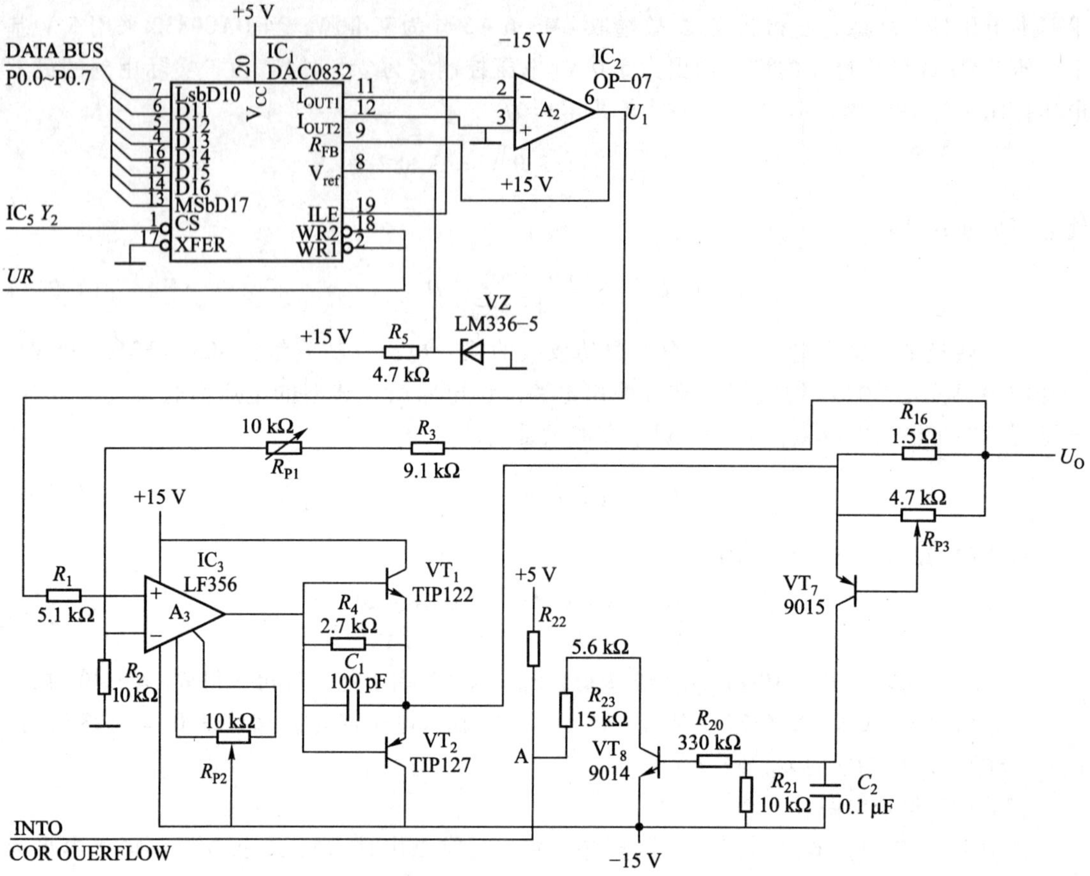

图 1.2.12　稳压输出原理图

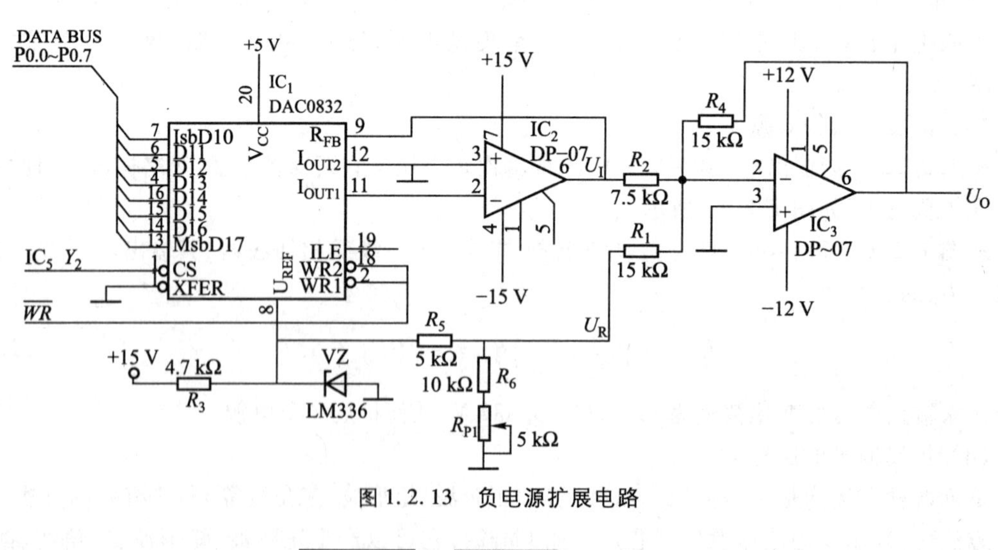

图 1.2.13　负电源扩展电路

LM324 → 选择开关 → 波形输出

图 1.2.14　四种波形产生的电路

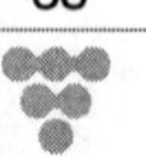

方法二：采用 DDS 技术，将波形数据（或称函数表）存储在 RAM 存储器芯片中，由 CPU 送出量化后的波形数据，即可在输出端得到相应的波形。关于 DDS 的原理在信号发生器有关题中再详细介绍。

本系统采用的是方法二。

3. 输出电压显示电路

为了实现输出电压的实时监控，使用 ICL7107 搭接的数字电压表对其输出电压采样测量，并输出显示，用户可以从显示器上看见两个电压值：其一为单片机设置的电压值；其二为输出电压的实测值。正常工作时两者相差很小，一旦出现异常状况，用户可以看出与预置值不符，从而采取相应的措施。

输出电压测量/显示电路如图 1.2.15 所示。

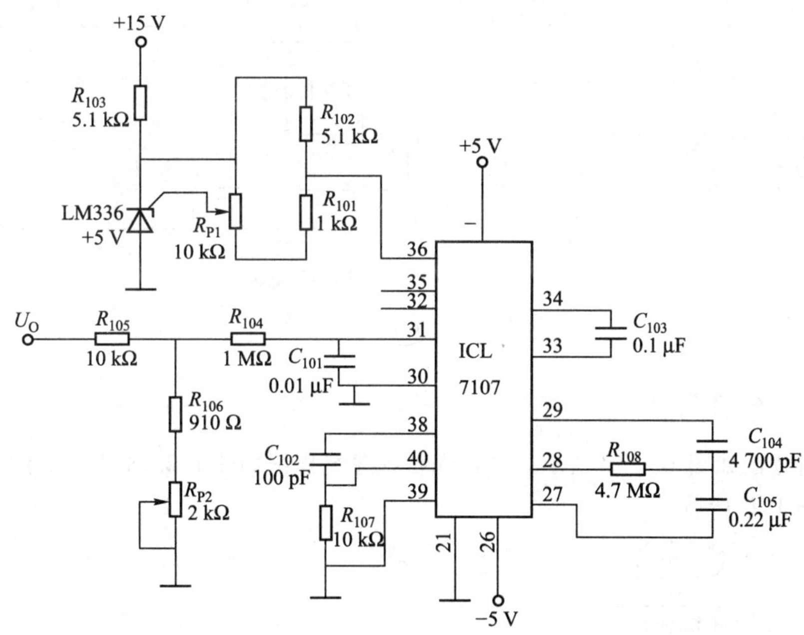

图 1.2.15　输出电压测量/显示电路

4. 电源设计

(1) ±15 V 电源(0.7 A)

±15 V 电源电路如图 1.2.16(a)所示。

对于滤波电容的选择，要考虑三点：① 整流管的压降；② 7815/7915 最小允许压降 U_d；③ 电网波动 10%。由此而计算得允许纹波的峰 - 峰值

$$\Delta_{\pi t} = 18 \times \sqrt{2}(1 - 10\%) - 0.7 - U_d - 15 = 4.9 \text{ V}$$

按近似电流放电计算，并设 $\theta = 0°$（通角），则

$$C = \frac{I \cdot \Delta t}{\Delta u} = \frac{0.7 \times 1/100}{4.9} \text{ F} = 1\ 430\ \mu\text{F}$$

故选取滤波电容 C 为 2 200 μF/30 V。

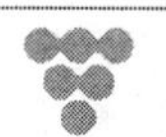

（2）+5 V 电源（1 A）

+5 V 电源电路如图 1.2.16(b)所示。计算允许的最大纹波峰－峰值

$$\Delta_{\tau t(max)} = [9 \times \sqrt{2}(1 - 10\%) - 1.4 - 2.3 - 5]\text{V} = 2.76\ \text{V}$$

$$C = \frac{I \cdot \Delta t}{\Delta u} = \frac{1 \times 1/100}{2.76}\ \text{F} = 3\ 600\ \mu\text{F}$$

故选取滤波电容 C 为 4 700 μF/16 V。

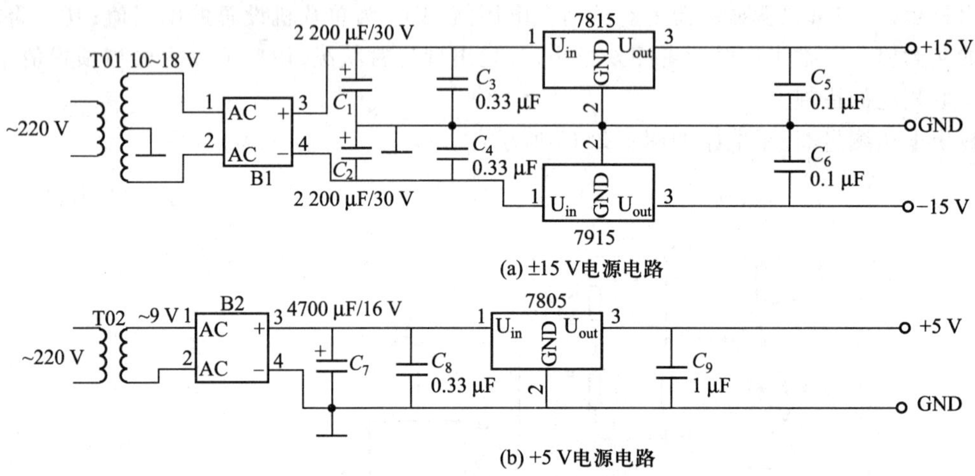

图 1.2.16　供给电源电路

1.2.4　软件设计

主程序流程图如图 1.2.17 所示。过流保护程序流程图如图 1.2.18 所示。波形输出子程序流程图如图 1.2.19 所示。

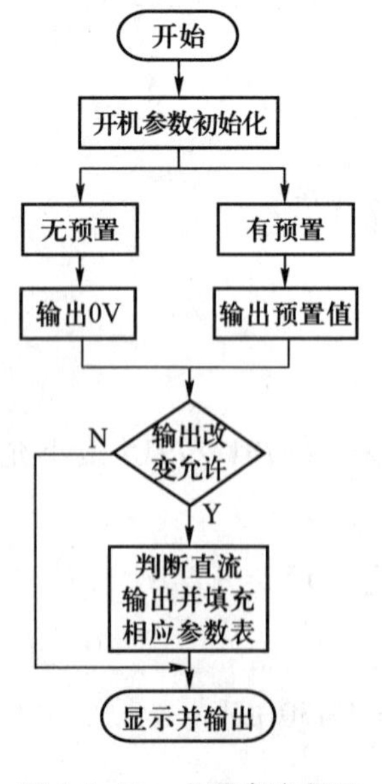

图 1.2.17　主程序流程图

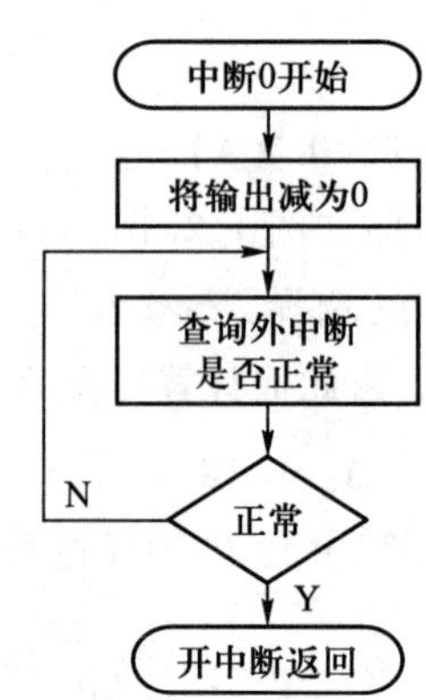

图 1.2.18　过流保护程序流程图

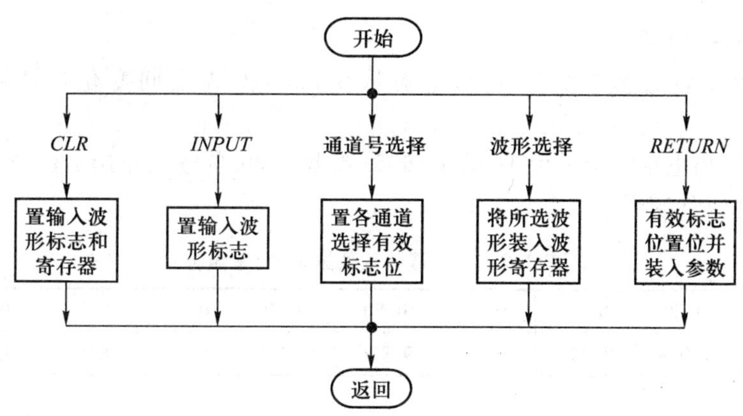

图 1.2.19　波形输出子程序流程图

1.2.5　测试结果及结果分析

1. 系统功能测试

系统功能测试的详细叙述略，这里只简单提示几点：

(1) 系统操作及面板说明；

(2) 符合设计提出的基本功能及提出的发挥功能；

(3) 扩展了可预置及步增/步减的负稳压输出功能；

(4) 扩展了过流保护功能。

2. 系统指标测试

(1) 输出端空载时

测量仪器：Thurlby1905a 型 Intelligent Digital Multimeter，使用其 4 位半电压表功能。空载数据记录(室温)见表 1.2.1。

表 1.2.1　空载数据记录(室温)

	1	2	3	4	5	6	7	8	9	10	11
预置电压/V(数码显示)	0.0	1.0	2.0	3.0	4.0	5.0	6.0	7.0	8.0	9.0	9.9
输出电压/V(数码显示)	0.00	1.00	2.01	3.01	4.02	5.02	6.03	7.03	8.03	9.04	9.94
实测电压/V(1905a 测量)	0.000	1.005	2.010	3.016	4.020	5.025	6.031	7.032	8.036	9.042	9.947

(2) 带载 0.5 A 时

测量仪器：输出电压测量采用 Thurlby1905a 型数字表，负载电流用 DT－890 型数字万用表监测。带载 0.5 A 的数据记录见表 1.2.2。

表 1.2.2　带载数据记录(室温)

	1	2	3	4	5	6	7	8	9	10	11
预置电压/V(数码显示)	0.0	1.0	2.0	3.0	4.0	5.0	6.0	7.0	8.0	9.0	9.9
输出电压/V(数码显示)	0.00	0.97	1.98	2.99	3.99	5.00	6.01	7.01	8.01	9.02	9.92
实测电压/V(1905a 测量)	0.000	0.985	1.985	2.995	4.000	5.005	6.011	7.012	8.016	9.022	9.926

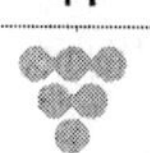

(3) 稳压电源负载特性

输出电压恒定设置为 9.9 V,负载电流从 0.2 ~ 1.0 A 之间变化时的稳压电源负载特性。

测量仪器:输出电压测量采用 Thurlby 1905a 型数字表,负载电流用 DT - 890 型数字万用表监测。稳压电源负载特性见表 1.2.3。

表 1.2.3 负载特性数据记录(室温)

负载电流/A	0.20	0.30	0.40	0.50	0.60	0.70	0.80	0.90	1.00
实测电压/V	9.938	9.934	9.930	9.926	9.922	9.918	9.913	9.909	9.906

根据上述测量结果用图解法计算电源动态内阻 R_D,如图 1.2.20 所示。

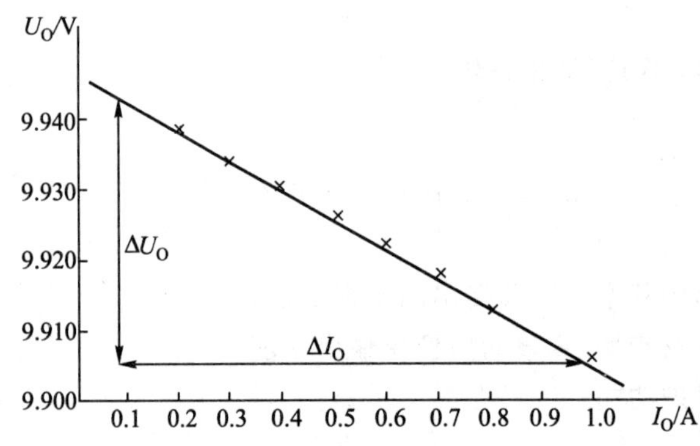

图 1.2.20 电源输出伏安特性曲线

$$R_D = \frac{\Delta U_o}{\Delta I_o} = \frac{9.943\,5 - 9.905}{1.02 - 0.1}\ \Omega = \frac{0.043}{0.92}\ \Omega = 0.047\ \Omega$$

3. 系统误差分析

从电路的原理框图可以看出,系统的主要误差来源于三方面。

(1) DAC0832 的量化误差

DAC0832 为 8 位 D/A 转换器,满量程为 10 V 的量化误差为

$$\pm (1/2) L_{MSB} = \pm (1/2) \times (1/2^8) \times 10\ V \approx \pm 20\ mV$$

按满度归一化的相对误差为 $\pm (1/2) \times (1/2^8) = \pm 0.2\%$。

(2) 基准电压温漂引入的误差

LM336 在 0 ~ 40℃ 范围内漂移不大于 4 mV,故相对误差 = ±2 mV/5 V = ±0.04%。

(3) 由功率放大器引入的误差

这里主要考虑 LF356 的温漂,共有三项:

① 基准电压温漂产生的满度相对误差为 ±0.04%;

② 8 位 D/A 变换附加的量化误差 ±20 mV;

③ 功放前级 LF356 温漂引入的附加误差为 ±100 μV。

三种误差视为彼此独立时,系统最大误差(未考虑线性误差)为

$$\Delta\xi_{max} = \pm 0.04\% \times U_{max} \pm 20.1\ mV$$

1.3 数控恒流源设计
(2005 年全国大学生电子设计竞赛 F 题)

一、任务

设计并制作数控直流电流源。输入交流电压 200 ~ 240 V,50 Hz;输出直流电压≤10 V,其设计任务示意图如图 1.3.1 所示。

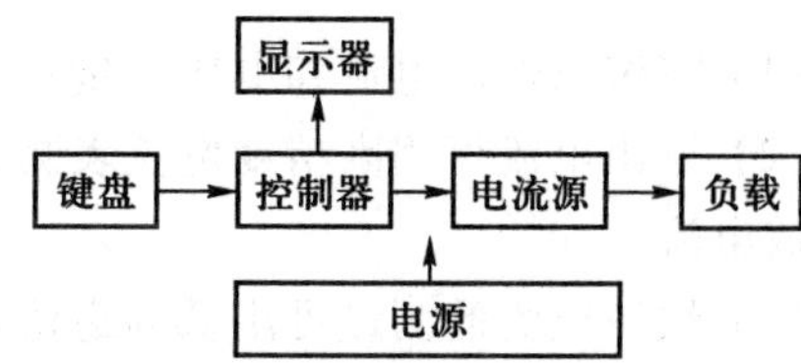

图 1.3.1 设计任务示意图

二、要求

1. 基本要求

(1) 输出电流范围:200 ~ 2 000 mA。

(2) 可设置并显示输出电流给定值,要求输出电流与给定值偏差的绝对值≤给定值的 1% + 10 mA。

(3) 具有"+"、"-"步进调整功能,步进≤10 mA。

(4) 改变负载电阻,输出电压在 10 V 以内变化时,要求输出电流变化的绝对值≤输出电流值的 1% +10 mA。

(5) 纹波电流≤2 mA。

(6) 自制电源。

2. 发挥部分

(1) 输出电流范围为 20 ~ 2 000 mA,步进 1 mA。

(2) 设计、制作测量并显示输出电流的装置(可同时或交替显示电流的给定值和实测值),测量误差的绝对值≤测量值的 0.1% +3 个字。

(3) 改变负载电阻,输出电压在 10 V 以内变化时,要求输出电流变化的绝对值≤输出电流值的 0.1% +1 mA。

(4) 纹波电流≤0.2 mA。

(5) 其他。

三、评分标准

	项目	满分
基本要求	设计与总结报告:方案比较、设计与论证,理论分析与计算,电路图及有关设计文件,测试方法与仪器,测试数据及测试结果分析	50
	实际完成情况	50
发挥部分	完成第(1)项	4
	完成第(2)项	20

续表

	项目	满分
发挥部分	完成第(3)项	16
	完成第(4)项	5
	其他	5

四、说明

(1) 需留出输出电流和电压测量端子。

(2) 输出电流可用高精度电流表测量;如果没有高精度电流表,可在采样电阻上测量电压换算成电流。

(3) 纹波电流的测量可用低频毫伏表测量输出纹波电压,换算成纹波电流。

1.3.1 题目分析

在仔细阅读考题之后,对设计的任务、系统功能和主要技术指标归纳如下。

一、设计任务

设计一个精密数控恒流源。

二、系统功能及指标

1. 恒流源

(1) 输出电压:≤10 V。

(2) 输出电流范围:200 ~2 000 mA(基本要求),20 ~2 000 mA(发挥部分要求)。

(3) 步进:≤10 mA(基本要求);1 mA(发挥部分要求)。

(4) 预置电流值并显示:测量值与预置值误差的绝对值≤输出电流值的1% +10 mA(基本要求)。

(5) 负载特性:输出电压在10 V内变化,改变 R_L 时。

$$|\Delta I_O| < I_O \times 1\% + 10\ \text{mA}(\text{基本要求})$$

$$|\Delta I_O| < I_O \times 0.1\% + 1\ \text{mA}(\text{发挥部分要求})$$

(6) 纹波电流:测试条件 $I_O = 2\ 000$ mA,≤2 mA(基本要求);≤0.2 mA(发挥部分要求)。

2. 电流测量仪

(1) 电流测量范围:20 ~2 000 mA。

(2) 测量误差:测量误差的绝对值 $|\Delta I_O| < I_O \times 0.1\% + 3$ 个字。

3. 自制稳压电源

(1) 输出直流电压 +18 V,额定电流 2 A,纹波电压 <10 mV。

(2) 输出直流电压 ±15 V,额定电流 1 A,纹波电压 <10 mV。

(3) 输出直流电压 +5 V,额定电流 1 A,纹波电压 <10 mV。

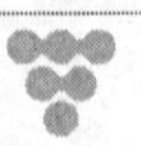

1.3.2　方案论证

恒流源系统方框图如图 1.3.2 所示。它由控制器、电流源、电流测量装置、自制稳压电源组成。

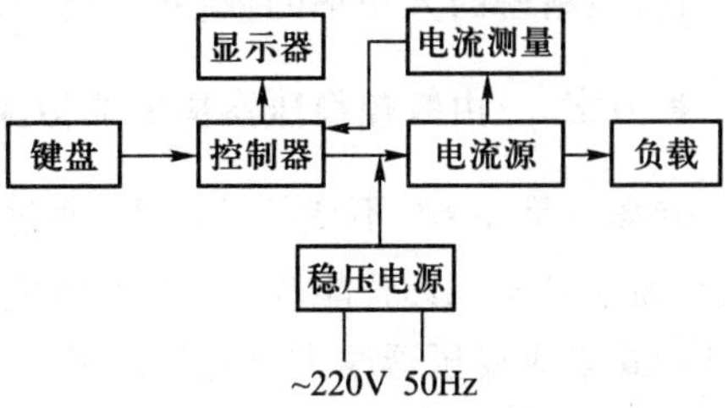

一、控制部分

近几年,全国大学生电子设计竞赛题目,均涉及控制方面的内容。对于此类问题大体上可以采用如下三种方案来实现。

图 1.3.2　恒流源系统方框图

方案一:采用中小规模集成电路构成的控制电路。

方案二:采用以单片机为核心的单片机最小系统。

方案三:采用可编程逻辑器件(如 FPGA)构成的控制器。

因方案一外围元器件多,容易出故障,方案三价格较贵,而方案二有外围元器件不算多,且具有价格便宜,容易掌握,可靠性高等优点,故本系统采用方案二,即采用 AT89C51 为核心的控制器。单片机最小系统原理框图如图 1.3.3 所示。

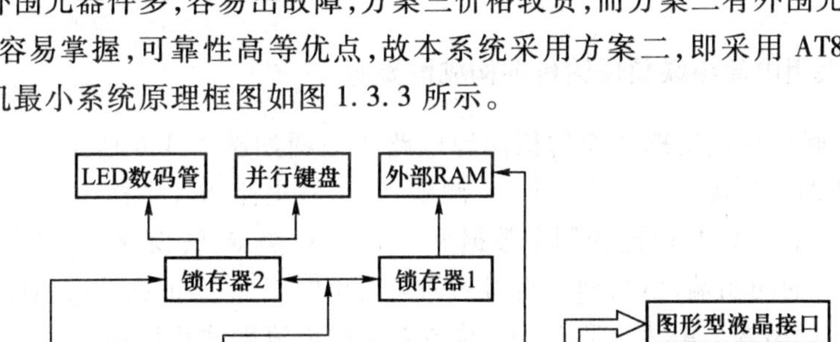

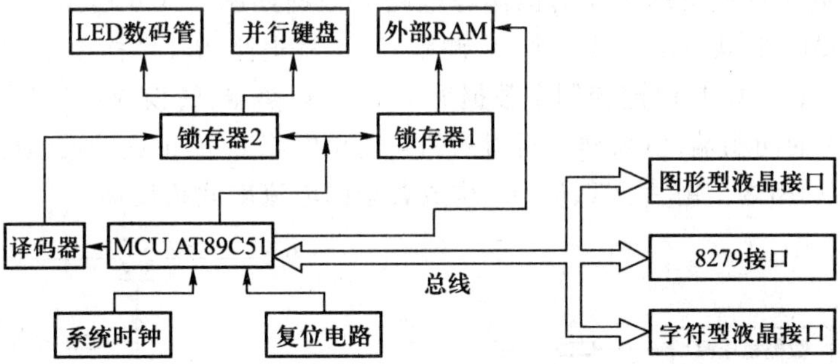

图 1.3.3　单片机最小系统原理框图

二、恒流源部分

▶方案一:由三端可调式集成稳压器构成的恒流源

以 W350 为例,其最大输出电流为 3 A,输出电压 U'_O 为 1.2 ~ 33 V。其典型恒流源电路如图 1.3.4 所示。

当可调稳压器 W350 调节在输出电压 U'_O = 1.2 V 时,若 R 固定不变,则 I_H 不变。因此可获得恒流输出。例如,$R = 0.6\ \Omega$,则 $I_H = \frac{U'_O}{R} = \frac{1.2}{0.6}\text{A} = 2\ \text{A}$。若改变 R 的值,可使输出电流 I_H 改变。例如,$R = 6\ \Omega$ 时,则 $I_H = 200$ mA,可满足要求(输出

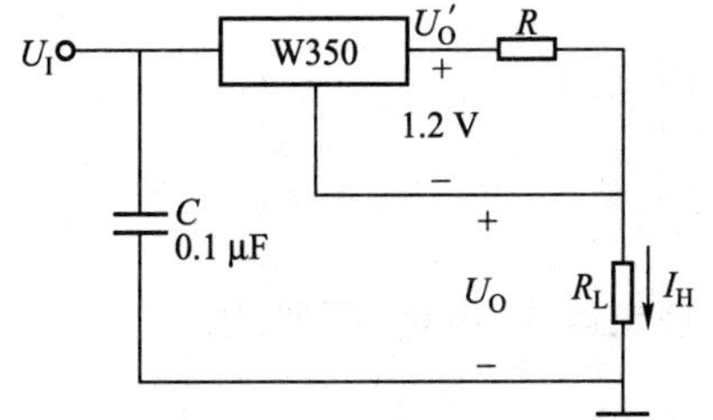

图 1.3.4　由 W350 构成的恒流源电路

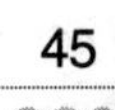

电流范围 200 ~2 000 mA)。若 R 由 60 Ω 变到0.6 Ω,则 I_H 为 20 ~2 000 mA,满足发挥部分的要求。假设 R 改为数控电位器,则输出电流可以以某一个步长进行改变。

此方案的优点:结构简单、外围元件少、调试方便、价格便宜。

缺点:精密的大功率的数控电位器很难购买。

▶方案二:由数控稳压器构成的恒流源

方案一是在 U_0' 不变的情况下,通过改变 R 的数值而获得输出电流的变化。如果固定 R 不变,如令 $R=1$ Ω,若能改变 U_0' 的数值,同样可以构成恒流源。也就是说将图 1.3.4 中的三端可调式集成稳压器改为数控稳压源。其原理方框图如图 1.3.5 所示。关于数控稳压源的工作原理及设计方法已在 1.3.2 节作了详细介绍,这里不再重复。

此方案的优点:原理清楚,若赛前培训过数控稳压源的设计的话,知识、器件有储备,方案容易实现。

缺点:由图 1.3.5 可知,数控稳压源的地是浮地,与系统不共地线。对于系统而言,地线不便处理。

▶方案三:采用电流串联负反馈机理构成恒流源

采用电流串联负反馈机理构成的恒流源电路方框图如图 1.3.6 所示。它由 LM399 型精密基准电压源、DAC、低噪声误差放大器 A、调整管、负载电阻 R_L、采样电阻 R_F 及精密多圈电位器 R_P 等组成。来自 CPU 电流控制字数据加至 D/A 转换器,转换成电压信号通过多圈电位器 R_P 加在运放 A 的同相端,由采样电阻引入的与输出电流 I_O 成正比的反馈电压 U_F 加在误差信号放大器 A 的反相端。由 A、VT、R_L、R_F 构成典型的电流串联负反馈。

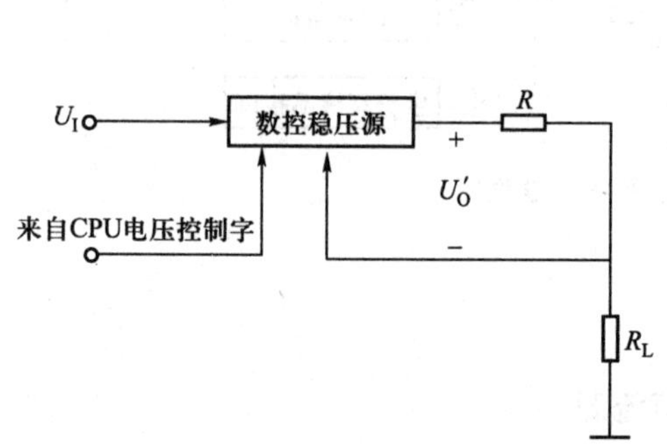

图 1.3.5　由数控稳压器构成的恒流源方框图

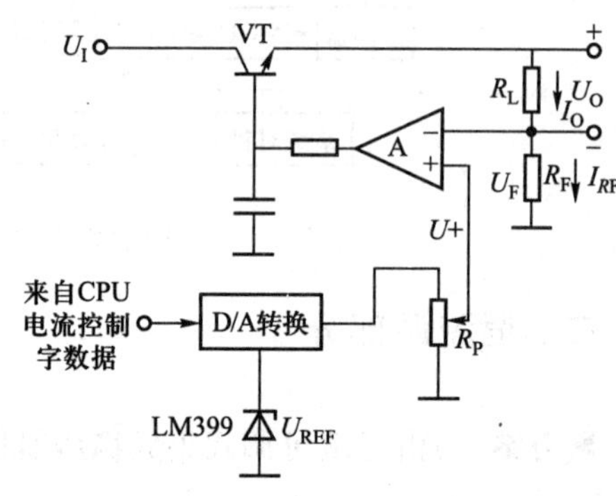

图 1.3.6　方案三:原理框图

因

$$I_O = I_{RF} = \frac{U_F}{R_F} \tag{1.3.1}$$

而

$$U_+ = KU_{REF} \cdot \sum_{i=0}^{n-1} D_i 2^i \tag{1.3.2}$$

根据理想运放"虚短"原理,则

$$U_+ = U_- = U_F \tag{1.3.3}$$

于是

$$I_{\mathrm{O}} \approx \frac{K}{R_{\mathrm{F}}} U_{\mathrm{REF}} \sum_{i=0}^{n-1} D_i 2^i \tag{1.3.4}$$

由式(1.3.4)可知，当 K、R_{F}、U_{REF} 确定后，输出电流 I_{O} 与来自 CPU 的电流控制字的数值成正比。

方案三的优点：原理清楚，若数控稳压源培训过，元器件资料会有储备，实现此方案就变得容易。

综合考虑，系统设计选取方案三。

三、供电部分

因三端稳压器具有结构简单、外围元器件少、性能优良、调试方便等显著优点，供电部分采用三端稳压电路，如图 1.3.7 所示。

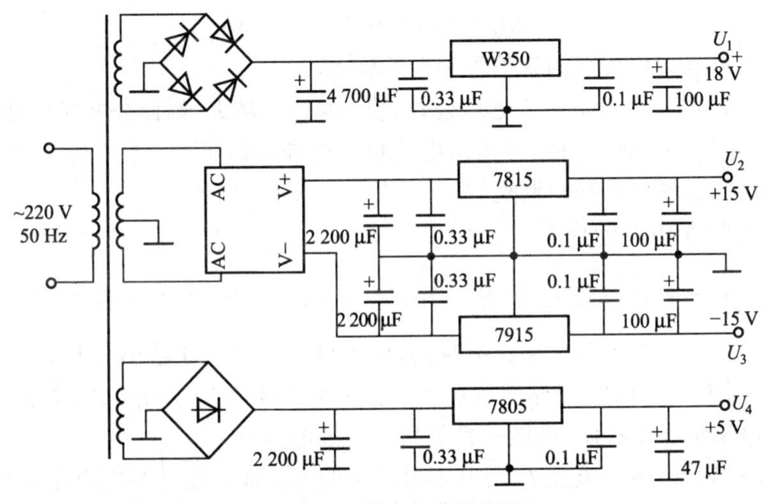

图 1.3.7　供电部分原理图

四、电流测量与显示部分

要测量输出电流 I_{O}，一般用数字电流表串联在输出回路中，直接读出 I_{O} 的值。要自制一个测量输出电流装置，不能这样做，可以将输出电流 I_{O} 转换成采样电压信号，然后经过直流电压放大、A/D 转换，然后交给 89C51 处理，最后将测量数值由液晶屏显示。其原理框图如图 1.3.8 所示。

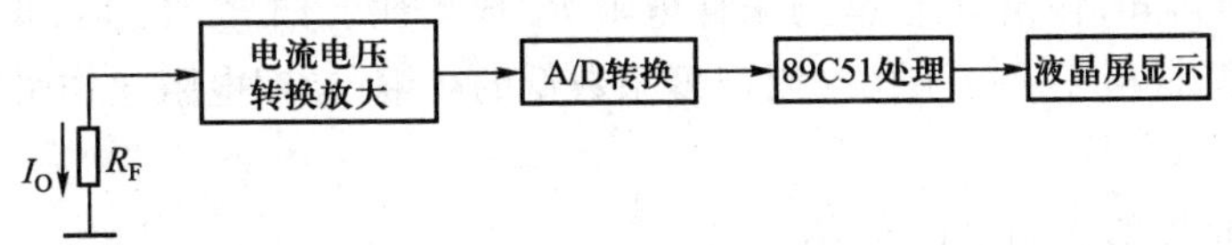

图 1.3.8　电流测量与显示原理框图

五、系统主要技术指标论证

该系统有 4 项技术指标：

(1) 在输出电流为 20 ~ 2 000 mA 的情况下，步进为 1 mA；

(2) 输出电压在 10 V 内变化，改变 R_{L} 时

$$|\Delta I_0| < I_0 \times 0.1\% + 1\ \text{mA}$$

（3）纹波电流在 $I_0 = 2\ 000$ mA 时，≤0.2 mA；

（4）自制电流测量仪测量误差为 $|\Delta I_0| < I_0 \times 0.1\% + 3$ 个字。

这 4 项技术指标均相当高，如不采取措施均难以满足。下面重点讨论这几个问题。

1. 在输出电流为 20～2 000 mA 的情况下，如何实现步进 1 mA

输出电流范围 0～2 000 mA，步进 1 mA，共有 2 001 种状态。12 位字长的 D/A 转换器具有 4 096 种状态，能满足要求。设计中用两个电流控制字代表 1 mA，当电流控制字从 0，2，4，…，4 000 时，电源输出电流为 0.001 mA，1 mA，2 mA，…，2 000 mA。因此电路必须采用 12 位的 D/A 转换器。设计选用 TLV5618 作为 D/A 转换芯片。

2. 输出电压在 10 V 以内变化，如何通过改变 R_L 实现

$$|\Delta I_0| < I_0 \times 0.1\% + 1\ \text{mA}$$

（1）选择电流放大倍数高的调整管和误差放大器

由式（1.3.4）可知，该式是一个近似公式，若 $1 + A_a F_a$ 越大，则此公式越近似。虽然使系统电流放大倍数下降了 $1 + A_a F_a$ 倍，但输出电流稳定度却提高了 $1 + A_a F_a$ 倍。因此需要选择电流放大倍数较高的运算放大器和调整管。

（2）选择高位的 D/A 转换器

由式（1.3.4）知，输出电流 I_0 是与（$\sum_{i=0}^{n-1} D_i 2^i$）成正比，因为 D/A 转换器会引入半个字到 1 个字的量化误差。若 D/A 转换器位数越高，D/A 转换时误差就越小。但 D/A 转换时位数太高，会影响转换速率并使 CPU 存储容量加大。折中考虑选取 12 位的 D/A 转换器。

（3）选择电压温度系数低，性能优良的精密基准电压源

由式（1.3.4）得知，输出电流 I_0 与基准电压源的电压成正比。基准电压源稳定性越高，则输出电流 I_0 的稳定性越高。在该系统中，设计选用 LM399 作为基准电压源。

在目前生产的基准电压源中，以 LM199、LM299 和 LM399 的电压温度系数（$\alpha_T = 0.3 \times 10^{-6}$/℃）为最低，性能最佳。其动态电阻为 0.5 Ω，能在 0.5～10 mA 的工作电流范围内保持基准电压和温度系数 α_T 不变。噪声电压有效值为 7 μV，25℃的功耗为 300 mW。输出基准电压 $U_{REF} = 6.95$ V。

（4）用康铜、锰铜电阻丝自制采样电阻

由式（1.3.4）得知，输出电流 I_0 与采样电阻 R_F 成反比。如 R_F 不准或电阻温度系数高均会影响输出电流测量精度。故采用电阻温度系数低的康铜、锰铜电阻丝作采样电阻，并用电桥准确测定该电阻值。

（5）采用高精度的多圈电位器 R_P

由式（1.3.4）得知，输出电流 I_0 与 K 成正比。来自 CPU 电流控制字数据经过 D/A 转换后，输出是电流值，然后经过运放转换成电压，再由 R_P 调整成所需的电压值。K 值与上述几个环节有关，故选取输入阻抗大的 LF356 作为运放，R_P 选取高精度的多圈电位器。

3. 如何减小纹波电流

纹波电流的产生主要来自四个方面，一是自制稳压电源滤波不干净，它的主要成分是 100 Hz；二是市电 50 Hz 的干扰；三是来自周边环境电磁干扰（如雷电、电焊机、电气设备等产

生的脉冲信号);四是机内噪声和数控部分的脉冲干扰等。针对纹波来源我们采取如下措施尽量减小纹波。

(1) 改善自制直流稳压源的滤波特性。例如,增大滤波电容的容量,在电解电容的旁边并联一个0.33 μF或0.1 μF瓷片电容,去除高频干扰。

(2) 在主回路的供电部分单独设计一个三端稳压电源。例如图1.3.7中所示W350,使电流源供电部分的纹波降至最小。

(3) 加大电流源电流串联负反馈的反馈深度($1+\dot{A}_a\dot{F}_a$)。这样做可以使输出电流的纹波近似减小$1/|1+\dot{A}_a\dot{F}_a|$倍。

(4) 加装数模隔离、电源隔离、地线隔离等措施,防止数控部分的脉冲信号、自制直流稳压源的纹波和市电50 Hz的干扰信号进入电流控制主回路。

4. 如何提高自制测流装置的测流精度

(1) 选用高精度A/D转换器,其位数选择在12位以上。

(2) 在A/D转换电路中,选用高精度的基准电源,最好选取LM399作为基准电源。

(3) 软件程序要设计合理,要通过实验对测量计算公式进行修正。

1.3.3 硬件设计

系统方框图如图1.3.2所示,它由数控部分、电流源部分、稳压电源部分和电流测量部分等组成。下面分别对各个部分进行硬件设计。

1. 数控部分

数控部分主要由数字电路构成,它要完成键盘控制、电流控制字输出、数码管显示控制、液晶显示控制、电流测量仪的计算、电流过流保护等功能,由于控制功能多,控制精度高,设计选用89C51最小应用系统。

(1) 单片机89C51最小应用系统

系统包括了时钟电路、复位电路、片外数据存储器RAM62256、地址锁存器74LS373等,如图1.3.9所示。系统设置了8个并行键盘键S1～S8、6个共阳极LED数码管LED1～LED6,如图1.3.10所示。系统还提供了基于8279的通用键盘显示电路、液晶显示模块、A/D转换及D/A转换等众多外围器件和设备接口,如图1.3.11所示。图1.3.9～图1.3.11共同组成单片机89C51最小应用系统。

在图1.3.9中,89C51引脚X1和X2跨接晶振Y1和微调电容C_5、C_6就构成了时钟电路。默认值是12 MHz。

系统板采用上电自动复位和按键手动复位方式。上电复位要求接通电源后,自动实现复位操作。手动复位要求在电源接通的条件下,在单片机运行期间,用按钮开关操作使单片机复位。上电自动复位通过外部复位电容C_4充电来实现。按键手动复位是通过复位端经电阻和V_{CC}接通而实现的。二极管VD_9用来防止反相放电。

系统板扩展了一片32 K的数据存储器62256。数据线D_{00}～D_{07}直接与单片机的数据地址复用口P0相连,地址的低8位A_0～A_7则由U_{15}锁存器74LS373获得,地址的高7位则直接与单片机的P2.0～P2.6相连。片选信号则由地址线A_{15}(P2.7引脚)获得,低电平有效。这样数据存储器占用了系统从0X0000H～0X7FFFH的XDATA空间。

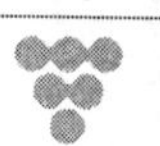

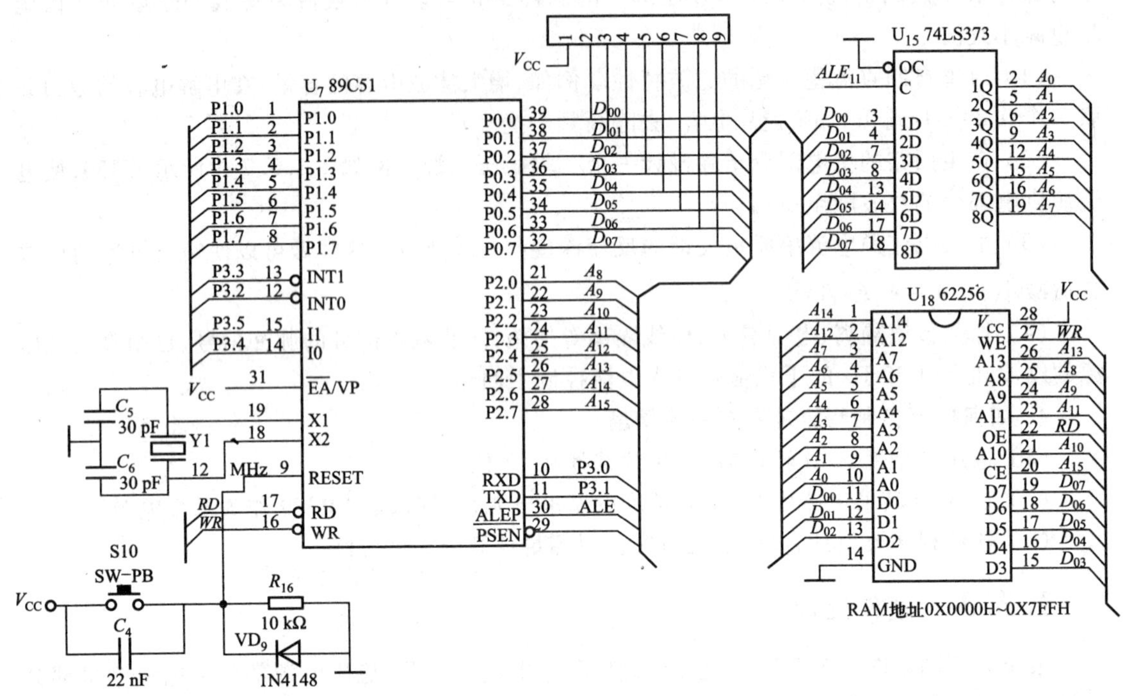

图 1.3.9 单片机 89C51 最小系统

系统板设置了 8 个并行键盘键 S1 ~ S8，6 个共阳极 LED 数码管 LED1 ~ LED6。其电路原理图如图 1.3.10 所示。可以看出为了节省单片机的 I/O 端口，在图 1.3.9 和图 1.3.10 中各采用了 1 片 74LS373。

锁存器 U_{15} 和 U_{16} 扩展了 8 个 I/O 端口。U_{15} 用来锁存 P0 口送出的地址信号，它的片选信号 $\overline{OC}$ 接地，表示一直有效，其控制端 C 接 ALE 信号。U_{16} 的输出端通过限流电阻 $R_8 \sim R_{15}$ 与数码管的段码数据线和并行键盘相连，用来送出 LED 数码管的段码数据信号和并行键盘的扫描信号，它的片选信号 $\overline{OC}$ 接地，表示一直有效，其数据锁存允许信号 C 由 $CS_0 \sim CS_6$ 和 WR 信号经一个**或非**门 74LS02 得到(其中 $CS_0 \sim CS_5$ 控制 LED 数码管，CS_6 控制键盘)，这样只有当 $CS_0 \sim CS_6$ 中的某一个和 WR 同时有效且由低电平跳变到高电平时，输入的数据 $D_{00} \sim D_{07}$ 即被输出到输出端 Q1 ~ Q8。U_{17} 为 3 线 - 8 线译码器 74LS138，通过它将高位地址 $A_{15} \sim A_{12}$ 译成 8 个片选信号 $CS_0 \sim CS_7$。它的 G2A，G2B 端接地，G1 接 A_{15}，所以 A_{15} 应始终为高电平，这样 $CS_0 \sim CS_7$ 的地址就分别为 QX8000H，QX9000H，QX0A000H，QX0B000H，QX0C000H，QX0D000H，QX0E000H，QX0F000H。$CS_0 \sim CS_5$ 和 WR 信号经过 6 个**或非**门分别控制 6 个晶体管 9012 的导通，从而控制 6 个 LED 数码管的导通，并且晶体管 9012 用来增强信号的驱动能力。

基于 8279 的通用键盘和显示电路如图 1.3.11 所示。

(2) 单片机与液晶显示电路接口电路设计

为了能同时显示预置电流值和测量值，可利用数码管显示预置电流值，用液晶屏显示测量值，这样既直观又便于比较。MDLS 字符型液晶显示模块与单片机最小系统电路板的接口如图 1.3.12 所示。

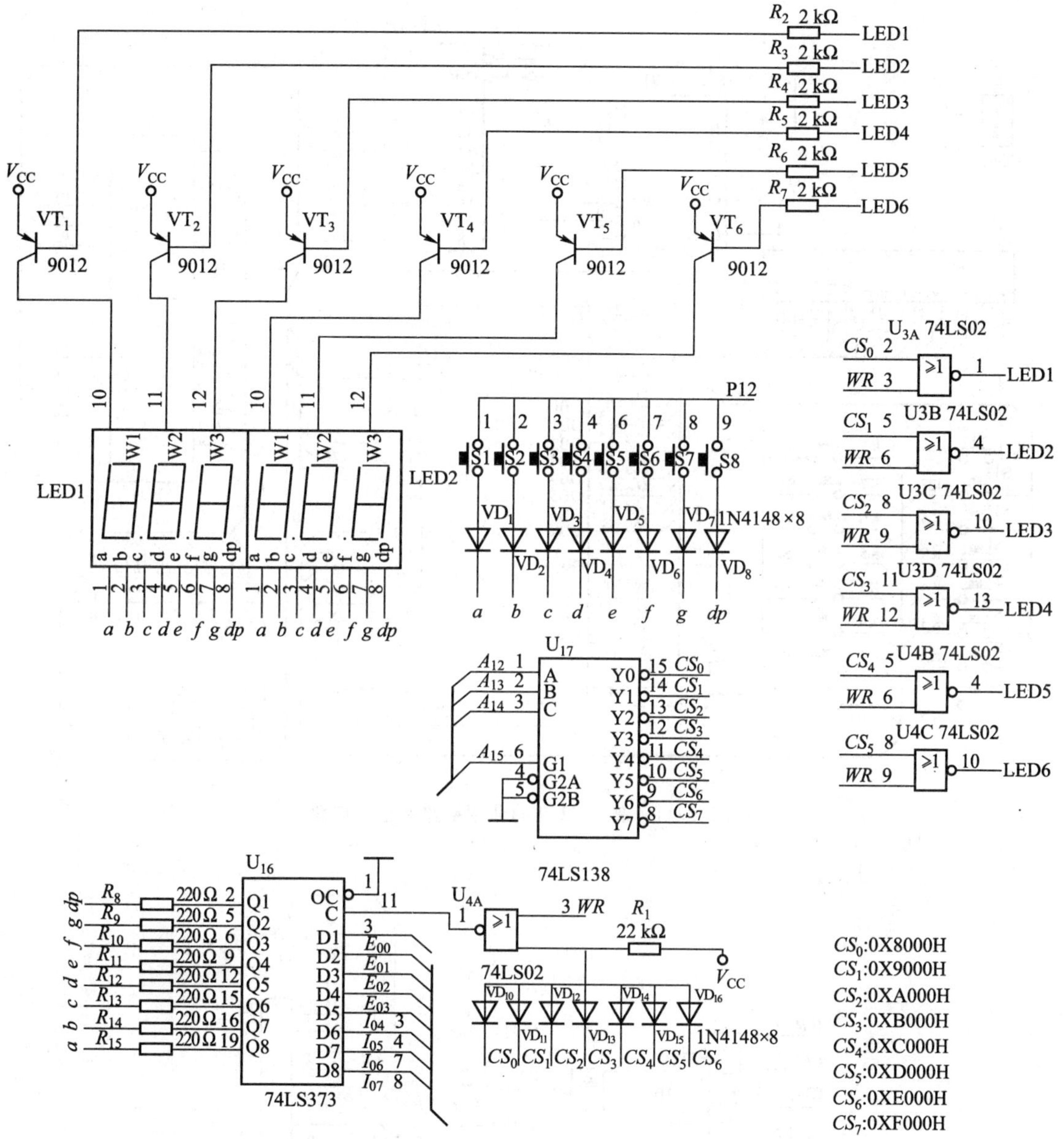

图 1.3.10　LED 数码管和并行键盘电路原理图

从单片机最小系统原理图得知，CS_7 信号由 74LS138 译码器产生，当 A_{15}、A_{14}、A_{13}、A_{12} = **1111** 时选中 CS_7，所以 CS_7 的有效地址范围为 0XF000H ~ 0XFFFFH，使能端信号在读/写时由读/写信号和片选信号共同产生。

2. 稳流输出部分

稳流输出部分原理图如图 1.3.13 所示。这部分是将控制部分送来的电流控制字数据转换成稳定电流输出。它由数模转换器 TLV5618、基准电源 LM399、精密多圈电位器 R_{P1}、误差放大器 TL082、低通滤波网络（由 R_1、C_7、C_8 组成）、调整管 MJE8055、负载 R_L 和采样电阻 R_F 等组成。

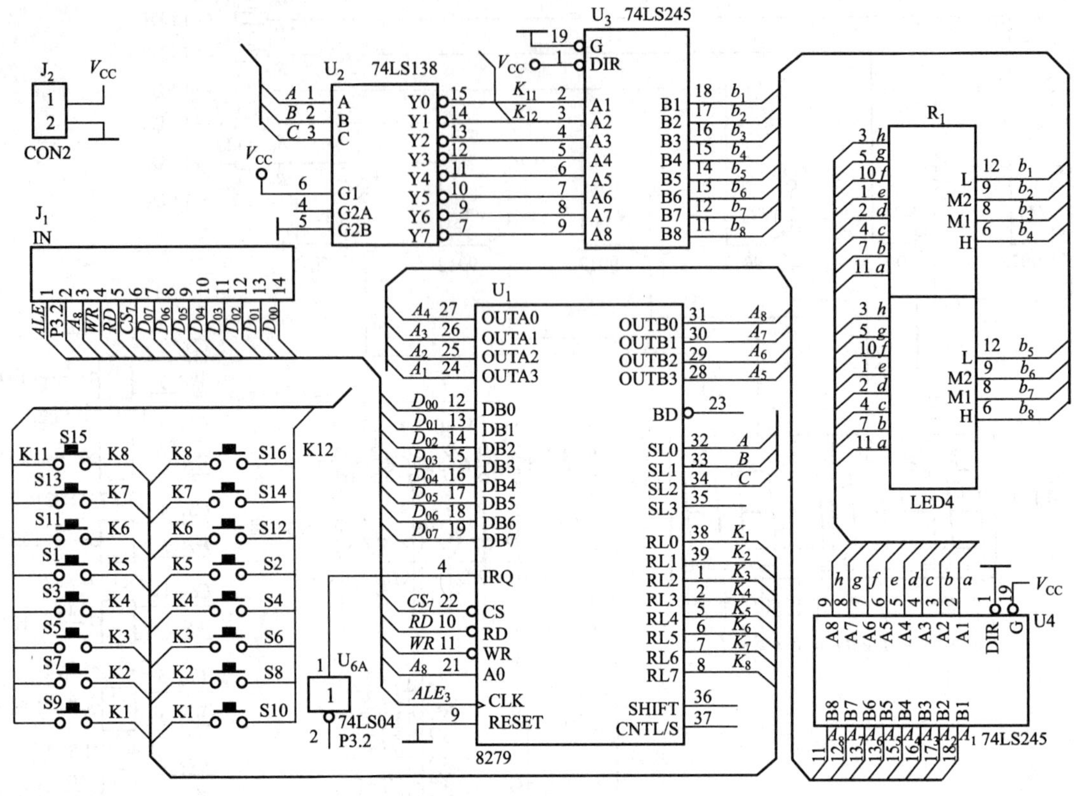

图 1.3.11　基于 8279 的通用键盘和显示电路

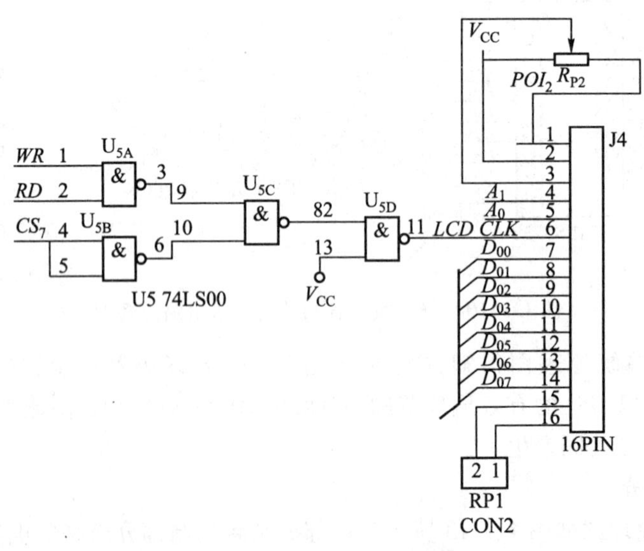

图 1.3.12　MDLS 字符型液晶显示模块与单片机最小系统电路板的接口

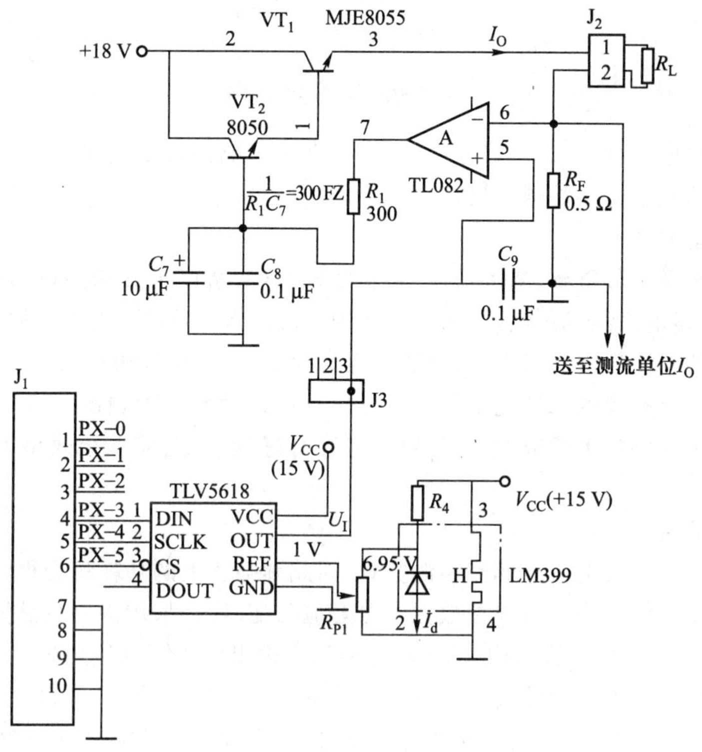

图 1.3.13　稳流输出部分原理图

因输出电流 I_O 最大值为 2 000 mA，步进为 1 mA，共有 2 001 种状态，12 位字长的 D/A 转换器（TLV5618）具有 4 096 种状态，完全能满足要求。设计时用两个电流控制字代表 1 mA，当电流控制字为 0，2，4，…，4 000 时，电源输出电流为 0 mA，1 mA，2 mA，…，2 000 mA。TLV5618 是串行输入、串行输出的 12 位 D/A 转换器。它需要一个基准电压源，因此选取精度高、电压温度系数小、性能好的精密基准电压源 LM399，其基准电压为 6.95 V。

由 D/A 转换器 TLV5618 产生的模拟量 U_I 加在误差放大器的同相端，若将 U_I 作为运放 TL082 的输入量，则由采样电阻 R_F 引入的反馈是典型的电流串联负反馈。其输出电流 I_O 只取决于 U_I 和 R_F 的大小。即 $I_O=\frac{U_-}{R_F}\approx\frac{U_+}{R_F}=\frac{U_I}{R_F}$。

若 R_F 一定，U_I 不变，则 I_O 为恒定值。这就是恒流源的工作原理。

若 R_F 一定，U_I 随电流控制字的变化而变化。故 I_O 也随电流控制字的变化而变化。

根据题目要求，输出电流 I_O 的变化范围为 20 ~ 2 000 mA，则 $I_{Omax}=2\ 000$ mA。

取 $R_F=0.5\ \Omega$，则 $U_{pmax}=U_{Imax}=I_{Omax}\cdot R_F=1$ V。这就意味着当电流控制字为 4 000 时，对应 D/A 转换器输出的电压值 U_I 为 1 V。于是可求得 D/A 转换器满幅值为

$$\frac{4\ 095}{4\ 000}\times 1\ \text{V}=1.023\ 75\ \text{V}\qquad(1.3.5)$$

此值就是 TLV5618 参考电压值。通过 R_{P1} 调节很容易得到这个数值。

于是，不难推出输出电流 I_O 与电流控制字的表达式

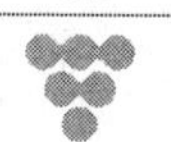

$$I_O = \frac{K}{R_F} \cdot \frac{U_{REF}}{2^n - 1} \sum_{i=0}^{11} 2^i D_i$$

$$= \left(500 \sum_{i=0}^{11} 2^i D^i\right) \text{mA} \tag{1.3.6}$$

由 1.3.2 节的分析可知，这一部分性能好坏，直接影响系统的技术指标是否可以满足，下面就电路中关键的几个元器件进行讨论。

(1) 采样电阻的选择

采样电阻的选择十分重要，要求噪声小，温度特性好，所以最好选择低温度系数的高精度采样电阻。例如，锰铜线制成的电阻，温度系数约 5 ppm/℃。另外，由于采样电阻与负载串联时流过采样电阻的电流通常比较大，因而温度也会随之上升，可以通过减小载流量和增加散热面积来避免因温度过高导致采样电阻值发生变化。在条件允许的情况下，还可以采取风冷的办法解决。另外采样电阻阻值取大一点，对稳定度有好处，但会使系统效率下降，折中考虑取 $R = 0.5\ \Omega$。

(2) 调整管的选择

由于稳流电源的输出电流全部流经调整管，因此调整管上的功耗将会很大，必须选择大功率的晶体管来做调整管。为了与误差放大器更好地匹配，我们采用由一只晶体管 8050 和一只功率管 MJE8055 组成的复合管结构，MJE8055 的最大输出电流可以达到 8 A。

通常调整管承受的电压和流过的电流是变化的。在极限情况下，即最小输出电压和最大输出电流时，为了防止调整管上的功率损耗不致过大，又要防止它进入饱和状态，最好采用稳流电源的输入电压随其输出电压的改变而进行调节，使调整管的集－射电压保持不变。但由于时间和条件限制，本设计中没有采用。

(3) 误差电压放大器

电流稳定度与放大器有直接关系，在大功率电源里基本上是倒数关系。例如，若要求电流源的稳定度小于 10^{-4}，则放大器的放大倍数要大于 10 000。现有的集成运算放大器基本上都能够满足这一要求。

本设计选用 TL082 作为误差放大器，其具有：

1.2 V/μV($R_L = 2\ \text{k}\Omega$)，0.5 V/μV($R_L = 600\ \Omega$)的高增益；300 μV 的低输入失调电压；1.5 nA 的低失调电流；2.5 μV/℃的低温漂；0.55 μV 的低噪声电压。

TL082 引脚图如图 1.3.14 所示。

TL082 内部电原理图如图 1.3.15 所示。

由于采样电阻选取 0.5 Ω，其最大采样电压为 1 V，而负载端最高电压为 10 V，复合调整管 $U_{BE} = 1.4$ V。于是要求误差放大器的最大输出电压为 12.4 V。为了防止放大器进入饱和区，设计将放大器的工作电压取为 ±15 V。

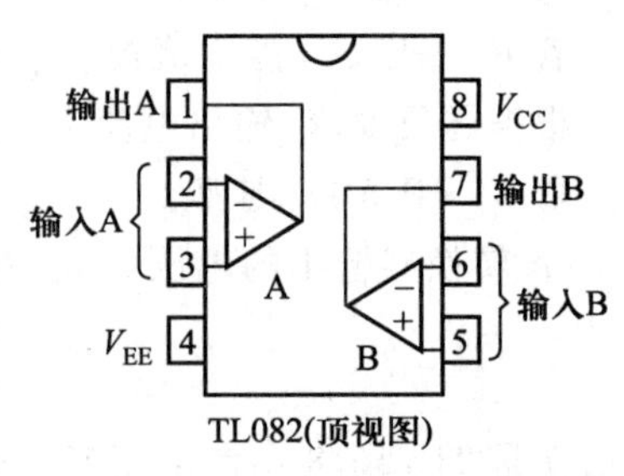

图 1.3.14　TL082 引脚图

(4) D/A 转换器的选择

由 1.3.2 节分析可知，D/A 转换器的性能好坏直接影响系统的技术指标，设计选择了具有掉电模式的 12 位电压输出 D/A 转换器 TLV5618。

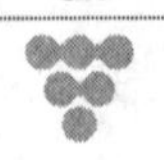

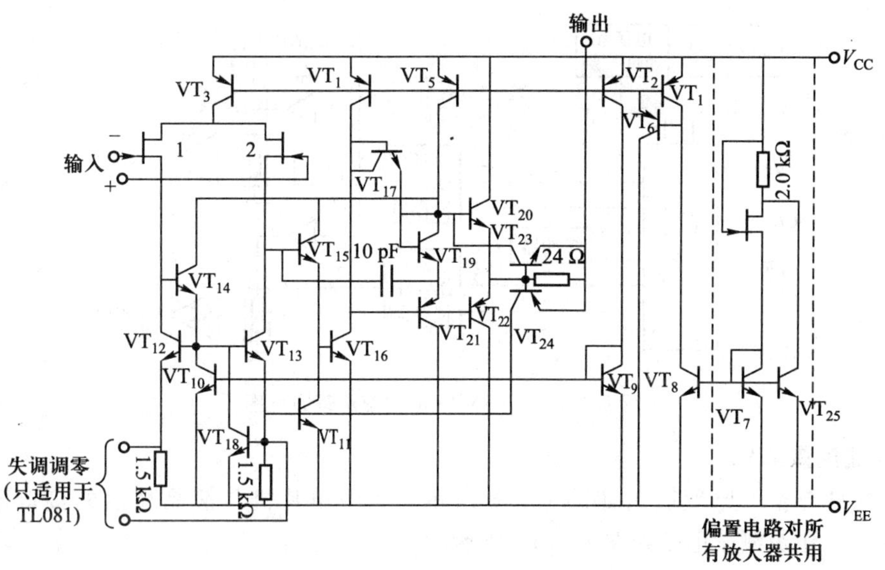

图 1.3.15　TL082 内部电原理图

① 特点。

- 电源:2.7 ~ 5.5 V
- 可编程置位时间:3 μs(高速模式),9 μs(低速模式)
- 差分非线性:<0.5 LSB(典型值)
- 与 TMS320、SPI 兼容的串行接口
- 温度范围内单调

② 引脚图、内部原理方框图。TLV5618 的引脚图、内部原理方框图如图 1.3.16、图 1.3.17 所示。

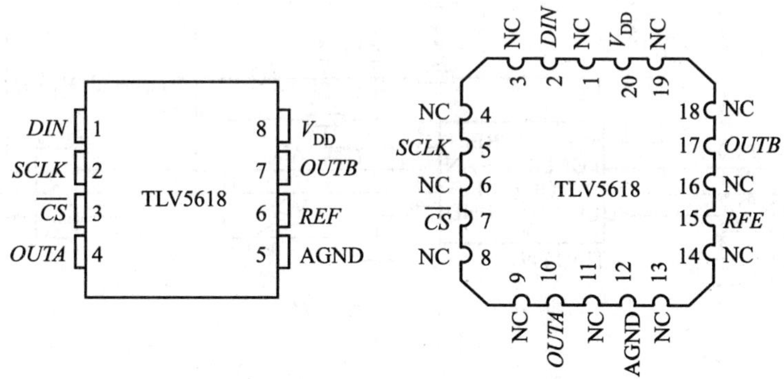

图 1.3.16　TLV5618 的引脚图

(5) 基准电压源的选择

基准电压源的选择非常重要,它直接影响恒流源输出电流的准确性、稳定性及纹波系数等项技术指标。设计选择了目前生产的性能最佳、电压温度系数最低的精密基准电压源 LM399。

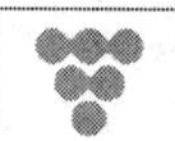

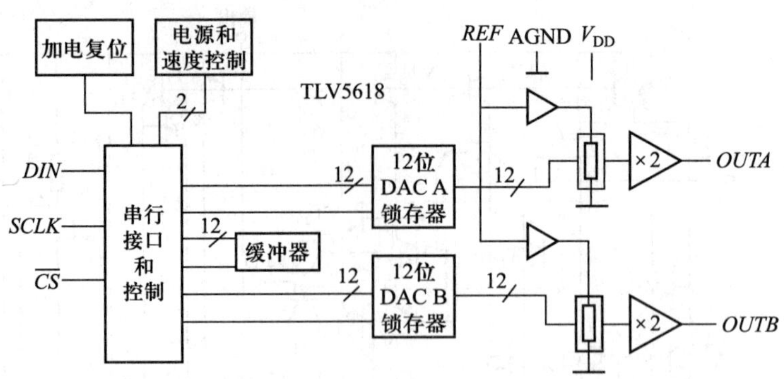

图 1.3.17　TLV5618 的内部原理方框图

3. 电流测量部分

电流测量与显示原理框图如图 1.3.8 所示。其中单片机与液晶显示的接口电路如图 1.3.12 所示。电流测量电路如图 1.3.18 所示。

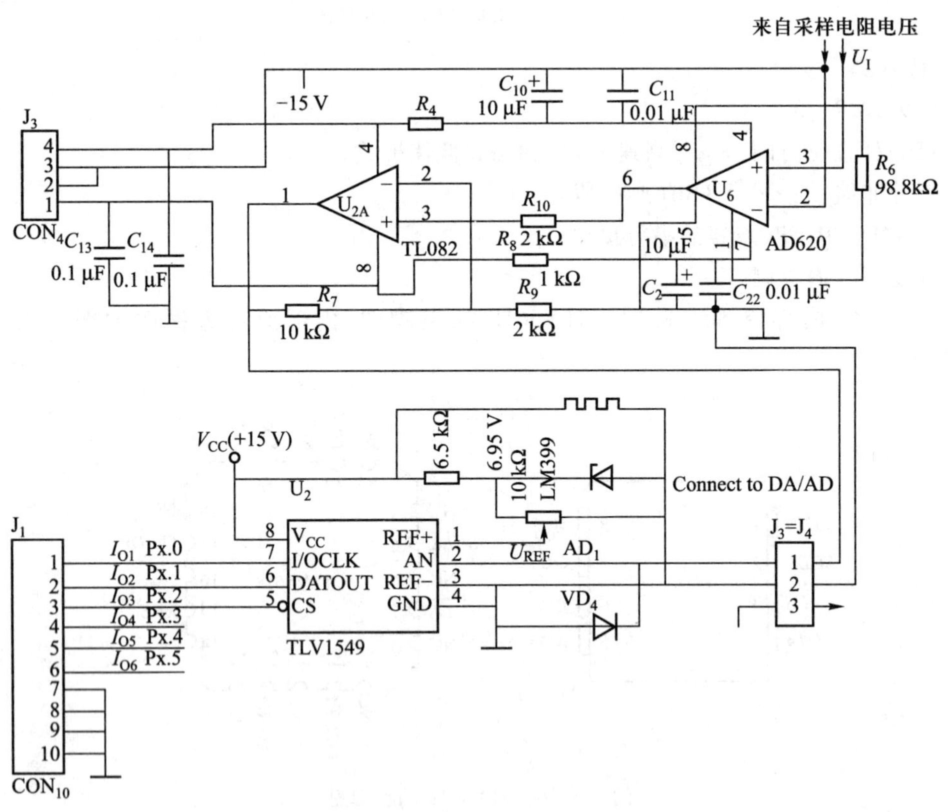

图 1.3.18　电流测量与显示原理框图

该电路由三级组成，第一级由 AD620 构成缓冲放大，主要起隔离和增益可调的作用；第二级由 TL082 构成直流放大作用；第三级由 TLV1549 构成 A/D 转换器。该电路的功能是将输出电流 I_0 先转换成电压，再经过两级电压放大，放大后最大输出电压控制在 12 V 以内，最后 A/D 转换成数字量交给 CPU 进行处理。

(1) 元器件的选择

① 缓冲级选择。缓冲级选取低功耗仪表放大器 AD620。它具有如下几个特点。

- 单电阻设置增益(1 ~ 1 000)
- 宽电源范围: ±2.3 ~ ±18 V
- 低功耗:最大 1.3 mA
- 输入失调电压:最大 50 μV
- 输入失调漂移:最大 0.6 μV/℃
- 共模抑制比: > 100 dB($G = 10^5$)
- 低噪声:峰 - 峰值 < 0.28 μV(0.1 ~ 10 Hz)
- 带宽:120 kHz($G = 100$)
- 置位时间:15 μs(0.01%)

AD620 的引脚图、内部原理简图分别如图 1.3.19、图 1.3.20 所示。

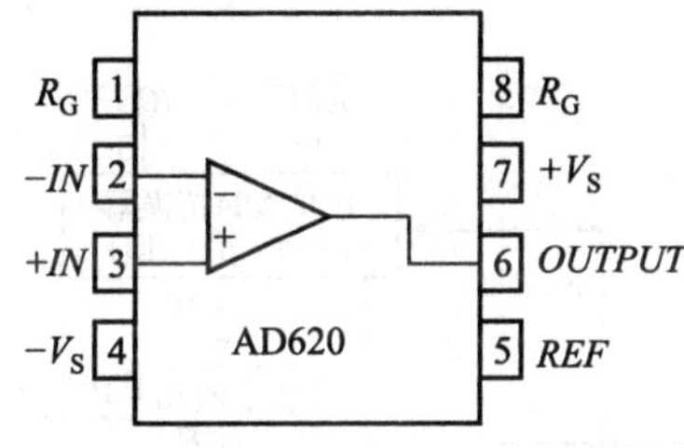

图 1.3.19　AD620 的引脚图

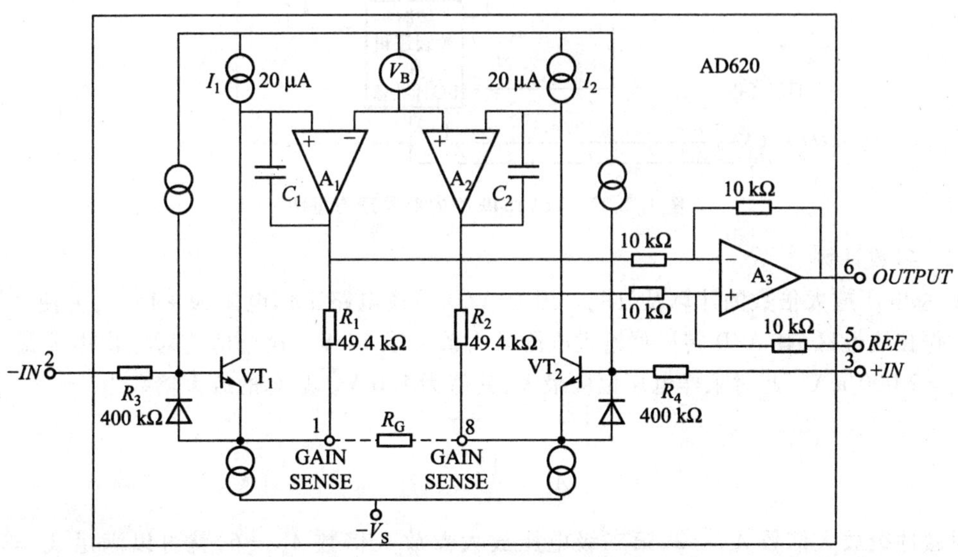

图 1.3.20　AD620 的内部原理简图

② 电平放大级的选择。电平放大级选择 TL082,其内部电路如图 1.3.15 所示。

③ A/D 转换器选择。因为恒流源主电路采用的是 12 位 D/A 转换器,测流电路 A/D 转换器应该至少保证在 12 位,因为一时购不到 12 位以上的 A/D 转换集成片。采购 10 位 A/D 转

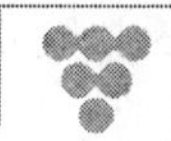

换器 TLV1549 代替。它具有如下特点：

- 3.3 V 电源
- 10 位分辨率
- 内置采样与保持电路
- 片内系统时钟
- 总不可调误差：±1 LSB(MAX)
- 与 TLC1549 兼容
- CMOS 工艺

其引脚图和内部原理方框图分别如图 1.3.21 和图 1.3.22 所示。

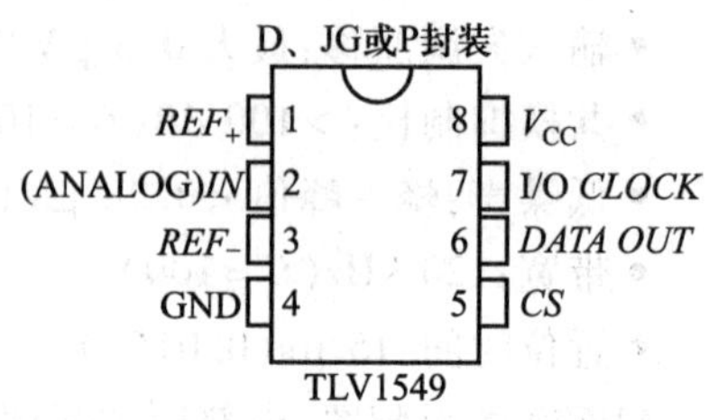

图 1.3.21　TLV1549 的引脚图

④ 基准电流的选择。基准电流选择精密电压源 LM399。经过精密多圈电位器(10 kΩ)调节，使输出电压为 3.3 V，加至 A/D 转换器 TLV1549 的 1 脚与 3 脚之间作参考基准电压。

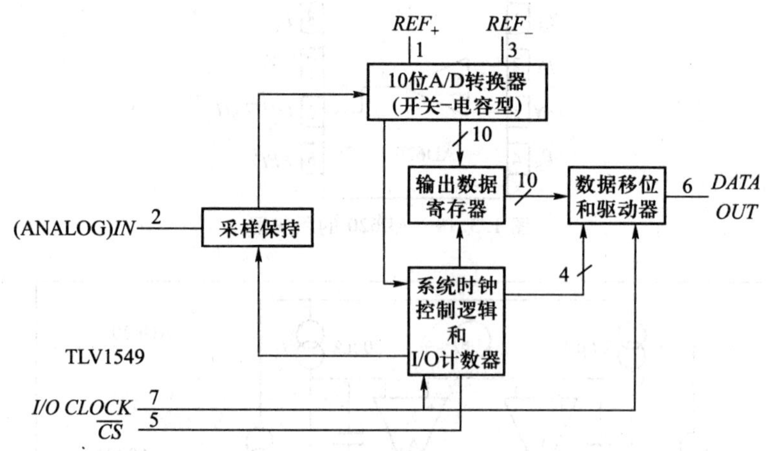

图 1.3.22　TLV1549 的内部原理方框图

(2) 参数计算

① 总电压放大倍数的计算及分配。因为 A/D 转换电路工作电压为 +15 V，为使 A/D 转换器工作在线性区，其 A/D 转换器输入电压最大值应取 12 V。这个值应对输出电流最大值，即 $I_{Omax}=2\ 000$ mA。此时采样电压也应最大，其值为 1.0 V。故总的放大倍数为

$$A_u = \frac{12}{1} = 12$$

设缓冲级放大倍数 $A_{u1}=2$，第二级电压放大器放大倍数 $A_{u2}=6$，就可以满足 $A_u = A_{u1}\cdot A_{u2}=12$ 的要求。

在图 1.3.18 中，令 $R_7=10$ kΩ，$R_9=2$ kΩ，则

$$A_{u2} = \left(1+\frac{R_7}{R_9}\right) = 6$$

在图 1.3.20 中，有

$$R_1 = R_2 = 49.4\ \text{k}\Omega$$

根据

$$A_{u2} = \left(1 + \frac{R_2}{R_G/2}\right) = 2$$

求得

$$R_G = 2R_2 = 49.4 \times 2\ \text{k}\Omega = 98.8\ \text{k}\Omega$$

R_G 可以考虑一个固定电阻 82 kΩ 与阻值为 30 kΩ 电位器相串联，使得 A_{u2} 有少量的调节范围。

② A/D 输出数据量与采样电压 U_I 的关系。因为 A/D 转换器 TLV1549 属双积分 A/D 转换器，于是

$$D = \frac{T_1}{T_s \cdot U_{REF}} U_I' = \frac{T_1}{T_s} \cdot \frac{A_u U_I}{V_{REF}} \tag{1.3.7}$$

设 $N = \frac{T_1}{T_s}$，则

$$D = \frac{N \cdot A_u U_I}{U_{REF}} \tag{1.3.8}$$

式中：U_{REF} 为 A/D 转换器的参考电压，在本系统中，$U_{REF} = 3.3\ \text{V}$；A_u 为总的电压放大倍数，在本系统中，$A_u = 6$；U_I 为采样电阻上的采样电压值；N 为 T_1 期间的脉冲数；T_1 为 A/D 转换器在输入电压为 $A_u U_I$ 时转换成时间的值；D 为对应输入电压为 U_I 时转换成的数字量。

③ D 与 I_O 的关系。因 $U_I = I_O \cdot R = 0.5 I_O$，于是

$$D = 0.5 \times \frac{N \cdot A_u}{U_{REF}} \times I_O \tag{1.3.9}$$

当 D 被测量得到后，输出电流 I_O 就可以计算得到。最后在单片机的控制下将 I_O 的值显示出来，即

$$I_O = \frac{2U_{REF}}{NA_u} \cdot D \tag{1.3.10}$$

4. 供电部分

供电部分的原理图如图 1.3.23 所示。

(1) 供电部的主要技术指标(自定)

+18 V，额定电流 3 A，纹波电压≤10 mV；

+15 V，额定电流 1.5 A，纹波电压≤10 mV；

+5 V，额定电流 1.5 A，纹波电压≤10 mV。

注：输出额定电流均有富余量，目的在于提高整个系统可靠性。

(2) 电路组成

供电部分有四组电压输出，其电路结构是一样的。由变压器、桥式整流、滤波和稳压等组成。

(3) 参数计算

以 +18 V、3 A 为例，计算各点的电压数值。

设市电范围：195～240 V，正常供电为 220 V。

在满载和输入电压为 195 V 的情况，要保证稳压器工作在线性区。即 W350 两端有 3 V 以上的压降，计算变压比 N_1。

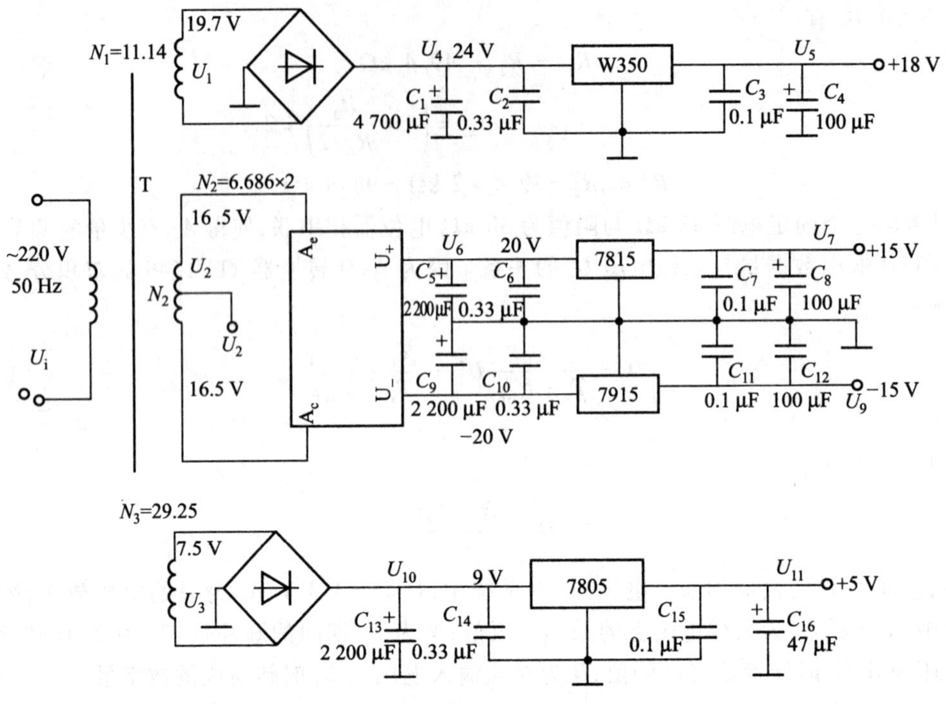

图 1.3.23　供电部分的原理图

根据关系式

$$\frac{195}{N_1}\times 1.2-3=18$$

解此方程得

$$N_1=11.14$$

在市电为 220 V 正常情况下,有

$$U_1=\frac{220}{N_1}=\frac{220}{11.14}\ \text{V}=19.74\ \text{V}$$

$$U_4=1.2U_1\approx 24\ \text{V}$$

$$U_5=18\ \text{V}$$

同理可得

$$N_2=13.372, U_2=16.5\ \text{V}, U_6=20\ \text{V}, U_7=15\ \text{V}, U_8=-20\ \text{V}, U_9=-15\ \text{V};$$

$$N_3=29.25, U_3=7.5\ \text{V}, U_{10}=9\ \text{V}, U_{11}=5\ \text{V}$$

1.3.4　软件设计

程序设计采用了模块化的思想,有一个主控程序,四个应用程序,还有键盘中断程序和过流保护程序等。

1. 主控程序

主控程序首先进行系统初始化,然后读入预置电流值,输出相应的电流控制字,等待键盘输入。根据键盘的不同输入,用散转方式转入相应的应用程序,执行后,若用户又输入"清除",则输出电流控制字 0,返回初始状态,等待下一次按键。流程图如图 1.3.24 所示。

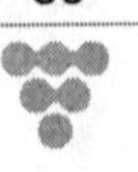

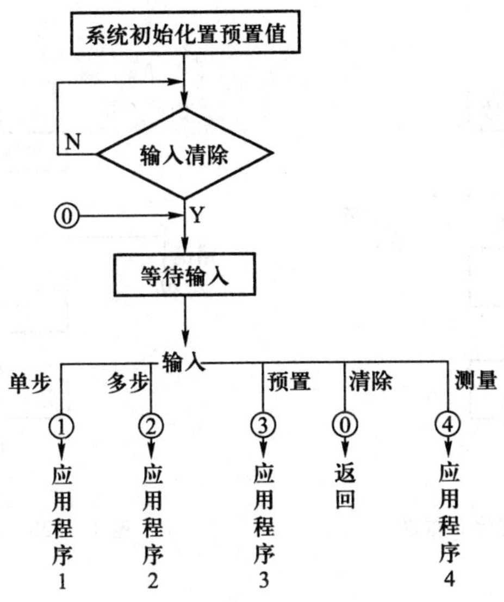

图 1.3.24　主控程序流程图

2. 应用程序

每个应用程序都根据每一步的键盘输入，进行相应的控制操作，按错键认为输入无效，按“清除”键则返回初始状态。

应用程序 1(“单步”)框图如图 1.3.25 所示。

应用程序 2(“多步”)框图如图 1.3.26 所示。

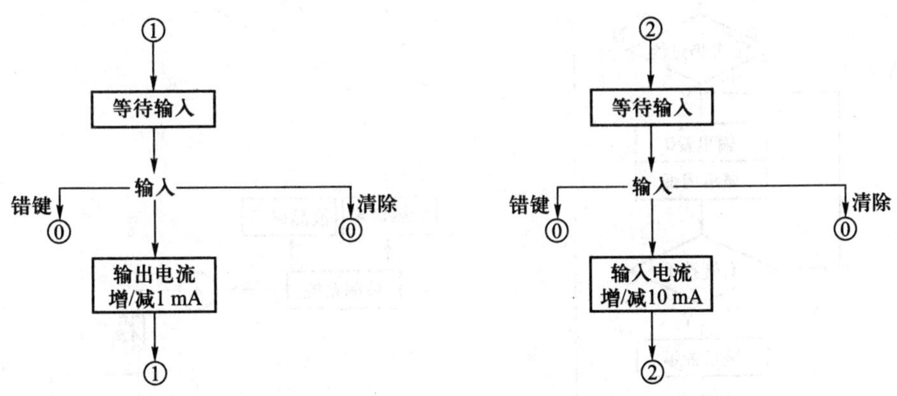

图 1.3.25　应用程序 1 框图

图 1.3.26　应用程序 2 框图

应用程序 3(“置数”)框图如图 1.3.27 所示。

应用程序 4(“测量”)框图如图 1.3.28 所示。

3. 中断程序

输出电流 I_0 是实时测量得到，输出电流范围为 20 ~ 2 000 mA，当测得 I_0 > 2 000 mA（如 I_0 = 2 050 mA）时，就应响应“中断请求”，状态立即返回至 0。中断服务程序框图如图 1.3.29 所示。

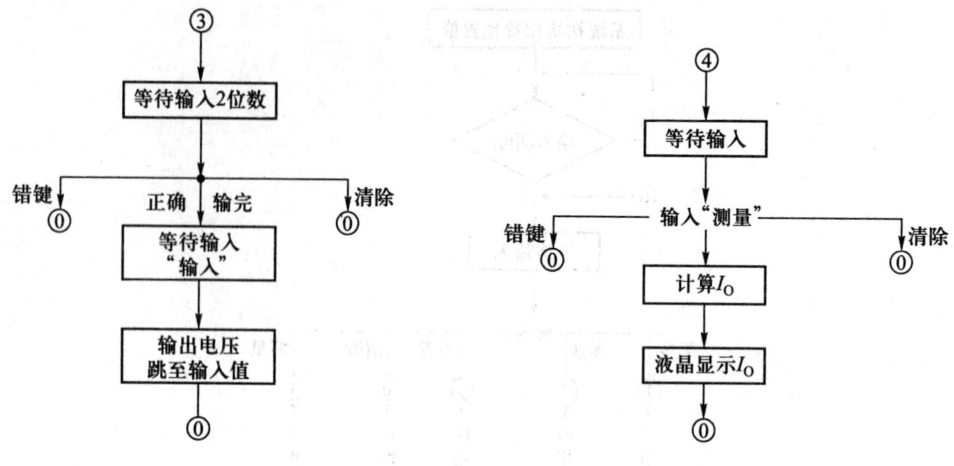

图 1.3.27　应用程序 3 框图　　　　图 1.3.28　应用程序 4 框图

1.3.5　测试方法及测试结果

为了确定系统与题目要求的符合程度，对系统中的关键部分进行了实际测试。

1. 测试方法

测试方法连接方框图如图 1.3.30 所示。

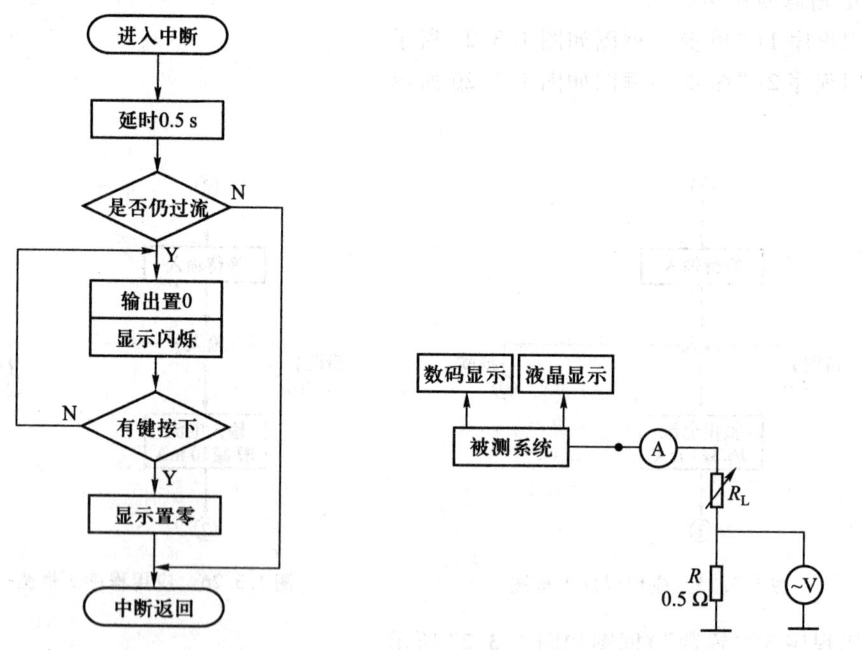

图 1.3.29　中断服务程序框图　　　　图 1.3.30　测试方法连接方框图

图中：Ⓐ——数字电流表（采用 UNI－T 数字万用表）；

　　　Ⓥ——低频毫伏表；

　　　R——采样电阻，0.5 Ω；

R_L——负载电阻；

数码显示：显示输出电流预置值；

液晶显示：自测流值显示。

2. 指标测试记录

负载电阻为 5 Ω 时，输出电流预置值、自制测流设备检测值和专用仪表测试值对照表，见表 1.3.1。

表 1.3.1 自制测流设备检测值和专用仪表测量值对照表(R_L =5 Ω)

	1	2	3	4	5	6	7	8	9	10
预置电流/mA	20	240	460	680	900	1 120	1 340	1 560	1 780	2 000
显示电流/mA	19	241	459	680	898	1 118	1 337	1 561	1 783	1 998
实测电流/mA	21	242	460	680	900	1 120	1 340	1 560	1 780	1 999
纹波电流/mA	0. 05	0. 06	0. 06	0. 07	0. 08	0. 09	0. 08	0. 09	0. 09	0. 1

当负载 R_L =15 Ω 时，测试记录见表 1.3.2。

表 1.3.2 当 R_L =15 Ω 时，测试记录数值表

	1	2	3	4	5	6	7	8	9	10
预置电流/mA	20	240	460	680	900	1 120	1 340	1 560	1 780	2 000
显示电流/mA	19	241	461	679	895	1 119	1 340	1 561	1 778	1 998
实测电流/mA	20	240	460	680	900	1 120	1 340	1 560	1 780	1 999
纹波电流/mA	0. 07	0. 08	0. 08	0. 08	0. 09	0. 09	0. 09	0. 09	0. 1	0. 11

3. 测试结果及误差分析

从测试数据来看，本设计已经完全达到题目的要求，而且某些指标，如纹波电流优于题目的要求。但在输出为小电流时，如 I_O =20 mA，其相对误差比 I_C =2 000 mA 时要大。另外，自制电流测量仪测出的误差一般要比用精密电流表测出的误差大。这是为什么？下面进行误差分析。

(1) 实测值与预置值之间的误差分析

根据式(1.3.4)

$$I_O = \frac{K}{R_F} U_{REF} \sum_{i=0}^{n-1} D_i 2^i$$

误差主要来源有：

① 差分放大器和调整管的电流放大倍数不够大，或者电流放大倍数不稳定；

② D/A 转换器(TLV5618)引入的量化误差；

③ 基准电压源 LM399 因温度的变化引起的误差；

④ 采样电阻 R_F 因温度上升而引起的误差；

⑤ 多圈精密电位器因滑动头接触不良引起的误差。

(2) 自制测流仪与实测值之差的误差分析

根据自制测流仪的计算公式(1.3.10)

$$I_0 = \frac{2U_{REF}}{NA_u} \cdot D$$

得知其测量误差主要来源有:

① A/D 转换器(TLV1549)引入的量化误差;

② 基准电源 LM399 因温度变化引起电压的变化;

③ 多圈电位器因滑动头接触不良引起调节电压的变化;

④ 时钟频率不稳,或时钟频率偏低引起的误差;

⑤ 运放 AD620、TL082 构成的直流放大电路,因电压放大倍数 A_u 的变化引起的误差。

1.4 直流稳压源设计
(1997 年全国大学生电子设计竞赛 A 题)

一、任务

设计并制作交流变换为直流的稳定电源。

二、要求

1. 基本要求

(1) 稳压电源。在输入电压 220 V、50 Hz、电压变化范围 +15% ~ -20% 条件下:

① 输出电压可调范围为 +9 ~ +12 V;

② 最大输出电流为 1.5 A;

③ 电压调整率≤0.2%(输入电压 220 V 变化范围 +15% ~ -20% 下,满载);

④ 负载调整率≤1%(最低输入电压下,空载到满载);

⑤ 纹波电压(峰 - 峰值)≤5 mV(最低输入电压下,满载);

⑥ 效率≥40%(输出电压 9 V、输入电压 220 V 下,满载);

⑦ 具有过流及短路保护功能。

(2) 稳流电源。在输入电压固定为直流 +12 V 的条件下:

① 输出电流为 4 ~ 20 mA 可调;

② 负载调整率≤1%(输入电压 +12 V、负载电阻由 200 ~ 300 Ω 变化时,输出电流为 20 mA 时的相对变化率)。

(3) DC - DC 变换器。在输入电压为 +9 ~ +12 V 条件下:

① 输出电压为 +100V,输出电流为 10mA;

② 电压调整率≤1%(输入电压变化范围 +9 ~ +12 V);

③ 负载调整率≤1%(输入电压 +12 V 下,空载到满载);

④ 纹波电压(峰 - 峰值)≤100 mV(输入电压 +9 V 下,满载)。

2. 发挥部分

(1) 扩充功能:

① 排除短路故障后，自动恢复为正常状态；
② 过热保护；
③ 防止开、关机时产生的“过冲”。
(2) 提高稳压电源的技术指标：
① 提高电压调整率和负载调整率；
② 扩大输出电压调节范围和提高最大输出电流值。
(3) 改善 DC - DC 变换器性能：
① 提高效率(在 100 V、100 mA 下测试)；
② 提高输出电压。
(4) 用数字显示输出电压和输出电流。

三、评分标准

	项目	满分
基本要求	设计与总结报告：方案设计与论证，理论分析与计算，电路图，测试方法与数据，对测试结果的分析	50
	实际制作完成情况	50
发挥部分	完成第(1)项	9
	完成第(2)项	15
	完成第(3)项	6
	完成第(4)项	10
	特色与创新	10

四、说明

(1) 直流稳压电源部分不能采用 0.5 A 以上的集成稳压芯片。
(2) 在设计报告前附一篇 400 字以内的报告摘要。

1.4.1 题目分析

根据题目的任务要求，对设计任务、系统功能及主要部件的技术指标归纳如下。

1. 任务

设计一个中等功率的直流稳压源、一个高压(相对而言)直流稳压源和一个小功率的恒流源。

2. 功能及主要技术指标

本系统可以分为 4 个模块：直流稳压源、直流恒流源、DC - DC 变换器和电流、电压测量仪。

(1) 直流稳压电源

在输入电压 220 $V^{+15\%}_{-20\%}$ (176 ~ 253 V)、50 Hz 的情况下有如下要求。

① 输出电压可调范围：+9 ~ +12 V(基本要求)，

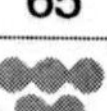

扩大范围：+5 ~ +15 V（发挥部分）；

② 最大输出电流：1.5 A（基本要求）；

2.0 A（发挥部分）；

③ 电压调整率（输入 176 ~ 253 V 下，满载）：≤0.2%（基本要求），≤0.05%（发挥部分）；

④ 负载调整率（在输入电压为 176 V 时，空载到满载）：≤1%（基本要求），

≤0.1%（发挥部分）；

⑤ 纹波电压（峰 - 峰值）（在输入电压为 176 V 下，满载）：≤5m V（基本要求）；

⑥ 效率（在输入电压 220 V，输出 9 V 下，满载）：≥40%，

≥45%（其他）；

⑦ 具有过流及短路保护功能（基本要求）；

排除短路故障后，自动恢复为正常状态（发挥部分）；

过热保护（发挥部分）；

防止开、关机时产生的"过冲"（发挥部分）。

（2）稳流电源

在输入电压固定为直流 +12 V 的条件下有如下要求。

① 输出电流：4 ~ 20 mA 可调；

② 负载调整率≤1%（在 R_L 由 200 ~ 300 Ω 变化时，输出电流为 20 mA 时的相对变化率）。

（3）DC - DC 变换器

在输入电压为 +9 ~ +12 V 条件下有如下要求。

① 输出电压为 +100 V，输出电流为 100 mA（基本要求）：进一步提高输出电流值≥100 mA（发挥部分）；

② 电压调整率≤1%（输入电压变化范围 +9 ~ +12 V）；

③ 负载调整率≤1%（输入电压 +12 V，空载到满载）；

④ 纹波电压（峰 - 峰值）≤100 mV（输入电压 +9 V 下满载）；

⑤ 提高效率（在 100 V，100 mA 下测试）（发挥部分）。

（4）数字电压、电流测量仪

① 测量输出电压值，并显示；

② 测量输出电流值，并显示。

1.4.2 方案论证

直流稳压源系统方框图如图 1.4.1 所示。它由直流稳压电源、恒流源、DC - DC 变换器和电流电压测量仪四大部分组成。

一、直流稳压源

▶方案一：采用单级开关电源，由 220 V 交流整流后，经开关电源稳压输出。

但此方案所产生的直流电压纹波大，在以后的几级电路中很难加以抑制，很有可能造成设计的失败和技术参数的超标。

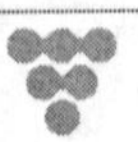

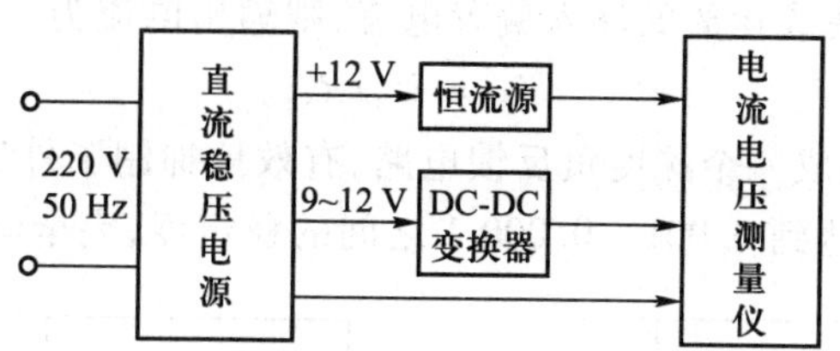

图 1.4.1　直流稳压源系统方框图

▶**方案二:从滤波电路输出后,直接进入线性稳压电路(见图 1.4.2)**。

线性稳压电路输出值可调,为 9 ~ 12 V 直流电压输出。这种方案的优点是电路简单、容易调试,但效率上难以保证。线性稳压电路的输入端一般为 15 V 左右的电压,而其输出端只为 9 ~ 12 V,两端压降太大,功率损耗严重,使得总电路效率指标难以达到。

▶**方案三**

以方案二为基础,在线性稳压电路前端加入 DC - DC 变换器,采用脉宽调制(PWM)技术,并采用恒压差控制技术,如图 1.4.3 所示。

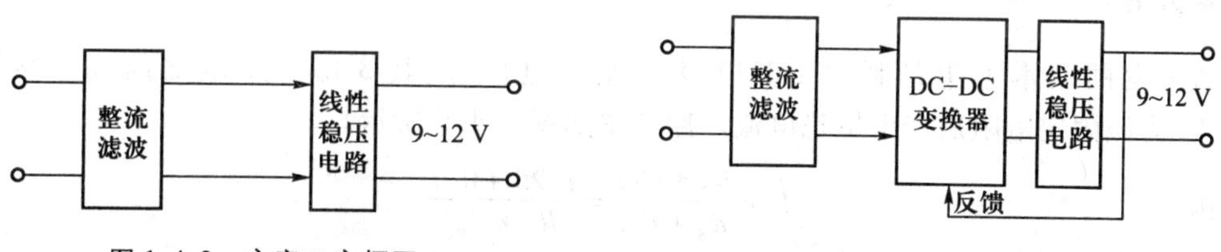

图 1.4.2　方案二方框图

图 1.4.3　方案三方框图

在这种情况下,由 DC - DC 变换器来完成从不稳定的直流电压到稳定的直流电压的转变,由于采用脉宽调制技术和恒压差控制技术,使得线性稳压电路两端压差减小,电路消耗大幅度下降,解决了方案二中的效率低的难题。其次,由于使用脉宽调制技术,很容易进行过流、过热、自保恢复。此外,还可在 DC - DC 变换器中加入软启动电路,以抑制开关机时的"过冲"。此方案可行。

二、稳流电路

▶**方案一:图 1.4.4 是一个由双运放构成的恒流电路**。

A_1 为深度负反馈同相放大器;A_2 接成电压跟随器组态,它把输出电压反馈回输入端。依放大器特性:

$$U_P = U_R R_4/(R_3 + R_4) + U_0 R_3/(R_3 + R_4)$$

$$U_N = U'_0 R_1/(R_1 + R_2)$$

$$U_P = U_N$$

在设计中,取 $R_1 = R_2 = R_3 = R_4$。由以上三式可得 $U'_0 - U_0 = U_R$ 即电阻 R_5 上的压降($U'_0 - U_0$)

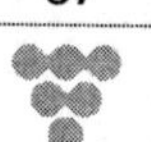

等于控制电压 U_R。忽略集成运放的输入偏置电流，则输出电流为

$$I_O = U_R / R_5$$

这种方案利用运放构成一个深度负反馈电路，有效地抑制了外界干扰，使得恒流电源工作稳定性增强，理论上可以达到 0.001～0.000 1 之间的稳定度，完全满足设计要求。

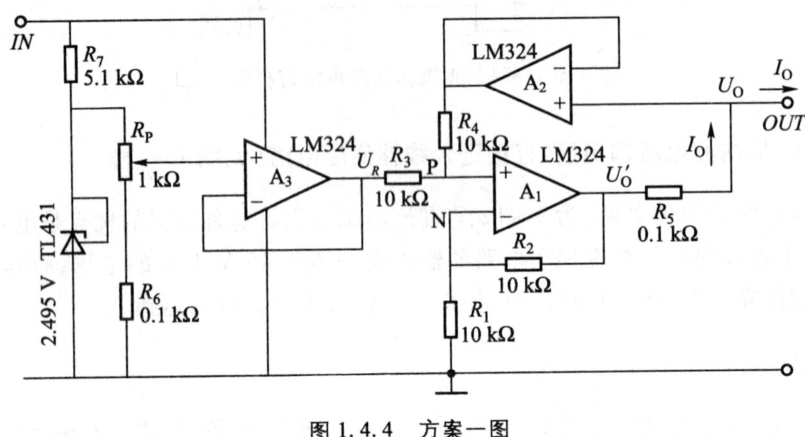

图 1.4.4　方案一图

▶方案二

该方案的基本思想是利用 LM317 集成基准电压源，其 3 端与 1 端之间固定压降为 1.25 V，流经固定电阻后产生恒稳电流。原理图如图 1.4.5 所示。

因
$$I_S = \frac{U_S + U_{BE}}{R_S + R_{P1}} = \frac{1.25 + 0.7}{R_S + R_{P1}}$$

于是
$$I_L = I_S + I_b \approx I_S$$

▶方案三：该方案使用精密电压基准 TL431。

如图 1.4.6 所示。该电路也属于串联调整型稳流源。通过改变 R_2、R_P 串联电阻控制电流 I，达到恒流的目的。

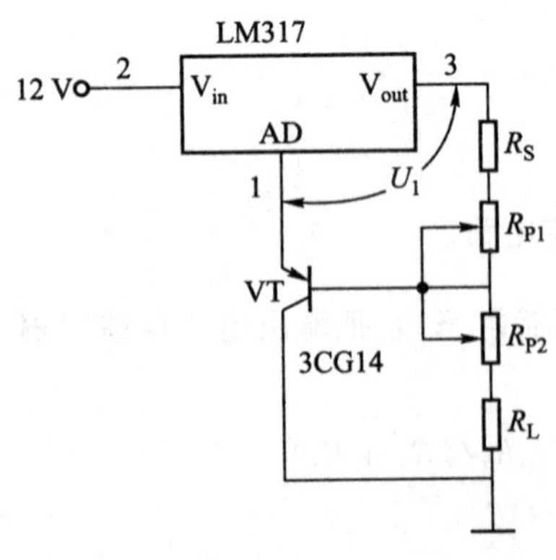

图 1.4.5　方案二原理图

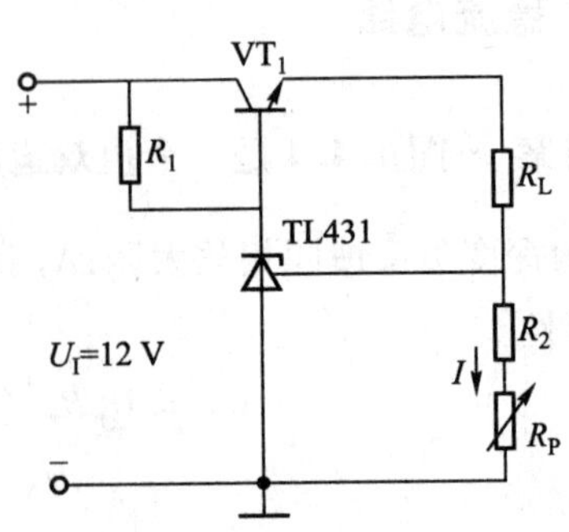

图 1.4.6　方案三原理图

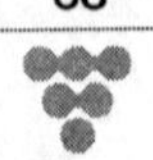

上述三个方案经实践证明均可行。但方案二精度稍差一点，方案一不便自制数字电流表测量，故选择方案三。

三、DC－DC 变换器

▶方案一：Boost 型 DC－DC 升压器。

容易实现，但输出/输入电压比太大，占空比大，输出电压范围小，难以达到较高的指标。

▶方案二：带变压器的开关电源。

由于使用高频变压器，可做到输出电压宽，开关管占空比合适。

▶方案三：采用专用开关升压芯片。

美国 Maxim 公司生产的 Max 系列 DC－DC 变换器有各种类型的型号。有降压、升压、负电压变换等。大部分型号采用的是开关脉宽调制（PWM），其效率较高，外围电路也较简单。

方案比较：方案一技术成熟，但由于电路结构上的原因，输出电压范围小，难以达到较高的指标。方案二电路虽然复杂，但指标高。方案三外围元件少，调试方便，但采购困难。最后决定采用方案二。

四、测量显示电路

设计中采用 $3\frac{1}{2}$A/D 转换及显示译码芯片 ICL7107 和 LED 数码管相结合的方式。

1.4.3 硬件设计

一、直流稳压电源

1. 交直流变换电路

本电路的目的在于从 50 Hz、220 V 的交流电压中得到直流电压，电路如图 1.4.7 所示。

当输入为 220 V 交流电压时，首先通过变压器降为 25 V 左右的交流电压。整流部分选用了全波桥式整流电路，输出为 32 V 直流电压。

2. DC－DC 变换电路

使用此电路的目的在于最大限度地降低模块的功耗，同时，为下一级提供一个稳定的直流电压。它的电路如图 1.4.8 所示。

图 1.4.8 所示电路核心器件是 TL494，下面先介绍一下 TL494 内部结构。

（1）TL494 集成芯片介绍

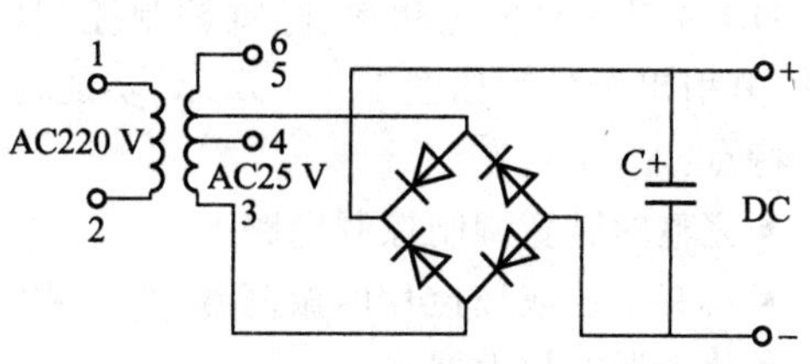

图 1.4.7　交直流变换电路

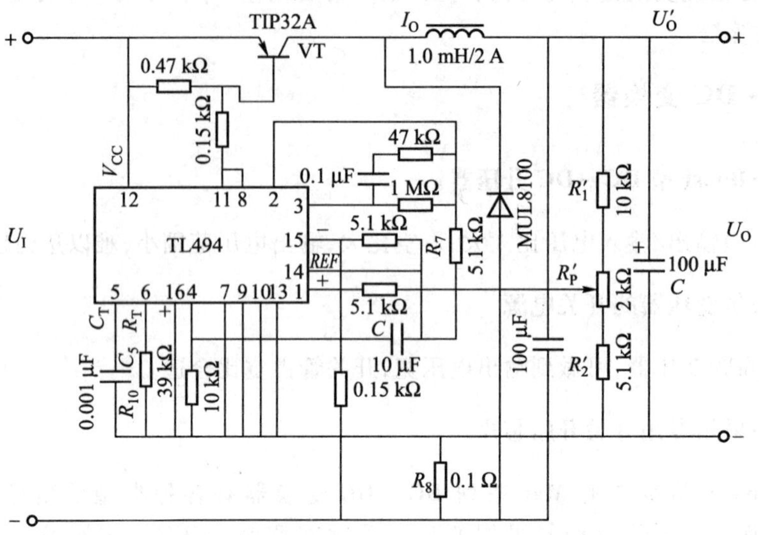

图 1.4.8　DC－DC 变换电路

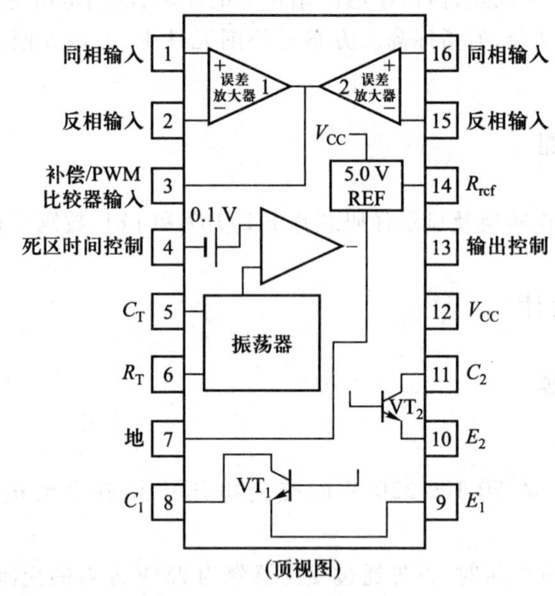

图 1.4.9　TL494 引出端排列

TL494 是一种固定频率、脉宽调制控制电路，主要为 Switch Mode（开关模式）电源控制而设计，其引出端排列如图 1.4.9 所示，功能框图如图 1.4.10 所示。

特点：

- 完整的脉宽调制控制电路
- 具有主控或被控片内振荡器（f_{osc} = 40 kHz）
- 片内误差放大器
- 片内 5.0 V 参考电压

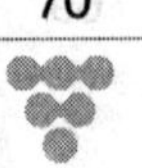

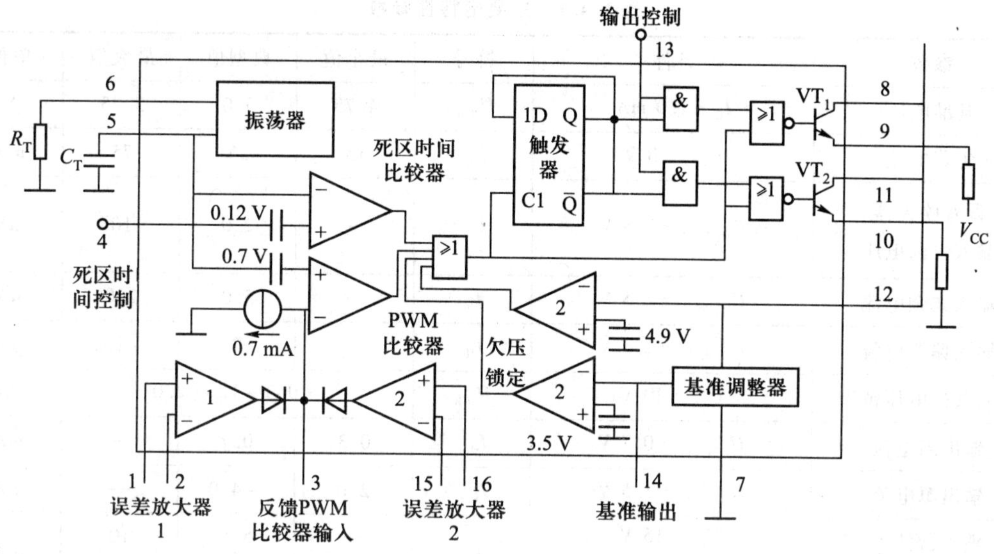

图 1.4.10　TL494 功能框图

- 可调的空载时间控制
- 额定值为 500 mA 源或吸入电流的独立输出晶体管
- 推挽或单端工作的输出控制
- 欠压锁定

极限参数或推荐工作条件：

- 电源电压 V_{CC}　42 V;(推荐　7～40 V)
- 集电极输出电压 U_{C1},U_{C2}　42 V;(推荐　30～40 V)
- 集电极输出电流 I_{C1},I_{C2}　500 mA;(推荐　200 mA)
- 放大器输入电压 U_{IR}　-0.3～+42 V
- 输入反馈端电流 I_{fb}　0.3 mA(最大值)
- 参考输出电流 I_{ref}　10 mA(推荐)
- 最大功耗 P_D　当 $T_A \leqslant 45℃$ 时,1 000 mW
- 工作结温 T_J　125℃(塑封 TL494C/494I);150℃(陶封)
- 振荡器频率 f_{osc}　1.0～200 kHz(推荐)
- 储存温度 T_{stg}　-55～+125℃(塑封 TL474C/494I);-65～+150℃(陶封)
- 工作温度 T_A　0～70℃(TL494I);-25～85℃(TL494I);-55～+125℃(TL494M)
- 定时电阻 R_T　1.8～500 kΩ(推荐)
- 定时电容 C_T　0.004 7～10 μF(推荐)

封装：

- 带后缀 J 为陶封,外形图:CASE620
- 带后缀 N 为塑封,外形图:CASE648

主要电特性参数见表 1.4.1。

表 1.4.1　主要电特性参数

参数	条件	符号	最小值	典型值	最大值	单位
基准电压	$I_O = 1.0$ mA	U_{REF}	4.75	5.0	5.25	V
短路电流	$U_{REF} = 0$ V	I_{SC}	15	35	75	mA
误差放大器 输入失调电压	$U_{O(Pin3)} = 2.5$ V	U_{io}	—	2.0	10	mV
输入失调电流	$U_{O(Pin3)} = 2.5$ V	I_{io}	—	5.0	250	nA
输入偏置电流	$U_{O(Pin3)} = 2.5$ V	I_{IB}	—	-0.1	-1.0	μA
输入共模电压范围	$U_{CC} = 40$ V	U_{ICR}	$-0.3 \sim V_{CC} - 2.0$			V
输出陷电流	$U_{O(Pin3)} = 0.7$ V	I_{O-}	0.3	0.7	—	mA
输出源电流	$U_{O(Pin3)} = 3.5$ V	I_{O+}	2.0	-4.0	—	mA
整个器件备 用电源电流	$U_{CC} = 15$ V $U_{CC} = 40$ V	I_{SC}	— —	5.5 7.0	10 15	mA
平均电源电流	$C_T = 0.01$ μF, $R_T = 12$ kΩ $U_{(Pin4)} = 2.0$ V	—	—	7.0	—	mA

注：参数测量条件为：($V_{CC} = 15$ V, $C_T = 0.01$ μF, $R_T = 12$ kΩ；对于典型值，T_A 为25℃；对于最小值/最大值，T_A 为环境工作温度范围，另有说明除外)

(2) 工作原理

DC - DC 变换电路如图 1.4.8 所示。该电路是以 TL494 为核心的单端 PWM 降压型开关稳压电路。图中 R_{10} 与 C_5 决定开关电源的开关频率。电阻 R_8 作限流保护电阻用。其内部误差放大器(EA1)的反相输入端(脚 2)通过 5.1 kΩ 电阻 R_7 接入反馈信号，从后级线性稳压电路得到分压。开关管采用 PNP 型大功率晶体管。

在恒定频率的 PWM 通断中，控制开关通断状态的控制信号是通过一个控制电压 U_{con} 与锯齿波相比较而产生的。控制电压则是通过偏差(即实际输出电压与其给定值之间的差值)获得的。锯齿波的峰值固定不变，其重复频率就是开关的通断频率。在 PWM 控制中，这一频率保持不变，频率范围为几千赫到几百千赫。当放大的偏差信号电平高于锯齿波的电平时，比较器输出高电平，这一高电平的控制信号导致开关导通，否则，开关处于关断状态。当后级反馈高于 TL494 的基准电压 3.5V 时，片内误差放大器 EA1 输出电压增加，将导致外接晶体管 VT 和 TL494 内部 VT_1、VT_2 的导通时间变短，使输出电压下降到与基准电压基本相等，从而维持输出电压稳定。

(3) 参数计算

由 $R_{10} = 39$ kΩ, $C_5 = 0.001$ μF，得振荡频率 $f_{osc} = 28.2$ kHz。

为了保证电流连续，电感取值不能太小，但也不能太大。计算如下：

$$L_{min} = [(U_I - U_O)/(2 \times I_O)]T_{ON} = [(35 - 10)/(2 \times 1.5)] \times 0.000\,02 \text{ H} = 0.000\,167 \text{ H} = 167 \text{ μH}$$

$$C > U_O \times T_{OFF}/(8 \times L \times f \times U_O)$$

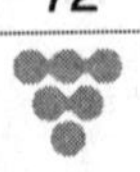

$$= 15 \times 10 \times 0.000\,001/(8 \times 0.001 \times 30 \times 1\,000 \times 0.1)\,\text{F}$$
$$= 0.000\,006\,25\ \text{F} = 6.25\ \mu\text{F}$$
$$I_{OP} = I_{LP} = [(U_I - U_O)/(2 \times L)] \times T_{ON} + I_O$$
$$= [(35 - 10)/(2 \times 0.001)] \times 0.000\,02\ \text{A} + 1.5\ \text{A}$$
$$= 1.75\ \text{A}$$

3. 线性稳压电路

本电路的目的是在第一级稳压的基础上实现线性高精度稳压,降低纹波,提高电压调整率和负载调整率,最终达到题目的指标要求。原理如图 1.4.11 所示。

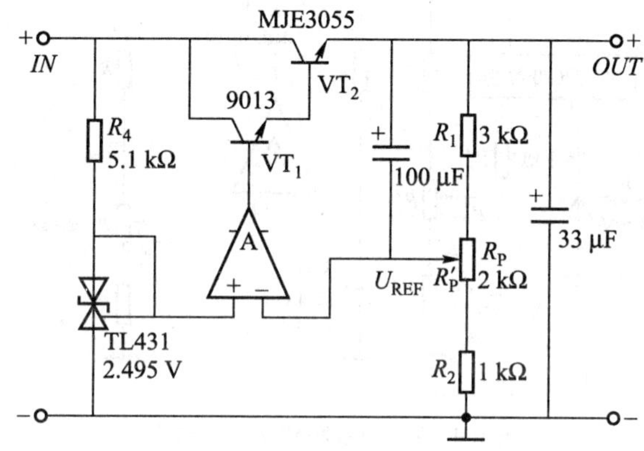

图 1.4.11 线性稳压电路原理图

此电路继承了 DC－DC 变换器的输出电压。在本电路中,首先输入电压在精密稳压源上产生一个稳定的参考电压,接到由运放组成的比较电路的正端输入脚。输出电压经过电阻分压之后反馈至运放的负输入端。运放的输出电压控制达林顿管的发射极电压,得到所需的高度稳定的直流电压。

参数计算:

$$U_O = U_{REF} \times (R_1 + R_P + R_2)/(R'_P + R_2)$$

取 $R_1 = 3\ \text{k}\Omega$,$R_2 = 1\ \text{k}\Omega$,$R_P = 2\ \text{k}\Omega$,$U_{REF} = 2.495\ \text{V}$,则当 $R'_P = 0.67\ \text{k}\Omega$ 时

$$U_O = \frac{2.495 \times 6}{0.67 + 1}\text{V} \approx 9\ \text{V}$$

当 $R'_P = 0.25\ \text{k}\Omega$ 时

$$U_O = \frac{2.495 \times 6}{0.25 + 1}\text{V} = 12\ \text{V}$$

4. 恒压差控制

在 DC－DC 变换电路和线性稳压电路之间采用恒压差控制,即:通过反馈,使 DC－DC 变换电路输出电压与线性稳压器输出电压差值恒定,这样,既可保证线性稳压电路所需的电压差,又降低了线性稳压电路低压输出的损耗,提高稳压模块的整体效率。而且,在整个模块输入电压发生较大幅度变化时也能够达到高精度的稳定。

在这一模块电路中,还接有软启动电路,在开关机时,对产生过冲现象有相当大程度上的

抑制。同时，通过控制 DC－DC 变换器的脉宽，可实现过热、过流保护。

到底如何实现恒压差控制呢？也就是说输出电压由 $U_{Omin}\sim U_{Omax}$ 大范围内变化时，如何使调整管 MJE3055 的管压降维护不变呢？方法有多种，这里介绍一种简便可行的控制方法，称为同步跟踪法。

（1）同步跟踪法的机理

同步跟踪法的原理图如图 1.4.12 所示。这里 R_P 和 R'_P 是阻值均为 2 kΩ 的精密多圈同轴电位器。

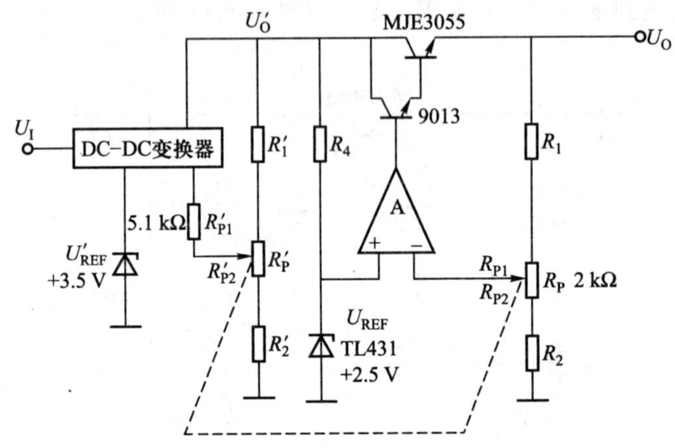

图 1.4.12　同步跟踪法的原理图

若 R_P 滑动，R'_P 也跟着滑动。此时 U_O 也同步跟随 U'_O 变化。其数值按下式计算

$$\begin{cases} U_O = U_{REF}\dfrac{R_1 + R_P + R_2}{R_2 + R_{P2}} \\ U'_O = U'_{REF}\dfrac{R'_1 + R'_P + R'_2}{R'_2 + R'_{P2}} \end{cases} \tag{1.4.1}$$

如果 R_1、R_2、R_P、U_{REF}、R'_1、R'_2、R'_P、U'_{REF}选得合理，就有可能使 $U'_O - U_O$ 为恒值，这就是同步跟踪法的机理。

（2）参数计算

① MJE3055 管压降的确定：为了确保整机技术指标和管子安全，调整管管压降选择至关重要。一般不能取得太低，因为低于 1.4 V 时复合管进入了饱和区，许多技术指标会急剧下降。又不能取得太高，高了会使效率下降，甚至造成管子过热而损坏调整管。一般取 3～6 V 为宜，折中考虑取 5 V。即

$$U'_O - U_O = 5\ \text{V}$$

② 输出电压范围确定：根据题目基本要求输出电压范围 +9～+12 V，又根据发挥部分要求尽量扩大输出电压范围，这里暂定 +5～+15 V。

③ U_{REF}、U'_{REF}、R_P 和 R'_P 的确定：因总体方案和各模块方案确定之后，主要器件已经确定，故许多参数自然就确定了。例如，PWM TL494 确定之后，U'_{REF} = 3.5 V（内部提供的），另选择 U_{REF} = 2.5 V（实际上是 2.495 V），$R_P = R'_P$ = 2 kΩ。

④ R_1 与 R_2 的确定：因为

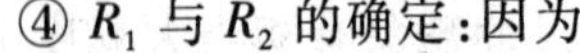
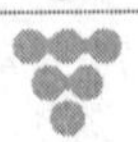

$$\begin{cases}\left(1+\dfrac{R_P+R_1}{R_2}\right)U_{REF}=U_{Omax}\\\left(1+\dfrac{R_1}{R_2+R_P}\right)U_{REF}=U_{Omin}\end{cases}\tag{1.4.2}$$

将已知数值代入式(1.4.2)得

$$\begin{cases}\left(1+\dfrac{2+R_1}{R_2}\right)\times 2.5=15\\\left(1+\dfrac{R_1}{2+R_2}\right)\times 2.5=5\end{cases}$$

解此方程组得

$$R_1=1\ \text{k}\Omega,\quad R_2=3\ \text{k}\Omega$$

⑤ R_1' 和 R_2' 的确定:

$$\begin{cases}\left(1+\dfrac{2+R_1'}{R_2'}\right)\times 3.5=15+5=20\\\left(1+\dfrac{R_1'}{2+R_2'}\right)\times 3.5=5+5=10\end{cases}$$

解此方程组得

$$R_1'\approx 6\ \text{k}\Omega,\qquad R_2'\approx 1.2\ \text{k}\Omega$$

⑥ 效率估算:在输出电压 $U_O=U_{Omin}$时,效率为最低;在 $U_O=U_{Omax}$时效率最高。现设变压器的效率为 $\eta_1=95\%$,整流滤波器的效率 $\eta_2=95\%$,DC－DC 变换器的效率 $\eta_3=90\%$。设线性稳压电路效率为 η_4。

于是 $\eta_{min}=\eta_1\eta_2\eta_3\eta_4=0.95\times0.95\times0.9\times\dfrac{5}{10}=0.406$

$$\eta_{max}=\eta_1\eta_2\eta_3\eta_4=0.95\times0.95\times0.9\times\frac{15}{20}=0.609$$

当 $U_O=9$ V 时,其效率为

$$\eta=\eta_1\eta_2\eta_3\eta_4=0.95\times0.95\times0.9\times\frac{9}{15}=0.487$$

⑦ 如何进一步扩大输出电压范围:根据以上分析可知,只要将 $U_O'-U_O=\Delta U$ 由 5 V 再降低一些,但不能低于 3 V(否则会影响系统其他指标),同时将 $R_P=R_P'$ 由 2 kΩ 改为 3 kΩ,则可以进一步提高输出电压范围。

二、稳流电源

稳流电源原理图如图 1.4.13 所示。它也属于串联型直流稳压源。采用了 TL431 基准电压源,$U_{REF}=2.495$ V,当 R_2+R_P 为定值时,则 I_L 为恒定值,当 R_2+R_P 改变时,则 I_L 也随之改变。根据输出电流的范围:

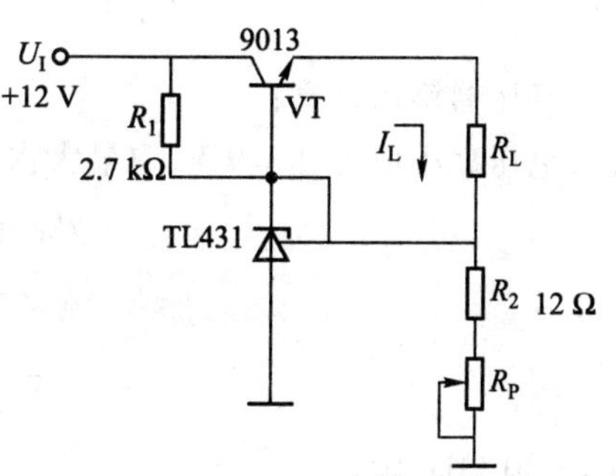

图 1.4.13 稳流电源原理图

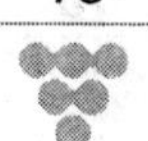

4 ~ 20 mA，选 $R_2 = 12\ \Omega$，$R_P = 1.2\ \text{k}\Omega$，$R_L = 200 \sim 300\ \Omega$。

三、DC－DC 变换器

由于本模块输出功率较小，因此考虑采用电路较简单的单端反激型开关电源，控制电路由 TL494 芯片组成，如图 1.4.14 所示。

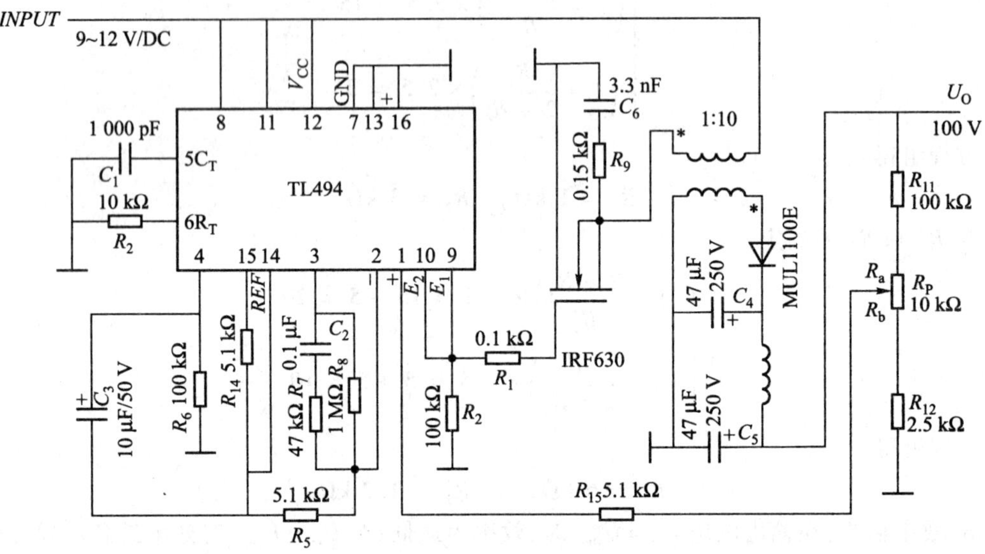

图 1.4.14　DC－DC 变换器电路

当功率晶体管受控导通时，高频变压器将电能变成磁能储存起来。而在晶体管受控截止时，高频变压器一、二次电压极性改变。整流二极管 VD（和反相型开关电源中的续流二极管对应）由反偏变为正偏导通，高频变压器就将原先储存的磁能变为电能，通过整流二极管向负载供电和向输出电容 C_o 充电。此电路的整流二极管是在功率晶体管截止时才导通的。

参数计算：由公式

$$U_O = U_{REF} \times (R_{11} + R_P + R_{12}) / (R_{12} + R_b)$$

取 $R_b = 3.125\ \text{k}\Omega$，则

$$U_O = \frac{5 \times (100 + 10 + 2.5)}{2.5 + 3.125}\text{V} = 100\ \text{V}$$

变压器绕组计算：

输入电压最小值 $U_{Imin} = 9\ \text{V}$，取最大占空比 $D_{max} = 0.45$，得

$$P_O = 100 \times 0.1\ \text{W} = 10\ \text{W}$$

$$I_{pmax} = 2 \times P_O / (D_{max} \times U_{Imin})$$

$$= \frac{2 \times 10}{0.45 \times 9}\ \text{A} = 4.94\ \text{A}$$

取 $f = 40\ \text{kHz}$，则：

绕组电感量　　$L_P = U_{Imin} \times D_{max} / (I_{pmax} \times f)$

$$= \frac{9\times 0.45}{4.94\times 40\,000}\mu\text{H} = 20\ \mu\text{H}$$

匝数比 $N_S/N_P = (U_O+1)\times(1-D_{max})/(D_{max}\times U_{Imin})$

$$= (100+1)\times(1-0.45)/(0.45\times 9) = 13$$

四、测量显示电路

设计中采用 $3\frac{1}{2}$A/D 及显示译码芯片 ICL7107 和 LED 数码管结合而成，如图 1.4.15 所示，各电压量（或电流量在采样电阻上的压降）由按钮开关选择，通过电阻网络分压后输入芯片。本系统用两组电路分别显示电压和电流值。

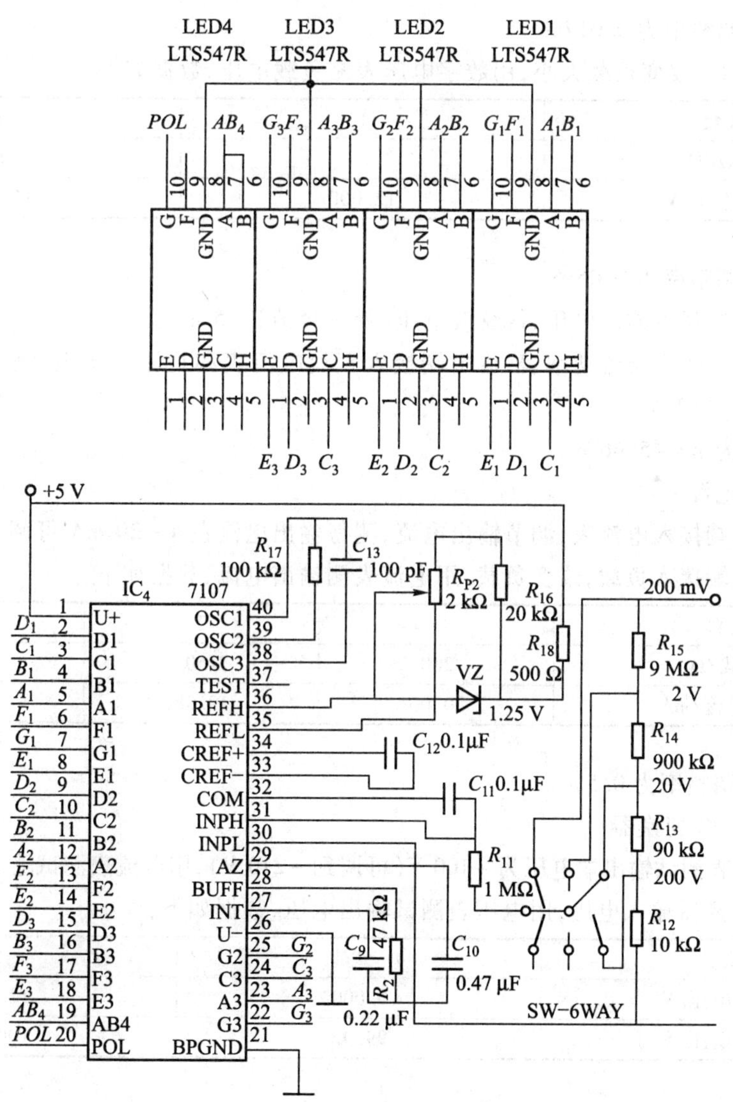

图 1.4.15 测量显示电路

1.4.4 数据分析及性能指标

(1) 稳压电源

① 在规定范围内输入电压,调节输出电压,用电压表测量输出端得输出电压范围为:+3.25 ~ +17.50 V。用电流表测得最大输出电流可达1.7 A(可由保护电路设定)。

② 改变输入电压,用数字电压表测输出端电压,数据如下:

次数	1	2	3	4	5
输入交流电压/V	150.8	176.0	220.8	253.0	257.2
输出直流电压/V	12.000	12.000	12.000	11.998	11.998

计算电压调整率为0.017%。

③ 接入负载,改变负载大小,用数字电压表测负载电压,数据如下:

次数	1	2
负载/Ω	∝	8
输出电压/V	12.000	11.994

计算负载调整率为0.05%。

④ 用示波器观察输出电压,得纹波电压(峰-峰值)<5 mV。

⑤ 在输入端接入交流功率表,输出端接入直流电流表和直流电压表,测得 $P_I=29.8$ W,$U_O=9$ V,$I_O=1.512$ A。

计算效率为 $\eta=45.66\%$。

(2) 稳流电源

① 在输出端接入电流表,调节输出电流,测得输出电流在4 ~20 mA可调。

② 在输出端接入负载,改变负载,用电流表测输出电流,数据如下:

次数	1	2	3
负载/Ω	200	250	300
输出电流/mA	20.00	19.98	19.90

计算负载调整率为0.5%。

(3) DC-DC变换器

① 用电压表测试输出端电压为+100 V(可调到+210 V),用电流表测试输出电流为10 mA。

② 改变变换器输入电压,用电压表测试输出电压,数据如下:

次数	1	2
输入电压/V	9.000	12.000
输出电压/V	99.92	100.00

计算电压调整率为0.88%。

③ 改变负载大小,用电压表测试输出电压,数据如下:

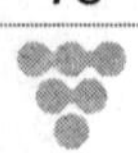

次数	1	2
负载/Ω	∝	1 kΩ
输出电压/V	100.00	99.98

计算负载调整率为 0.02%。

④ 用示波器观察输出端电压,可得纹波电压(峰-峰)值为 50 mV。

⑤ 在输入端接入电压表和电流表,测得:$U_1 = 12.000$ V,$I_1 = 1.222$ A。输出端接入电压表和电流表,测得:$U_0 = 100.0$ V,$I_0 = 100.0$ mA。

计算效率为 $\eta = 68.19\%$。

1.5 三相正弦变频电源设计
(2005 年全国大学生电子设计竞赛 G 题)

一、任务

设计并制作一个三相正弦波变频电源,输出线电压有效值为 36 V,最大负载电流有效值为 3 A,负载为三相对称阻性负载(Y 形联结)。变频电源设计框图如图 1.5.1 所示。

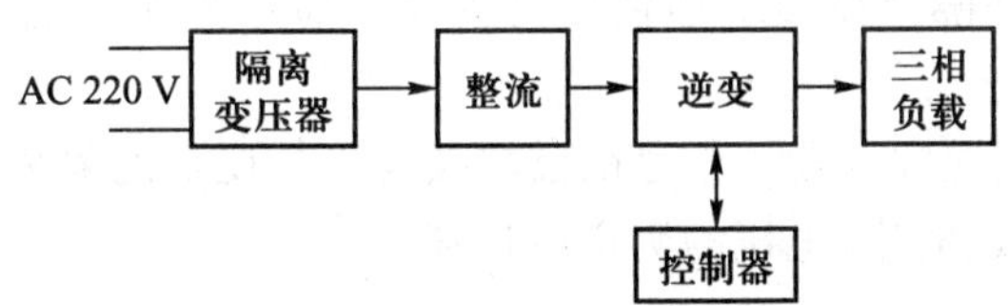

图 1.5.1　变频电源设计框图

二、要求

1. 基本要求

(1) 输出频率范围为 20~100 Hz 的三相对称交流电,各相电压有效值之差小于 0.5 V。

(2) 输出电压波形应尽量接近正弦波,用示波器观察无明显失真。

(3) 当输入电压为 198~242 V,负载电流有效值为 0.5~3 A 时,输出线电压有效值应保持在 36 V,误差的绝对值小于 5%。

(4) 具有过流保护(输出电流有效值达 3.6 A 时动作)、负载缺相保护及负载不对称保护(三相电流中任意两相电流之差大于 0.5 A 时动作)功能,保护时自动切断输入交流电源。

2. 发挥部分

(1) 当输入电压为 198~242 V,负载电流有效值为 0.5~3 A 时,输出线电压有效值应保持在 36 V,误差的绝对值小于 1%。

(2) 设计制作具有测量、显示该变频电源输出电压、电流、频率和功率的电路,测量误差的绝对值小于 5%。

(3) 变频电源输出频率在 50 Hz 以上时,输出相电压的失真度小于 5%。

（4）其他。

三、评分标准

	项目	满分
基本要求	设计与总结报告：方案比较、设计与论证，理论分析与计算，电路图及有关设计文件，测试方法与仪器，测试数据及测试结果分析	50
	实际完成情况	50
发挥部分	完成第（1）项	10
	完成第（2）项	24
	完成第（3）项	11
	完成第（4）项	5

四、说明

（1）在调试过程中，要注意安全。

（2）不能使用产生 SPWM（正弦波脉宽调制）波形的专用芯片。

（3）必要时，可以在隔离变压器前使用自耦变压器调整输入电压，可用三相电阻箱模拟负载。

（4）测量失真度时，应注意输入信号的衰减及与失真度仪的隔离等问题。

（5）输出功率可通过电流、电压的测量值计算。

1.5.1 题目分析

根据题目的任务和要求，我们对题目的任务、系统功能及主要技术指标归纳如下。

任务：设计一个三相对称稳压、稳频的交流电源。

系统的功能及主要技术指标如下。

（1）输出三相对称电压　在输入电压为 198 ~ 242 V，负载相电流为 0.5 ~ 3 A 情况下：

输出线电压 36 V ± 1.8 V
输出相电压 20.785 V ± 1.035 V　}（基本要求）

输出线电压 36 V ± 0.36 V
输出相电压 20.785 V ± 0.207 V　}（发挥部分）

（2）输出的频率范围为 20 ~ 100 Hz，各相电压有效值之差小于 0.5 V（基本要求）。

（3）失真度　无明显失真（基本要求）

小于 5%（50 Hz 以上）（发挥部分）

（4）具有过流、缺相和负载不对称保护功能、过流保护（输出相电流为 3.5 A 时动作）、负载不对称保护（含缺相保护），任意两相电流之差大于 0.5 A 时动作，保护时自动切断交流电源（基本要求）。

（5）具有测量输出电压、电流、功率和频率的功能，其测量误差的绝对值小于 5%（发挥

部分)。

1.5.2 方案论证

从结构上讲,变频器可分为直接变频和间接变频两类。直接变频又称为交-交变频,是一种将工频交流电直接变换为频率可控制的交流电,中间没有直流环节的变频形式;间接变频又称为交-直-交变频,是将工频交流电先经过整流器整流成直流,再经过逆变器将直流变换成频率可变的交流的变频形式。因此,这种变频方式又被称为有直流环节的变频,根据题目给出的示意方框图,我们研究的是后者。其变频电源系统方框图如图 1.5.2 所示。

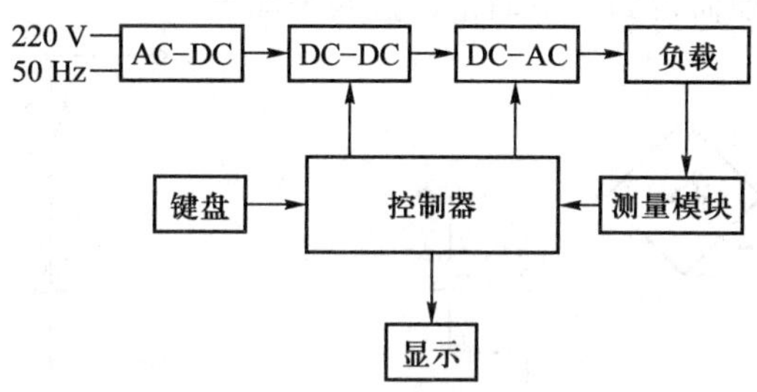

图 1.5.2 变频电源系统方框图

图中,AC-DC 的作用是将 220 V 的市电经过隔离变压器降至 60 V,然后经整流滤波输出一个不太稳定的直流电压。

DC-DC 是将不稳定的直流电压转换成稳定的直流电压。

DC-AC 是三相逆变器,它的作用是将稳定的直流电压变换成三相对称的稳幅、稳频的交流电压。

负载接成 Y 形三相对称负载。

测量模块的作用是对输出的电压、电流、功率及频率进行测量。

控制器是系统的控制指挥中心,起着指挥、控制和协调的作用,使整个系统正常运行。

下面对各模块进行论证。

一、AC-DC 模块

AC-DC 模块的原理图如图 1.5.3 所示。图中 T 为电源变压器,将 220 V 的电压降至 60 V。$VD_1 \sim VD_4$ 为整流二极管,一般采用整流桥堆,起整流作用。C_1、C_2 为滤波电容。

二、DC-DC 模块

DC-DC 模块的作用就是将纹波较大的、不稳定的直流电压变换成纹波较小的稳定的直流电压。常见的有如下两种方法。

▶方案一:采用串联型直流稳压电路。

串联型直流稳压电路如图 1.1.2 所示。该方案的优点是稳压效果好,纹波电压小,电路简单,容易实现;缺点就是效率较低。

▶**方案二:采用开关直流稳压电路**。

开关直流稳压电路原理示意图如图 1.5.4 所示,该电路又称斩波电路。该电路能产生一个低于输入电压的直流输出电压。图中 S 为开关,L 为滤波电感,C 为滤波电容,VD 为续流二极管。此方案的优点是效率高,缺点是控制电路复杂,且纹波和脉冲干扰较大。但在电力电子系统中,效率更为重要。因此选取方案二。

在 DC - DC 部分选定斩波电路方案后,斩波电路中的开关常采用绝缘栅极双极型晶体管(IGBT),其驱动电路应该选择什么电路?而斩波电路的控制信号一般采用脉宽调制(PWM)信号,那么 PWM 信号又如何得到?下面论证这两个部分。

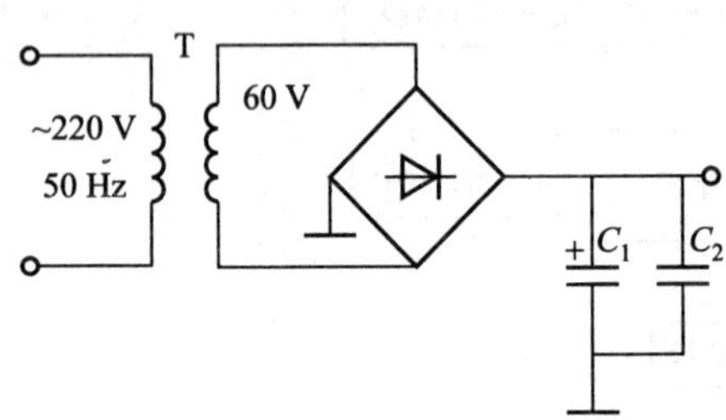

图 1.5.3　串联型直流稳压电路 AC - DC 模块

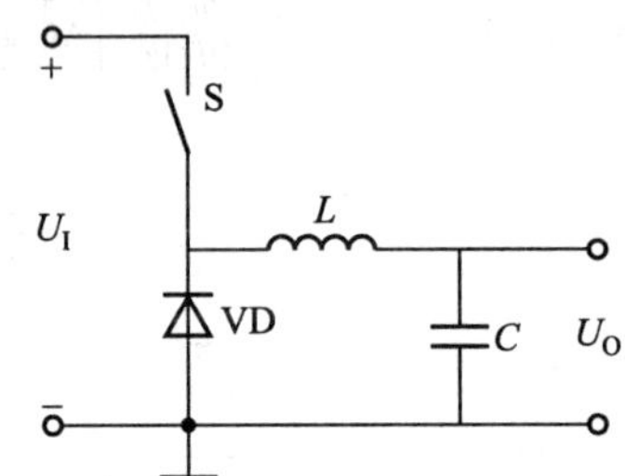

图 1.5.4　开关直流稳压电路原理示意图

1. IGBT 驱动电路方案

▶**方案一:应用脉冲变压器直接驱动功率管 IGBT**。

这种驱动电路的原理如图 1.5.5 所示。它的工作原理是:来自控制脉冲形成单元的脉冲信号经高频晶体管 VT_1 进行功率放大后加到脉冲变压器上,由脉冲变压器隔离耦合、稳压二极管稳压和限幅后来驱动 IGBT。它的优点是电路简单,应用价廉的脉冲变压器实现了被驱动了的 IGBT 与控制脉冲形成部分的隔离。

▶**方案二:由分立元器件构成的具有保护功能的驱动电路**。

其驱动电路原理图如图 1.5.6 所示。该电路实现了控制电路与被驱动 IGBT 栅极的电隔离,并且提供了合适的栅极驱动脉冲。

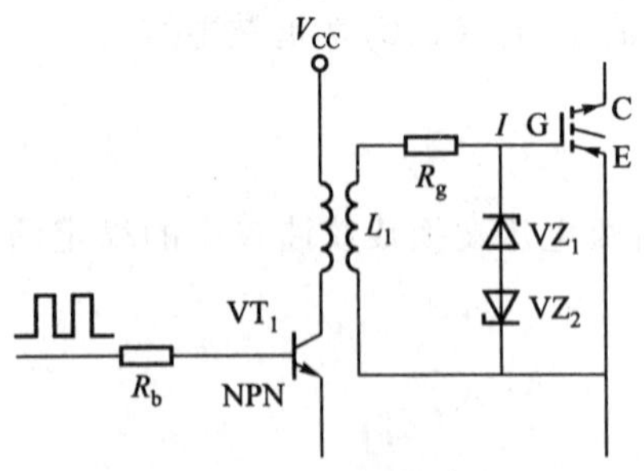

图 1.5.5　应用脉冲变压器驱动 IGBT 电路原理图

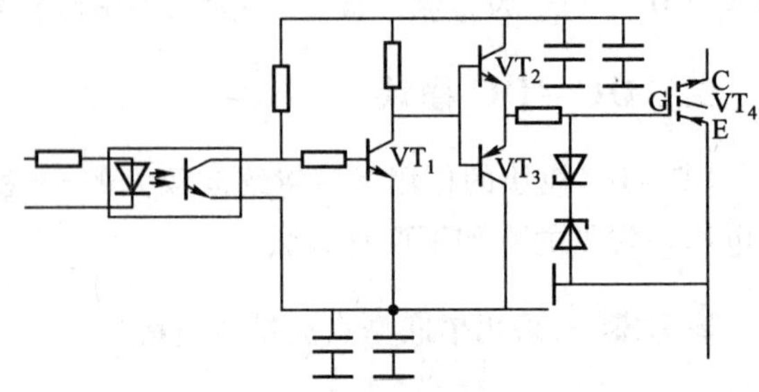

图 1.5.6　分立元器件构成的 IGBT 的驱动器

▶**方案三:采用 IGBT 栅极驱动控制通用集成电路 EXB 系列芯片**。

该系列芯片性能更好,整机的可靠性更高及体积更小。该系列中的 EXB841 芯片作为 IGBT 的驱动电路。该驱动器采用具有高隔离电压的光耦合器作为信号隔离,因此能用于交流 380 V 的动力设备上。该驱动器内设有电流保护电路,为 IGBT 提供了快速保护电路。IGBT 在开关过程中需要一个 +15 V 电压以获得低开启电压,还需要一个 -5 V 关栅电压以防止关断时的误动作。这两种电压(+15 V和 -5 V)均可由 20 V 供电的驱动器内部电路产生。

比较以上三种方案。方案一的不足表现在:高频脉冲变压器因漏感及集肤效应的存在较难绕制,且因漏感的存在容易出现振荡。为了限制振荡,常常需要增加栅极电阻,这就影响了栅极驱动脉冲前、后沿的陡度,降低了可应用的最高频率。方案二的不足之处就是采用的分立元器件较多,抗干扰能力较差。与前面两种方案相比较,方案三采用集成芯片,整机的可靠性好,且内部有保护电路,是较适合的一种 IGBT 的驱动方案。

2. PWM 波产生电路

▶**方案一:采用 PWM 集成芯片**。

可供选择的 PWM 专用芯片有许多种,如在 1.4 节介绍的集成芯片 TL494 就可以采用。该方案技术成熟,完全可行。

▶**方案二:利用 FPGA 可编程逻辑器件,生成 PWM 信号**。

关于它的生成机理在系统设计中再详细介绍。

以上两种方案均可行。

三、DC - AC 模块论证

根据题目要求,选用三相逆变电路。

▶**方案一:选用电压型三相逆变器**。

电压型三相逆变电路如图 1.5.7(a)所示。当 VT_1 导通时,节点 a 接于直流电源正端,$u_{ao}=U_D/2$;当 VT_4 导通时,节点 a 接于直流电源负端,$u_{ao}=-U_D/2$。同理,b 和 c 点也是根据上下管导通情况决定其电位的。按图 1.5.7(a)中依序标号的开关器件其驱动信号彼此间相差 60°。若每个开关管的驱动信号持续 180°,如图 1.5.7(b)所示,则在任何时刻都有三个开关管导通,并按 1、2、3,2、3、4,3、4、5,4、5、6,5、6、1,6、1、2 顺序导通,从而能获得图 1.5.7(b)所示的输出线电压波形:

$$u_{ab}=u_{ao}-u_{bo}$$

$$u_{bc}=u_{bo}-u_{co}$$

$$u_{ca}=u_{co}-u_{ao}$$

其基波分量彼此之间相差 120°。

逆变器的负载按图 1.5.7(c)所示连接成星形。

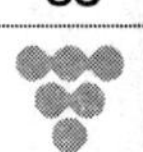

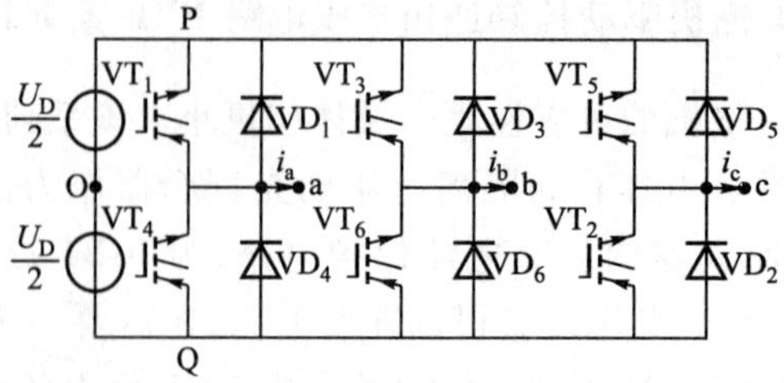

(a) 电压型三相逆变电路

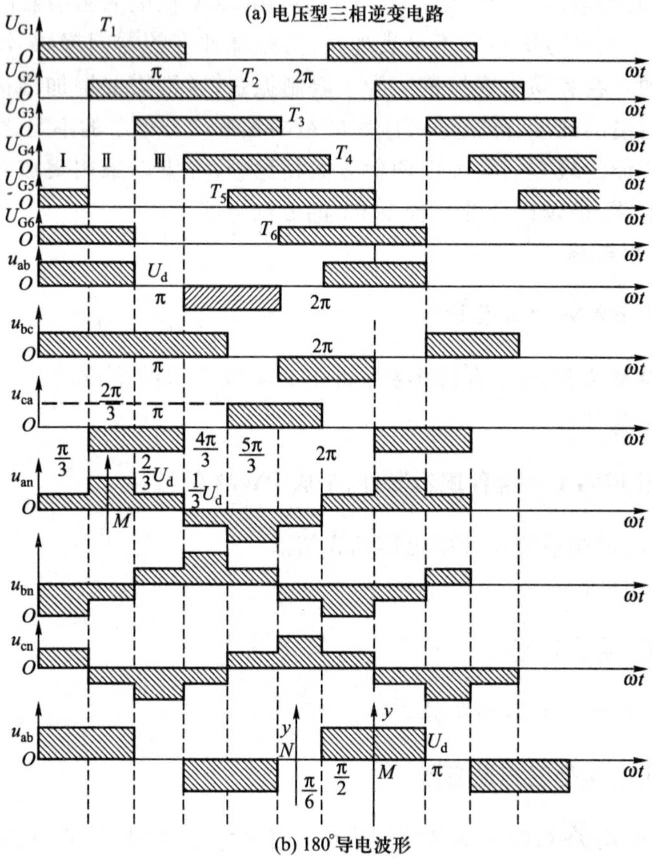

(b) 180°导电波形

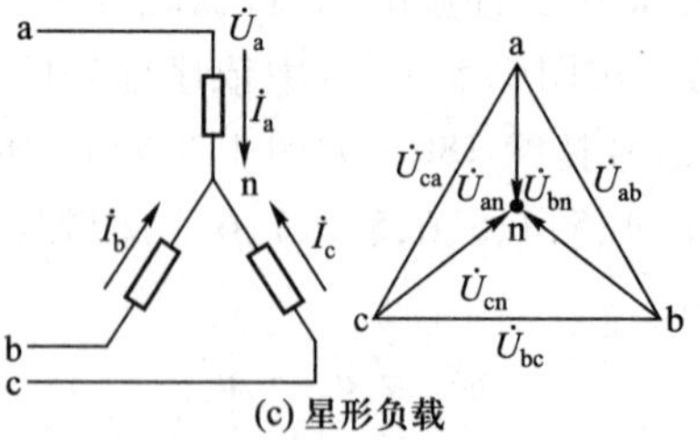

(c) 星形负载

图 1.5.7　电压型三相桥式逆变器电路及其波形

▶**方案二:选用电流型三相逆变电路**。

电流型三相逆变电路如图 1.5.8(a)所示,波形如图 1.5.8(b)所示。

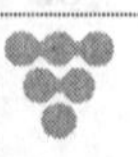

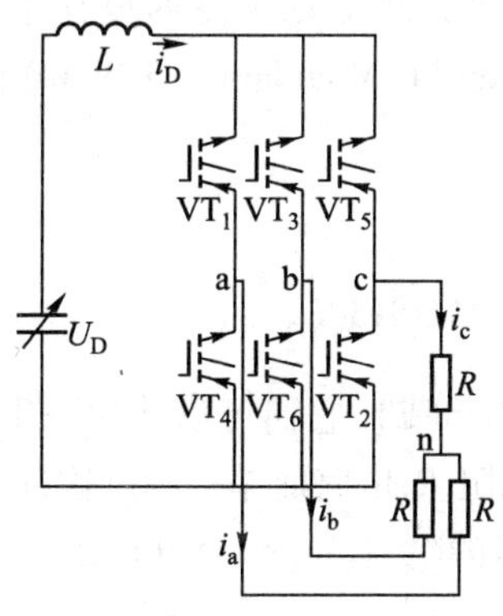

(a) 电流型三相逆变电路

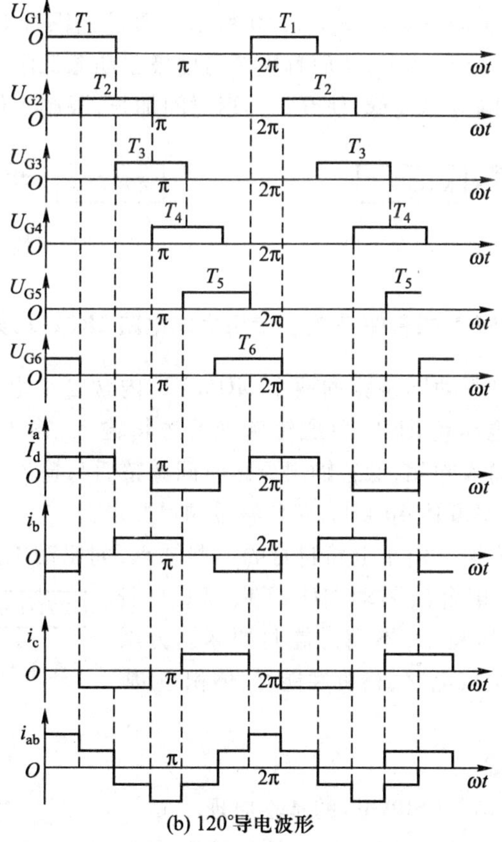

(b) 120°导电波形

图 1.5.8 电流型三相桥式逆变电路及其波形

比较以上两种方案，电流型逆变器适合单机传动，加、减速频繁运行或需要经常反向的场合。电压型逆变器适合向多机供电，在可逆转动或稳速系统，以及对快速性要求不高的场合。题意并没有说明变频电源应用的场合。故上述两种方案均可行。在本设计中采用的是方案一。六只开关管选择为 MOSFET SK1358。

由图 1.5.7(a)可见,VT_1 与 VT_4、VT_2 与 VT_5、VT_3 与 VT_6 不能同时导通,否则会造成电源短路,这是绝对不允许的。故对 MOSFET 驱动电路的设计很有讲究。同时,开关信号一般采用正弦脉宽调制(Sinusoidal Pulse Width Modulation,SPWM)信号。SPWM 又是如何得到的?下面讨论这两个问题。

1. MOSFET 驱动电路方案论证

▶方案一:用 CMOS 器件驱动 MOSFET。

直接用 CMOS 器件驱动电力 MOSFET,它们可以共用一组电源。栅极电压在小于 10 V 时,MOSFET 将处于电阻区不需要外接电阻 R,电路简单。不过这种驱动电路开关速度低,并且驱动功率要受电流源和 CMOS 器件吸收容量的限制,如图 1.5.9 所示。

▶方案二:利用光耦合器驱动 MOSFET。

利用光耦合器的隔离驱动电路如图 1.5.10 所示。通过光耦合器将控制信号回路与驱动回路隔离,使得输出级设计电阻减少,从而解决了与栅极驱动源低阻抗匹配的问题。这种方式的驱动电路由于光耦合器响应速度低,使开关延迟时间加长,限制了使用频率。

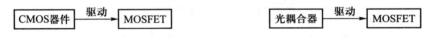

图 1.5.9　用 CMOS 器件驱动 MOSFET　　图 1.5.10　利用光耦合器的隔离驱动电路

▶方案三:采用 MOSFET 栅极驱动控制专用集成电路 IR2111,如图 1.5.11 所示。

该芯片 8 引脚封装,可驱动同桥臂的两个 MOSFET,内含自举电路,允许在 600 V 母线电压下直接工作,栅极驱动电压范围宽,单通道施密特逻辑输入,输入与 TTL 及 CMOS 电平兼容,死区时间内置,输出、输入同相,低边输出死区时间调整后与输入反相。该方案整机的可靠性高、体积小,最高工作频率可达 40 kHz,充分满足题目要求。

比较上述三种方案,方案一由于电路自身的一些缺点,如驱动电路开关速度低等,不满足题目要求。方案二采用光耦合器驱动 MOSFET,因其自身的速度不高,限制了使用的频率,不满足题目要求。方案三,采用 MOSFET 专用的集成电路,整机性能好,体积小,满足题目要求,故采用方案三。

IR2111集成电路 —驱动→ MOSFET

图 1.5.11　用集成电路 IR2111 驱动 MOSFET

2. SPWM 波产生方案

先介绍正弦脉冲宽度调制(SPWM)的基本原理。

逆变器理想的输出电压是图 1.5.12(a)所示的正弦波 $u(t)=U_{1m}\sin\omega t$。逆变电路的输入电压是直流电压 U_D,依靠开关管的通、断状态变换,逆变电路只能直接输出三种电压值 $+U_D$、0、$-U_D$。对单相桥逆变器四个开关管进行实时、适式的通、断控制,可以得到图 1.5.12(b)所示在半个周期中有多个脉波电压的交流电压 $u_{ab}(t)$。图中正、负半周(180°)范围各被分为 p 个($p=5$)相等的时区,每个时区宽度为 $\pi/p=\pi/5=36°$,每个时区有一个幅值为 U_D、宽度为 θ_m 的脉冲电压,相邻两脉冲电压中点之间的距离相等($\pi/p=\pi/5=36°$)。5 个脉冲电压的宽

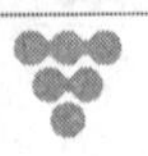

度分别为 θ_1、θ_2、θ_3、$\theta_4(=\theta_2)$、$\theta_5(=\theta_1)$，如果要求任何一个时间段的脉宽为 θ_m、幅值为 U_D 的矩形脉冲电压 $u_{ab}(t)$ 等效于该时间段的正弦电压 $u(t)=U_{1m}\sin\omega t$，首要的条件应该是在该时间段中两者电压对时间的积分值相等。即

$$\int U_D \mathrm{d}t = U_D \Delta t_m = \int U_{1m} \sin \omega t \mathrm{d}t \tag{1.5.1}$$

$$\Delta t_m = \frac{1}{U_D}\int U_{1m} \sin \omega t \mathrm{d}t \tag{1.5.2}$$

式中，$\omega=2\pi f=2\pi/T$。

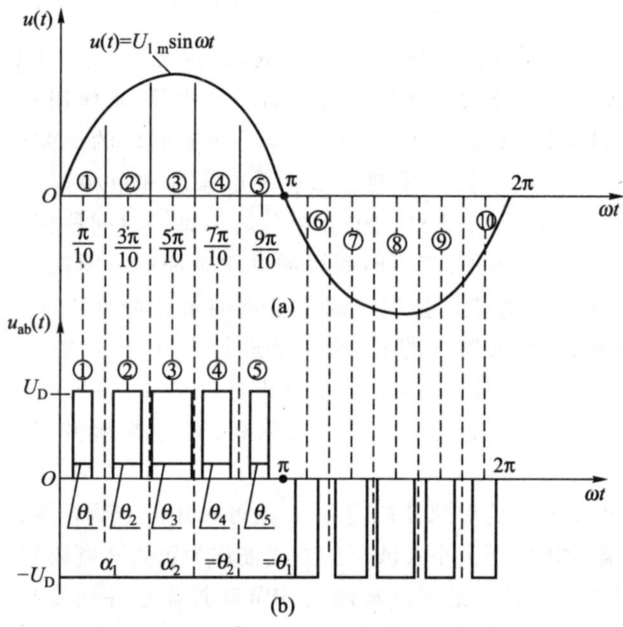

(a) 正弦电压；(b) SPWM等效电压

图 1.5.12　用 SPWM 电压等效正弦电压

第 m 个时间段中，矩形脉冲电压作用时间 Δt_m 对应的脉宽角度为 θ_m，故

$$\theta_m = \omega \Delta t_m = \omega \frac{1}{U_D}\int U_{1m}\sin \omega t \mathrm{d}t = \frac{1}{U_D}\int U_{1m}\sin \omega t \mathrm{d}(\omega t) \tag{1.5.3}$$

例如，图 1.5.12(a)、(b) 中正弦波第 1 段的起点 $\alpha=0$，终点 $\alpha_1=\pi/p=\pi/5$，按面积相等原则，第一个幅值为 U_D 的矩形脉冲其脉宽 θ_1 应为

$$\theta_1 = \frac{1}{U_D}\int_0^{\pi/5} U_{1m}\sin\omega t \mathrm{d}(\omega t) = \frac{U_{1m}}{U_D}(-\cos\omega t)\Big|_0^{\pi/5} = \frac{U_{1m}}{U_D}\left(\cos 0° - \cos\frac{\pi}{5}\right) = 0.19\frac{U_{1m}}{U_D} \tag{1.5.4}$$

第 m 个时间段的幅值为 U_D 的矩形脉冲其脉宽 θ_m 应为

$$\theta_m = \frac{1}{U_D}\int_{\frac{(m-1)\pi}{p}}^{\frac{m\pi}{p}} U_{1m}\sin\omega t \mathrm{d}(\omega t) = \frac{U_{1m}}{U_D}\left[\cos\frac{(m-1)\pi}{p} - \cos\frac{m\pi}{p}\right] \tag{1.5.5}$$

因此,第 2 ~5 时间段,幅值为 U_D 的矩形脉冲的宽度 θ_2、θ_3、θ_4、θ_5 分别为

$$m=2\text{ 时},\theta_2=\frac{1}{U_D}\int_{\pi/5}^{2\pi/5}U_{1m}\sin\omega t\mathrm{d}(\omega t)=\frac{U_{1m}}{U_D}\left(\cos\frac{\pi}{5}-\cos\frac{2\pi}{5}\right)=0.5\frac{U_{1m}}{U_D}$$

$$m=3\text{ 时},\theta_3=\frac{1}{U_D}\int_{2\pi/5}^{3\pi/5}U_{1m}\sin\omega t\mathrm{d}(\omega t)=\frac{U_{1m}}{U_D}\left(\cos\frac{2\pi}{5}-\cos\frac{3\pi}{5}\right)=0.62\frac{U_{1m}}{U_D}$$

$$m=4\text{ 时},\theta_4=\frac{U_{1m}}{U_D}\left(\cos\frac{3\pi}{5}-\cos\frac{4\pi}{5}\right)=0.5\frac{U_{1m}}{U_D}=\theta_2$$

$$m=5\text{ 时},\theta_5=\frac{U_{1m}}{U_D}\left(\cos\frac{4\pi}{5}-\cos\pi\right)=0.19\frac{U_{1m}}{U_D}=\theta_1$$

采样控制理论有一个重要的原理——冲量等效原理:大小、波形不相同的窄脉冲变量作用于惯性系统时,只要它们的冲量即变量对时间的积分相等,其作用效果基本相同。大小、波形不同的两个窄脉冲电压[如图 1.5.12(a)在某一个时间段的正弦电压与同一时间段的等幅脉冲电压]作用于 RL 电路时,只要两个窄脉冲电压的冲量相等,则它们所形成的电流响应就相同。因此要使图 1.5.12(b)的 PWM 电压波在每一时间段都与该时段中正弦电压等效,除每一时间段的面积相等外,每一时间段的电压脉冲还必须很窄,这就要求脉冲数量 p 很多。脉冲数越多,不连续的按正弦规律改变宽度的多脉冲电压 $u_{ab}(t)$ 就越等效于正弦电压。从另一方面分析,对开关器件的通、断状态进行实时、适式的控制,使多脉冲的矩形脉冲电压宽度按正弦规律变化时,通过傅里叶分析可以得知,输出电压中除基波外仅含某些高次谐波而消除了许多低次谐波,开关频率越高,脉冲数越多,就能消除更多的低次谐波。

如果按同一比例改变所有矩形脉冲的宽度 θ,则可成比例地调控输出电压中的基波电压数值。这种控制逆变器输出电压大小及波形的方式被称为正弦脉宽调制 SPWM。

各种 PWM 控制策略,特别是正弦脉宽调制 SPWM 控制已在逆变技术中得到广泛应用。在 DC - DC、AC - DC、AC - AC 变换中,PWM 控制技术也是一种很好的控制方案并已得到广泛的应用。

▶方案一:采用软件生成 SPWM 波。

设三相逆变电路的输出三相分别为 A 相、B 相、C 相。就 A 相而言,设 $u_A(t)=U_{1m}\sin\omega t$,将正弦函数一周分为 $2p$ 个等份。考虑到对称性,只要计算正半周,负半周自然就得到。即正半周分为 p 等份。第 m 个时间段的幅值为 U_D 的矩形脉冲,其宽度 θ_m 按式(1.5.5)计算,即

$$\begin{aligned}\theta_m&=\frac{1}{U_D}\int_{\frac{(m-1)\pi}{p}}^{\frac{m\pi}{p}}U_{1m}\sin\omega t\mathrm{d}(\omega t)\\&=\frac{U_{1m}}{U_D}\left[\cos\frac{(m-1)\pi}{p}-\cos\frac{m\pi}{p}\right]\end{aligned}\qquad(1.5.6)$$

那么第 m 个时间段中,矩形脉冲电压作用时间 Δt_m 对应的相位宽度为 θ_m,故

$$\Delta t_m=\frac{\theta_m}{\omega}=\frac{\theta_m}{2\pi f}=\frac{1}{2\pi f}\cdot\frac{U_{1m}}{U_D}\left[\cos\frac{(m-1)\pi}{p}-\cos\frac{m\pi}{p}\right]\qquad(1.5.7)$$

而每个区间的相角宽度为$\frac{\pi}{p}$，则占空比系数 D 为

$$D=\frac{\theta_m}{\frac{\pi}{p}}=\frac{p}{\pi}\cdot\frac{U_{1m}}{U_D}\cdot\left[\cos\frac{(m-1)\pi}{p}-\cos\frac{m\pi}{p}\right] \tag{1.5.8}$$

由式(1.5.6)、式(1.5.7)可知，当参数 U_{1m}、U_D、P 和 f 被预置之后，通过 MATLAB 仿真工具不难制出 SPWM 函数表。顺便指示，根据题意要求“变频电源输出频率在 50 Hz 以上时，输出相电压的失真度小于5%”，所以 P 值不能太小，太小会使失真度这项技术指标不能满足；但太大了又会影响运算速度和占用太多的存储单元。要折中考虑，这个问题最好通过实验解决。

利用此方法容易实现 PWM 波。这就是前面提到的 PWM 波产生的方案二。PWM 波是等幅等宽的矩形波，而 SPWM 波是等幅不等宽的矩形波。

▶方案二：利用软硬件结合生成 SPWM 波。

所谓软硬件结合生成 SPWM 波的方法就是利用软件生成单纯的三角波（载波）和正弦波，利用硬件实现 SPWM 而生成 SPWM 波的方法。这里先介绍双极性正弦脉冲宽度调制（BSP-WM）。

图 1.5.13（c）中调制参考波仍为幅值为 U_{rm}的正弦波 u_r，其频率f_r 就是输出电压基波频率 f_1。高频载波为双极性三角波 u_c，其幅值为 U_{cm}，频率为 f_c。图中无论在 u_r 的正半周还是负半周，当瞬时值 $u_r>u_c$ 时，图 1.5.13（b）中的比较器输出电压 u_G 为正值，以此作为 VT_1、VT_4 驱动信号 u_{G1}、u_{G4}，故 $u_{G1}>0$，$u_{G4}>0$。同时，正值 u_G反相后为负值，使 u_{G2}、u_{G3}为负值，VT_2、VT_3 截止，于是逆变器输出电压 $u_{ab}=+U_D$；当瞬时值 $u_r<u_c$ 时，图 1.5.13（b）中的比较器输出电压 u_G 为负值，使 VT_1、VT_4 截止，这时 u_G 反相后输出 VT_2、VT_3 的驱动信号 u_{G2}、u_{G3}为正值，VT_2、VT_3 导通，于是逆变器输出电压 $u_{ab}=-U_D$。

利用图 1.5.13（b）简单的硬件电路可以获得图 1.5.13（c）中的输出电压 u_{ab}，它由多个不同宽度的双极性脉冲电压方波组成。载波比 $N=f_c/f_r=f_c/f_1$，则每半个周波中正脉冲和负脉冲共有 N 个。若固定三角载波频率 f_c，改变 f_r，即可改变输出交流电压基波的频率 f_1（$f_1=f_r$）。固定三角载波电压幅值 U_{cm}，改变正弦调制参考波 u_r 的幅值 U_{rm}，即改变调制比 M（$M=U_{rm}/U_{cm}$，$U_{rm}=MU_{cm}$），则将改变 u_r 与 u_c 两波形的交点，从而改变每个脉冲电压的宽度，改变 u_{ab}中基波和谐波的数值。由于图 1.5.13（c）中输出电压在正、负半周中都有多个正、负脉冲电压，故称这种 PWM 控制为双极性正弦脉冲宽度调制。可以证明，如果载波比 N 足够大，调制比 $M\leqslant 1$，则基波电压幅值 $U_{1m}\approx MU_D=U_D\cdot U_{rm}/U_{cm}$，输出电压基波最大时其有效值只能达到 $U_D/\sqrt{2}=0.707\ U_D$，即 $U_{1m}=U_D(M=1)$，这与单极性 SPWM 控制是一样的。对比 180°宽的方波交流电压，其基波有效值为 $U_1=0.9\ U_D$，可见双极性正弦脉冲宽度调制 SPWM 改善输出电压波形的代价也是牺牲了直流电压利用率，即输出电压的基波电压从 $U_1=0.9\ U_D$ 减小到 $0.707\ U_D$。

图 1.5.13（d）画出 $N=15$ 时双极性 SPWM 控制的基波和各次谐波的相对值随电压调制系数 $M=U_{rm}/U_{cm}$而改变的特性曲线。图中纵坐标基准值取为 $2\sqrt{2}U_D/\pi$，分析计算得知双极

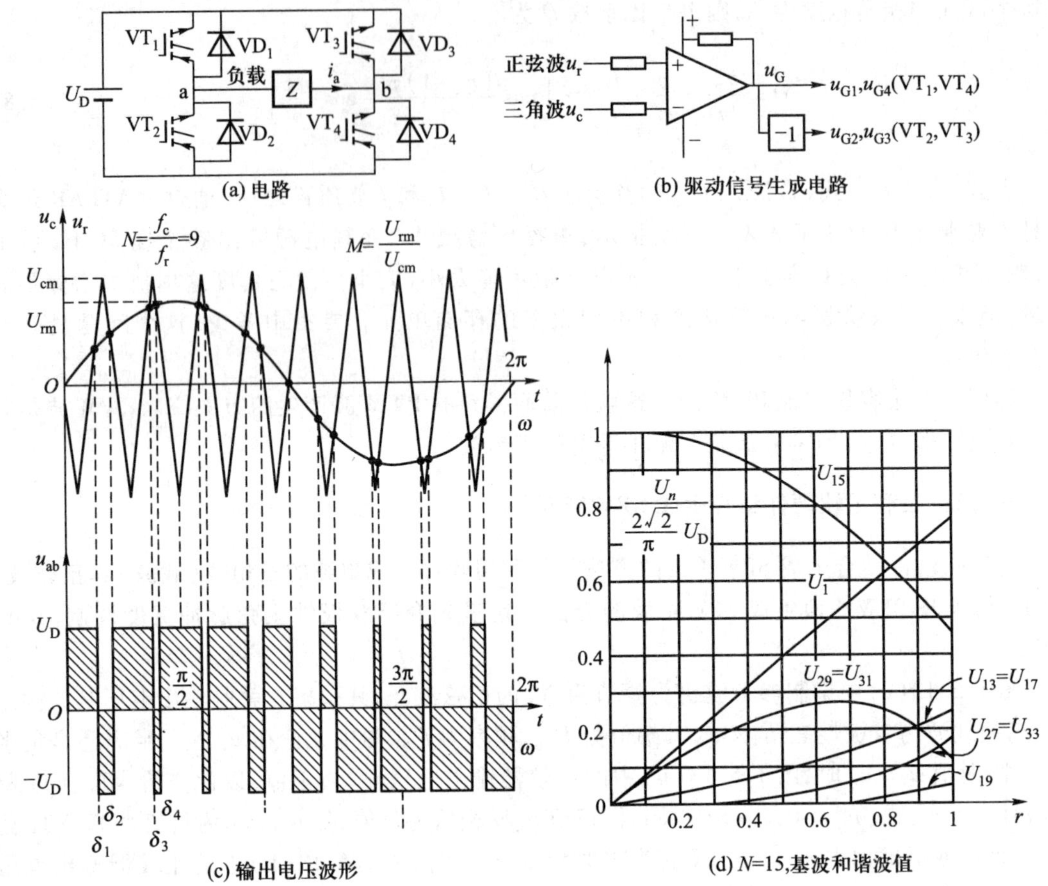

(a) 电路

(b) 驱动信号生成电路

(c) 输出电压波形

(d) N=15,基波和谐波值

图 1.5.13　双极性正弦脉宽调制原理及其输出波形

性 SPWM 控制时输出电压中可以消除 $N-2$ 次以下的谐波。因此除基波外,其最低阶次的谐波为 $N-2$ 次。例如,$N=15$ 时最低次谐波为 13 次谐波。15 次谐波最大,$U_{15}=2\sqrt{2}U_{\mathrm{D}}/\pi=0.9\ U_{\mathrm{D}}$。如果逆变器输出频率 $f_1=50$ Hz,开关的通、断频率 $f_{\mathrm{K}}=2$ kHz,则 N = 2 000/50 = 40,这时可以消除 38 次以下的谐波。存留的高次谐波相对值比 180°宽的方波中同阶次的谐波相对值虽然还可能高一些,但由于其阶次高,容易滤除,其相应的畸变系数还是很小的。

由图 1.5.13 可见,正弦波 u_{r} 和三角波 u_{c} 又来自何处呢?下面讨论如何利用软件生成双极性正弦波和三角波。而且正弦波的频率是可变的。根据题意,输出正弦波的频率范围为 20 ~ 100 Hz。三相之间相位差为 120°,对于这类问题一般采用直接数字频率合成法,简称 DDS (Direct Digital Freguncy Synthests)。

DDS 突破了模拟频率合成法的原理,从"相位"的概念出发进行频率合成。这种合成方法不仅可以给出不同频率的正弦波,而且还可以给出不同初始相位的正弦波,甚至可以给出各种任意波形。

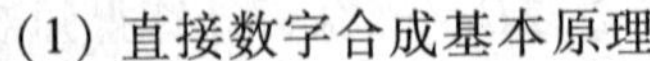

(1) 直接数字合成基本原理

在微机内,若插入一块 D/A 插卡,然后编制一段小程序,如连续进行加 1 运算到一定值,然后连续进行减 1 运算回到原值,再反复运行该程序,则微机输出的数字量经 D/A 变换成小阶梯式模拟量波形,如图 1.5.14 所示。再经低通滤波器滤除引起小阶梯的高频分量,则得到三角波输出。若更换程序,令输出 **1**(高电平)一段时间,再令输出 **0**(低电平)一段时间,反复运行这段程序,则会得到方波输出。PWM 波可以根据这种方法生成。实际上,可以将要输出的波形数据(如正弦函数表)预先存在 ROM(或 RAM)单元中,然后在系统标准时钟(*CLK*)频率下,按照一定的顺序从 ROM(或 RAM)单元中读出数据,再进行 D/A 转换,就可以得到一定频率的输出波形。

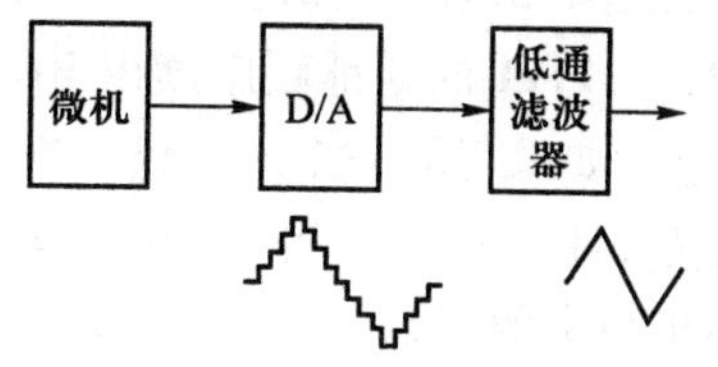

图 1.5.14　直接数字合成基本原理图

现以正弦波为例进一步说明如下。在正弦波一周期(360°)内,按相位划分为若干等份 $\Delta\varphi$,将各相位所对应的幅值 *A* 按二进制编码并存入 ROM。设 $\Delta\varphi=6°$,则一周期内共有 60 等份。由于正弦波对 180°为奇对称,对 90°和 270°为偶对称,因此 ROM 中只需存 0°~90°范围内的幅值码。若以 $\Delta\varphi=6°$计算,在 0°~90°之间共有 15 等份,其幅值在 ROM 中占 16 个地址单元。因为 $2^4=16$,所以可以按 4 位地址码对数据 ROM 进行寻址。现设幅值码为 5 位,则在 0°~90°范围内编码关系见表 1.5.1。

表 1.5.1　正弦函数表(正弦波信号相位与幅度的关系)

地址码	相位	幅度(满度值为 1)	幅值编码
0000	0°	0.000	**00000**
0001	6°	0.105	**00011**
0010	12°	0.207	**00111**
0011	18°	0.309	**01010**
0100	24°	0.406	**01101**
0101	30°	0.500	**10000**
0110	36°	0.588	**10011**
0111	42°	0.669	**10101**
1000	48°	0.743	**11000**
1001	54°	0.809	**11010**
1010	60°	0.866	**11100**
1011	66°	0.914	**11101**
1100	72°	0.951	**11110**
1101	78°	0.978	**11111**
1110	84°	0.994	**11111**
1111	90°	1.000	**11111**

(2) 信号的频率关系

在图 1.5.15 中，时钟 CLK 的频率为固定值 f_c。在 CLK 的作用下，如果按照 **0000**，**0001**，**0010**，…，**1111** 的地址顺序读出 ROM 中的数据，即表 1.5.1 中的幅值编码，其输出正弦信号频率为 f_{o1}；如果每隔一个地址读一次数据（即按 **0000**，**0010**，**0100**，…，**1110** 顺序），其输出信号频率为 f_{o2}，且 f_{o2} 将比 f_{o1} 提高一倍，即 $f_{o2}=2f_{o1}$，依次类推。这样，就可以实现直接数字频率合成器的输出频率的调节。

上述过程是由控制电路实现的，由控制电路的输出决定选择数据 ROM 的地址（即正弦波的相位）。输出信号波形的产生是相位逐渐累加的结果，这由累加器实现，称为相位累加器，如图 1.5.15 所示。在图中，K 为累加值，即相位步进码，也称频率码。如果 $K=1$，每次累加结果的增量为 1，则依次从数据 ROM 中读取数据；如果 $K=2$，则每隔一个 ROM 地址读一次数据，依次类推。因此 K 值越大，相位进步越快，输出信号波形的频率就越高。在时钟 CLK 频率一定的情况下，输出的最高信号频率为多少？或者说，在相应于 n 位常见地址的 ROM 范围内，最大的 K 值应为多少？对于 n 位地址来说，共有 2^n 个 ROM 地址，在一个正弦波中有 2^n 个样点（数据）。如果取 $K=2^n$，就意味着相位步进为 2^n，则一个信号周期中只取一个样点，它不能表示一个正弦波，因此不能取 $K=2^n$；如果取 $K=2^{n-1}$，$2^n/2^{n-1}=2$，则一个正弦波形中有两个样点，这在理论上满足了采样定理，但实际难以实现。一般地，限制 K 的最大值为

$$K_{max} = 2^{n-2}$$

这样，一个波形中至少有 4 个样点（$2^n/2^{n-2}=4$），经过 D/A 转换，相当于 4 级阶梯波，即图 1.5.15 中的 D/A 输出波形由 4 个不同的阶跃电平组成。在后继低通滤波器的作用下，可以得到较好的正弦波输出。相应地，K 为最小值（$K_{min}=1$）时，一共有 2^n 个数据组成一个正弦波。

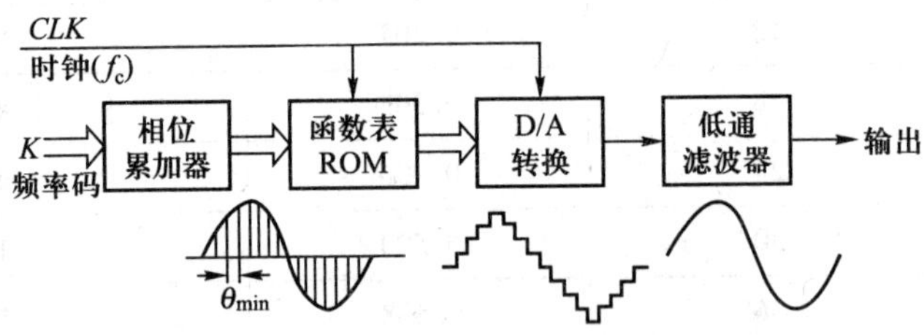

图 1.5.15　以 ROM 为基础组成的 DDS 原理图

根据以上讨论，可以得到如下一些频率关系。假设控制时钟频率为 f_c，ROM 地址码的位数为 n。当 $K=K_{min}=1$ 时，输出频率 f_o 为

$$f_o = K_{min} \cdot \frac{f_c}{2^n}$$

故最低输出频率 f_{omin} 为

$$f_{omin} = f_c/2^n \tag{1.5.9}$$

当 $k=k_{max}=2^{n-2}$ 时，输出频率 f_o 为

$$f_o = K_{max} \cdot \frac{f_c}{2^n}$$

故最高输出频率f_{omax}为

$$f_{omax} = f_c/4 \tag{1.5.10}$$

在 DDS 中，输出频率点是离散的，当f_{omax}和f_{omin}已经设定时，其间可输出的频率个数 M 为

$$M = \frac{f_{omax}}{f_{omin}} = \frac{f_c/4}{f_c/2^n} = 2^{n-2} \tag{1.5.11}$$

现在讨论 DDS 的频率分辨率。如前所述，频率分辨率是两个相邻频率之间的间隔，现在定义f_1 和f_2 为两个相邻的频率，若

$$f_1 = K \times \frac{f_c}{2^n}$$

则
$$f_2 = (K+1) \times \frac{f_c}{2^n}$$

因此，频率分辨率 Δf 为

$$\Delta f = f_2 - f_1 = (K+1) \times \frac{f_c}{2^n} - K \times \frac{f_c}{2^n}$$

故得频率分辨率

$$\Delta f = f_c/2^n \tag{1.5.12}$$

为了改变输出信号频率，除了调节累加器的 K 值以外还有一种方法，就是调节控制时钟的频率f_c。由于f_c 不同，读取一轮数据所花时间不同，因此信号频率也不同。用这种方法调节频率，输出信号的阶梯仍取决于 ROM 单元的多少，只要有足够的 ROM 空间都能输出逼近正弦的波形，但调节比较麻烦。

DDS 不仅改变频率方便，而且改变相位也非常方便。例如，一个正弦函数表有 2^n 个地址，若 $n=6$，则有 64 个地址（**000000**，**000001**，**000010**，…，**111111**）。对于 A 相而言，起始地址为**000000**，B 相的起始地址应该是**010101**，C 相对应的起始地址应该是**101010**。在制作正弦函数表时，尽量取(2^n-1)能被 3 整除。例如，$2^6-1=63$ 能被 3 整除。$2^8-1=255$ 能被 3 整除。这样做的目的在于减小三相的初始相位误差。

方案一与方案二进行比较：方案一软件工作量大，硬件工作量小；而方案二则相反，软件工作量小些，而硬件工作量大些，但方案二改变频率和相位非常方便。这两种方案均可行。

四、测量模块方案论证

1. 电压测量

将三相电压分别采样后，由有效值 - 直流转换芯片（AD637）转换成直流电平，再经 A/D 转换变为数字量，交给控制器处理。

2. 电流测量

由三个电流传感器将三相电流信号转换成交流电压信号，经过信号放大由 AD637 转换成直流电平信号，再经过 A/D 转换变为数字信号，最后由控制器进行处理。计算出三相电流值送给显示器显示，计算相电流的差值进行判断是否执行保护操作。

3. 频率测量

将三相中任取一相电压经过施密特触发器(74HC14)整形后直接送给控制器(FPGA)进行测频。当然也可以由单片测频集成芯片直接测出频率数值送给显示器显示。

测压、测流、测频原理方框图如图 1.5.16 所示。

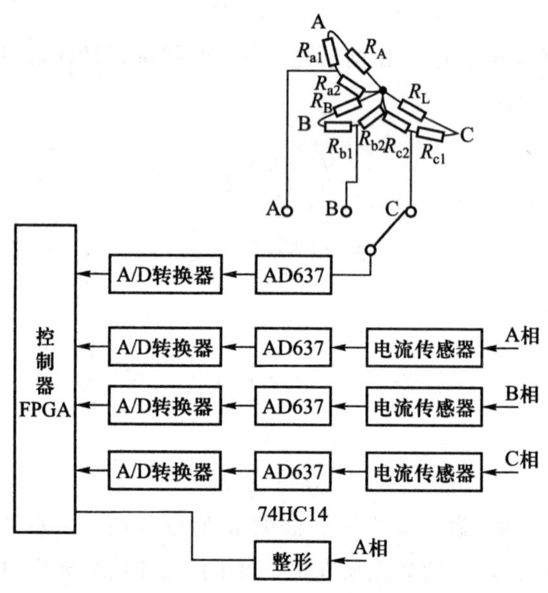

图 1.5.16　测压、测流、测频原理方框图

4. 功率测量

在相电流、相电压测得之后,功率由控制器(FPGA)计算得出。

五、控制模块方案论证

▶方案一:单片机+FPGA 控制系统。

单片机(AT89S52)为核心的单片机最小系统,配有按键、EEPROM、温度传感器(DS18B20)等外围器件。

FPGA(XC2S100e-6PQ208)为核心的可编程逻辑器件最小系统,配有液晶显示(RT12864-M)。

▶方案二:FPGA 最小系统。

采用一块 Xinlinx 公司生产的 Spartan-3 系列的 XC3S200-4PQ208 芯片,配有按键、液晶显示等外围元件。

这两种方案均可行,可以任选其中一种。

1.5.3　硬件设计

变频电源系统方框图如图 1.5.17 所示。

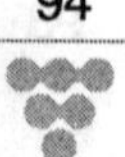

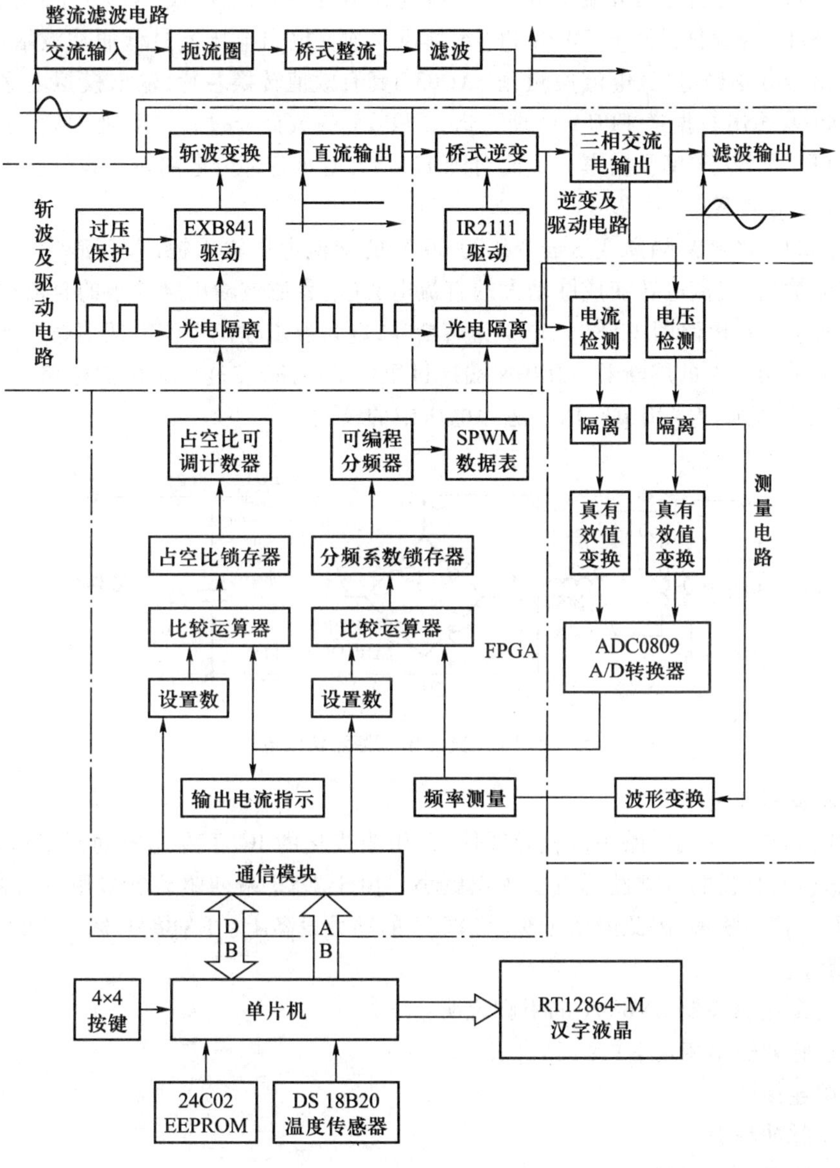

整流滤波电路
交流输入 → 扼流圈 → 桥式整流 → 滤波
斩波变换 → 直流输出 → 桥式逆变 → 三相交流电输出 → 滤波输出
逆变及驱动电路
斩波及驱动电路
过压保护
EXB841驱动
IR2111驱动
光电隔离
光电隔离
电流检测
电压检测
隔离
隔离
测量电路
真有效值变换
真有效值变换
占空比可调计数器
可编程分频器
SPWM数据表
占空比锁存器
分频系数锁存器
比较运算器
比较运算器
FPGA
ADC0809 A/D转换器
设置数
设置数
输出电流指示
频率测量
波形变换
通信模块
DB
AB
4×4按键
单片机
RT12864-M汉字液晶
24C02 EEPROM
DS 18B20温度传感器

图 1.5.17　变频电源系统方框图

采用一块 Xinlinx 公司生产的 Spartan 2E 系列 XC2S100e－6PQ208 芯片，利用 VHDL（超高速硬件描述语言）编程，产生 PWM 波和 SPWM 波，实现本设计核心部分。整个设计采用单片机与 FPGA 结合控制方式，即用单片机完成人机界面，用 FPGA 完成采集控制逻辑、显示控制逻辑、系统控制、信号分析、处理、变换等功能。

220 V/50 Hz 的市电，经过一个 220 V/60 V 的隔离变压器，输出 60 V 的交流电压，经整流器得直流电压，再经斩波变换电路得到一个幅度可调的稳定直流电压。斩波电压的 IGBT 开关器件选用 BUP304，BUP304 的驱动电路由集成化专用 IGBT 驱动器 EXB841 构成，EXB841 的 PWM 驱动输入信号由 FPGA 提供。输出的斩波电压经逆变得到一系列频率的三相对称交流电。逆变电路采用全桥逆变电路，MOSFET 桥臂由 6 个 K1358 构成，K1358 的驱动电路选用 IR2111，IR2111 的控制信号 SPWM 由 FPGA 提供。逆变输出电压通过低通滤波输出平滑的正弦波，输出信号分别经电压、电流检测，送 AD637 真有效值转换芯片，输出模拟电平，经模数转换器 ADC0809，输出数据送 FPGA 处理。送入 FPGA 的数据经过一系列处理后，送显示电路，显示输出电压、电流、频率及功率。下面对图 1.5.17 所示各部分电路进行设计。

1. 整流滤波电路

市电经 220 V/60 V 隔离变压器变压为 60 V 的交流电压输入扼流圈，消除大部分的电磁干扰，经整流输出，交流电转变成脉动大的直流电，经电容滤波输出脉动小的直流电，其电路如图 1.5.18 所示。在电路图中，FU1、FU2 为熔断器，题目要求输出电流有效值达 3.6 A 时，执行过流保护，故采用 4 A 的熔断器。JD0IN 端接过压保护电路，在过压时保护电路。并联的电容 $C_{1.1}$ 为滤波电容，容值为 470 μF，用于滤除电压中的纹波。

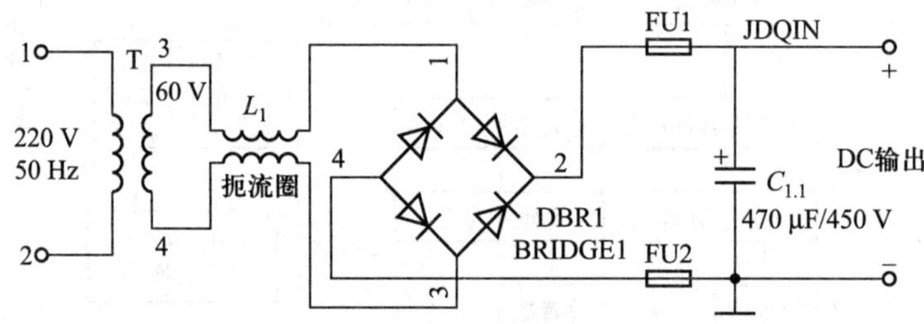

图 1.5.18　交流电源整流滤波电路

2. 斩波及驱动电路

BUP304 是整个应用电路中的主导器件，采用集成化的 IGBT 专用驱动器 EXB841 进行驱动，其性能更好，整机的可靠性更高及体积更小。由于 EXB 系列驱动器采用具有高隔电压的光耦合器作为信号隔离，因此能用于交流 380 V 的动力设备上。EXB841 驱动器的引脚图如图 1.5.19 所示。

IGBT 的专用驱动器 EXB841 的引脚说明：

① 驱动脉冲输出相对端；

② 电源连接端；

③ 驱动脉冲输出端；

④、⑦、⑧、⑩、⑪ 空端；

⑤ 过电流保护动作信号输出端；

⑥ 过电流保护采样信号连接端；

⑨ 驱动输出级电源地端；

⑭ 驱动信号输入连接负端；

⑮ 驱动信号输入连接正端。

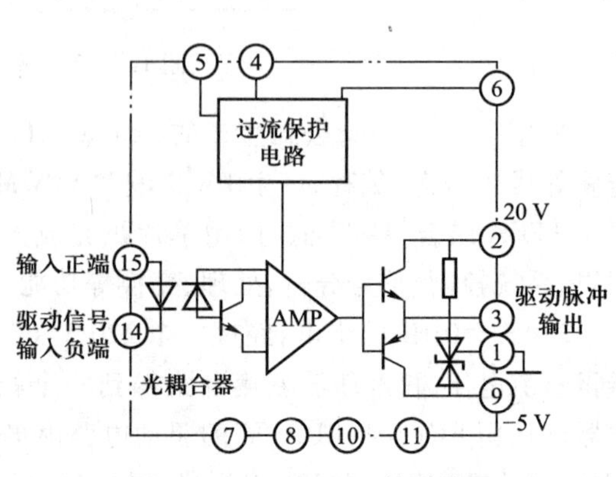

图 1.5.19　EXB841 的引脚图

EXB841 是混合 IC 能驱动高达 400 A/600 V的 IGBT 和高达 300 A/1 200 V 的 IGBT。因为驱动电路信号延迟≤1 μs，所以此混合 IC 适用于高约 40 kHz 的开关操作。在该电路中

采用最大电压为 1 000V,T0 - 218 AB 封装,BUP 304 的 IGBT(隔离栅双极型晶体管)。

IGBT 通常只能承受 10 μs 的短路电流,所以必须有快速保护电路。EXB 系列驱动器内设有过流保护电路,根据驱动信号与集电极之间的关系检测过流,其检测电路如图 1.5.20(a)所示。当集电极电压过高时,虽然输入信号也认为存在过流,但是如果发生过流,驱动器的低速切断电路就慢速关断 IGBT(<10 μs 的过流不响应),从而保证 IGBT 不被损坏。如果以正常速度切断过流,集电极产生的电压尖脉冲足以破坏 IGBT,关断时的集电极波形如图 1.5.20(b)所示。IGBT 在开关过程中需要一个 +15 V 电压以获得高开启电压,还需要一个 -5 V 关栅电压以防止关断时的误动作。这两种电压(+15 V 和 -5 V)均可由 20 V 供电的驱动器内部电路产生,如图 1.5.20(c)所示。

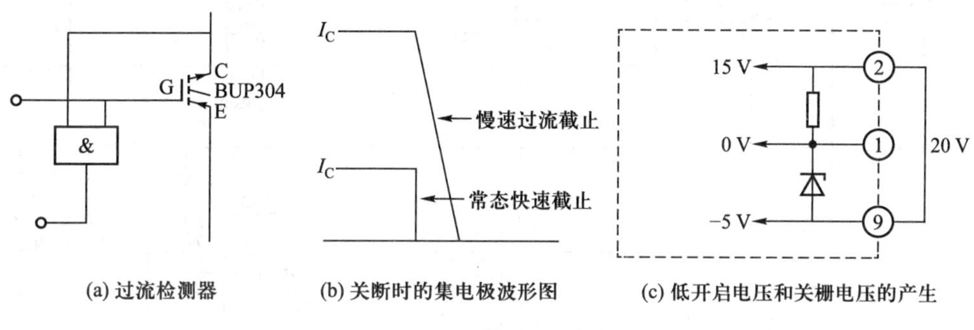

(a) 过流检测器　(b) 关断时的集电极波形图　(c) 低开启电压和关栅电压的产生

图 1.5.20　快速保护电路

具体应用电路如图 1.5.21 所示。图中 *JDQOUT* 是整流滤波的输出量,EXB841 的第 6 脚所接的快恢复二极管选择 UB8100,第 5 脚接一个光电耦合器 TLP521,根据资料,与 2 脚相接的电阻为 4.7 kΩ(1/2 W),1 脚和 9 脚、2 脚和 9 脚之间的电容 $C_{1.2}$、$C_{1.3}$为 47 μF,该电容并非滤波电容,而是用来吸收输入电压波动的电容。在斩波后的电路中接一个续流二极管($VD_{1.2}$)来消除电感储存能对 IGBT 造成的不利影响,并采用由电感(L_3)与电容($C_{1.6}$)组成的低通滤波器以尽可能降低输出电压的纹波。当 IGBT 闭合时,二极管反偏,输入端向负载及电感(L_3)提供能量,当 IGBT 断开时,$VD_{1.2}$、L_3、$C_{1.6}$构成回路,电感电流流经二极管,对 IGBT 起保护作用,因为 IGBT 通常只能承受 10 μs 的短路电流。

3. 逆变及驱动电路

在本设计中采用三相电压桥式逆变电路,6 个型号为 K1358 的 MOSFET 组成该逆变电路的桥臂,桥中各臂在控制信号作用下轮流导通。它的基本工作方式是 180°导电方式,即每个桥臂的导电角度为 180°,同一相(即同一半桥)上、下两个桥臂交替导电,各相开始导电的时间相差 120°。三相电压桥式逆变电路如图 1.5.22 所示,每一个 2SK1358 并联一个续流二极管和串接一个 *RC* 低通滤波器。

MOSFET 驱动电路的设计对提高 MOSFET 性能具有举足轻重的作用,并对 MOSFET 的效率、可靠性、寿命都有重要的影响。MOSFET 对驱动它的电路也有要求:能向 MOSFET 栅极提供需要的栅压,以保证 MOSFET 可靠的开通和关断,为了使 MOSFET 可靠触发导通,触发脉冲电压应高于管子的开启电压,并且驱动电路要满足 MOSFET 快速转换和高峰值电流的要求,具备良好的电气隔离性能,能提供适当的保护功能,驱动电路还应简单可靠、体积小。

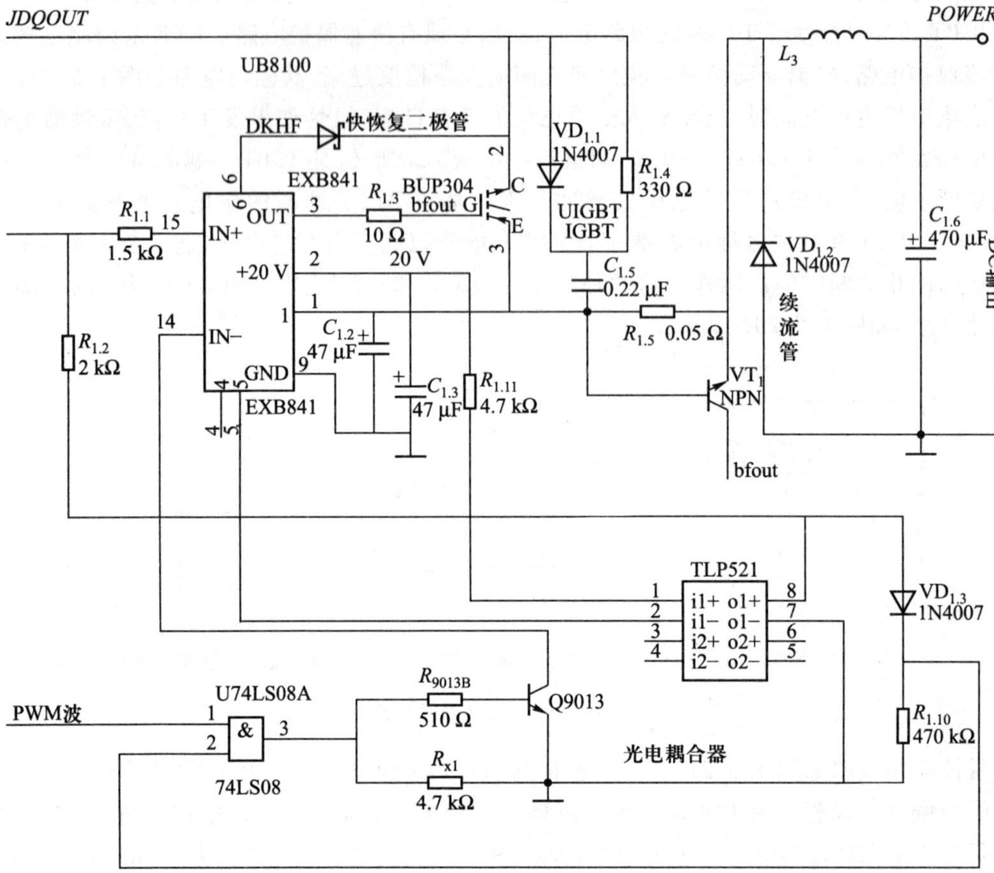

图 1.5.21　斩波应用电路

在设计中采用 IR2111 作为 MOSFET 的驱动电路，IR2111 是美国国际整流器(IR)公司研制的 MOSFET 专用驱动集成电路，DIP－8 封装，可驱动同桥臂的两个 MOSFET，内部自举工作，允许在 600 V 母线电压下直接工作，栅极驱动电压范围宽，单通道施密特逻辑输入，输入与 TTL 及 CMOS 电平兼容，死区时间内置，高边输出输入同相，低边输出死区时间调整后与输入反相。

4. 真有效值转换电路

AD637 是有效值/直流变换芯片，它能转换输出任意复杂波形的真有效值，可测量的信号有效值可高达 7 V，精度优于 0.5% 且外围元件少，频带宽。对于一个有效值为 1 V 的信号，它的 3 dB 带宽为 8 MHz，并且可以对输入信号的电平以分贝形式指示，但不适用于高于 8 MHz 的信号。逆变输出的信号经过低通滤波，三相电流分别由电流检测器，转换为电压量，单相电压由电压检测器转换为适合测量的电压。信号的有效值测量由 4 片 AD637 构成，其基本电路如图 1.5.23 所示。在进行真有效值转换之前，使输入信号经过一个放大倍数可调的放大电路，该电路的作用是提高输入阻抗和隔离作用，由于该变频电源的工作频率不高，电路采用的是 AD637 构成的低频应用电路，电路中参数依据 AD637 的 PDF 资料。

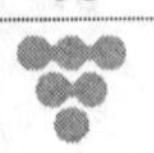

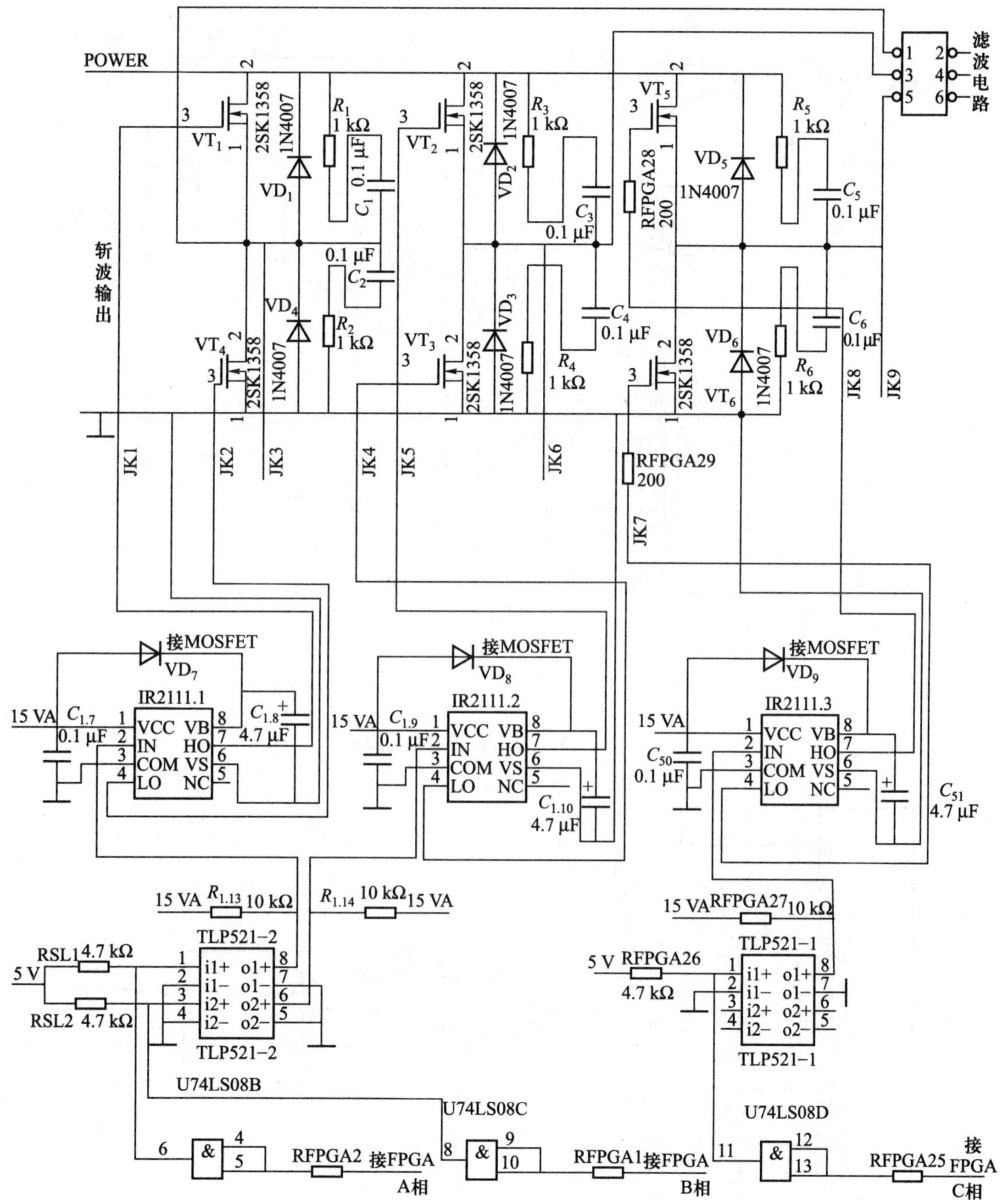

图 1.5.22　三相电压桥式逆变电路

5. 液晶显示及存储电路

采用 RT12864－M 汉字液晶实时显示输出的电压、电流、频率，功率等，利用芯片 AT24C02 存储上次液晶显示的数据，单片机对其进行总体的控制。其电路图如图 1.5.24 所示，在电路中液

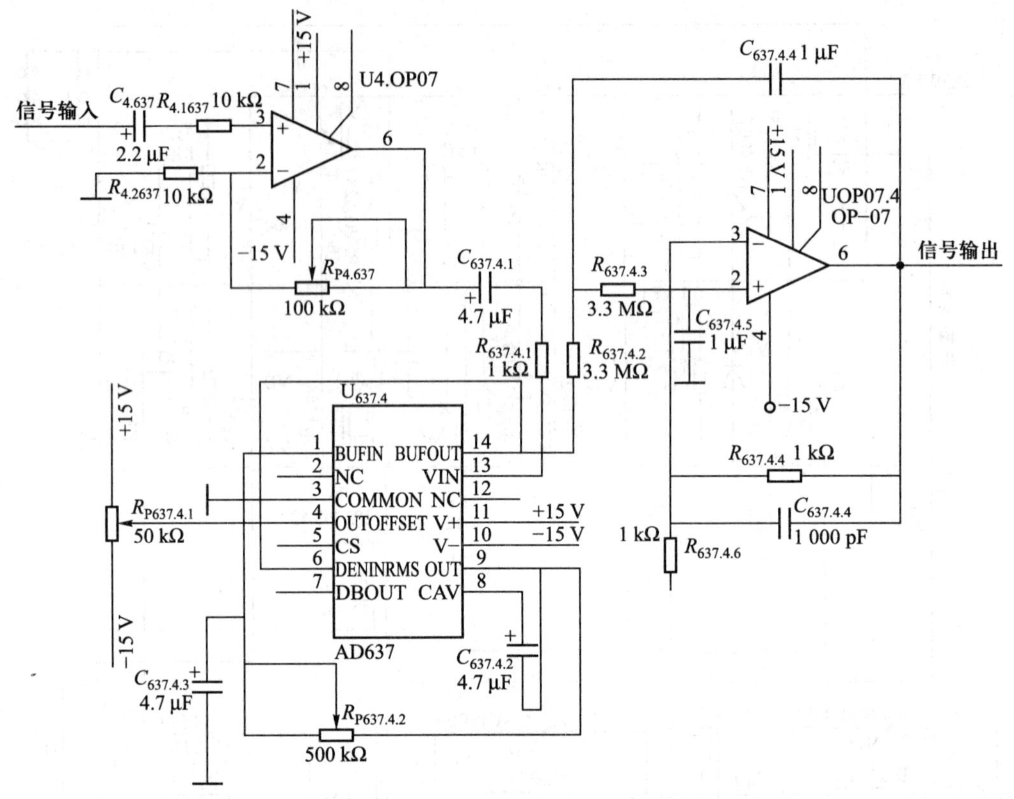

图 1.5.23　真有效值转换电路

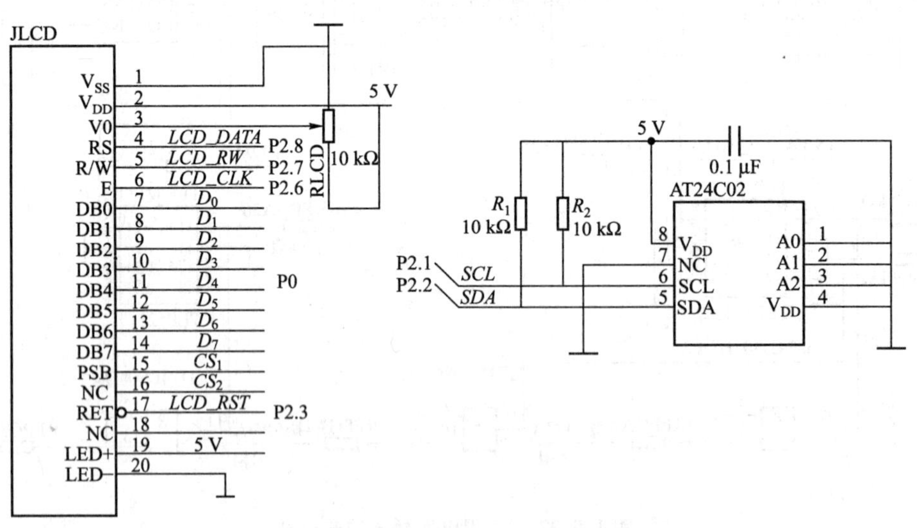

图 1.5.24　液晶显示及存储电路

晶 D0～D7 数据口接单片机的 P0 口，LCD_DATA、LCD_RW、LCD_CLK、LCD_RST 分别接单片机的 P2.8 口、P2.7 口、P2.6 口、P2.3 口。运用 AT24C02 存储芯片，把上一次液晶显示的数据存储在 AT24C02 中，以备掉电保护数据。*SCL*、*SDA* 为其控制信号，分别接单片机的 P2.1 口、P2.2 口。

6. 过流保护电路

在题目的要求中,要求具有过流保护功能,而过流保护电路也是负载缺相保护电路,由于三相负载对称时流过任一相的电流值彼此相差不会很大,所以当任一负载开路则导致三相负载不对称,从而使流过各相中的电流值发生较大的变化。各相中的电流值都在FPGA的监测范围内,所以只要当前电流超出所预定的范围则控制保护电路动作,从而切断输入电源。

其具体设计电路图如图1.5.25所示,利用软件编程来控制该电路继电器的吸合、关断。FPGA依据采样的电流信号随时监控电路中电流的情况,一旦发现电路中的电流超过设定的最大电流,FPGA就给出高电平控制信号使晶体管导通,继电器吸合进入保护状态同时接通过流指示电路,切断电源的输入,对电路起保护作用。否则,电路不动作,输入的交流电直接输出。

7. 过压保护电路

在整个电路中,设计了过压保护电路,其电路图如图1.5.26所示。图中TL431是TI公司生产的一个有良好的热稳定性能的三端可调分流基准源,它的输出电压用两个电阻就可以任意地设置 U_{REF} 从2.5~36 V范围内的任何值。TL431相当于一个二极管,但阳极端电压高于 U_{REF} 时,阳极与阴极导通。在电路中,当电压正常时,JDQIN与JDQOUT直线连接,不起保护作用,在这种情况下 R_{BH1} 和 R_{BH2} 中点电压 U_B 为

$$U_B = U_{in} \cdot \frac{R_{BH2}}{R_{BH1} + R_{BH2}}$$

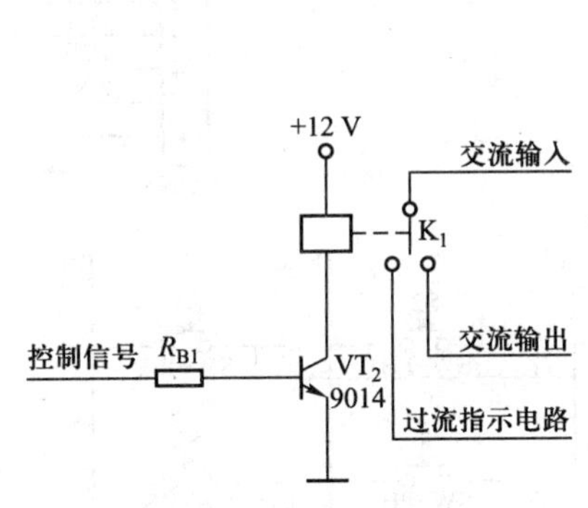

图1.5.25 过流保护电路

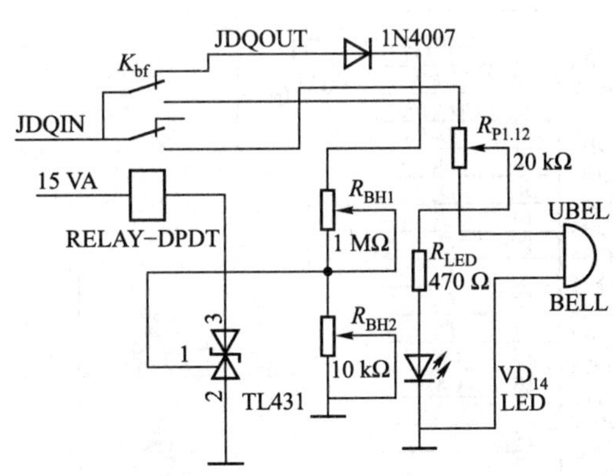

图1.5.26 过压保护电路

此时,TL431的基准电压为

$$U_{REF} = U_{in} \cdot \frac{R_{BH2}}{R_{BH1} + R_{BH2}}$$

当发生过电压时,两电阻中点的值将大于TL431的基准电压,继电器吸合,输入电压接通蜂鸣器电路,发光二极管指示过压现象。

8. 单片机及外围电路(如图 1.5.27 所示)

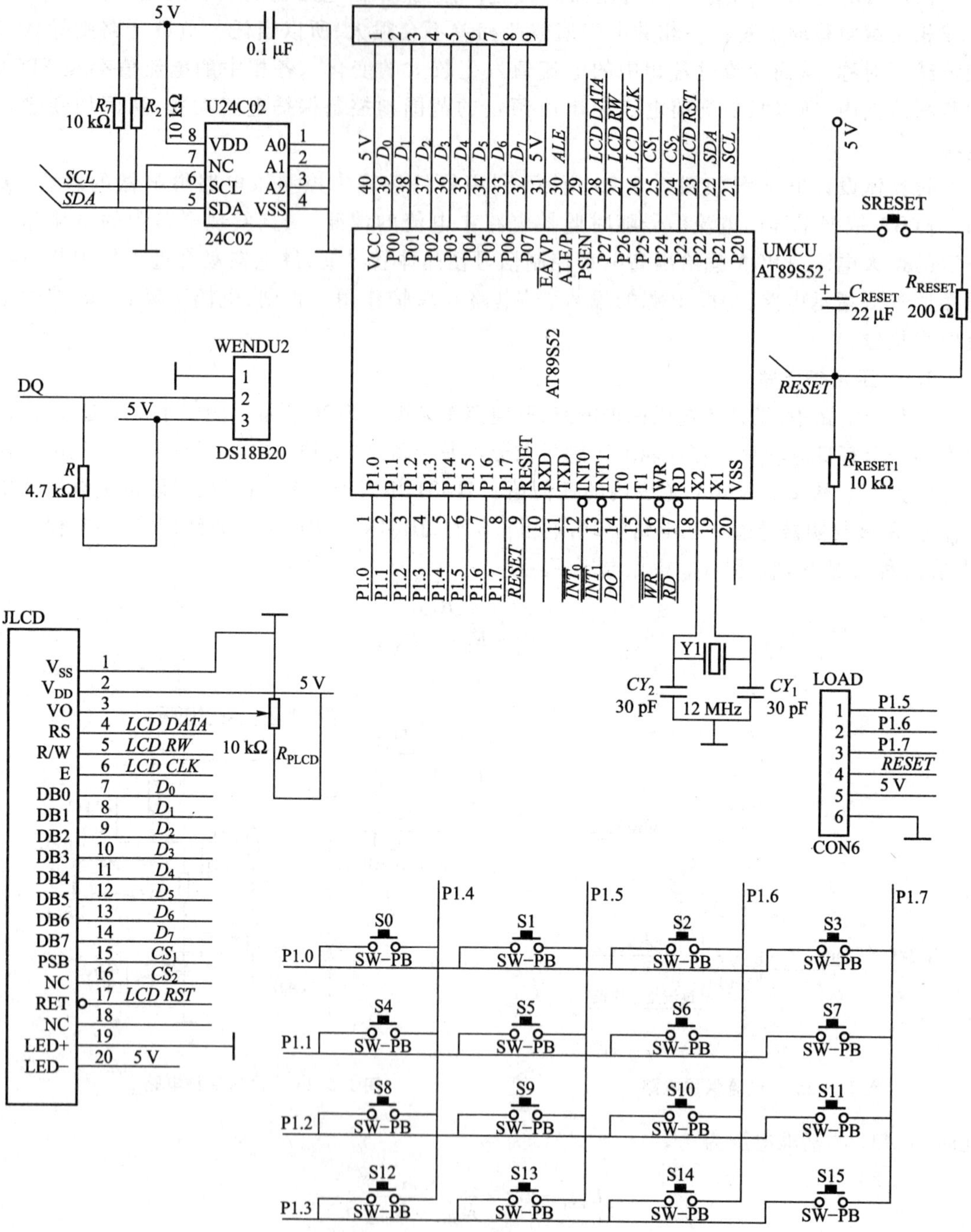

图 1.5.27　单片机及外围电路

9. 供电电源

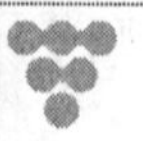

因本系统模块较多,所需要的电源种类也多。为了测试方便,自制了一个供电电源,电路如图 1.5.28 所示。

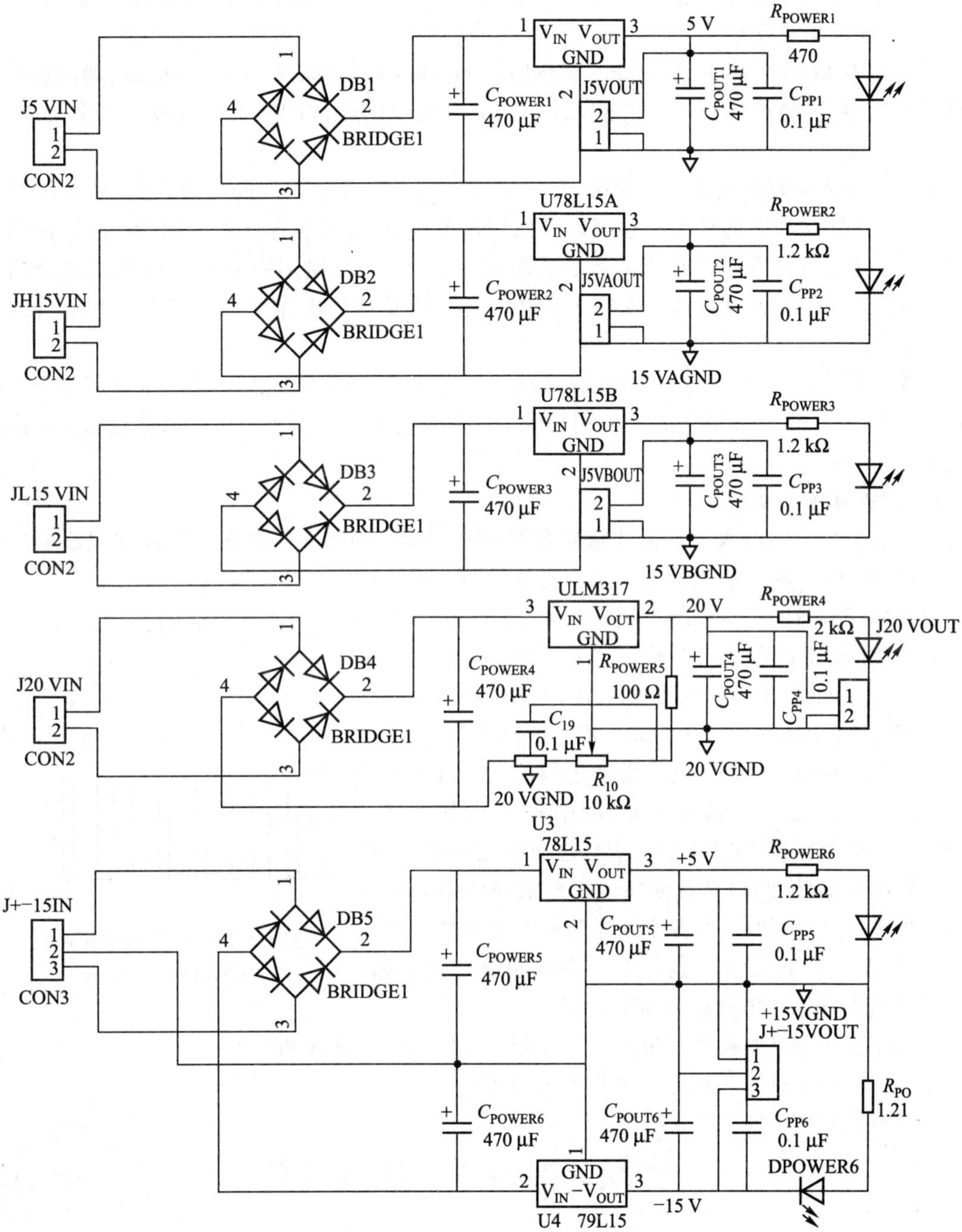

图 1.5.28　供电电源电路图

1.5.4　软件设计

系统采用硬件描述语言 VHDL 按模块化方式进行设计，并将各模块集成于 FPGA 芯片中，然后通过 Xilinx ISE6.2 软件开发平台和 ModelSim Xilinx Edition 5.3d XE 仿真工具，对设计文

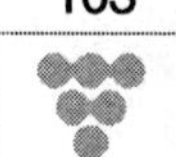

件自动完成逻辑编译、逻辑化简、综合及优化、逻辑布局布线、逻辑仿真，最后对 FPGA 芯片进行编程，实现系统的设计要求。

采用 VHDL(Very High Speed Integrated Circuit Hardware Description Language，超高速集成电路硬件描述语言)设计复杂数字电路的方法具有很多优点，VHDL 的设计技术齐全、方法灵活、支持广泛。

VHDL 的系统硬件描述能力很强，具有多层描述系统硬件功能的能力，可以从系统级到门级电路，而且高层次的行为描述可以与低层次的 RTL 描述混合使用。VHDL 在描述数字系统时，可以使用前后一致的语义和语法跨越多层次，并且使用跨越多个级别的混合描述模拟该系统。因此，可以对高层次行为描述的子系统及低层次详细实现子系统所组成的系统进行模拟。

本系统软件设计在基于 FPGA 的基础上，采用单片机和液晶构成人机友好界面，用 VHDL 和 C 语言共同编制完成。采用模块化、结构化的设计思想，具有易读性，易于移植等优点。

1. SPWM 波的实现

相关软件用 VHDL 编写。正弦脉冲宽度调制的基本原理——根据采样控制理论中的冲量等效原理：大小、波形不相同的窄脉冲变量作用于惯性系统时，只要它们的冲量(即变量对时间的积分)相等，其作用效果基本相同，且窄脉冲越窄，输出的差异越小。这一结论表明，惯性系统的输出响应主要取决于系统的冲量，即窄脉冲的面积，而与窄脉冲的形状无关。依据该原理，可将任意波形用一系列冲量与之相等的窄脉冲进行等效。以正弦波为例，将一正弦波的正半波 p 等分(图中 $p=7$)，其中每一等分所包含的面积(冲量)均用一个与之面积相等的、等幅而不等宽的矩形脉冲替代，且使每个矩形脉冲的中心线和等分点的中线重合，如此，则各个矩形脉冲宽度将按正弦规律变化，如图 1.5.29 所示。这就是 SPWM 控制理论依据，由此得到的矩形脉冲序列称为 SPWM 波形。

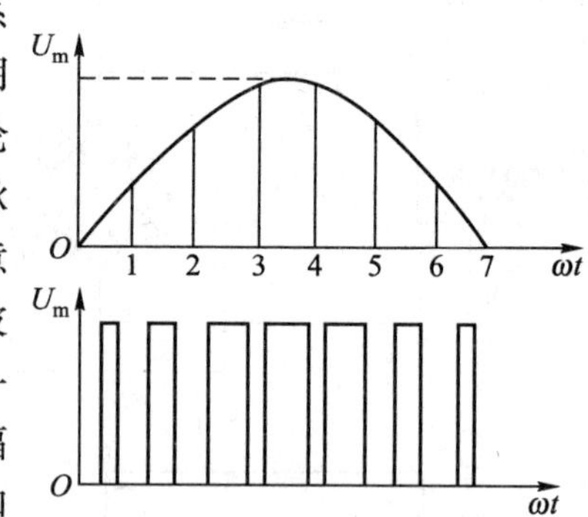

图 1.5.29　与正弦波等效的矩形脉冲序列波形

设三相逆变电路的输出三相分别为 A 相、B 相和 C 相，以 A 相为例。

设 $u_A(t)=U_{1m}\sin\omega t$，将一周分为 $2p$ 个等份。

并设等效矩形幅度为 U_D，则

$$
\begin{cases}
\theta_m=\dfrac{U_{1m}}{U_D}\left[\cos\dfrac{(m-1)\pi}{p}-\cos\dfrac{m\pi}{p}\right] & (1.5.13)\\
\Delta t_m=\dfrac{\theta_m}{2\pi f} & (1.5.14)\\
D_m=\dfrac{\theta_m}{\dfrac{2\pi}{2p}}=\dfrac{p\theta_m}{\pi} & (1.5.15)
\end{cases}
$$

式中，$m=1,2,\cdots,\dfrac{p}{4}$。

于是可以获得四分之一个周期内每个小区间的相角宽度 θ_m，脉宽 Δt_m 和占空比 D_m 的数值。再利用正弦函数的奇偶性，得到整个周期每个小区间的 θ_m、Δt_m、D_m 的值。将它列成一个表格，存放在 ROM（或 RAM）中，这个表称为 SPWN 函数表。

2. PWM 波的实现

本系统有两个重要的软件包，一是 SPWM 生成软件包，二是 PWM 软件包。前者直接影响三相输出电压的对称性（三相的相位差是否差 120°）、输出频率的准确度、稳定度及输出电压的失真度等项指标。后者则直接影响三相输出相电压的准确度和稳定度。根据设计要求，在输入电压和负载变化的情况下，输出相电压在（20.785 ±0.207）V 的范围内。为此系统必须引入电压负反馈。其系统简化示意图如图 1.5.30 所示。

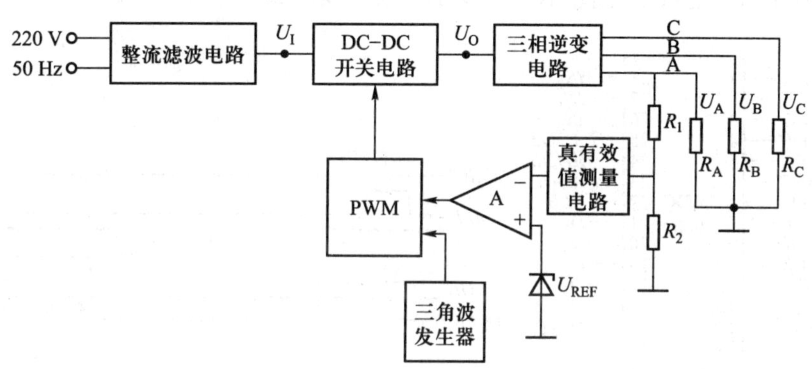

图 1.5.30　系统简化示意图

在开环（不加负反馈电路）的情况下，输出电压与输入电压的关系为

$$U_O = DU_I$$

$$U_A \approx U_B \approx U_C = KU_O = DKU_I \tag{1.5.16}$$

式中，D 为 PWM 的占空系数，K 为三相逆变电路转换系数，与负载变化、MOSFET 的导通内阻、滤波网络等有关。

由式（1.5.16）可知，当 PWM 的占空系数一定时，输出的三相电压随输入电压的变化和负载的变化而变化。

引入电压负反馈后，则输出电压为

$$U_A = \left(1 + \frac{R_1}{R_2}\right) U_{REF} \tag{1.5.17}$$

式中，U_{REF}为基准电源，其电压准确度和稳定度极高。故输出电压的准确度和稳定度也极高。

本系统 PWM 的生成和反馈控制不是采用如图 1.5.30 所示的硬件电路实现的，而是采用软件的办法实现的，如图 1.5.17 所示。由输出相电压的额定值（20.785 V）经过采样、真有效值变换、A/D 转换成对应的数字量 D_I。在计算机中预置一个数值量 D_R，此数字量 D_R 应与 PWM 的占空比系数、三相输出电压有效值有对应关系。若因输入电压的变化或负载的变化，使三相输出的相电压增加，则 D_I 增加。D_I 与预置数字量 D_R 比较，若 $D_R > D_I$，PWM 占空比系

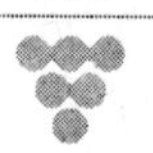

数减小，于是使三相输出电压下降；反之亦然。从而达到输出电压稳定。

3. ADC0809 的控制程序设计

ADC0809 的引脚图及工作时序图如图 1.5.31 所示，其相关软件用 VHDL 编写。程序设计主要是对 ADC0809 的工作时序进行控制。ADC0809 是 8 位 MOS 型 A/D 转换器，可实现 8 路模拟信号的分时采集，片内有 8 路模拟选通开关，以及相应的通道地址锁存用译码电路，其转换时间为 100 μs。*START* 是转换启动信号，高电平有效；*ALE* 是 3 位通道选择地址（*ADDA*，*ADDB*，*ADDC*）信号的锁存信号。当模拟量送至某一输入端时（如 IN_1 或 IN_2 等），由 3 位地址信号选择，而地址信号由 *ALE* 锁存；当启动转换约 100 μs 后，*EOC* 产生一个负脉冲，以示转换结束；在 *EOC* 的上升沿，若使输出使能信号 *OE* 为高电平，则控制打开三态缓冲器，把转换好的 8 位数据输至数据总线。至此 ADC0809 的一次转换结束。

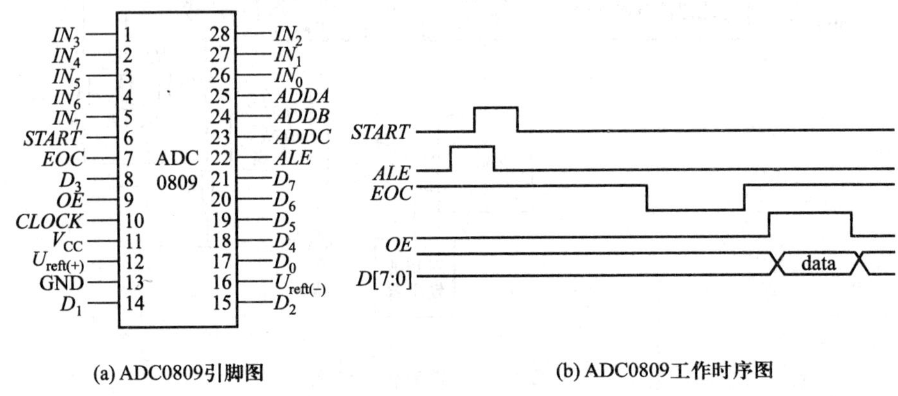

(a) ADC0809引脚图　　(b) ADC0809工作时序图

图 1.5.31　ADC0809 引脚图和工作时序图

采用状态机来设计 ADC0809 的控制程序，其状态转换图如图 1.5.32 所示，一共分为 6 个状态，从图中可以清晰地看出 ADC0809 的工作过程。

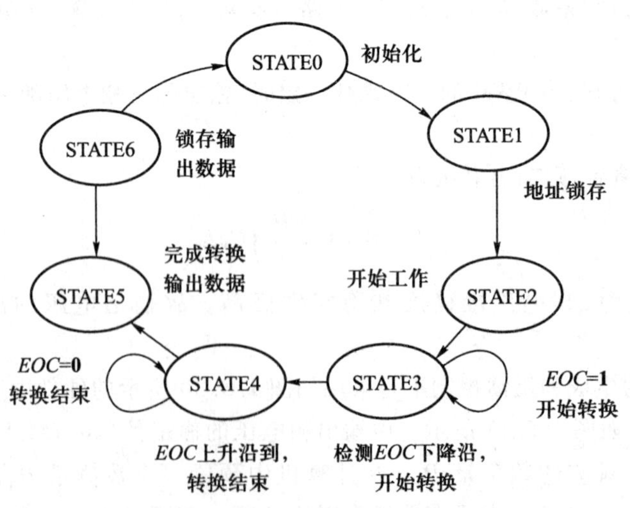

图 1.5.32　ADC0809 控制程序状态转换图

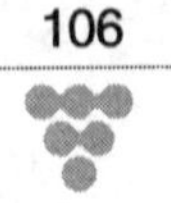

4. 液晶显示驱动的设计

开发仿真软件使用 Keil uVision2,C 语言编程。采用 RT12864 - M(汉字图形点阵液晶显示模块),可显示汉字及图形,内置 8192 个中文汉字(16 ×16 点阵)、128 个字符(8 ×16 点阵)及 64 ×256 点阵显示 RAM(GDRAM),显示内容为 128 列 ×64 行。该模块有并行和串行两种连接方法,在本设计中采用并行连接方法。8 位并行连接时序图如图 1.5.33 所示,图 1.5.33(a)为单片机写数据到液晶,图 1.5.33(b)为单片机从液晶读出数据。

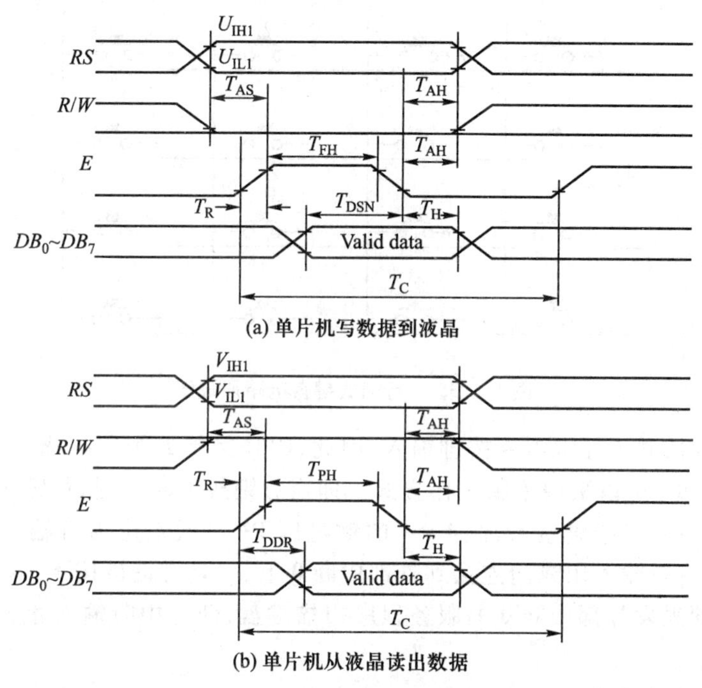

图 1.5.33　8 位并行连接时序图

该部分利用单片机来控制液晶显示,显示输出电压、电流、频率,功率等。驱动程序流程图如图 1.5.34 所示。

5. 矩阵式键盘的设计

矩阵式键盘以 I/O 口线组成行、列结构,4 ×4 的行列结构可构成 16 个键的键盘。按键设置在行、列线交点,行、列线分别连接到按键开关的两端。但行线通过上拉电阻接 +5 V/ +3.3 V 时,被钳位在高电平状态。在本设计中用 P1 口来控制 4 ×4 的行列线。

键盘中有无按键按下是由列线送入全扫描字、行线读入行线状态来判断的。其方法是:将列线所有 I/O 线均置成低电平,然后将行线电平状态读入累加器 A 中。如果有键按下,则总会有一根行线电平被置为低电平,从而使行输入不全为 **1**。

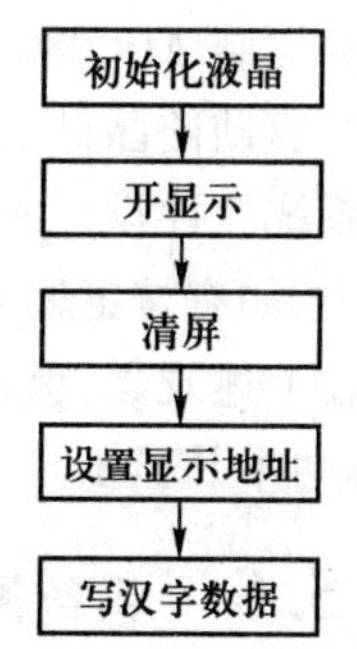

图 1.5.34　单片机驱动液晶显示程序流程图

键盘中哪一个键按下是由列线置低电平后检查行输入状态来判断的。其方法是：依次给列线送低电平，然后查所有行线状态，如果全为**1**，则所按下之键不在此列；如果不全为**1**，则所按下之键必在此列，而且是在与**0**电平行线相交的交点上的那个键。

键盘上的每个键都有一个键值。键值赋值的最直接方法是将行、列按二进制顺序排列，当某一按键按下时，键盘扫描程序执行到给该列置**0**电平，读出各行状态为非全**1**状态，这时的行、列数据组合成键值。如图1.5.35所示的是行列式键盘电路原理图。

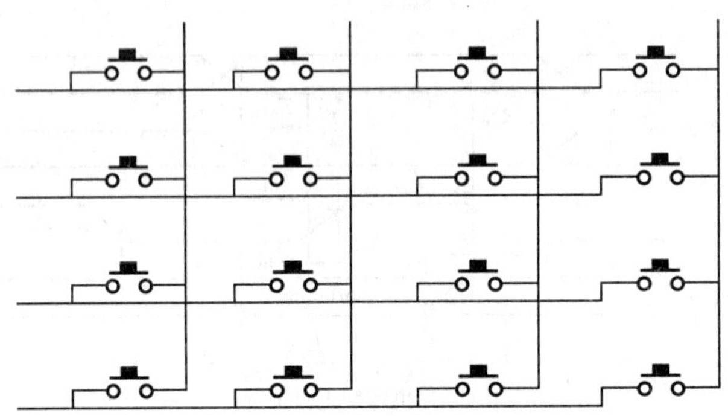

图1.5.35　行列式键盘电路原理图

单片机工作时，并不经常需要按键输入，因此，CPU经常处于空扫描工作状态。为了提高CPU的工作效率，可以采用中断工作方式。即当有键按下时，才执行键盘扫描，执行该键功能程序。外部中断扫描键盘程序：4×4的键盘以P1口低4位为行输入，高4位为列输入。应用时将4位行输入用**或**门连接到外部中断**0**上，一旦有键被按下，就有1位行输入被拉为低电平，从而触发外部中断**0**的服务程序扫描键盘，即有中断输入才去扫描，否则就不扫描。

6. 系统总体软件设计

软件设计的关键是利用FPGA产生SPWM波，软件实现的功能有：

(1) 产生SPWM波；

(2) 产生PWM波；

(3) 测量输出电压、电流、频率、计算功率，并显示；

(4) 控制ADC0809的工作；

(5) 驱动液晶显示器。

该系统软件设计的总体流程图如图1.5.36所示。程序初始化，读上次频率，判断是否有按键输入，如有按键输入，调出相应程序，执行程序命令。判断是否有过压、过流、缺相等现象，如果存在上述现象，保护电路发生作用。通过信号的计算、处理，在液晶上显示电压、电流、频率，计算功率并显示。

1.5.5 系统测试

1. 测试仪器与设备

测试仪器与所需的使用设备如表1.5.2所示。

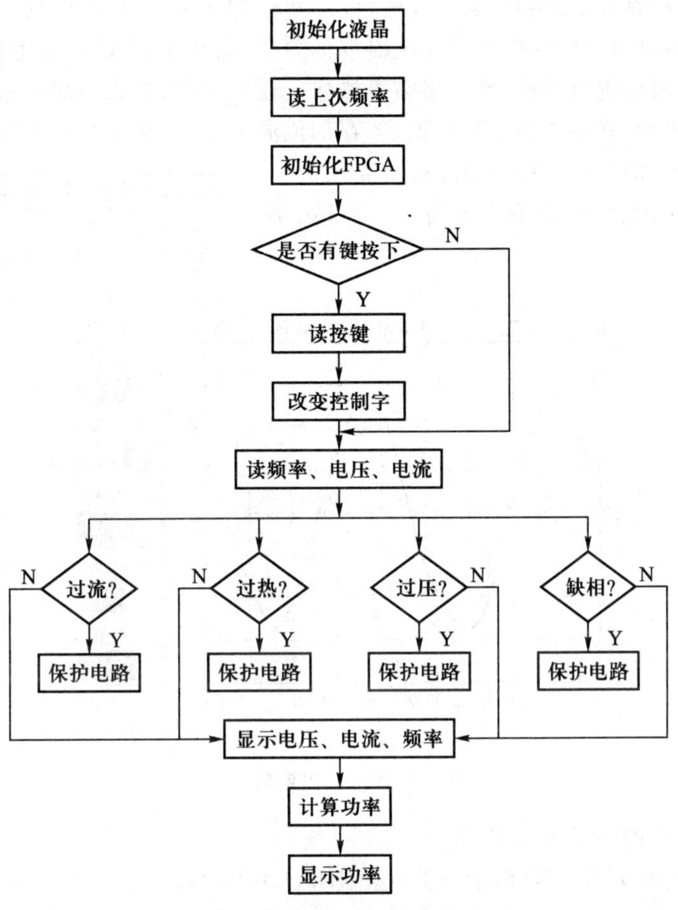

图 1.5.36　系统软件设计的总体流程图

表 1.5.2　测试仪器与设备

序号	名称、型号、规格	数量	备注
1	湘星 42L6 - A 交流电流表	1	湘江仪器仪表制造公司
2	ZQ4121A 型自动失真度仪	1	浙江电子仪器厂
3	UT56 数字万用表$\left(4\frac{1}{2}\right)$	1	优利德科技(东莞)有限公司
4	SP - 1500A 等精度频率计	1	南京盛普实业有限公司
5	YB33150 函数/任意波信号发生器(15 MHz)	1	中国台湾固纬电子有限公司
6	TDS1002 数字存储示波器(60 MHz、1.0 GS/s)	1	泰克科技(中国)有限公司

2. 指标测试

(1) 输出电压波形测试

测试仪器:TDS1002 数字存储示波器(60 MHz、1.0 GS/s)

测试方法：运用泰克示波器配套的 Tektronix Open Choice Desktop 应用程序，该应用程序可从计算机的 Microsoft Windows 中捕获示波器屏幕图像、捕获波形数据、取得数据、发送数据，并可对取得的数据、波形进行存储，修改参数等操作。在测试中，探头一端接示波器；另一端接低通滤滤电路的输出端，在示波器上显示波形，存储该波形即可，测试简化图如图 1.5.37 所示。

输出电压波形如图 1.5.38 所示，从泰克示波器打印的波形可以看出，输出波形为平滑的正弦波，满足题目要求。

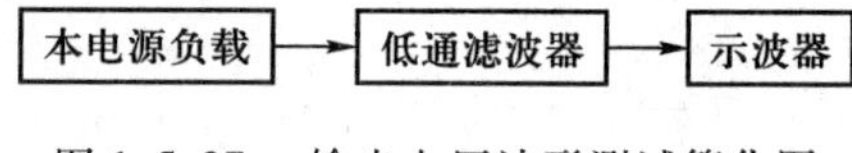

图 1.5.37 输出电压波形测试简化图

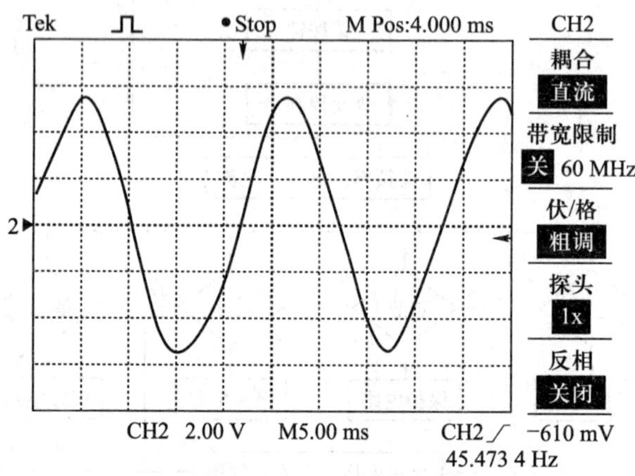

图 1.5.38 输出电压波形

(2) FPGA 产生的 SPWM 波检测

测试仪器：TDS1002 数字存储示波器（60 MHz、1.0 GS/s）

测试方法：控制信号 SPWM 波是实现该变频电源的核心技术，运用上述的测试方法观看所得的波形，测试结构简化图如图 1.5.39 所示。

FPGA 产生的 SPWM 波如图 1.5.40 所示。

本电源 → FPGA的P4脚 → 示波器

图 1.5.39 SPWM 波测试结构简化图

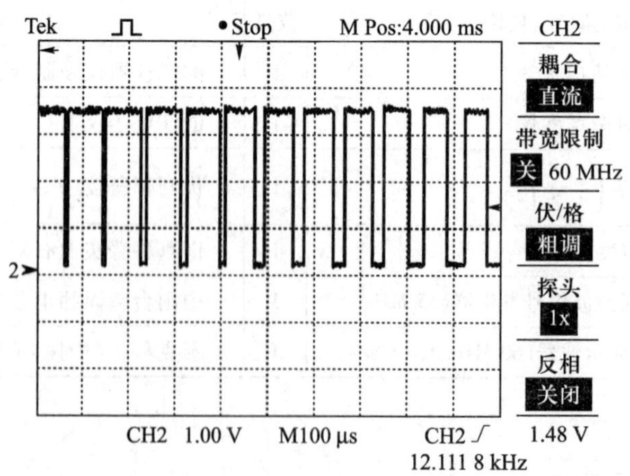

图 1.5.40 FPGA 产生的 SPWM 波

(3) 输出相电压有效值之差测试

测试仪器:UT56 数字万用表$\left(4\frac{1}{2}\right)$

测试方法:用 UT56 数字万用表$\left(4\frac{1}{2}\right)$测输出端相电压,令三相电压分别为 U_A、U_B、U_C,其测试数据如表 1.5.3 所示(万用表置于交流 200 V 挡)。

表 1.5.3 各相电压测试数据

频率/Hz	U_A	U_B	U_C
50	20.78	20.72	20.79
60	20.75	20.70	20.75
70	20.72	20.68	20.72

结果分析:测试结果分别如表 1.5.4 所示。

表 1.5.4 各相电压测试结果

频率/Hz	U_A-U_B	U_A-U_C	U_B-U_A	U_B-U_C	U_C-U_A	U_C-U_B
50	0.05	0.01	0.05	0.07	0.01	0.07
60	0.05	0.00	0.05	0.05	0.00	0.05
70	0.04	0.00	0.04	0.04	0.00	0.04

表中,各项相电压之差取其绝对值,各项相电压的单位为 V,从中可以看出各相电压有效值之差小于 0.1 V,达到并超过题目“输出频率为 20 ~ 100 Hz 时,各相电压有效值之差小于 0.5 V”的要求。

(4) 输出线电压有效值测试

测试条件:当输入电压为 198 ~ 242 V,负载电流有效值为 0.5 ~ 3 A。

测试方法:在隔离变压器前接一个 500 V · A 的自耦变压器,通过调节自耦变压器来改变输入电压,在电源的输出端接一个 200 W 三相电动机启动电阻,用以调节输出电流,测试结果如表 1.5.5 所示,其测试简化图如图 1.5.41 所示。

注:以测试 A 相线电压为例。

表 1.5.5 输出线电压有效值测试结果

输入电压/V	负载电流/A	A 相/V	B 相/V	C 相/V
198	1	35.86	35.87	35.89
	2	35.74	35.76	35.77
	3	35.67	35.69	35.70

续表

输入电压/V	负载电流/A	A 相/V	B 相/V	C 相/V
220	1	36.01	36.04	36.10
	2	36.00	36.00	36.03
	3	35.97	35.98	36.00
240	1	36.30	36.32	36.35
	2	36.27	36.29	36.30
	3	36.15	36.18	36.12

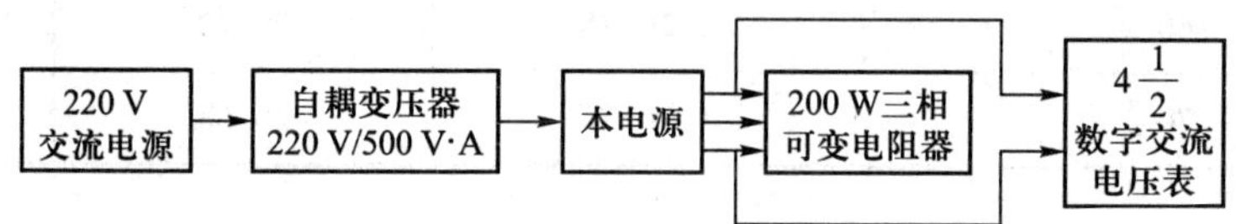

图 1.5.41　输出线电压有效值测试简化图

输出线电压有效值应保持在 36 V，误差的绝对值小于 5% 左右。

(5) 输出指标实测与显示值

测试仪器：UT56 数字万用表$\left(4\frac{1}{2}\right)$、湘星 42L6 - A 交流电流表、SP - 1500 A 等精度频率计。

测试数据如表 1.5.6 所示，以测试 A 相线电压为例。

表 1.5.6　输出指标实测数据

测试指标	显示值(预置值)	实测值	误差
U_A	36 V	37.47 V	4.08%
I_A	1.4 A	1.45 A	3.57%
f	60 Hz	62.30 Hz	3.83%
P	62 W	63.50 W	2.42%

经计算，该变频电源输出电压、电流、频率、功率的值，测量误差的绝对值小于 5%。

(6) 输出相电压的失真度测试

利用 ZQ4121A 型自动失真度仪进行测试，用失真度的两个探头接在设计电源的相电压测量处，调整仪器，调整输出频率为 60 Hz。测量结果为 A 相：4.7%，B 相：4.7%，C 相：4.7%。故该变频电源输出频率在 50 Hz 以上时，输出相电压的失真度小于 5%。

(7) 保护性能测试

① 过流保护：调整负载电阻，使输出电流增大，当输出电源等于 3.62 A 时，电路自动保护，并发出声、光告警信号。

② 负载缺相保护：人为将三相负载电阻中的一相电阻断开，电路自动保护并发出声、光告

警信号。

③ 负载不对称保护:人为将三相负载电阻中的一相电阻阻值增大,当增大了 9 Ω 时,电路自动保护并发出声、光告警信号。

④ 过压保护:调整稳压器的输出电压调节选钮,当输出电压高于 250 V 时,电路自动保护并发出声、光告警信号。

1.5.6 结论

本设计利用硬件描述语言 VHDL,在 Xilinx 公司的 Spartan Ⅱ E 系列的 XC2S100Epq - 208FPGA 芯片上完成两路控制信号:PWM 波与 SPWM 波;控制电力电子器件 IGBT 和 MOSFET 构成的斩波、逆变输出电路,实现直流稳压、交流调频输出。采用芯片 AD637 对输出电压、电流进行真有效值变换,经 ADC0809 转换后送 FPGA 处理,实时对 SPWM 波进行修正,保证输出电压的稳定性。经测试,在输出频率范围为 10 ~ 100 Hz 的三相对称交流电,各相电压有效值之差小于 0.5 V,超出了题目要求的 20 ~ 100 Hz 的范围;输出电压波形为正弦波;当输入电压为 198 ~ 242 V,负载电流有效值为 0.5 ~ 3 A 时,输出线电压有效值保持在 36 V,误差的绝对值小于 1%,满足发挥部分的要求;该变频电源显示的电压、电流、频率和功率指标与测量的各项指标误差的绝对值均小于 5%;该变频电源输出频率在 50 Hz 以上时,输出相电压的失真度为 4.7%,满足题目要求相电压失真度小于 5% 的要求。根据上述测试结果,系统达到设计要求。

1.6 开关稳压电源
(2007 年全国大学生电子设计竞赛 E 题)

一、任务

设计并制作如图 1.6.1 所示的开关稳压电源。

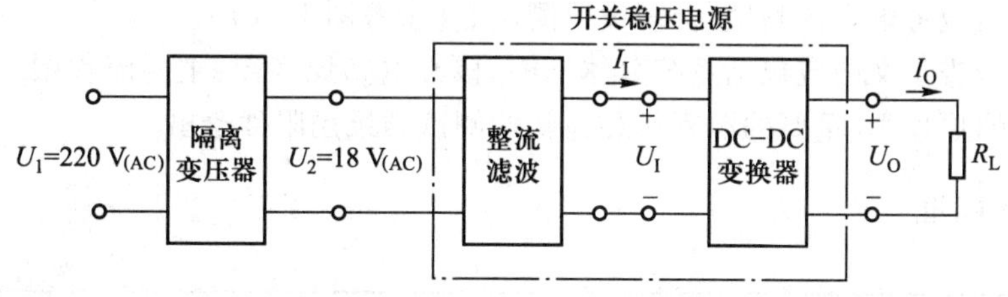

图 1.6.1　开关稳压电源框图

二、要求

在电阻负载条件下,使电源满足下述要求。

1. 基本要求

(1) 输出电压 U_0 可调范围:30 ~ 36 V。

(2) 最大输出电流 I_{0max}:2 A。

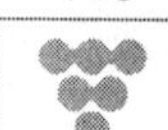

(3) U_2 从 15 V 变到 21 V 时,电压调整率 $S_U \leqslant 2\%$ ($I_0 = 2$ A)。

(4) I_0 从 0 A 变到 2 A 时,负载调整率:$S_I \leqslant 5\%$ ($U_2 = 18$ V)。

(5) 输出噪声纹波电压峰-峰值 $U_{O(PP)} \leqslant 1$ V($U_2 = 18$ V,$U_0 = 36$ V,$I_0 = 2$ A)。

(6) DC-DC 变换器的效率 $\eta \geqslant 70\%$ ($U_2 = 18$ V,$U_0 = 36$ V,$I_0 = 2$ A)。

(7) 具有过流保护功能,动作电流 $I_{O(th)} = 2.5 \pm 0.2$ A。

2. 发挥部分

(1) 进一步提高电压调整率,使 $S_U \leqslant 0.2\%$ ($I_0 = 2$ A)。

(2) 进一步提高负载调整率,使 $S_I \leqslant 0.5\%$ ($U_2 = 18$ V)。

(3) 进一步提高效率,使 $\eta \geqslant 85\%$ ($U_2 = 18$ V,$U_0 = 36$ V,$I_0 = 2$ A)。

(4) 排除过流故障后,电源能自动恢复为正常状态。

(5) 能对输出电压进行键盘设定和步进调整,步进值 1 V,同时具有输出电压、电流的测量和数字显示功能。

(6) 其他。

三、说明

(1) DC-DC 变换器不允许使用成品模块,但可使用开关电源控制芯片。

(2) U_2 可通过交流调压器改变 U_1 来调整。DC-DC 变换器(含控制电路)只能由 U_1 端口供电,不得另加辅助电源。

(3) 本题中的输出噪声纹波电压是指输出电压中的所有非直流成分,要求用带宽不小于 20 MHz 模拟示波器(AC 耦合、扫描速度 20 ms/div)测量 $U_{O(PP)}$。

(4) 本题中电压调整率 S_U 是指 U_2 在指定范围内变化时,输出电压 U_0 的变化率;负载调整率 S_I 是指 I_0 在指定范围内变化时,输出电压 U_0 的变化率;DC-DC 变换器效率 $\eta = P_0/P_1$,其中 $P_0 = U_0 I_0$,$P_1 = U_1 I_1$。

(5) 电源在最大输出功率下应能连续安全工作足够长的时间(测试期间,不能出现过热等故障)。

(6) 制作时应考虑方便测试,合理设置测试点(参考图 1.6.1)。

(7) 设计报告正文中应包括系统总体框图、核心电路原理图、主要流程图、主要的测试结果。完整的电路原理图、重要的源程序和完整的测试结果用附件给出。

四、评分标准

	项目	应包括的主要内容或考核要点	满分
设计报告	方案论证	DC-DC 主回路拓扑;控制方法及实现方案;提高效率的方法及实现方案	8
	电路设计与参数计算	主回路器件的选择及参数计算;控制电路设计与参数计算;效率的分析及计算;保护电路设计与参数计算;数字设定及显示电路的设计	20

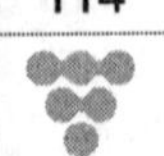

续表

	项目	应包括的主要内容或考核要点	满分
设计报告	测试方法与数据	测试方法;测试仪器;测试数据(着重考查方法和仪器选择的正确性以及数据是否全面、准确)	10
	测试结果分析	与设计指标进行比较,分析产生偏差的原因,并提出改进方法	5
	电路图及设计文件	重点考查完整性、规范性	7
	总分		50
基本要求	实际制作完成情况		50
发挥部分	完成第(1)项		10
	完成第(2)项		10
	完成第(3)项		15
	完成第(4)项		4
	完成第(5)项		6
	完成第(6)项		5
	总分		50

1.6.1 题目分析

此题是一个典型的考察开关电源基本原理的题目,根据题目的任务和要求,对原题目的任务、要完成的功能、技术指标归纳如下。

任务很明显,DC-DC 变换器的输出电压高于输入电压,需要设计一个升压斩波电源,电子电力学中又称 Boost 电路。

功能要求该开关稳压直流电源应具有输出电压步进可调、键盘设定;过流保护、排除过流故障后能自动恢复正常状态;同时具有输出电压、电流的测量与显示等功能。

主要技术指标如表 1.6.1 所示。

表 1.6.1 主要技术指标一览表

技术指标名称及符号	基本要求	发挥部分	条件
1. 输出电压 U_0 可调范围	30 ~ 36 V		
2. 可调步进值		1 V	
3. 最大输出电流 I_{0max}	2 A		
4. 电压调整率 S_U	≤2%	≤0.2%	$U_2=15\sim21$ V $I_0=2$ A

续表

技术指标名称及符号	基本要求	发挥部分	条件
5. 负载调整率 S_I	≤5%	≤0.5%	$I_O=0\sim2$ A $U_2=18$ V
6. 输出噪声纹波电压 $U_{O(PP)}$	≤1 V		$U_2=18$ V,$U_O=36$ V $I_O=2$ A
7. DC - DC 变换器效率 η	≥70%	≥85%	$U_2=18$ V,$U_O=36$ V $I_O=2$ A
8. 过流保护动作电流 $I_{O(th)}$	2.5 ±0.2 A		

首先需要确定系统方案。由题目的要求可知,表 1.6.1 所列的第 3、4、5、6 和 8 项技术指标要求对总体方案影响不大,这些指标都与器件选择、制作工艺等因素有关,所以把注意力集中在剩下的三条指标上。首先,输出电压 U_O 可调范围 30 ~ 36 V,而隔离变压器二次侧输出为 15 ~ 21 V,整流滤波后最大约 27V(加负载),空载约 29.6 V,小于 30 V,显然在整个电压范围内都需要升压输出。当然,题目没有限制整流电路形式。还有一种解决方案就是先倍压整流再滤波,这样后级可采用降压电路。

其次,要求 DC - DC 变换器整体效率 >85%,对小功率电源而言,这个要求已经比较高了。可以计算,输出最大功率 $P_{Omax}=36\times2\ \text{W}=72\ \text{W}$,在 85% 的效率下,变换器的损耗不能超过 10.8 W。要达到此项要求,就必须使用尽量少的器件,无论是功率主回路,还是控制测量电路,都必须尽量简单。题目还要求控制电路的电源只由整流滤波输出口(U_I)引出,不得另加辅助电源,这就要求自制辅助电源,且自制辅助电源效率不应太低,所以传统的线性直流稳压电源不是理想选择,建议采用开关电源芯片。

从以上分析,可以得出总体要求:主电路需要使用升压拓扑,且升压幅度不大,电路结构应尽量简单,器件数量尽量少,自制辅助电源,且效率较高。分析还可以发现,输入/输出没有隔离要求,且输入端已有隔离变压器隔离,所以可以用输入/输出无电气隔离的电路拓扑结构。

1.6.2 方案论证

一、系统的整体框图

1. 方案一

根据上述对题意分析,不难构建系统的整体方框图,如图 1.6.2 所示。220 V 交流电压经降压、整流、滤波得到比较稳定的直流电压,该直流电压经 Boost 电路升压再滤波得到平滑的直流输出,输出电压、电流经采样输入 A/D 转换芯片,由单片机 PID 调节器实现稳压和调压然后输出指令信号经 FPGA、并进行显示,FPGA 生成 PWM 信号经驱动电路驱动功率开关管从而实现闭环反馈控制。当输出电流大于保护设定值时产生过流保护信号,过流信号驱动继电器动作切断主电路同时关闭驱动信号,然后延时再尝试通电并进行过流检测,若过流则再断开主电路,直到电路恢复正常为止。

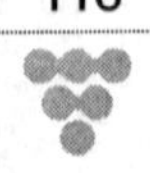

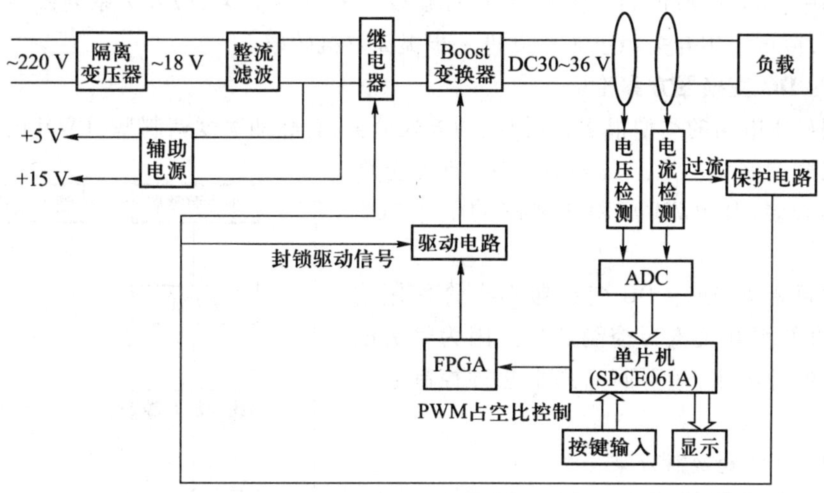

图 1.6.2　方案一系统整体框图

2. 方案二

方案二的整体方框图如图 1.6.3 所示。方案二与方案一大同小异，仅仅在于控制部分和调整管驱动电路不一样。方案一采用以凌阳 16 位单片机作为控制器，以 FPGA 产生的 PWM 信号去驱动调整管。而方案二是以国防科技大学研制开发的以 89C52 为核心的单片机最小系统作为控制器，以 LT1170 专用 DC - DC 控制芯片产生的 PWM 信号去控制调整管。

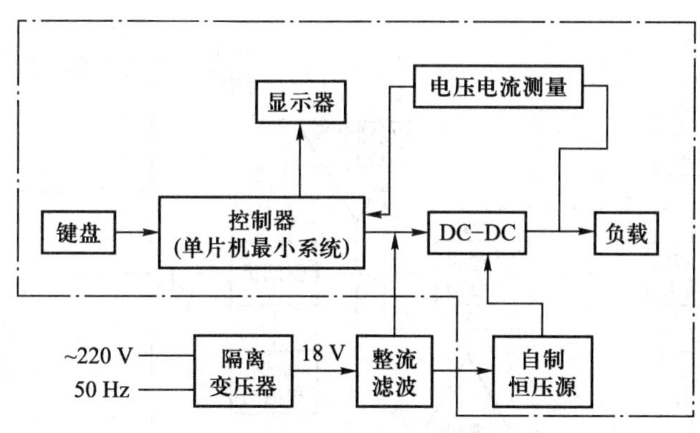

图 1.6.3　方案二整体框图

二、整流滤波电路方案论证

对于单向电源输入的整流电路可采用半波、全波、全桥和倍压整流方式。各有其优缺点，通常采用全桥整流。滤波电路可采用 π 形滤波，以便减小纹波电压。

三、DC - DC 变换器方案论证

1. 控制电源

控制直流电源为整个系统提供控制用电，如 5 V，15 V 等。由于控制电源的损耗计入整个

系统的效率中，而效率所占的分值很高，所以建议不采用 78××、79××系列线性稳压芯片产生控制电压，应该采用开关稳压芯片以进一步提高整机效率。

2. DC－DC 变换器方案论证

开关型稳压电路的类型很多，按控制的方式分类，有脉冲宽度调制型（PWM）、脉冲频率调制型以及混合调制型。以上三种方式中，脉冲宽度调制型用得较多，其 PWM 型稳压电路的组成如图 1.6.4 所示。

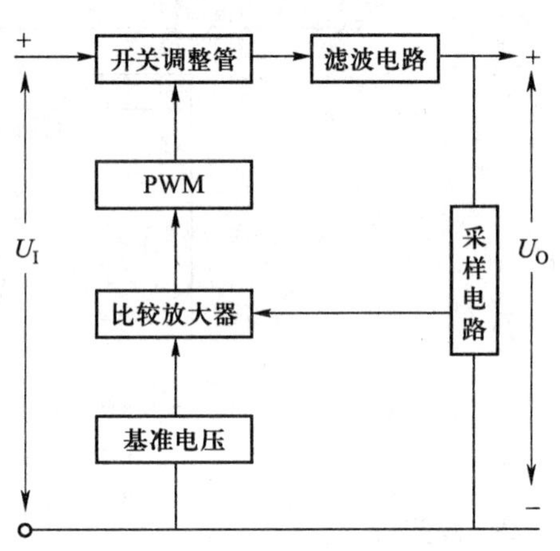

图 1.6.4　串联式开关稳压电路的组成

根据题目要求，DC－DC 变换器不允许使用成品模块，但可使用开关电源控制芯片。因为开关电源控制芯片的种类繁多，下面只列举几种控制芯片以供选择。

（1）DC－DC 变换器方案一

采用专用电压转换芯片 LT1170 实现 DC－DC 变换。

LT1170 的内部电路图如图 1.6.5 所示。LT1170 是一款集成度很高的电压转换芯片，内含 1.24 V 的基准电源、100 kHz PWM 发生器、电流双环控制器、5 A 75 V 功率开关管和过流保护电路，使用它可以轻松地组成各种电压转换电路，输出指标和效率都很高。LT1170 的升压转换应用如图 1.6.6 所示。

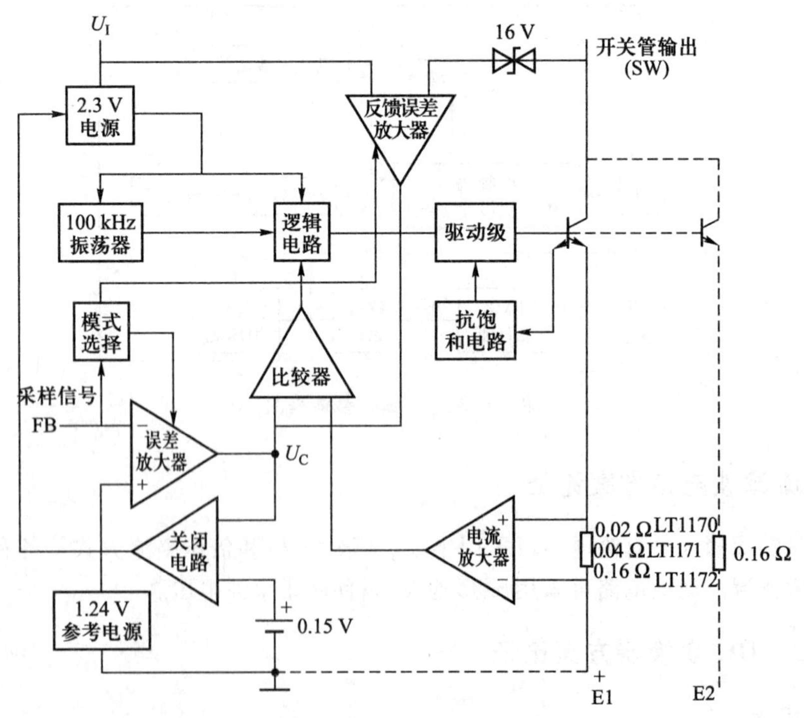

图 1.6.5　LT1170 内部电路图

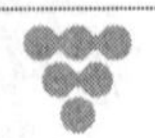

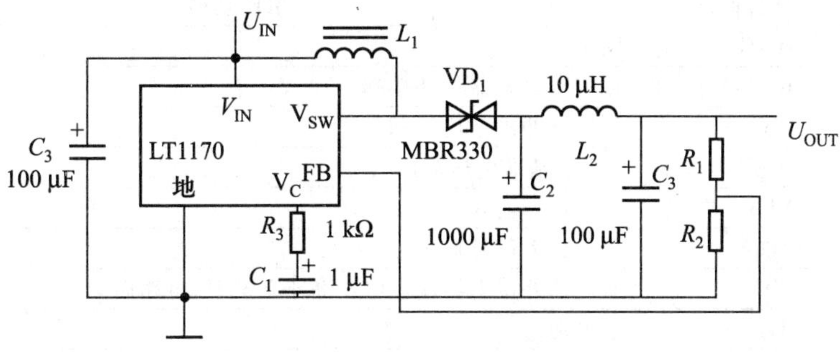

图 1.6.6　LT1170 的升压应用原理图

图 1.6.6 是典型的 Boost 升压转换应用，通过电感 L_1 的储能和 VD_1 的续流使得输出电压 U_O 高于输入电压 U_{IN}，并且 $U_{OUT}=\left(\frac{R_1}{R_2}+1\right)\times 1.24$。

(2) DC－DC 变换器方案二

采用具有待机功能的 PWM 初级控制器 L5991。L5991 是 ST 公司生产的。

① 特点：L5991 是一个标准电流型 PWM 控制器，具有可编程软启动电路、输入/输出同步、闭锁（用于过压保护和电源管理）、精确的极限占空比控制、脉冲电流限制、用软启动来进行过流保护及当空载或轻载时使振荡器频率降低的待机功能等优点。

② 内部电路：L5991 内部框图如图 1.6.7 所示，各引脚的功能见表 1.6.2。

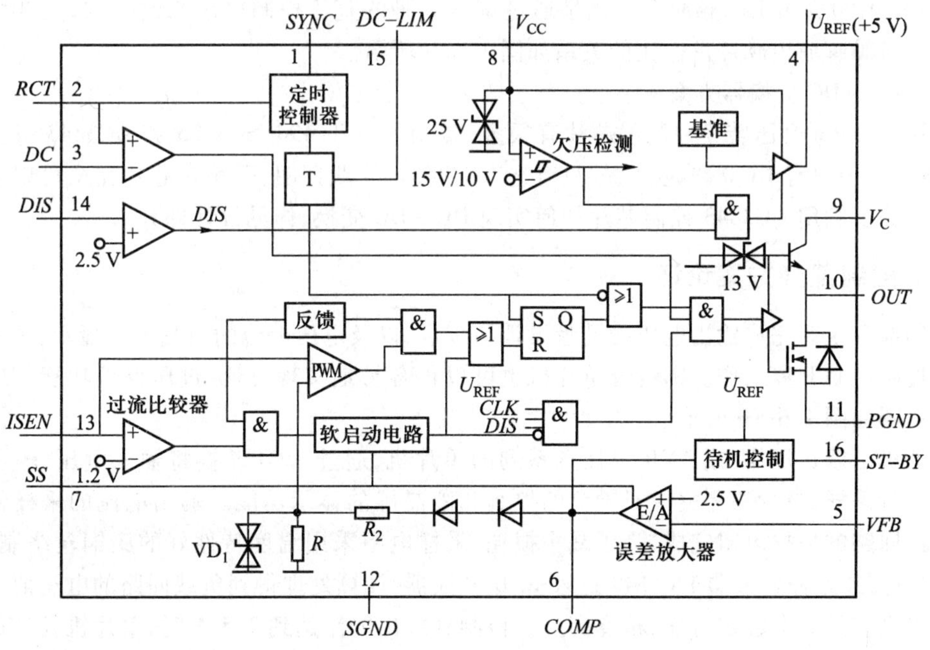

图 1.6.7　L5991 内部电路框图

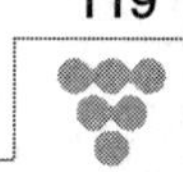

表 1.6.2　L5991 各引脚功能

引脚号	引脚名称	引脚功能
1	SYNC	同步信号输入
2	RCT	振荡阻容元器件外接端
3	DC	输出脉冲占空比控制
4	VREF	+5 V 基准电压输出
5	VFB	误差信号输入
6	COMP	误差放大信号输出
7	SS	软启动外接电容端。电压高于 7 V 时,电路启动
8	V_{CC}	供电端
9	V_C	输出推动电路供电端
10	OUT	驱动脉冲信号输出
11	PGND	功率电路接地端
12	SGND	小信号电路接地端
13	ISEN	开关管过流检测电压输入端
14	DIS	去磁检测控制端:电压高于 2.5 V 时,电路停止工作
15	DC - LIM	输出脉冲占空比控制 2
16	ST - BY	待机控制。电压高于 4 V 时正常工作,电压低于 2.5 V 时待机

③ 应用电路:L5991 具有一个待机功能控制端,可以采用微处理器直接控制待机功能,且待机电流小于 120 μA。

采用 L5991 设计的 90 W 离线式电源转换器电路如图 1.6.8 所示。此输出功率与本题欲设计开关电源的输出功率接近。只是脉冲变压器的二次侧根据题意改变匝数及组数即可。

L5991 的⑩脚输出的脉冲占空比是通过调整③脚的直流控制电压来改变的,其③脚直流控制电压与⑩脚输出脉冲占空比的关系如图 1.6.9 所示。

(3) DC - DC 变换器方案三

可用于 Boost 升压转换控制的芯片有很多,常用的有 TL494、SG3525 和 UC3843 等。竞赛期间,我们手中只有 UC3843 芯片,故只有选 UC3843。实践证明,采用该芯片完全可以满足竞赛要求。关于利用 UC3843 控制芯片如何实现 DC - DC 变换,详见设计部分。

四、控制部分方案论证

控制部分主要完成输出电压的键盘设计与步进,以及电压电流的液晶屏幕显示,主要以单片机为控制核心开展工作。围绕着单片机也可以很容易地实现过流、过压保护功能。单片机控制方框图如图 1.6.10 所示。

单片机可以选用 51 或 AVR 等任意系列的单片机,通过 A/D 转换将输入电压、输出电压和电流进行采样,单片机还完成对键盘的控制和液晶屏的显示功能。输出电流的采样依靠串联在输出回路的采样电阻完成,为了减小损耗,采样电阻采用温度特性好的康铜丝绕制,阻值 0.1 Ω 左右,经差分放大器 1NA148 送入 A/D 转换器,计算处理得到负载回路的电流值。这种检测输出电流的方案稳定可靠,精度高。当检测到输出电流达到 2.5 A 时,单片机发送命令断开前级处理电路的继电器,从而使供电中断,可靠地保护电路的安全。采用延时恢复技术实现故障排除后自动恢复功能。

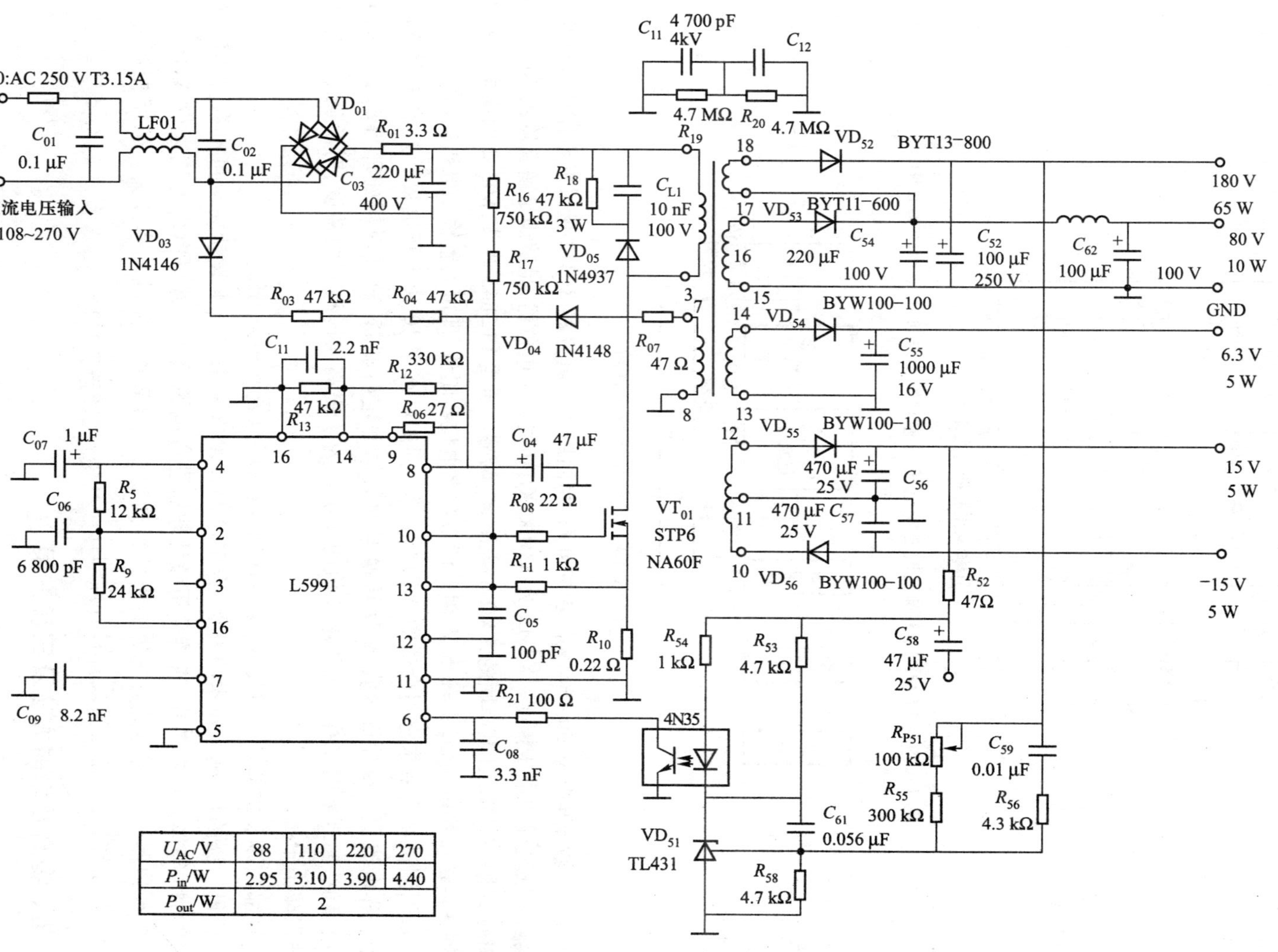

U_{AC}/V	88	110	220	270
P_{in}/W	2.95	3.10	3.90	4.40
P_{out}/W	2			

图 1.6.8　采用 L5991 设计的 90 W 离线式电源转换器电路

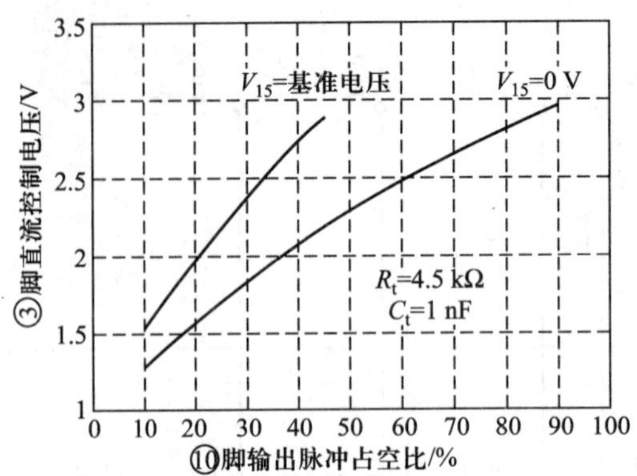

图 1.6.9　L5991 的③脚直流控制电压与⑩脚输出脉冲占空比的关系图

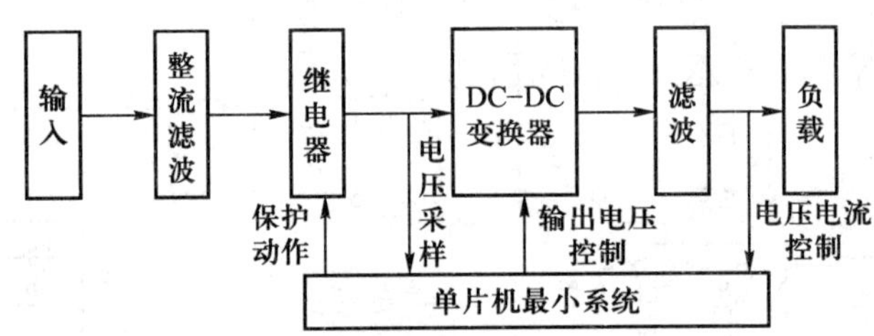

图 1.6.10　单片机系统示意图

为了使输出电压在 30 ~ 36 V 间步进可调，我们用数字电位器 X9312 做采样电阻 R_2，通过调整其阻值改变输出电压幅度。X9312 为 X10 k、X100 挡数字电位器，足够满足题目输出 30 ~ 36 V 可调的要求。X9312 和其串联的 5 kΩ 的电阻 R_1 两端电压受 UC3843 调节，X9312 两端电压等于 UC3843 内部基准电压 U_{REF} = 2.5 V，因此调整数字电位器阻值，即可调整输出电压幅值。

根据测试精度要求选用合适的 A/D 转换器，例如可选用 10 位串行模数转换器 TLC1549，用于采样电流值。单片机接收 A/D 转换器的数据并定时刷新，通过内部处理得出实际的电压、电流值，实现实时采样和电压电流值的显示。为了提高实时检测的精度，对所测数据求平均数以减小干扰。

这部分涉及的都是通用技术，不做详细分析，可以查阅相关书籍。

值得一提的是，随着技术的发展，数字电源技术方兴未艾。本设计完全可以抛弃 LT1170 或 UC3843 等模拟控制芯片，直接采用微处理器进行电源控制。即对电压电流进行 A/D 采样输入微处理器，微处理器经过运算后直接得到需要的 PWM 波驱动功率开关。数字控制可以大大简化系统设计，便于实现各种各样的控制算法，提高电源性能。

五、提高效率的方法及实现方案

从前面的分析可知，要提高系统的效率应从如下几个方面想办法。

(1) DC - DC 变换器如果采取线性稳压电路，则效率一般只能做到 20% ~ 40%，而采用开关稳压电路，其效果可达到 65% ~ 90%，技术指标要求 $\eta \geq 85\%$。故 DC - DC 变换器必须采用

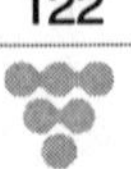

开关稳压电路。

（2）题目要求不允许另加辅助电源，且辅助电源的损耗必须计入 DC－DC 变换器总效率之中。故自制辅助电源也必须采用开关稳压电源。本题选用 MC34063 专用开关集成电源。采用升压、降压和反向变压方式组成自制辅助稳压电源。

（3）DC－DC 变换器设计力求简单实用，尽量减少元器件的数量。因为电路中每个元器件均会产生损耗。

（4）电路中的元器件应该选择低损耗元器件。

DC－DC 变换器中，主回路中包含有充电电感、滤波电感、充电电容、滤波电容、开关管、续流二极管、DC－DC 控制芯片、单片机最小系统、采样电阻等，它们均会产生损耗，影响整机效率。如何正确地选择元器件或自制元器件是本课题的重点内容之一。下面一一介绍。

① 充电电感与滤波电感属于储能器件，理想的电感是不损耗能量的。而 DC－DC 中的电感一般是自制的。它是由铜线绕制而成的。且电感量是通过题目要求计算得到的。一个实际的电感可等效或一个电阻 r 与电感 L 串联。r 与匝数成正比，L 与匝数的平方成正比。为了减小 r 的值，必须增大导线的横截面积和减小匝数。通常将充电电感和滤波电感的线圈绕在磁导率高的材料上。如铁钢氧，不宜采用矽钢片。若采用的钢片会产生涡流，则损失增大。

② 充电电容和滤波电容的容量较大，一般采用电解电容。而电解电容有漏阻。建议将电解电容改为钽电容，减少损耗。

③ 开关管应选择开关特性好的，即对脉冲上升沿和下降沿反应迅速，导通时饱和压降要尽量小。

④ 续流二极管应选择正向动态电阻小而反向电阻大的二极管。

⑤ 对 DC－DC 控制芯片的选择，一般应考虑本身芯片损耗要小，同时产生的脉冲的上升沿和下降沿要陡。尽量减小开关管工作在线性区的时间。

⑥ 选择低压低耗的微处理作为控制器。显示器也要选择低损耗器件。

（5）适当提高工作频率 f，不仅有利于减轻重量、缩小体积，同时也有利于提高整机效率。

1.6.3 电路设计与参数计算

一、自制辅助电源设计与参数计算

辅助电源为整个系统提供控制电路用电，如 5 V、15 V 等。由于辅助电源的损耗计入整个系统的效率中，所以，该电路采用开关稳压芯片以便提高系统效率。

常用的开关稳压芯片有 MC34063 等，效率可达到 80% 以上。MC34063 的内部电路如图 1.6.11 所示。

MC34063 常用的几种电压变换原理如下。

1. 升压变换应用

MC34063 升压变换典型应用电路如图 1.6.12 所示。其升压变换时有

$$U_{OUT}=\left(1+\frac{R_2}{R_1}\right)\times 1.25\ \text{V}$$

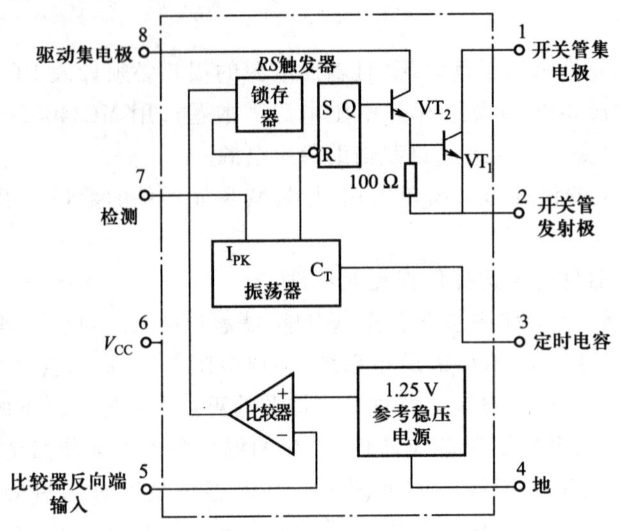

图 1.6.11　MC34063 的内部电路图

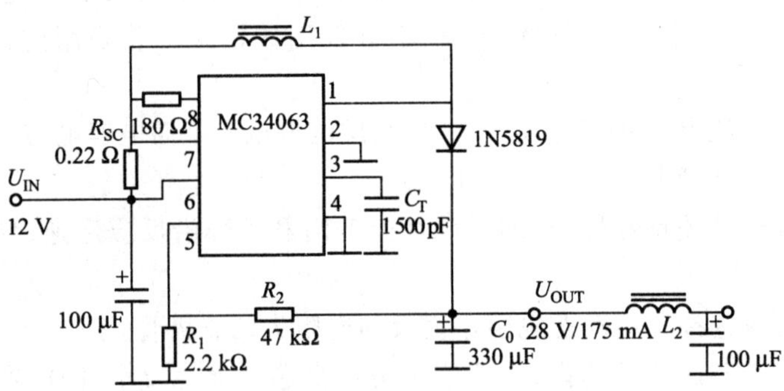

图 1.6.12　MC34063 升压变换典型应用电路图

2. 降压变换应用

MC34063 降压变换典型应用电路如图 1.6.13 所示。其降压变换时有

$$U_{OUT} = \left(1 + \frac{R_2}{R_1}\right) \times 1.25\ \text{V}$$

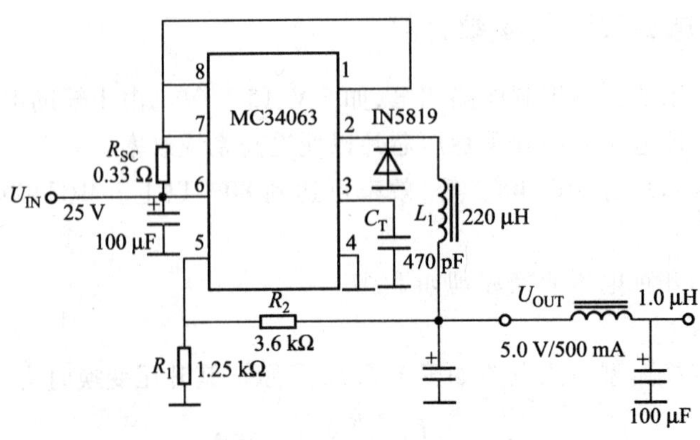

图 1.6.13　MC34063 降压变换典型应用电路图

3. 反向变换应用

MC34063 反向变换典型应用电路如图 1.6.14 所示。反向变换应用时有

$$U_{OUT} = -\left(1 + \frac{R_2}{R_1}\right) \times 1.25$$

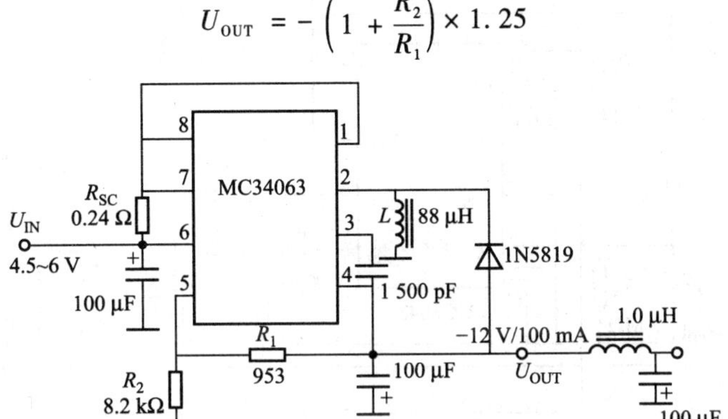

图 1.6.14　MC34063 反向变换典型应用电路图

本方案应用时,可以从整流滤波后的直流母线输入,用一片 MC34063 降压变换得到 +5 V 电压供给单片机等数字部分使用,用另一片 MC34063 降压得到 12 V 电压供给电源控制芯片等模拟部分使用。如果还需要 −12 V,则可以用 +5 V 作为输入,用第三片 MC34063 反向变换得到 −12 V 电压。原理示意图如图 1.6.15 所示。

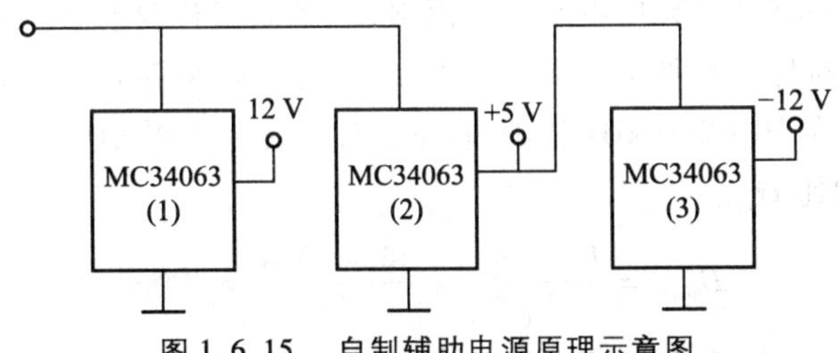

图 1.6.15　自制辅助电源原理示意图

二、DC − DC 变换器的设计与参数计算

DC − DC 变换器采用德州仪器公司生产的 UC3843 作为控制器件构成的升压转换电路,其原理图如图 1.6.16 所示。图中 L_1、S、R_S、VD 和 C_2 构成了功率主回路。当功率开关管 S 导通时,输入 U_{in} 通过电感 L_1、开关管 S 和 R_S 构成通电回路,电感 L_1 储存能量。此时续流二极管 VD 截止,C_2 对负载放电维持 U_O,由于 C_2 的容量足够,在 VD 截止期间 C_2 上的电压基本不变;当开关管 S 截止时,开关管的漏极电压突然变高,使续流二极管导通,并对 C_2 进行充电。控制功率开关的占空比就可以控制输出电压 U_O。R_S 是用来检测流过功率开关的电流。

当电源电压 50 Hz,220 V 时,U_2 = 18 V,经桥式整流与滤波后,可得直流电压为

$$U_I = 1.3 \times U_2 = 1.3 \times 18\ \text{V} = 23.4\ \text{V}$$

题目要求输出电压 U_O 为

$$U_O = 30 \sim 36\ \text{V}$$

根据题目测试效率的条件:$U_2 = 18$,$U_O = 36$ V,$I_O = 2$ A,故现取 $U_O = 36$ V。

现对 DC − DC 主回路元器件参数进行计算并确定元器件的型号规格。

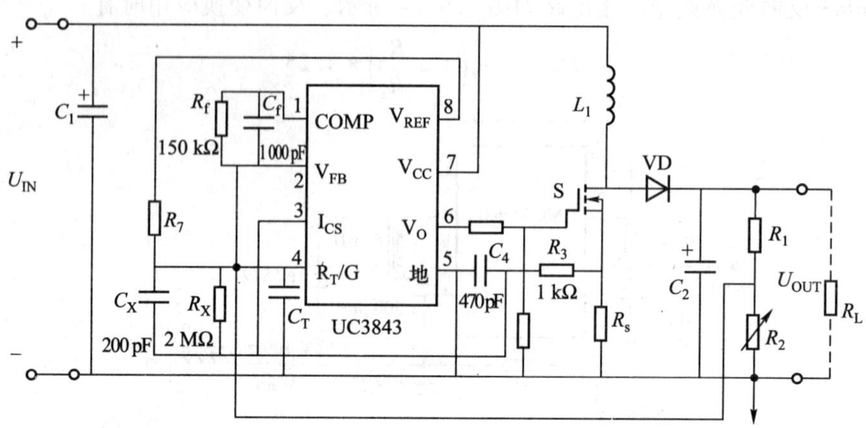

图 1.6.16 用 UC3843 设计的升压转换电路

1. 电路开关频率 f_s 的选择

因为开关频率 f_s 对 DC－DC 电路的效率影响很大。若 f_s 太低，充电电感、充电电容的体积太大，在保证充电电感量的前提下，线圈匝数增多，铜损耗加大。若 f_s 太高，可使充电电感和电容体积缩小，重量减轻，但充电电感的涡流损耗、磁滞损耗及其他元器件的分布参数的影响加大造成的其他元器件损耗加大。开关频率 f_s 的选择必须综合考虑诸多因素。一般市面出售的开关电源的 f_s 在 20～200 kHz 范围内，本设计选定 f_s＝49 kHz。

2. 确定最大占空比 D_{max}

$$D_{max} = \frac{U_O - U_I}{U_O} = \frac{36 - 23.4}{36} = 35\%$$

3. 充电电感量 L_1 的计算

$$L_1 \geqslant \frac{2(U_I - U_S)D(1-D)}{I_O \times f_s} = \frac{2(23.4 - 0.9) \times 0.35 \times (1 - 0.35)}{2 \times 49\,000}\ \mathrm{H} = 105\ \mu\mathrm{H}$$

同时考虑在 10% 额定负载以上电流连续的情况，实际设计时可以假设电路在额定输出时，电感纹波电流为平均电流的 20%～30%，取 30% 为平衡点，即

$$\Delta I_L = 30\% \times I_{L(平均)} = 30\% \times \frac{I_O}{1-D} = 0.3 \times \frac{2}{1-0.35}\ \mathrm{A} = 0.923\ \mathrm{A}$$

于是

$$L_1 = \frac{U_I - U_S}{\Delta I_L f_s} = \frac{23.4 - 0.9}{0.923 \times 49\,000}\ \mathrm{H} = 497\ \mu\mathrm{H}$$

流过电感 L_1 的峰值电流

$$I_{Lr} = 1.15 \times \frac{I_O}{I-D} = 1.15 \times \frac{2}{1-0.35}\ \mathrm{A} = 3.54\ \mathrm{A}$$

取充电电感线圈载流量为 2 A/mm²

导线的截面积 $$S = I_{Lr}/2 = \frac{3.54}{2}\ \mathrm{mm}^2 = 1.77\ \mathrm{mm}^2$$

导线直径 $$d=\sqrt{\frac{4S}{\pi}}=\sqrt{\frac{4\times 1.77}{\pi}}\ \mathrm{mm}=1.5\ \mathrm{mm}$$

磁芯材料可以选用价格便宜的铁粉芯黄自环，也可以采用低损耗的铁硅铝或非晶磁环。

4. 电容 C_2 的选择

输出滤波电容的选取决定了输出纹波电压，纹波电压与电容的等效串联电阻 ESR 有关，电容的容许纹波电流要大于电路中的纹波电流。

电容的 ESR $<\Delta U_0/\Delta I_L=36\times 1\%/0.923\ \Omega=0.39\ \Omega$。

另外，为满足输出纹波电压相对值的要求，滤波电容应满足

$$C_{\mathrm{L}}=\frac{U_0^2 D_{\mathrm{T}}}{\Delta U_0 I_0}=\frac{36^2\times 0.35}{36\times 1\%\times 2\times 49\ 000}\ \mathrm{F}=12.86\ \mathrm{mF}$$

为了减小纹波，采用 2 只 1 000 μF/50 V 高频特性优良的 CD288 电解电容并联使用，并联使用可降低 ESR。若选用钽电容其高频特性更好。

5. 开关管 S 的选择

开关管 S 的峰值电流为 3.54 A，耐压选择大于 40 V 以上。为增高效率，应选用动态电阻较小的 MOS 场效应开关管，为了提高可靠性，电压电流余量要足够。所以选择容易购买的 IRFP250，耐压大于 200 V，允许最大电流为 30 A，导通动态电阻为 0.075 Ω。

6. 续流二极管的选择

为了提高效率和可靠性，选用 MUR3020 快恢复软特性二极管，耐压 200 V，最大电流为 30 A。

7. 开关电源驱动控制电路的选择

我们选择 UC3843 芯片作为本设计的驱动控制芯片，它是一种电流型 PWM 电源芯片，内置脉冲可调振荡器，采用能够输出和吸收大电流的图腾柱输出结构，特别适用于 MOSFET 的驱动。它有一个温度补偿的基准电压和高增益误差放大器、电流传感器、并具有锁存功能的逻辑电路和能提供逐个脉冲限流控制的 PWM 比较器，最大占空比为 100%。UC3843 由 MC34063 提供的 +12 V 电源进行供电，其 6 脚输出 PWM 使用以控制功率开关管的通断。R_{T} 和 C_{T} 决定了输出 PWM 波的频率 f_s，PWM 波频率太高会增大开关损耗，造成效率下降。f_s 太低会影响相应速度使 DC－DC 的体积增大，重量加重。综合考虑取 $f_s=49$ kHz。在控制环节上，整个稳压过程包括两个闭环控制部分。一部分为输出电压通过取样后送入误差放大器，与 2.5 V 的基准电压比较，比较后输出的电平送 PWM 产生脉宽改变的脉冲信号，使开关管占空比 D 改变，从而使输出恒定。另一部分为电流内环，即通过开关管的源极到公共端间的电流检测电阻 R_{S}，使得开关管导通期间流经电感 L 的电流在 R_{S} 上产生的电压送至 TPWM 比较器同相输入端，与误差信号进行比较后控制脉冲的宽度，利用反馈原理，保持稳定的输出电压。这种电压外环，电流内环的控制方式，具有响应速度快、电压调整率高的特点，可以大大简化控制环路的设计。由于 R_{S} 上的开关噪声很大，所以先通过简单的 RC 滤波后再接入电流检测引脚 3。R_{S} 的取值由最大保护电流决定：本设计 R_{S} 取 0.13 Ω。

R_1、R_2 为采样网络，改变 R_1 或 R_2 的取值，可使 U_0 改变，其输出电压 U_0 为

$$U_0 = \left(1 + \frac{R_1}{R_2}\right) \times 2.5$$

三、人机交互及保护电路设计

人机交互主要完成输出电压的键盘设定和步进、输入电压、输出电压与电流的测量与显示以及过流保护等功能。其系统实现方框图如图 1.6.17 所示。其工作原理已在方案论证作了说明。

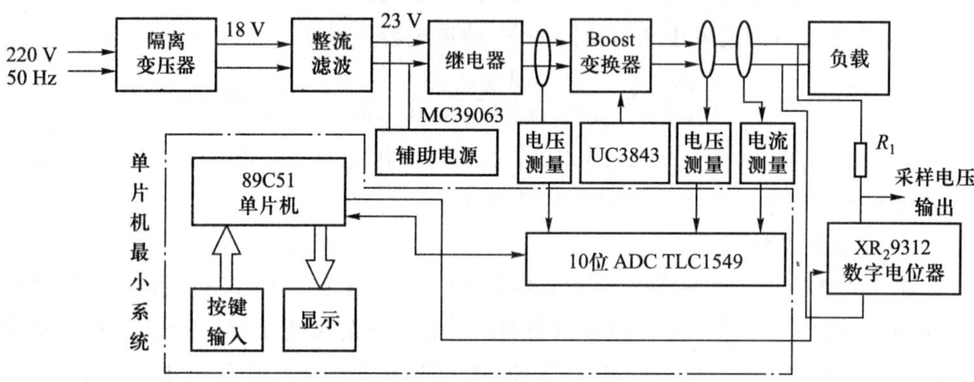

图 1.6.17　人机交互及保护电路方框图

本设计单片机最小系统采用国防科技大学 ASIC 研发中心设计的最小系统。它由时钟电路、复位电路、片外 RAM、片外 ROM、按键、数码管、液晶显示、ADC、DAC 及外部接口等组成。图 1.6.18、图 1.6.19 和图 1.6.20 分别给出了单片机最小系统的结构框图、实物照片图和原理图。

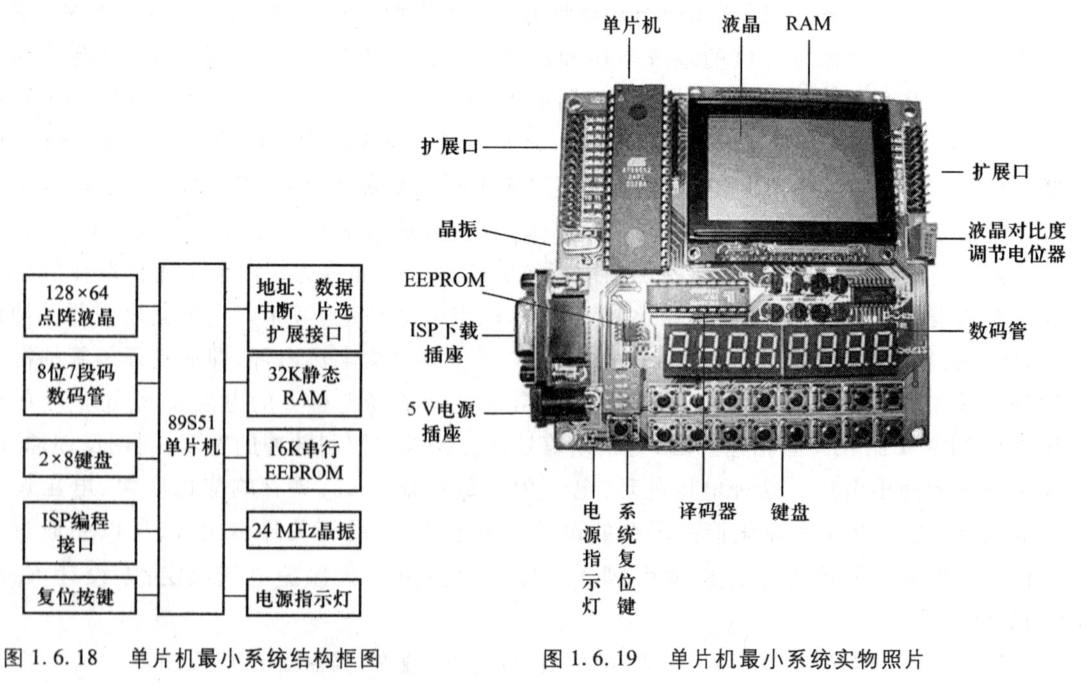

图 1.6.18　单片机最小系统结构框图

图 1.6.19　单片机最小系统实物照片

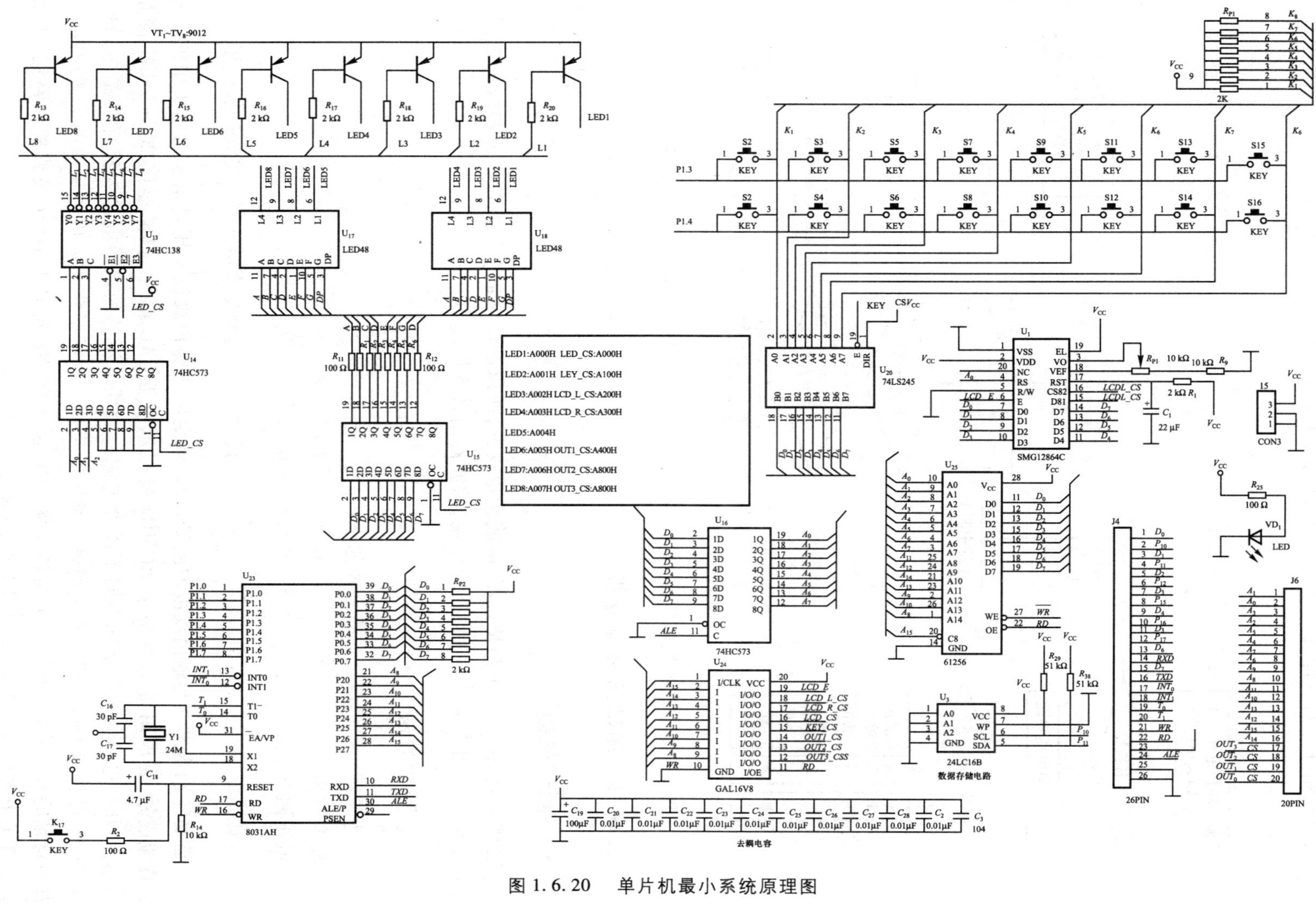

图 1.6.20 单片机最小系统原理图

系统控制部分的软件设计相对比较简单，图 1.6.21 是主程序流程图，图 1.6.22 是中断程序流程图。

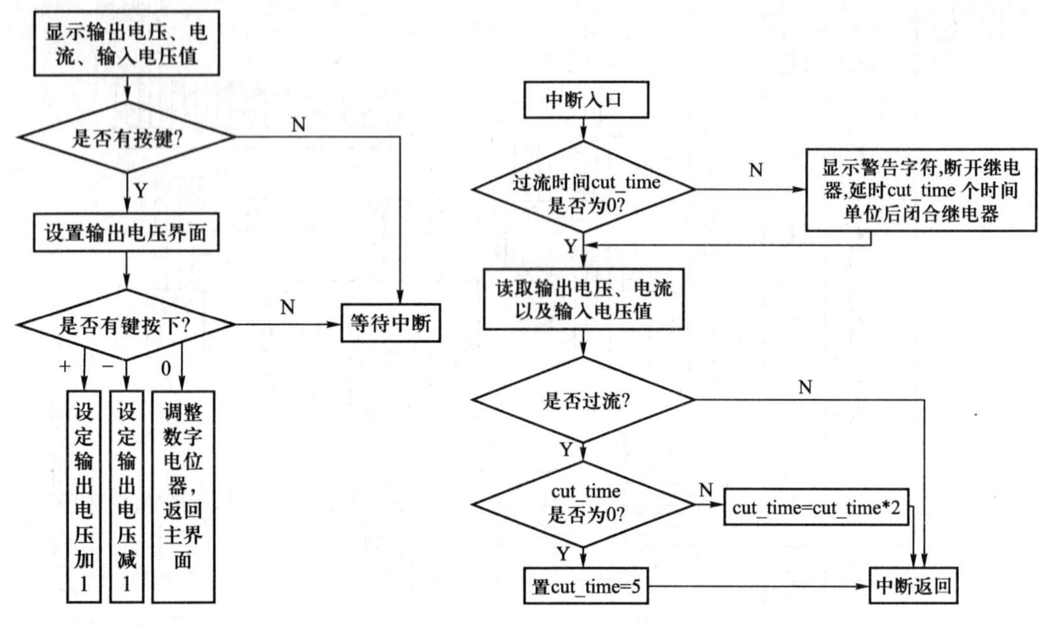

图 1.6.21　主程序流程图　　　　图 1.6.22　中断程序流程图

1.6.4　测试结果及分析

一、测试仪器

因为电源输入/输出都是直流，谐波含量较少，所以测试仪器选用四位半万用表和模拟示波器即可。万用表用来测量电压与电流，示波器用来测量波形。

二、测试方法

一些关键数据的测试计算公式如下：

转换效率　$\eta = U_O \times I_O / U_{IN} \times I_{IN}$

电压调整率　$S_U = 2(U_1 - U_2)/(U_1 + U_2)$

负载调整率　$S_I = \dfrac{2(U_1 - U_2)}{U_1 + U_2} \times 100\%$（$U_1$ 实测最高电压，U_2 实测最低电压）

需要特别指出的是输出纹波的测量，题目规定输出噪声纹波电压是指输出电压中的所有非直流成分，要求用带宽不小于 20 MHz 模拟示波器（AC 耦合、扫描速度 20 ms/div）测量 $U_{O(PP)}$。开关电源的这项指标不同于线性电源。线性电源的噪声指电源内部有源器件，如运放、基准、晶体管的固有噪声在电源输出端上的反应。这种噪声主要以白噪声的形式出现，伴有一定量的开关噪声，而纹波主要指电源输出端上 50 Hz 或 100 Hz（半波或桥式整流）的分成。开关电源的噪声和纹波如图 1.6.23 所示。

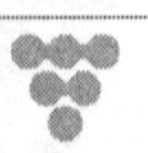

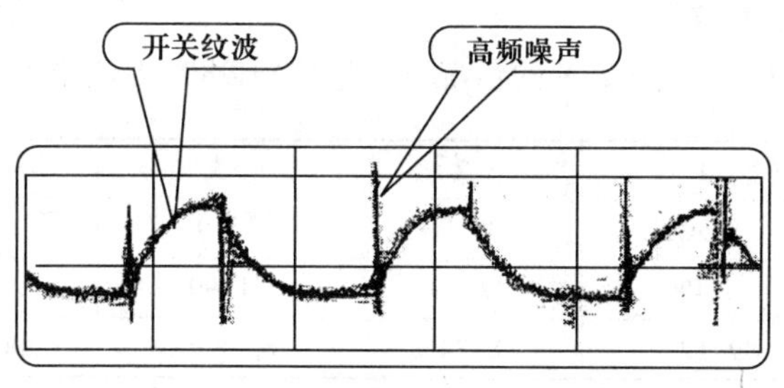

图 1.6.23 开关电源的输出噪声和纹波

开关电源开关纹波一般是由于输出 LC 滤波器充放电引起的，其频率和开关频率相同，幅值主要和输出电容的容量和 ESR（串联等效电阻）有关。高频噪声是由于功率开关元件的开关动作和寄生振荡引起，频率和幅值要比纹波大的多。

因为所测量的输出值中含有的高频分量，必须使用特殊的测量技术，才能获得正确的测量结果。为了测出纹波尖峰中的所有高频谐波，一般要用 20 MHz 带宽示波器。其次在进行纹波测量时，必须非常注意，防止将错误信号引入测试设备中。测量时必须去掉探头地线夹，因为在一个高频辐射场中，地线夹会像一个天线一样接收噪声，干扰测量结果。用带有接地环的探头，采用图 1.6.24 所示的测量方法来消除干扰。

探头直接测量法——“靠测法”在实际操作中受到很多限制，往往无法实施，还可以采用双绞线测量法，如图 1.6.25 所示。

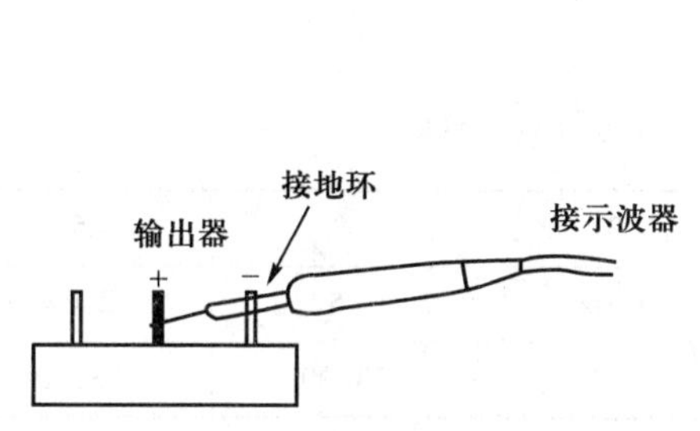

图 1.6.24 探头直接测量法（靠测法）

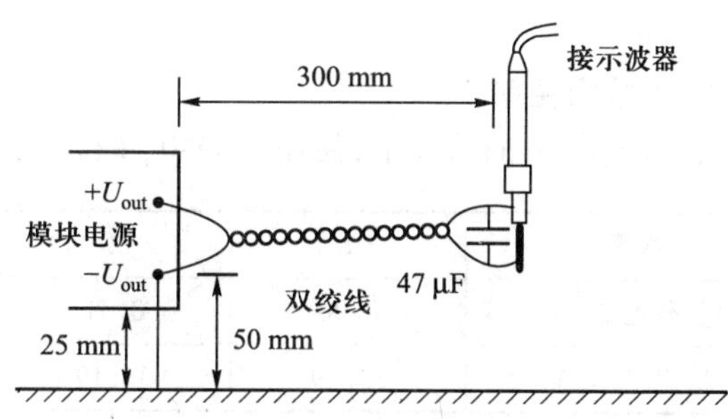

图 1.6.25 双绞线测量法

电源放置在一个离接地板 25 mm 之上的地方，接地板由铝或铜板构成。电源的输出公共端和 AC 输入地端直接与接地板连接，接地线应该很粗，而且不长于 50 mm。用 16AWG 铜线做成 300 mm 长的双绞线，一端接电源输出，另一端并联一只 47 μF 的钽电容，再接到示波器上。电容的引线应尽可能短，注意极性不要接反。示波器探头的“地线”应尽可能接到地线环，示波器带宽不小于 50 MHz，示波器本身交流应接地。由于题目涉及的电压不高，功率不大，所以在条件不许可时，可以放弃对地平面和测试高度的要求，带来的误差微乎其微。

测试过程中要时刻注意观察，避免短路、过压和过流等现象发生，一旦被测试样品过热、冒烟或起火立即切断电源。

三、测试数据

下面是一组典型的测试数据：

1. DC - DC 变换器的效率

在 $U_2=18$ V,$U_0=36$ V,$I_0=2$ A 的情况下,使用 VC980$_+$4 位半万用表的测试结果如下。

次数	1	2	3	4	5
输出电压 U_0/V	36.01	36.03	35.96	36.00	35.99
输出电流 I_0/A	1.98	2.00	1.99	2.03	2.00
转换效率	89.12%	88.74%	89.09%	88.93%	88.85%

转换效率 $=\dfrac{U_0\times I_0}{U_{IN}\times I_{IN}}\times100\%$。

2. 电压调整率

在 $I_0=2$ A 的情况下,使用 VC980$_+$4 位半万用表的测试结果如下。

次数	1	2	3	4	5
输入的交流电压/V	15.30	16.04	17.14	19.22	21.01
输出的直流电压/V	30.14	30.17	30.19	30.23	30.26

电压调整率 $=\dfrac{2(U_1-U_2)}{U_1+U_2}\times100\%$($U_1$:实测最高电压,$U_2$:实测最低电压)计算电压调整率为 0.4%。

3. 负载调整率

在 $U_2=18$ V 的情况下,使用 VC980$_+$4 位半万用表的测试结果:

次数	1	2	3	4	5
负载电流/A	0.00	0.51	1.02	1.52	2.04
输出电压/V	33.19	33.19	33.19	33.20	33.20

负载调整率 $=\dfrac{2(U_1-U_2)}{U_1+U_2}\times100\%$($U_1$:实测最高电压,$U_2$:实测最低电压)计算负载调整率为 0.4%。

4. 纹波电压

通过 CA8022 模拟示波器 AC 耦合,扫描速度 20 ms/div,采用双绞线法对输出电压进行观察,纹波峰 - 峰值在 300 mV 左右。

四、误差分析

按照上述设计电源基本可以达到预定的设计指标。保护动作电流有一定偏差,主要原因:一方面是检流电阻自身误差、信号调理运放漂移和 AD 转换器的误差引起;另一方面就是电路抗干扰能力较弱,信噪比低,容易引起误动作。今后需要加强电磁兼容设计,周密考虑地线铺设,提高电源的可靠性和稳定性。

1.7 光伏并网发电模拟装置

[2009 年全国大学生电子设计竞赛 A 题(本科组)]

1.7.1 设计任务与要求

一、任务

设计并制作一个光伏并网发电模拟装置,其结构框图如图 1.7.1 所示。用直流稳压电源 U_S 和电阻 R_S 模拟光伏电池,$U_S = 60$ V,$R_S = 30 \sim 36$ Ω;u_{REF} 为模拟电网电压的正弦参考信号,其峰-峰值为 2 V,频率 f_{REF} 为 45 ~ 55 Hz;T 为工频隔离变压器,变比为 $N_2 : N_1 = 2:1$,$N_3 : N_1 = 1:10$,将 u_F 作为输出电流的反馈信号;负载电阻 $R_L = 30 \sim 36$ Ω。

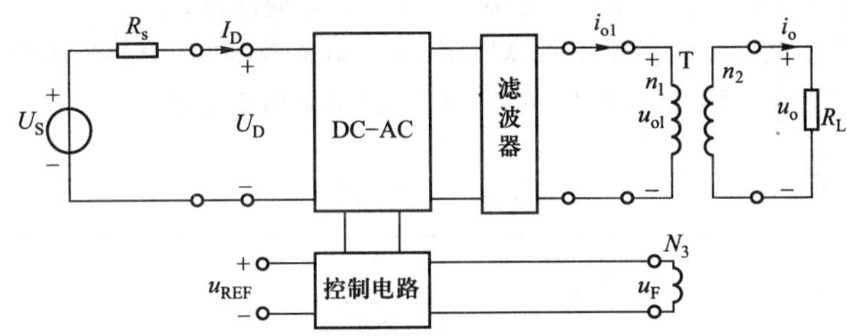

图 1.7.1 光伏并网发电模拟装置框图

二、要求

1. 基本要求

(1) 具有最大功率点跟踪(Maximum Power Point Tracking, MPPT)功能:R_S 和 R_L 在给定范围内变化时,使 $U_D = \frac{1}{2} U_S$,相对偏差的绝对值不大于 1%;

(2) 具有频率跟踪功能;当 f_{REF} 在给定范围内变化时,使 u_F 的频率 $f_F = f_{REF}$,相对偏差绝对值不大于 1%;

(3) 当 $R_S = R_L = 30$ Ω 时,DC-AC 变换器的效率 $\eta \geqslant 60\%$;

(4) 当 $R_S = R_L = 30$ Ω 时,输出电压 u_o 的失真度 THD≤5%;

(5) 具有输入欠压保护功能,动作电压 $U_{D(th)} = (25 \pm 0.5)$ V。

(6) 具有输出过流保护功能,动作电流 $I_{O(th)} = (1.5 \pm 0.2)$ A。

2. 发挥部分

(1) 提高 DC-AC 变换器的效率,使 $\eta \geqslant 80\%$ ($R_S = R_L = 30$ Ω 时);

(2) 降低输出电压失真度,使 THD≤1% ($R_S = R_L = 30$ Ω 时);

(3) 实现相位跟踪功能:当 f_{REF} 在给定范围内变化以及加非阻性负载时,均能保证 u_F 与 f_{REF} 同相,相位偏差的绝对值≤5°;

（4）过流、欠压故障排除后，装置能自动恢复为正常状态；

（5）其他。

三、说明

（1）本题中所有交流量除特别说明外均为有效值；

（2）U_S 采用实验室可调直流稳压电源，不需自制；

（3）控制电路允许另加辅助电源，但应尽量减少路数和损耗；

（4）DC－AC 变换器效率 $\eta=\frac{P_o}{P_d}$，其中 $P_o=U_{o1}\cdot I_{o1}$，$P_d=U_D\cdot I_D$；

（5）基本要求（1）、（2）和发挥部分（3）要求从给定或条件发生变化到电路达到稳态的时间不大于 1 s；

（6）装置应能连续安全工作足够长时间，测试期间不能出现过热等故障；

（7）制作时应合理设置测试点（参考图 1.7.1），以方便测试；

（8）设计报告正文中应包括系统总体框图、核心电路原理图、主要流程图、主要的测试结果。完整的电路原理图、重要的源程序和完整的测试结果用附件给出。

四、评分标准

	项目	主要内容	满分
设计报告	方案论证	比较与选择 方案描述	4
	理论分析与计算	MPPT 的控制方法与参数计算 同频、同相的控制方法与参数计算 提高效率的方法 滤波参数计算	9
	电路与程序设计	DC－AC 主回路与器件选择 控制电路或控制程序 保护电路	9
	测试方案与测试结果	测试方案及测试条件 测试结果及其完整性 测试结果分析	5
	设计报告结构及规范性	摘要 设计报告正文的结构 图标的规范性	3
	总分		30
基本要求	实际制作完成情况		50

续表

	项目	主要内容	满分
发挥部分	完成第(1)项		10
	完成第(2)项		5
	完成第(3)项		24
	完成第(4)项		5
	其他		6
	总分		50

光伏并网发电模拟装置(A题)测试记录与评分表

赛区________代码________测评人________　　　　2009年9月　日

类型	序号	项目与指标		满分	测试记录	评分	备注
基本要求	(1)	最大功率点跟踪功能	$R_L=30\ \Omega$ 时，测量 $R_S=30\ \Omega$ 和 $R_S=36\ \Omega$ 时的 U_D，分别记为 U_{D1} 和 U_{D2}	8	$U_S=$______V $U_{D1}=$______V $U_{D2}=$______V		
			$R_S=30\ \Omega$ 时，测量 $R_L=30\ \Omega$ 和 $R_L=36\ \Omega$ 时的 U_D，分别记为 U_{D1} 和 U_{D2}	8	$U_S=$______V $U_{D1}=$______V $U_{D2}=$______V		
	(2)	频率跟踪功能：$R_S=R_L=30\ \Omega$ 时，测量不同 f_{REF} 下的 f_F	$f_{REF}=45$ Hz	3	$f_F=$______Hz		
			$f_{REF}=50$ Hz	3	$f_F=$______Hz		
			$f_{REF}=55$ Hz	3	$f_F=$______Hz		
	(3)	$R_S=R_L=30\ \Omega$ 时，测量效率：$\eta \geqslant 60\%$ 满分，每降低1%扣1分		10	$U_{o1}=$__V　$I_{o1}=$__A $U_D=$__V　$I_D=$__A $\eta=$______%		
	(4)	$R_S=R_L=30\ \Omega$ 时，测量 u_o 的失真度：THD≤5%满分，每增加1%扣1分		5	THD=______%		
	(5)	欠压保护		1	欠压保护功能(有　无　)		
				2	动作电压 $U_{D(th)}=$____V		
	(6)	过流保护功能		1	过流保护功能(有　无　)		
				2	动作电流 $I_{o(th)}=$____A		
		工艺		4			
	基本要求总分			50			

续表

<table>
<tr><th>类型</th><th>序号</th><th colspan="2">项目与指标</th><th>满分</th><th>测试记录</th><th>评分</th><th>备注</th></tr>
<tr><td rowspan="6">发挥部分</td><td>(1)</td><td colspan="2">$\eta \geq 80\%$ 满分,每降低 1% 扣 0.5 分</td><td>10</td><td>$\eta =$ ______ %</td><td></td><td></td></tr>
<tr><td>(2)</td><td colspan="2">THD≤1% 满分,每增加 1% 扣 1 分</td><td>5</td><td>THD = ______ %</td><td></td><td></td></tr>
<tr><td rowspan="2">(3)</td><td rowspan="2">相位跟踪功能:$R_S = R_L = 30\ \Omega$ 时,测 u_F 与 u_{REF} 的相位差 $\Delta\varphi$</td><td>测量不同 f_{REF} 下的 $\Delta\varphi$</td><td>12</td><td>$f_{REF} = 45$ Hz:$\Delta\varphi_1 =$ ______
$f_{REF} = 50$ Hz:$\Delta\varphi_2 =$ ______
$f_{REF} = 55$ Hz:$\Delta\varphi_3 =$ ______</td><td></td><td></td></tr>
<tr><td>测量容性负载下的 $\Delta\varphi$</td><td>12</td><td>$f_{REF} = 45$ Hz:$\Delta\varphi_1 =$ ______
$f_{REF} = 50$ Hz:$\Delta\varphi_2 =$ ______
$f_{REF} = 55$ Hz:$\Delta\varphi_3 =$ ______</td><td></td><td></td></tr>
<tr><td>(4)</td><td colspan="2">自动恢复功能</td><td>5</td><td>有　　无</td><td></td><td></td></tr>
<tr><td>(5)</td><td colspan="2">其他</td><td>6</td><td></td><td></td><td></td></tr>
<tr><td></td><td colspan="3">总分</td><td>50</td><td></td><td></td><td></td></tr>
</table>

光伏并网发电模拟装置(A 题)测试说明

(1) 此表仅限赛区专家在制作实物测试期间使用,竞赛前、后都不得外传,每题测试组至少配备三位测试专家,每位专家独立填写一张此表并签字;表中凡是判断特定功能有、无的项目用"√"表示;凡是指标性项目需如实填写测量值,有特色或问题的可在备注中写明,表中栏目如有缺项或不按要求填写的,全国评审时该项按零分计。

(2) 各项测试除特别说明外,参考信号频率 f_{REF} 均为 50 Hz,交流量均为有效值。

(3) 基本要求(1)评分标准:计算 $\delta = \max\left(\left|\dfrac{U_{D1} - U_S/2}{U_S/2}\right|, \left|\dfrac{U_{D2} - U_S/2}{U_S/2}\right|\right)$,$\delta \leq 1\%$ 得满分,每增加 1% 扣 1 分。

(4) 基本要求(2)评分标准:计算 $\delta = \left|\dfrac{f_F - f_{REF}}{f_{REF}}\right|$,$\delta \leq 1\%$ 得满分,每增加 1% 扣 1 分。

(5) 基本要求(5)评分标准:计算 $\delta = |U_{D(th)} - 25|$,$\delta \leq 0.5$ V 得 2 分,$\delta \leq 1$ V 得 1 分。

(6) 基本要求(6)评分标准:计算 $\delta = |I_{o(th)} - 2|$,$\delta \leq 0.2$ A 得 2 分,$\delta \leq 0.4$ A 得 1 分。

(7) 发挥部分(3),首先在电阻负载下测试,为获得非阻性负载,要求在负载 R_L 上并电容(可按图 1.7.2 操作);调整过程结束后,相位差在稳定值附近小范围波动时,读取其平均值;若 $|\Delta\varphi|$ 不断增加,本项不得分。

(8) 发挥部分(3)的评分方法:计算 $\Delta\varphi = \max(|\Delta\varphi_1|, |\Delta\varphi_2|, |\Delta\varphi_3|)$,评分标准:$\Delta\varphi \leq 5°$ 得 12 分;$5° < \Delta\varphi \leq 10°$ 得 9 分;$10° < \Delta\varphi \leq 15°$ 得 6 分;$15° < \Delta\varphi \leq 20°$ 得 3 分;$\Delta\varphi > 20°$ 得 0 分。

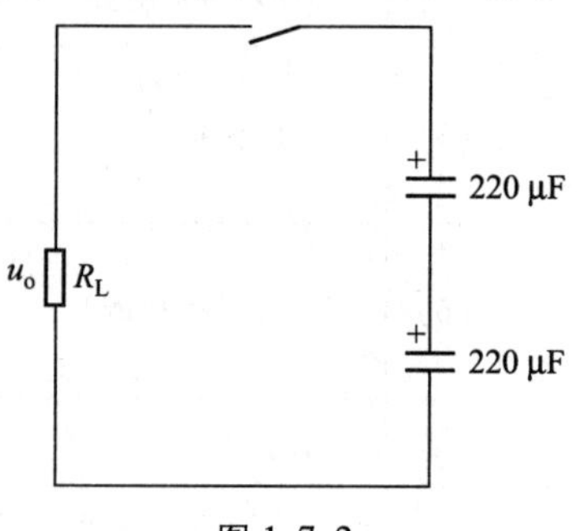

图 1.7.2

1.7.2 题目分析

光伏并网发电是目前热门话题之一，若能将取之不尽、用之不完的太阳能转变成电能并能与市电并网，其意义何等重大。此题推出后特别引起了人们的关注。大家清楚，要使发电装置与市电并网使用，必须满足频率、相位、幅度和波形完全一致，即要求发电装置的幅度、频率、相位和波形（指失真）完全要实时跟踪市电信号。其难点非常大。题目对幅度跟踪未做特别的要求，但题目有其他（占 6 分）一项可能包含幅度跟踪的内容。

此题对节能也提出了较高要求，这里包括两个方面的要求，一是具有最大功率点跟踪（MPPT）功能，二是 DC－AC 变换器的效率（$\eta\geqslant80\%$）的要求。

作为发电装置，安全使用也非常重要。题目要求有输入欠压保护和输出过流保护功能。

根据题目的任务及要求，我们列成一表格形式，以便于分析，详见表 1.7.1。显然，此题的重点和难点就是节能问题和反馈信号 u_F 如何跟踪参考信号 u_{REF} 的问题。下面就这两个问题进行重点论述。

表 1.7.1 功能与技术指标要求一览表

项目		基本要求	发挥部分要求
节能要求（占 36 分）	$\delta=\max\left(\left\|\frac{U_{D1}-U_S/2}{U_S/2}\right\|,\left\|\frac{U_{D2}-U_S/2}{U_S/2}\right\|\right)$ $\eta=P_o/P_D$	$\leqslant1\%$ $\geqslant60\%$	$\geqslant80\%$（$R_S=R_L=30\ \Omega$ 时）
u_F 与 u_{REF} 参数一致性要求（占 43 分）	频率跟踪 $\delta=\left\|\frac{f_F-f_{REF}}{f_{REF}}\right\|$ 相位跟踪 $\Delta\varphi=\max(\|\Delta\varphi_1,\Delta\varphi_2,\Delta\varphi_3\|)$波形跟踪（失真度 η）	$\leqslant1\%$ $\leqslant5\%$	 $\leqslant5°$ $\leqslant1\%$
安全保护要求（占 11 分） 工艺（占 4 分）	输入欠压保护的动作电压/V 输出过流保护的动作电流/A	25 ±0.5 1.5 ±0.2	欠压故障排除后，自动恢复正常 过流故障排除后，自动恢复正常
其他（6 分）	包括 u_F 与 u_{REF} 的幅度跟踪，进一步提高各项技术指标等		

一、节能问题

1. 最大功率点跟踪（MPPT）

将图 1.7.1 简化成图 1.7.3。其中 U_S 模拟光伏直流稳压电源，R_S 为光伏电源内阻，它们构成一个整体。实际上是不可分割的，A 点是虚设的点。有许多考生将

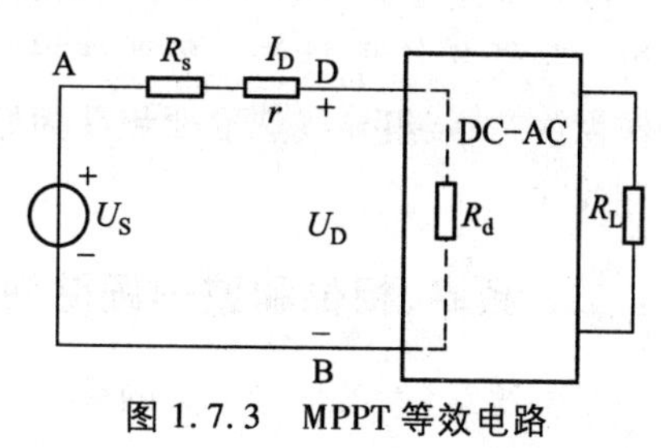

图 1.7.3 MPPT 等效电路

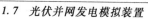

A 点也作为测试点，测出 U_{AB}、U_{DB}，计算出 $I_D=\dfrac{U_{AB}-U_{DB}}{R_S}$，这种做法是错误的，这与实际情况不相符。若要测量 I_D，必须在电路串进一个采样电阻 r_o 根据图 1.7.1 知，R_d 获得的功率为

$$P_d=\frac{U_S^2R_d}{(R_s+R_d)^2} \tag{1.7.1}$$

根据题意，$U_S=60$ V 是给定，而 R_S和 R_L在 30 ~ 36 Ω 的范围内变化。于是 P_{omax}也在 25 ~ 30 W 范围内变化。

欲求 P_{max}，应满足

$$\frac{dP_d}{dR_d}=0 \tag{1.7.2}$$

解(1.7.2)得 $R_d=R_S$，于是

$$P_{dmax}=\frac{U_S^2}{4R_S} \tag{1.7.3}$$

以上就是最大功率跟踪的理论依据。最大功率跟踪的方法很多，有恒定电压法、扰动观察法、导纳增量法等。

2. 如何提高 DC－AC 变换器的效率

根据电力电子方面的知识，DC－AC 逆变电源常采用图 1.7.4 所示的主回路原理框图。要提高变换效率，末级功放是关键。

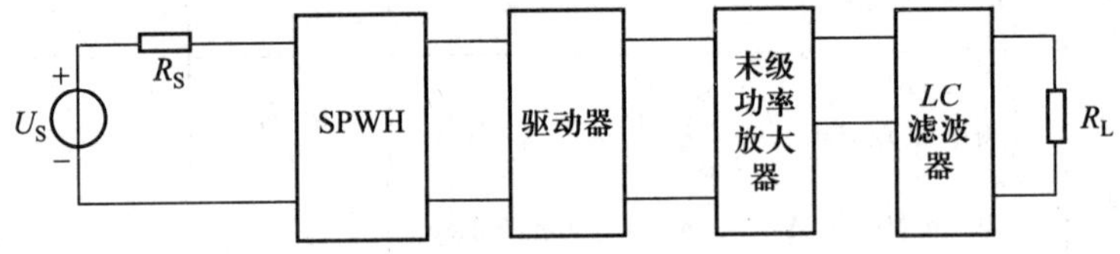

图 1.7.4　DC－AC 原理框图

因甲类工作状态，$\eta_{max}=50\%$；乙类工作状态，$\eta_{max}=78.5\%$；丙类工作状态，当 $\theta=60°$时，$\eta_{max}=90\%$；丁类工作状态，$\eta_{max}=100\%$。上述数据均为在理想情况下，计算出来的数据，实际上均达不到。然而从这些数据中可以得丁类(D 类)的效率最高。故选用丁类放大器。成功的作品一般选用场效应管作为开关管的全桥功放电路。影响 DC－AC 转换器效率的提高主要原因是：

① 开关管的导通电阻的存在；

② *LC* 滤波器 *Q* 值有限；

③ 隔离变压器存在铁损耗与铜损耗。

故要选用导通电阻小的场效应管作为开关管，滤波电感必须采用铁氧体作为磁通路，导线要粗一些或者多股；滤波电容要选损耗小的(如选用聚丙烯电容)；隔离变压器要采用冷轧钢带作为铁芯，绕组导线选取要粗些为好。这些措施对提高 DC－AC 变换器的转换效率均是行之有效的。

二、频率、相位和波形跟踪问题

根据题意，参考信号 u_{REF}的频率 f_{REF}的变化范围为 45 ~ 55 Hz，而驱动放大器和末级放大

器存在分布参数，负载也不一定为纯阻性，这样一来输出的信号 $u_o(t)$ 会产生相移。由于输出信号 $u_o(t)$ 和 u_{REF} 客观上既存在频差又存在相差。故有必须采取措施使 $u_o(t)$ 的频率和相位跟踪 u_{REF} 的频率和相位。如何进行跟踪，自然就会想到 PLL 和 DDS。

1. 利用 PLL 实现 DC－AC 变换方法

利用锁相环（PLL）的方法生成正弦波，它与三角波同时加至调制器上，生成 SPWM 波，再经过驱动电路去驱动全桥功放电路工作，经 *LC* 滤波后恢复出正弦信号。对输出信号进行采样得 u_F，u_F 和 u_{REF} 一并加到 FD/PD 上，再经过环路滤波得一个控制信号 u_C，最后去控制 *RC* VCO，形成反馈闭合回路。这就是锁相环的工作原理，其原理框图如图 1.7.5 所示。

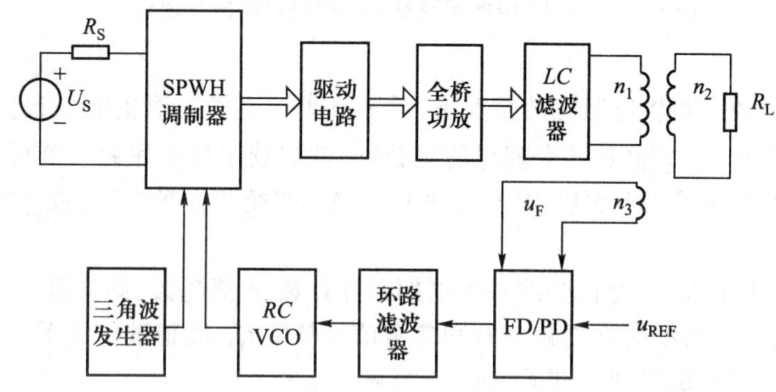

图 1.7.5　利用 PLL 实现 DC－AC 变换原理框图

2. 利用 DDS 实现 DC－AC 变换的方法

利用 DDS 中生成的正弦波的原理框图如图 1.7.6 所示。其输出频率为

$$f_o = K\frac{f_c}{2^n} \tag{1.7.4}$$

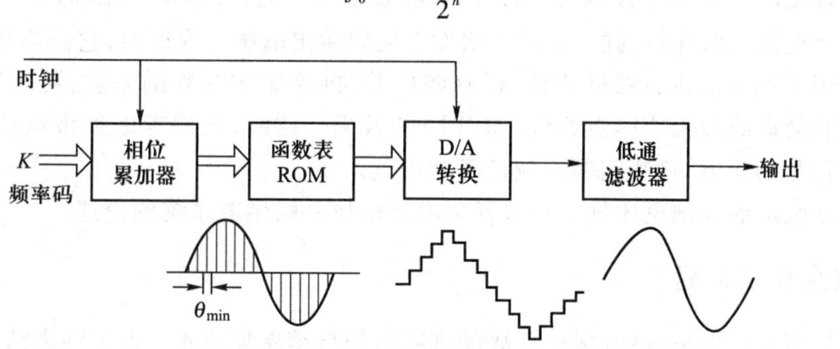

图 1.7.6　利用 DDS 生成正弦波的原理框图

从式（1.7.4）可知，只要改变频率码 *K* 就能改变输出 f_o 的值。改变起始的地址码就可方便地改变初始相位。

利用同样的方法可以生成三角波。

再根据 SPWM 的原理可以用 DDS 生成正弦脉宽调制波。上述这些过程可以在单片机（或 FPGA）上利用软件编程来完成。若实时测出 u_F（u_o 的采样值）和 u_{REF} 的频率差和相位差，对正弦信号的频率码和相位码进行随时修正，就能实现 $u_F(t)$ 跟踪 $u_{REF}(t)$ 的频率和相位的目的。其实现原理框图如图 1.7.7 所示。

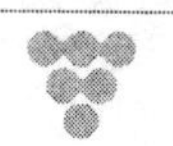

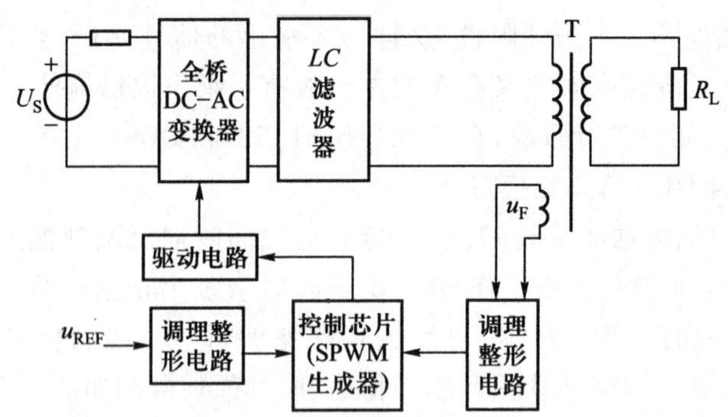

图 1.7.7　利用 DDS 实现频率和相位跟踪的原理框图

3. 波形跟踪

在 u_F 与 u_{REF} 的频率和相位跟踪的情况下，希望 u_F 与 u_{REF} 的波形也能一致。我们知道，u_{REF} 是一个理想的正弦波，若 u_F 也是一个理想的正弦波，就实现了波形跟踪。实际上，波形跟踪就是解决输出波形失真问题。下面以 DDS 实现 DC－AC 变换的方案为例，叙述如何降低输出信号 $u_o(t)$ 失真度。

① 由式(1.7.4)得知，n 为正弦波一个周期采样点数，n 值越大，则失真度越小；

② 时钟频率 f_c、三角波的重复频率 f_Δ 和参考信号频率 f_{REF} 成整数倍关系。由于 f_{REF} 是变化的，可采用 f_{REF} 倍频的方法得到。即 $f_c = nf_{REF}$，$f_\Delta = mf_{REF}$；

③ 合理设计 LC 滤波器；

④ 尽量减小干涉；

⑤ 尽量减小 u_F 与 u_{REF} 的相位差（即相位失真）。

4. 幅度跟踪

本题对幅度跟踪未作要求，要实现光伏发电装置与市电并网，幅度跟踪也是必要的。u_{REF} 可以看成网上电压经取样得到的，u_F 是光伏发电装置输出电压的取样值，它们均按固定比例减小的。可采用 u_F 与 u_{REF} 进行幅度比较，得到幅度差，再改变 SPWM 的幅度，可实现幅度跟踪。幅度跟踪可能会影响最大功率点跟踪（MPPT）的效果。同时，还须考虑到市电通过隔离变压器 T 对反馈信号的影响，这些问题均应该考虑周到。

关于幅度跟踪的详细论述见 1.9 节开关电源模块并联供电系统的论述。

三、安全保护问题

系统应具有欠压保护、过流保护及故障排除后的自动恢复功能。保护的方法有软件方法、硬件方法和软硬结合的方法。

1. 软件保护方法

① 欠压保护：将 U_d 的采样值与设定的保护阈值进行比较，若超过阈值，单片机停止输出 SPWM，实现欠压保护，当欠压保护后，单片机将每隔 5 s 不断采样，若故障已排除，则恢复正常，即采用打嗝方式保护。将这个过程编写成程序，由单片机进行控制。

② 过流保护：故障保护思路与欠压保护一样，也是采用打嗝方式通过软件实现。

2. 硬件保护方法

① 过流保护：其原理框图如图 1.7.8 所示。

i_o采样电路 → 隔离放大器 → 比较器 → 继电器

图 1.7.8　过流保护电路

首先对输出电流 i_o 进行采样，将电流样值转为电压样值，对样值进行放大，与已设定的阈值电压进行比较，过流时比较器输出低电平，使继电器动作，切断激励信号通路，使末级功放不工作；反之，恢复正常。

② 欠压保护：与过流保护原理类同。

根据对题目分析可知，可以构建光伏并网装置的各种总体方案。但根据题目对效率的要求（$\eta \geqslant 80\%$），绝大多数优秀作品 DC－AC 变换均采用丁类（D 类）放大器。仅仅不同的是SPWM 的生成方法不同。归纳起来有硬件生成法和软件生成法。下面举两个典型例子加以说明。

1.7.3　采用硬件生成 SPWM 的光伏并网发电装置

来源：西安电子科技大学　刘东林　何昊　郭世忠　（全国一等奖）

摘要：本设计利用锁相环倍频、比较器过零触发和单片机 DA 产生与输入信号同频同相且幅值可控的正弦波，作为 DC－AC 电路的输入参考信号，其中 DC－AC 电路采用 D 类功放中自激反馈模型，利用负反馈的自激振荡产生 SPWM 波，实现了输出波形的内环控制。单片机实时采集入口电压电流并计算，实现最大功率点的跟踪，完成了题目的要求。在 30 Ω 额定负载下，实测效率高达 89%，失真度极低。频率相位均能实现小于 1 s 的快速跟踪，跟踪后相差小于 0.9°，且具有欠压、过流保护及自恢复功能。

一、方案论证与比较

1. DC－AC 逆变方案比较

▶方案一

用 DSP 或 FPGA 产生 SPWM 信号驱动半桥或全桥式 DC－AC 变换器，经输出 *LC* 滤波后得到逆变信号。此方案的缺点在于 SPWM 控制为开环，在功率电源和负载变化时难以保证波形的失真度满足题目要求。

▶方案二

采用 D 类功放中自振荡式模型的逆变拓扑，利用负反馈的高频自激产生所需的 PWM 开关信号。此方案为闭环系统，在功率电源和负载变化时波形基本无失真，且硬件电路简单。因此本设计采用了方案二。

2. 锁相锁频方案比较

▶方案一

用高速 A/D 实时采集正弦参考信号 u_{REF} 和输出电压的反馈信号，两者进行比较，利用滞环比较控制算法控制主电路产生 PWM 驱动信号，从而实现波形跟踪。此方案对单片机和 A/D 的速度要求均比较高，系统软件开销很大。

▶方案二

利用锁相环的锁相锁频功能，将参考信号倍频，产生与其同步的时钟，以此时钟调整输入与输出的频相关系。此方案完全由硬件电路实现，简单方便，因此本设计采用方案二。

3. 最大功率点跟踪方案比较

▶方案一

采用经典 MPPT 算法，对光伏阵列的输出电压电流连续采样，寻找 dP/dU 为零的点，即为最大功率点。其原理框图如图 1.7.9 所示。

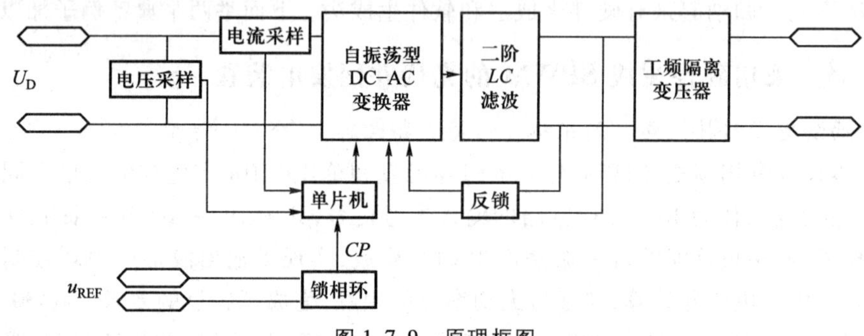

图 1.7.9　原理框图

▶方案二

使用模糊逻辑控制(Fuzzy Logic Control)等现代 MPPT 跟踪方法。这类算法的优点是对于非线性的光伏发电系统能够取得良好的控制效果，但控制方法复杂，系统开销很大，故未采用此方案。

在实际制作中，我们选用 CD4046 锁相环芯片，功放 MOS 管 IRF540 等性价比较高的器件，采用基于 MSP430F169 单片机的经典控制算法，较为出色地完成了各项指标要求。

二、理论分析与参数计算

1. 频率跟踪电路设计

利用锁相环 CD4046 可以实现输入信号的倍频和同步，输入频率 45 ~ 55 Hz，经 256 倍频后为 11.52 ~ 14.08 kHz 信号，送给单片机作为系统同步的时钟。单片机用 DDS 原理产生幅度可调的正弦信号，此时钟作为 D/A 转换输出的时钟，即可追踪输入信号的相位和频率。锁相环的原理框图如图 1.7.10 所示。CD4046 的内部电路与外围电路图如图 1.7.11 所示。此正弦信号送给本设计中自闭环的 DC - AC 逆变器作为输入，输出电压就可以与参考输入 u_{REF} 同频同相。为保证快速锁定，需要调整 R_1、R_2、C_1 的值使锁相环中心频率稳定在 50 Hz。

2. MPPT 最大功率点跟踪的实现

本设计采用 MSP430F169 单片机，其内部原理框图如图 1.7.12 所示。它有两路 D/A 转换、8 路 A/D 转换，可以轻松地实现连续的电压电流采集。单片机由此数据计算出实时功率后根据 MPPT 算法自动调整，当 $dP/dU > 0$ 时通过增加系统的输入阻抗增加实际得到的输入电压 U 以提高功率，反之则降低 U，最终达到 $dP/dU = 0$ 的最大功率点跟踪。

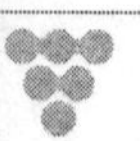

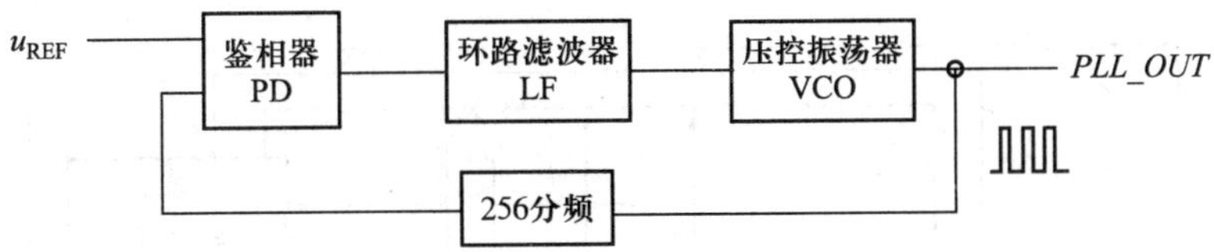

图 1.7.10　锁相环原理框图

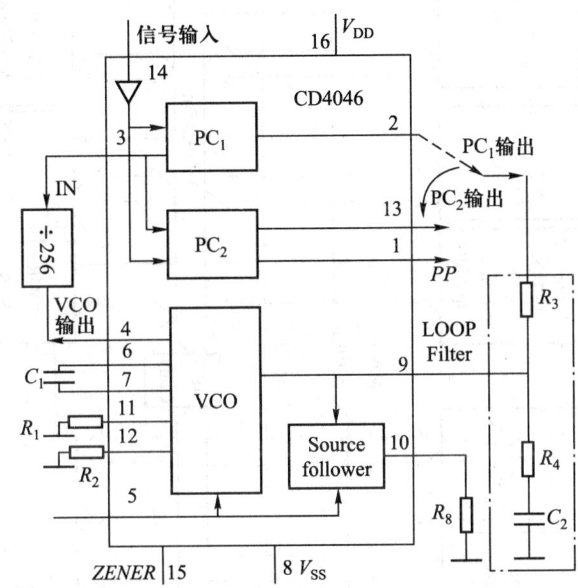

图 1.7.11　CD4046 内部电路与外围电路图

3. 提高效率方法

开关电源电路设计中的主要损耗包括:场效应管的导通电阻损耗和开关损耗、滤波电路中电感和电容的损耗、隔离变压器的铜损与铁损。综合考虑成本和性能,本电路选用了 IRF540,其导通电阻仅为 77 mΩ,输入结电容为 1 700 pF。在带载额定电流 1 A 时,全桥的静态功耗 $P_{on}=4\times I^2\times R_{on}=0.308$ W。由于滤波电感和电容工作在高频下,起储能释能作用,因此电感要尽量减小内阻,并保留 1 mm 磁隙防止饱和,电容则要选取等效串联电阻 ESR 较小的高频低阻类型,以减小在电容上产生的功率损耗。本作品中所用的电感线圈为多股漆包线并绕,以减小高频下导线集肤效应带来的损耗,并使用铁氧体材料的磁芯,以减小其磁滞损耗。电容则选用聚丙烯电容,它具有较好的高频特性、稳定性和较小的损耗。为减小隔离变压器 T 的损耗,可选用冷轧钢带替代矽钢片,且导线的载流量选 2.5 A/mm²。

4. 滤波参数设计

滤波电感使用直径 36 mm 磁罐,加 1 mm 磁隙,用 0.4 mm 漆包线 5 股并绕 20 匝,实测电感为 200 μH 左右;为减小通带衰减,取截止频率为 5 kHz,一百倍于基频,得 $C=4.7$ μF。为进一步减小正弦波谐波分量,又用 60 μH 铁粉环电感与 0.68 μF 电容进行了二次滤波,最终效果比较理想。

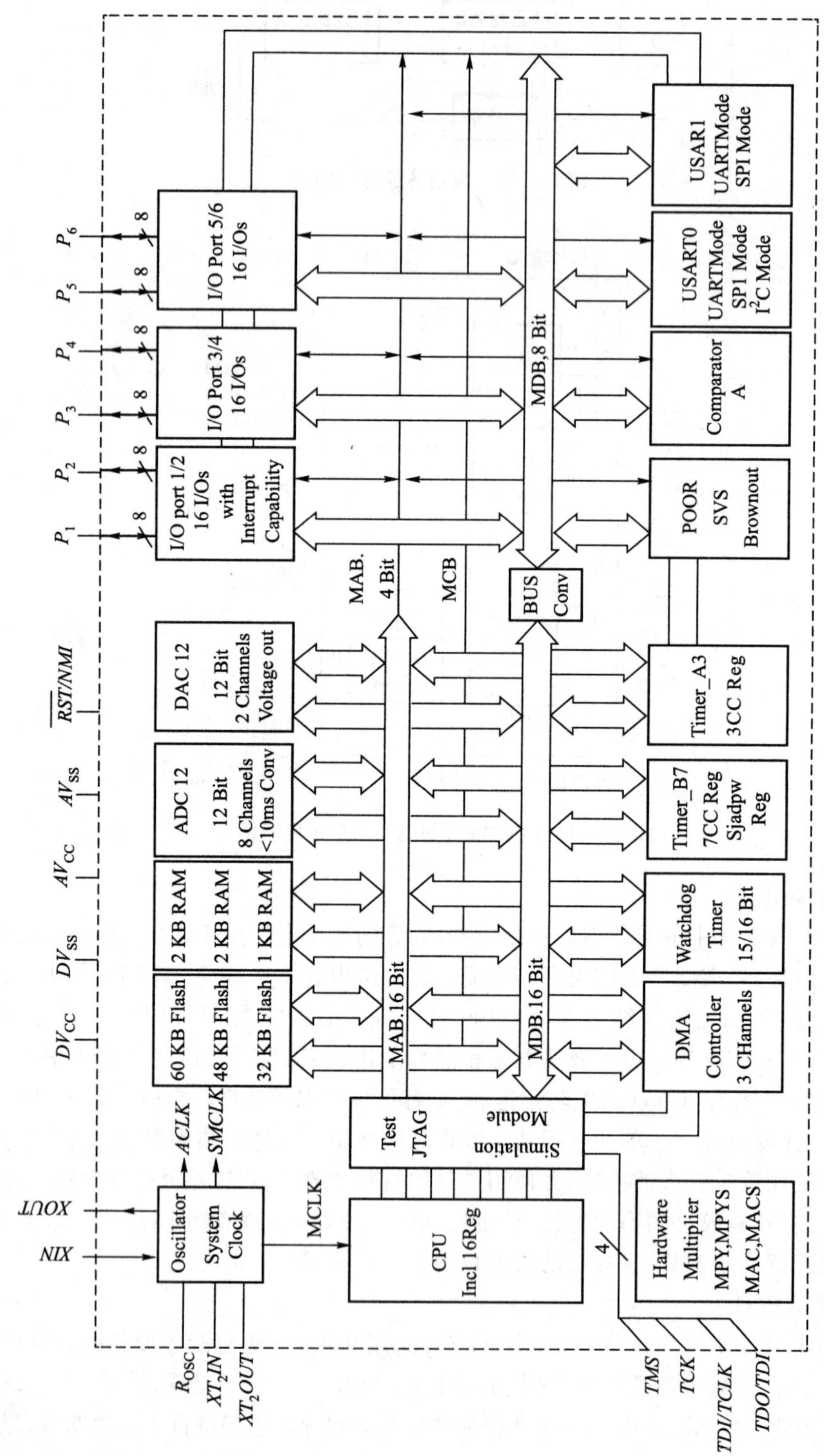

图 1.7.12　MSP430F169 内部原理框图

三、电路与程序设计

1. DC－AC 电路

DC－AC 逆变器由自振荡原理的 D 类功率放大器构成，利用负反馈的高频自激，产生幅度较弱的高频振荡叠加在工频信号上，经过比较器产生高频 SPWM 开关信号通过浮栅驱动器驱动 MOS 管半桥。自振荡逆变器框图如图 1.7.13 所示。DC－AC 逆变器原理图如图 1.7.14 所示。

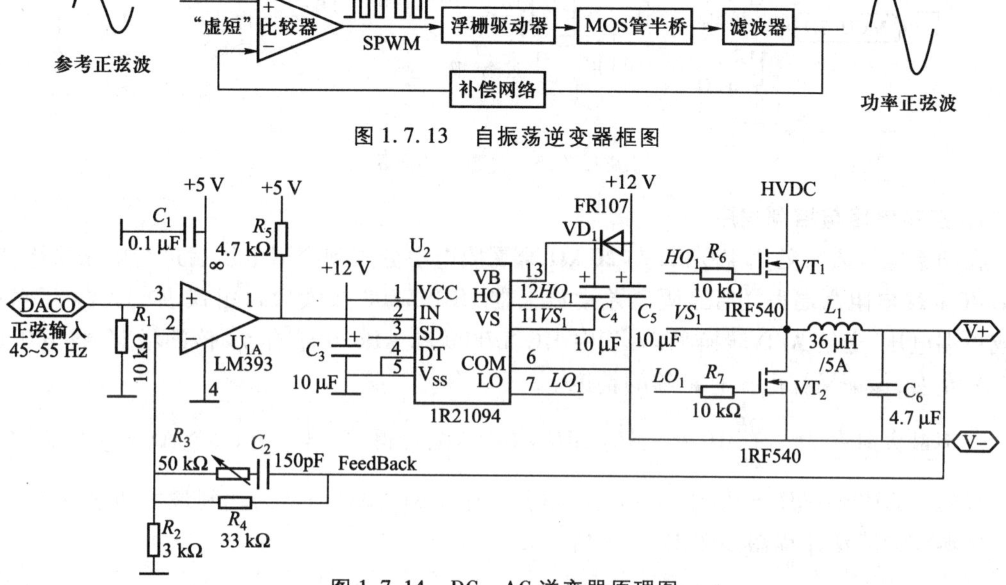

图 1.7.13　自振荡逆变器框图

图 1.7.14　DC－AC 逆变器原理图

输出信号的放大倍数由 R_2 与 R_4 的分压比决定，而自振荡（产生的 SPWM）频率可通过微调补偿网络中的电阻、电容值进行调整，实际中综合考虑损耗和滤波电路的设计，选定频率约为 28 kHz，保证输出电压在功率电源 HVDC 范围内，比例放大系数选为 12。

这种逆变器自身闭环，整个电路只使用一个比较器，可以根据负载的变化自动调整 SPWM 的占空比，使输入/输出电压始终成比例关系。

在本设计中，使用两个上述的自振荡逆变器构成平衡桥式（Balanced Transformer Less）DC－AC变换器，以 LM393 做逆变的比较器，配合自带死区的 IR21094 浮栅驱动器驱动 IRF540 功率 NMOS 管，获得了较高的效率和极低的失真度。

2. 过流保护及自恢复电路

电流 I 在采样电阻上产生的电压经过 LM358 放大 10 倍后与参考电压比较，超过则输出低电平，C_7 经过二极管迅速放电，使#*SD* 信号被拉低，浮栅驱动器输出被关闭，向单片机报警。同时 I 变小，运放 1 脚（见图 1.7.15）输出高电平，＋5 V 经过 R_{23} 对 C_7 充电，经过一段时间达到浮栅驱动器的高电平门限时，再次打开场效应管。这样可以保证过流时迅速关断输出，关闭一段时间后自行试探，在故障消除后可自动恢复。

3. 欠压报警指示，实时显示当前入口处 U_d 电压

欠压时 MPPT 算法将自动使输出为零，功率最小。单片机实时采样 U_d 电压后在液晶上显示，小于 25 V 时报警。

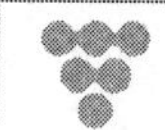

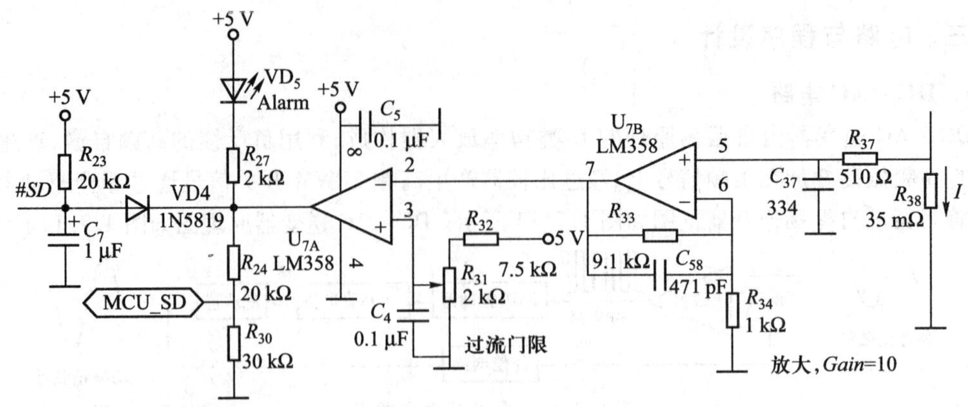

图 1.7.15　过流保护电路

4. 控制电路与控制程序

在功率电源入口处用 470 kΩ 与 20 kΩ 金属膜电阻分压到合适电压后进行电压采样,电流则由 40 mΩ 电阻高端采样后经隔离差动放大器 HCPL7800 放大后再由仪表放大器 AD620 转换成单端电压,送给 A/D 转换采样,其中 HCPL7800 和 AD620 带有 48 倍的增益,将电压放大到 2 V 左右,保证采样电流有足够的精度。

功率最大时有 $\mathrm{d}P=\frac{\partial P}{\partial U}\mathrm{d}U+\frac{\partial P}{\partial I}\mathrm{d}I=I\mathrm{d}U+U\mathrm{d}I=0$,可得 $U\mathrm{d}I=-I\mathrm{d}U$,令 $\Delta I=U\mathrm{d}I=U[I(k+1)-I(k)]$,$\Delta U=-I\mathrm{d}U=I[U(k)-U(k+1)]$,则当 $\Delta I=\Delta U$ 时认为达到最大功率点。

经典控制算法流程图如图 1.7.16 所示。

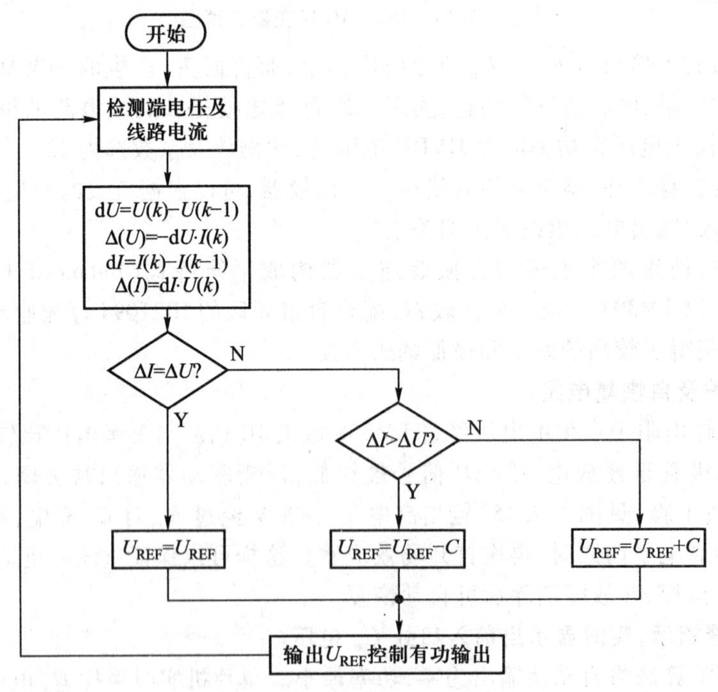

图 1.7.16　经典控制算法流程

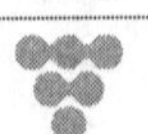

四、测试方法与数据、结果分析

1. 仪器

数字示波器 TDS1002,4 位半数字万用表 VC9807A + ,20M 数字信号源 RIGOL DG1022,双路可跟踪直流稳定电源 HY1711。

2. 测试框图

测试框图如图 1.7.17 所示。

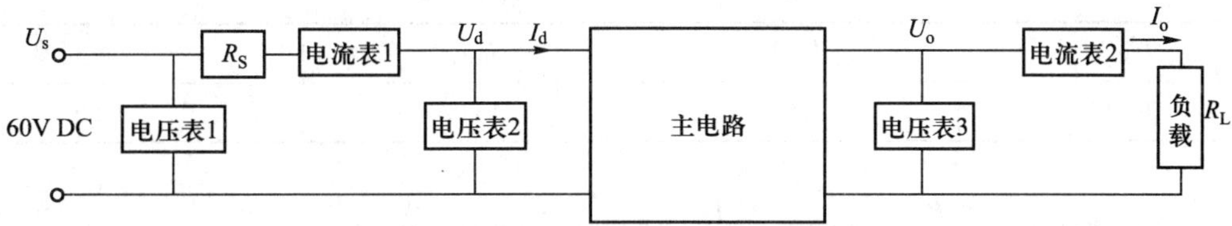

图 1.7.17　测试流程

3. 测试方法

(1) 最大功率点跟踪功能:在 60 V 输入电压情况下,根据测试数据表 1.7.2 改变 R_S 与 R_L (30 ~ 36 Ω),记录电压表 2 与电压表 1 的示数。

(2) 频率相位跟踪功能:根据测试数据表 3 改变输入信号 u_{REF}从 45 ~ 55 Hz 步进,从示波器观察频率跟踪的速度和输出电压的频率,以及两者的相位差,记录在测试数据表 3 中。

(3) 效率:额定 $R_S = R_L = 30\ \Omega$ 时,记录电压表 1、电压表 2,电流表 1、电流表 2 的示数,效率 $= U_oI_o/U_dI_d$。

(4) 失真度:用示波器 FFT 观察显示波形,记录基波和各次谐波的幅度。

4. 测试数据

(1) 数据记录:各数据列于表 1.7.2 ~ 表 1.7.4 中。

表 1.7.2　最大功率点跟踪

R_S/Ω	R_L/Ω	U_S/V	U_d/V	偏差/V
30	30	60	30. 1	0. 1
30	35. 1	60	30. 12	0. 12
35. 1	30	60	30. 16	0. 16
35. 1	35. 1	60	30. 18	0. 18

表 1.7.3　频率相位跟踪

f_{REF}	f_F	相差/°
45	44. 99	0. 9
47	47	0. 9

续表

f_{REF}	f_F	相差/°
50	50	0.9
52	52	0.9
55	55	0.9

表 1.7.4　DC－AC 变换器效率

U_d/V	I_d/A	U_o/V	I_o/A
30.12	1.03	13.81	2.02

（2）计算效率：$\eta=\frac{P_o}{P_d}\times 100\%=\frac{U_oI_o}{U_dI_d}\times 100\%=89.9193\%$。

（3）输出过流保护和自恢复功能：将输出短路，电路进入过流保护，指示灯亮，液晶屏显示报警，除去短路后报警消失，电路恢复正常。

（4）输入欠压保护和自恢复功能：调节输入电压 U_S，当电压表 2 显示电压低于 25 V 时液晶屏显示报警。再提高电源电压，报警消失，电路重新正常工作。

5. 总结

本设计采用较少元件、较低成本的模拟方案实现频率相位跟踪、DC－AC 逆变、欠压、过流自恢复保护等功能，通过精巧的模拟电路设计，在频相跟踪、波形失真度、变换效率等方面远远超过指标要求，并且大大缓解了数字部分的逻辑负担。设计中所选的器件均具有相当高的性价比，如 MSP430F169 微控制器，IRF540 功率管，IR21094 浮栅驱动器，对比传统的 DSP 光伏逆变方案，本作品更经济简洁，实用性更强。

1.7.4　采用软件生成 SPWM 的光伏并网发电装置

来源：武汉大学　闻长远　王永曦　江超　（全国一等奖）

摘要：以单片机 89S52 和 Cyclone 1 型 EP1C6Q240C8（FPGA）为控制核心，采用正弦脉宽调制技术（SPWM），以全桥逆变电路为功率变换主回路，设计制作了一台具有最大功率点跟踪（MPPT）、输出频率和相位跟踪参考信号的功率光伏并网发电模拟装置。该装置采用数字式闭环反馈控制，保证变压器反馈信号与参考信号之间同频同相。DC－AC 功率变换部分效率高达 92%，输出电压波形失真度小于 1%，具有输入欠压保护、输出过流保护及故障排除后的自动恢复功能。此外，附加短路保护、过热保护功能和红外控制功能。还可对电路中各电参数进行检测和显示。整机结构紧凑，硬件设计简单，较好地达到各项指标。

一、系统方案选择

1. DC－AC 主回路选择

DC－AC 主回路为系统功率变换的核心，负责将前置直流输入变换成交流输出。根据电路控制参数的不同可分为电压型和电流型。电流逆变电路交流输出电流为矩形波，控制电路较复杂。电压型逆变电路包括半桥式和全桥式电路,电路逆变功率脉动波形由直流电流体现,输出电压为矩形波,输出电流因负载阻抗不同而不同。电压型控制电路对输出电压进行调节,便于进行功率转换,所以最终选用电压型全桥逆变电路为 DC - AC 的功率变换的核心。

2. 正弦波脉宽调制(SPWM)方式选择

正弦波脉宽调制(SPWM),根据其调制方式的不同可分为模拟调制(硬件)和数字调制(软件)调制。模拟调制方式基于自然采样原理,在三角波和正弦波的自然交点时刻控制功率开关的通断。数字调制法同样基于自然采样原理,以可编程逻辑器件为载体将正弦波表存入存储器,三角波形也可存储(或计算得到),经过数字比较产生对应波形。数字调制生成的相位分辨率可以达到很高精度,改变调制比(正弦波与三角波的幅度比)即可改变输出电压。由于数字调制方式控制简单,实现方便。故选用数字调制方式(或称软件调制方式)产生逆变电路的控制信号。

3. 最大功率点跟踪(MPPT)方案

为保证系统正常工作时光伏电源对外界输出功率保持最大,需要对系统最大功率点跟踪。实际应用中,控制的方法有恒定电压法、扰动观察法和导纳增量法等。恒定电压法控制精度较低。扰动观察法扰动系统的输出电压,通过判断扰动前后输出功率的变化,保证系统的输出功率处于增加的状态。该方法控制思路简单,但是“稳态”时在最大功率点附近处摆动,稳定性较差。而导纳增量法则是根据功率最大点处变化率为零这一特性来实现对最大功率点的跟踪。其控制效率好,稳定性高,但控制算法比较复杂,改变速度较缓慢。本文设计采用扰动观察法和导纳增量法相结合的方式,即系统初始时采用扰动法,实现对最大功率点较快地跟踪和确定;系统工作于最大功率点附近时,采用导纳增量法实现稳定的最大功率输出。

4. 频率、相位同步方案

为保证系统的输出与参考信号同频、同相,通常采用边沿触发法和数字反馈调节法进行调整。边沿触发使用参考信号整形后的边沿对 SPWM 控制信号触发,控制输出相位与频率,保证同步。该方法响应速度快,但是稳定性差,易于受外部干扰发生误操作。数字式反馈调节则根据参考信号与反馈信号的频率差和相位差对 SPWM 控制做相应调整。该方法调整时间相对较长,但控制精度高,由于反馈环节的引入使系统具有较高的稳定性。考虑到系统稳定性和控制精确性,采用数字反馈方式对相位和频率进行跟踪。

二、系统的总体结构

系统的总体结构框图如图 1.7.18 所示。它主要包括如下三大部分:功率变换部分、信号采集部分和控制部分。

1. 功率变换部分

包括模拟光伏电池输入端(直流稳压源 U_S 与电阻 R_s)、DC - AC 桥式逆变电路、LC 低通滤波器、工频隔离变压器和负载等。

2. 信号采集部分

包括逆变部分的输入电压、电流、交流输出端的电压、电流,模拟电网的正弦参考信号 u_{REF} 频率与相位,隔离变压器反馈信号 u_F 的频率与相位。

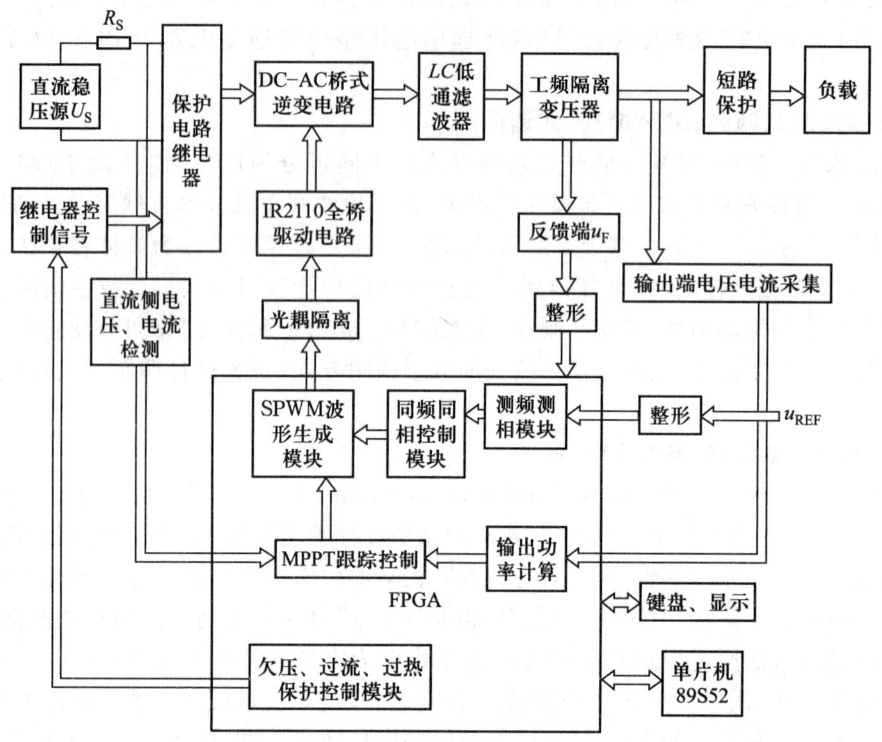

图 1.7.18　系统的总体框图

3. 控制部分

由单片机 89S52 和 FPGA 组成,包含 SPWM 信号产生、同频同相控制、MPPT 跟踪控制、参数测量和显示、人机交互等部分。系统供电采用强电弱电互相隔离的方式,有效地减小了两者之间的串扰,提高了系统的安全性。

三、硬件电路设计

1. DC－AC 主回路设计与器件选择

全桥逆变的 SPWM 波形的产生由 FPGA 完成,信号经过光耦合隔离由 IR2110 驱动 MOSFET 导通,输出通过一阶 *LC* 低通滤波器滤除高频成分即得到 50 Hz 的正弦波形。该回路的直流输入存在较大的脉动电流,需要前级添加功率退耦电容,采用 4 700 μF 的电解电容。

(1) 光耦隔离

由 FPGA 产生的 SPWM 波形分为四路,两路对称再分别与两路相同,中间间隔一定的死区时间,所以只需要加两路光耦进行隔离即可。

(2) 驱动芯片

IR2110 为半桥驱动芯片,只需连接自举电容,利用内部自举电路即可实现对桥路的驱动。芯片还具有欠锁压功能、周期循环边沿触发关机等功能。对于全桥电路只需将两片 IR2110 驱动各自的半桥即可,其原理电路如图 1.7.19 所示。

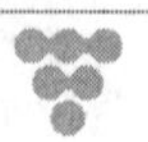

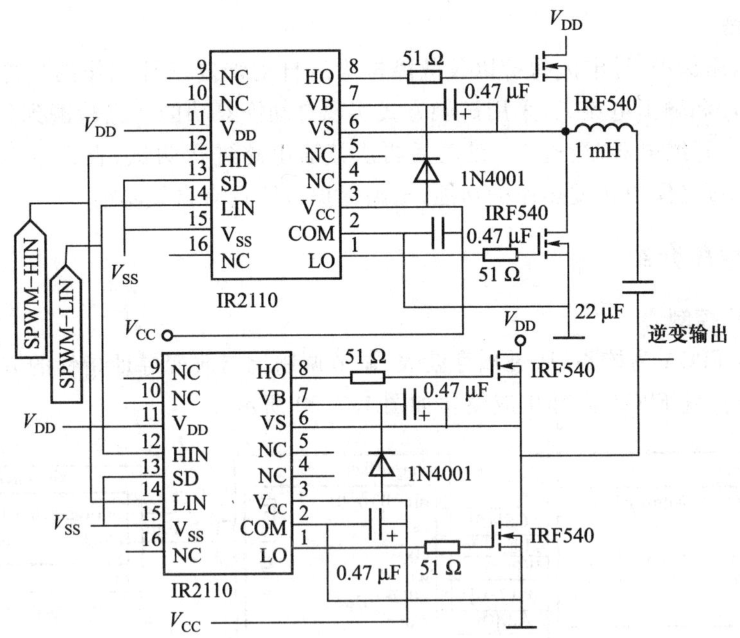

图 1.7.19 DC－AC 全桥逆变电路

(3) *LC* 低通滤波器

全桥电路的输出端为高频方波，为了得到正弦波需要经过 *LC* 低通滤波器进行滤波，设计成谐振频率为 $f_o=(10\sim20)\times50$ Hz（选 $f_o=1$ kHz），截止频率 $f_H=\frac{1}{10}f_c$（f_c 为开关频率）。为减小输出功率的无功分量，流过电容器的电流不大于额定输出电流的 $\frac{1}{5}$ 满载时输出电流 I_o，即流过电容器的电流不能大于 $\frac{1}{5}I_o$，则滤波电容 C 为

$$C<\frac{0.2I_o}{2\pi f_o U_o} \tag{1.7.5}$$

在滤波电容确定之后，根据滤波器的截止频率和电感电流的纹波要求，计算出滤波电感数值。计算得：$L=2$ mH，$C=90$ μF。

2. 测频整形部分

电路采用 OP07 精密低噪声运放，对信号进行饱和放大，后级采用低速比较器 LM311 对信号进行滞回比较。

3. 信号采集部分

采集信号包括前置输入电压、电流，末级交流输出电压、电流，输入参考与反馈信号的频率、相位。直流输入电流值采用电流检测放大器 1NA206 对取样电阻电压取样后，采用线性光耦 HCNR201 隔离，直流输入电压则利用电阻分压后经过线性光耦隔离取样，通过 16 位功耗全差分串行 Σ－Δ 型 A/D 转换器 MAX1416 进行采集。交流信号经过电压电流互感器转换后采用 14 位伪差分串行 A/D 转换器 TLC3578 采样。

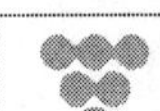

4. 保护电路

系统具有欠压保护、过电流保护以及故障排除后自动恢复正常工作的功能。利用单片机监测输入电压 U_d 和输出电流 I_o，采用试触方式实现自动恢复功能。当检测到欠压状态和过流状态时，单片机断开继电器，经过 4 s 延时后再次接通电路进行测试，直到故障排除为止。此外系统还附加有短路保护和过热保护功能，短路保护电路具有自锁功能。

四、控制程序介绍

1. DC－AC 控制

逆变控制以 FPGA 为核心，通过预存波表、调节调制比与改变寻址指针的方式实现幅度与频率的准确输出。其 FPGA 内部生成模块如图 1.7.20 所示。

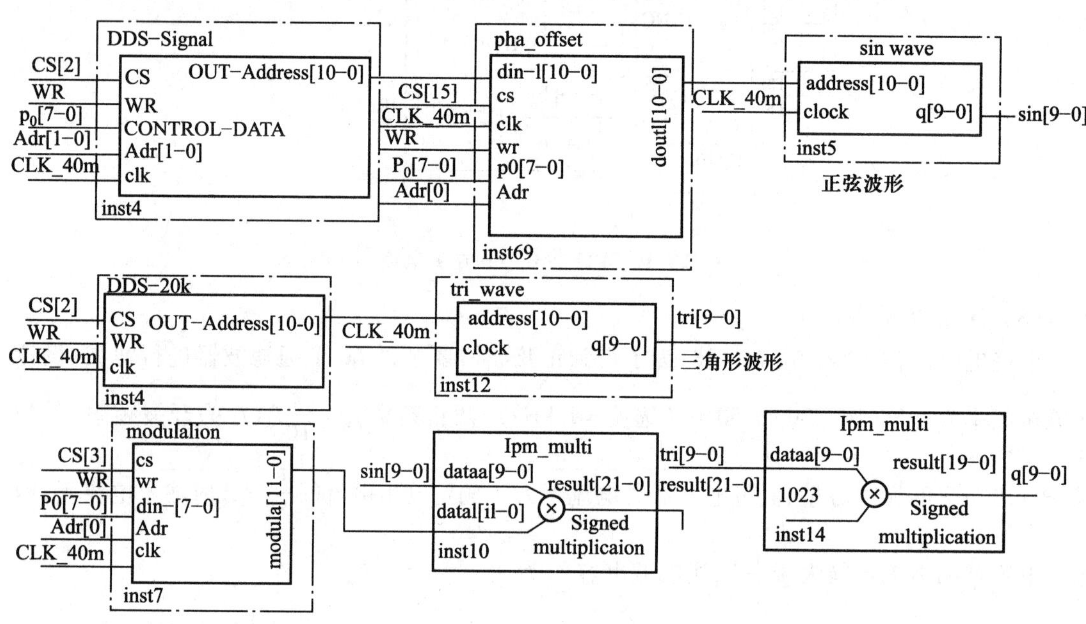

图 1.7.20　FPGA 内部 SPWM 生成模块

2. 同频同相控制

相位和频率的跟踪采用等精度测频的方式确定 u_{REF} 与 u_F 的频率差与相位差，然后通过改变 SPWM 控制信号的方式进行调节，确保二者达到重合。控制流程图如图 1.7.21 所示。

3. MPPT 控制

MPPT 控制采用扰动观测法和导纳增量法结合的方式。初始化时，根据给出的 SPWM 初始调制比，然后采用扰动法，改变调节的步长使系统快速调节至最大功率点附近，当调节步长小于一定值时将控制方式转换至导纳增量法，进一步控制系统的输出稳定度。

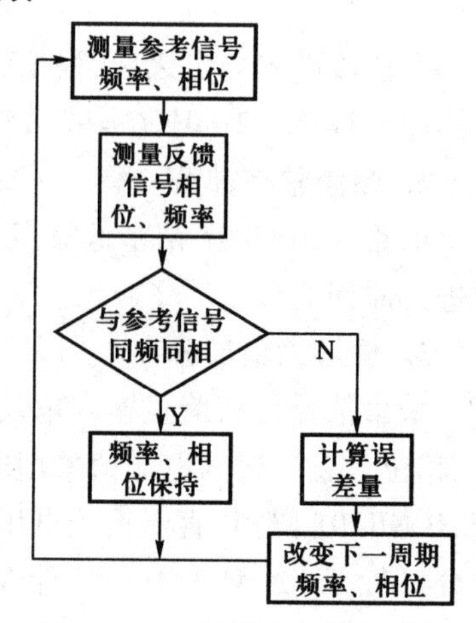

图 1.7.21　同频同相控制流程

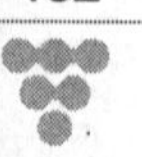

1.8　电能收集充电器

[2009 年全国大学生电子设计竞赛 E 题(本科组)]

1.8.1　设计任务与要求

一、任务

设计并制作一个电能收集充电器,充电器及测试原理示意图如图 1.8.1 所示。该充电器的核心为直流电源变换器,它从一直流电源中吸收电能,以尽可能大的电流充入一个可充电池。直流电源的输出功率有限,其电动势 E_S 在一定范围内缓慢变化,当 E_S 为不同值时,直流电源变换器的电路结构,参数可以不同。监测和控制电路由直流电源变换器供电。由于 E_S 的变化极慢,监测和控制电路应该采用间歇工作方式,以降低其能耗。可充电池的电动势 $E_C=3.6\ V$,内阻 $R_c=0.1\ \Omega$。

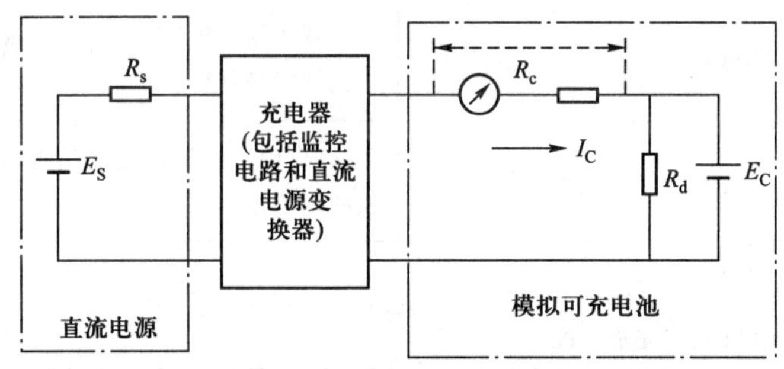

图 1.8.1　充电器及测试原理示意图

(E_S 和 E_C 用稳压电源提供,R_d 用于防止电流倒灌)

二、要求

1. 基本要求

(1) 在 $R_s=100\ \Omega$,E_S 为 10 ~ 20 V 时,充电电流 I_C 大于 $(E_S-E_C)/(R_s+R_c)$;

(2) 在 $R_s=100\ \Omega$ 时,能向电池充电的 E_S 尽可能低;

(3) E_S 从 0 逐渐升高时,能自动启动充电功能的 E_S 尽可能低;

(4) E_S 降低到不能向电池充电,最低至 0 时,尽量降低电池放电电流;

(5) 监测和控制电路工作间歇设定范围为 0.1 ~ 5 s。

2. 发挥部分

(1) 在 $R_s=1\ \Omega$,E_S 为 1.2 ~ 3.6 V 时,以尽可能大的电流向电池充电;

(2) 能向电池充电的 E_S 尽可能低;当 $E_S \geq 1.1$ V 时,取 $R_s=1\ \Omega$;当 $E_S<1.1$ V 时,取 $R_s=0.1\ \Omega$;

(3) 电池完全放电,E_S 从 0 逐渐升高时,能自动启动充电功能(充电输出端开路电压

>3.6 V,短路电流 >0)的 E_S 尽可能低。当 $E_S \geq 1.1$V 时,取 $R_s = 1\ \Omega$;当 $E_S < 1.1$ V 时,取 $R_s = 0.1\ \Omega$;

(4) 降低成本;

(5) 其他。

三、评分标准

	项目	主要内容	满分
设计报告	系统方案	电源变换及控制方法实现方案	5
	理论分析与计算	提高效率方法的分析及计算	7
	电路与程序设计	电路设计与参数计算 启动电路设计与参数计算 设定电路的设计	10
	测试结果	测试数据完整性 测试结果分析	3
	设计报告结构及规范性	摘要,设计报告正文的结构图表的规范性	5
	总分		30
基本要求	实际制作完成情况		50
发挥部分	完成第(1)项		30
	完成第(2)项		5
	完成第(3)项		5
	完成第(4)项		5
	其他		5
	总分		50

四、说明

(1) 测试最低可充电 E_S 的方法:逐渐降低 E_S,直到充电电流 I_C 略大于0。当 E_S 高于3.6 V 时,R_s 为100 Ω;E_S 低于3.6 V 时,更换 R_s 为1 Ω;E_S 降低到1.1 V 以下时,更换 R_s 为0.1 Ω。然后继续降低 E_S,直到满足要求。

(2) 测试自动启动充电功能的方法:从0开始逐渐升高 E_S,R_s 为0.1 Ω;当 E_S 升高到高于1.1 V 时,更换 R_s 为1 Ω。然后继续升高 E_S,直到满足要求。

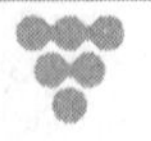

电能收集充电器(E题)测试记录与评分表

赛区________代码________测试人________　　　　　　　　　　　　年　月　日

类型	序号	测试项目与条件或要求		满分	测试记录	评分	备注
基本要求	(1)	充电电流 内阻 $R_s=100\ \Omega$	$E_S=20$ V	10	$I_C=$____mA		
			$E_S=15$ V	10	$I_C=$____mA		
			$E_S=10$ V	10	$I_C=$____mA		
	(2)	最低电源电动势内阻 $R_s=100\ \Omega$	$I_C>0$ $E_C=3.6$ V	5	$E_S=$________V		
	(3)	自动启动充电功能内阻 $R_s=100\ \Omega$	$I_C>0$ $E_C=3.6$ V	5	$E_S=$________V		
	(4)	放电电流 内阻 $R_s=100\ \Omega$	$E_S=0$ V $E_C=3.6$ V	5	$I_C=-$________mA		
	(5)	监测电路工作间歇设定范围		5	最小:____s;最大:____s		
	总分			50			
发挥部分	(1)	充电电流 内阻 $R_s=1\ \Omega$	$E_S=3.6$ V	10	$I_C=$________mA		
			$E_S=2.4$ V	10	$I_C=$________mA		
			$E_S=1.2$ V	10	$I_C=$________mA		
	(2)	最低电源电动势	$I_C>0$ $E_C=3.6$ V	5	$E_S=$________V $R_S=$________Ω		
	(3)	自动启动充电功能	输出短路电流>0 输出开路电压>3.6 V	5	$E_S=$________V $R_S=$________Ω		
	(4)	成本		5			
	(5)	其他		5			
	总分			50			

电能收集充电器(*E*题)测试说明:

(1) 所有指标记录实测值,项目内评分标准自定;

(2) 基本要求(5)除外,其余测试项目监测电路工作间歇设定为5 s;

(3) 测试最低可充电电源电动势的方法:逐渐降低 E_S,直到充电电流 I_C 略大于0。当 E_S 高于3.6 V时,R_s 为100 Ω;E_S 低于3.6 V时,更换 R_s 为1 Ω,E_S 降低到低于1.1 V时,更换 R_s 为0.1 Ω,继续降低 E_S,直到满足要求;

(4) 测试自动启动充电功能的方法:从0开始逐渐升高 E_S,R_s 为0.1 Ω,当 E_S 升高到高于1.1 V时,更换 R_s 为1 Ω,继续升高 E_S,直到满足要求。

1.8.2 题目分析

本题属于节能装置，将废旧电池（E_S 为 10～20 V，$R_s=100\ \Omega$）和低压电源（$E_S=1.2$～3.6 V，$R_s=1\ \Omega$ 或 $E_S\leqslant 1.1$ V，$R_s=0.1\ \Omega$）经过收集并存储在可用的电池 E_C 中，或者将类似于光伏发电装置（白天有阳光能发电，夜晚无阳光，不能发电但需用电）的能量收集并存储起来，以备后用。

一、直接充电的功率与效率分析

若 $E_S\leqslant 3.6$ V，对 $E_C=3.6$ V 不能直接充电，必须升压。

若 $E_S>3.6$ V，虽然可以直接对 E_C 充电，其充电电流 I_C 较小，其效率 η 很低。其直接充电电路图如图 1.8.2 所示。

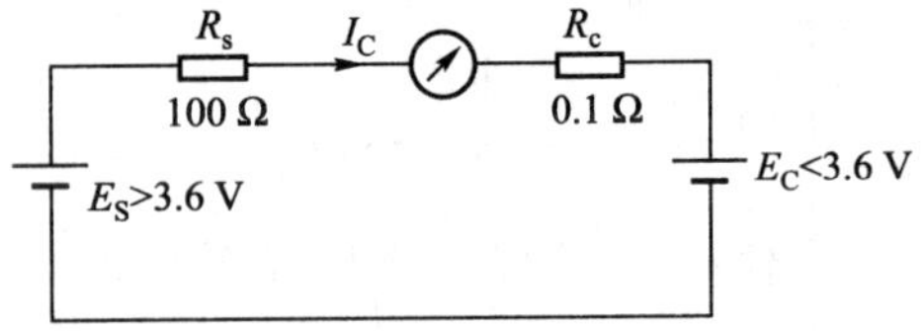

充电电流

$$I_C=\frac{E_S-E_C}{R_s+R_c} \tag{1.8.1}$$

输出功率为

$$P_o=I_C^2R_c+E_CI_C \tag{1.8.2}$$

图 1.8.2 直接充电电路图

R_s 消耗功率为

$$P_{Rs}=I_C^2R_s \tag{1.8.3}$$

输出效率 η 为

$$\eta=\frac{P_o}{P_o+P_{Rs}} \tag{1.8.4}$$

由表 1.8.1 可知，当 $E_S=7.2$ V 时，直充式满足最大功率输出定理，其充电电流 $I_C=36$ mA，且 $\eta=50\%$，当 E_S 在 3.6～7.2 V 时，充电电流随 E_S 的下降而下降，但总效率在提高。当 E_S 在 7.2～20 V 时，充电电流虽然随 E_S 的增加而增加，但总效率却下降了。由此可以得出结论：E_S 在 3.6～7.2 V 之间，采用直充方式，而 E_S 在 7.2～20 V 之间采用降压方式。

表 1.8.1 直充式效率、充电电流与 E_S 的关系

$E_S(R_s=100\ \Omega)$/V	4	7.2	8	10	15	20
I_C/mA	4	36	44	64	114	164
P_o/mW	14.4	129.6	158.4	230.4	400.8	590.4
P_{Rs}/mW	1.6	129.6	193.6	409.6	1 299.6	2 689.6
η	90%	50%	45%	35%	24%	12%

二、最大功率与极限充电电流的计算

下面再来分析直流电源能够提供的最大功率。根据最大功率输出定理得知

$$P_{max}=\frac{E_S^2}{4R_s} \tag{1.8.5}$$

充电电流极限值为

$$I_{cmax} \approx \frac{P_{max}}{E_C} \tag{1.8.6}$$

为方便起见，我们列出 P_{max} 与 E_S、R_s 的关系一览表，如表 1.8.2 所示。

表 1.8.2　P_{max} 与 E_S、R_s 关系一览表

E_S/V	1.1 $R_s=0.1\ \Omega$	1.2 $R_s=1\ \Omega$	3.6 $R_s=1\ \Omega$	7.2 $R_s=100\ \Omega$	10 $R_s=100\ \Omega$	20 $R_s=100\ \Omega$
$P_{max}=\frac{E_S^2}{4R_s}$/W	3.025	0.36	3.24	0.12	0.25	1.00
$I_{cmax}=\frac{P_{max}}{E_C}$/mA	840	100	900	33	69	277

由表 1.8.2 可知，在 $E_S=3.6$ V，$R_S=1\ \Omega$ 时，直流电源可提供最大的功率输出和最大的充电电流。其次在 $E_S=1.1$ V，$R_S=0.1\ \Omega$ 时，也能提供较大的输出功率和提供较大的充电电流。

三、直流电源变换器的电路结构

根据 E_S 和 R_s 的数值大小，变换器的电路结构采用不同的形式，如表 1.8.3 所示。

表 1.8.3　直流电源变换器电路结构一览表

E_S/V	<1.1	1.2 ~ 3.6	3.6 ~ 8	8 ~ 20
R_s/Ω	0.1	1	100	100
变换器电路结构	升压	升压	直接	降压

四、开关调整器拓扑结构

本题电路设计的关键就是开关调整器拓扑结构的选择，由表 1.8.3 可知，不同 E_S 和 R_S 可选择不同的电路结构。不妨我们把常见的开关调整器拓扑结构图全部画出来，供读者参考。场效应管 buck 电路结构图如图 1.8.3 所示，场效应管 boost 电路结构图如图 1.8.4 所示，场效应管 buck - boost 电路结构图如图 1.8.5 所示。

目前已有许多包括驱动电路在内的 DC - DC 转换电路，例如：集成芯片 LH25576、TPS5430、MAX1708、TPS61200 等。

随着电力电子技术的飞速发展，除了上述 DC - DC 变换的基本类型外，还出现了 Cuk 变换器，反激(flyback)变换器和复合型变换器等。下面只介绍反激变换器供读者参考。电路图如图 1.8.6 所示。

在图 1.8.6 中，P1.2 接单片机，在 PWM 信号的作用下，经 TPS2818 产生一个驱动信号驱动 VT_1(1RF7807)。当 VT_1 的栅极加一个正的脉冲信号，VT_1 导通，脉冲变压器次级 N_2 感应一个正脉冲电压，对 C_4、C_5 充电。当 VT_1 的栅极为低电平时，VD_1 截止。其输出电压 U_0 为

$$U_0 = \frac{N_2 D}{N_1(1-D)} \cdot U_{IN} \tag{1.8.7}$$

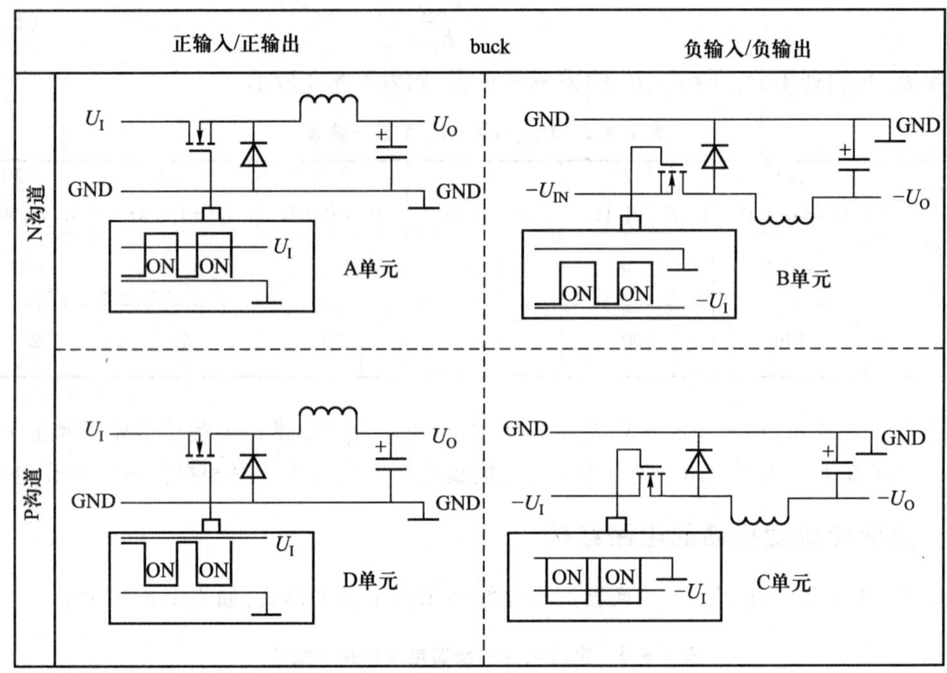

图 1.8.3　场效应管 buck 电路结构图

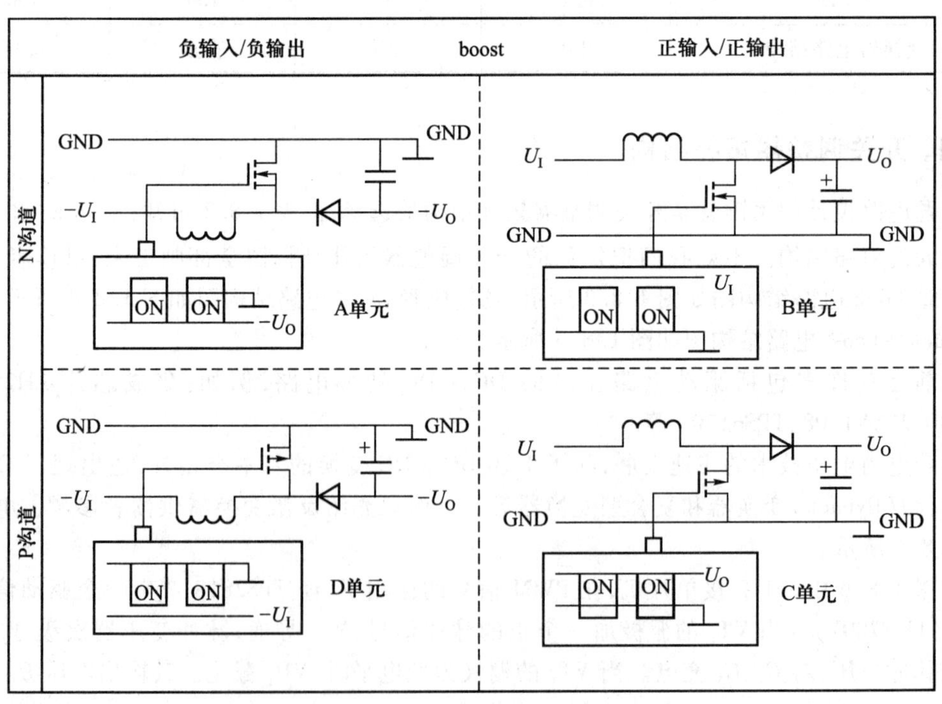

图 1.8.4　场效应管 boost 电路结构图

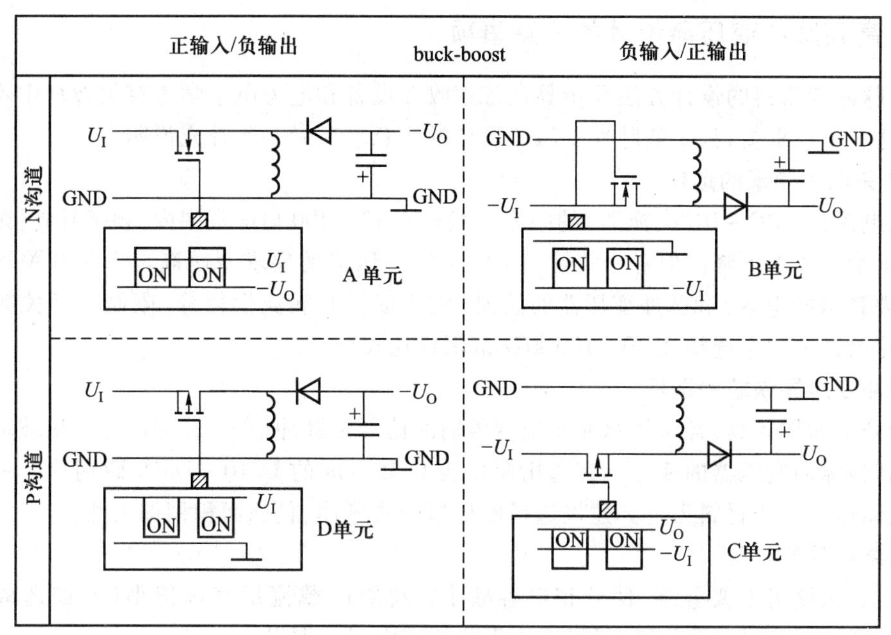

图 1.8.5　场效应管 buck－boost 电路结构图

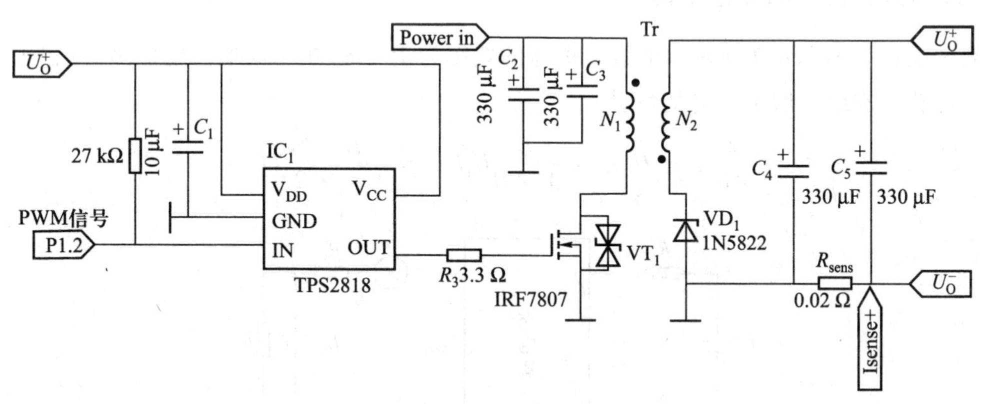

图 1.8.6　反激变换电路

式中 N_1 为脉冲变压器的一次线圈匝数，N_2 为二次线圈匝数，D 为占空比。改变 D 值就可以控制输出电压 U_O 的值。

开关场效应管的驱动级电源 V_{CC}来自系统的输出 U_O^+。也就是说，驱动级能否正常工作受变换器的反馈电压的控制，反激变换器以此而得名，由于变换器的输出外接一个充电电池 E_c，这个系统很容易启动。

图 1.8.6 所示的反激变换电路通过改变 PWM 的占空比，即可实现升压，也可实现降压，肖特基二极管 VD_1(1N5822)的接入就可以防止电池 E_C 的电流倒灌。

该电路既能升压、降压，又能防止电池电流倒灌，还能自动启动。若选择此电路作为 DC－DC变换器，是一个不错的决定。此电路设计关键是脉冲变压器的设计。

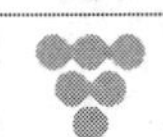

五、高频脉冲变压器设计的注意事项

关于脉冲变压器的设计方法和步骤在雷达收发设备和电力电子学等有关教材中均有较详细叙述，这里不再重复，只是就脉冲变压器设计的注意事项做一些补充说明。

1. 开关电源频率的选择

开关电源（含 DC－DC 变换器）的频率一般选在 10～400 kHz 范围内，频率升高，则变换器的体积、重量及成本下降。但对开关管和高频脉冲变压器的要求就越高。由于开关管的分布参数（主要指极间电容）和脉冲变压器的铁损（磁滞损耗和涡流损耗等）限制了开关频率的提高，这里建议开关频率选择在 20～100 kHz 范围内比较合适。

2. 脉冲变压器铁芯的选择

由于开关频率较高，且高频脉冲变压器传输的信号是脉冲信号，脉冲信号的谐波成分极为丰富，故高频脉冲变压器的铁心不宜选用厚度为 0.35 mm 的 D310～D360 矽钢片。一般选取高频铁氧体作为铁心材料为宜。建议选择磁环形的铁氧体，且截面积稍偏大些。

3. 对绕组的要求

对一、二次绕组不要叠绕，使分布电容减小。绕组的载流量宜选偏小（例如选载流量为 2.5 A/mm²）。可采用多股并绕，尽量减小集肤效应引起的铜损。

六、最大电流跟踪的探讨

测试电路如图 1.8.7 所示。假设充电器的效率为 100%，在一周期内电源 E_S 提供的最大的能量应等于充电池所吸收的能量，即

$$\frac{E_S^2}{4R_s}\tau = U_O I_C = \frac{D}{1-D}U_I I_C T = \frac{D}{1-D}\frac{E_S}{2}TI_C$$

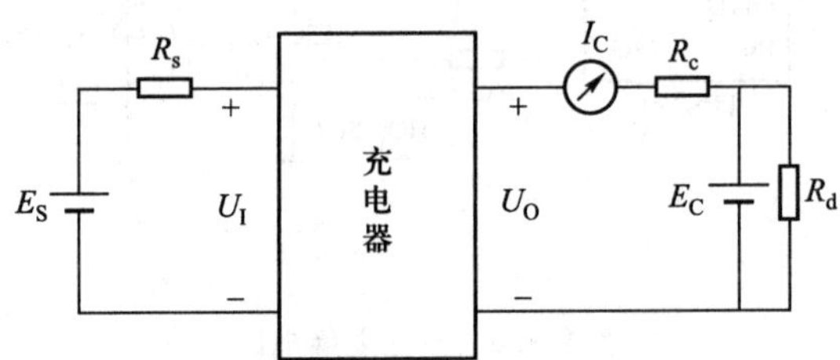

图 1.8.7　测试电路

所以

$$I_{Cmax} = \frac{E_S}{2R_s}(1-D) \tag{1.8.8}$$

但同时又必须满足 $U_O \geqslant I_C R_c + E_C$，即

$$\frac{D}{1-D}U_I \geqslant I_C R_c + E_C \tag{1.8.9}$$

通过改变占空比 D，使之同时满足式（1.8.8）和式（1.8.9）。只要不断地检测输出电流 I_C 值，改变 D 值，总能找到 I_{Cmax}。这项任务必须交给检测控制系统去完成，这就叫做最大输出电流最大跟踪。

上述分析未能考虑变换器的损耗。下面再讨论如何减小变换器的损耗。

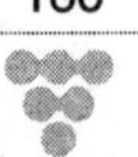

七、提高直流变换器效率的措施

以反激变换电路为例(如图 1.8.6 所示),提高反激变换电路的效率应从如下几个方面想办法:

(1) 选择分布参数小的、导通电阻小的开关管;

(2) 选择正向动态电阻小,反向电阻大的肖特基二极管作为高频信号整流管;

(3) 合理设计脉冲变压器,在不同的输入电压范围内,采用不同的变压比;

(4) 选择损耗小的储能电容,例如 C_2、C_3、C_4、C_5 全部由电解电容改为钽电容;

(5) 采用低压、低功耗的驱动电路及测试控制电路。

下面举两个实例,供大家参考。

1.8.3 采用集成芯片实现 DC-DC 转换的电能收集充电器

来源:昆明理工大学　刘晓明　施旺　(全国一等奖)

指导教师:卢诚

摘要:本系统主要由控制监测电路、降压电路和升压电路等部件组成。控制监测电路采用 MC34063 集成芯片,降压电路采用 LM25576 集成芯片,升压电路采用 MAX 1708 集成芯片。全部实现了题目要求的功能和达到了基本要求和发挥部分的全部性能指标。

关键词:MC34063,LM25576,MAX1708,最大电流跟踪

一、方案论证

▶方案一:使用 LT1S12 和 MAX1708 两种芯片分别实现系统的升降压设计。

分析:当电压为 1.2 ~ 3.6 V 时,使用 MAX 1708 芯片进行升压,并对充电电池进行充电。能够达到设计要求,并满足精度要求。当电压为 10 ~ 20 V 时,采用 LT1512 芯片进行降压,并对充电电池充电。在测试中发现,其带负载能力很差,并且成本也相对较高。

▶方案二:使用 LM25576 芯片和 MAX 1708 芯片分别实现系统的升降压设计。

分析:当电压为 1.2 ~ 3.6 V 时,使用 MAX 1708 芯片进行升压,并对充电池进行充电,能满足技术指标要求且精度高。当电压为 10 ~ 20 V 时,使用 LM25576 芯片进行降压,并对充电电池进行充电。在测试中发现,能达到设计要求,精度高且成本也极低。

综合上述分析和实验,选择方案二。

二、方案实施

1. 工作原理

本方案采用 LM25576 芯片和 MAX 1708 芯片分别实现系统升降压功能,并能对电路进行间隙式监测,其原理框图如图 1.8.8 所示。

当电压在 1.2 ~ 3.6 V 时,通过自动检测电路,使用 MAX 1708 芯片进行升压,并对充电电池进行充电,能达到设计要求。当电压为 10 ~ 20 V 时,使用 LM25576 芯片进行降压,并对充电电池进行充电,也能满足设计要求。

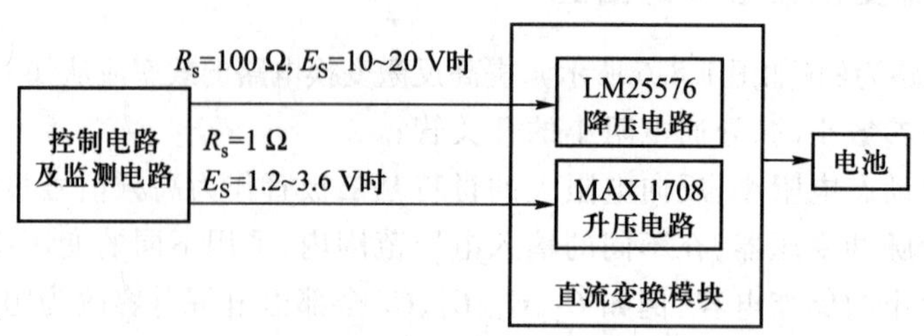

图 1.8.8　系统原理框图

2. 电路图

本电路包括三个基本单元:升压电路单元、降压电路单元和控制监测单元,如图 1.8.9 所示。以 MAX 1708 芯片为核心的升压电路,当直流电压为 1.2 ~ 3.6 V 时,通过此电路进行升压并对可充电电池进行充电。以 LM25576 芯片为核心的降压电路,当直流电压为 10 ~ 20 V 时,通过此电路进行降压并对充电电池进行充电。以 MC34063 芯片为核心的控制监测电路进行控制和监测,自动选择升降压电路对充电电池进行充电。

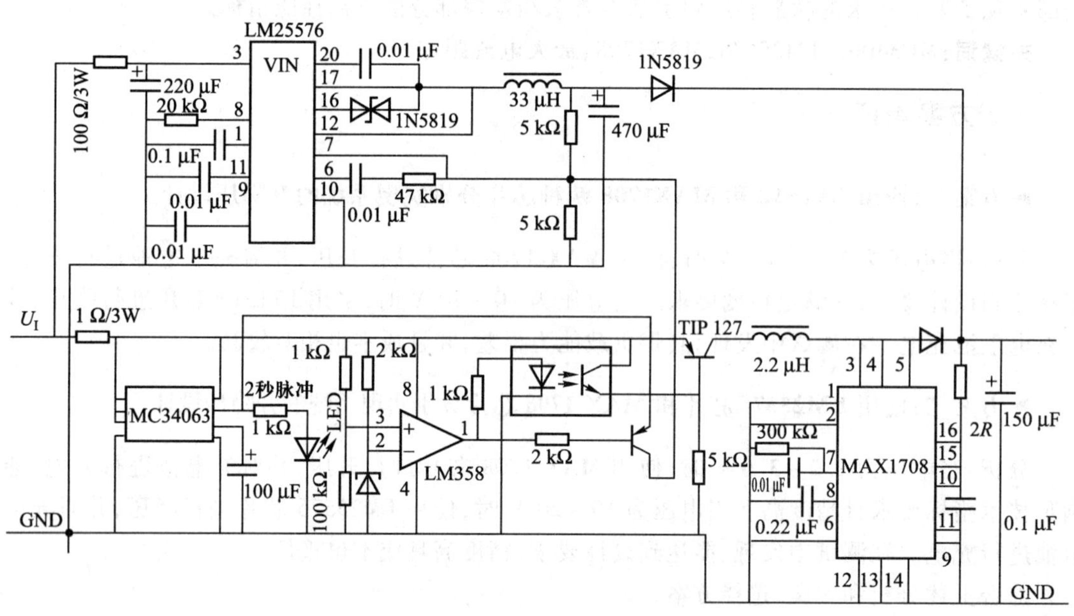

图 1.8.9　直流升降压电路

三、理论分析与计算

本题是将废旧的蓄电池、干电池等废旧电源的残存的电能进行收集并存储。且这些废旧电源的电压从 0 ~ 20 V,且内阻大小各异。本设计的成败关键是 DC – DC 变换器电路的选择,而 DC – DC 变换器的效率又是重中之重。下面重点分析 DC – DC 转换器的效率问题。测试电路的效率的等效电路如图 1.8.10 所示。

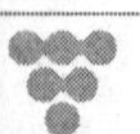

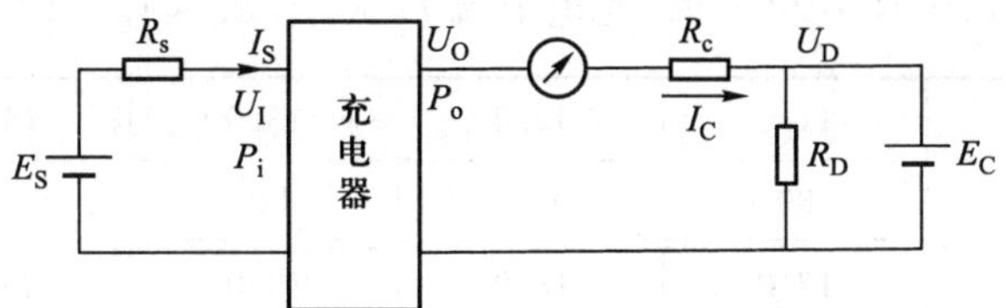

图 1.8.10 测试电路效率等效电路

电源的输出功率有限，设负载等效电阻为 R，输出功率（充电器输入功率）为

$$P_i = E_S I_S - I_S^2 R_s \tag{1.8.10}$$

当 $I_S = \dfrac{E_S}{2R_s}$ 时，电源 E_S 输出功率最大（如图 1.8.11 所示），即

$$P_{imax} = E_S^2 / 4R_s \tag{1.8.11}$$

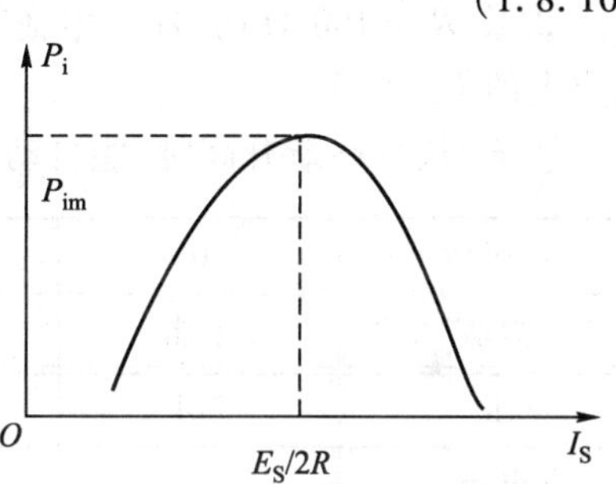

图 1.8.11 P_i 与 I_S 的关系曲线

充电器输出功率为

$$P_o = U_O I_C = (E_C + I_C R_c) I_C$$

$$U_O = E_C + I_C R_c > E_C + R_c (E_S - E_C)/(R_s + R_c)$$

效率 η 为

$$\eta = P_o / P_i \tag{1.8.12}$$

在 $E_S = 10$ V 时，电源最大输出功率为

$$P_{imax} = \frac{E_S^2}{4R_s} = \frac{10^2}{4 \times 100} \text{ W} = 0.25 \text{ W}$$

输出电流为

$$I_C > (E_S - E_C)/(R_S + R_C) = \frac{10 - 3.6}{100 + 0.1} \text{ A} = 63.9 \text{ mA}$$

则 $P_O > 0.230$ W，所以 $\eta > 92.0\%$。

当 $E_S = 20$ V 时

$$P_{imax} = 1 \text{ W}, \quad P_O > 0.723 \text{ W}$$

所以 $\eta > 72.3\%$。

结论：在最理想状态下（E_S 达到最大输出功率，充电器部分不消耗功率），所选降压芯片的转换效率要超过 92.0%，才能保证 E_S 在 10 ~ 20 V 下满足 $I_C > \dfrac{E_S - E_C}{R_S + R_C}$ 的题目要求。

四、测试方法及结果

（1）测试中使用的工具见下表

工具	电压表	电流表	万用表	示波器	直流稳压电源
型号	DB3 - DV	HD2851 - 1X1	LGB - 818 - DCA	YB4324	WYJ - 302B2

(2) 测试方法及测试结果如下

① 在 $R_s=100\ \Omega$,$E_S=10\sim20$ V 时,充电电流 I_C 大于 $(E_S-E_C)/(R_s+R_c)$。

电压/V	10.0	11.0	12.0	13.0	14.0	15.0
电流/mA	76.5	80	90.5	110	120	140
电压/V	16.0	17.0	18.0	19.0	20.0	
电流/mA	156	180	200	200.5	220	

测试方法:在电路中串入待充电电池,用电流表测试。

② 在 $R_s=100\ \Omega$ 时,能向电池充电的 E_S 尽可能低。经过测试,当 $R_s=100\ \Omega$ 时,能向电池充电的 $E_S=8$ V。

③ E_S 从 0 逐渐升高时,能自动启动充电功能的 E_S 尽可能低。

电压/V	0	0.2	0.4	0.6	1.2
启动	不能	不能	不能	能	能
电压/V	2.4	3.6	4.8	6	8
启动	能	能	能	能	能

④ E_S 降低到不能向电池充电,最低至 0 时,尽量降低电池放电电流。

电压/V	0.5	0.4	0.3	0.2	0.1	0
电流/mA	5	9	13	17	24	31

⑤ 监测和控制电路工作间歇设定范围为 0.1 ~5 s。本方案的监测和控制电路工作间歇设定为 2 s,符合要求。

(3) 发挥部分

① 在 $R_s=1\ \Omega$,$E_S=1.2\sim3.6$ V 时,以尽可能大的电流向电池充电。

电压/V	1.2	1.4	1.8	2.0	2.2
电流/mA	20	30	45	56	77
电压/V	2.4	2.6	3.0	3.2	3.6
电流/mA	80	100	150	180	280

② 能向电池充电的 E_S 尽可能低。

当 $E_S\geqslant1.1$ V 时,取 $R_s=1\ \Omega$;当 $E_S<1.1$ V 时,取 $R_s=0.1\ \Omega$。

经过测试,当 $R_s=100\ \Omega$ 时,能向电池充电的 $E_S=0.6$ V。

③ 电池完全放电,E_S 从 0 逐渐升高时,能自动启动充电功能(充电输出端开路电压 >3.6 V,短路电流 >0)的 E_S 尽可能低。当 $E_S\geqslant1.1$ V 时,取 $R_s=1\ \Omega$;当 $E_S<1.1$ V 时,取 $R_s=0.1\ \Omega$。

本设计能够启动充电功能。

④ 降低成本。

本设计所采用的元件都是普通元件，可以在本地的电子元件店买到。因此价格低廉，设计合理，精度也能达到要求。

1.8.4 采用反激变换器的电能收集充电器

来源：电子科技大学　张仁辉　周华　杨毓俊　（全国一等奖）

摘要：本设计使用 TPS2836 与 MSP430F4794 制作了一个电能收集充电器，主电路采用单端反激变换器，加入同步整流技术，效率最高可达 91%；具有最大充电电流跟踪能力；E_S = 10 ~ 20 V，R_s = 100 Ω 时，最大锁定电流 240 mA；R_s = 1 Ω，E_S 在 1.2 ~ 3.6 V 范围内变化，给电池的最大充电电流为 710 mA；R_s = 0.1 Ω，0.35 V < E_S < 1.1 V，输出电流 I_c > 0。本设计基本完成了题目要求。

关键词：充电器，最大电流跟踪，单端反激变换器，同步整流

一、方案论证

1. 电源变换拓扑方案论证

本题目要求制作一个电能收集器，从输出 0 ~ 20 V 电压（内阻随输入电压变化）的直流电源吸收电能，模拟太阳能电池。充电器输出电压不小于 3.6 V，用吸入型电源模拟充电电池。

▶方案一：Cuk 变换器。

如图 1.8.12 所示，Cuk 变换器输出电压可以通过式（1.8.13）得到，能量存储和传递同时在两个开关期间和两个环路中进行，这种对称性使其可以达到较高效率，而且两个电感适当耦合可以从理论上达到“零纹波”，但是该方案对电容要求较高，且需两个电感，成本高，同时因为输入/输出相对地不同，监控及控制电路采样较复杂。

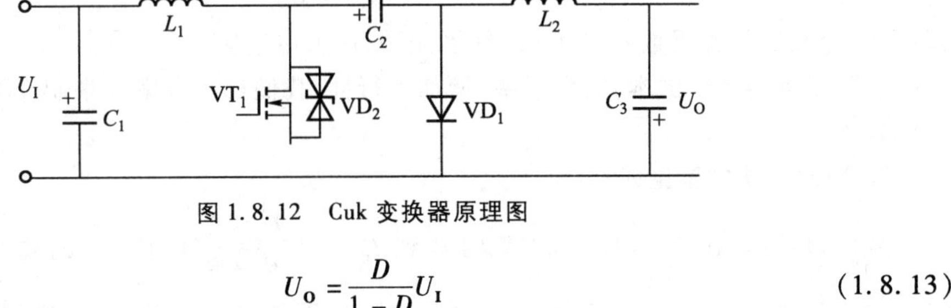

图 1.8.12　Cuk 变换器原理图

$$U_O = \frac{D}{1-D}U_I \qquad (1.8.13)$$

式中，D 为占空比。

▶方案二：Buck 变换器与 Boost 变换器组合。

如图 1.8.13 所示，以 VT_1 为核心构成的电路为降压电路，以 VT_2 为核心构成的电路为升压电路。在 E_S = 10 ~ 20 V 时，采用 Buck 电路实现功能，在 E_S < 3.6 V 时，开关切换到 Boost 电路工作。该方案原理简单，监控与控制电路简单且功耗能降到最低，可加入同步整流技术，大大提高系统的效率，但是成本较高，系统复杂。

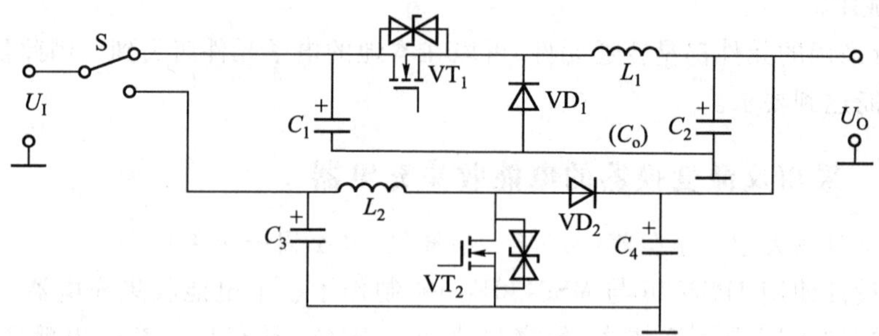

图 1.8.13　Buck 变换器与 Boost 变换器组合原理图

▶**方案三：单端反激变换器，如图 1.8.14 所示。**

将变压器一次地与二次地短接，输入/输出共地，可以方便信号取样，输入/输出关系见式 1.8.14，而且该方案成本低，电路简单，可以防止电流倒灌，在很宽的输入电压范围内都能正常工作，结合同步整流技术，效率可以做到 90% 以上，基本能达到题目要求。但高频变压器设计是该方案的关键。

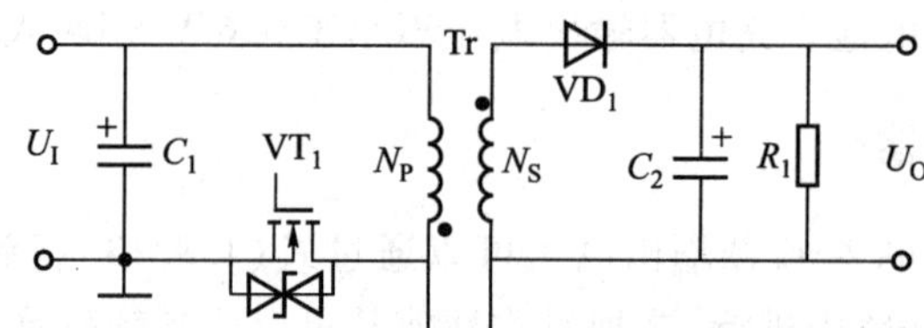

图 1.8.14　单端反激变换器原理图

$$U_O = \frac{N_s D}{N_p(1-D)} U_I \tag{1.8.14}$$

式中 N_p 为初级线圈匝数，N_s 为次级线圈匝数，D 为占空比。

为了尽可能降低成本，提高效率，增加可行性，我们选择方案三来制作充电器，并采用同步整流技术。

2. 控制方法方案论证

分析题目：要在 $E_S = 10 \sim 20$ V 时达到 I_C 大于 $\frac{E_S - E_C}{R_s + R_c}$ 的要求，则要求系统的效率大于 92.07%，尤其是 $E_S = 10$ V 时，只允许控制监控部分有 10 mW 的功耗，只有同步整流能达到要求。同时为了获取尽可能大的充电电流，就要求充电器能够传输最大功率，根据最大功率传输定理，当充电器获得最大功率时，充电器输入电压 $U_{IN} = E_S/2$，又因充电器输出电压恒定为 3.6 V，假设 DC－DC 转换效率恒定，则可以认为当输出电流最大时即获得最大功率。根据以上分析，我们考虑了以下两种控制方案。

▶**方案一：采用 PWM 集成芯片。**

如图 1.8.15 所示，该控制环路主要由 PWM 调制器 TL5001，DC－DC 拓扑，电流采样处理电路和单片机组成，MCU 取出 DC－DC 变换器电流信号来改变 TL5001 的基准，TL5001 输出占空比变化，从而改变输出电流，以达到追踪最大电流的目的。该方案能做到实时采样，但功耗较大。

▶方案二：采用单片 MCU 实现 PWM 调制。

如图 1.8.16 所示，因为 E_S 的变化极慢，不要求反馈的实时性，所以 PWM 可由单片机提供。当单片机检测到输出电流变化时，通过调节 PWM 的占空比追踪到最大电流，且单片机的采样和监控电路都工作于间歇模式，预设每隔 5 s 处理一次，在 0.1～5 s 范围内可调。

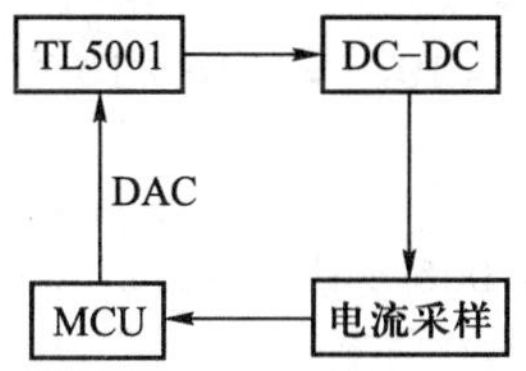

图 1.8.15　PWM 集成芯片控制方案

图 1.8.16　MCU 实现 PWM 调制

综合考虑控制电路的功耗、成本及可行性，我们选择方案二。

二、理论分析与计算

1. 充电器效率分析与理论计算

认真分析题目要求，$I_C > \dfrac{E_S - E_C}{R_s + R_c}$ 隐含了对效率的要求，当 $E_S = 10$ V 时，根据最大功率传输定理，充电器能获得的最大功率是 0.25 W，$I_C > \dfrac{10 \sim 3.6\ \text{V}}{100.1\ \Omega} > 63.7$ mA，要达到这个指标，系统的效率要大于 92.07%，所以同步整流技术的使用是必须的，而且控制监控部分的功耗不得高于 10 mW；同时，为了降低磁芯损耗，单片机给的 PWM 频率要尽量的低，我们选定为 20 kHz；但当 E_S 增大时，对系统的效率要求降低，当 $E_S = 20$ V 时，只要效率有 60% 就能达到题目要求。

2. 单端反激变压器的设计与计算

因为同步整流技术只能当电感工作于连续模式时才能发挥作用，但考虑到 E_S 在 10～20 V 内变化时，输出电流会很小（50～240 mA），要使变压器工作于连续模式所需的电感量很大，会使成本和体积都增大，同时，绕线长度增加铜损也会增大。综合考虑，我们把电感临界电流点 I_{OC} 设在 400 mA 处，当输出电流 $I_O < I_{OC}$ 时电感工作于断续状态，使能非同步整流，当 $I_O > I_{OC}$ 时，使能同步整流。变压器设计如下：

根据题意，充电器输出最大功率 $P_O = 3.2$ W，且 $I_{OC} = 400$ mA，在本电路中选用 TDK 磁心 PQ2625，$f = 20$ kHz 时其最大传输功率 15 W。

① 初级电感

$$L_c \doteq \frac{U^2_{IN(max)} D^2_{min} T}{2P_{IN(min)}} = \frac{3.6^2 \times 0.6^2 \times 50 \times 10^{-6}}{2 \times 0.3 \times 3.6}\ \text{H} = 108\ \mu\text{H}$$

② 计算总的负载功率

$$P_O = (U_O + U_F)I_{max} = (3.6 + 0.4) \times 0.8\ \text{W} = 3.2\ \text{W}$$

③ 计算电流峰值

$$I_{pk} = \frac{2P_{O(max)}T}{\eta U_{IN(min)}T_{on(max)}} = \frac{2 \times 3.2 \times 50 \times 10^{-6}}{0.9 \times 2 \times 45 \times 10^{-6}}\ \text{A} = 4\ \text{A}$$

④ 计算能量处理能力

$$W = \frac{L_c I_{pk}^2}{2} = \frac{110 \times 10^{-6} \times 4^2}{2}\ \text{J} = 8.8 \times 10^{-4}\ \text{J}$$

⑤ 计算电状态 K_e

$$K_e = 0.145 P_O B_m^2 \times 10^{-4} = 0.145 \times 3.2 \times 0.5^2 \times 10^{-4} = 1.16 \times 10^{-5}$$

⑥ 计算磁心几何常数 K_g

$$K_g = \frac{W^2}{K_e \alpha} = \frac{8.8^2 \times 10^{-8}}{1.16 \times 10^{-5}}\ \text{cm}^5 = 0.066\ \text{cm}^5$$

选用 TDK 磁心 PQ2625，它的 $K_g = 0.083\ 2\ \text{cm}^5$，满足要求。

⑦ 选择线径：实际绕制时选用 0.4 mm 线径，四股并绕。

⑧ 计算匝数：设气隙长度 $l_g = 0.1$ mm，则初、次级匝数为

$$N_p = \sqrt{\frac{l_g L_p}{0.4\pi A_c F \times 10^{-8}}} = \sqrt{\frac{10^{-4} \times 110 \times 10^{-6}}{0.4\pi \times 1.18 \times 10^{-10} \times 1.05}} = 9.1\text{，取 10 匝。}$$

$$N_s = 1.2\ N_p = 12$$

三、电路与程序设计

1. 主电路的设计与参数设计

如图 1.8.17 所示，主电路原理图采用单端反激拓扑，TPS2836 是具有同步整流功能的 PWM 驱动芯片，其静态功耗为 2 mA，能 3.6 V 供电，最大驱动电流 2 A。IRF7822 是增强型 N 沟道 MOS 管，导通电阻 5.5 mΩ，损耗小，最大漏源电流 $I_{DS} = 20$ A，完全能满足题目要求。

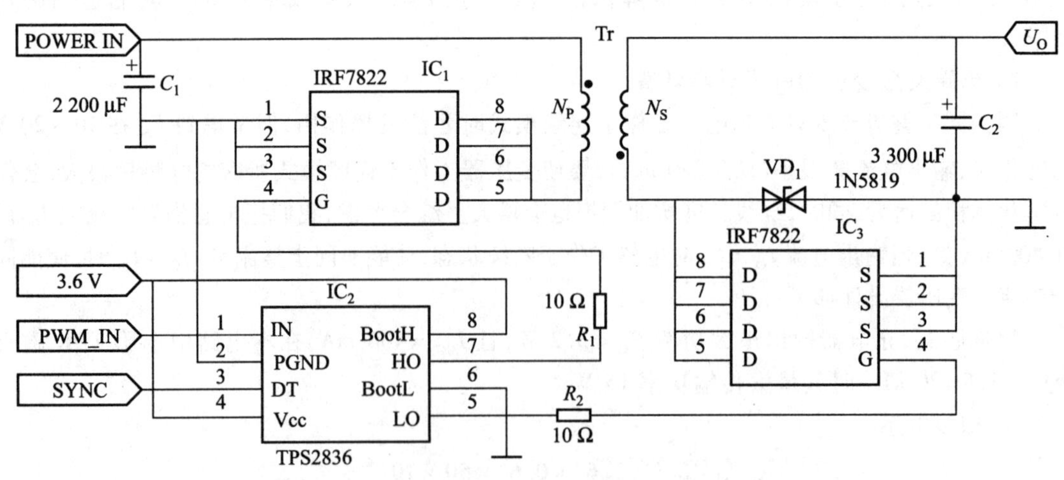

图 1.8.17　主电路原理图

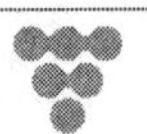

图 1.8.17 中 TSP2836 的 1 脚是 PWM 波的输入端,经内部反相分别从 5 脚和 7 脚输出两路反相的 PWM 信号驱动 IRF7822,电阻 R_1 和 R_2 是起缓冲作用,防止驱动的电压尖峰击穿 MOS 管。3 脚 DT 端用做同步整流使能,低电平有效;当充电器输出电流小于 400 mA 时,单片机将 3 脚置高,不使能同步整流,5 脚输出低电平,IRF7822 截止,肖特基二极管 1N5819 工作;相反,当输出电流大于 400 mA 时,3 脚置低,使能同步整流,5 脚输出 PWM 波,IRF7822 正常工作。

2. 启动电路设计与参数设计

题目要求尽量低的 E_S 能启动充电器,如图 1.8.18 所示,使用升压芯片 TPS61202 能够在 $E_S = 0.5$ V 输入的情况下,稳定输出 5 V 给控制电路供电,保证系统低电压空载启动。当输入电压大于 3.6 V 时,单片机控制继电器导通,TPS61202 不工作,控制及监测电路由充电器输出 3.6 V 供电。但遗憾的是由于时间原因,启动电路没能做出来,所以我们的作品没有空载自启动的功能。

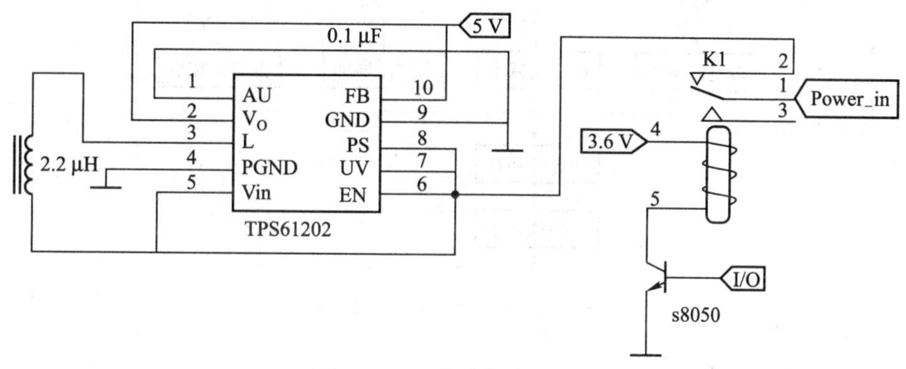

图 1.8.18 启动电路原理图

3. 监控及控制电路的设计

根据题目要在 E_S 为 10 ~ 20 V 时达到 I_C 大于 $\frac{E_S - E_C}{R_s + R_c}$ 的要求,由此可得出监测和控制电路的功耗最大不能超过 10 mW。所以选择 TI 的超低功耗单片机 MSP430F4794 作为控制核心,其 3.3 V 时的静态电流为 280 μA,4 MHz 外部高速晶振下程序正常运行时的电流为 1.3 mA,且其内部具有 3 路 32 倍信号放大能力的 16 位 A/D,具有多路 PWM 波输出,完全满足本题最大输出电流跟踪的要求。同时,单片机的绝大部分时间都工作在低功耗模式,以降低功耗,并由内部定时器每隔一段时间低功耗唤醒一次,调节输出电流,达到最大电流跟踪目的的其间隙低功耗时间在 0.1 ~5 s 范围内,任意可调。

图 1.8.19 为整体的软件流程图。当主功率电路开始工作的时候,控制电路先通过大范围的占空比变化,比较对应电流的大小,实现初步判断最大输出电流所处区域,一旦锁定区域后,然后在此区域调节,以找到最大电流点,当输入电压变化时,单片机会自动调节占空比以跟踪最大电流。

流程图说明:程序初始化时,占空比设为 50%,占空比变化的初始状态设为递增方式,间隙时间为 5 s。进入主循环中,先测量输出电流,当输出小于 1 mA 时,单片机输出固定 50% 的占空比,大于 1 mA 时,判断并设置电路工作在升压还是降压模式,并在输出电流大于 400 mA 时,使能 TPS2836 的同步端,开启同步整流。

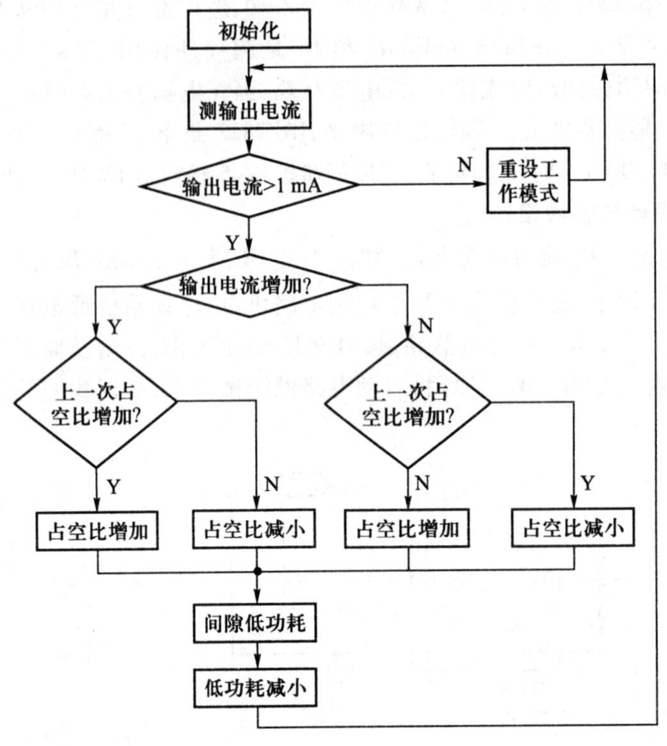

图 1.8.19　整体软件流程图

四、测试方法、结果及分析

1. 测试仪器

① MY－65 型 4 位半万用表　　② HG6333 直流稳压电源

③ TDS1012B 型数字示波器　　④ FLUCK189 5 位半万用表

⑤ BX7－14 型变阻器

2. 测试方案

在本作品的测试中，可充电电池中的 3.6 V 电动势是由 HG6333 直流稳压电源提供，R_d 是 1 个 20 W，10 Ω 的水泥电阻，用于放电，如图 1.8.20 所示。

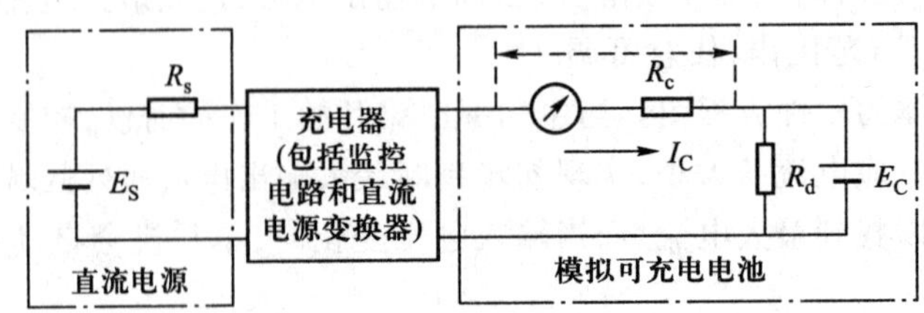

图 1.8.20　测试方案

3. 测试数据

测试条件为 $R_s = 100\ \Omega$、E_S 为 10～20 V，在 $E_C = 3.61$ V 时的测试数据见表 1.8.4。

表 1.8.4　电路测试结果 1

直流输入电压(E_S)	10.001 V	12.514 V	14.999 V	17.518 V	19.998 V
直流输出电流(I_C)	59 mA	94 mA	135 mA	184 mA	235 mA
$(E_S-E_C)/(R_c+R_s)$	63.84 mA	74.70 mA	113 mA	138 mA	163 mA

测试条件为 $R_s=1\ \Omega$、E_S 为 1.2～3.6 V,在 $E_C=3.61$ V 时的测试数据见表 1.8.5。

表 1.8.5　电路测试结果 2

直流输入电压(E_S)	1.206 V	1.800 V	2.402 V	3.002 V	3.622 V
直流输出电流(I_C)	77 mA	176 mA	304 mA	506 mA	712 mA

测试条件为 $R_s=100\ \Omega$、$E_S<10$ V,在 $E_C=3.61$ V 时的测试数据见表 1.8.6。

表 1.8.6　电路测试 3

直流输入电压(E_S)	2.181 V	3.003 V	4.002 V	6.012 V	8.001 V
直流输出电流(I_C)	0	3 mA	8 mA	20 mA	38 mA

当 $R=0.1\ \Omega$,$E_S<1.1$ V 时最低充电电压可以达到 0.4 V。监控和控制电路的工作间歇设定时间为 5 s,在 0.1～5 s 内可调,步进 0.1 s。

4. 结果分析

根据实际测得的结果,充电时的最大电流值不是稳定在一个固定的值,而是在某个值附近来回跳动,这是由于单片机在跟踪最大电流值时不停地改变占空比所造成的;并且在最大电流输出时充电器并未工作在最大功率传输点,这是由于后端电源等效为一个容性阻抗所致。

5. 总结

本系统以 TI 低功耗单片机 MSP430F4794 作为控制核心,结合 MOS 驱动 TPS2836、低导通电压开关管和 IRF7822,设计并制作了该电能收集充电器,完成了题目所给的基本部分和发挥部分的全部要求。

1.9 开关电源模块并联供电系统

[2011 年全国大学生电子设计竞赛 A 题(本科组)]

1.9.1 设计任务与要求

一、任务

设计并制作一个由两个额定输出功率均为 16 W 的 8 V DC/DC 模块构成的并联供电系统如图 1.9.1 所示。

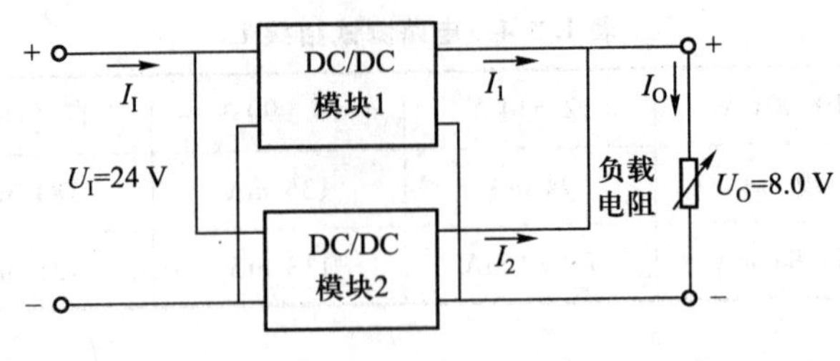

图 1.9.1　设计任务

二、要求

1. 基本要求

(1) 调整负载电阻至额定输出功率工作状态,供电系统的直流输出电压 $U_0 = 8.0 \pm 0.4$ V;

(2) 额定输出功率工作状态下,供电系统的效率不低于 60%;

(3) 调整负载电阻,保持输出电压 $U_0 = 8.0 \pm 0.4$ V,使两个模块输出电流之和 $I_0 = 1.0$ A,且按 $I_1 : I_2 = 1:1$ 模式自动分配电流,每个模块的输出电流的相对绝对值不大于 5%;

(4) 调整负载电阻,保持输出电压 $U_0 = 8.0 \pm 0.4$ V,使两个模块输出电流之和 $I_0 = 1.5$ A,且按 $I_1 : I_2 = 1:2$ 模式自动分配电流,每个模块的输出电流的相对绝对值不大于 5%。

2. 发挥部分

(1) 调整负载电阻,保持输出电压 $U_0 = 8.0 \pm 0.4$ V,使负载电流 I_0 在 1.5 ~ 3.5 A 之间变化时,两个模块的输出电流可在(0.5 ~ 2.0 A)范围内按指定的比例自动分配,每个模块的输出电流相对误差的绝对值不大于 2%;

(2) 调整负载电阻,保持输出电压 $U_0 = 8.0 \pm 0.4$ V,使两个模块输出电流之和 $I_0 = 4.0$ A 且按 $I_1 : I_2 = 1:1$ 模式自动分配电流,每个模块的输出电流相对误差的绝对值不大于 2%;

(3) 额定输出功率工作状态下,进一步提高供电系统效率;

(4) 具有负载短路保护及自动恢复工作,保护阈值电流为 4.5 A。

三、评分标准

项目			
	报告要点	主要内容	满分
设计报告	系统方案	比较与选择、方案描述	2
	理论分析与计算	DC－DC 变换器稳压方法;电流电压检测;均流方法;过流保护。	8
	电路设计	主电路、测控电路原理图及说明	6
	测试结果	测试结果完整性、测试结果分析	2
	结构及规范性	摘要、设计报告正文的结构及图表规范性	2
	总分		20

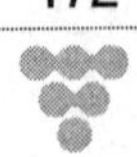

续表

项目		
基本要求	实际制作情况	50
发挥部分	完成第(1)项	20
	完成第(2)项	10
	完成第(3)项	10
	完成第(4)项	5
	完成第(5)项	5
	总分	50

四、说明

(1) 不允许使用线性电源及成品的 DC－DC 模块；

(2) 供电系统含测控电路并由 U_{IN}供电,其能耗纳入系统效率计算；

(3) 除负载电阻为手动调整以及发挥部分(1)由手动设定电流比例外,其他功能的测试过程均不允许手动干预；

(4) 供电系统应留出 U_{IN}、U_O、I_{IN}、I_O、I_1、I_2 参数的测试端子,供测试时使用；

(5) 每项测量须在 5 秒钟内给出稳定读数；

(6) 设计制作时,应充分考虑系统散热问题,保证测试过程中系统能连续安全工作。

1.9.2 题目分析

此题在竞赛期间曾引起考生和指导老师的质疑。大多数考生认为只有两个恒流源才能并联使用,两个理想的恒压源是无法并联的,其原因是:若两个理想恒压源输出电压不一样,会产生电流倒灌。故大多数参赛队采用两个电流源并联方案。也有部分参赛队采用一只稳压源和一只稳流源并联方案,只有少数参赛队采用两只稳压源并联的方案。这样的选择是很自然的,因为前者符合基尔霍夫第一定律(KCL),而后者违背了电路分析基础的"基本理论"。正因为如此,在省级评审测试过程中,有部分省市赛区组委会只按第一种方案进行测评,在两个支路中和负载支路中均串联一只电流表(有的还是普通电流表)进行测流,观察两条支路的电流的数值及它们的比例。这种测评方法自然对第一种方案有利,对第三种方案不利。因为恒流源并联(第一种)方案在支路中串一个电流表不影响总机效率(或者影响不大),而对恒压源并联(第三种)方案而言这种影响不能忽略。于是选第三种方案的队员就提出申诉,乃至于测评受阻。

对于这个问题作者谈谈自己的见解。根据题目的任务,设计并制作一个由两个额定输出功率均为 16 W 的 8 V 的 DC－DC 模块构成的并联供电系统,其方框图 1.9.1 所示。说明该供电系统只能用两个输出功率均为 16 W 的 8 V 的恒压源并联而成。若用两个恒流源并联而成不符合题意。若三种方案均可采用,则题目的任务应改为:"设计并制作一个由两个额定功率均为 16 W 的 DC－DC 模块进行并联,通过调整负载使输出电压为 8 V 的供电系统。"

此题的背景应该是 2009 年全国大学生电子设计竞赛 A 题(光伏并网发电模拟装置)的继

续。大家知道，要使光伏发电装置能够并挂到市电网上去，必须具备以下条件：1. 频率一致；2. 相位一致；3. 幅度一致；4. 波形一致(对正弦波而言就是不失真)，光伏并网发电模拟装置(A题)只要求解决频率跟踪、相位跟踪和波形失真问题，未涉及幅度跟踪问题。本题的意图就是要解决幅度一致问题。

另外，两个恒压源并联，输出电压 U_0 恒定不变，负载 R_L 变化，输出电流变化。若负载 R_L 减小，则输出电流增大。若负载短路，输出电流 I_0 会很大，导致恒压源烧掉，故要加装过流保护措施。根据本题发挥部分(4)，即具有负载短路保护及自动保护和自动恢复工作，保护阈值电流为4.5 A，就是这个意思。两个恒流源并联，当两个恒流源的输出电流调节好后，其输出电流 I_0 为恒流，当 R_L 变化时，I_0 不变，而 U_0 会变，当负载短路时，I_0 仍然不变，而 U_0 降为0，不会对恒流源造成危害，也就没有施加短路保护的必要，这样一来，发挥部分(4)又有何含义。若采用两个恒流源并联方案，保护的不是短路，而是负载开路，当 $R_L=\infty$ 时，输出电压 $U_0=I_0R_L$ 趋于 ∞，那才是可怕的事情。实践证明，采用方案一的考生，在调试过程因负载开路(空载)，造成输出电压过高，击穿输出端所加的滤波电容和烧坏恒流源。故这种情况应加过压保护电路，这显然与题意不符。

从以上的分析得知，采用方案一(两只恒流源并联方案)，既违背了题目的任务与要求，又违背了题目的背景，故不能采用。采用方案三才是正确的选择，下面重点讨论方案三的原理。

若采用两个恒压源并联实现扩流，则必须加平衡电阻，平衡电阻的作用是防止两只理想恒压源输出电压有压差而设置的，将这种压差降落在这两只平衡电阻上。我们知道，理想的恒压源是不存在的，一个实际的恒压源总可以等效成一个理想恒压源与一个电阻 R_s 相串联。如图1.9.2所示。

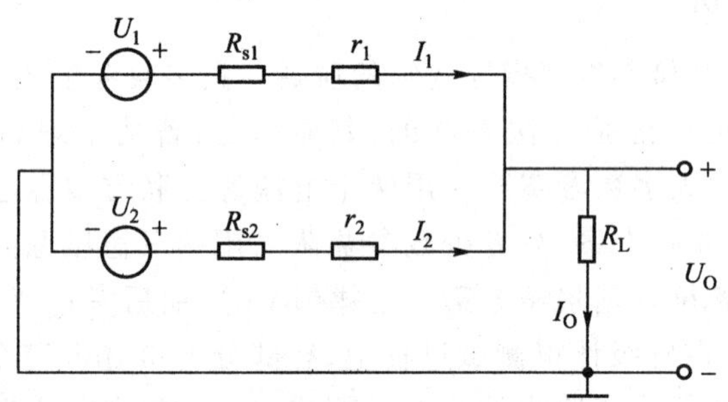

图1.9.2　两恒压源并联方案示意图

当电路平衡时，U_0 是稳定的。由图1.9.2得知

$$U_1-I_1(R_{S1}+r_1)=U_2-I_2(R_{S2}+r_2)=U_0=(I_1+I_2)R_L=I_0R_L \tag{1.9.1}$$

即

$$\begin{cases}U_1-U_2=I_1(R_{S1}+r_1)-I_2(R_{S2}+r_2)\\U_0=(I_1+I_2)R_L=I_0R_L\end{cases} \tag{1.9.2}$$

因 r_1、r_2 是平衡电阻，它会影响系统效率，现暂设

$r_1=r_2=0$，且 $I_1=nI_2$

则

$$\begin{cases}U_1-U_2=I_2(nR_{S1}-R_{S2})\\U_0=(n+1)I_2\cdot R_L=I_0R_L\end{cases} \tag{1.9.3}$$

因 $U_0=8$ V，若 n、I_2 为设定值，于是

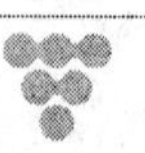

$$R_L = \frac{U_O}{(n+1)I_2} \tag{1.9.4}$$

将 U_2 作为参考恒压源,通过改变 U_2 的值,可以使两路的电流达到一个稳定比例值,并使 $U_O = 8 \pm 0.4$ V。

从上述分析可知,两个恒压源并联的方案是可行的。

当两个恒压源被设计调试好后,可以通过实验方法测出它们的内阻。其测试原理图如图 1.9.3 所示。测试步骤如下:

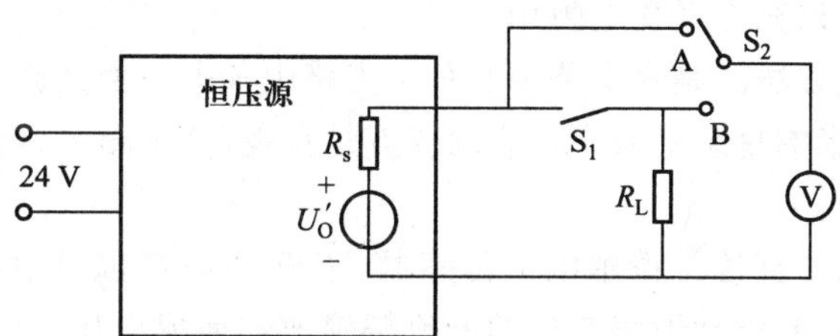

图 1.9.3 恒压源内阻测试原理框图

(1) K_1 断开,K_2 接至 A 点,可以测开路电压值 U'_O;

(2) K_1 闭合,K_2 接至 B 点,可测出接上负载后的输出电压值 U_O;

(3) 用电桥精确测出 R_L 的值。

(4) 接公式(1.9.5)计算 R_s。

$$R_s = \left[\frac{U'_O}{U_O} - 1\right] R_L \tag{1.9.5}$$

注意:R_s 不是一个常量,它会随负载的变化而变化,可以绘出 R_s 随 R_L 变化的曲线来。一旦 R_s 被测出,对软件编程和调整均是有利的。

选定做此题的参赛队,平时训练时一般做过开关恒压源的设计与制作。根据题目说明第(1)条,不允许使用线性电源及成品的 DC - DC 模块。DC - DC 转换一般有两种方案。方案一:由分立元件搭接的 DC - DC 的开关恒压电源。方案二:采用 DC - DC 电源管理芯片 TD1501LADJ、LM2576 等一类的电压转换的主控芯片,外接几个元件就构成单路恒压源,然后再并联构成供电系统。

电流分配方法有如下几种。

(1) 最大电流均流法(自主均流法)。该方法是采用 Load - Share Controler(负载共享控制器)UCC29002 实现。在 DC - DC 模块正常工作时,将两路 UCC29002 的均衡母线连接,此时 UCC29002 将会自动选出电流最大的一路,并将此路电源作为主电源。均流母线上的电压将由主电源的输出电流决定,从电源的 UCC29002 接收到母线上的信号后,会控制该路 DC - DC 模块稍稍提高输出电压。通过减小从电源与主源的电压差来提高该路输出电流,从而达到均流。并且该方法可通过简单的电路完成电路并联均流,且支持热插拔。

(2) 下垂法(斜率法),此方法分流简单,下垂法的分流精度取决于各模块的电压参考值、外特性曲线的斜率及各模块外特性的差异程度。但该方法小电流分流效果差,随着负载增加分流效果有所改善。

(3) 主从分流法,主从分流法是在并联电源系统中人为的指定一个模块为主模块,另一个为从模块,主模块输出电压固定,从模块的输出电压可调,因为系统在统一的误差下调整,模块的输出电流与误差电压成正比,所以不管负载电流如何变化,调整从模块的输出电压即可改变两路电流比,采用这种分流法,精度很高,控制结构简单。

最后讨论电流检测方法。提供如下几种方法供大家参考。

(1) 电阻取样法。此方法就是在电路中串入一个精密采样电阻,将流过它的电流转换成电压,再经过精密运算放大器进行放大后用 A/D 转换送给单片机进行处理从而得到电流值。该取样电阻值不宜太大以免影响总机效率,一般用康铜丝或镍铜丝绕制而成。另外在两个支路中串联取样电阻还可以充当平衡电阻用。

(2) 电流表法。此方法就是在支路中和负载支路中各串一个直流电流表。电流表内阻要小,因为它会消耗功率影响总系统效率。它的优点是直观,便于测量、调试,而且表内电阻也可以充当支路平衡电阻用。

(3) 电流传感器法。直接将霍尔电流传感器 ACS712 串在被测电路中,该电流传感器内部带有测量和转换电路,能自动地将流过的电流精确地转换成电压,其线性度好,不用进行放大就可以直接驱动 A/D 转换器送给单片机进行处理。霍尔传感器具有使用简单,功耗小,响应速度快,测量精度高,线性度好等优点。

下面举例加以说明。

1.9.3 采用 TD1501LDAJ 作为主控芯片的扩流装置

来源:国防科技大学 姜博 熊伟 贺学君 (全国大学生电子设计竞赛全国一等奖)

摘要:本系统为两个额定输出功率均为 16 W 的 8 V DC – DC 开关电源构成的并联供电系统,实现了两路电源电流稳定可调,输出电压稳定 8 V 的设计要求。采用 DC – DC 电源管理芯片 TD1501LADJ 作为两路电压转换的主控芯片,稳定输出 8 V 电压,各路的转换效率可达 80%。利用 ACS712 霍尔传感器高精度采样输出电流,飞思卡尔芯片 MC9S12X128MAL 作为控制芯片,实时采样两路电流值,通过 LCD 显示及简单声光指示进行人机交互设定比例,控制输出电流按要求比例分配。利用 TD1501LADJ 的自我保护电路实现两级降频限流保护和在异常情况下断电的过温完全保护,可以用仅 80 μA 的待机电流,实现外部断电,保护高效实时。整个系统经过测试稳定可靠,达到了设计要求。

一、系统方案论证

本系统主要由功率电源模块、电压控制模块、电流采样模块、单片机控制模块、单片机供电电源模块组成,下面分别论证这几个模块的选择。

1. 功率电源模块的论证与选择

▶方案一:电压源和电流源并联法。

将电压源和电流源并联,调节电压源的电压为要求值 8 V,为达到电流可调的目的,在输出电流相对稳定的情况,可以调节电流源输出电流,以使电流成要求比例分配。该方案设计思路易想到,但是要同时做电压源与电流源比较麻烦,电流源的效率也不容易做大。

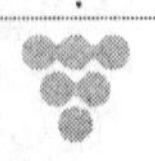

▶**方案二:采用两开关电源并联。**

由于实际电压源必定存在一定的内阻,可以将两个电压源并联使用,利用其内阻分压不同来调节并联端的电压一致,并使电流呈一定比例。可采用 DC - DC 开关稳压芯片 TD1501LADJ 设计单路稳压电源,TD1501LADJ 外围只需 4 个外接元件,可以使用通用的标准电感,开关频率为 150 kHz,这更优化了 TD1501LADJ 的使用,极大地简化了开关电源电路的设计。

综合以上两种方案,选择方案二。

2. 电压控制模块的选择

电压控制模块主要用来调节 TD1501LADJ 芯片的输出电压,调节外部分压可以调节 TD1501LADJ 输出电压。

▶**方案一:使用数控电位器改变分压网络阻值,从而改变输出电压。**

数控电位器的优点是使用简单,但是由于精度有限,调节步数无法达到要求,因而放弃了此方案。

▶**方案二:使用 DAC 器件和运算放大器搭成的加法器,通过 DAC 改变加法器最后的输出电压,从而改变分压比。**

我们采用此方案,DAC 转换芯片采用 TLV5638,它采用串行方式,内部自带基准电压源,并且具有 12 位电压分辨率,满足精度控制要求。并利用高精度低温漂运放 AD8638 搭成加法器。

3. 电流采样模块的论证与选择

▶**方案一:康铜丝采样放大。**

将康铜丝串入输出回路,输出电流将在康铜丝上形成电压降,然后做差模放大处理,送入 12 位 AD 测量。该方案电路简单,但存在不足。一方面康铜丝的实际阻值不易测量或测准,电压测量值只能通过软件纠正解决,带来麻烦;另一方面,由于测量电路和功率电路没有进行隔离处理,这样必然引入噪声测量带来随机误差,导致电流调整不能进行。

▶**方案二:霍尔电流传感器电流采样。**

霍尔电流传感器 ACS712 是一款将小电流信号测量转换为较大电压测量的高精度隔离测流芯片,其内部还集成了滤波放大器件,使测量精度大大提高。采用其测量输出电流,并利用高精度低温漂运放 AD8638 放大输出电压,不仅提高了电流的测量精度,还实现了测量和功率电路的隔离,消除了干扰的引入,提高了电流测量稳定度和可信度。

综合以上两种方案,选择方案二。

4. 单片机控制的论证与选择

▶**方案一:普通单片机外接 AD 测量控制。**

采用时钟频率为 12 MHz 的普通 STC51 系列单片机外加 12 位采样 AD 精确测量两路电

流。但该方案 AD 采样速度不够快,对电流的实时跟踪调整性不好,不能较快使电流稳定,同时外加 AD 的方法也使电路复杂,不宜采用。

▶方案二:飞思卡尔单片机测量控制。

采用时钟频率为 32 M 的 MC9S12X128MAL 飞思卡尔单片机,利用其内置 12 位 AD 同时采样两路输出电流值,精度高,测量实时,速度快,灵敏度高,有利于准确调整电压值;另外由于内置 AD,使电路大大简化,也消除了因外接 AD 导致引入干扰,影响 AD 的测量精度。

综上所述,选择第二种方案,采用飞思卡尔测量控制电流。

5. 单片机供电电源模块的论证与选择

▶方案一:采用三端集成芯片 7805。

将输入电压 24 V 直接经过整流滤波后经过 7805 稳压得到单片机所用 5 V 电压。该方法比较通用,稳压性能较好,但由于其效率过低抑制了总体效率的提高,电路发热比较严重,电路工作不持久。

▶方案二:采用集成 DC – DC 电压调整芯片 LM2596。

LM2596 为开关电源芯片,它有较宽的输入电压范围:4 ~ 40 V,输出直流电压范围为 1.23 ~37 V,输出电流为 3 A,转换效率高于 80%,且外围只需要 4 个器件,结构简单,稳压性能好,噪声较小,并且噪声实际测量不大,相对于稳定电压上下波动均匀,可采用多次测量求均值的方法解决,可进一步提高测量精度。

综合考虑采用 LM2596 为单片机提供工作电压。

二、系统理论分析与计算

1. 开关电源并联原理的分析

将开关电源模型化成一个恒压源与一个小电阻的串联,并在两电源并联式外加二极管,以防止两电源之间相互灌电流。原理图如图 1.9.4 所示。

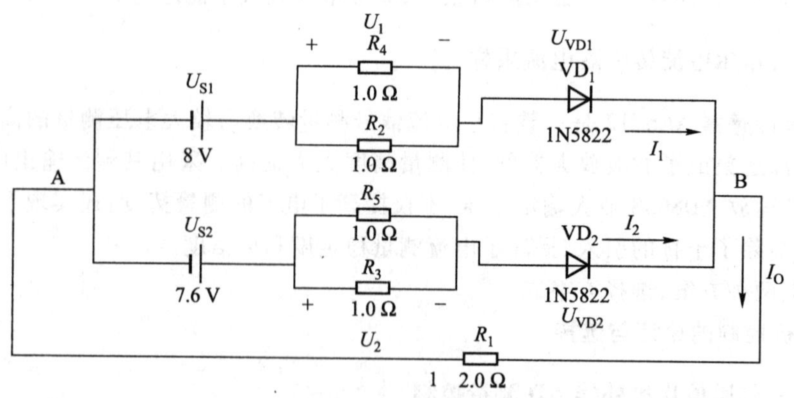

图 1.9.4　开关电源并联原理图

两电源存在等效内阻使两电源并联成为可能。

当上述电路达到稳定状态时,A、B 两点的电压是稳定的。

根据基尔霍夫定律得:

$$U_{S1} - U_1 - U_{VD1} = U_{S2} - U_2 - U_{VD2}$$

$$I_1 + I_2 = I_0$$

等效变化为:

$$U_{S1} - U_{S2} = (U_1 - U_2) + (U_{VD1} - U_{VD2})$$

对于肖特基二极管而言,导通压降可近似看为:

$$U_{VD1} \approx U_{VD2}$$

因此有:

$$U_{S1} - U_{S2} = U_1 - U_2$$

$\Delta U = I_1 \cdot r_1 - I_2 \cdot r_2$(其中 r_1 为 U_{S1} 内阻,r_2 为 U_{S2} 内阻)

可以稳定一个电源电压,调节另一电源电压,以改变 ΔU,当电路达到稳定状态时,由于电源内阻基本稳定,则两路的电流达到一个稳定比例值。

由此得出结论:这种方案是可行的,当输入一个设定的电流比例值时,可以反复调节 ΔU,使实际比例逐渐逼近设定值。

我们采用此方案,使用一路 DC－DC 进行稳压,通过调节另一路的 DC－DC 电压来实现两路 DC－DC 电流的比例输出。

2. TD1501LADJ 周围电路参数的计算

条件:$U_{out} = 8$ V

$U_{in(max)} = 24$ V · $I_{load(max)} = 3$ A,f = 开关频率(为固定值 150 kHz)

步骤:

(1) 输出电压值的计算(即选择图 1.9.5 中的 R_1 和 R_2)

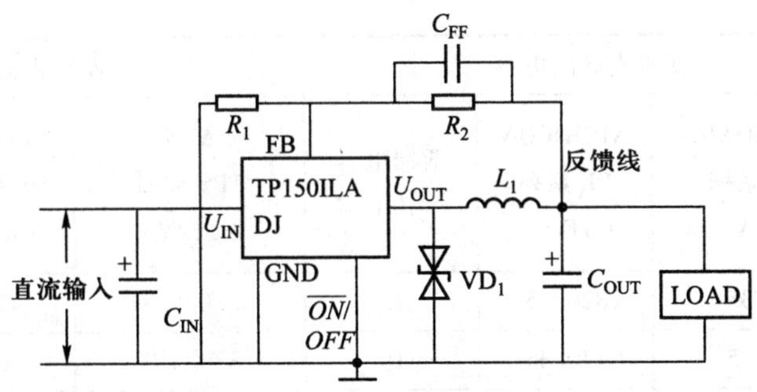

图 1.9.5 参数计算

第一路:选择精度为 1% 的 1 kΩ 的电阻 R_1,来计算 R_2,

$$R_2 = R_1\left(\frac{U_{OUT}}{U_{REF}} - 1\right)$$

$$R_2 = 1 \times (6.50 - 1)\ k\Omega = 5.50\ k\Omega$$

第二路:选择精度为 1% 的 5.4 kΩ 的电阻 R_1,来计算 R_2,

$$R_2 = R_1\left(\frac{U_{\mathrm{OUT}}}{U_{\mathrm{REF}}} - 1\right)$$

$$R_2 = 5.4(6.50 - 1)\ \mathrm{k}\Omega = 29.7\ \mathrm{k}\Omega$$

(2) 电感的选择(L_1)

可以通过以下的公式计算电感电压与微秒的乘积 $U \cdot T$。

$$U \cdot T = (U_{\mathrm{IN}} - U_{\mathrm{OUT}} - U_{\mathrm{SAT}}) \cdot \frac{U_{\mathrm{OUT}} + U_{\mathrm{D}}}{U_{\mathrm{IN}} - U_{\mathrm{SAT}} + U_{\mathrm{D}}} \cdot \frac{1\,000}{150}$$

$$U \cdot T = \frac{(24 - 8 - 1.16)(8 + 0.5) \times 1\,000}{150 \times (24 - 1.16 + 0.5)}\ \mathrm{V \cdot \mu s} = 36.030(\mathrm{V \cdot \mu s})$$

根据 $U \cdot T$ 值和输出最大电流由图 1.9.6 所确定的电感为 68 μH,为进一步稳定输出电压,减小电流纹波,适当地增大电感,选择 76 μH 的电感。

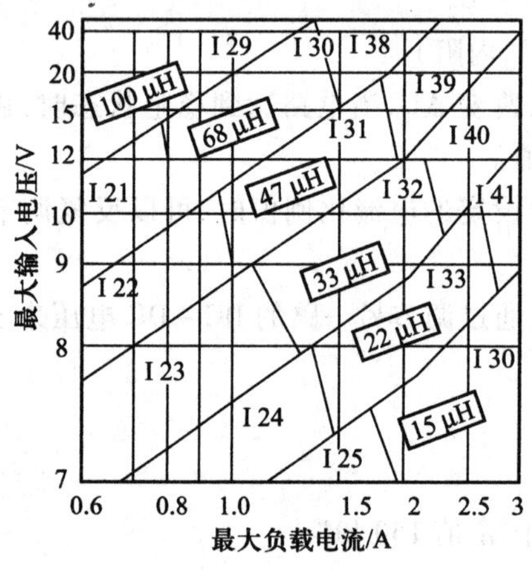

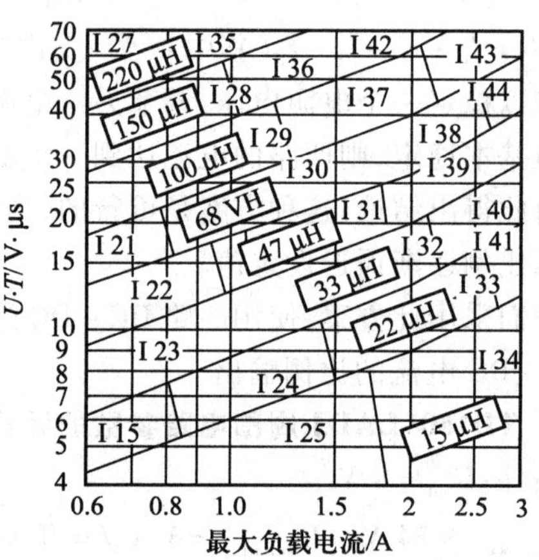

图 1.9.6

(3) 输出电容的选择(C_{out})

输出电压/V	直插式输出电容			表贴式输出电容		
	PANASONIC HFQ 系列 (μF/V)	NICHICON PL 系列 (μF/V)	前馈电容/nF	AVX TPS 系列 (μF/V)	VISHAY 595D 系列 (μF/V)	前馈电容/nF
2	820/35	820/35	33	330/6.3	470/4	33
4	560/35	470/35	10	330/6.3	390/6.3	10
6	470/25	470/25	3.3	220/10	330/10	3.3
9	330/25	330/25	1.5	100/16	180/16	1.5
12	330/25	330/25	1	100/16	180/16	1

在本设计中,输出电压为 8 V,根据上表,选择 50 V,220 μF 的电容。

(4) 前馈电容(C_{FF})

在本设计中,输出电压为 8 V,根据上表选用一个 560 pF 的电容。

(5) 续流二极管的选择(VD_1)

3 A/40 V 的肖特基二极管 IN5822,本身消耗小,回复时间短,可以产生很好的效果。而且,在输出短路的情况下,也不会过载,起到很好的效果。

(6) 输入电容的选择(C_{IN})

为了稳定输入电源芯片的电压,我们采用多个 470 μF 的铝电容供电,减小 ESR(Equivalent Series Resistance),以提高电源的稳定度。

(7) 电压调节加法器的连接

3. 电流采样与放大

(1) 采样放大的原理

采样放大器的原理图如图 1.9.7 所示。

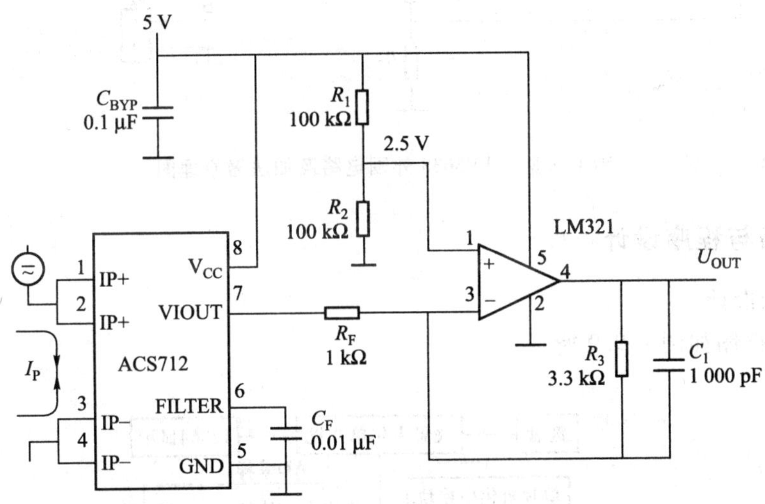

图 1.9.7 采样放大器的原理图

霍尔传感器的测量输出为:$2.5+0.185\times I_0$

当输出电流由 OA 到 2.0 A 变化时,传感器输出的电压变化为 2.5 ~ 2.87 V,对霍尔传感器的输出电压进行差分放大,得到:

$$U_{out} = 2.5 - 3.3\times(U_{Iout} - 2.5)$$

则 U_{out} 变化范围为:2.5 ~ 1.279 V

(2) 电压和电流转换计算

由于霍尔器件和运放存在漂移,并且电阻的真实值不易测得,于是进行大量的数据采集,采用线性回归方法得到电压电流的比例关系,从而对计算误差进行适当修正。

4. TLV5638 外围电路以及加法器使用方案

通过精确控制 DA 的输出电压来实现反电压的高精度改变,达到改变某路电流的目的,如图 1.9.8 所示。

5. 单片机供电模块外围电路的计算

LM2596 的连接方法和 TD1501LADJ 完全相同,在此不再赘述。

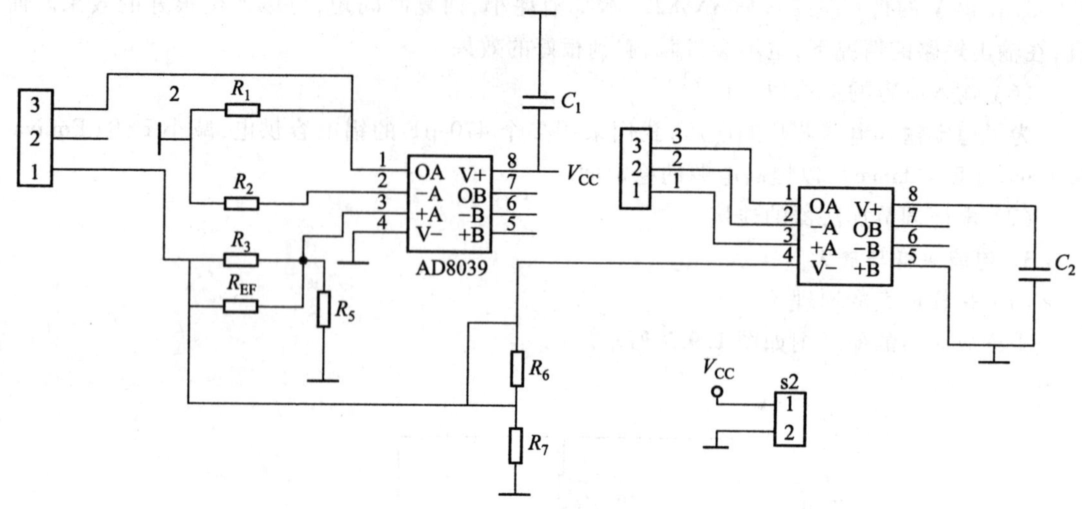

图 1.9.8 TLV5638 外围电路及加法器原理图

三、电路与程序设计

1. 电路的设计

系统总体框图如图 1.9.9 所示。

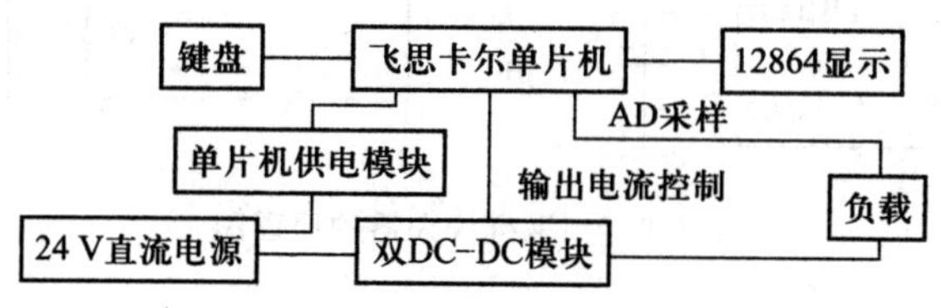

图 1.9.9 系统总体框图

本设计采用闭环反馈调节两路电流的方法,高精度霍尔传感器准确采样输出电流,飞思卡尔单片机实时测量,反馈调节,使两路电流得到精确控制。

2. 程序的设计

程序功能描述与设计思路如下。

(1) 程序功能描述

根据题目要求软件部分主要实现键盘的设置和显示。

① 键盘实现功能:设置电流比例,选择电路的工作模式;

② 显示部分:显示输出电压值、两路电源的电流值、两路电流的比值。

(2) 程序设计思路

根据本电源方案,程序的主要功能就是通过调节一路 DC - DC 的输出电压来改变两路的输出电流比例,可通过调节 DAC 输出电压来进行微调。

(3) 主程序流程图

主程序流程图如图 1.9.10 所示。

系统初始化主要负责开启 2596 开关电源芯片,初始化 IO 端口操作。通过循环进行 AD 采样,计算两路电流比例,进行期望比例比较,从而根据差值调节输出电流,为了避免产生震荡操作,预留一定的阈值。

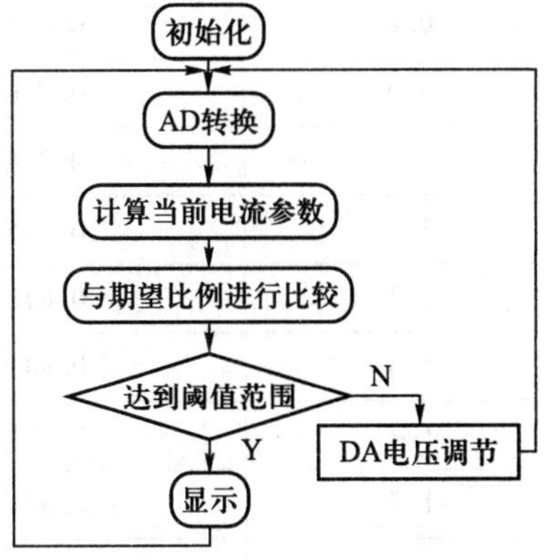

图 1.9.10 主程序流程图

四、测试方案与测试结果

1. 测试方案

(1) 硬件测试

按原理图接好电路,检查无误后加入电压,电流表,和大功率负载,从大到小接入负载,测量输入输出的电压和电流,计算要求值,同时将输出电流调至 4.5 A,检测电路的过流保护是否可靠。

(2) 软件仿真测试

结合键盘和声光控制综合调整飞思卡尔单片机控制信号,不断完善程序,使之高效、人性化,与硬件实现无缝连接。

(3) 硬件软件联调

结合硬件和软件共同调节,改变电路的工作状态,检查硬软件是否存在漏洞或二者结合不好。

2. 测试条件与仪器

测试条件:检查多次,仿真电路和硬件电路必须与系统原理图完全相同,并且检查无误,硬件电路保证无虚焊。

测试仪器:四位半数字万用表,数字示波器。

3. 测试结果及分析

(1) 测试结果(数据)

① 电流比例测试

总电流	A 路	B 路	比例
1 A	0.507 A	0.490 A	1.035
1.5 A	0.995 A	0.49 A2	2.022

② 过流保护测试

当负载电流达到 4.56 A 时,蜂鸣器告警同时切断主电源芯片,并能够自动恢复。

③ 按比例分配电流测试结果如下表所示

设定比例	实际电流值(1)/A	实际电流值(2)/A	实测比例
0.5	0.331	0.675	0.490
0.6	0.554	0.935	0.593

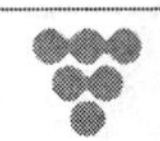

续表

设定比例	实际电流值(1)/A	实际电流值(2)/A	实测比例
0.7	0.610	0.881	0.692
0.8	0.664	0.827	0.803
0.9	0.706	0.787	0.897
1.0	0.749	0.745	1.005
1.1	0.775	0.719	1.078
1.2	0.818	0.677	1.208
1.3	0.847	0.649	1.305
1.4	0.875	0.622	1.407
1.5	0.904	0.594	1.522
1.6	0.919	0.579	1.587
1.7	0.946	0.553	1.711
1.8	0.961	0.538	1.786
1.9	0.976	0.523	1.866
2.0	1.003	0.497	2.018

④ 额定功率下效率测定结果：

输出电压/V	输出电流/A	输入电压/V	输入电流/A
24.50	1.480	8.001	1.49

系统在额定功率下的效率为：8.001 ×4.015/24.50/1.48 = 88.59%，远远超过了该设计的要求。

（2）测试分析与结论

从测试数据看，上述并联稳压电源完全达到了设计要求。此外，该电源的电压稳定性、电流的稳定性基本均能达到指标，特别是效率接近 85%，最大输出电流也有提高，可以达到 2.5 A。

该系统主电路简单可靠，外围器件少，易于控制逻辑，并提供了友好的人机界面，提供多路测量显示功能。使得该电源更加完善，使用起来更加方便。

第2章 放大器设计

内容提要

本章主要介绍了放大器设计基础、设计方法及步骤，并通过大量例题详细介绍了方案论证、软件和硬件设计、技术指标测试及测试结果分析。

2.1 放大器设计基础

2.1.1 概述

放大器是电子线路系统最基本的、也是最重要的单元。它的种类繁多，按使用的频段划分为：直流放大器、低频放大器、中频放大器、高频放大器和微波放大器。按功率大小分为：小信号（小功率）放大器、功率放大器、大功率放大器和超大功率放大器。按导通角可分为甲类放大器、甲乙类放大器、乙类放大器、丙类放大器、丁类放大器和戊类放大器。按频带宽窄划分为选频放大器、窄带放大器、宽带放大器。按照集成度可划分为：分立元件组成的放大器、集成放大器。按照有无反馈划分为：开环放大器和反馈放大器（反馈放大器又分为四种组态）等。在工程设计和电子设计竞赛中应根据不同要求和用途选择放大器的类型。

放大器的技术指标也很多，但在设计过程中下面几项技术指标必须考虑：

(1) 输入阻抗和输入电平（或输入信号的动态范围）；

(2) 输出阻抗；

(3) 电压放大倍数（或电流放大倍数、功率放大倍数）；

(4) 输出电平（或输出功率）；

(5) 频率带宽；

(6) 失真度；

(7) 放大器的效率。

本章选择5个作品，先介绍与这5个作品有关的技术和器件。其中包括运算放大器、功率放大器、功率合成技术、宽带放大器和特殊放大器等。

2.1.2 运算放大器

一、运算放大器的基本特性

1. 常用运算放大器类型

运算放大器一般可分为通用型、精密型、低噪声型、高速型、低电压低功率型、单电源型等几种。本节以美国TI公司的产品为例,说明各类运算放大器的主要特点。

(1) 通用型运算放大器

通用型运算放大器的参数是按工业上的普通用途设定的,各方面性能都较差或中等,价格低廉,其典型代表是工业标准产品 μA741、LM358、OP07、LM324、LF412 等。

(2) 精密型运算放大器

精密型运算放大器要求运算放大器有很好的精确度,特别是对输入失调电压 U_{IO}、输入偏置电流 I_{IB}、温度漂移系数、共模抑制比 K_{CMR} 等参数有严格要求。如 U_{IO} 不大于 1 mV,高精密型运算放大器的 U_{IO} 只有几十微伏,常用于需要精确测量的场合。其典型产品有 TLC4501/TLC4502、TLE2027/TLE2037、TLE2022、TLC2201、TLC2254 等。

(3) 低噪声型运算放大器

低噪声型运算放大器也属于精密型运算放大器,要求器件产生的噪声低,即等效输入噪声电压密度 $\sigma_{V_n} \leqslant 15\ \text{nV/Hz}^{1/2}$,另外,需要考虑电流噪声密度,它跟输入偏流有关。双极型运算放大器通常具有较低的电压噪声,但电流噪声大,而 CMOS 运算放大器的电压噪声较大,但电流噪声很小。低噪声型运算放大器的产品有 TLE2027/TLE2037、TLE2227/TLE2237、TIC2201、TLV2362/TLV2262 等。

(4) 高速型运算放大器

高速型运算放大器要求运算放大器的运行速度快,即增益带宽乘积大、转换速率快,通常用于处理频带宽、变化速度快的信号。双极型运算放大器的输入级是 JFET 的运算放大器,通常具有较高的运行速度。典型产品有 TLE2037/TLE2237、TLV2362、TLE2141/TLE2142/TLE2144、TLE20171、TLE2072/TLE2074、TLC4501 等。

(5) 低电压、低功率型运算放大器

用于低电压供电,如 3 V 电源电压运行的系统或电池供电的系统。要求器件耗电小(500 μA),能低电压运行(3 V),最好具有轨对轨(rail to rail)性能,可扩大动态范围。主要产品有 TLV2211、TLV2262、TLV2264、TLE2021、TLC2254、TLV2442、TLV2341 等。

(6) 单电源型运算放大器

单电源运算放大器要求用单个电源电压(典型电压为 5 V)供电。多数单电源型运算放大器是用 CMOS 技术制造的。单电源型运算放大器也可用于对称电源供电的电路,只要总电压不超过允许范围即可。另外,有些单电源运算放大器的输出级不是推挽电路结构,当信号跨越电源中点电压时会产生交越失真。

2. 运算放大器的基本参数

表示运算放大器性能的参数为:单/双电源工作电压、电源电流、输入失调电压、输入失调电流、输入电阻、转换速率、差模输入电阻、失调电流温漂、输入偏置电流、偏置电流温漂、差模电压增益、共模电压增益、单位增益带宽、电源电压抑制、差模输入电压范围、共模输入电压范围、输入噪声电压、输入噪声电流、失调电压温漂、建立时间、长时间漂移等。

不同的运算放大器参数差别很大,使用运算放大器前需要对参数进行仔细的分析。

3. 运算放大器选用时注意事项

① 若无特殊要求,应尽量选用通用型运算放大器。当一个电路中含有多个运算放大器时,建议选用双运放(如 LM358)或四运放(如 LM324 等)。

② 应正确认识、对待各种参数，不要盲目片面追求指标的先进，如场效应管输入级的运放，其输入阻抗虽高，但失调电压也较大；低功耗运放的转换速率必然也较低。各种参数指标是在一定的测试条件下测出的，如果使用条件和测试条件不一致，则指标的数值也将会有差异。

③ 当用运算放大器做弱信号放大时，应特别注意选用失调及噪声系数均很少的运算放大器，如 ICL7650。同时应保持运放同相端与反相端对地的等效直流电阻相等。此外，在高输入阻抗及低失调、低漂移的高精度运算放大器的印制电路板布线方案中，其输入端应加保护环。

④ 当运算放大器用于直流放大时，必须妥善进行调零。有调零端的运算放大器应按标准推荐的调零电路进行调零；若没有调零端的运算放大器，则可参考图 2.1.1 进行调零。

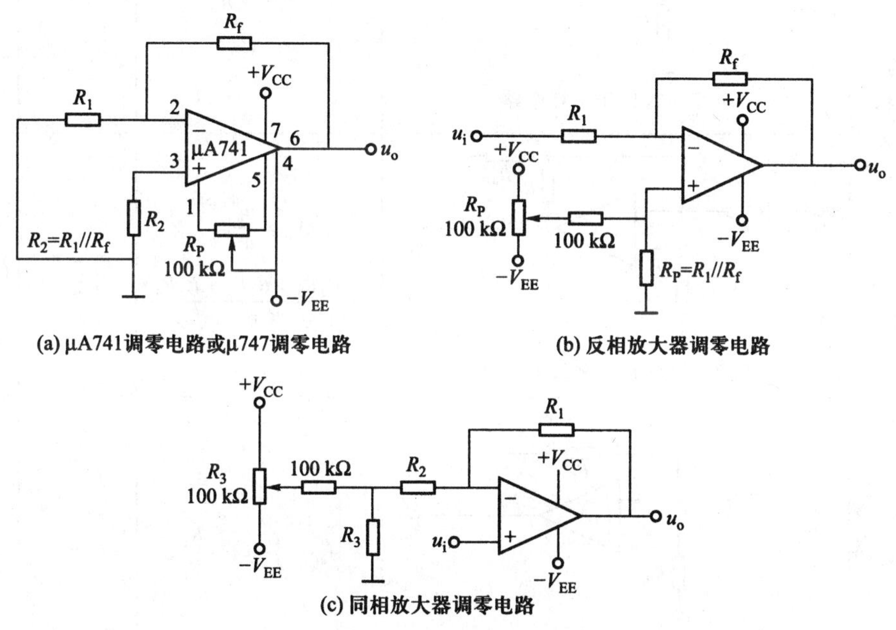

(a) μA741调零电路或μ747调零电路

(b) 反相放大器调零电路

(c) 同相放大器调零电路

图 2.1.1 常见的调零电路

⑤ 为了消除运算放大器的高频自激，应参照推荐参数在规定的消振引脚之间接入适当电容消振，同时应尽量避免两级以上放大器级联，以减小消振困难。为了消除内阻引起的寄生振荡，可在运放电源端对地就近接去耦电容，考虑到去耦电解电容的电感效应，常常在其两端并联一个容量为 0.01 ~0.1 μF 的瓷片电容。

二、运算放大器的应用电路

运算放大器应用极为广泛，利用运算放大器可以构成运算电路、信号处理中的放大电路、滤波电路、电压比较器、正弦波振荡器、非正弦波振荡器、波形变换电路、信号转换电路等。关于运算放大器构成的正弦波振荡器、非正弦波振荡器、波形变换电路和信号转换电路将在下章介绍。

1. 运算电路

利用运算放大器可以进行加法运算与减法运算、比例运算、乘方运算与开方运算、乘法运

算与除法运算、积分运算与微分运算、对数运算与指数运算等。关于这些运算的典型电路及主要参数计算公式见表 2.1.1。

表 2.1.1　集成运算电路一览表

电路名称		典型电路	A_{uf} 及 $u_o(t)$ 表达式	输入电阻 R_{if}	输出电阻 R_{of}
比例运算电路	反相输入	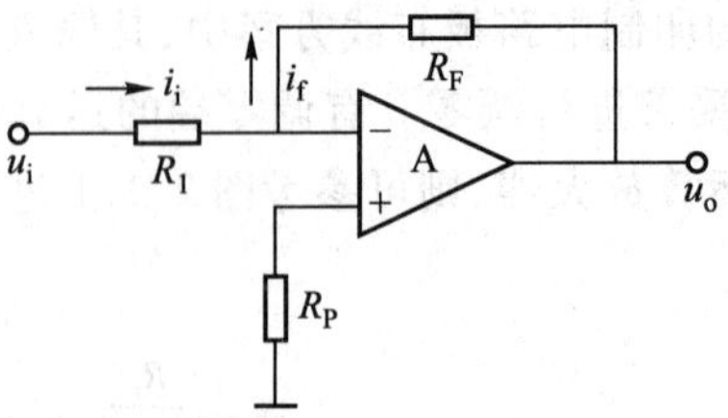 反相输入比例运算电路	$A_{uf}=-\dfrac{R_F}{R_1}$	$R_{if}=R_1$	$R_{of}=0$
		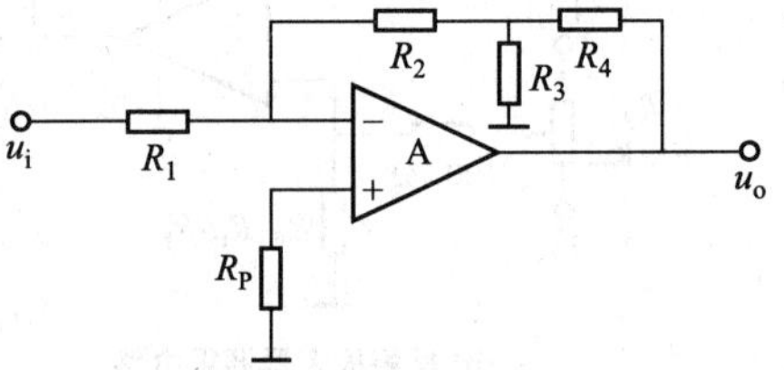 T 型网络反相比例放大电路	$A_{uf}=\dfrac{u_o}{u_i}=\dfrac{-(R_2R_3+R_2R_4+R_3R_4)}{R_1R_3}$	$R_{if}=R_1$	$R_{of}=0$
	同相输入	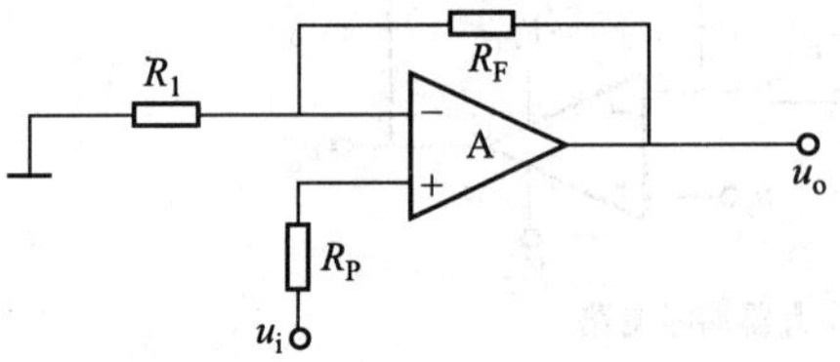 基本电路	$A_{uf}=\dfrac{1}{F}=1+\dfrac{R_F}{R_1}$	$R_{if}=\infty$	$R_{of}=0$
		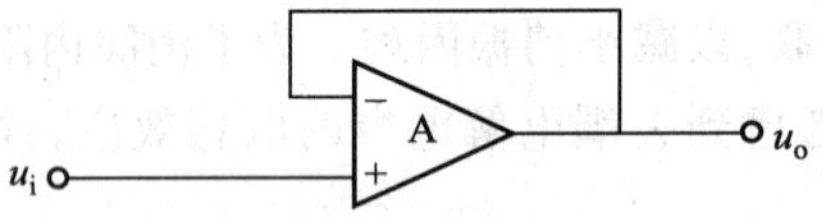 电压跟随器	$A_{uf}=1$	$R_{if}=\infty$	$R_{of}=0$
	差分输入	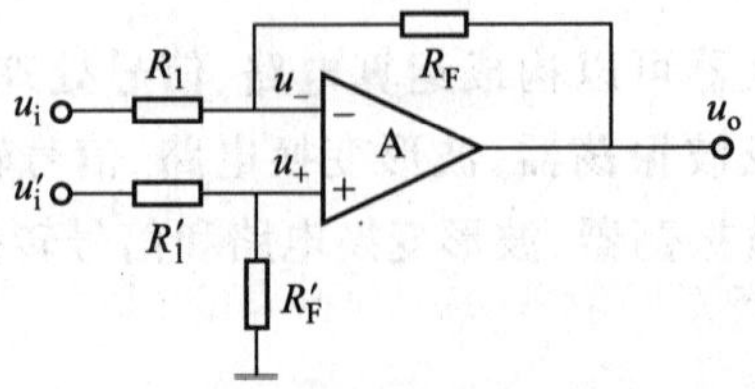 差动比例运算电路	$A_{uf}=-\dfrac{R_F}{R_i}$	$R_{if}=2R_i$ $\left(\begin{matrix}R_1=R_1'\\R_F=R_F'\end{matrix}\right)$	$R_{of}=0$

续表

电路名称		典型电路	A_{uf}及$u_o(t)$表达式	输入电阻 R_{if}	输出电阻 R_{of}
求和电路	加法电路	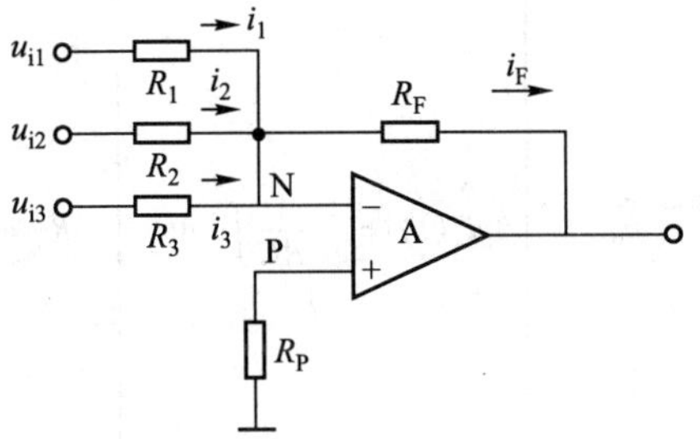 反相输入的加法电路	$A_{uf}=-R_F\left(\frac{u_{i1}}{R_1}+\frac{u_{i2}}{R_2}+\frac{u_{i3}}{R_3}\right)$ $(R_P=R_1/\!/R_2/\!/R_3/\!/R_F)$		$R_{of}=0$
		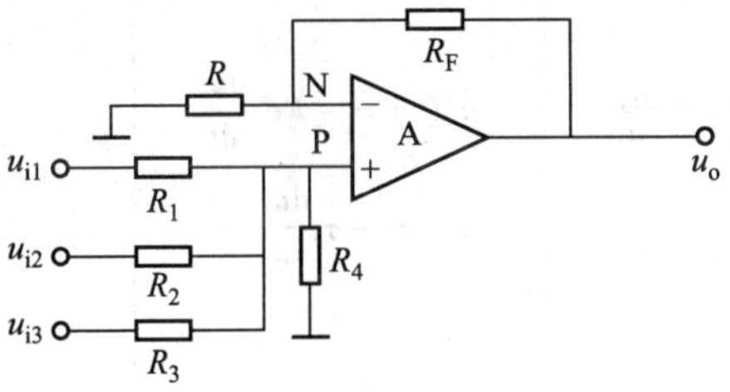 同相输入的加法电路	$A_{uf}=R_F\left(\frac{u_{i1}}{R_1}+\frac{u_{i2}}{R_2}+\frac{u_{i3}}{R_3}\right)$ $(R_N=R/\!/R_F,$ $R_P=R_1/\!/R_2/\!/R_3/\!/R_4,$ $R_N=R_P)$		$R_{of}=0$
	减法电路	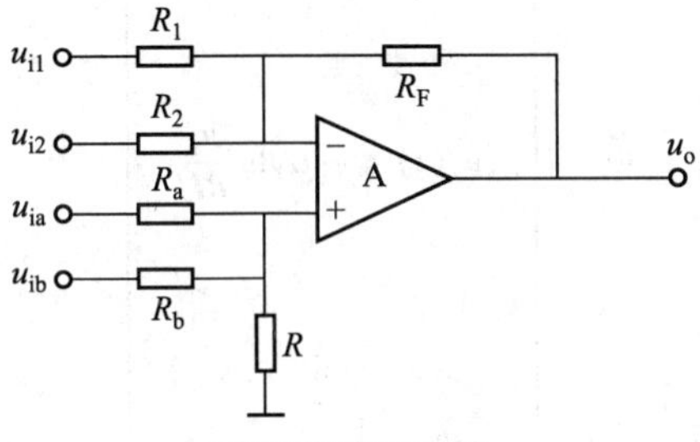 单运放减法电路	$u_o(t)=$ $R_F\left(\frac{u_{ia}}{R_a}+\frac{u_{ib}}{R_b}-\frac{u_{i1}}{R_1}-\frac{u_{i2}}{R_2}\right)$		$R_{of}=0$
		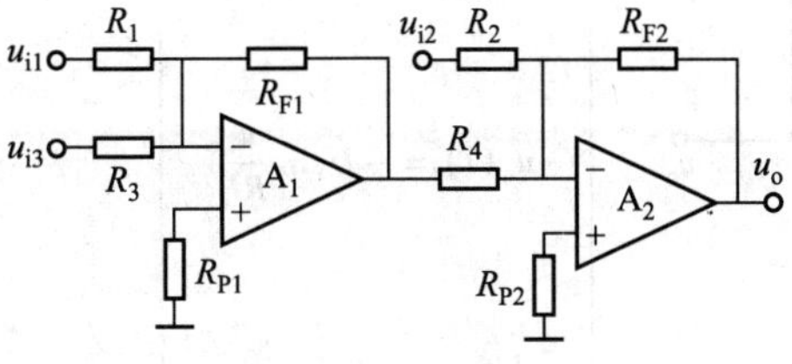 双运放减法电路	$u_o=\frac{R_{F1}\cdot R_{F2}}{R_4}\cdot$ $\left(\frac{u_{i1}}{R_1}+\frac{u_{i3}}{R_3}\right)-\frac{R_{F2}}{R_2}u_{i2}$		$R_{of}=0$

续表

电路名称		典型电路	A_{uf}及$u_o(t)$表达式	输入电阻 R_{if}	输出电阻 R_{of}
微分电路与积分电路	积分运算电路	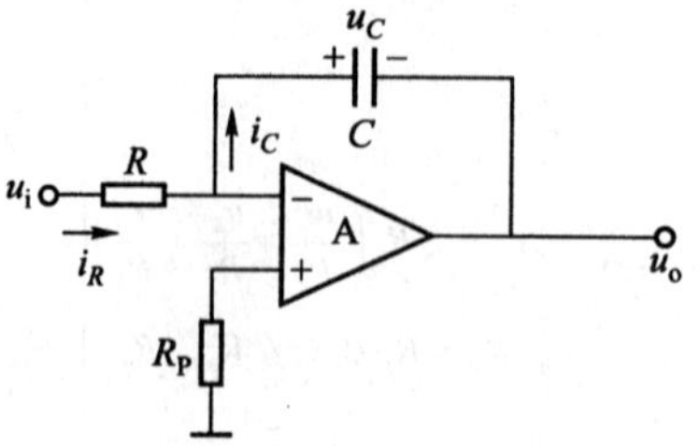 积分运算电路	$u_o(t) = -\frac{1}{RC}\int u_i \mathrm{d}t$	$R_{if}=R$	$R_{of}=0$
	微分运算电路	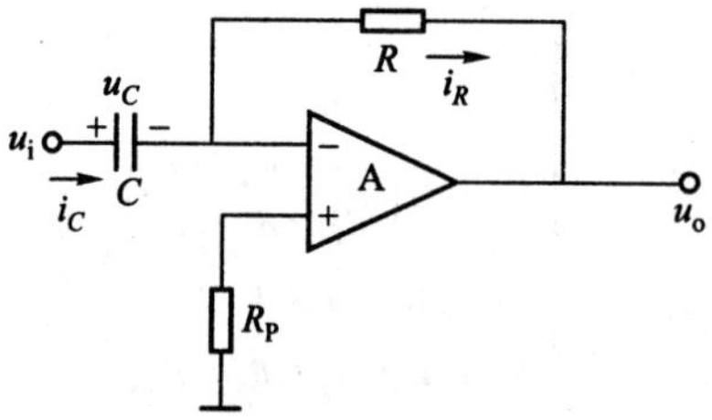 基本微分运算电路	$u_o(t) = -RC\frac{\mathrm{d}u_i}{\mathrm{d}t} = -\tau\frac{\mathrm{d}u_i}{\mathrm{d}t}$		$R_{of}=0$
对数电路与指数电路	对数运算电路	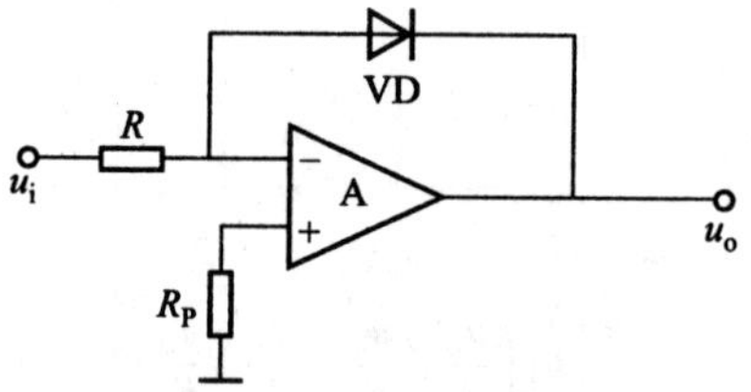 利用二极管的对数电路	$u_o(t) = -U_T\ln\frac{u_i}{RI_s}$		
		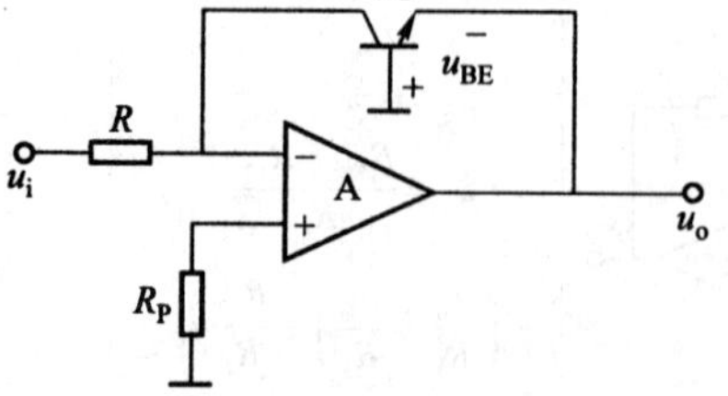 利用三极管的对数电路	$u_o(t) = -U_T\ln\frac{u_i}{RI_s}$		

续表

电路名称		典型电路	A_{uf}及$u_o(t)$表达式	输入电阻 R_{if}	输出电阻 R_{of}
对数电路与指数电路	指数运算电路	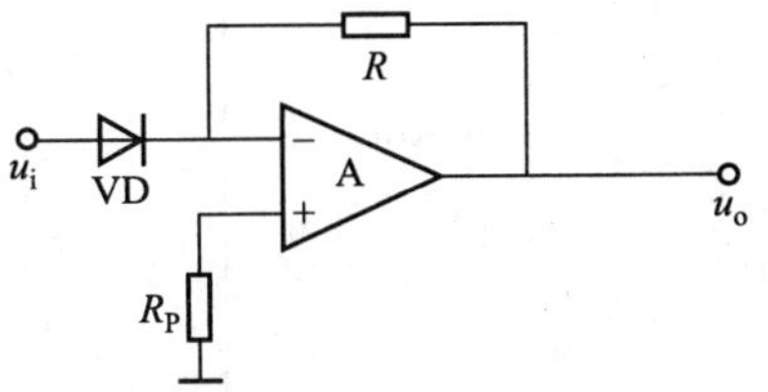 R、VD、A、R_P、u_i、u_o 二极管构成的基本指数电路	$u_o(t) = -I_s R\exp\left[\frac{u_i}{u_T}\right]$		
		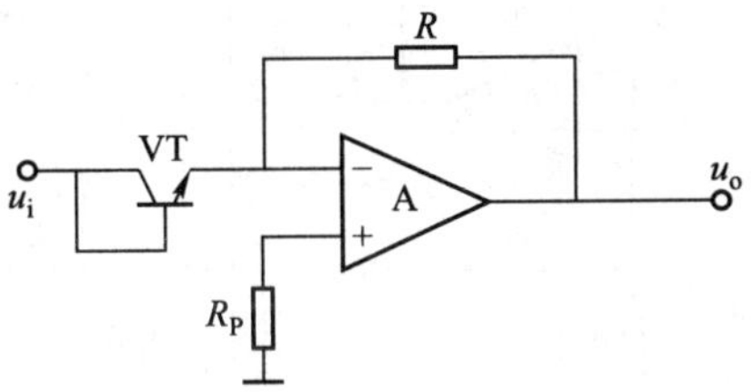 R、VT、A、R_P、u_i、u_o 晶体管构成的基本指数电路	$u_o(t) = -I_s R\exp\left[\frac{u_i}{u_T}\right]$		
乘法电路与除法电路	乘法电路	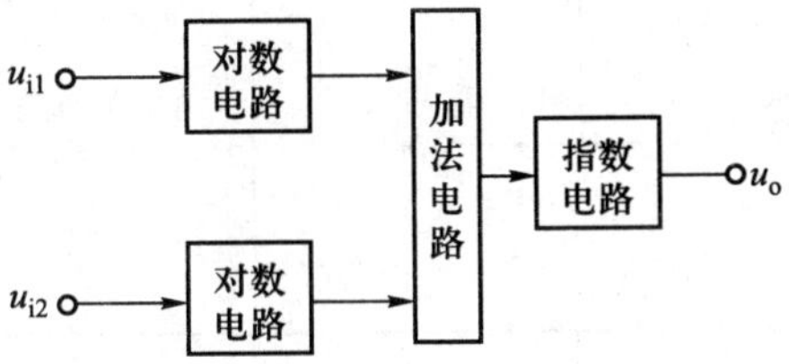 u_{i1}、u_{i2}、对数电路、对数电路、加法电路、指数电路、u_o	$u_o(t) = u_{i1}u_{i2}$		
	除法电路	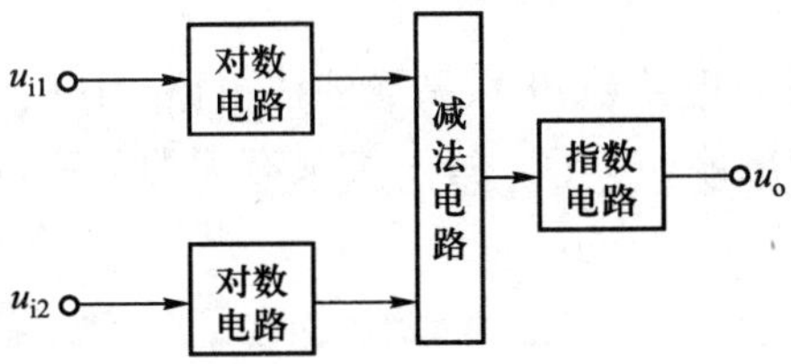 u_{i1}、u_{i2}、对数电路、对数电路、减法电路、指数电路、u_o	$u_o(t) = \frac{u_{i1}}{u_{i2}}$		

2. 信号处理中的放大电路

在电子系统中，从传感器或从接收机采集的信号，通常都很小，一般不能直接进行运算、滤波等处理，必须进行放大。本节介绍常用的放大电路，详见表 2.1.2。

表 2.1.2　常见的几种放大电路一览表

电路名称		典型电路	u_o 表达式
精密放大电路	简单的差分电路	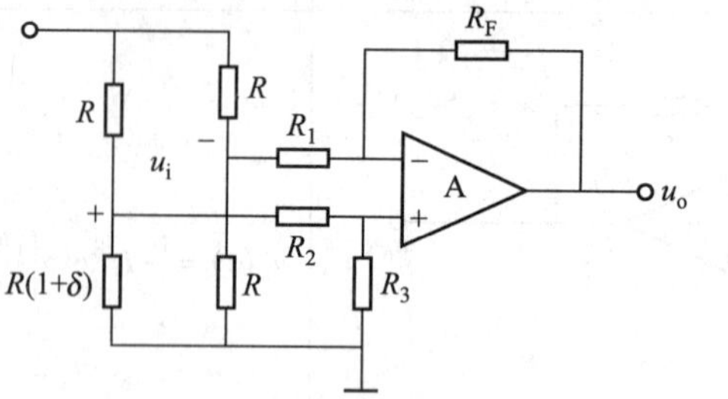	$u_o=\frac{R_F}{R_1}u_i$ $\begin{pmatrix}R_1=R_2\\R_3=R_F\end{pmatrix}$
	三运放差分电路	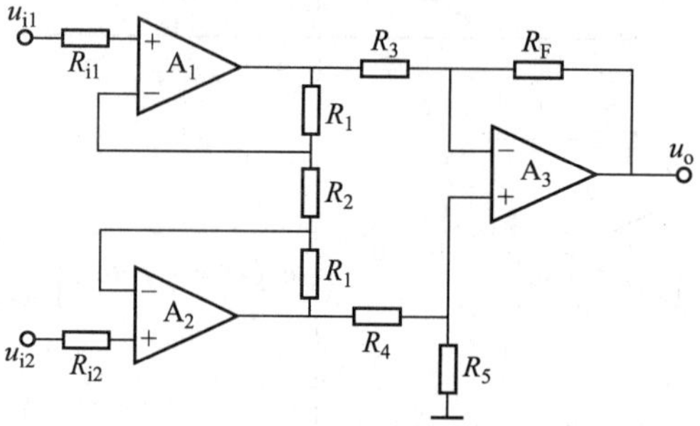	$u_o=-\frac{R_F}{R}\left(1+\frac{2R_1}{R_2}\right)\times(u_{i1}-u_{i2})$ $\begin{pmatrix}R_3=R_4=R\\R_5=R_F\end{pmatrix}$ $R_{i1}=R_{i2}=\frac{R_2}{2}//R_1$
电荷放大电路		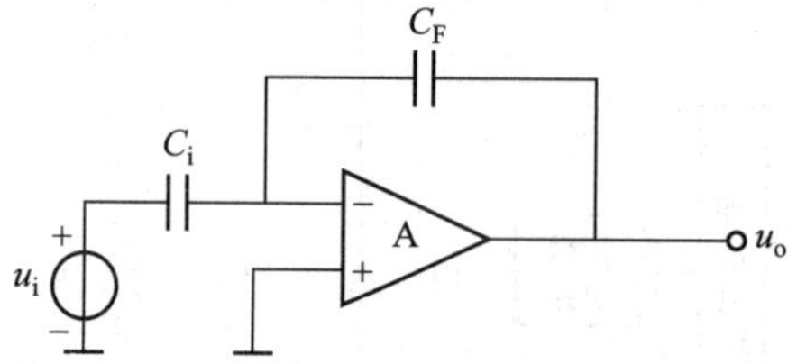	$u_o=-\frac{C_i}{C_F}u_i$

3. 滤波电路

滤波电路是指对信号频率有选择性的电路。它的功能是让特定频率范围内的信号通过，阻止特定频率范围外的信号通过。

滤波电路按照工作频带分类有:低通滤波电路(LPF)、高通滤波电路(HPF)、带通滤波电路(BPF)、阻带滤波电路(BEF)及全通滤波电路(APF)。每一类又有无源与有源之分。几种常见的有源滤波电路见表 2.1.3。

4. 电压比较器

电压比较器是用于区别 U_1 和 U_2 两个电压相对大小的电路。电路的构成是利用集成运放工作在非线性状态所具有的特性。即集成运放处在开环工作状态或正反馈工作状态，理想运放的电压放大倍数为无穷大，当 $U_+>U_-$ 时，$u_o=+U_{omax}$；当 $U_+<U_-$ 时，$u_o=-U_{omax}$。常见的电压比较器有单限比较器(含过零比较器)、滞回比较器、窗口比较器等。常见的几种电压比较器见表 2.1.4。

表 2.1.3　几种常见的有源滤波电路一览表

电路名称		典型电路	幅频特性	u_o、f_o 表达式
低通滤波电路	一阶低通滤波电路	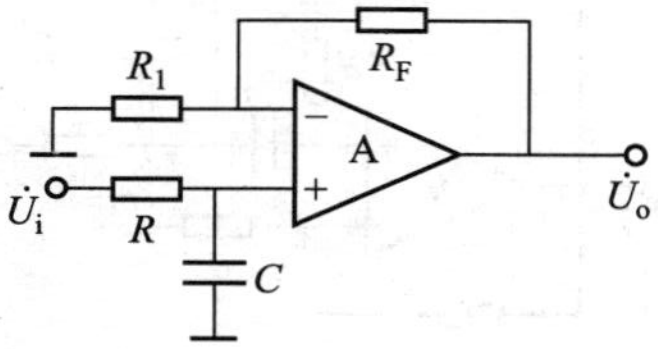 (a) %	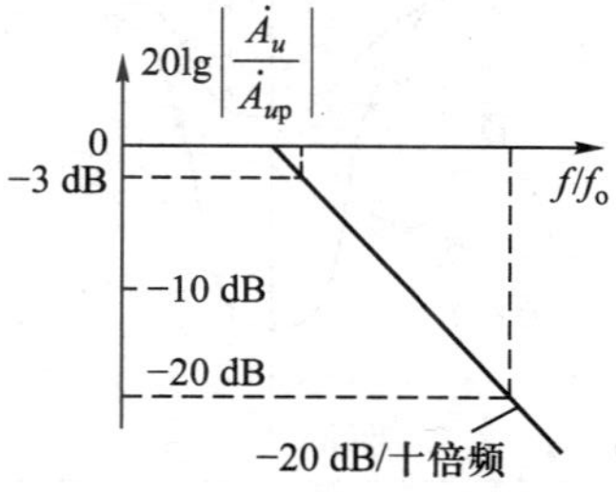 −20 dB/十倍频 (b) %	$\dot{A}_u=\dfrac{\dot{U}_o}{\dot{U}_i}=\left(1+\dfrac{R_F}{R_1}\right)\dfrac{1}{1+j\dfrac{f}{f_o}}$ $f_o=\dfrac{1}{2\pi RC}$
	简单二阶低通滤波电路	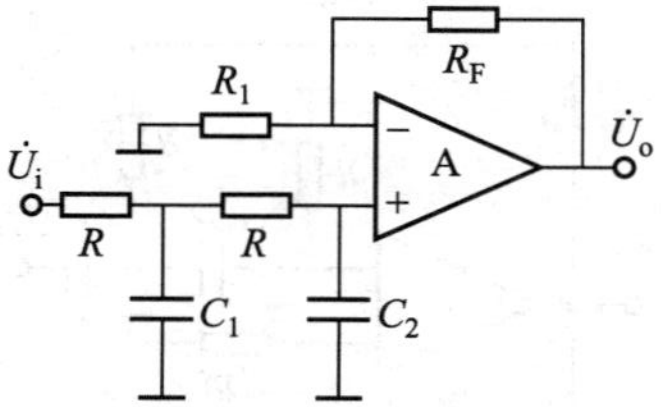 (c) %	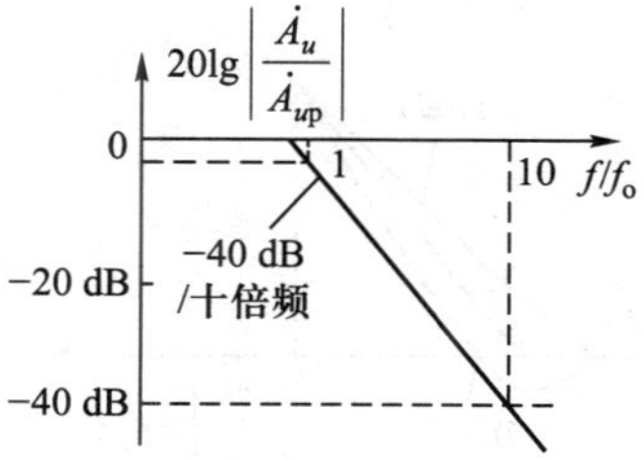 −40 dB/十倍频 (d) %	$\dot{A}_u=\dfrac{\dot{U}_o}{\dot{U}_i}=\dfrac{\dot{A}_{up}}{1-\left(\dfrac{f}{f_o}\right)^2+j\dfrac{(3-\dot{A}_{up})f}{f_o}}$ $f_o=\dfrac{1}{2\pi RC}$
	压控电压源二阶滤波电路	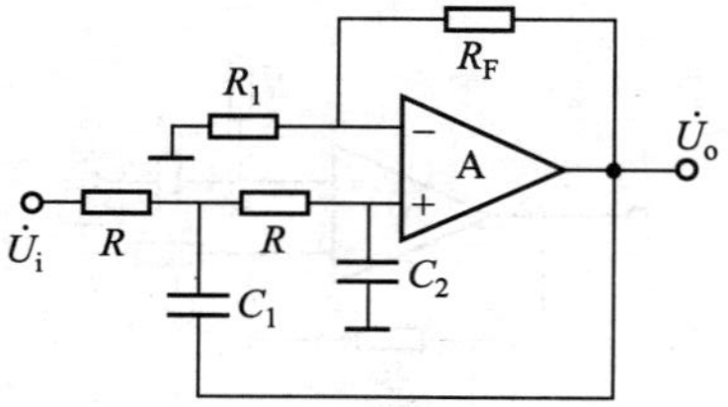 (e) %	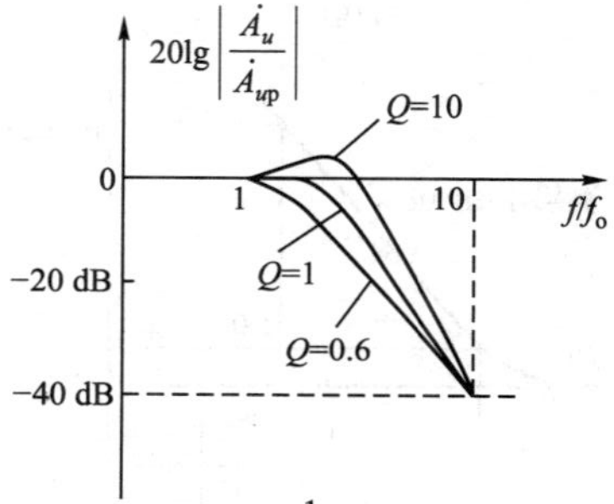 $Q=\dfrac{1}{3-\dot{A}_{up}}$ (f) %	$\dot{A}_u=\dfrac{\dot{U}_o}{\dot{U}_i}=\dfrac{\dot{A}_{up}}{1-\left(\dfrac{f}{f_o}\right)^2+j\dfrac{(3-\dot{A}_{up})f}{f_o}}$ $f_o=\dfrac{1}{2\pi RC}$

续表

电路名称		典型电路	幅频特性	u_o、f_o 表达式
高通滤波电路	一阶高通滤波电路	 (g) %	 (h) %	$\dot{A}_u=\dfrac{\left(1+\dfrac{R_F}{R_1}\right)}{1-\mathrm{j}\dfrac{f_o}{f}}$ $f_o=\dfrac{1}{2\pi RC}$
	压控电压源二阶高通滤波电路	 (i) %	 (j) %	$\dot{A}_u=\dfrac{\dot{U}_o}{\dot{U}_i}=$ $\dfrac{\dot{A}_{up}}{1-\left(\dfrac{f_o}{f}\right)^2-\mathrm{j}\dfrac{(3-\dot{A}_{up})f_o}{f}}$
带通滤波电路		 (k) %	 (l) %	$\dot{A}_u=\dfrac{\dot{U}_o}{\dot{U}_i}$ $=\dfrac{\dot{A}_{up}}{3-\dot{A}_{up}}\times$ $\dfrac{1}{1+\mathrm{j}\dfrac{1}{3-\dot{A}_{up}}\left(\dfrac{f}{f_o}-\dfrac{f_o}{f}\right)}$

续表

电路名称	典型电路	幅频特性	u_o、f_o 表达式
阻带滤波电路	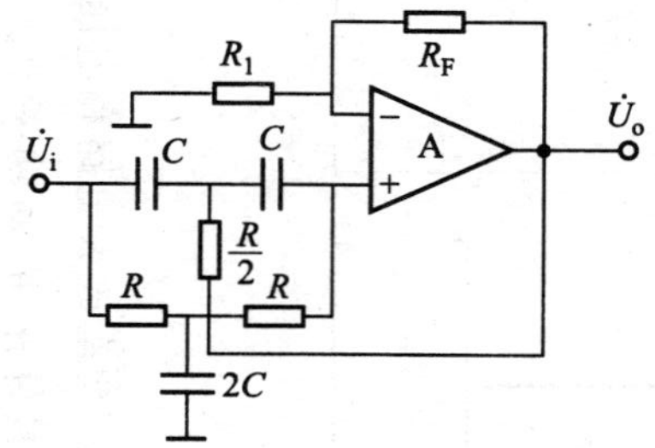 (m) %	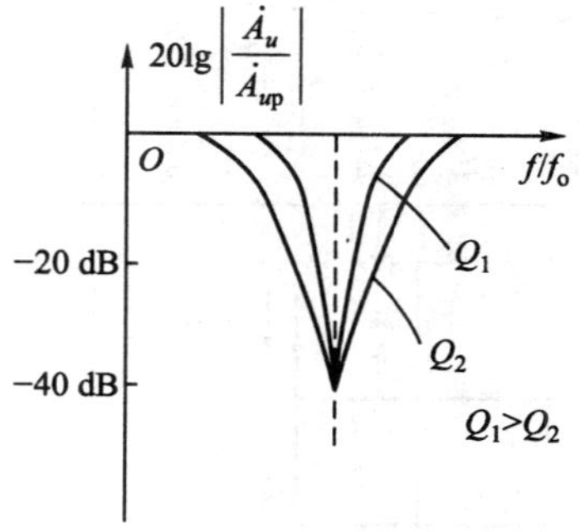 (n) %	$\dot{A}_u=\frac{\dot{A}_{up}}{1+j2(2-\dot{A}_{up})\frac{ff_o}{f_o^2-f^2}}$ $B_W=\frac{f_o}{Q}$ $Q=\frac{1}{2(2-\dot{A}_{up})}$
全通滤波电路	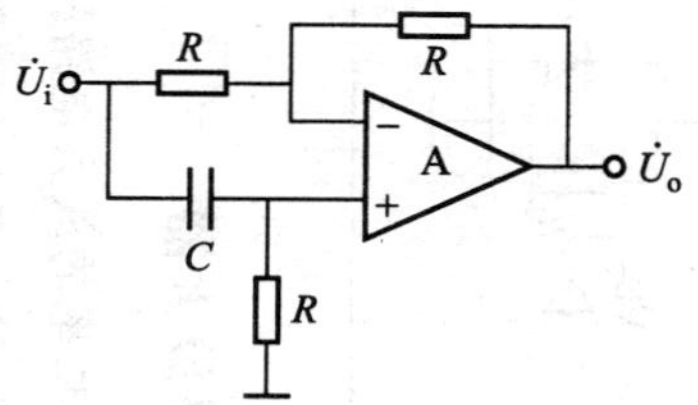 (o) %		$\dot{A}_u=\frac{1-j\omega RC}{1+j\omega RC}$

表 2.1.4　常见的几种电压比较器一览表

电路名称	原理图	传输特性	基本公式
单限比较器	U_R R_1 u_i R_1 A R_2 u_o $\pm U_Z$	u_o $+U_Z$ O U_{TH} u_i $-U_Z$	$U_{TH}=U_R$ $u_{omax}=\pm U_Z$
滞回比较器	u_i U_R R_1 A R u_o R_2 $\pm U_Z$	u_o U_Z O U_{TH1} U_{TH2} u_i $-U_Z$	$U_{TH1}=\frac{U_RR_2-U_ZR_1}{R_1+R_2}$ $U_{TH2}=\frac{U_RR_2+U_ZR_1}{R_1+R_2}$ $\Delta U_T=U_{TH2}-U_{TH1}=\frac{2R_1}{R_1+R_2}U_Z$ $u_o=\pm U_Z$
窗口比较器	U_{RH} A_1 VD_1 u_i R_1 u_o VD_2 A_2 R_2 U_Z U_{RL}	u_o U_Z O U_{RL} U_{RH} u_i	$u_o=+U_Z$ （$u_i<U_{RL}$或$u_i>U_{RH}$）

2.1.3　功率放大器

主要向负载提供功率的放大电路称为功率放大电路。功率放大电路和电压放大电路所完成的任务不同，所以对功率放大电路的要求也不一样。具体来讲，对功率放大器有如下几点要求：

（1）输出功率尽可能大；

（2）效率尽可能高；

（3）非线性失真尽可能小；

（4）管耗尽可能小。

常见的功率放大电路有：OTL 电路、OCL 电路、BTL 电路和变压器耦合功率放大电路，详见表 2.1.5。

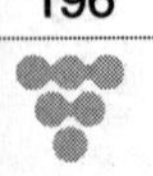

表 2.1.5 常见几种功率放大电路一览表

电路名称	典型电路	特点
变压器耦合功率放大电路		输入、输出阻抗容易匹配；但体积大，重量重。
无变压器耦合功率放大电路 OTL		无输入、输出变压器； 体积小，重量轻；但输入、输出阻抗不容易实现匹配。
无电容耦合功率放大电路 OCL		无变压器、无耦合电容； 体积小、重量轻； 但输入、输出阻抗不容易匹配。
桥式推挽电路 BTL		无变压器和无电容器耦合； 体积小、重量轻；但使用的功率管增加一倍。

2.1.4 丁类(D类)功率放大器

前面介绍的几种功率放大器工作在甲乙类或乙类。在高频电路中为了提高输出功率和效率,将放大器工作在丙类。不管是甲类、乙类、还是丙类放大器都是沿着减小电流通角 θ 的途径来不断提高放大器功率。

但是,θ 的减小是有一定限度的。因为 θ 太小时,效率虽然很高,但因 I_{cm1} 下降太多,输出功率反而下降。要想维持 I_{cm1} 不变,就必须加大激励电压,这又可能因激励电压过大,引起管子的击穿。因此必须另辟蹊径。丁类、戊类等放大器就是采用固定 θ 为 90°,尽量降低晶体管的耗散功率的办法来提高输出功率的。具体说来,丁类放大器的晶体管工作在开关状态:导通时,晶体管处于饱和状态,晶体管的内阻接近于0;截止时,电流为0,晶体管内阻处于无穷大。这样使得集电极功耗大大减小,效率大大提高。在理想的情况下,丁类放大器的效率为100%。

1. 电流开关型D类放大器

图2.1.2是电流开关型D类放大器的原理电路和波形图。

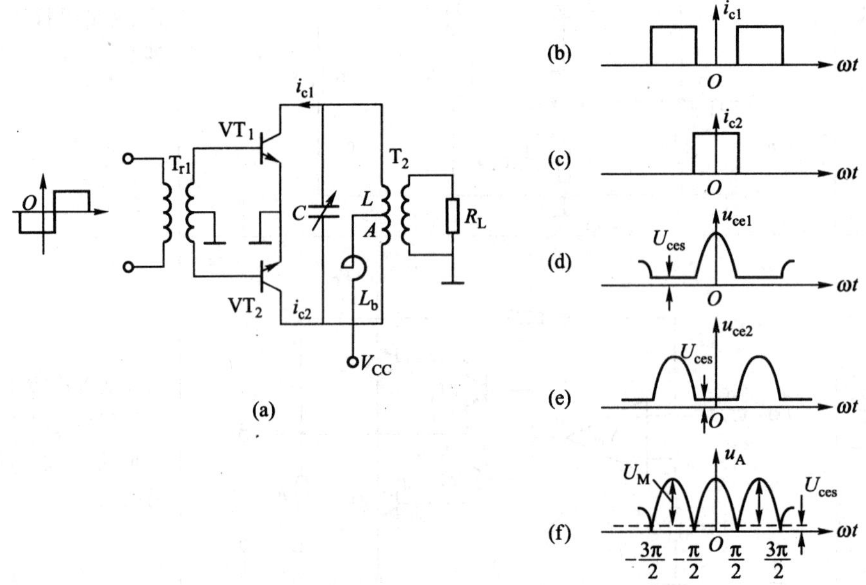

图2.1.2 电流开关型D类放大器的原理电路和波形图

输出功率为
$$P_o = \frac{\pi^2}{2R'_L}(V_{CC} - U_{ces})^2 \tag{2.1.1}$$

输入功率为
$$P_{DC} = \frac{\pi^2}{2R'_L}(V_{CC} - U_{ces})V_{CC} \tag{2.1.2}$$

集电极损耗功率为
$$P_c = P_{DC} - P_o = \frac{\pi^2}{2R'_L}(V_{CC} - U_{ces})U_{ces} \tag{2.1.3}$$

集电极效率为
$$\eta = \frac{P_o}{P_{DC}} = \frac{V_{CC} - U_{ces}}{V_{CC}} \times 100\% \tag{2.1.4}$$

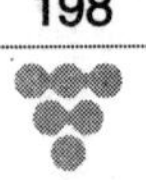

2. 电压开关型 D 类放大器

图 2.1.3 是电压开关型 D 类功率放大器的原理电路及波形图。

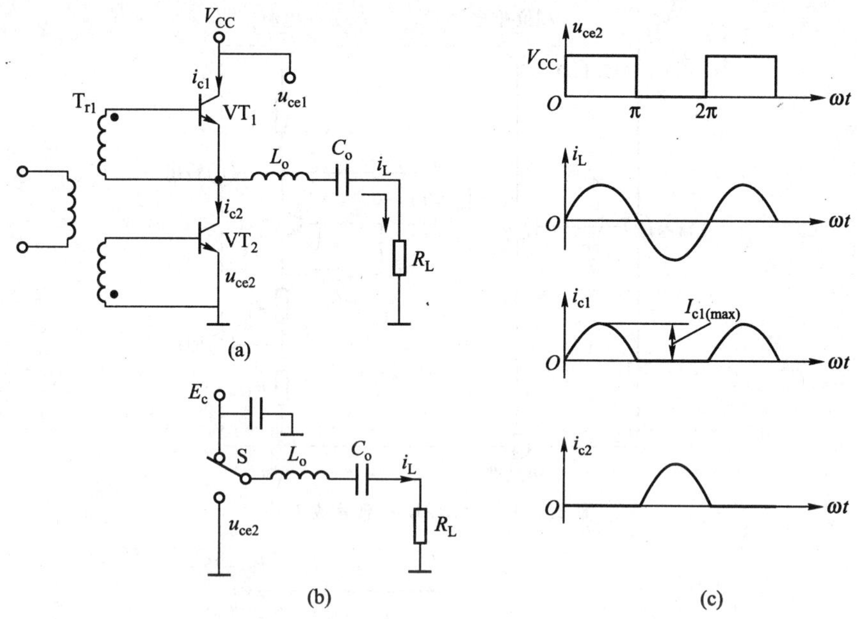

图 2.1.3　电压开关型 D 类功率放大器的原理电路及波形图

输出到谐振回路的交变功率为

$$P_o = \frac{2V_{CC}^2 R_L'}{\pi^2 (R_L' + R_S)^2} \tag{2.1.5}$$

直流输入功率为

$$P_{DC} = \frac{2V_{CC}^2}{\pi^2 (R_L' + R_S)} \tag{2.1.6}$$

因此集电极效率为

$$\eta_c = \frac{P_o}{P_{DC}} = \frac{R_L'}{R_L' + R_S} \tag{2.1.7}$$

集电极耗散功率为

$$P_c = P_{DC} - P_o = \frac{2V_{CC}^2}{\pi^2 (R_L' + R_S)} \cdot \frac{R_S}{R_L' + R_S} = P_{DC}\left(\frac{R_S}{R_L' + R_S}\right) \tag{2.1.8}$$

式中，$R_L' = R_L + r$，r 为 L_o 的电阻；R_S 为晶体管饱和导通内阻。

2.1.5　专用集成放大电路介绍

一、音响集成电路介绍

这里介绍几种常用的音响集成电路。

1. 低噪声集成电压放大电路 M5212L

M5212L 为低噪声音频前置放大电路。该电路具有等效输入噪声电压低、耐压高、增益高

等特点,适于作立体声收录机的前置均衡放大器。引脚功能与 TA7129P 相同,可互相代换。内部等效电路如图 2.1.4 所示,典型应用电路如图 2.1.5 所示。

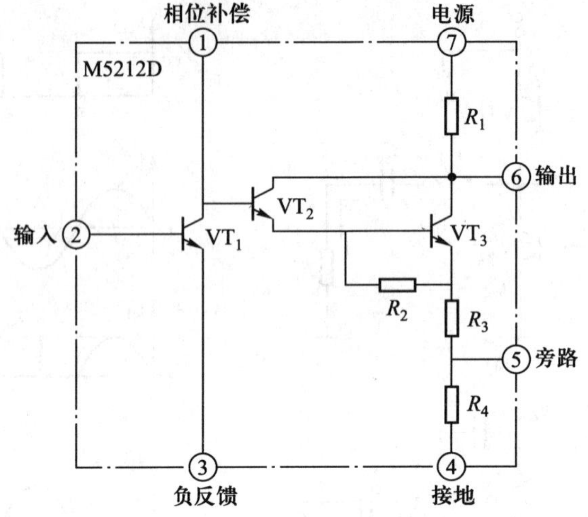

图 2.1.4　M5212L 内部等效电路

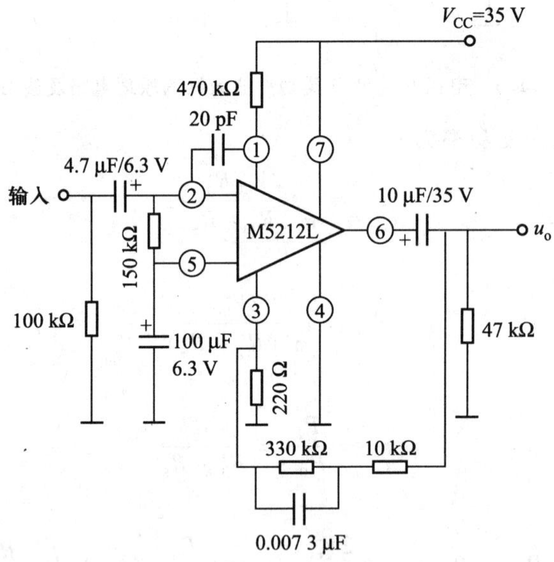

图 2.1.5　M5212L 典型应用电路

极限使用条件($T_a=25$ ℃):

电源电压 $V_{CC}=45$ V;允许功耗 $P_D=450$ mW。

主要电参数($V_{CC}=35$ V,$R_L=47$ kΩ,$f=1$ kHz,$T_a=25$ ℃)

参数名称	符号	测试条件	最小值	典型值	最大值	单位
电源电流	I_{CC}	$U_i=0$		3.5	4.7	mA
最大输出电压	U_{OM}	$THD=0.1\%$,RIAA	7.0	9.0		V(rms)
等效输入噪声	U_{Ni}	$R_g=2.2$ kΩ,RIAA		0.6	1.5	μV(rms)

续表

参数名称	符号	测试条件	最小值	典型值	最大值	单位
开环电压增益	G_{VO}		87	92		dB
总谐波失真	*THD*	$U_o=5$ V(rms)		0.02%		

2. 低噪声前置电压放大电路 M5213L

M5213L 为采用双电源供电的前置电压放大集成电路。该电路噪声低,耐压高,增益高,同时在⑤脚设有抑制蜂音的输入,适于立体声均衡放大器和音调放大器使用。内部等效电路如图 2.1.6 所示,典型应用电路如图 2.1.7 所示。

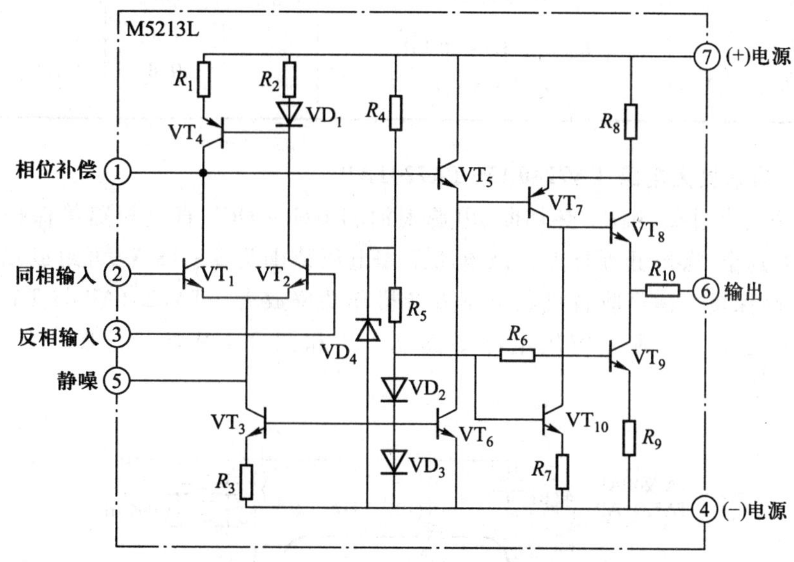

图 2.1.6　M5213L 内部等效电路

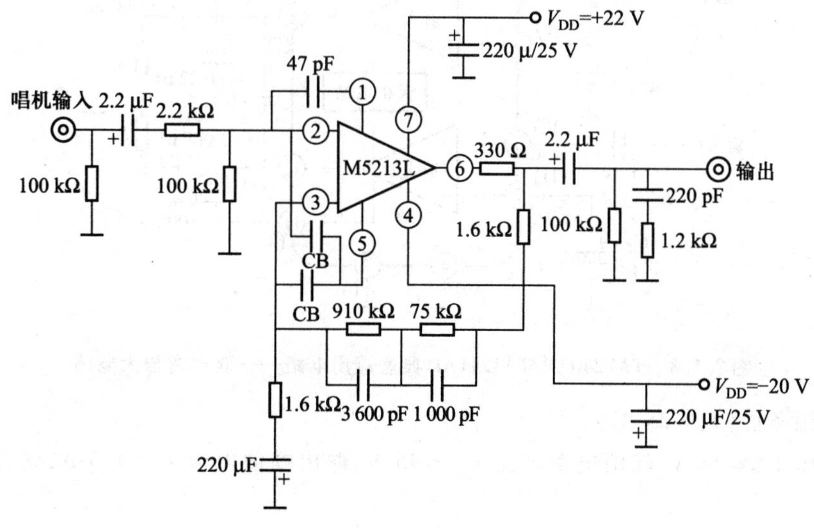

图 2.1.7　M5213L 典型应用电路

极限使用条件(T_a = 25 ℃):

电源电压 V_{CC} = +22.5 V;允许功耗 P_D = 450 mW。

主要电参数(V_{CC} = +22 V, f = 1 kHz, T_a = 25 ℃)

参数名称	符号	测试条件	最小值	典型值	最大值	单位
电源电压	V_{CC}		±17		±22.5	V
电源电流	I_{CC}	U_i = 0		4.3	5.7	mA
最大输入电压	U_i	G_V = 35.6 dB		210		mV(rms)
最大输出电压	U_{OM}	THD = 0.1%, R_L = 47 kΩ RIAA	12.0	13.0		V(rms)
开环电压增益	G_{VO}	R_L = 47 kΩ	87	95		dB
等效输入噪声	U_{Ni}	B_W = 20 Hz ~ 20 kHz R_g = 2.2 kΩ		0.8	1.5	μV(rms)

3. 双音频功率放大电路 TA7240AP/TA7241AP

TA7240AP 内有过载、过压、热切断、电源浪涌和 BTL - OCL 直流短路等保护功能。具有输出功率大、失真小、噪声低等特点。该电路工作电压范围为 9 ~ 18 V,可组成双声道或 BTL 电路。适用于高保真立体声收音机和汽车放音机作功率放大。TA7241AP 与 TA7240AP 区别仅在于引脚排列相反。典型应用电路如图 2.1.8 和图 2.1.9 所示。图中括号内数字为 TA7241 引脚编号。

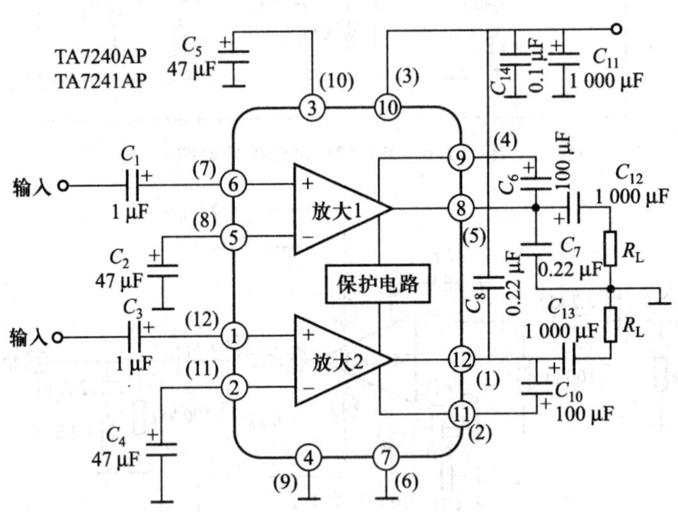

图 2.1.8　TA7240AP/TA7241AP 典型应用电路——双声道放大电路

极限使用条件(T_a = 25 ℃):

电源电压 V_{CC} = 18 V,峰值电源电压 V_{CC} = 45 V,输出峰值电流 I_o = 4.5 A,允许功耗 P_D = 25 W。

主要电参数(V_{CC} = 13.2 V, R_L = 4 Ω, R_g = 4 Ω, f = 1 kHz, T_a = 25 ℃)

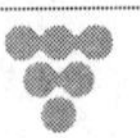

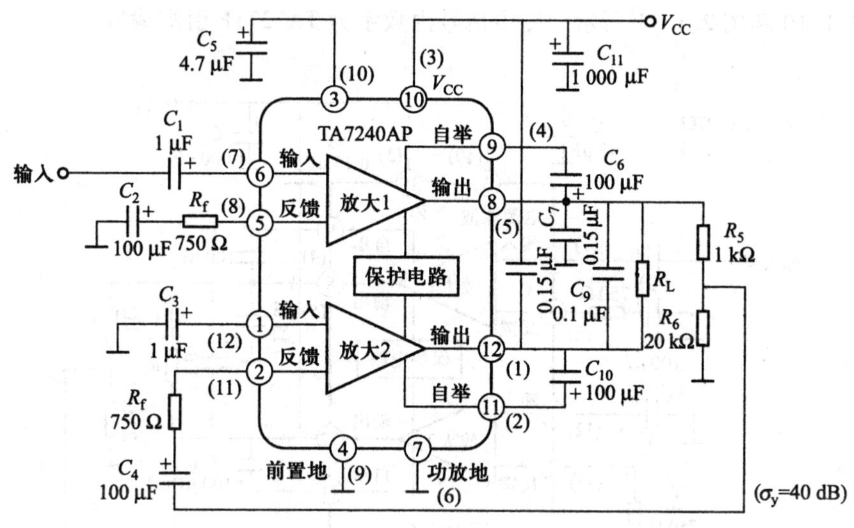

图 2.1.9 TA7240AP/TA7241AP 典型应用电路——BTL 放大电路

参数名称	符号	测试条件	最小值	典型值	最大值	单位
静态电流	I_{CQ}	$U_{in}=0$		80	145	mA
BTL 电路:						
输出功率	P_{o1}	$THD=10\%$	16	19		W
	P_{o2}	$THD=1\%$	12	15		W
谐波失真	THD_1	$P_o=4\ W, G_u=40\ dB$		0.03%	0.25%	
电压增益	$G_{V(1)}$	$U_o=0\ dB$		40		dB
输出噪声	$U_{NO(1)}$	$R_g=0\ \Omega$		0.14		mV
双声道电路:						
电压增益	$G_{V(2)}$	$U_o=0\ dB$	50	52	54	dB
输出功率	P_{o3}	$THD=10\%$	5	5.8		W
谐波失真	THD	$P_o=1\ W$		0.06%	0.30%	
输入电阻	R_i	$f=1\ kHz$		33		kΩ
输出噪声	$U_{NO(2)}$	$R_g=10\ \Omega, B_W=50\ Hz\sim20\ kHz$		0.7	1.5	mV

4. 双音频功率放大电路 TA7270P/TA7271P

TA7270P 内有热切断、浪涌电压、过压、负载短路等保护电路,具有输出功率大、失真小、噪声低等特点。可组成 BTL 或双声道功放电路。该电路工作电压范围为 9～18 V,适用于高保

真的汽车音响等功率放大电路。TA7271P 与 TA7270P 的区别仅在于引脚排列相反；典型应用电路如图 2.1.10 和图 2.1.11 所示。图中括号内数字为 TA7271P 引脚编号。

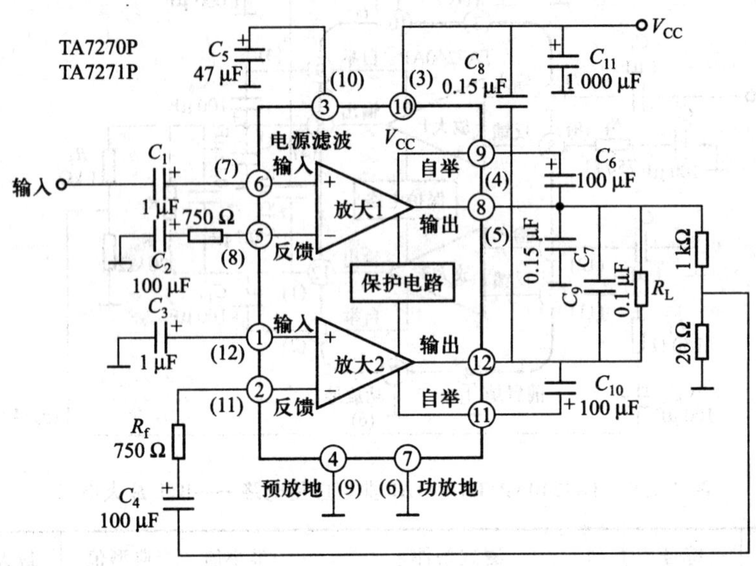

图 2.1.10　TA7270P/TA7271P 典型应用电路——BTL 放大电路

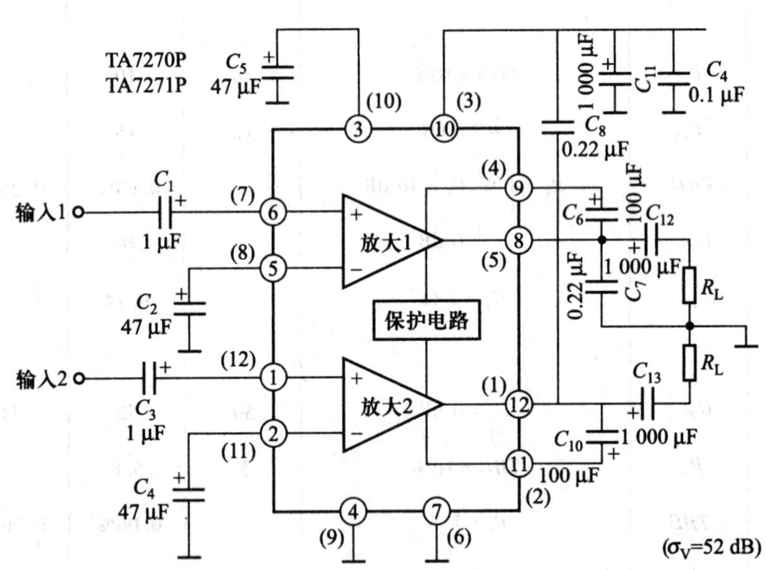

图 2.1.11　TA7270P/TA7271P 典型应用电路——双声道放大电路

极限使用条件($T_a = 25$ ℃)：

电源电压 $V_{CC} = 25$ V(无信号)，$V_{CC} = 18$ V(有信号)，浪涌电压 $V_{CC} = 45$ V。输出电流 $I_o = 4.5$ A(瞬时值)，允许功耗 $P_D = 25$ W。

主要电参数($V_{CC} = 13.2$ V，$R_L = 4$ Ω，$R_g = 600$ Ω，$f = 1$ kHz，$T_a = 25$ ℃)

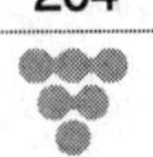

参数名称	符号	测试条件	最小值	典型值	最大值	单位
静态电流	I_{CQ}	$U_i=0$		80	145	mA
双声道：						
电压增益	G_u	$U_o=0$ dB	50	52	54	dB
输出功率	P_o	THD = 10%	5	5.8		W
谐波失真	*THD*	$P_o=1$ W		0.06%	0.30%	
输出噪声	U_{No}	$R_g=10$ kΩ，$B_W=20$ Hz ~ 20 kHz		0.7	1.5	mV
输入阻抗	R_i			33		kΩ
BTL：						
电压增益	G_u	$U_o=0$ dB		40		dB
输出功率	P_o	THD = 10%	16	19		W
谐波失真	*THD*	$P_o=4$ W，$G_u=40$ dB		0.03%	0.25%	
输出噪声	U_{No}	$R_g=0$		0.14		mV

5. 100 W DPP 音频功率放大电路 STK0100 Ⅱ

STK0100 Ⅱ 属厚膜集成电路，具有使用方便、输出功率大等特点，该电路是一个优质的全互补 OCL 功率放大器，额定输出功率 100 W，电压增益 36 dB，转换速率 80 V/μs，当 DPP 工作电压提高到 ±70 V、驱动电路工作电压提高到 ±56 V时，输出功率可达 180 W。常用于大功率高传真音响设备中。内部等效电路如图 2.1.12 所示，典型应用电路见图 2.1.13 所示。

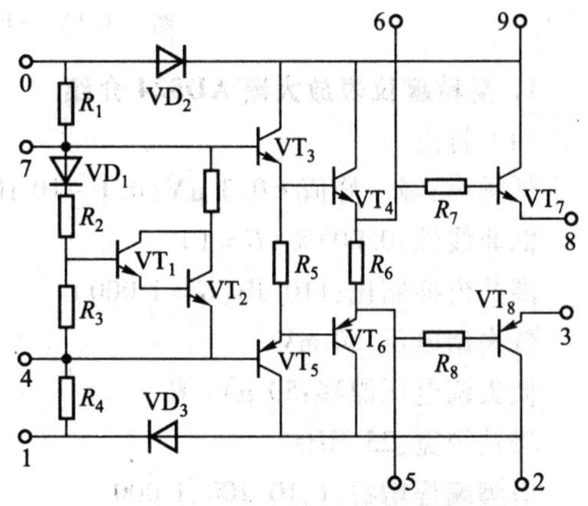

图 2.1.12　STK0100 Ⅱ 内部等效电路

二、集成仪表放大器

近年来，集成仪表放大器大量涌现，可供的型号很多，如高精度的仪表放大器有：AD524、AD624、AD625、AD8225、AMP02、AMP04、INA101、INA114、INA115、INA118、INA120、INA128/INA129、INA131、INA141、INA326/INA327、INA337/INA338、LT1101、LT1102、MAX4194/MAX4195/MAX4196/MAX4197 等；低功耗仪表放大器有：AD620、AD627、INA102、INA121、INA122、INA126/INA2126、INA2128 等；低噪声、低失真仪表放大器有：AMP01、INA163、INA166、INA217 等。

CMOS、单电源、低功耗仪表放大器有：INA155、INA321/INA2321、INA322/INA2322、INA331/INA2331、INA332/INA2332 等；低漂移、低功耗仪表放大器有 AD621；低价格仪表放大器 622；输入偏置电流极低的仪表放大器有 INA166 等。

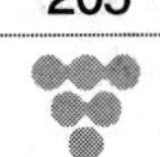

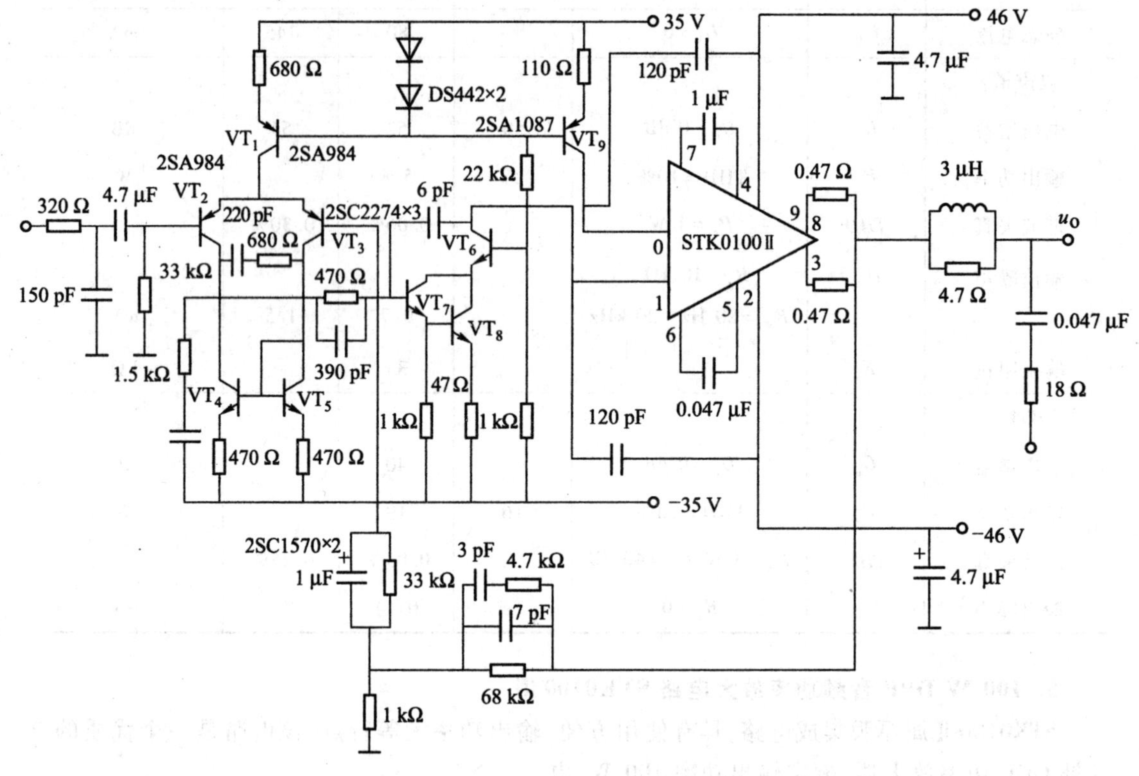

图 2.1.13　STK0100Ⅱ典型应用电路

1. 高精度仪表放大器 AD524 介绍

(1) 特点

低噪声:峰－峰值 <0.3 μV(0.1～10 Hz)

低非线性:0.003%(G=1)

高共模抑制比:110 dB(G=1 000)

低失调电压:50 mV

低失调电压漂移:50 μV/℃

增益带宽:25 MHz

引脚编程增益:1,10,100,1 000

具有输入保护

内置补偿电路

(2) 引脚图、内部原理简图、典型电路及选型参考

AD524 的引脚图、内部原理简图、典型电路及选型参考如图 2.1.14～图 2.1.17 和表 2.1.6 所示。

2. 低功耗仪表放大器 AD620

(1) 特点

单电阻设置增益(1～1 000)

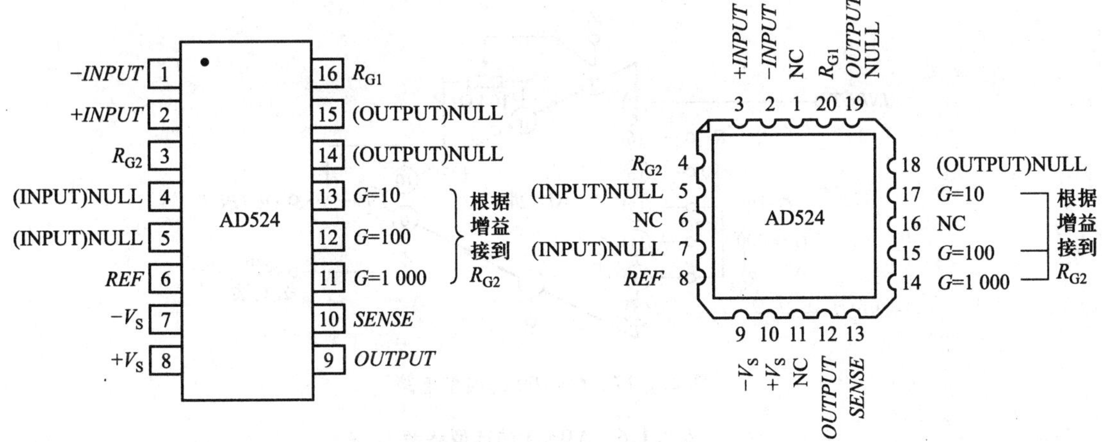

图 2.1.14　AD524 的引脚图

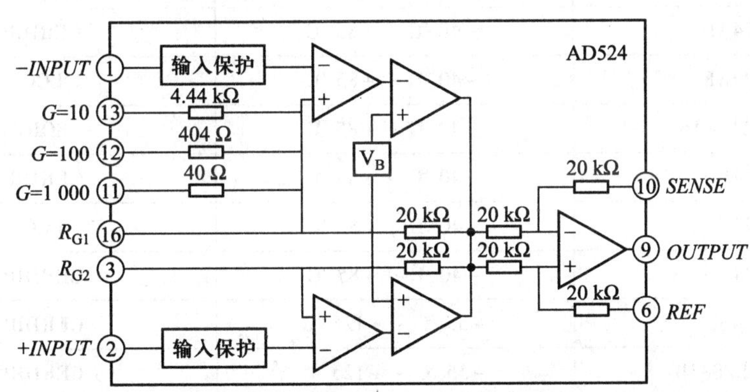

图 2.1.15　AD524 的内部原理简图

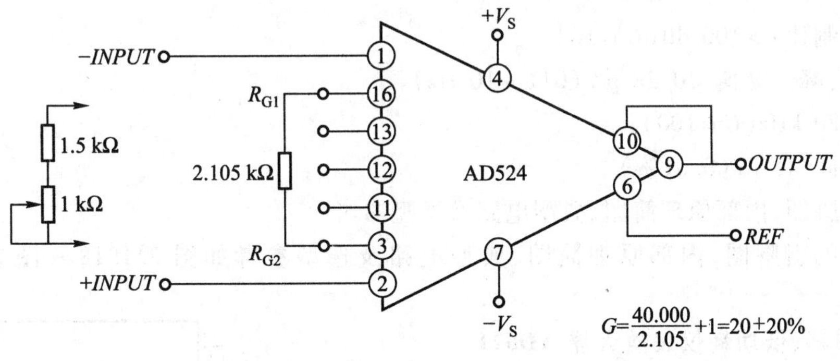

图 2.1.16　$G=20$ 的典型电路

宽电源范围：±2.3 ~ ±18 V

低功耗：最大 1.3 mA

输入失调电流：最大 50 μA

输入失调漂移：最大 0.6 μV/℃

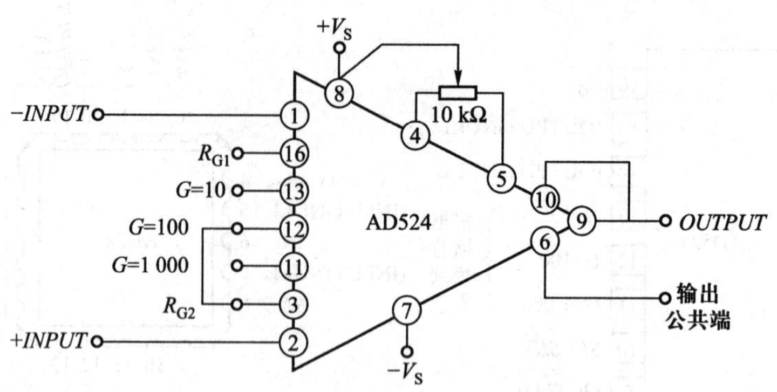

图 2.1.17　$G=100$ 的典型电路

表 2.1.6　AD524 的选型参考

型号	温度范围	封装形式
AD524AD	−40 ℃ ~ +85 ℃	CERDIP−16
AD524AE	−40 ℃ ~ +85 ℃	LCC−20
AD524AR−16	−40 ℃ ~ +85 ℃	SOIC−16
AD524BD	−40 ℃ ~ +85 ℃	CERDIP−16
AD524BE	−40 ℃ ~ +85 ℃	LCC−20
AD524CD	−40 ℃ ~ +85 ℃	CERDIP−16
AD524SD	−55 ℃ ~ +125 ℃	CERDIP−16
AD524SD/883B	−55 ℃ ~ +125 ℃	CERDIP−16
AD524SE/883B	−55 ℃ ~ +125 ℃	CERDIP−16

共模抑制比：>100 dB($G=10$)

低噪声：峰－峰值<0.28 μV(0.1 ~ 10 Hz)

带宽：120 kHz($G=100$)

置位时间：15 μs(0.01%)

(2) 引脚图、内部原理简图、典型电路及选型参考

AD620 的引脚图、内部原理简图、典型电路及选型参考如图 2.1.18 ~ 图 2.1.21 和表 2.1.7 所示。

3. 低漂移、低功耗仪表放大器 AD621

(1) 特点

通过引脚设置增益(1 和 100)

宽电源范围：±2.3 ~ ±18 V

低功耗：最大 1.3 mA

总增益误差：最大 0.15%

总增益漂移：$\pm 5\times10^{-6}$/℃

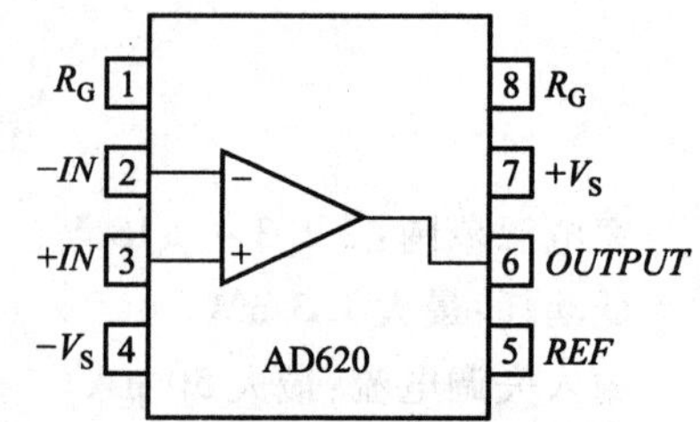

图 2.1.18　AD620 的引脚图

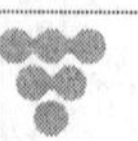

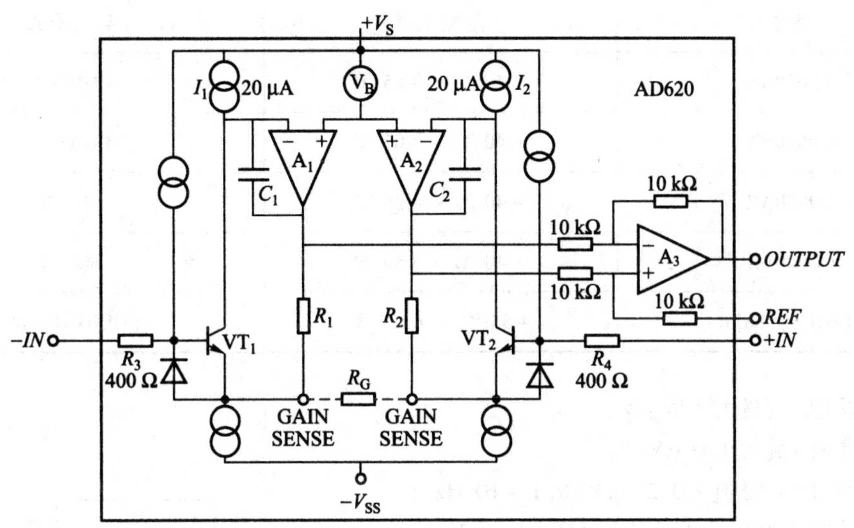

图 2.1.19　AD620 的内部原理简图

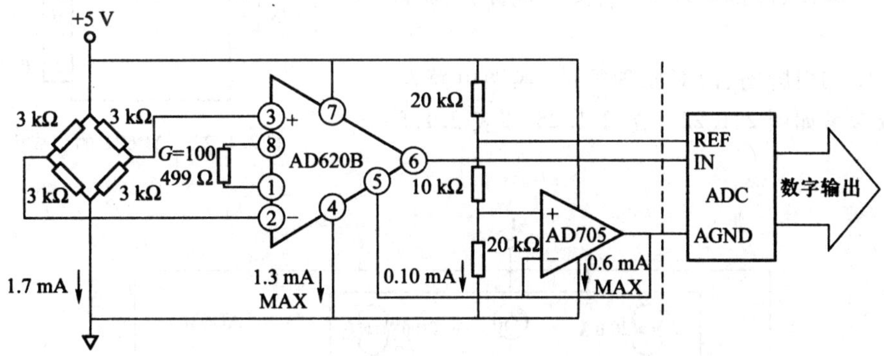

图 2.1.20　AD620 的典型电路——5 V 单电源压力测量电路

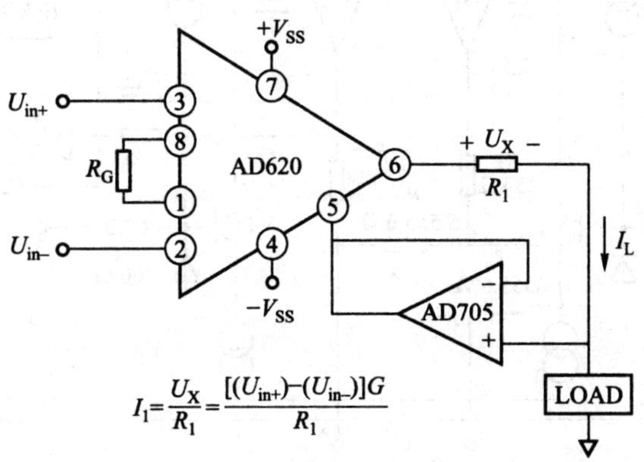

图 2.1.21　AD620 的典型电路——高精度 U/I 转换电路

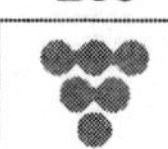

表 2.1.7　AD620 的选型参考

型号	温度范围	封装形式
AD620AN	-40 ℃ ~ +85 ℃	PDIP-8
AD620BN	-40 ℃ ~ +85 ℃	PDIP-8
AD620AR	-40 ℃ ~ +85 ℃	SO-8
AD620BR	-40 ℃ ~ +85 ℃	SO-8
AD620SQ/883B	-55 ℃ ~ +125 ℃	CERDIP-8

总失调电压：最大 125 μV

失调漂移：最大 1.0 μV/℃

低噪声：峰-峰值 ≤0.28 μV(0.1 ~ 10 Hz)

带宽：800 kHz(G = 10)，200 kHz(G = 100)

置位时间：12 μs(0.01%)

(2) 引脚图、内部原理简图、典型电路及选型参考

AD621 的引脚图、内部原理简图、典型电路及选型参数参考如图 2.1.22 ~ 图 2.1.25 和表 2.1.8 所示。

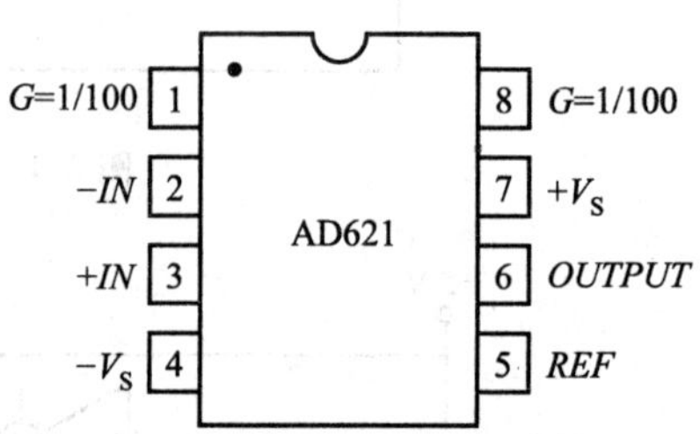

图 2.1.22　AD621 的引脚图

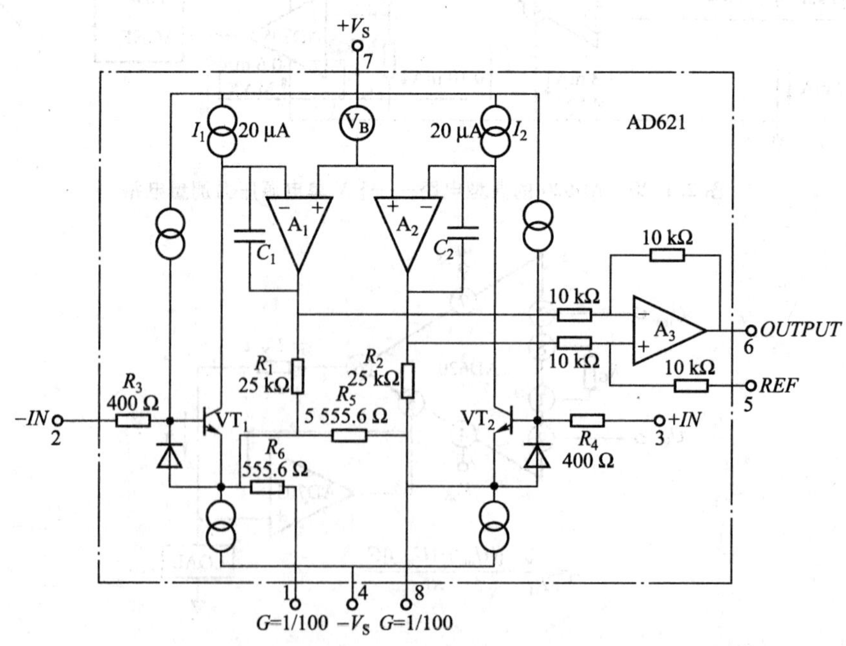

图 2.1.23　AD621 的内部原理简图

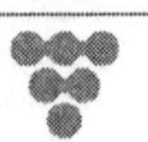

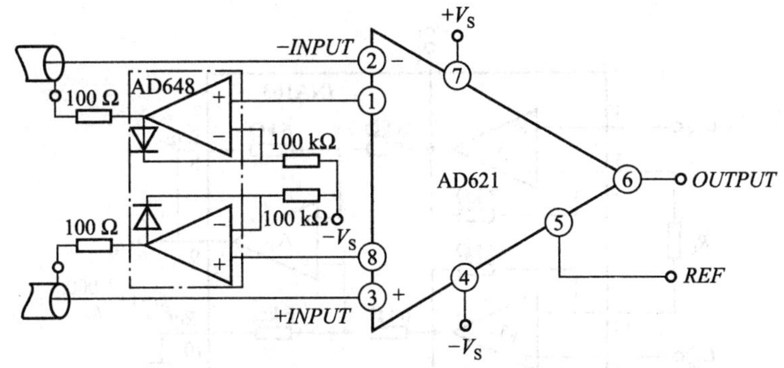

图 2.1.24 使用 AD621 的差分抑制放大器电路

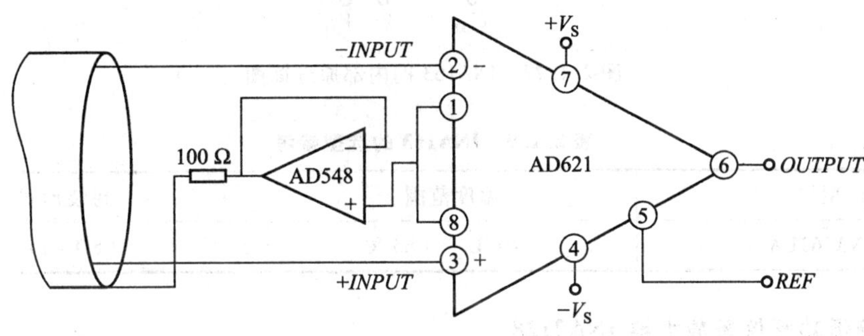

图 2.1.25 使用 AD621 的共模抑制放大器电路

表 2.1.8 AD621 的选型参考

型号	温度范围	封装形式
AD621AN	−40 ℃ ~ +85 ℃	PDIP−8
AD621BN	−40 ℃ ~ +85 ℃	PDIP−8
AD621AR	−40 ℃ ~ +85 ℃	SOIC−8
AD621BR	−40 ℃ ~ +85 ℃	SOIC−8
AD621SQ/883B	−55 ℃ ~ +125 ℃	CERDIP−8

4. 低噪声、低失真仪表放大器 INA163

(1) 特点

低噪声:1 nV/$\sqrt{\text{Hz}}$(1 kHz);

低 THD + N:0.002%(1 kHz,G = 100);

带宽:800 kHz(G = 100);

电压范围:±4.5 ~ ±1.8 V;

共模抑制比:>100 dB;

外部电阻设置增益。

(2) 引脚图、内部原理简图及选型参考

INA163 的引脚图、内部原理简图及选型参考如图 2.1.26、图 2.1.27 和表 2.1.9 所示。

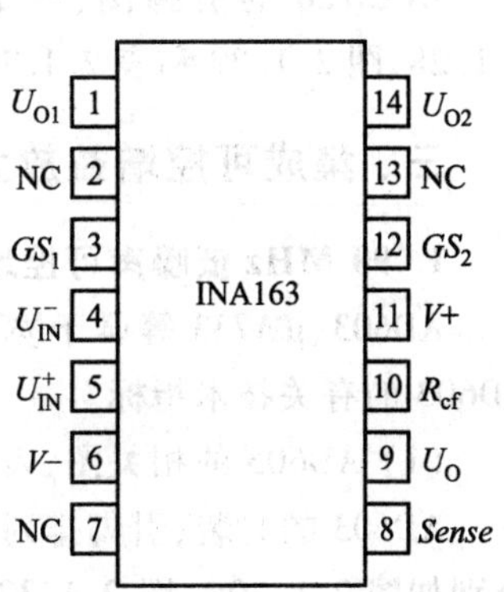

图 2.1.26 INA163 引脚图

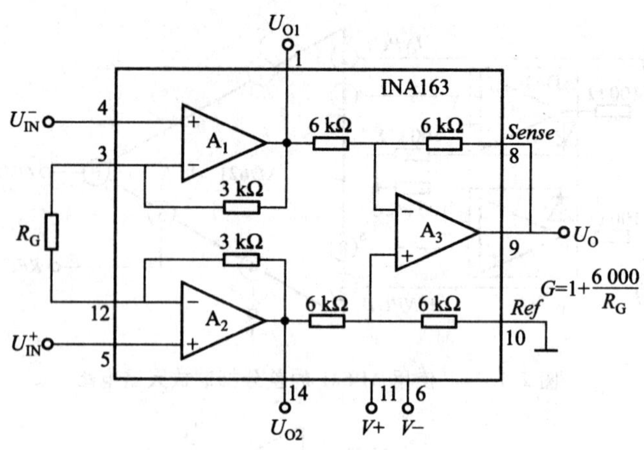

图 2.1.27　INA163 的内部原理简图

表 2.1.9　INA163 的选型参考

型号	温度范围	封装形式
INA163UA	-40 ℃ ~ +85 ℃	SO-14

5. 双路低功耗仪表放大器 INA2128

(1) 特点

低失调电压:最大 50 μV;

低失调电压漂移:最大 0.5 μV/℃;

输入偏置电流:最大 5 nA;

高共模抑制比:最小 120 dB;

输入保护电压: ±40 V;

宽电源电压范围: ±2.25 ~ ±18 V;

低静态电流:不大于 700 μA。

(2) 引脚图、内部原理简图及选型参考

INA2128 的引脚图、内部原理简图及选型参考如图 2.1.28、图 2.1.29 和表 2.1.10 所示。

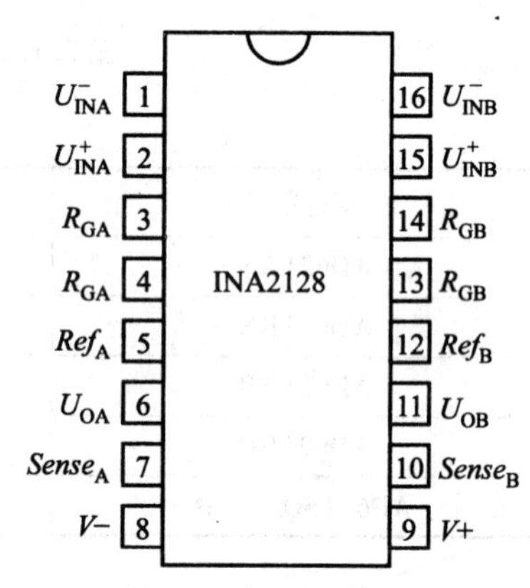

图 2.1.28　INA2128 的引脚图

三、集成可控增益放大器

1. 90 MHz 低噪声可控增益放大器 AD603 性能介绍

AD603、μA733 等属于宽频带低噪声、增益可控制的器件,现介绍一下高速宽带运放 AD603 的有关技术指标。

(1) AD603 的相关图、表

AD603 的封装、引脚排列、内部原理结构框图和最大增益与外接电阻 R_x 之间的关系曲线分别如图 2.1.30 ~ 图 2.1.32 和表 2.1.11 所示,这些图、表对了解 AD603 的电气性能非常有用。

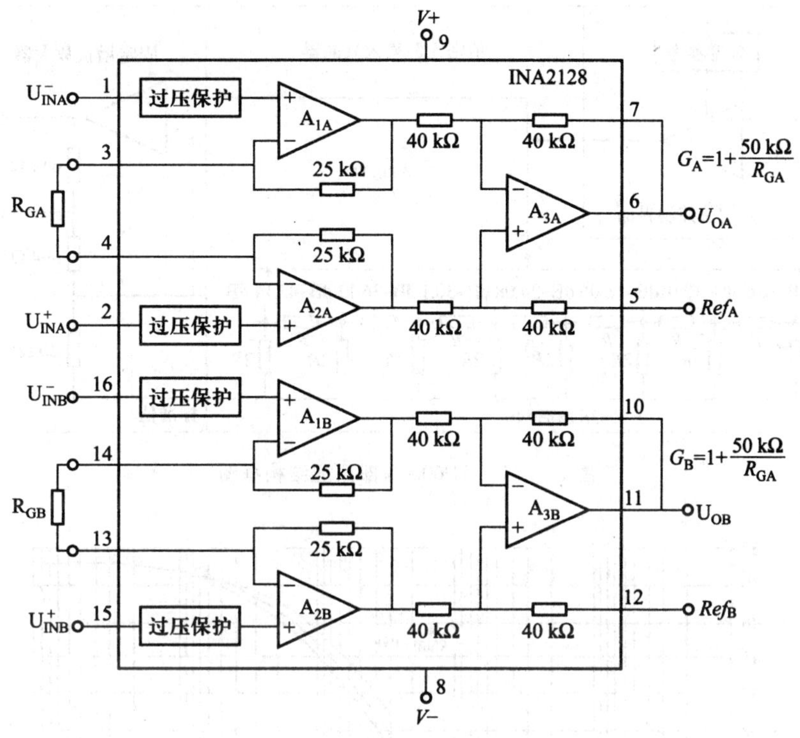

图 2.1.29　INA2128 的内部原理简图

表 2.1.10　INA2128 的选型参考

型号	温度范围	封装形式
INA2128PA	-40 ℃ ~ +85 ℃	PDIP-16
INA2128P	-40 ℃ ~ +85 ℃	PDIP-16
INA2128UA	-40 ℃ ~ +85 ℃	SOIC-16
INA128U	-40 ℃ ~ +85 ℃	SOIC-16

(2) 电气性能

增益特性。

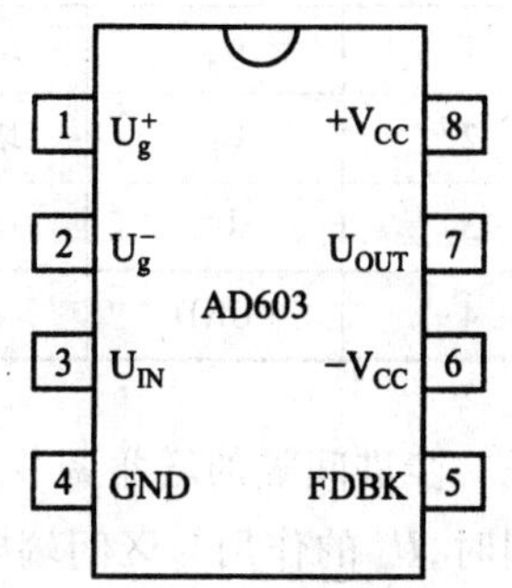

图 2.1.30　AD603 的引脚排列

固定增益上限 $A_u(0)$：与⑤、⑦脚之间的外接电阻 R_x 有关，$R_x=0$（与⑤、⑦脚短接），$A_u(0)_{max}=30$ dB；$R_x=6.44$ kΩ，$A_u(0)_{max}=50$ dB。所以，固定增益的上限为(30～50)dB。

增益衰减范围：由内部 $R-2R$ 精密梯形网络实现，$R=100$ Ω，每节衰减 6 dB，共有 7 节，总的衰减能力约为 40 dB。可见，运放的增益在其上限之下，有 40 dB 的可调范围。

增益控制调节方法：①、②脚都是其控制电压 U_g 的接入端，由 U_g 控制内部衰减网络的无级变化，从而实现 40 dB 范围

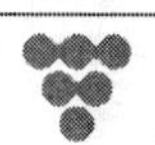

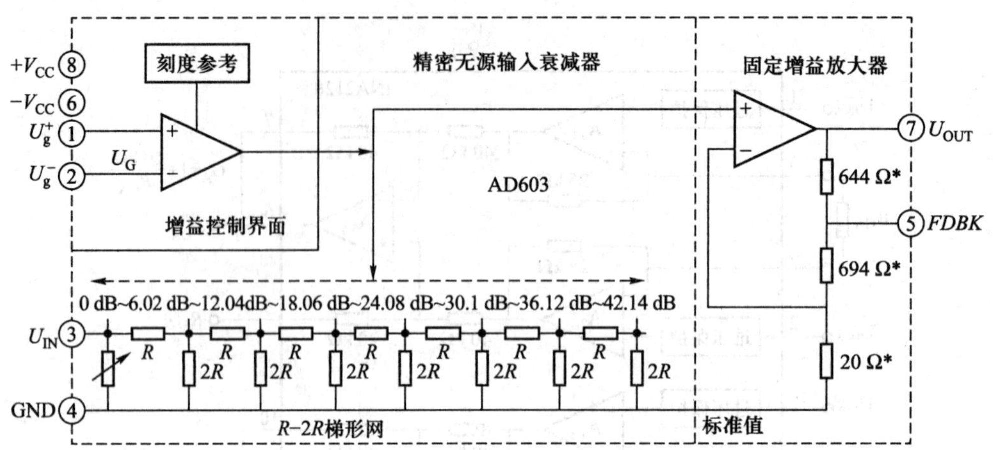

图 2.1.31　AD603 内部原理结构框图

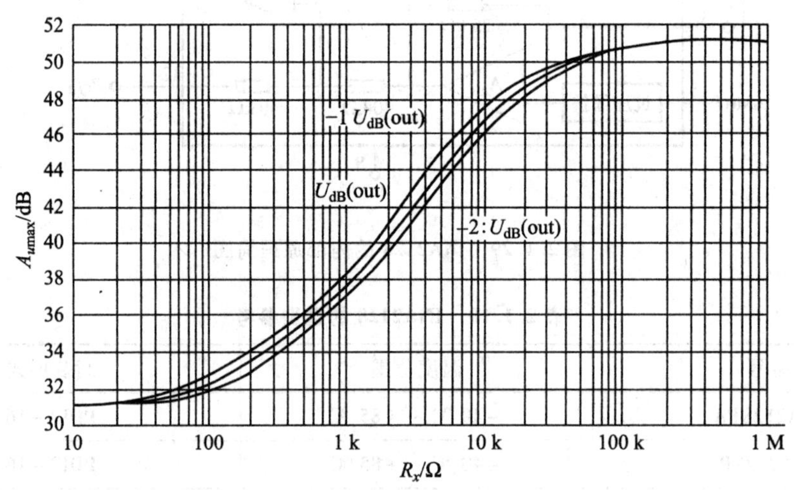

图 2.1.32　最大增益与 R_x 之间的关系曲线

表 2.1.11　AD603 引脚功能

引脚	代号	描述	引脚	代号	描述
1	U_{g+}	增益控制输入正端	5	FDBK	反馈端
2	U_{g-}	增益控制输入负端	6	$-V_{CC}$	负电源输入
3	U_{in}	运放输入	7	U_{out}	运放输出
4	GND	运放公共端	8	$+V_{CC}$	正电源输入

内任一步进间隔的增益调节。U_g 是①、②脚之间的电位差，范围是（−0.5 V，0.5 V），超出该范围时，U_g 的作用与区间端电压相同。在 U_g 控制下，放大器的对数增益（以分贝表示）与 U_g 呈线性关系（U_g 的单位为 V）：

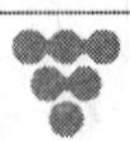

$$A_u(U_g) = 40U_g + A_{Gmax} - 20\text{ dB}$$

2. 几种可控增益放大器性能比较

几种可控增益放大器性能对照表见表 2.1.12。

表 2.1.12 几种可控增益放大器性能对照表

编号	名称及型号	特点
1	软件可编程增益放大器 AD526	数字编程增益:×1、×2、×4、×8、×16
		增益误差:最大 0.01%(G=1,2,4,C 级), 最大 0.02%(G=8,16,C 级)
		增益漂移:0.5×10^{-6}/℃(温度范围内)
		置位时间:10 V 信号变化:4.5 μs(0.01%,G=16) 增益变化:5.6 μs
		非线性:最大 ±0.005% FSR
		失调电压:最大 0.5 mV(C 级)
		失调电压漂移:3 μV/℃(C 级)
		TTL 兼容数字输入
2	双路低噪声可控增益放大器 AD600/AD602	两路独立的增益控制
		增益响应:dB 线性
		增益范围:AD600:0~40 dB;AD602:-10~30 dB
		增益精度:±0.3 dB
		输入噪声:1.4 nV/$\sqrt{Hz}$
		低失真:-60 dBc *THD*(±1 V 输出时)
		-3 dB 带宽:DC~35 MHz
		低功耗:最大 125 mW(每个放大器)
3	90 MHz 低噪声可控增益放大器 AD603	增益响应:dB 线性
		可控增益范围:-11~30 dB(90 MHz 带宽),9~51 dB(9 MHz 带宽)
		带宽与增益变化无关
		输入噪声:1.3 nV/$\sqrt{Hz}$
		增益精度:±0.5 dB(典型值)
4	双路极低噪声可控增益放大器 AD604	最大增益时输入噪声:0.8 nF/$\sqrt{Hz}$,3.0 PA/$\sqrt{Hz}$
		独立的增益 dB 线性响应通道
		每个导通可控增益范围:0~48 dB(前置增益=14 dB) 6~54 dB(前置增益=20 dB)
		增益精度:±1.0 dB

续表

编号	名称及型号	特点
4	双路极低噪声可控增益放大器 AD604	-3 dB 带宽:40 MHz
		输入阻抗 300 kΩ
		单端无极性增益控制
5	数字控制增益放大器 PGA103	数字控制增益:×1,×10,×100
		CMOS/TTL 兼容输入
		低增益误差:±0.05%
		失调电压漂移:不大于 2 μV/℃
		低静态电流:2.6 mA

2.2 实用低频功率放大器设计 (1995 年全国大学生电子设计竞赛 A 题)

一、任务

设计并制作具有弱信号放大能力的低频功率放大器。其设计任务示意图如图 2.2.1 所示。

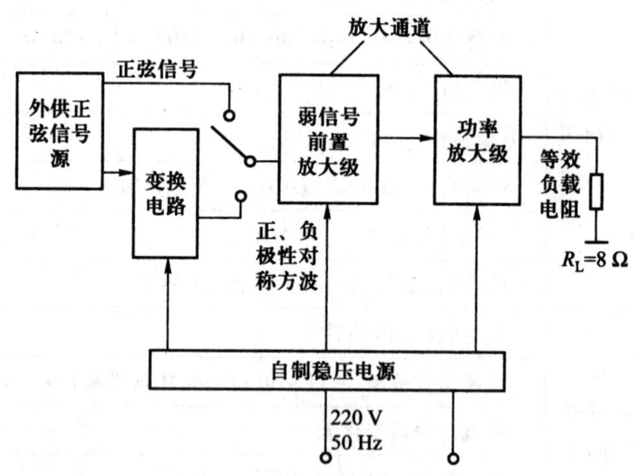

图 2.2.1 设计任务示意图

二、要求

1. 基本要求

(1) 在放大通道的正弦信号输入电压幅度为 5 ~ 700 mV,等效负载电阻 R_L 为 8 Ω 条件下,放大通道应满足:

① 额定输出功率 $P_{OR} \geqslant 10$ W;

② 带宽 $B_W \geqslant 50 \sim 10\ 000$ Hz;

③ 在 P_{OR}下和 B_W 内的非线性失真系数≤3%；

④ 在 P_{OR}下的效率≥55%；

⑤ 在前置放大级输入端交流短接到地时，$R_L = 8\ \Omega$ 上的交流功率≤10 mW；

(2) 自行设计并制作满足本设计任务要求的稳压电源。

2. 发挥部分

(1) 放大器的时间响应

① 由外供正弦信号源经变换电路产生正、负极性的对称方波；频率为 1 000 Hz、上升和下降时间≤1 μs、电压峰－峰值为 200 mV。

用上述方波激励放大通道时，在 $R_L = 8\ \Omega$ 条件下，放大通道应满足：

② 额定输出功率 P_{OR}≥10 W；

③ 在 P_{OR}下输出波形上升和下降时间≤12 μs；

④ 在 P_{OR}下输出波形顶部斜降≤2%；

⑤ 在 P_{OR}下输出波形过冲量≤5%。

(2) 放大通道性能指标的提高和实用功能的扩展(例如提高效率、减小非线性失真等)。

三、评分标准

	项目	满分
基本要求	设计与总结报告：方案设计与论证，理论分析与计算，电路图，测试方法与数据，结果分析	50
	实际制作完成情况	50
发挥部分	完成第(1)项	20
	完成第(2)项	10
	特色与创新	20

2.2.1 题目分析

1. 求输出最大电压 U_{omax}

根据题意，输出功率 P_{OR}≥10 W，负载 $R_L = 8\ \Omega$。则

$$P_{OR} = \frac{U_o^2}{R_L}$$

于是
$$U_o = \sqrt{P_{OR}R_L} = \sqrt{10 \times 8}\ \text{V} = 8.95\ \text{V}$$

故
$$U_{omax} \geqslant 8.95\ \text{V}$$

$$U_{o(p-p)} \geqslant \sqrt{2}U_{omax} \geqslant 12.6\ \text{V}$$

2. 求系统最大电压放大倍数 A_{umax}

根据题意，输入电压为 5 ~ 700 mV，则

$$A_{umax} = \frac{U_{omax}}{U_{imin}} = \frac{8.95}{5 \times 10^{-3}} = 1\ 790$$

$$A_{umin} = \frac{U_{omax}}{U_{imax}} = \frac{8.95}{0.7} = 12.78$$

3. 脉冲参数定义

脉冲矩形波形如图 2.2.2 所示，具体脉冲参数定义如下：

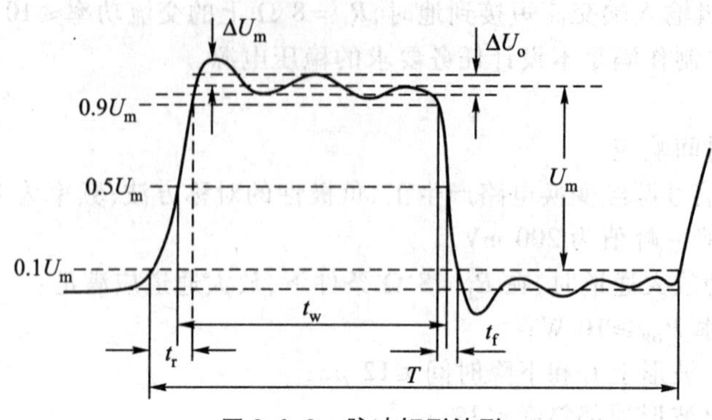

图 2.2.2 脉冲矩形波形

U_m——脉冲幅度；

T——脉冲周期；

t_w——脉冲宽度；

$D=\frac{t_w}{T}$——占空系数；

t_r——上升时间；

t_f——下降时间；

$\frac{\Delta U_o}{U_m}$——顶部斜降；

$\frac{\Delta U_{om}}{U_m}$——波形过冲量。

2.2.2 方案论证

系统原理方框图如图 2.2.3 所示。它由波形变换电路、弱信号前置放大电路、功率放大电路、功率指示与保护电路、自制稳压电源五个部分组成。

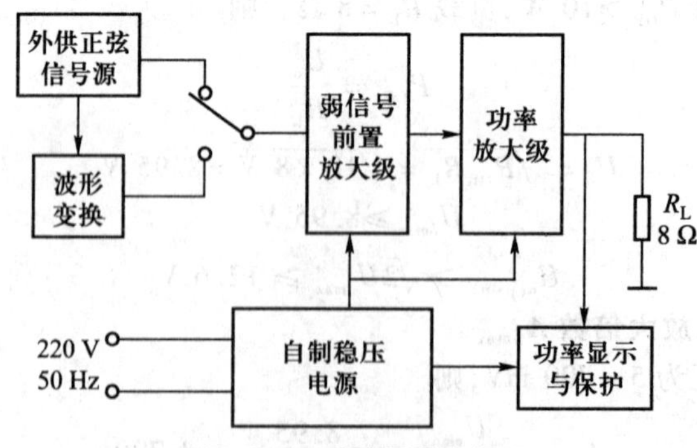

图 2.2.3 系统原理方框图

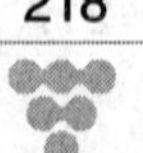

该系统是一个高增益、高保真、高效率、低噪声、宽频带、快响应的音响与脉冲传输、放大兼容的实用电路。下面对每个单元电路分别进行论证。

一、波形变换电路

▶方案一

采用过零的比较器进行波形变换，将 1 000 Hz 的正弦波变换成同频的方波信号，然后经过施密特触发器进行整形。

▶方案二

直接采用施密特触发器进行变换与整形。而施密特电路可采用高精度、高速运算电路搭接而成，也可采用专用施密特触发器构成，还可以选用 NE555 电路构成。

本系统采用方案二，且施密特电路采用高精度、高速运算放大器 LF357 构成。

二、弱信号前置放大级

弱信号前置放大电路必须由低噪声、高保真、高增益、快响应、宽带音响集成电路构成。符合上述条件的集成电路有：M5212L、M5213L、TA7120P、TA7322P、TA7668AP/BP、NE5532、TDA2040A、LM1875、TDA1514 等。

设计选用 ME5532 低噪声、高保真集成芯片。

三、功率放大级

▶方案一

采用专用的音响集成芯片。符合题目要求的集成芯片有许多。例如以 TA7240AP/7241AP、TA7270P/7271P 为代表的音响集成芯片，近 30 多年来，在我国的音响设备中非常流行。它的主要特点是：失真小、噪声小、音质纯且价格便宜。若要进一步提高输出功率到 50 W 左右，采用厚膜集成电路 STK4181Ⅱ、STK4191Ⅱ等。输出 80 W 的有 STK8280Ⅱ、输出 100 W 的有 STK0100Ⅱ等。该方案的优点：技术成熟，外围元器件少，调试简单，便于扩功等。

▶方案二

功率放大输出级采用分立元件构成的 OCL 电路，驱动级采用集成芯片，整个功放级采用大环电压负反馈。这种方案的优点是，由于反馈深度容易控制，故放大倍数容易控制。且失真度可以做到很小，使音质纯净。但外围元器件较多，调试要困难一些。

这两种方案均可行，在条件允许的情况下，可采用方案一，在竞赛时可以争取一些时间。若专用集成芯片一时购买不上，采用方案二也是可行的。

四、功率显示及保护电路

本系统采用 TA7336 集成芯片构成的功率电平显示及保护电路。

五、自制稳压电源

本系统采用三端稳压电路。

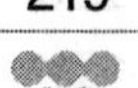

2.2.3 硬件设计

由前面的方案论证得知，设计本系统有两种方案，一种方案是采用集成电路与分立元件相结合的方案，另一种方案是全采用集成芯片的方案。现分别说明如下：

方案设计一：采用集成电路与分立元件相结合的设计方案。具体电路由图 2.2.4、图 2.2.5、图 2.2.6 和图 2.2.7 所组成。

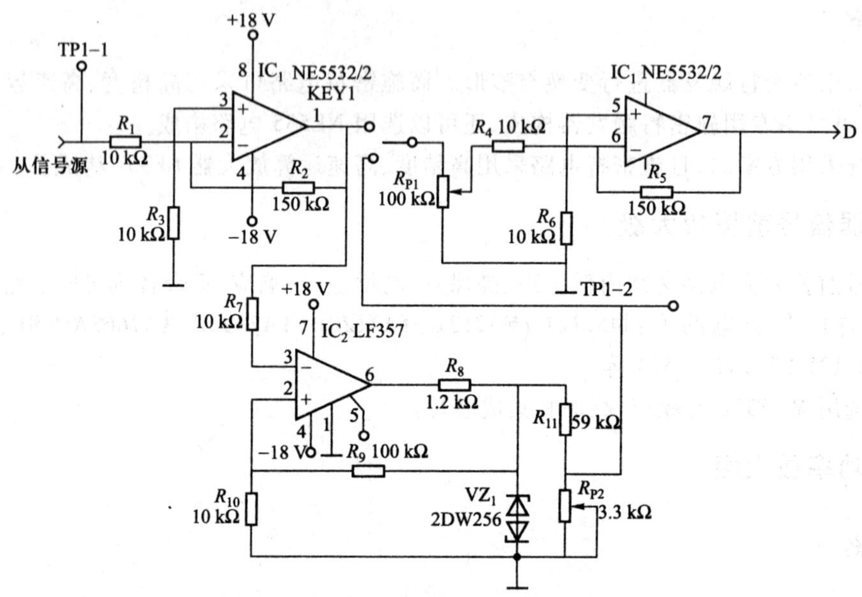

图 2.2.4　波形变换和前置放大电路

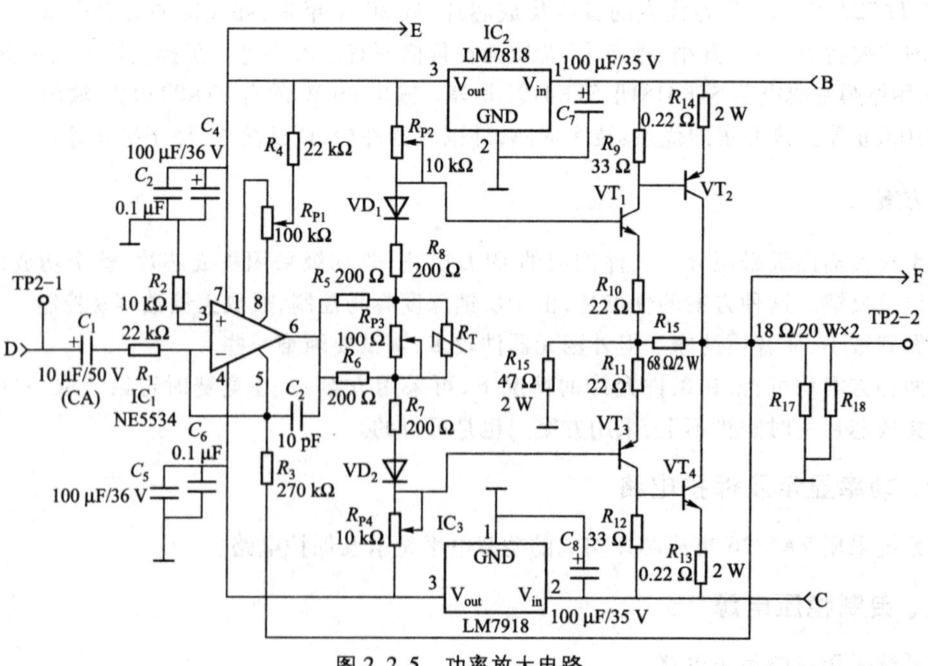

图 2.2.5　功率放大电路

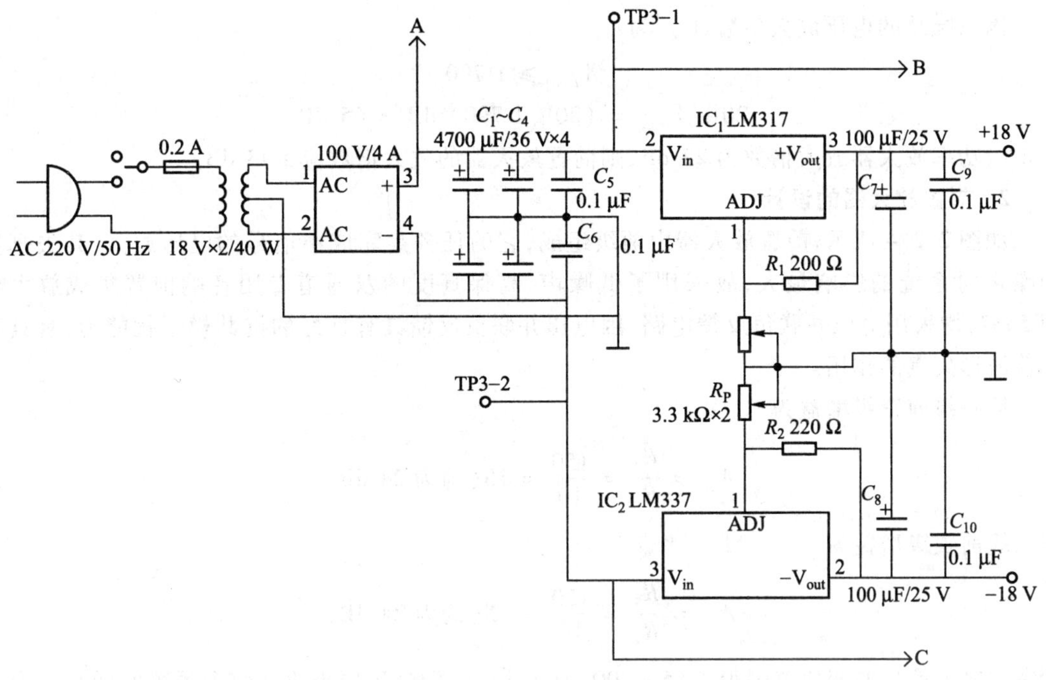

图 2.2.6　自制电源电路

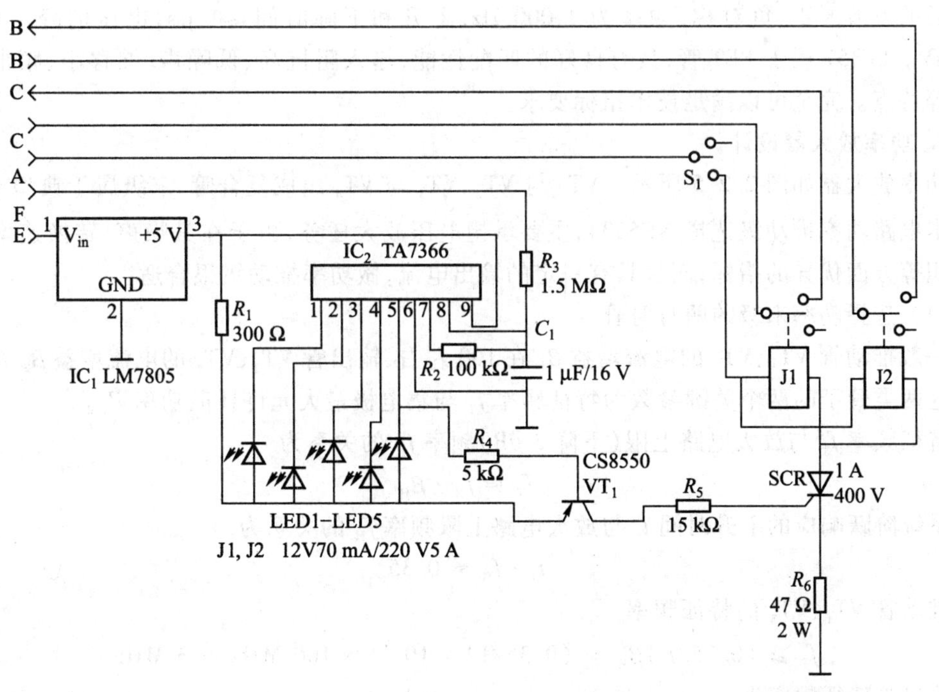

图 2.2.7　功率显示与保护电路

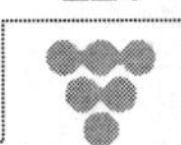

1. 增益分配

因系统总的电压放大倍数 $A_{u\max}$ 为：

$$A_{u\max} \geqslant 1\ 790$$

$$20\lg A_{u\max} = (20\lg 1\ 790)\ \text{dB} = 65\ \text{dB}$$

令末级功率放大器放大倍数为 22 dB，则前置放大器的放大倍数应≥43 dB。

2. 前置放大器的设计

如图 2.2.4 所示，前置放大器由两级组成，它的任务是完成小信号的电压放大，其失真度和噪声对系统的影响最大，故采用了低噪声、高保真度的双通道专用音响前置集成放大器 NE5532，均采用电压并联负反馈电路，因电压并联负反馈具有良好的抗共模干扰能力，且具有改善波形失真的作用。

第一级前置级增益为

$$A_{u1} = \frac{R_2}{R_1} = \frac{150}{10} = 15(\text{约为 }24\ \text{dB})$$

第二级前置级增益为

$$A_{u2} = \frac{R_5}{R_4} = \frac{150}{10} = 15(\text{约为 }24\ \text{dB})$$

考虑到输入信号的变化范围很大(5 ~ 700 mV)，用 R_{P1} 做分压器来改变整个系统的增益。为了稳定功放级的工作点，前置级和功放级之间采用钽电容耦合。

在图 2.2.4 中，由 LF357 构成的施密特触发器。主要起波形变换的作用。根据题目要求，变换后的方波要正、负对称，频率为 1 000 Hz，上升和下降时间 ≤1 μs，电压的峰 - 峰值为 200 mV。LF357 属于 FET 管，具有良好的匹配性能，输入阻抗高、低噪声、漂移小、频带宽、响应快等特点。完全可以满足技术指标要求。

3. 功率放大器设计

功率放大器如图 2.2.5 所示。VT_1 与 VT_2、VT_3 与 VT_4 组成复合管，末级属于典型 OCL 电路。本电路功率推动级选择 NE5534，主要承担电压放大任务，由于在其噪声、转换速率、增益带宽积等方面优异的指标，而且具有一定的输出电流，做功率推动级很合适。

(1) 选择功率末级的两对对管

一般推动管 VT_1、VT_3 的电流增益 β_1 在 100 左右，输出管 VT_2、VT_4 的电流增益 β_2 在 40 左右。这两类管子的两个关键参数为特征频率 f_T 与集电极最大允许耗散功率 P_{CM}。

特征频率 f_T 与放大电路上限(下降 3 dB)频率 f_H 的关系为

$$f_T \approx f_H \cdot \beta_H$$

系统阶跃响应的上升时间 t_r 与放大电路上限频率 f_H 的关系为

$$t_r \cdot f_H \approx 0.35$$

推动管 VT_1、VT_3 的特征频率

$$f_T \geqslant (0.35/t_r)\beta_H = (0.35/12 \times 10^{-5}) \times 100\ \text{MHz} \approx 3\ \text{MHz}$$

输出管特征频率为

$$f_T \geqslant (0.35/12 \times 10^{-5}) \times 40 \approx 1\ \text{MHz}$$

对乙类 OCL 放大器来说，$P_{TM} \approx 0.2P_{OM}$。P_{TM} 为单管最大管耗，P_{OM} 为最大不失真输出功率，甲乙类 OCL 应大于此。因此，输出管 $P_{CM} > 0.2 \times 16 \approx 3$ W。

根据以上计算，并考虑到指标提高及工程实际，推动管选用对管 2SB649、2SD669，其参数为 $f_T = 140$ MHz，$P_{CM} = 15$ W，$U_{ceo} = 180$ V。输出管选用对管 2SA6114，2SC2707，其参数为 $f_T = 60$ MHz，$P_{CM} = 150$ W，$U_{ceo} = 180$ V，可以满足设计要求。

(2) 功率放大器各管的工作点

考虑到本电路工作于甲乙类，若设效率为 70%，则允许末级管耗 P_T 为输出功率的 30%。

$$P_T = 2V_{CC} \times I_{eo} = 0.3P_O (V_{CC} \approx 21 \text{ V}，后述)$$

$$I_{eo} = (0.3 \times 16/42) \text{ A} = 0.114 \text{ A}$$

$$U_{R9} = 0.7 \text{ mV} + I_{eo} \cdot R_{14} = 0.725 \text{ V}$$

$$I_{e1} \approx (U_{R9}/R_9) = 0.022 \text{ A}$$

$$U_{b1} \approx 0.7 \text{ mV} + I_{e1} \times R_{10} = 1.18 \text{ V}$$

$$R_{P2} = \frac{V_{CC} - U_{b1}}{(U_{b1} - U_{d1})/[R_8 + (R_{P3}/2)]} \approx \frac{21 - 1.18}{0.48/250} \text{ k}\Omega = 9.8 \text{ k}\Omega$$

所以，R_{P2}，R_{P4}都采用 10 kΩ 精密电位器。

(3) 要做到尽量小的失真

由于采用 OCL 电路，首先要保证正、负两边放大电路的对称，包括电源值的对称，VT_1 与 VT_3，VT_2 与 VT_4 的放大倍数 β 相等，对应电阻值、二极管压降相等；第二为了减小交越失真，应把 $VT_1 \sim VT_4$ 的工作点适当提高。实际上前者很难达到，尤其是两对对管 β 值很难做到对称相等。补偿方法一是通过调节 R_{P2}、R_{P4}、R_{P1} 使输出点 TP2 - 2 的静态电位尽量接近零伏，二是为了补偿由于管结温的升高其 β 值的增加，采用具有负温度系数的二极管 VD_1、VD_2(1N4148) 对其进行补偿。同理具有负温度系数的热敏电阻 R_T 也具有相同的作用(见图 2.2.4)。

功率放大器采用两级电压并联负反馈，其电压放大倍数为

$$A_{u3} = \frac{R_3}{R_1} = \frac{270}{22} = 12.3(22 \text{ dB})$$

4. 电源电路的设计

如前所述，本电路输出正弦波幅值为 12.6 V，从提高效率考虑，功放级电源电压越接近 12.6 V 越好，但考虑到管压降等因素，选用了一个双 18 V 变压器。经整流滤波可得约 ±21 V 电压。在这种情况下，若本电路工作于乙类，则效率为

$$\eta = \frac{\pi}{4} \frac{U_{cem}}{V_{CC}} = \frac{\pi}{4} \times \frac{12.6}{18} \approx 55\%$$

$$\eta_{max} = \frac{\pi}{4} \times \frac{17.7}{18} = 77\%$$

$$P_{omax} = \frac{17.7^2}{2 \times 8} \text{ W} = 19.5 \text{ W}$$

考虑系统其他部分的耗能及留有余量，选择了一个 40 W、双 18 V 输出变压器。

整个系统既存在大信号(功放级)，也存在小信号(前置级)，所以抗干扰也要引起足够的重视。因为如果功放级的大电流流过公共地线，会产生一个压降，这样就会对前置级产生干

扰。因此要采取单点接地的抗干扰措施,即前置级单独用一个地,功放级单独用一个地,最后两地单点接到变压器的公共地上,如图 2.2.6 所示。

5. 功率指示和保护电路设计

本电路附加了一功率指示和功率保护电路,其原理简述如下:从图 2.2.5 中 F 点输出的信号经一电阻采样,送入 TA7366(5 位电平指示器,见图 2.2.7),适当调整采样电阻的值,使电平指示的最高位对准本功放的临界失真功率。当最高位 LED 点亮时,其压降约 1.8 V,以此电压触发单向晶闸管,再推动继电器,将功放通道的电源断开。不需要保护时只需将晶闸管的阳极断开。

6. 各部件的安放位置

变压器远离前置板和输入点;散热片靠外,远离前置板;1N4148,R_T 尽量靠近散热片。

设计方案二,采用集成电路作输出级的设计方案。该设计方案系统原理框图如图 2.2.8 所示,前置放大器原理图如图 2.2.9 所示,波形变换器原理图如图 2.2.10,功率放大器原理图如图 2.2.11 所示,保护电路如图 2.2.12 所示。

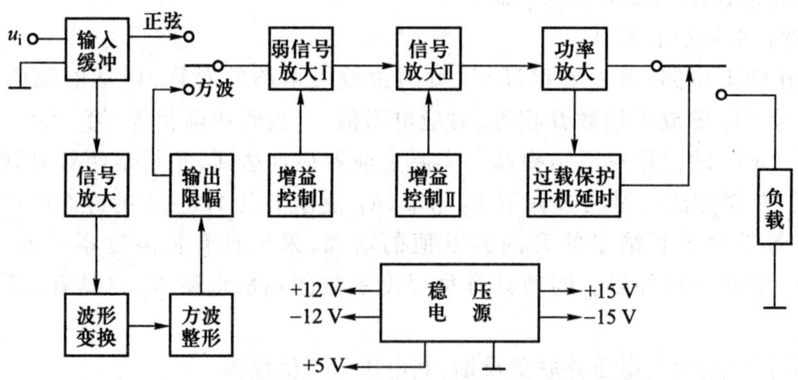

图 2.2.8　设计方案二系统原理框图

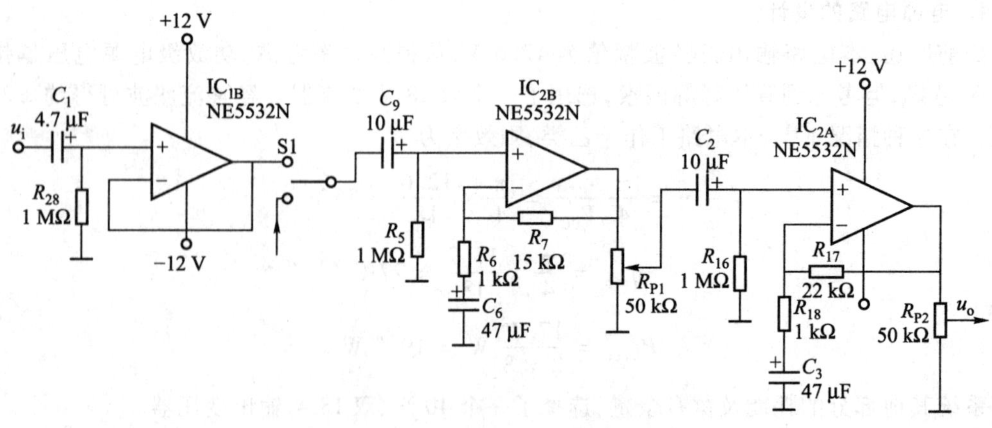

图 2.2.9　前置放大器原理图

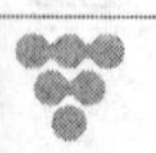

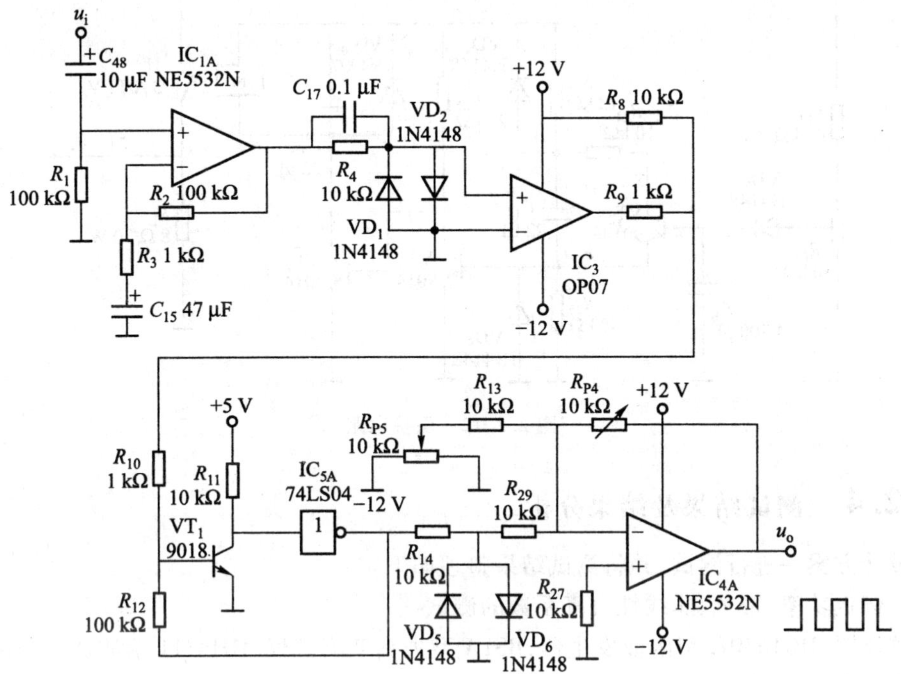

图 2.2.10　波形变换器原理图

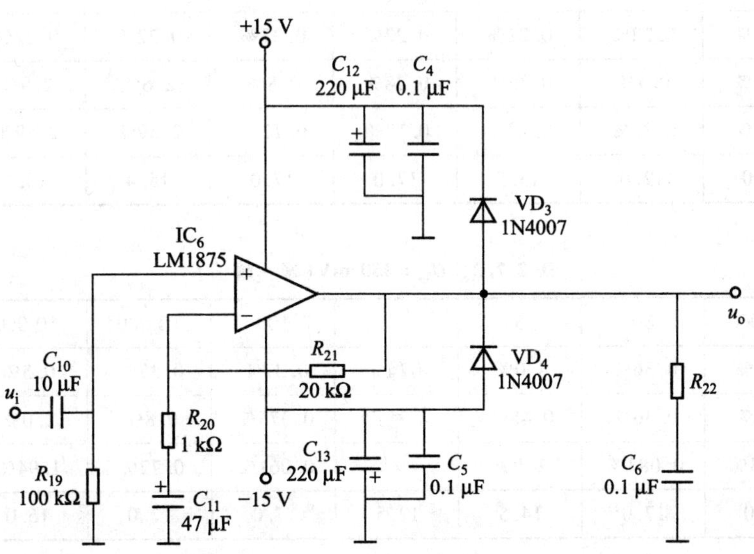

图 2.2.11　功率放大器原理图

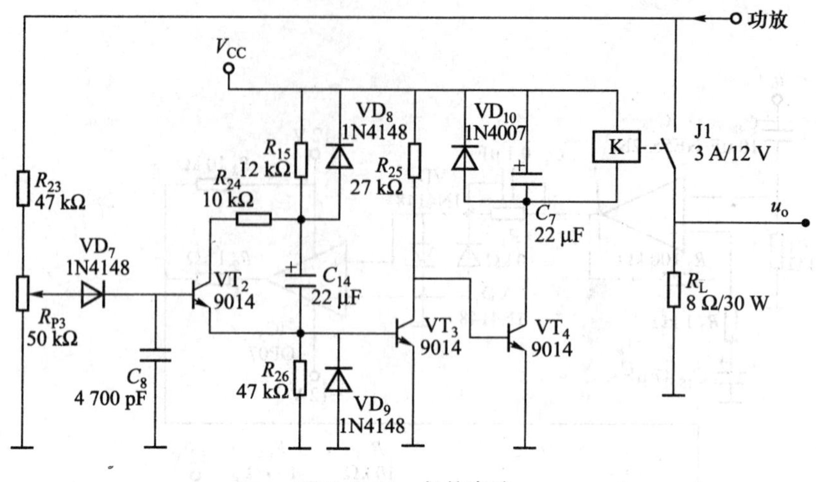

图 2.2.12 保护电路

2.2.4 测试结果及结果分析

对设计方案一进行测试,并将测试结果整理如下。

(1) 额定功率、带宽、非线性失真系数的测试

测试仪器:HG1630H 型函数发生器,BS1A 型失真度测试仪,HH4311 示波器。测试结果如表 2.2.1、表 2.2.2 所示。

表 2.2.1 U_{in} = 200 mV(峰 - 峰值)

f/Hz	1 000	8	10	100	10 000	50 000	80 000	100 000
γ_{in}	0.22%	0.22%	0.22%	0.22%	0.22%	0.22%	0.22%	0.22%
γ_{out}	0.25%	0.4%	0.35%	0.28%	0.8%	2.6%	2.9%	3.4%
γ	0.12%	0.33%	0.27%	0.17%	0.77%	2.59%	2.89%	3.39%
U_{out}/V	17.0	12.0	13.5	17.0	17.0	15.4	13.3	12.0

表 2.2.2 U_{in} = 450 mV(峰 - 峰值)

f/Hz	1 000	50	5	1	100	10 000	50 000	100 000
γ_{in}	0.34%	0.36%	4.0%	不稳定	0.37%	0.35%	0.5%	0.48%
γ_{out}	0.35%	0.36%	0.45%	不稳定	0.375%	0.8%	2.0%	3.0%
γ	0.083%	0.083%	2.1%	/	0.061%	0.72%	1.94%	2.96%
U_{out}/V	17.0	17.0	14.5	12.5	17.0	17.0	16.0	12.0

(2) 噪声功率的测量

测试设备:HH4311 型示波器 20 MHz。

测试结果:交流噪声有效值为 2 mV。

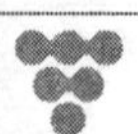

$$P_{交流声}=(2\times10^{-3})^2/R_L=0.25\times10^{-5}\ W=2.5\ \mu W$$

（3）功率测试

测试设备：DT－9102A 型数字万用表，HG1630H 型函数发生器，HH4311 型示波器。

测试结果：在输出额定功率的前提下，测得 $I_1=I_2=0.73$ A，则

$$P_{in}=0.73\times(18+18)\ W=26.3\ W$$

故效率为

$$\eta=P_{out}/P_{in}=16/26.3\approx60\%$$

实际上，功放级本身的功耗小于 26.3 W，故 η 稍大于 60%。

（4）波形变换电路的测量

测试设备：HG1630 型函数发生器，HH4311 型示波器。

测试方法和步骤如下。

① 增益调至最小，把输入信号切换开关打到方波产生位置。

② 系统加电，信号发生器产生频率为 1 kHz、幅度为 150～200 mV 的正弦波，再把示波器接到 TP1－2 波变换电路输出点。观察输出波形，记录各值。

③ 再把示波器接到 TP2－2，调节增益使输出方波幅度为 12 V（单峰值），观察输出信号，记录各值。

测试结果如表 2.2.3 所示。

表 2.2.3 测试结果

测试项 / 测试点	幅度	上升时间	下降时间	平顶斜降	过冲量
TP1－2	200 mV（U_{P-P}）	0.5 μs	0.5 μs		
TP2－2	16 V（U_m）	4.2 μs	5.3 μs	1.8%	0.001%

（5）要求指标与实测指标对比，如表 2.2.4 所示。

表 2.2.4 要求指标与实测指标对比

项目	要求指标	实测指标
额定输出功率 P_{oR}/W	10	16
宽带/Hz	50～10 000	5～80 000
失真系数 γ	3%	0.77%
效率 η	55%	60%
交流噪声功率 P_N/mW	10	0.002 5
频率/Hz	1 000	1 000
上升时间 t_r/μs	1	0.5
下降时间 t_f/μs	1	0.5
产生方波 U_{P-P}/mV	200	200
方波输出功率 P_{OR}/W	10	17

续表

项目	要求指标	实测指标
P_{OR}下的 $t_r/\mu s$	12	4.2
P_{OR}下的 $t_f/\mu s$	12	5.3
顶部斜降	2%	1.8%
过冲量	5%	0.001%

测试结果分析：由测试结果可见，本电路具有很好的高频响应特性（$f_H \leqslant 80$ kHz），这就保证了很短的上升时间（$t_r \approx 4.2$ μs）；而低频下限频率延伸到很低（$f_1 \approx 5$ Hz），又保证了很小的平顶斜降。从测试结果来看，本电路在其通频带 5 Hz ~ 80 kHz 内的失真度小于 3%，尤其在 50 Hz ~ 10 kHz 之间时具有非常平坦的幅频特性，这主要得益于整个电路简洁、实用的设计，前置放大级和功率放大级内部均为直接耦合，功率放大级采取交直流大环负反馈，同时利用热敏电阻和二极管的负温度特性，对放大器由于工作温升造成的工作点漂移进行补偿，使得系统的非线性失真度和不稳定度大为减小。

2.3 测量放大器设计
（1999 年全国大学生电子设计竞赛 A 题）

一、任务

设计并制作一个测量放大器及所用的直流稳压电路，测量原理图如图 2.3.1 所示。

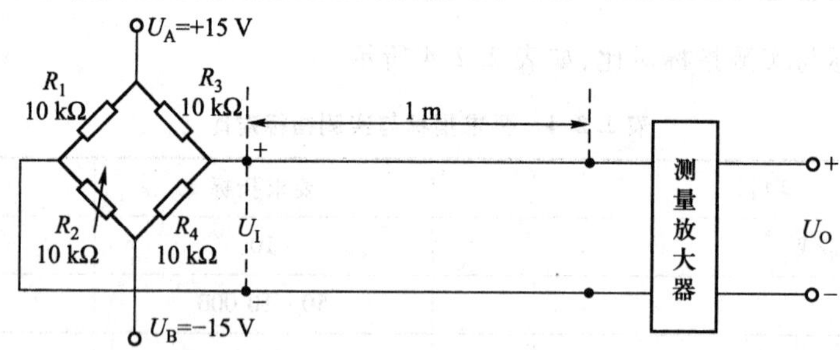

图 2.3.1 测量原理图

输入信号 U_I 取自桥式测量电路的输出。当 $R_1 = R_2 = R_3 = R_4$ 时，$U_I = 0$。R_2 改变时，产生 $U_I \neq 0$ 的电压信号。测量电路与放大器之间有 1 m 长的连接线。

二、要求

1. 基本要求

（1）测量放大器

① 差模电压放大倍数 $A_{ud} = 1 \sim 500$，可手动调节。

② 最大输出电压 ±10 V,非线性误差 <0.5%。

③ 在输入共模电压 +7.5 ~ -7.5 V 范围内,共模抑制比 $K_{CMR} > 10^5$。

④ 在 A_{ud} =500 时,输出端噪声电压的峰-峰值小于 1 V。

⑤ 通频带 0 ~ 10 Hz。

⑥ 直流电压放大器的差模输入电阻 ≥2 MΩ(可不测试,由电路设计予以保证)。

(2) 设计并制作上述放大器所用的直流稳压电源。由单相 220 V 交流电压供电,交流电压变化范围为 +10% ~ -15%。

(3) 设计并制作一个信号变换放大器,如图 2.3.2 所示。将函数发生器单端输出的正弦电压信号不失真地转换为双端输出信号,用作测量直流电压放大器频率特性的输入信号。

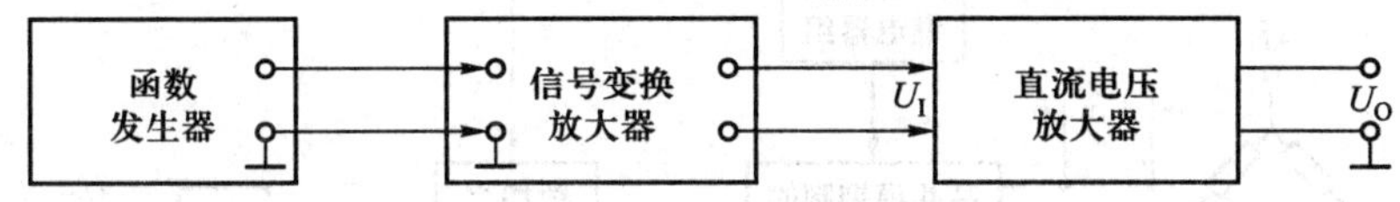

图 2.3.2 信号变换原理图

2. 发挥部分

(1) 提高差模电压放大倍数至 A_{ud} =1 000,同时减小输出端噪声电压。

(2) 在满足基本要求(1)中对输出端噪声电压和共模抑制比要求的条件下,通频带展宽为 0 ~ 100 Hz 以上。

(3) 提高电路的共模抑制比。

(4) 差模电压放大倍数 A_{ud} 可预置并显示,预置范围 1 ~ 1 000,步距为 1,同时应满足基本要求(1)中对共模抑制比和噪声电压的要求。

(5) 其他(例如改善放大器性能的措施等)。

三、评分标准

	项目	满分
基本要求	设计与总结报告:方案设计与论证,理论分析与计算,电路图,测试方法与数据,对测试结果的分析	50
	实际制作完成情况	50
发挥部分	完成第(1)项	5
	完成第(2)项	10
	完成第(3)项	5
	完成第(4)项	20
	特色与创新	10

四、说明

直流电压放大器部分只允许采用通用型集成运算放大器和必要的其他元器件,不能使用

单片集成的测量放大器或其他定型的测量放大器产品。

2.3.1 题目分析

根据题目的任务和要求,本系统方框图如图 2.3.3 所示。

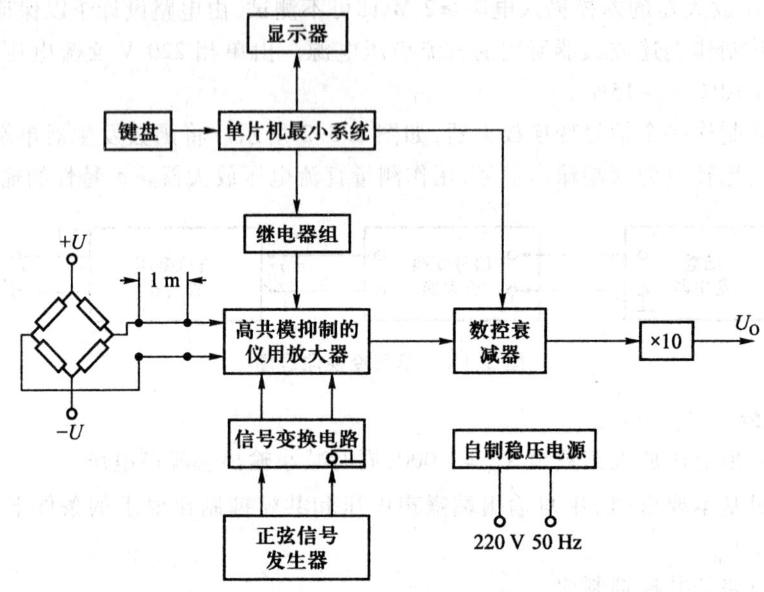

图 2.3.3 系统方框图

对各部分的具体要求如下:

(1) 测量放大器

① 差模电压放大倍数 $A_{ud}=1\sim500$,可手动调节(基本要求);$A_{ud}=1\sim1\ 000$,步进为 1(发挥部分)。

② 最大输出电压 ±10 V,非线性误差 <0.5%,即$\dfrac{|\Delta U_O|}{|U_O|}<$ 0.5%,如图 2.3.4 所示。

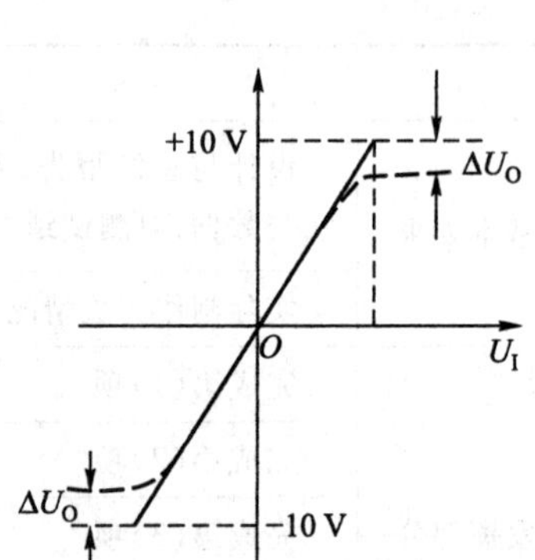

图 2.3.4 U_O 与 U_I 的关系曲线

③ 共模抑制比 K_{CMR}(在 +7.5 ~ −7.5 V 情况下)$>10^5$(基本要求);进一步提高(发挥部分)。

④ 在 $A_{ud}=500$ 时,输出噪声电压 $U_{P-P}<1$ V(基本要求);进一步减小噪声电压(发挥部分)。

⑤ 通频带:0 ~ 10 Hz(基本要求);0 ~ 100 Hz 以上(发挥部分)。

⑥ $R_i\geqslant2$ MΩ(基本要求)。

⑦ 其他。

(2) 自制稳压电源

输入动态范围:220 V(−15% ~ +10%)。

(3) 信号变换电路

交流单端不平衡信号变换成双端平衡信号。

2.3.2 方案论证

系统方框图如图 2.3.3 所示，它由高共模抑制的仪用放大器、数控衰减器、10 倍放大器、控制单元、显示器、信号变换电路和自制稳压电源等组成。

一、高共模抑制的仪用放大器

▶方案一：由三个运算放大器组成的仪用放大器，原理图如图 2.3.5 所示。

注意上下两路放大器元器件对称性。R_5 不能任意取值，应满足 $R_5 = R_1 // \frac{1}{2}R_{10}$。

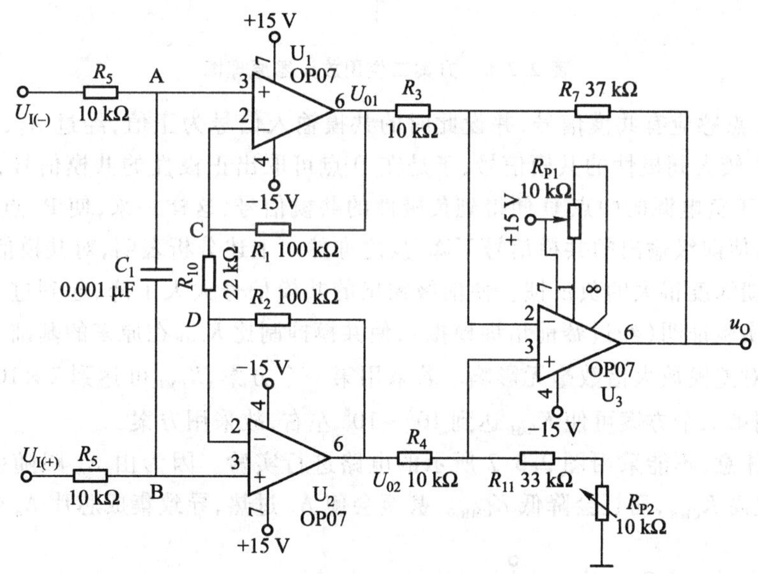

图 2.3.5　方案一仪用放大器原理图

▶方案二：由 5 个运算放大器组成的仪用放大器，原理图如图 2.3.6 所示。

注意 R_4 应满足 $R_4 = R_1 // \frac{1}{2}R_{P2}$ 的关系。

前级运放 A_1 和 A_2 构成同相差分式高阻测量放大器，要求两运放的性能完全相同，这样，线路除具有差模、共模输入阻抗大的特点外，两运放的共模增益、失调及其漂移产生的误差也相互抵消，因而不需精密匹配电阻。后级 A_3 的作用是割断共模信号的传递，并将两端输出转变为单端输出，以适应接地负载的需要，后级 A_3 的电阻精度则要求匹配。增益的分配一般前级取高值，后级取低值。A_4、A_5 的作用是将共模信号从两个 R_0 的中点 D 取出，经倒相放大后加至电源的中线端（O 点），如图 2.3.6 所示。使其电桥正负电源的中线与 1 m 长的传输线外表电线相连并浮地。这样做的目的是进一步提高了前级共模抑制能力，其原理如下：当某个时

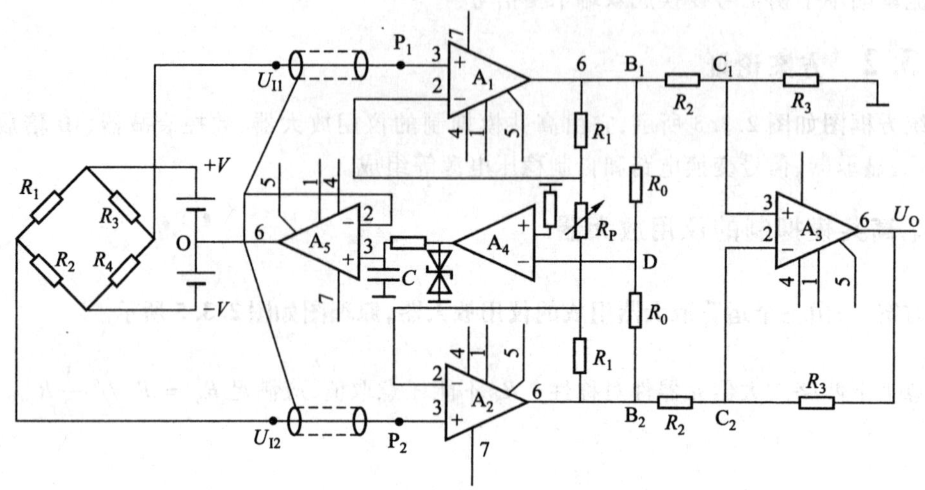

图 2.3.6　方案二仪用放大器原理图

刻，在 P_1 点、P_2 点感应有共模信号，并设此时的共模输入信号为正值，经过 A_1、A_2 放大后，在 B_1、B_2 点会产生较大同极性的共模信号，于是在 D 点可取出正极性的共模信号，再经过 A_4 倒相、A_5 跟随，在正负电源的中点 O 便得到负极性的共模信号，这样一来，使 P_1 点、P_2 点的共模信号下降，最后使前级输出的共模信号下降，反之亦然。上述分析表明，对共模信号而言，前级又引入一个反馈深度很大的负反馈。使前级输出的共模信号大大下降，起到进一步抑制共模信号的作用。实验证明（经过赛前培训模拟），使共模抑制比 K_{CMR} 在原来的基础上又提高 1～2 个数量级。而对差模放大倍数毫无影响。若采用第一个方案，K_{CMR} 可达到 $2\times10^5\sim2\times10^6$ 的数量级，但采用第二个方案可使 K_{CMR} 达到 $10^7\sim10^8$ 左右，故采用方案二。

设计时需注意，不能采用图 2.3.7 所示的电路进行实验。因为由 A_4 跟随引入的是正反馈，不仅不会提高 K_{CMR}，而且会降低 K_{CMR}。甚至会使 A_4 过热，导致集成芯片 A_4 烧坏。

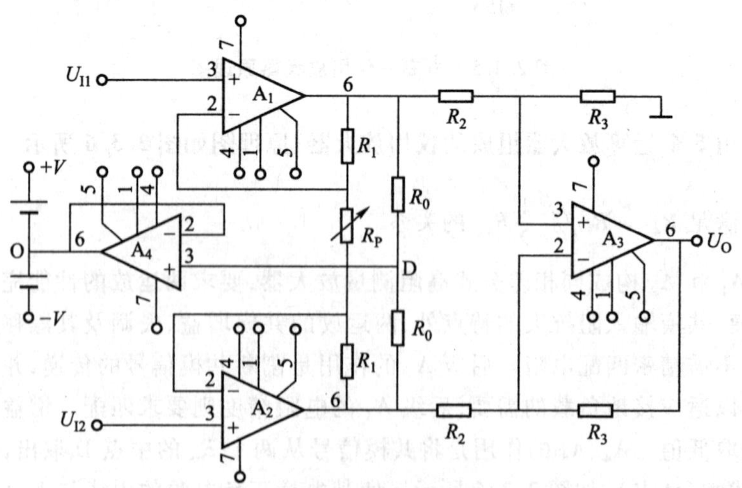

图 2.3.7　错误接法的仪用放大器

但是，只要对图 2.3.7 稍加修正，将跟随器 A_4 改为反相器，如图 2.3.8 所示。只需合理选取 R_4、R_5、R_6 的数值，特别要注意 R_7 的取值，R_7 应等于 $R_1 // \frac{1}{2}R_P$，便能获得像图 2.3.6 所示的效果，只是不如图 2.3.6 所示的隔离度好。

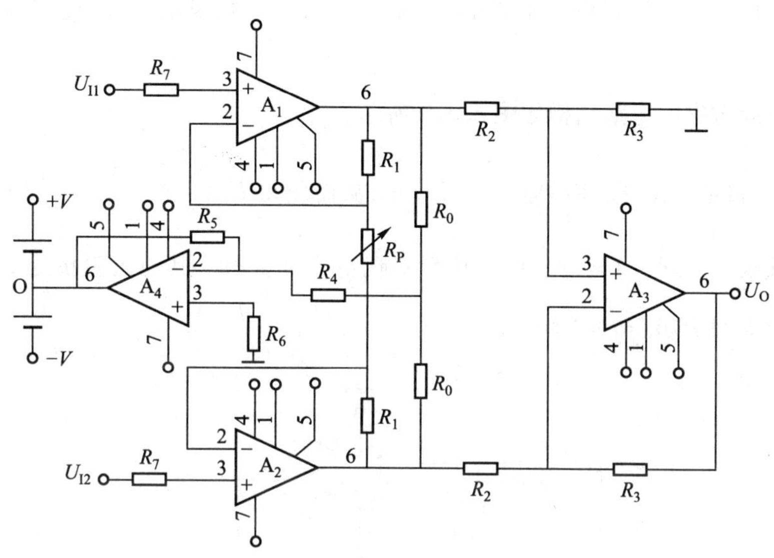

图 2.3.8　改进型的仪用放大器

二、程控衰减器

▶**方案一**

采用数字控制的电位器，例如低功耗，1 024 个滑动端位置的数控电位器 X9111，它能满足步进为 1 和 1 ~ 1 000 倍的衰减要求。

▶**方案二**

采用可控增益放大器，例如，90 MHz 低噪声可控增益放大器 AD603。

▶**方案三**

采用数/模转换器，例如，利用一片 DAC7520 和一只运算放大器就可以很方便地组成数字控制的衰减器。

本系统设计采用方案三。

三、控制单元及显示部分

采用以 89C51 为核心单片最小系统，配有通用编程键盘和显示器的接口电路芯片 8279。显示器采用七段数码显示器。

四、信号变换电路

题目要求将函数发生器单端输出的正弦电压信号不失真地转换为双端输出信号，用作测量电压放大器频率特性的输入信号。

为了使信号不失真，就必须保证电路的对称性。所以一般采用单端输入双端输出的差分放大器。

▶**方案一：此方案的电路结构如图 2.3.9 所示。**

同相放大器接成射随器，前端输入进行分压，从而使得 $U_0(+)=\frac{1}{2}U_i$。反相放大器接成比例放大器，其输出 $U_0(-)=-\frac{1}{2}U_i$。从而实现不失真变换。其输入阻抗为 $R_i \approx R_1+R_4=$ 20 kΩ。不符合题目要求（$R_i \geq 2$ MΩ）。

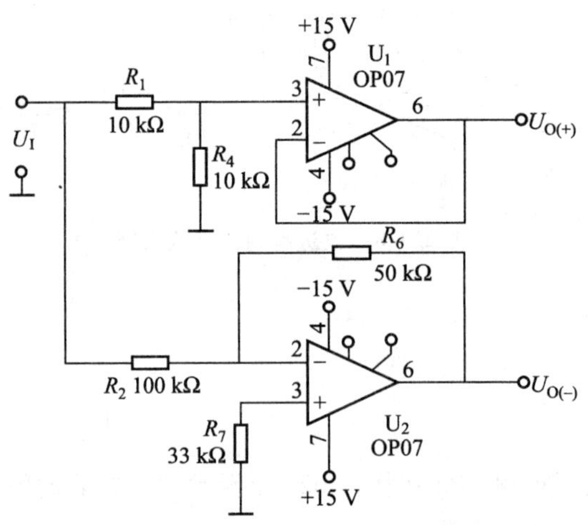

图 2.3.9　信号变换放大器（方案一）

▶**方案二：电路结构如图 2.3.10 所示，显然方案二输入阻抗高，满足题目要求。**

而输出通过调节 R_{P1}，R_{P2} 使其达到平衡输出要求，故选取方案二。

2.3.3　系统硬件设计及参数计算

根据系统方框图 2.3.3，对各个单元电路进行设计。

一、高共模抑制的仪用放大器设计

电路选定为图 2.3.6 所示的电路。图中 R_P 是由三条并行的固定电阻通路构成，由继电器来控制哪条通路接入电路，由此构成了三挡固定放大器。

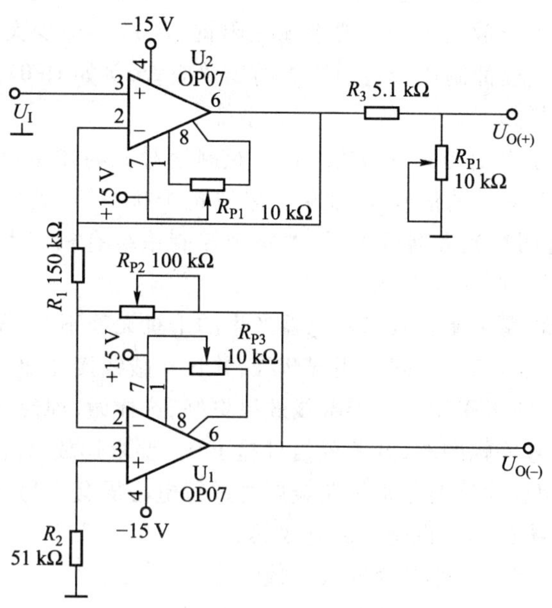

图 2.3.10　信号变换放大器(方案二)

下面推导电路的差模电压放大倍数。

设 A_1、A_2、A_3、A_4、A_5 均为理想运放。运放 A_1、A_2 通过 R_1、R_P 反馈构成电压串联负反馈电路,则

$$U_{B1}=\left(1+\frac{2R_1}{R_P}\right)U_{i1} \tag{2.3.1}$$

$$U_{B2}=\left(1+\frac{2R_1}{R_P}\right)U_{i2} \tag{2.3.2}$$

$$U_{C1}=\frac{R_3}{R_2+R_3}U_{B1}=\left(1+\frac{2R_1}{R_P}\right)\frac{R_3}{R_2+R_3}U_{i1} \tag{2.3.3}$$

利用叠加原理可得

$$U_{C2}=\left(1+\frac{2R_1}{R_P}\right)U_{i2}\cdot\frac{R_3}{R_2+R_3}+\frac{R_2}{R_2+R_3}U_o \tag{2.3.4}$$

根据“虚短”,得

$$\left(1+\frac{2R_1}{R_P}\right)\frac{R_3}{R_2+R_3}U_{i1}=\left(1+\frac{2R_1}{R_P}\right)\frac{R_3}{R_2+R_3}U_{i2}+\frac{R_2}{R_2+R_3}U_o$$

解上述方程得

$$A_{ud}=\frac{U_o}{U_{i1}-U_{i2}}=\left(1+\frac{2R_1}{R_P}\right)\cdot\frac{R_3}{R_2} \tag{2.3.5}$$

根据题意,要尽量提高 A_{ud} 和 K_{CMR}。也就是说,在满足差模放大倍数 A_{ud} 的前提下,要尽量减小共模放大倍数(A_{uc})。减小共模放大倍数 A_{uc} 和提高共模抑制比 K_{CMR} 的方法如下:

(1) 合理选管

对于前级 A_1、A_2 两个运放，要选择两个参数一样，最好选择双差分对管，即在一个集成芯片上有两个参数一样的差分放大器。且要求输入阻抗(R_i)大，至少大于 2 MΩ，温漂要小，差模放大倍数(A_{ud})要大，共模抑制比(K_{CMR})要大的场效应管，例如 OP07。

(2) 采取电磁屏蔽措施，避免干扰信号进入系统

因为该题实际上属于自动控制方面的题目。控制信号源与测量放大器有比较长的距离，本题假设为 1 m。对于 1 m 长的信号线，如果不采取抗干扰措施，其相应的干扰信号(特别是 50 Hz 的市电信号)经过测量放大器放大后，对整个控制系统有相当大的危害性，必须设法排除之。

市电干扰、工业干扰、雷电干扰及家用电器产生的干扰无处不有、无时不在、无孔不入。为了抗干扰，首先在输入端，对于信号线选用屏蔽线，并让屏蔽线接浮地，如图 2.3.6 所示。甚至让两根信号线平行放置，或者采用双芯屏蔽线效果更好，这样做，即使有干扰信号感应，在两根信号线上感应的干扰信号等幅同相，其差分信号趋于 0。要求运放 A_1、A_2 对称也有这个意思。

信号桥路、整个仪用放大器要分别加装金属盒进行电磁屏蔽。另外，模数隔离，地线隔离，电源隔离等措施对本系统抗干扰也是行之有效的。

(3) 采取浮地措施，尽量减小共模放大倍数

这一点在方案论证中已做详细说明，这里不再重复。

(4) 割断共模信号的传输通路

在同相高阻放大器(A_1 与 A_2)之后引入差分放大器 A_3。只要两路共模信号不形成差模信号，不管 A_1 与 A_2 输出的共模信号的绝对值多大，其 A_3 输出的共模信号仍接近于 0。

二、数字控制的衰减器电路设计

用一片 D/A 转换器和一个运算放大电路就可组成数字控制的衰减器电路，如表 2.3.1 和图 2.3.11 所示。

表 2.3.1

数字输入(D_i)	放大倍数
1111111111	-1 023/1 024
1000000000	-1/2
0000000001	-1/1 024
0000000000	开环

在作衰减器电路时输入电压从 AD7520 的参考源输入端输入。

输出端电压的表达式推导如下：

将
$$I_{REF}=\frac{U_{REF}}{R},\quad U_{REF}=U_{IN}$$

代入
$$I_{OUT1}=I_{REF}(D_1 2^{-1}+D_2 2^{-2}+\cdots+D_{10}2^{-10})$$

通过运算放大器将输入电流转换成电压输出，得

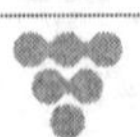

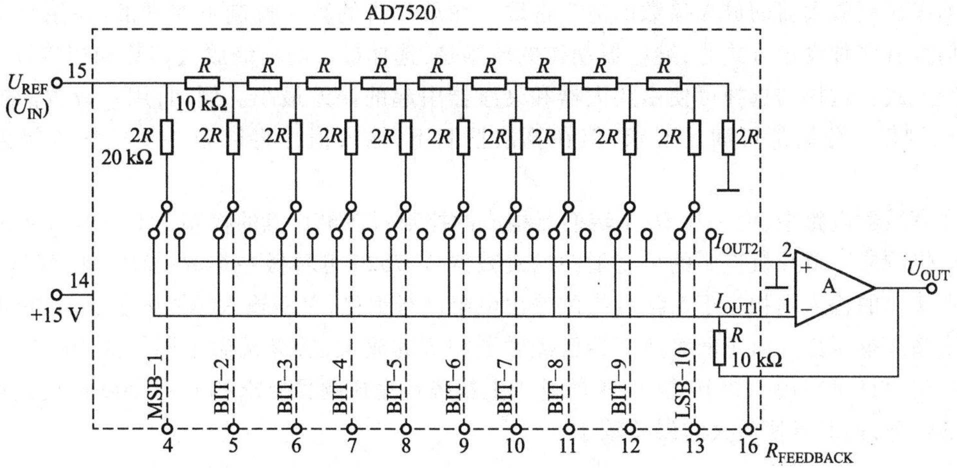

图 2.3.11　数字控制的衰减器电路

$$I_{OUT1}=\frac{U_{IN}}{R}(D_1 2^{-1}+D_2 2^{-2}+\cdots+D_{10}2^{-10})$$

因为

$$U_{OUT}=-I_{01}R,\text{得}$$

$$U_{OUT}=-U_{IN}(D_1 2^{-1}+D_2 2^{-2}+\cdots+D_{10}2^{-10})$$

$$=-U_{IN}\sum_{i=1}^{10}D_i 2^{-i} \tag{2.3.6}$$

三、10 倍放大器

10 倍放大器如图 2.3.12 所示。

$$\dot{A}_{ud}=1+\frac{R_F}{R_1}=1+\frac{90}{10}=10$$

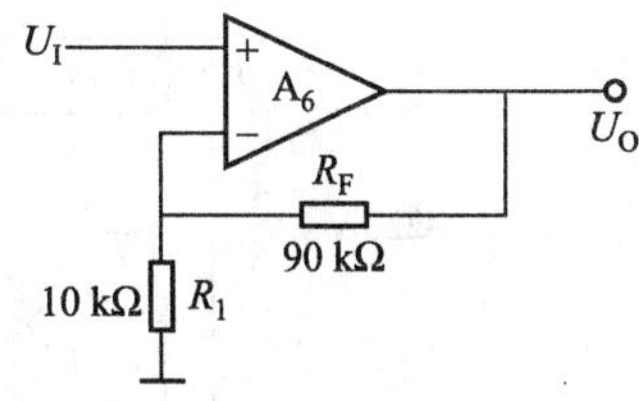

图 2.3.12　10 倍放大器

四、控制原理

本系统的控制器由 MCS－51 系列的单片机和一片 8279 显示键盘接口构成单片机最小系统,以完成单片机控制和人机接口功能。

首先是在前级放大器的控制上。在仔细考虑题目要求的基础上,将前级放大器的可变电阻 R_P 按要求分为三个控制段,分别对 1～10 V,0.1～1 V 和小于 0.1 V 的三个不同电压等级的输入信号进行控制,用继电器切换以实现不同的放大倍数。按分析,规定的放大倍数(由于要求最后输出信号不超过 10 V,因此对大信号的放大倍数是很小的)如表 2.3.2 所示。

表 2.3.2　放 大 倍 数

电压等级/V	前级放大倍数	实际可得到的放大倍数
1～10	1.024	1～10
0.1～1	10.24	1～100
<0.1	102.4	1～1 000

前级仪用放大器的放大倍数的适当选取是在单片机的算法控制下实现的,在用户预置的放大倍数有多种设定方式时,继电器动作的原则是:选择最小的前级放大倍数和相应最小的后级衰减方式。这样的选择可使由放大器和衰减器引起的误差最小。例如,用户设置的放大倍数是9,则任一分挡都可满足要求,但在算法控制下,输入信号将以第一个电压等级方式来处理。

在衰减器电路中,由一片D/A转换器构成的控制器在单片机的控制下对用户预置的放大倍数做出响应。单片机控制的可变增益的衰减器AD7520可看做一个 $R-2R$ 电阻网络,而10位数据接口的输入则相当于对该网络的输出电阻进行编程,对于输入不同的数字量,得到不同的输出输入电压比。由于前级放大器已经做了相应的放大,后级又做了同样的10倍放大,所以这样的设计可在用一片10位D/A的基础上精确地完成题目要求的1~1 000倍放大且步距为1的任务,同时可使放大的误差较小。

五、直流稳压电源设计

如图2.3.13所示,本方案的直流稳压电源采用通常的桥式全波整流、电容滤波、三端固定输出的集成稳压器件。输出电路由+15 V稳压供给,从而大大提高了电压调整率和负载调整率等指标。所有的集成稳压器根据功耗均安装有充分余量的散热片。

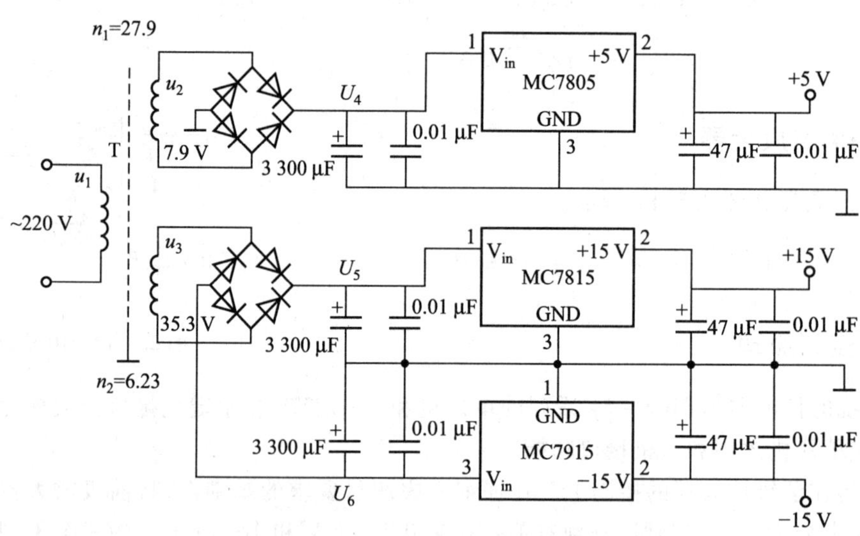

图2.3.13 直流稳压电源电路

根据题意,输入市电的变化范围为220 V(−15% ~ +10%),即输入市电的动态范围为:187~242 V。在输入 $U_{1\min}=187$ V时,要保障各稳压器件的端电压在3 V左右,即

$$U_4=(5+3)\text{V}=8\text{ V},\quad U_5=(15+3)\text{V}=18\text{ V},\quad U_6=-18\text{ V}$$

于是

$$U_{2\min}=\frac{U_4}{1.2}=6.7\text{ V},\quad U_{3\min}=\frac{18+18}{1.2}\text{ V}=30\text{ V}$$

变压器初次级匝数比分别为

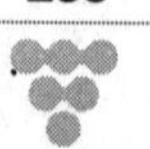

$$n_1 = \frac{187}{6.7} = 27.9$$

$$n_2 = \frac{187}{30} = 6.23$$

在初级输入电压为 220 V 时，变压器次级电压分别为

$$U_2 = \frac{220\ \text{V}}{n_1} = \frac{220}{27.9}\ \text{V} \approx 7.9\ \text{V}$$

$$U_3 = \frac{220\ \text{V}}{n_2} = \frac{220}{6.23}\ \text{V} \approx 35.3\ \text{V}$$

六、信号变换电路设计

信号变换电路如图 2.3.10 所示。选取高精度的运算放大器 OP07 作为放大器的核心部件。OP07 输入阻抗 >2 MΩ，满足题目要求。

2.3.4 调试

根据前面所提方案的要求，调试过程共分三大部分：硬件调试、软件调试和软硬件联调。其中硬件调试又可分为两部分：数字部分和模拟部分。

1. 硬件调试

（1）数字部分

数字部分主要包括 89C51、8279 的键盘和显示电路。根据以往经验，在脱机运行时，很重要的一点是必须使 89C51 的 EA 使能端置高电平，让它读取执行内部 ROM 中的程序，它才能正常工作。在本方案中，采用了 AD7520 作为一个可编程的电阻网络来实现可控增益，但是注意到 AD7520 没有片选控制端，它的增益随时会随着输入数字量的改变而改变，所以必须给 AD7520 加一片 373 锁存器。经过实验得知，将一控制端与写信号**或非**后产生一个高电平再连到 373 锁存器的 LE 端是可行的办法。

（2）模拟部分

模拟部分是整个系统中最重要的环节。放大电路产生误差的原因很多，一般有：运放的输入偏置电流、失调电压和失调电流及其温漂；电阻器的实际值与标称值的误差，且随温度变化；另外，电源和信号源的内阻及电压变化、干扰和噪声都会造成误差。模拟部分的核心是一个带自举电源的差分电路。

元器件的选择是高性能放大的保证，图中运放 A_1 和 A_2 的参数必须尽可能相同，因此选用双运放，其他几个运放也应选共模抑制比高的，这要通过试验来挑选。同时，为了提高共模抑制比，四个电阻 R 必须精密匹配，可用电桥测量法找出阻值最接近的电阻。由于对放大电路的频带也有要求，所以选运放和调试时还必须注意其频响。

2. 软件静态调试

软件静态调试主要是为了检查语法错误及程序的逻辑结构错误。

3. 软硬件联调

由于硬件包括单片机控制和模拟电路两部分，调试时也分两部分进行。模拟电路部分在

实验板上调试，测试各项参数是否能满足题目要求。而单片机部分的硬件完成后，就可以进行软件调试了。调试重点是 D/A 在单片机控制下对模拟输出的影响是否满足要求。

2.3.5 测试数据

1. 放大倍数

测试条件：输入直流信号，测试结果如表 2.3.3 所示。

表 2.3.3 放 大 倍 数

输入差模电压/V	设定放大倍数	输出差模电压/V	实测放大倍数	放大倍数相对误差
0.003 61	300	1.081	299.45	-0.002
0.32	20	6.42	20.06	0.003
0.34	5	1.71	5.03	0.006
0.5	4	2.01	4.02	0.005
1.61	7	11.26	6.99	-0.001
1.64	6	9.83	5.99	-0.002

2. 频率特性

测试条件：放大倍数置为 1，测试结果如表 2.3.4 所示。

表 2.3.4 频 率 特 性

输入差模电压/V	输入信号频率/Hz	输出差模电压/V	差模放大倍数	差模放大倍数/dB
2.1	8.654 8	4.3	1.024	0.206
	1.19	4.24	1.06	0.506
	104.7	4.4	1	0
	1 037	4.4	1	0
	2 000	4.4	1	0
0.025 25	2 000	0.253	50.099	33.997
0.128	539.14	25.35	99.02	39.914
0.014	535.09	13.24	472.857	53.495

3. 输出电压线性度

测试条件：输入直流信号，测试结果如表 2.3.5 所示。

表 2.3.5　输出电压线性度

差模放大倍数	输入差模电压/V	输出电压实测值/V	输出电压理论值/V	输出电压非线性误差
20	0.065	1.3	1.3	0
	0.21	4.203	4.2	0.000 75
	0.397	7.84	7.94	0.012 5
	0.428	8.584	8.56	0.002 8
	0.496	9.89	9.92	0.003

其他参数：输入电压 ±5.007 V，差模放大倍数 1 000，共模输出电压差值 1.164 V。共模抑制比为 40 397，输出端噪声电压 <200 mV。

测试仪器：示波器 INATSU VICTOR，万用表 SS－7810DT 1000，S102 型多功能函数发生器。

2.4　宽带放大器设计
（2003 年全国大学生电子设计竞赛 B 题）

一、任务

设计并制作一个宽带放大器。

二、要求

1. 基本要求

（1）输入阻抗≥1 kΩ，单端输入，单端输出，放大器负载电阻 600 Ω。

（2）3dB 通频带 10 kHz～6 MHz，在 20 kHz～5 MHz 频带内增益，起伏≤1 dB。

（3）最大增益≥40 dB，增益调节范围 10～40 dB（增益值 6 级可调，步进间隔 6 dB，增益预置值与实测值误差的绝对值≤2 dB）需显示预置增益值。

（4）最大输出电压有效值≥3 V，数字显示输出正弦电压有效值。

（5）自制放大器所需的稳压电源。

2. 发挥部分

（1）最大输出电压有效值≥6 V。

（2）最大增益≥58 dB（3 dB 带宽 10 kHz～6 MHz，在 20 kHz～5 MHz 频带内增益起伏≤1 dB），增益调节范围 10～58 dB（增益值 9 级可调，步进间隔 6 dB，增益预置值与实测值误差的绝对值≤2 dB）需显示预置增益值。

（3）增加自动增益控制（AGC）功能，AGC 范围≥70 dB，在 AGC 稳定范围内输出电压有效值应稳定在 4.5 V≤U_o≤5.5 V 内（详见说明 4）。

（4）输出噪声电压峰－峰值 U_{P-P}≤0.5 V。

(5) 进一步扩展频带,提高增益,提高输出电压幅度,扩大 AGC 范围,减小增益调节步进间隔。

(6) 其他。

三、评分标准

论文 50 分,完成基本要求制作部分 50 分,发挥部分 50 分。

四、说明

(1) 基本要求部分第(3)项和发挥部分第(2)项的增益步进级数对照表见表 2.4.1。

表 2.4.1　增益步进级数对照表

增益步进级数	1	2	3	4	5	6	7	8	9
预置增益值/dB	10	16	22	28	34	40	46	52	58

(2) 发挥部分第(4)项的测试条件为:输入交流短路,增益为 58 dB。

(3) 宽带放大器幅频特性测试框图如图 2.4.1 所示。

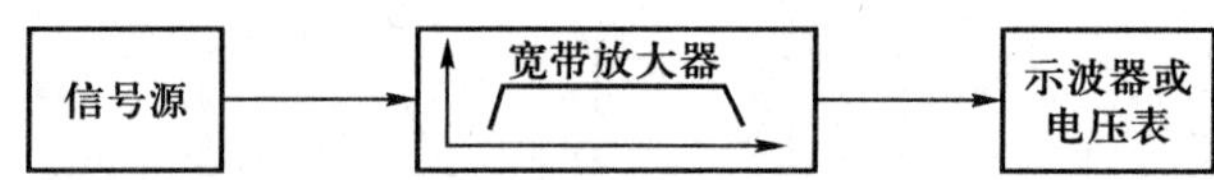

图 2.4.1　幅频特性测试框图

(4) AGC 电路常用在接收机的中频或视频放大器中,其作用是当输入信号较强时,使放大器增益自动降低;当信号较弱时,又使其增益自动增高,从而保证在 AGC 作用范围内输出电压的均匀性,故 AGC 电路实质是一个负反馈电路。

发挥部分第(3)项中涉及的 AGC 功能的放大器的折线化传输特性示意图如图 2.4.2 所示。本题定义:

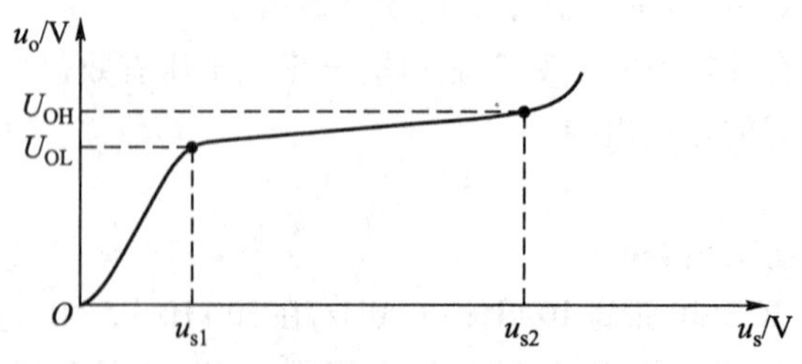

图 2.4.2　具有 AGC 功能放大器的折线化传输特性示意图

$$\text{AGC 范围} = [20\lg(U_{s2}/U_{s1}) - 20\lg(U_{OH}/U_{OL})]\text{dB}$$

要求输出电压有效值稳定在 4.5 V≤U_o≤5.5 V 范围内,即 U_{OL}≥4.5 V,U_{OH}≤5.5 V。

2.4.1 题目分析

对原题基本要求和发挥部分要求进行分析归类，本系统要完成的功能和技术指标归纳如下。

(1) 输入阻抗≥1 kΩ，单端输入，输入电压为0.2 mV ~2 V。

(2) 输出阻抗 =600 Ω，单端输出，输出电压有效值 U_o 并显示：

$$U_{omax} \geq 3\ \text{V}(\text{基本要求})$$

$$U_{omax} \geq 6\ \text{V}(\text{发挥部分})$$

$$U_{omax} = 9\ \text{V}(\text{进一步发挥})。$$

(3) 3 dB 通频率：10 kHz ~ 6 MHz，在 20 kHz ~ 5 MHz 频率内增益起伏≤1 dB(基本要求)，进一步展宽通频带(发挥部分)。

(4) 增益、增益控制范围、步进及误差：

最大增益≥40 dB，增益调节范围 10 ~ 40 dB，步进间隔 6 dB，误差≤2 dB，需要显示预置值(基本要求)；

最大增益≥58 dB，增益调节范围 10 ~ 58 dB，步进间隔 6 dB，误差≤2 dB，需要显示预置值(发挥部分)；

进一步提高增益，进一步扩大增益调节范围，减小步进(发挥部分)。

(5) AGC 范围：≥0 dB(输出电压有效值稳定在 4.5 V≤U_o≤5.5 V)(发挥部分)。

(6) 输出噪声电压峰 - 峰值 U_{P-P}≤0.5 V。

(7) 自制放大器所需的稳压电源。

(8) 其他。

2.4.2 方案论证及比较

一、总体方框图及指标分配

本系统原理方框图如图 2.4.3 所示。本系统由前置放大器、中间放大器、末级功率放大器、控制器、真有效值测量单元、键盘、显示器及自制稳压电源等组成。其中前置放大器、中间放大器、末级功率放大器构成了信号通道。其主要技术指标分配如表 2.4.2 所示。

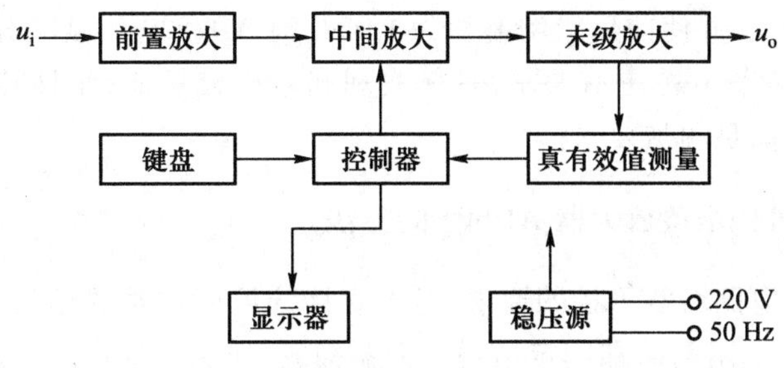

图 2.4.3 系统原理方框图

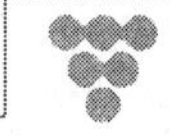

表 2.4.2 技术指标分配一览表

数值 项目 级别	增益 A_u/dB	频带宽度 B_W/MHz
前置级	0	≥100
中前级	-20~60	60
末级	20	20
系统总指标	0~80	≥10

本设计有三个重点和难点:一是增益控制;二是自动增益 AGC 控制;三是末级功率放大器的设计。增益控制和自动增益控制是两个概念,它们有联系但又有区别。仔细阅读题目要求及说明。

二、增益控制部分

▶方案一:采用数字电位器取代反馈电阻的方法。

如图 2.4.3 所示,中间放大器和末级功率放大器均采用电压负反馈电路,通过改变反馈电阻来改变放大器的增益。例如采用 1 024 个滑动端位置的数字电位器 X9110 或 X9111。该方案采用两级控制比较麻烦。

▶方案二:采用 D/A 集成芯片的方法。

为了易于实现最大 60 dB 增益的调节,可以采用 D/A 芯片 AD7520 的电阻网络改变反馈电压进而控制电路增益。又考虑到 AD7520 是一种廉价型的 10 位 D/A 转换芯片,输出 $U_{out}=D_n\times U_{ref}/2^{10}$,其中 D_n 为 10 位数字量输入的二进制值,可满足 $2^{10}=1\ 024$ 挡增益调节,满足题目的精度要求。它由 CMOS 电流开关和梯形电阻网络构成,具有结构简单、精确度高、体积小、控制方便、外围布线简化等特点,故可以采用 AD7520 来实现信号的程控衰减。但由于 AD7520 对输入参考电压 U_{ref}有一定幅度要求,为使输入信号在毫伏与伏之间每一数量级都有较精确的增益,最好使信号在到达 AD7520 前经过一适当的幅度放大调整,通过 AD7520 衰减后进行相应的后级放大,并使前后级增益积为 1 024,与 AD7520 的衰减分母抵消,即可实现程控放大。但 AD7520 对输入范围有要求,具体实现起来比较复杂,而且转化非线性误差大,带宽只有几千赫兹不能满足频带要求。

▶方案三:采用可控增益放大器 AD603 的方法。

根据题目对放大电路增益可控的要求,考虑直接选可调增益的运放实现,如运放 AD603。其内部由 $R-2R$ 梯形电阻网络和固定增益放大器构成,加在其梯形网络输入端的信号经衰减后,由固定增益放大器输出,衰减量是由加在增益控制接口的参考电压决定;而这个参考电压可通过单片机进行运算并控制 D/A 芯片输出控制电压得来,从而实现较精确的数控。此外

AD603 能提供由直流到 30 MHz 以上的工作带宽，单级实际工作时可提供超过 20 dB 的增益，两级级联后即可得到 40 dB 以上的增益，通过后级放大器放大输出，在高频时也可提供超过 60 dB的增益。这种方法的优点是电路集成度高，条理较清晰，控制方便，易于数字化处理。

方案比较：因方案一调整麻烦，方案二的带宽达不到题目要求，方案三能满足题目要求，故选方案三。

三、自动增益控制部分

增益控制部分选定采用可控增益放大器 AD603。AD603 内部结构方框图如图 2.4.4 所示。它由增益控制界面、精确衰减器和固定增益放大器三部分组成。

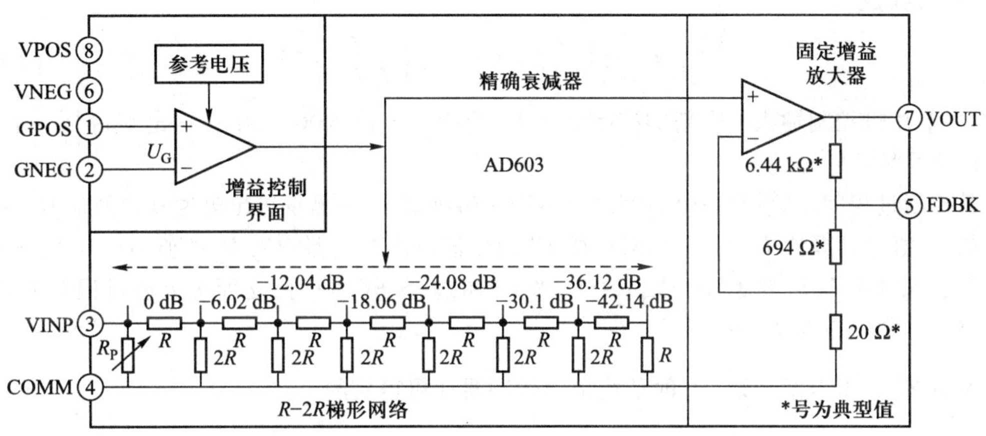

图 2.4.4　AD603 内部结构方框图

当引 5 脚与引 7 脚短路时，固定增益放大器的电压放大倍数为

$$A_u = 1 + \frac{694}{20} = 35.7 \approx 31 \text{ dB}$$

整个 AD603 的增益为 $40U_g + 10$，当 U_g 在 $-0.5 \sim +0.5$ V 范围内改变时，增益控制范围在 $-10 \sim 30$ dB。

根据题目发挥部分的要求，最大增益要求大于 58 dB，显然一级 AD603 满足不了要求，必须选用 2 片串联构成增益控制放大器。其二级电压放大增益按式(2.4.1)计算。

$$A_u = 80U_g + 20 \text{ dB} \tag{2.4.1}$$

当 U_g 在 $-0.5 \sim +0.5$ V 范围内变化时，A_u 的变化范围为 $-20 \sim 60$ dB，完全可以满足题目关于增益的要求。

下面重点讨论如何利用 AD603 实现自动增益控制(AGC)。

▶方案一：由图 2.4.3 可知，系统信号主通道由三个部分构成。

并设前置放大倍数为 $A_{u1} = 1$，末级功率放大器放大倍数 $A_{u3} = 10$，中间放大器的放大倍数 $A_{u2} = 10^{(1+4U_g)}$，其系统总电压放大倍数为

$$A_u = A_{u1} \cdot A_{u2} \cdot A_{u3} = 10A_{u2} = 10 \times 10^{(1+4U_g)} = 10^{(2+4U_g)} \tag{2.4.2}$$

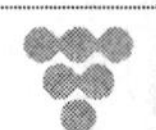

于是

$$U_o = A_u U_i = U_i \times 10^{(2+4U_g)} \tag{2.4.3}$$

由式(2.4.3)可知,输出电压 U_o 与输入电压 U_i 成正比,与 U_g 有一个一一对应的指数关系。

一般而言,U_i 是未知的,而 U_o 通过真有效值电路可以测量得到,而测得 U_o 时 U_g 也是预置的(已知的)。于是可以利用式(2.4.3)算得 U_i 当时值,即

$$U_i = \frac{U_o}{10^{(2+4U_g)}} \tag{2.4.4}$$

根据题目要求,AGC 要求输出电压稳定在 $U_o' = (5 \pm 0.5)$ V。

此时,令 $U_o = 5$ V。U_i 已算出。于是根据式(2.4.4)算出对应的控制电压值 U_g。将式(2.4.4)转换成

$$U_g = \frac{1}{4}\left(\lg \frac{U_o'}{U_i} - 2\right) = \frac{1}{4}\left(\lg \frac{5}{U_i} - 2\right) \tag{2.4.5}$$

此时,由单片机控制输入一个新的控制电压 U_g 给增益可控 AD603,便在输出端得到一个稳定的电压值 5 V。

其控制过程如下:设定一个数字量 D→D/A 转换成 U_g→测量输出电压真有效值 U_o→计算即时的 U_i 值→计算值 $U_o = 5$ V 时对应的 U_g' 的数值→由控制器输入 U_g' 的值→得到 $U_o = 5$ V。

若输入电压 U_i 改变了,U_o 也会改变,当 U_o 超过(5 ± 0.5)时,立即按上述过程对 U_g 进行修正,使 U_o 稳定在 5 V 左右。

▶方案二:由方案一知,U_i 的数值是由控制器计算得到的。

如果 U_i 的值能实时测出,即时地控制电压值 U_g 可以立即算出。在计算出的 U_g 控制下输出 U_o 为恒定值 5 V。但是 AD603 测量小信号时会带来较大的误差。解决的办法是先将输入的小信号经过(X1、X10、X100)放大,直到 AD603 可以接受的范围。

方案比较:因为输出电压有效值要求测量,输入电压有效值不要求测量,若采用方案二会增加一些硬件工作量,故选择方案一。

四、功率输出部分(末级功率放大器)

根据赛题要求,放大器通频带从 10 kHz ~ 6 MHz,单纯用音频或射频放大的方法来完成功率输出,要做到 6 V 有效值输出难度较大,而用高电压输出的运放来做又不太现实,因为市场上很难买到宽带功率运放。这时候采用分立元件就能显示出优势来了。

五、测量有效值部分

▶方案一

利用高速 ADC 对电压进行采样,将一周内的数据输入单片机并计算其均方根值,即可得到电压有效值,即

$$U = \sqrt{\frac{1}{N}\sum_{i=1}^{n} U_i^2} \tag{2.4.6}$$

此方案具有抗干扰能力强、设计灵活、精度高等优点，但调试困难，高频时采样难且计算量大，增加了软件的难度。

▶**方案二**

对信号进行精密整流并积分，得到正弦电压的平均值，再进行 ADC 采样，利用平均值和有效值之间的简单换算关系，计算出有效值并显示。只用了简单的整流滤波电路和单片机就可以完成交流信号有效值的测量。但此方法对非正弦波的测量会引起较大的误差。

▶**方案三**

采用集成有效值/直流变换芯片，直接输出被测信号的真有效值。这样可以实现对任意波形的有效值测量。

综上所述，我们采用了方案三，变换芯片选用 AD637。AD637 是有效值/直流变换芯片，它可测量的信号有效值可高达 7 V，精度优于 0.5%，且外围元件少，频带宽，对于一个有效值为 1 V 的信号的电平以 dB 形式指示，该方案硬件、软件简单，精度也很高，但不适用于高于 8 MHz 的信号。

此方案硬件易实现，并且 8 MHz 以下测得的有效值的精度可以保证。在题目要求的通频带 10 kHz～6 MHz 内精度较高。8 MHz 以上输出信号可采用高频峰值检波的方法来测量。

2.4.3 系统硬件设计

经过上述的方案论证，并结合题目的任务与要求，不难构思系统整体方框图，如图 2.4.5 所示。图中将输入缓冲 60 MHz 宽带放大器放在一个屏蔽盒内，功率放大器放在另一个屏蔽盒内。中间采用同轴电缆相连，目的在于抗干扰。

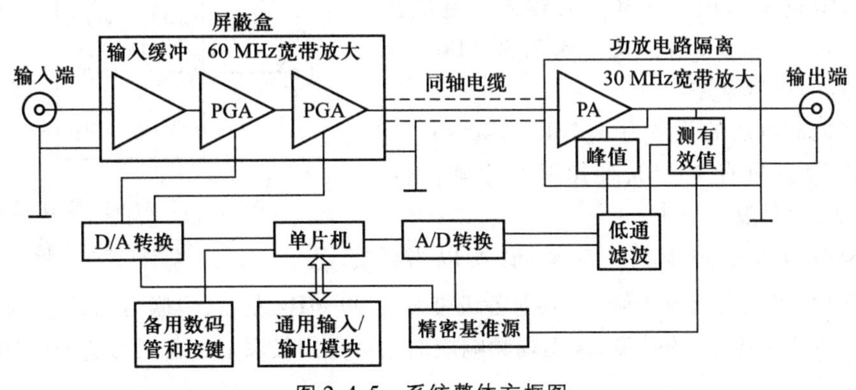

图 2.4.5　系统整体方框图

一、输入缓冲和增益控制部分

图 2.4.6 为输入缓冲和增益控制电路，由于 AD603 的输入电阻只有 100 Ω，要满足输入电阻大于 2.4 kΩ 的要求，必须加入输入缓冲部分用以提高输入阻抗；另外前级电路对整个电路的噪声影响非常大，必须尽量减小噪声。故采用高速、低噪声电压反馈型运放 OPA642 作前级隔离，同时在输入端加上二极管过压保护。

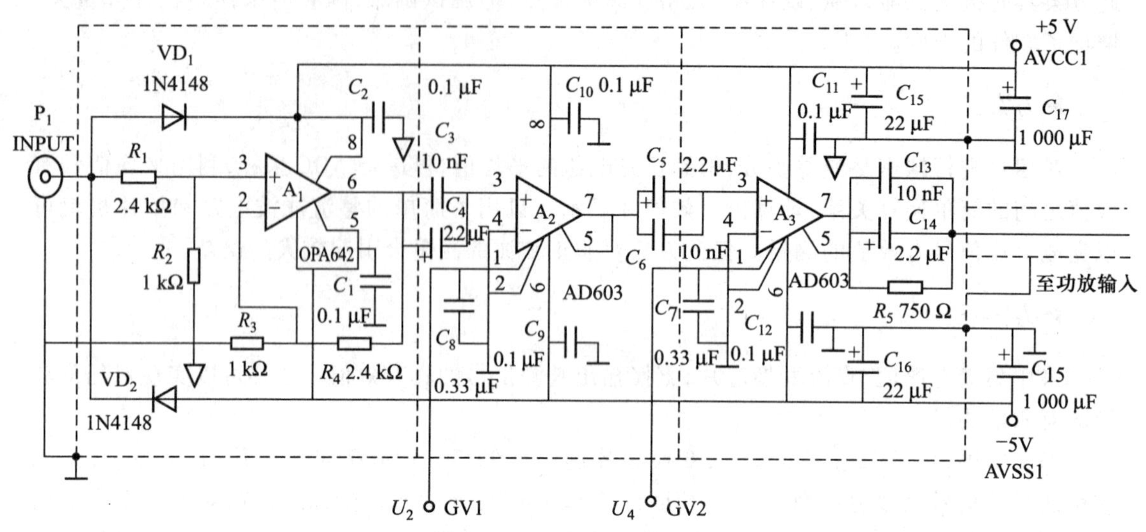

图 2.4.6　输入缓冲和增益控制电路

输入部分先用电阻分压衰减,再由低噪声高速运放 OPA642 放大。OPA642 电压峰 - 峰值不超过其极限值(2 V),其输入阻抗大于 2.4 kΩ。OPA642 的增益带宽积为 400 MHz,这里放大倍数为 3.4 倍,100 MHz 以上信号被衰减。输入/输出口 P_1、P_2 由同轴电缆连接,以防止自激。级间耦合采用电解电容并联高频瓷片电容的方法,兼顾高频和低频信号。

增益控制部分装在屏蔽盒中,盒内采用多点接地和就近接地的方法避免自激,部分电容、电阻采用贴片封装,使得输入级连线尽可能短。该部分采用 AD603 典型接法中通频带最宽的一种,通频带为 90 MHz,增益为 -10 ~ +30 dB,输入控制电压 U_g 的范围为 -0.5 ~ +0.5 V。图 2.4.7 为 AD603 接成 90 MHz 带宽的典型电路。

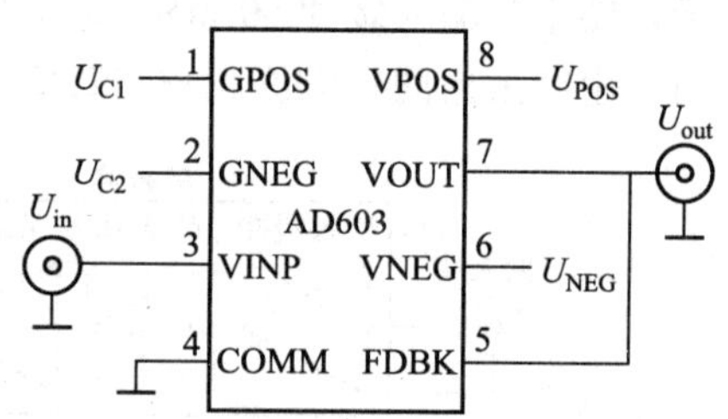

图 2.4.7　AD603 接成 90 MHz 带宽的典型电路

增益和控制电压的关系为 $A_G(\text{dB}) = 40 \times U_g + 10$,一级的控制范围只有 40 dB,使用两级串联,增益为 -20 ~ 60 dB,满足题目要求。

由于两级放大电路幅频响应相同,所以当两级 AD603 串联后,带宽会有所下降,串联前各级带宽为 90 MHz 左右,串联后总的 3 dB 带宽应对应单级放大电路 1.5 dB 的带宽,根据幅频响应曲线可得出级联后的总带宽为 60 MHz。

二、功率放大部分

电路如图 2.4.8 所示,参考音频放大器中驱动级电路,考虑到负载电阻为 600 Ω,输出有效值大于 6 V,而 AD603 输出最大有效值在 2 V 左右,故选用两级三极管进行直接耦合和发射结直流负反馈来构建末级功率放大。第一级进行电压放大,整个功放电路的电压增益在第一级,第二级进行电压合成和电流放大,将第一级输出的双端信号变成单端信号,同时提高通频带负载能力,如果需要更大的驱动能力则需要在后级增加三极管跟随器。实际上加上跟随器

后通频带急剧下降,原因是跟随器的结电容被等效放大,当输入信号频率很高时,输出级直流电流很大而输出信号很小。使用两级放大已足够满足题目的要求。选用 NSC 公司的 2N3904 和 2N3906 三极管(特征频率 $f_T = 250 \sim 300$ MHz)可达到 25 MHz 的宽带。整个电路设有频率补偿,可对 DC 到 20 MHz 的信号进行线性放大,在 20 MHz 以下增益非常平稳。为稳定直流特性,将反馈回路用电容串联接地,加大直流负反馈,但这会使低频响应变差,实际上这样做只是把通频带的下限截止频率 f_L 从 DC 提高到 1 kHz,但电路的稳定性提高了许多。

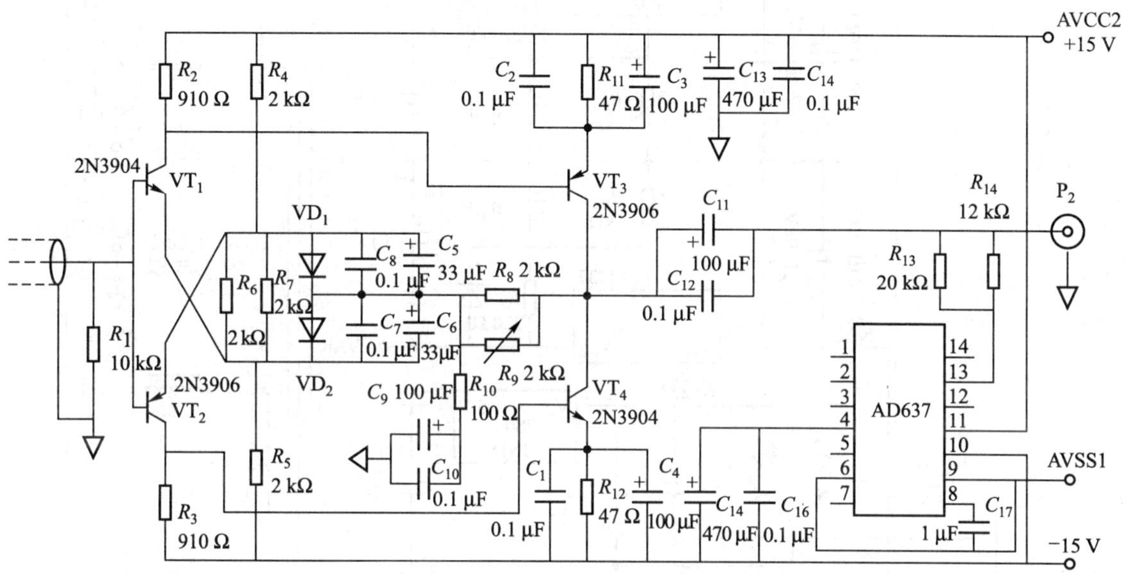

图 2.4.8　功率放大部分原理图

本电路采用电压串联负反馈电路,其放大倍数为

$$A_{ud} = 1 + \frac{\dfrac{R_9 \times R_8}{R_9 + R_8}}{R_{10}}$$

整个功率放大电路为 $A_{ud} \approx 10$,通过调节 R_9 来调节增益。根据 AGC 的原理分析,这一级增益要求准确地调在 $A_{ud} = 10$ 上。

三、控制部分

这一部分由 51 系列单片机、A/D 转换器、D/A 转换器和基准源组成。使用 12 位串行A/D 转换器芯片 ADS7816T、ADS7841(便于同时测量真有效值和峰值)和 12 位串行双 D/A 转换器芯片 TLV5618,基准源采用带隙基准电压源 MC1403,如图 2.4.9 所示。

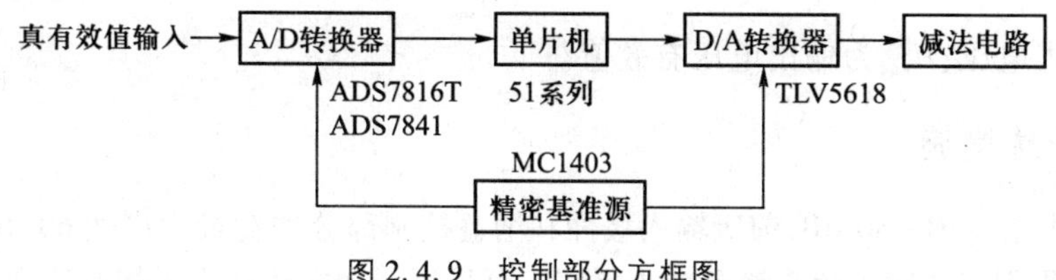

图 2.4.9　控制部分方框图

四、稳压电源部分

电源部分电路如图 2.4.10 所示，输出 ±5 V、±15 V 电压供给整个系统。数字部分和模拟部分通过电压隔离。

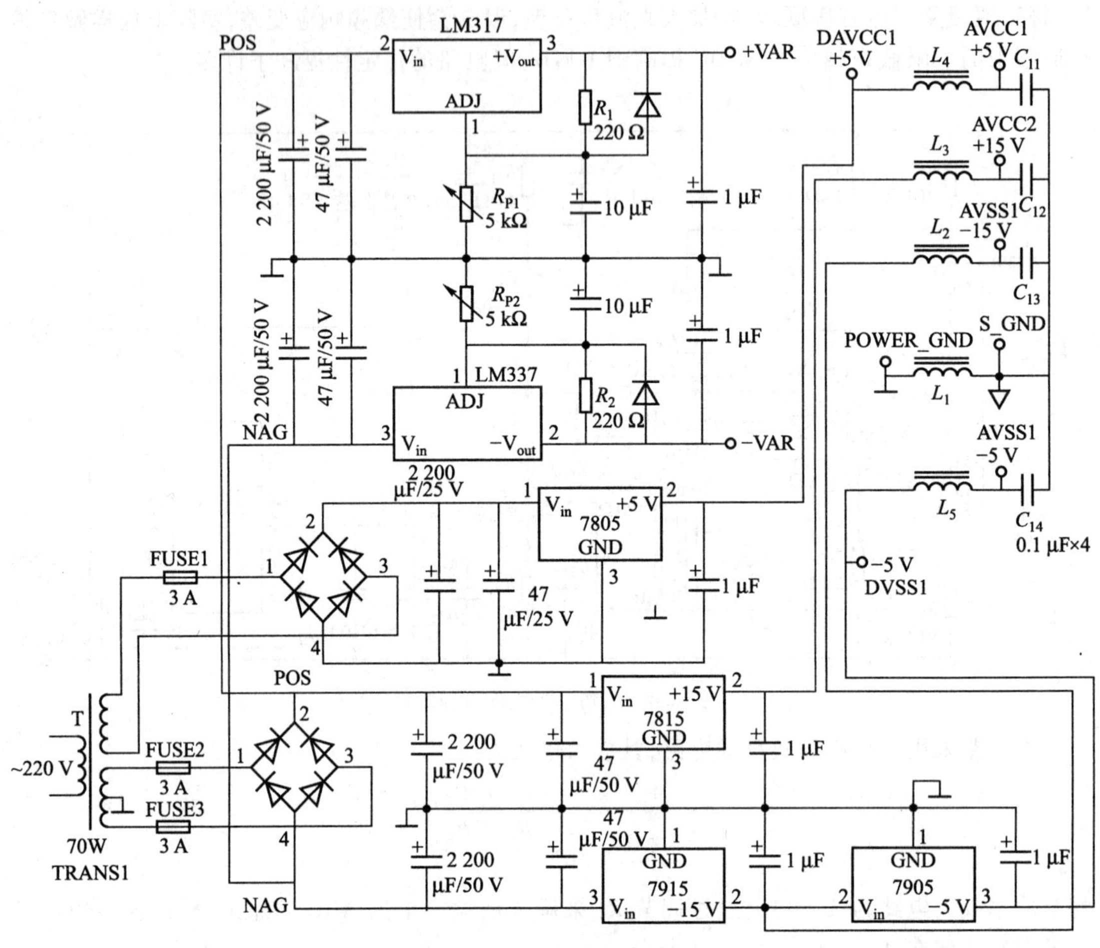

图 2.4.10　稳压电源电路图

五、正弦电压有效值的计算

AD637 的内部结构如图 2.4.11 所示。根据 AD637 芯片手册所给出的计算，真有效值的经验公式为

$$U_{\rm rms}=\left(\frac{\overline{U_{\rm in}^{2}}}{U_{\rm rms}}\right) \tag{2.4.7}$$

式中，$U_{\rm in}$为输入电压；$U_{\rm rms}$为输出电压有效值。

六、抗干扰措施

系统总的增益为 0～80 dB，前级输入缓冲和增益控制部分增益最大可达 60 dB，因此抗干扰措施必须要做得很好才能避免自激和减小噪声。可采用下述方法减小干扰和噪声，避免自激：

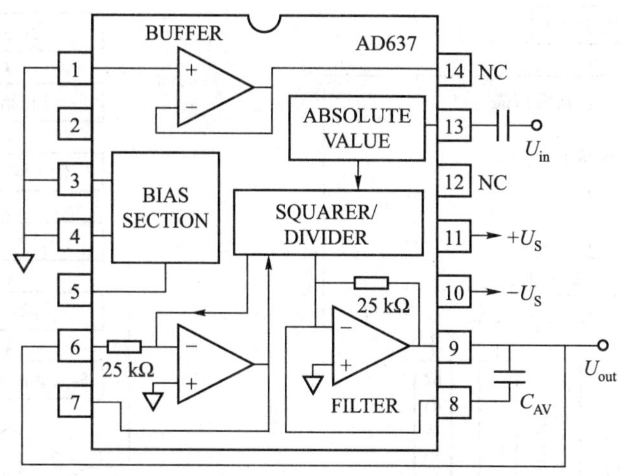

图 2.4.11　AD637 的内部结构图

(1) 在排版过程中,将输入缓冲级、增益控制部分和功放部分按顺序放置形成一条龙。输入插孔与输出插孔分别在印制板的两端引出,输入、输出均采用同轴电缆连接。各级分别装在屏蔽盒内,防止级间及前级与末级之间的电磁耦合,有利于系统工作稳定,避免自激。

(2) 电源隔离,各级供电采用电感隔离,输入级和功放级采用隔离供电,输入级电源靠近屏蔽盒就近接上 1 000 μF 电解电容,盒内接高频瓷片电容到地,通过这种方法可避免低频自激。

(3) 地线隔离,各级地线要分开,特别是输入级、增益控制部分与功放级、控制部分的地线一定要分开,且用电感隔离。防止末级信号和控制部分的脉冲信号通过公共地线耦合至输入级。在输入级,将整个运放用较粗的地线包围,除了信号走线、电源线外,其余部分均可以作为地线,形成大面积接地,这样可吸收高频信号减小噪声。在增益控制部分和功放部分也可以采用此方法。

(4) 数模隔离,数字部分和模拟部分除采用电源和地线隔离外,还要注意数电部分的脉冲信号通过空间感应至模拟部分。这就提示我们,数电部分和模拟部分要有一定的距离,甚至模拟部分要整个屏蔽起来。

(5) 输入级和增益控制部分要选择噪声低的元器件,例如电阻一律采用金属膜电阻,避免内部噪声过大。

(6) 级间耦合在有条件的情况下最好采用直接耦合,如需电容耦合,必须采用电解电容与高频瓷片电容并联进行耦合,避免高频增益下降。

(7) 其他,建议同一级放大部分的地线与电源线接在同一点上,去耦电感和电容参数不要相同等。

2.4.4 系统软件设计及流程图

本系统单片机控制部分采用反馈控制方式,通过输出电压采样来控制电压增益。由于 AD603 的设定增益跟实际增益有误差,故软件上还要进行校正,软件流程如图 2.4.12 所示,AGC 子程序如图 2.4.13 所示。

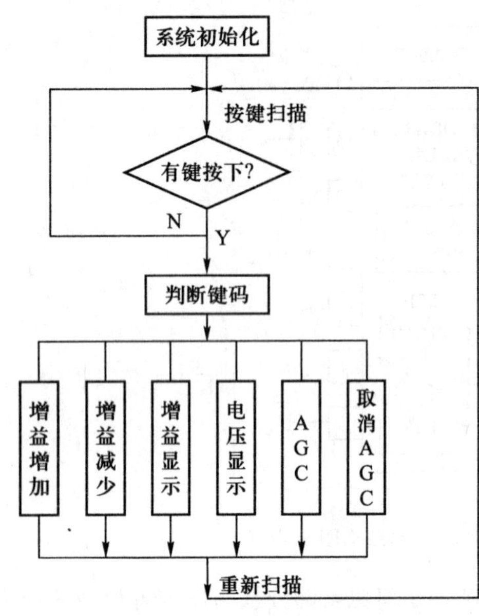

图 2.4.12　软件流程图

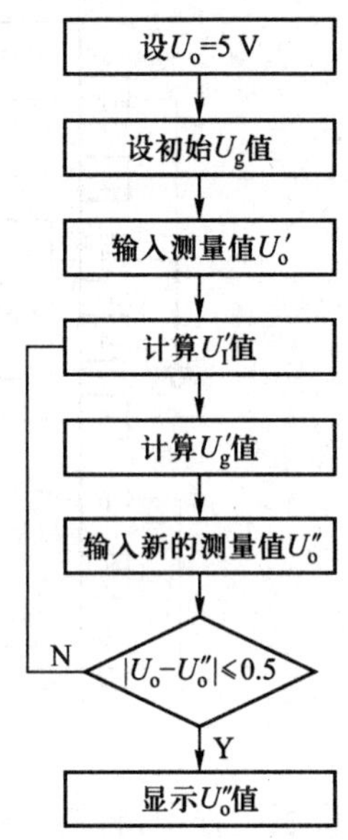

图 2.4.13　AGC 子程序

2.4.5　系统调试和测试结果

1. 测试方法

将各部分电路连接起来，先调整 0 dB，使输出信号幅度和输入信号幅度相等，接上 600 Ω 的负载电阻进行整机测试。

2. 测试结果

（1）输入阻抗。电路的设计保证输入阻抗大于 2.4 kΩ 电阻，满足题目要求。

（2）输出电压有效值测量。输入加 100 kHz 正弦波，调节电压和增益测得不失真最大输出电压有效值为 9.30～9.50 V，达到题目大于 6 V 的要求。

（3）输出噪声电压测量。增益调到 58 dB，将输入端短路时输出电压峰－峰值为 300 mV 左右。满足输出噪声电压小于 0.5 V 的要求。

（4）频率特性测量。增益设为 40 dB 挡，输入端加 10 mV 正弦波，由于信号源不能保证不同频段的 10 mV 正弦波幅度稳定，因此每次测量前先调节信号源使得输入信号保持在 10 mV 左右，再测量输出信号。测试数据如表 2.4.3 所示，绘成幅频特性曲线如图 2.4.14 所示。

表 2.4.3　频率特性测试数据

频率/kHz	1	2	6	10	20	40	50	60
输出电压有效值/V	0.710	0.821	0.976	1.00	1.01	1.02	0.999	1.02
增益/dB	37.0	38.3	39.8	40.0	40.0	40.1	39.9	40.1
频率/kHz	90	100	200	300	400	500	600	800
输出电压有效值/V	0.999	0.998	0.997	0.996	0.997	1.00	1.01	1.02
增益/dB	39.9	39.9	39.9	39.9	39.9	40.0	40.0	40.1

续表

频率/MHz	1.00	2.00	3.00	4.00	5.00	6.0	10.0	20.0
输出电压有效值/V	1.02	0.997	0.978	0.975	0.986	0.984	0.901	0.802
增益/dB	40.1	39.9	39.8	39.8	39.9	39.9	39.1	38.1

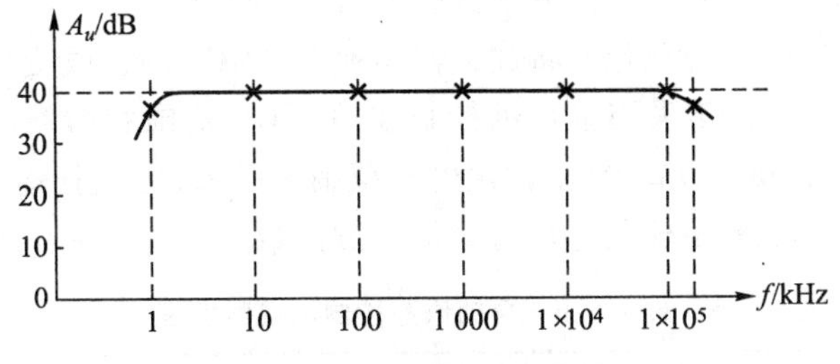

图 2.4.14　幅频特性曲线

由表 2.4.3 数据和图 2.4.14 曲线可以得到，3 dB 通频带在低频端达到了 1 kHz，高频端在 20 MHz 以上，由于信号源无法产生大于 20 MHz 的信号故无法测量，从 5 MHz 以上增益的趋势来看最终通频带高频端应大于 20 MHz，比较符合后级功率放大器的理论高频截止频率 25 MHz。在 20 kHz ~ 5 MHz 频带内增益起伏≤0.2 dB。

(5) 增益误差测量。输入端加有效值为 10 mV，频率为 1 MHz 的正弦信号，保持幅度稳定，然后预设增益值测量输出信号来计算增益误差，测试数据如表 2.4.4 所示。

表 2.4.4　增益误差测试数据表

预置增益/dB	10	16	22	28	34	40	46	52	58
输出电压有效值/mV	32.3	63.8	127	254	0.502	1.01	1.98	3.95	7.45
实际增益/dB	10.2	16.1	22.1	28.1	34.0	40	46.0	51.9	57.8
增益误差/dB	+0.2	+0.1	+0.1	0.1	+0.0	0.0	0.0	-0.1	-0.2

由表中可以看出增益误差在 0.2 dB 之内，频率较高时，随着输出电压的增大，增益有下降的趋势，这是因为后级功放管工作状态即将接近饱和，通过提高后级电源电压可以使增益更加稳定。

扩展功能中的增益步进 1 dB 也达到了，且增益是从 0 ~ 80 dB 可调。0 dB 放大是后级功放的调零点，需事先校正，所有大于 0 dB 的增益都以 0 dB 为基准。

测 58 dB 以上的增益时，以 10 mV 输入会使输出饱和，故采用固定输出的方法：给定增益，然后减小输入信号，使得输出信号有效值保持为 7.00 V，再计算增益。实测数据如表 2.4.5 所示。

表 2.4.5　高增益测试数据表

预制/dB	58	60	63	66	70	73	76	80
U_{iRMS}/mV	9.23	7.16	5.31	3.67	2.26	1.74	1.26	无法测量
增益/dB	57.8	59.8	62.4	65.6	69.8	72.1	74.9	

高增益时，输入信号的噪声较大，实际波形有些不理想，不过有效值变化范围不大，当增益达到 80 dB 时，输入 1 mV 就能使输出饱和，噪声电平和信号电平差不多，只能看到噪声信号中有输入信号的轮廓，且这时输入信号电压有效值用示波器无法测量，但是输出却有和输入同频率的正弦波。由于示波器测量电压有效值，当信号很小时误差较大，所以增益高时误差较大。从变化趋势来看，放大 80 dB 误差应该小于 2 dB，满足题目要求。从整体来看，设计的放大器增益为 0 ~ 80 dB，步进 1 dB，60 dB 以下增益误差≤0.2 dB。

(6) 自动增益控制(AGC)测量。将放大器切换到 AGC 模式，改变输入信号电压，观察输出信号并记录输出电压。由于采用单片机控制增益，AGC 范围和增益控制范围一致，理论上 AGC 控制范围为 0 ~ 80 dB。设定 AGC 输出电压范围 4.5 ~ 5.5 V，把输入信号调到 1 MHz，把有效值从 1 mV 起往上调，测量输出电压有效值。测试数据如表 2.4.6 所示。

表 2.4.6 自动增益控制测试数据表

U_{iRMS}	1 mV	10 mV	100 mV	1 V	1.5 V	2 V	>2 V
U_{oRMS}/V	5.12	4.96	5.03	4.98	5.06	5.02	削波
增益/dB	74	54	34.0	14	10	8	8

从表 2.4.6 可以看出输入信号从 1 mV 变化到 2 V，输出信号变化范围不超过 0.2 V，当输入信号有效值大于 2 V 时，输入保护电路开始起作用，输出端得到的是畸形的正弦波，故无法测量到增益为 0 dB 的情况。

输入信号变化范围为 $20\times\log(2\,000/1)$ dB = 66 dB，输出信号范围为 $20\times\log(5.12/4.98)$ dB = 0 dB，所以得到 AGC 范围为 (66 − 0) dB = 66 dB。

调节 AGC 输出电压范围可以让功放输出在 0.1 ~ 6.5 V 之间，AGC 的最小间隔为 0.1 V，如将输出信号限制在 1.0 ~ 1.1 V 以内，AGC 范围将达到 70 dB 以上。

(7) 输出电压测量。通过数码管显示输出电压有效值，与实际测量值比较，误差≤5%。

3. 误差分析

实验测量的误差主要来源是电磁干扰，由于试验场地有许多电脑和仪器使用开关电源，电磁噪声很大，而且使用的同轴电缆屏蔽效果不好，所以测量输入端短路时的噪声电压时随输入短接方式不同而有很大误差。

4. 测试性能总结

本设计偏重于模拟电路处理，得到了很高的增益和较小的噪声。采用多种抗干扰措施来处理前级放大，选用集成芯片作增益控制，利用分立元件作后级功率放大，放弃了较难买到的宽带功率运放，因而设计很灵活也很容易实现。使测试结果全面达到设计要求，有许多技术指标超出要求。特别在 AGC 算术上有独特之处。

注意：此题在培训过程中必做，但在安装调试图 2.4.8 时，晶体管 2N3904 和 2N3906 的管脚 e、b、c 是根据因特网提供的资料焊接的，经实际调试均有问题，甚至会烧坏功放管。这是因为因特网上所提供的资料有误，e、c 两脚恰好接错了，故在焊接之前，应事先用三用表对三极管进行测试并判断 e、b、c，然后焊接上去就不会出差错。

2.5 高效率音频功率放大器设计

(2001 年全国大学生电子设计竞赛 D 题)

一、任务

设计并制作一个高效率音频功率放大器及其参数的测量、显示装置。功率放大器的电源电压为 +5 V(电路其他部分的电源电压不限),负载为 8 Ω 电阻。

二、要求

1. 基本要求

(1) 功率放大器

① 3 dB 通频带为 300 ~ 3 400 Hz,输出正弦信号无明显失真;

② 最大不失真输出功率≥1 W;

③ 输入阻抗 >10 kΩ,电压放大倍数 1 ~ 20 连续可调;

④ 低频噪声电压(20 kHz 以下)≤10 mV,在电压放大倍数为 10、输入端对地交流短路时测量;

⑤ 在输出功率 500 mW 时测量的功率放大器效率(输出功率/放大器总功耗)≥50%。

(2) 设计并制作一个放大倍数为 1 的信号变换电路,将功率放大器双端输出的信号转换为单端输出,经 *RC* 滤波供外接测试仪表用,如图 2.5.1 所示。图中,高效率功率放大器组成框图可参见本题第四项"说明"。

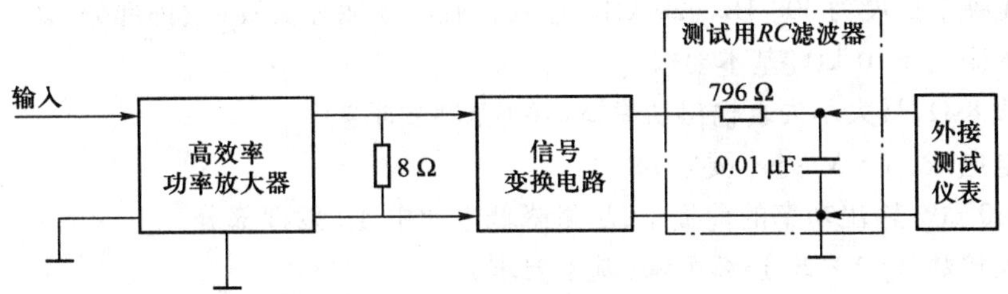

图 2.5.1 信号变换原理框图

(3) 设计并制作一个测量放大器输出功率的装置,要求具有 3 位数字显示,精度优于 5%。

2. 发挥部分

(1) 3 dB 通频带扩展至 300 Hz ~ 20 kHz。

(2) 输出功率保持为 200 mW,尽量提高放大器效率。

(3) 输出功率保持为 200 mW,尽量降低放大器电源电压。

(4) 增加输出短路保护功能。

(5) 其他。

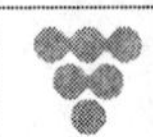

三、评分标准(略)

四、说明

(1) 采用开关方式实现低频功率放大(即 D 类放大)是提高效率的主要途径之一,D 类放大器原理框图如图 2.5.2 所示。本设计中如果采用 D 类放大方式,不允许使用 D 类功率放大集成电路。

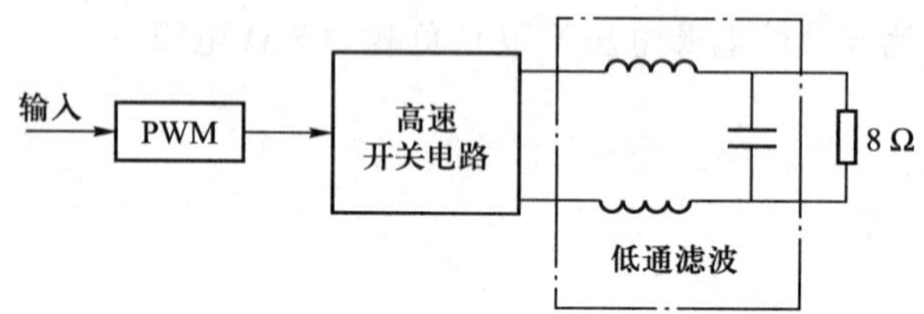

图 2.5.2　D 类放大器方框图

(2) 效率计算中的放大器总功耗是指功率放大器部分的总电流乘以供电电压(+5 V),不包括“基本要求”中第(2)、(3)项所涉及的电路部分功耗。制作时要注意便于效率测试。

(3) 在整个测试过程中,要求输出波形无明显失真。

2.5.1　题目分析

根据题意,现将系统要完成的功能及指标归纳如下。

(1) 设计一个功率放大器

① 3 dB 通频带为 300 ~ 3 400 Hz,输入正弦波无明显失真(基本要求);

3 dB 通频带扩展为 300 Hz ~ 20 kHz,输入正弦波无明显失真(发挥部分)。

② 输入阻抗 >10 kΩ(基本要求)。

③ 负载 8 Ω,最大不失真输出功率 ≥1 W(基本要求)。

④ 供电电压: +5 V(基本要求);

保持 200 mW 输出功率的前提下,尽量降低电源电压(发挥部分)。

⑤ 放大倍数 A_u:1 ~ 20 连续可调(基本要求)。

⑥ 在 P_o = 500 mW 的情况下,$\eta \geq 50\%$(基本要求);

在 P_o = 200 mW 情况下,尽量提高效率 η(发挥部分)。

⑦ 噪声电压: ≤10 mV,条件:频率低于 20 kHz,$A_u = 10$,输入短路(基本要求)。

⑧ 增加输出短路保护功能(发挥部分)。

(2) 设计一个变换电路(基本要求)

① $A_u = 1$。

② 平衡输入,不平衡输出(双入单出)。

(3) 设计一个功率计(基本要求)

① 3 位数字显示。

② 精度优于 5%。

根据题意分析可知,本题有三个重点和难点:一是在保证输出功率的情况下,如何尽量提高放大器的效率？二是在保证输出波形无明显失真的情况下，如何扩展频带宽度？三是在低电压供电的情况下，如何提高输出功率？下面主要围绕这三个问题进行论证。

2.5.2 方案论证

根据设计任务与要求，本系统的组成方框图如图 2.5.3 所示。它由高效率、高保真度、宽带功率放大器，信号变换电路和功率测量电路组成。

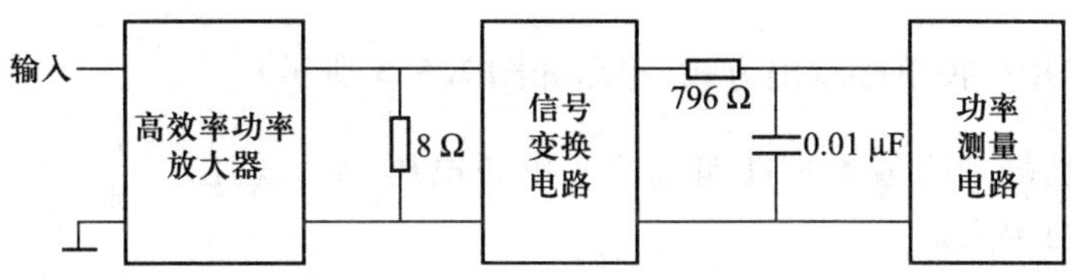

图 2.5.3　系统结构方框图

一、高效率、高保真、宽带功率放大器方案论证

1. 高效率、高保真、宽带功率放大器的类型选择

我们知道，为了提高功率和效率，一般的方法是降低三极管的静态工作点即由甲类（$\theta=180°,\eta\leqslant50\%$）到乙类（$\theta=90°,\eta\leqslant78.5\%$），甚至到丙类（$\theta<90°,\eta>78.5\%$）。但丙类放大器不适宜于宽带放大器，原因是失真太大。工作在乙类状态会产生交越失真。故回到甲乙类工作状态。显然甲乙类以牺牲效率为代价，换来失真度的降低。工作在甲乙类工作状态的功放电路又分为 OTL、OCL、BTL 等几类电路可供选择。但工作在甲乙类的功率放大器，在供电电源电压≤5 V 的情况下，其功率和效率均上不去，自然就想到丁类（D 类）放大器。

D 类功率放大器是用音频信号的幅度去线性调制高频脉冲的宽度，功率输出管工作在高频开关状态，通过 *LC* 低通滤波器后输出音频信号。由于输出管工作在开关状态，故具有极高的效率。理论上为 100%，实际电路也可达到 80%～95%，所以我们决定采用 D 类功率放大器。这样就解决了第一个难点和重点。

2. 高效 D 类功率放大器实现电路的选择

本题目的核心就是功率放大器部分，采用何种电路形式以达到题目要求的性能指标，是设计成功的关键。

（1）脉宽调制器（PWM）

▶方案一

可选用专用的脉宽调制集成块，但通常有电源电压的限制，不利于本题发挥部分的实现。

▶方案二

采用图 2.5.4 所示方式来实现。三角波产生器及比较器分别采用通用集成电路，各部分的功能清晰，实现灵活，便于调试。若合理地选择器件参数，可使其能在较低的电压下工作，故选用此方案。

（2）高速开关电路

① 输出方式：有两种方案可供选择。

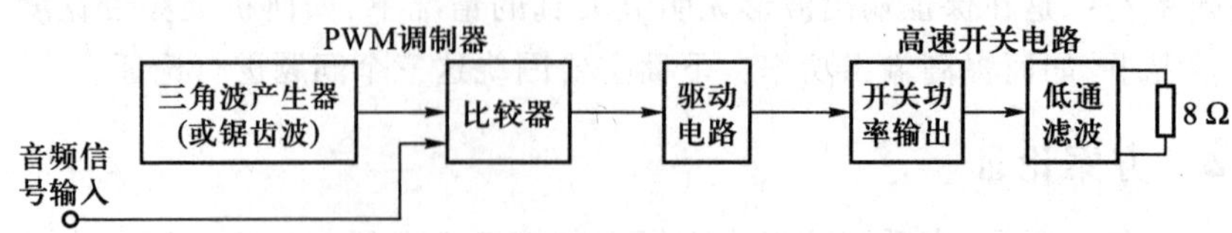

图 2.5.4　采用通用集成电路构成 PWM

▶方案一:选用推挽单端输出方式(电路如图 2.5.5 所示)。

电路输出载波峰 - 峰值不可能超过 5 V 电源电压,最大输出功率满足不了题目要求。

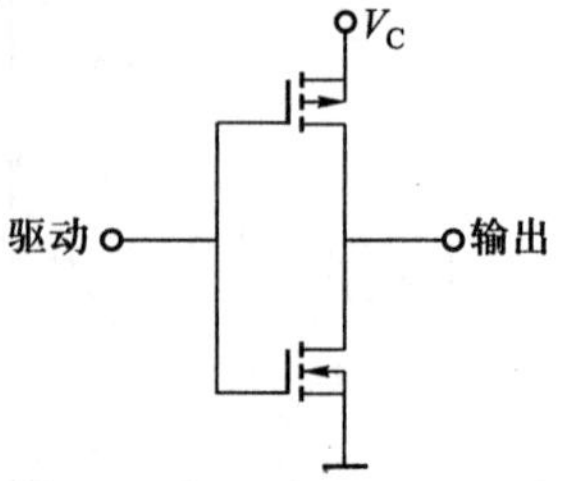

▶方案二:选用 H 桥型输出方式(电路如图 2.5.6 所示)。

此方式可充分利用电源电压,浮动输出载波的峰 - 峰值可达 10 V,有效地提高了输出功率,且能达到题目所有指标要求,故选用此输出电路形式。于是,第三个难点和重点得到解决。

V_C

驱动

输出

图 2.5.5　推挽单端输出电路

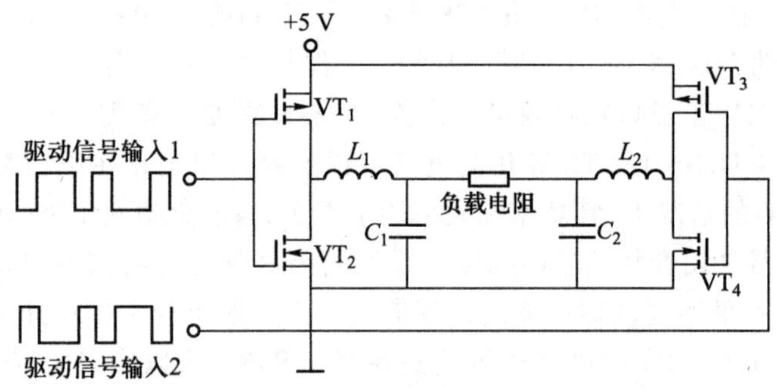

图 2.5.6　H 桥输出电路

② 开关管的选择:为提高功率放大器的效率和输出功率,开关管的选择非常重要,对它的要求是高速、低导通电阻、低损耗。

▶方案一:选用晶体管、IGBT 管。

晶体管需要较大的驱动电流,并存在储存时间,开关特性不够好,使整个功放的静态损耗及开关过程中的损耗较大;IGBT 管的最大缺点是导通压降太大。

▶方案二:选用 VMOSFET 管。

VMOSFET 管具有较小的驱动电流、低导通电阻及良好的开关特性,故选用高速 VMOSFET 管。

(3) 滤波器的选择

▶方案一

采用两个相同的二阶巴特沃思(Butterworth)低通滤波器,缺点是负载上的高频载波电压得不到充分衰减。

▶方案二

采用两个相同的四阶巴特沃思低通滤波器，在保证 20 kHz 频带的前提下使负载上的高频载波电压进一步得到衰减，使输出波形更纯净。

这样就解决了第二个重点与难点。提高载波频率也是解决第二个重点与难点的有效途径，这一点在方案设计中会考虑。

二、信号变换电路

由于采用浮动输出，要求信号变换电路具有双端变单端的功能，且增益为 1。

▶方案一

采用集成数据放大器，精度高，但价格较贵。

▶方案二

由于功放输出具有很强的带负载能力，故对变换电路输入阻抗要求不高，所以可选用较简单的单运放组成的差分式减法电路来实现。

三、功率测量电路

▶方案一

直接用 A/D 转换器采样音频输出的电压瞬时值，用单片机计算有效值和平均功率，原理框图如图 2.5.7 所示，但算法复杂，软件工作量大。

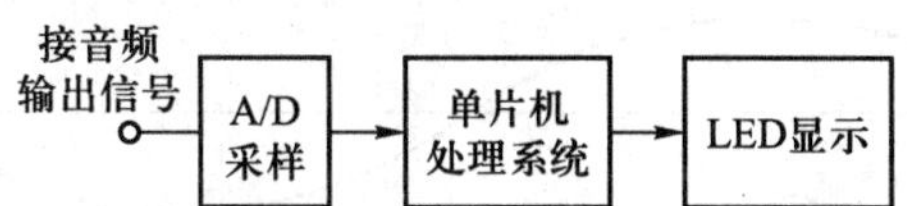

图 2.5.7 功率测量电路原理框图(方案一)

▶方案二

由于功放输出信号不是单一频率，而是 20 kHz 频带内的任意波形，故必须采用有效值/直流变换电路。此方案采用有效值/直流转换专用芯片，先得到音频信号电压的真有效值。再用 A/D 转换器采样该有效值，直接用单片机计算平均功率(原理框图如图 2.5.8 所示)，软件工作量小，精度高，速度快。

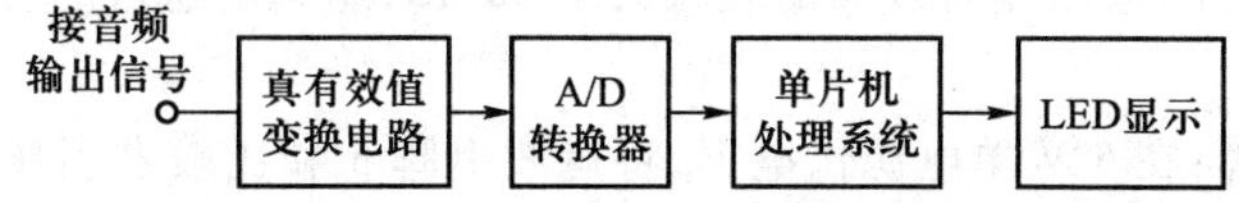

图 2.5.8 利用有效值/直流转换芯片构成的功率测量电路原理框图

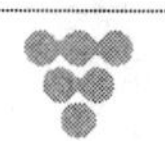

2.5.3 主要电路工作原理分析与计算

1. D类放大器的工作原理

一般的脉宽调制D类功放的原理方框图如图2.5.9所示。图2.5.10为工作波形示意图，图(a)为输入信号；图(b)为锯齿波与输入信号进行比较的波形；图(c)为调制器输出的脉冲(调宽脉冲)；图(d)为功率放大器放大后的调宽脉冲；图(e)为低通滤波后的放大信号。

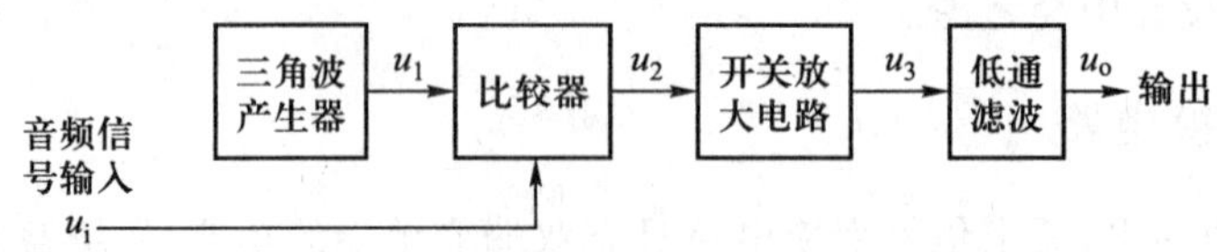

图2.5.9 脉宽调制D类功放的原理方框图

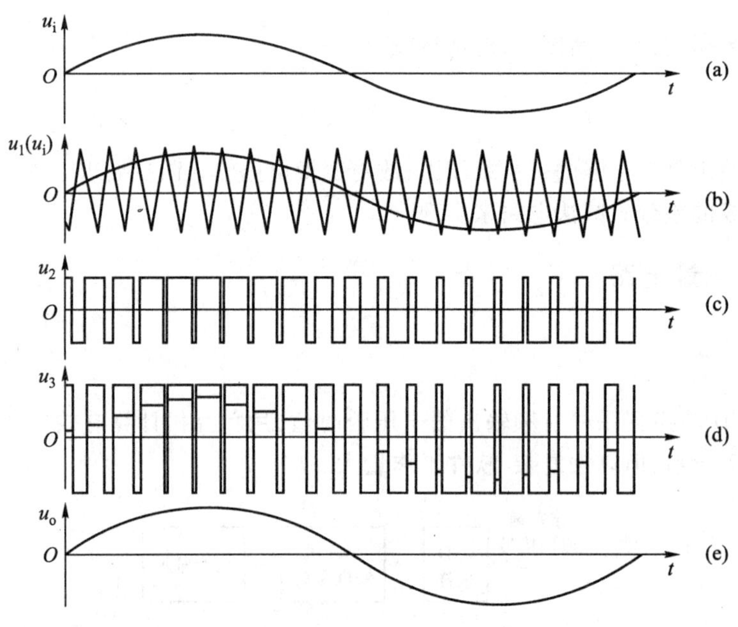

图2.5.10 波形图

2. D类功放各部分电路分析与计算

(1) 脉宽调制器

① 三角波产生电路。该电路我们采用满幅运放TLC4502及高速精密电压比较器LM311来实现，电路如图2.5.11所示。TLC4502不仅具有较宽的频带，而且可以在较低的电压下满幅输出，既保证能产生线性良好的三角波，而且可达到发挥部分对功放在低电压下正常工作的要求。

载波频率的选定既要考虑抽样定理，又要考虑电路的实现，选择150 kHz的载波，使用四阶巴特沃思*LC*滤波器，输出端对载频的衰减大于60 dB，能满足题目的要求，所以设计选用载波频率为150 kHz。

电路参数的计算：在5 V单电源供电下，将运放引脚5和比较器引脚3的电位用R_8调整为2.5 V，同时设定输出的对称三角波幅度为1 V($U_{p-p}=2$ V)。若选定R_{10}为100 kΩ，并忽略

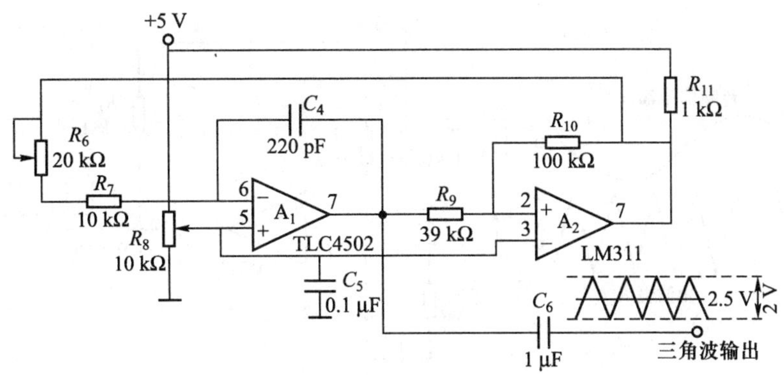

图 2.5.11　三角波产生电路

比较器高电平时 R_{11} 上的压降，则 R_9 的求解过程如下：

$$\frac{5-2.5}{100}=\frac{1}{R_9},\quad R_9=\frac{100}{2.5}\ \text{k}\Omega=40\ \text{k}\Omega$$

取 R_9 为 39 kΩ。

选定工作频率为 $f=150$ kHz，并设定 $R_7+R_6=20$ kΩ，则电容 C_4 的计算过程如下：

对电容的恒流充电或放电电流为

$$I=\frac{5-2.5}{R_7+R_6}=\frac{2.5}{R_7+R_6}$$

则电容两端最大电压值为

$$U_{C_4}=\frac{1}{C_4}\int_0^{T_1}I\mathrm{d}t=\frac{2.5}{C_4(R_7+R_6)}T_1$$

其中 T_1 为半周期，$T_1=T/2=1/2f$，U_{C_4} 的最大值为 2 V，则

$$2=\frac{2.5}{C_4(R_7+R_6)}\frac{1}{2f}$$

$$C_4=\frac{2.5}{(R_7+R_6)4f}=\frac{2.5}{20\times10^3\times4\times150\times10^3}\ \text{pF}\approx208.3\ \text{pF}$$

取 $C_4=220$ pF，$R_7=10$ kΩ，R_6 采用 20 kΩ 可调电位器。使振荡频率 f 在 150 kHz 左右有较大的调整范围。

② 比较器。选用 LM311 精密、高速比较器，电路如图 2.5.12 所示，因供电为 5 V 单电源，为给 $U_+=U_-$ 提供 2.5 V 的静态电位，取 $R_{12}=R_{15}$，$R_{13}=R_{14}$，4 个电阻均取 10 kΩ。由于三角波 $U_{p-p}=2$ V，所以要求音频信号的 U_{p-p} 不能大于 2 V，否则会使功放产生失真。

（2）前置放大器

电路如图 2.5.13 所示。设置前置放大器，可使整个功放的增益从 1～20 连续可调，而且也保证了比较器的比较精度。当功放输出的最大不失真功率为 1 W 时，其 8 Ω 上的电压 $U_{p-p}=8$ V，此时送给比较器音频信号的 U_{p-p} 值应为 2 V，则功放的最大增益约为 4（实际上，功放的最大不失真功率要略大于 1 W，其电压增益要略大于 4）。因此必须对输入的音频信号进行前置放大，其增益应大于 5。前放仍采用宽频带、低漂移、满幅运放 TLC4502，组成增益可调的同相宽带放大器。选择同相放大器的目的是容易实现输入电阻 $R_i\geqslant10$ kΩ 的要求。同时，采用满

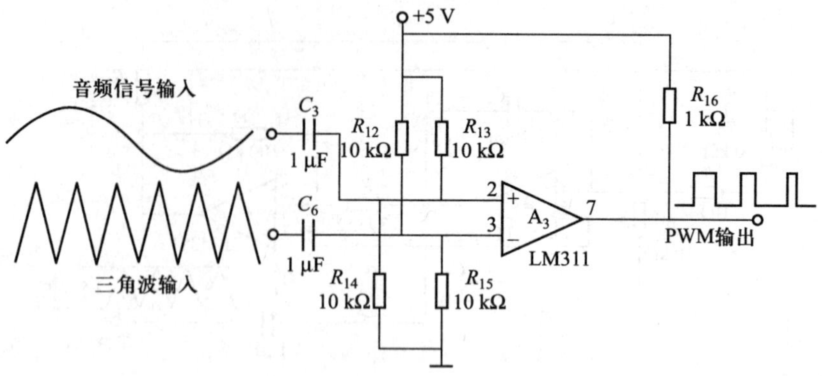

图 2. 5. 12 比较器电原理图

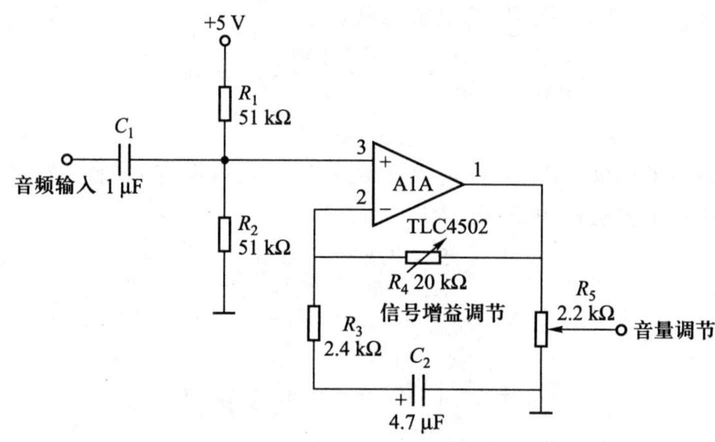

图 2. 5. 13 前置放大器电路

幅运放可在降低电源电压时仍能正常放大，取 $U_+ = V_{CC}/2 = 2.5\ \text{V}$，要求输入电阻 R_i 大于 10 kΩ，故取 $R_1 = R_2 = 51\ \text{k}\Omega$，则 $R_i = 51/2 = 25.5\ \text{k}\Omega$，反馈电阻采用电位器 R_4，取 $R_4 = 20\ \text{k}\Omega$，反相端电阻 R_3 取 2.4 kΩ，则前置放大器的最大增益 A_u 为

$$A_u = 1 + \frac{R_4}{R_3} = 1 + \frac{20}{2.4} \approx 9.3$$

调整 R_4 使其增益约为 8，则整个功放的电压增益从 0 ~ 32 可调。

考虑到前置放大器的最大不失真输出电压的幅值 $U_{om} < 2.5\ \text{V}$，取 $U_{om} = 2.0\ \text{V}$，则要求输入的音频最大幅度 $U_{im} < (U_{om}/A_u) = 2/8 = 250\ \text{mV}$。超过此幅度则输出会产生削波失真。

（3）驱动电路

电路如图 2. 5. 14 所示。将 PWM 信号整形变换成互补对称的输出驱动信号，用 CD40106 施密特触发器并联运用以获得较大的电流输出，送给由晶体管组成的互补对称式射极跟随器驱动的输出管，保证了快速驱动。驱动电路晶体管选用 2SC8050 和 2SA8550 对管。

（4）H 桥互补对称输出电路

对 VMOSFET 的要求是导通电阻小，开关速度快，开启电压小。因输出功率稍大于 1 W，属小功率输出，可选用功率相对较小、输入电容较小、容易快速驱动的对管，IRFD120 和 IRFD9120

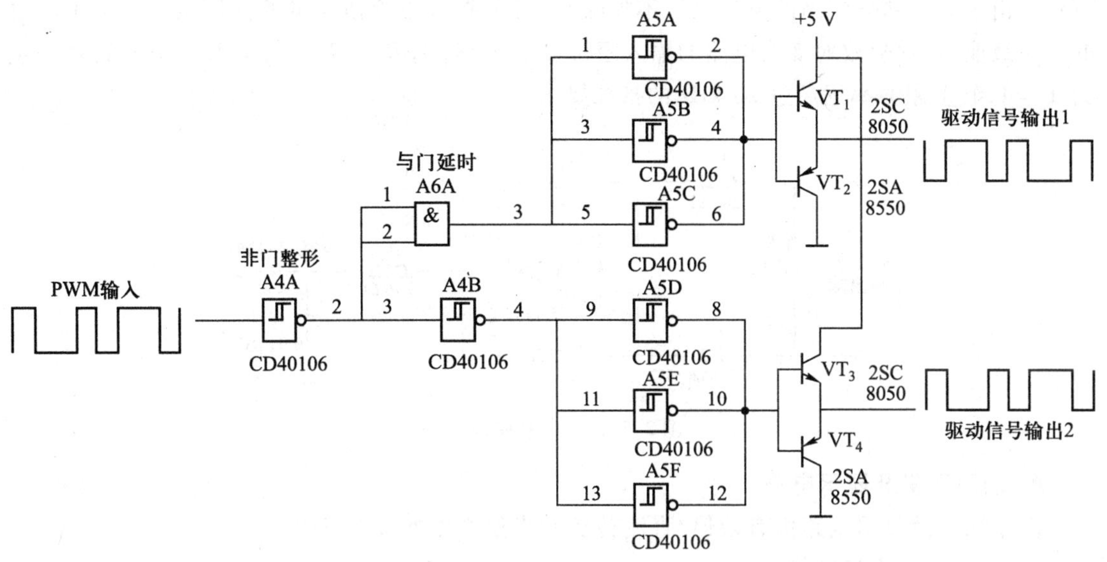

图 2.5.14 驱动电路

VMOS 对管的参数能够满足上述要求，故采用之。实际电路如图 2.5.15 所示。互补 PWM 开关驱动信号交替开启 VT_5 和 VT_8 或 VT_6 和 VT_7，分别经两个 4 阶巴特沃思滤波器滤波后推动喇叭工作。

（5）低通滤波器

本电路采用四阶巴特沃思低通滤波器如图 2.5.15 所示，对滤波器的要求是上限频率 ≥20 kHz，在通频带内特性基本平坦。

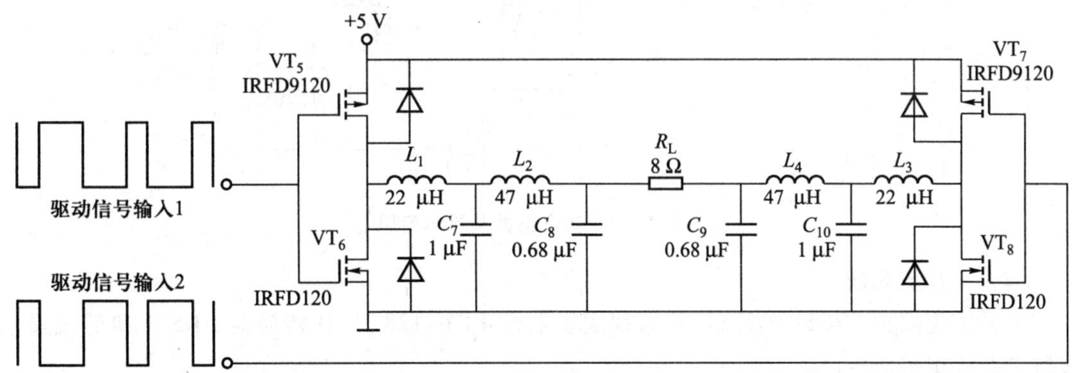

图 2.5.15 H 桥互补对称输出电路和巴特沃思低通滤波器

设计时采用了电子工作台（EWB）软件进行仿真，从而得到了一组较佳的参数：L_1 = 22 μH，L_2 = 47 μH，C_1 = 1.68 μF，C_2 = 1 μF。19.95 kHz 处下降 2.464 dB，可保证 20 kHz 的上限频率，且通频带内曲线基本平坦；100 kHz、150 kHz 处分别下降 48 dB、62 dB，完全达到要求。

3. 信号变换电路

电路要求增益为 1，将双端变为单端输出，运放选用宽带运放 NE5532，电路如图 2.5.16

所示。由于对这部分电路的电源电压不加限制，可不必采用价格较贵的满幅运放。由于功放的带负载能力很强，故对变换电路的输入阻抗要求不高，选 $R_1=R_2=R_3=R_4=20\ \text{k}\Omega$，其增益为 $A_u=1$，其上限频率远超过 20 kHz 的指标要求。

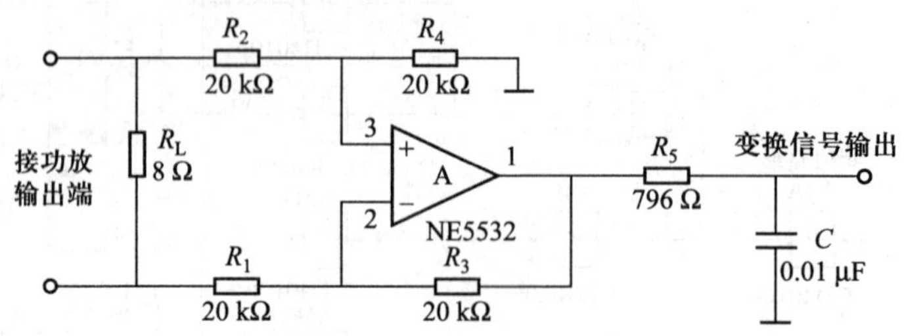

图 2.5.16　信号变换电路

4. 功率测量及显示电路

功率测量及显示电路由有效值/直流转换电路和单片机系统组成。

（1）有效值/直流转换器

选用高精度的 AD637 芯片（如图 2.5.17 所示），其外围元件少、频带宽，精度高于 0.5%。

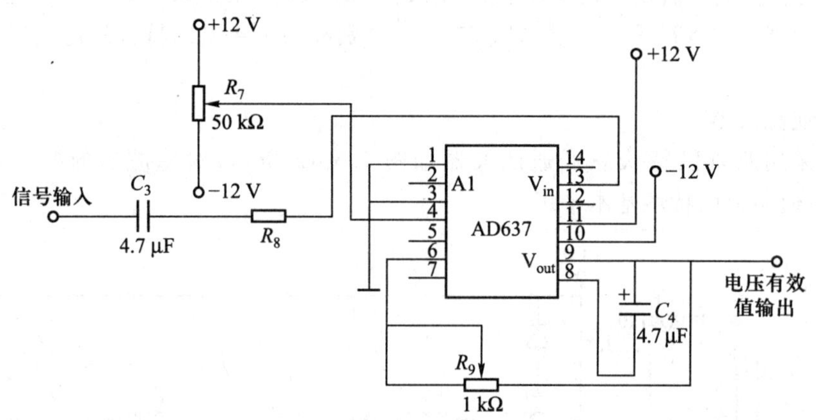

图 2.5.17　功率测量及显示电路

（2）单片机系统

本系统主要由 89C51 单片机、可编程逻辑器件 EPM7128、A/D 转换器 AD574 和键盘显示接口电路等组成。

经 AD637 进行有效值/直流变换后的模拟电压信号送 A/D 转换器 AD574，由 89C51 控制 AD574 进行模/数转换，并对转换结果进行运算处理，最后送显示电路完成功率显示。其中 EPM7128 完成地址译码和各种控制信号的产生，62256 用于存储数据。

键盘显示电路用于调试过程中的参数校准输入，主要由显示接口芯片 8279，4×4 键盘及 8 位数码管显示部分构成。

（3）软件设计

本系统用软件设计了特殊功能键，通过对键盘的简单操作，便可实现功率放大器输出功率

的直接显示(以十进制数显示),精确到小数点后4位,显示误差小于4.5%。

本系统软件采用结构化程序设计方法,功能模块各自独立,软件主体流程图如图2.5.18所示。

系统初始化:加电后完成系统硬件和系统变量的初始化。其中包括变量设置、标志位设定、置中断和定时器状态、设置控制口的状态、设置功能键等。

等待功能键输入:由键盘输入命令和校准参数组成。

控制测量:由单片机读取所设定的数值,进行数据的处理。

显示测量结果:AT89C51控制8279显示接口芯片,使用8位数码管显示测量的输出功率。

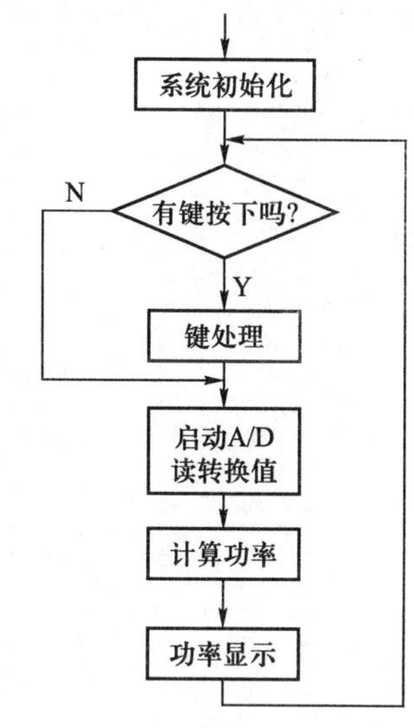

图2.5.18 软件主体流程图

5. 短路保护电路

短路(或过流)保护电路的原理电路如图2.5.19所示。0.1 Ω过流取样电阻与8 Ω负载串联连接,对0.1 Ω电阻上的取样电压进行放大(并完成双变单变换)。电路由A1B组成的负反馈放大器完成,选用的运放是LM5532。R_6与R_7调整为11 kΩ,则该放大器的电压放大倍数为

$$A_u = \frac{R_9}{R_7} = \frac{560}{11} \approx 51$$

经放大后的音频信号再通过由VD_1、C_2、R_{10}组成的峰值检波电路,检出幅度电平,送给由LM393组成的电压比较器“+”端,比较器的“-”端电平设置为5.1 V,由R_{12}和稳压管VD_6组成,比较器接成迟滞比较方式,一旦过载,即可锁定状态。

正常工作时,通过0.1 Ω上的最大电流幅度$I_m = \frac{5}{8+0.1}$ A = 0.62 A,0.1 Ω上的最大压降为62 mV,经放大后输出的电压幅值为$U_{im} \cdot A_u = 62 \times 51$ mV ≈ 3.2 V,检波后的直流电压稍小于此值,此时比较器输出低电平,VT_1截止,继电器不吸合,处于常闭状态,5 V电源通过常闭触点送给功放。一旦8 Ω负载端短路或输出过流,0.1 Ω上电流、电压增大,经过电压放大、峰值检波后,大于比较器反相端电压(5.1 V),则比较器翻转为高电平并自锁,VT_1导通,继电器吸合,切断功放5 V电源,使功放得到保护。要解除保护状态,需关断保护电路电源。

为了防止开机瞬间比较器自锁,增加了开机延时电路,由R_{11}、C_3、VD_2、VD_3组成。VD_2的作用是保证关机后C_3上的电压能快速放掉,以保证再开机时C_3的起始电压为零。

6. 音量显示电路

音量显示电路由专用集成块TA7666P实现,通过多个发光二极管来直观指示音量的大小,电路如图2.5.20所示。

7. 电源

整个系统既包括模拟电路也包括数字电路,为减少相互干扰,本系统采用自带4路电源:+5 V、-5 V、+12 V、-12 V,分别对各部分电路供电,电路图如图2.5.21所示。

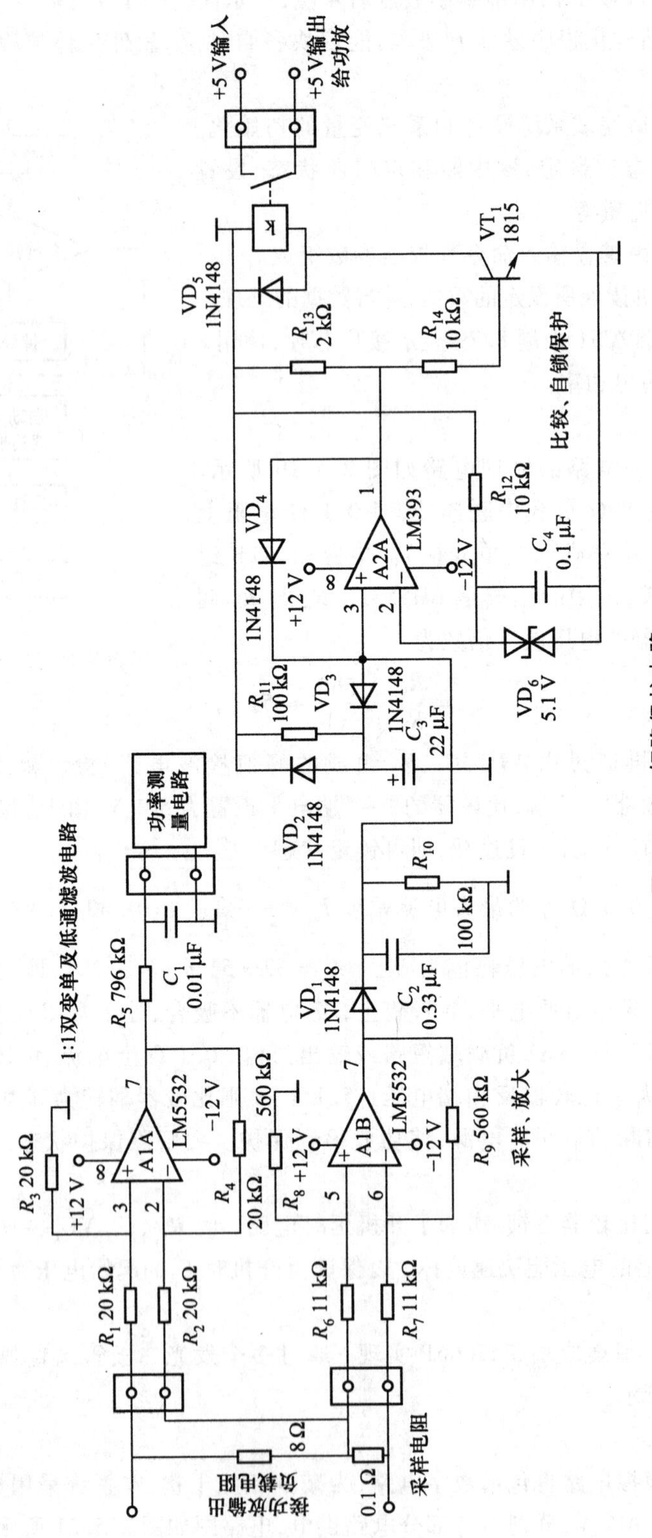

图 2.5.19　短路保护电路

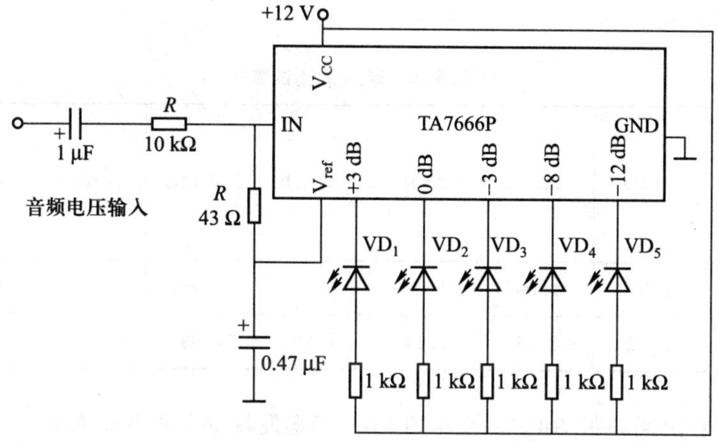

图 2.5.20　音量显示电路

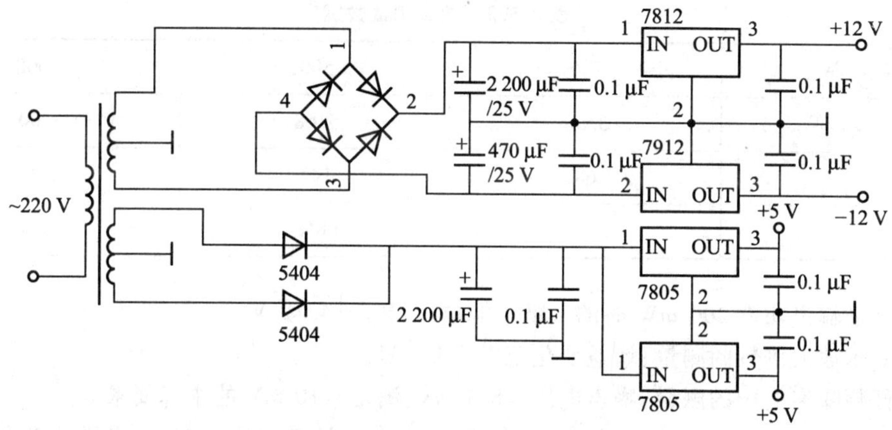

图 2.5.21　稳压电源电路图

2.5.4　系统测试及数据分析

1. 测试使用的仪器

E51/L 仿真机　　VC201 型数字式万用表

WD990 电源　　日立 V－1065 A 100 MHz 示波器

SG1643 型信号发生器　　JH811 晶体管毫伏表

PC 机，PⅢ1 000，128 MB 内存

2. 测试数据

① 最大不失真输出功率。测试数据如表 2.5.1 所示。

表 2.5.1　最大不失真输出功率测试数据

f	20 Hz	100 Hz	300 Hz	1.6 kHz	3.4 kHz	10 kHz	20 kHz	25 kHz
$U_{o(p-p)}$/V	8.21	8.21	8.22	8.16	8.10	8.05	7.02	5.82
P_{max}/W	1.05	1.05	1.06	1.04	1.03	1.01	0.77	0.53

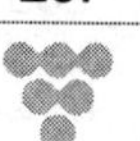

② 通频带的测量。测试数据如表 2.5.2 所示。

表 2.5.2　通频带测试数据

U_{om}/V（f） U_{im}/mV	20 Hz	100 Hz	300 Hz	1.6 kHz	3.4 kHz	10 kHz	20 kHz	25 kHz
100	1.03	1.08	1.07	0.97	0.96	0.82	0.75	0.60
200	2.12	2.14	2.11	1.90	1.88	1.65	1.49	1.18

由表 2.5.2 看出通频带 $BW_{0.7}\approx f_H\approx 20$ kHz,满足发挥部分的指标要求。

③ 效率的测量。测试数据如表 2.5.3 所示。

表 2.5.3　效率测试数据

P_0/mW	200	500	1 000
$U_{o(p-p)}$/V	3.58	5.68	8.00
I_{CC}/mA	68	147	278
η	59%	68%	72%

④ 测量输出功率 200 mW 时的最低电源电压:$V_{CC}=4.12$ V。

⑤ 电压放大倍数的测量:增益变化范围为 0 ~ 31。

⑥ 低频噪声电压的测量:噪声电压 = 8.1 mV,满足≤10 mV 的指标要求。

⑦ 功率测量显示电路性能测试。用公式 $P_o=U_o^2/8$ 计算理论功率,与测量结果进行比较,并对误差进行计算,计算结果测量误差小于 4.5%。

3. 测量结果分析

(1) 功放的效率和最大不失真输出功率与理论值还有一定差别,其原因有以下几个方面。

① 功放部分电路存在的静态损耗,包括 PWM 调制器、音频前置放大电路、输出驱动电路及 H 桥输出电路。这些电路在静态时均具有一定的功率损耗,实测结果其 5 V 电源的静态总电流约为 30 mA,即静态功耗 $P_{损耗}=5\times30$ mW = 150 mW。那么这部分的损耗对总的效率影响很大,特别对小功率输出时影响更大,这是影响效率提高的一个很重要的方面。

② 功放输出电路的损耗,这部分的损耗对效率和最大不失真输出功率均有影响。此外,H 桥的互补激励脉冲达不到理想同步,也会产生功率损耗。

③ 滤波器的功率损耗,这部分损耗主要是由 4 个电感的直流电阻引起的。

(2) 功率测量电路的误差。这里是 1:1 变换电路的误差,有效值/直流转换电路的误差,A/D 转换器及软件设计带来的误差。尽管以上电路精度已很高,但每一部分的误差均不可避免,此外,还有测量仪器本身带来的测量误差。

2.5.5 进一步改进措施

1. 尽量设法减小静态功耗

① 尽量减小运放和比较器的静态功耗。实测两个比较器(LM311)的静态电流约为15 mA,这部分损耗就占了静态损耗的一半功率。这是由于在选择器件时几个方面不能完全兼顾所致。若选择同时满足几方面要求的器件,这部分的功耗是完全可以大幅度降低的。

② 我们选用的VMOSFET管的导通电阻还不是很小,若能换成导通电阻更小的VMOSFET管,则整个功放的效率和最大不失真输出功率还可进一步提高。

③ 低通滤波器电感的直流内阻需进一步减小。

2. 尽量减小动态功耗

采用上面的第二和第三项措施即可。

2.6 简易心电图仪设计
(2004年湖北省大学生电子设计竞赛B题)

一、任务

设计制作一个简易心电图仪,可测量人体心电信号并在示波器上显示出来,示意图如图2.6.1所示。

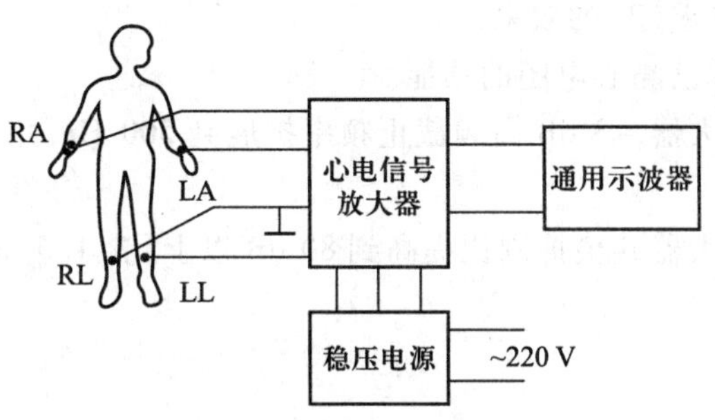

图 2.6.1 简易心电图仪示意图

导联电极说明:

RA:右臂,LA:左臂,LL:左腿,RL:右腿。

第一路心电信号,即标准Ⅰ导联的电极接法:RA接放大器反相输入端,LA接放大器同相输入端,RL作为参考电极,接心电放大器参考点。

第二路心电信号,即标准Ⅱ导联的电极接法:RA接放大器反相输入端,LL接放大器同相输入端,RL作为参考电极,接心电放大器参考点。

RA、LA、LL和RL的皮肤接触电极分别通过1.5 m长的屏蔽导联线与心电信号放大器连接。

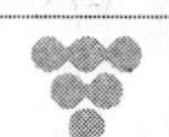

二、要求

1. 基本要求

(1) 制作一路心电信号放大器,技术指标如下:

① 电压放大倍数 1 000,误差 ±5%;

② -3 dB 低频截止频率 0.05 Hz,(可不测试,由电路设计予以保证);

③ -3 dB 高频截止频率 100 Hz,误差 ±10 Hz;

④ 频带内响应波动在 ±3 dB 之内;

⑤ 共模抑制比≥60 dB(含 1.5 m 长的屏蔽导联线,共模输入电压范围为 ±7.5 V);

⑥ 差模输入电阻≥5 MΩ(可不测试,由电路设计予以保证);

⑦ 输出电压动态范围大于 ±10 V。

(2) 按标准Ⅰ导联的接法对一位参赛队员进行实际心电图测量。

① 能在示波器屏幕上较清晰地显示心电波形。心电波形大致如图 2.6.2 所示。

② 实际测试心电时,放大器的等效输入噪声(包括 50 Hz 干扰)<400 μV(峰-峰值)。

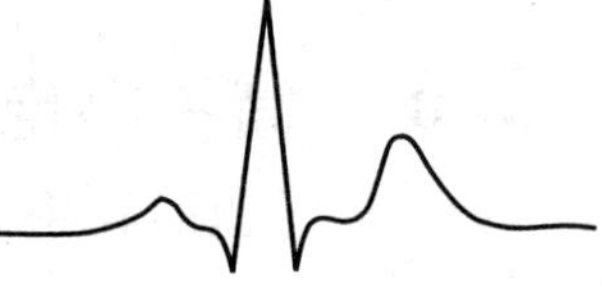

图 2.6.2　心电波示意图

(3) 设计并制作心电放大器所用的直流稳压电源。

直流稳压电源输出交流噪声<3 mV(峰-峰值,在对放大器供电条件下测试)。

2. 发挥部分

(1) 扩展为两路相同的心电放大器,可同时测量和显示标准Ⅰ导联和标准Ⅱ导联两路心电图,并且能达到基本要求(2)的效果。

(2) 具有存储、回放已测心电图的功能。

(3) 将心电信号放大器 -3 dB 高频截止频率扩展到 500 Hz,并且能达到基本要求(2)的效果。

(4) 将心电信号放大器共模抑制比提高到 80 dB 以上(含 1.5 m 长的屏蔽导联线)。

(5) 其他。

三、评分标准

	项目	满分
基本要求	设计与总结报告:方案比较、设计与论证,理论分析与计算,电路图及有关设计文件,测试方法与仪器,测试数据及测试结果分析	50
	实际制作完成情况	50
发挥部分	完成第(1)项	12
	完成第(2)项	10
	完成第(3)项	10
	完成第(4)项	8
	其他	10

四、说明

对人体心电信号进行实测时应注意以下事项。

(1) 可用 20 mm×20 mm 薄铜皮作为皮肤接触电极。

(2) 用带有尼龙拉扣的布带或普通布带将电极分别捆绑在四肢相应位置，如图 2.6.1 所示。

(3) 测量心电图前，应使用酒精棉球仔细将与电极接触部位的皮肤擦净，然后再捆绑电极。为减小电极与皮肤间的接触电阻，最好在电极下滴 1～2 滴 5% 的盐水，或用 5% 盐水浸过的棉球垫在电极与皮肤之间。

(4) 被测人员应静卧，以避免测量基线大幅度漂移、降低噪声。

实际制作测试记录与评分表

学校__________ 学生姓名__________ 测评人__________年 月 日

<table>
<tr><th>类型</th><th colspan="2">序号</th><th>项目与测试条件</th><th>满分</th><th colspan="2">测试记录</th><th>评分</th><th>备注</th></tr>
<tr><td rowspan="19">基本部分</td><td rowspan="12">(1)</td><td rowspan="2">a</td><td rowspan="2">电压放大倍数、误差输入：20 Hz,1 mV(rms)正弦信号</td><td rowspan="2">6</td><td colspan="2">实测输出电压(rms)/V</td><td rowspan="2"></td><td rowspan="2"></td></tr>
<tr><td colspan="2">放大倍数误差/%</td></tr>
<tr><td rowspan="2">b</td><td rowspan="2">−3 dB 高频截止频率、误差输入：1 mV(rms)正弦信号</td><td rowspan="2">6</td><td colspan="2">实测高频截止频率/Hz</td><td rowspan="2"></td><td rowspan="2"></td></tr>
<tr><td colspan="2">误差/Hz</td></tr>
<tr><td rowspan="3">c</td><td rowspan="3">频带内响应波动输入：1 mV (rms) 正弦信号 (0.5 Hz～100 Hz)</td><td rowspan="3">3</td><td rowspan="2">输出</td><td>实测最大值/V</td><td rowspan="3"></td><td rowspan="3"></td></tr>
<tr><td>实测最小值/V</td></tr>
<tr><td colspan="2">最大波动/dB</td></tr>
<tr><td rowspan="3">d</td><td rowspan="3">共模抑制比输入：20 Hz 正弦波</td><td rowspan="3">6</td><td colspan="2">实测差模放大倍数</td><td rowspan="3"></td><td rowspan="3"></td></tr>
<tr><td colspan="2">实测共模放大倍数</td></tr>
<tr><td colspan="2">共模抑制比/dB</td></tr>
<tr><td rowspan="2">e</td><td rowspan="2">输出电压动态范围输入：20 Hz 正弦波</td><td rowspan="2">3</td><td colspan="2">±实际测量值/V</td><td rowspan="2"></td><td rowspan="2"></td></tr>
<tr><td colspan="2"></td></tr>
<tr><td rowspan="3">(2)</td><td>a</td><td>能在示波器上清晰显示出实测心电波形</td><td>8</td><td colspan="2"></td><td></td><td></td></tr>
<tr><td rowspan="2">b</td><td rowspan="2">实际测试心电图时，放大器的等效输入噪声(峰－峰值)</td><td rowspan="2">6</td><td colspan="2">输出噪声测量值/mV</td><td rowspan="2"></td><td rowspan="2"></td></tr>
<tr><td colspan="2">等效输入噪声值/μV</td></tr>
<tr><td rowspan="2">(3)</td><td colspan="2" rowspan="2">稳压电源输出噪声</td><td rowspan="2">8</td><td colspan="2">正电源噪声峰－峰值/mV</td><td rowspan="2"></td><td rowspan="2"></td></tr>
<tr><td colspan="2">负电源噪声峰－峰值/mV</td></tr>
<tr><td colspan="3">工艺</td><td>4</td><td colspan="2"></td><td></td><td></td></tr>
<tr><td colspan="3">总分</td><td>50</td><td colspan="2"></td><td></td><td></td></tr>
</table>

续表

类型	序号	项目与测试条件	满分	测试记录	评分	备注
发挥部分	(1)	能同时显示两路心电图	6			
		噪声特性	6	输出噪声测量值/mV		
				等效输入噪声值/μV		
	(2)	具有存储、回放心电波形的功能	10			
	(3)	-3 dB 高频截止频率扩展到 500 Hz	3	实测截止频率/Hz		
		噪声特性	7	输出噪声测量值/mV		
				等效输入噪声值/μV		
	(4) 共模抑制比达到 80 dB 以上		8	实测共模抑制比/dB		
	(5) 其他		10			
	总分		50			

测试说明

(1) 对于基本要求(1)项的说明。

① 电压放大倍数、频率响应特性、差模放大倍数、输出动态范围的测试：将差分放大电路反相输入端接地近似测试。可将 1 V(rms)正弦信号用 10 kΩ 和 10 Ω 电阻分压衰减到 1 mV，再输入到放大电路进行测试，以减小信号源噪声的影响。

② 频带内响应波动的测试：考虑到许多低频信号发生器(函数发生器)输出最低频率的限制，该项目的低端频率只测量到 0.5 Hz(即低频截止频率的 10 倍)。其方法是，输入信号幅值保持在 1 mV(rms)，用示波器测量 0.5 ~ 100 Hz 范围内的输出最高和最低电压值，与频率为 20 Hz 的输出电压值相减后计算频带内响应的最大波动(dB)。

③ 要求带 1.5 m 长的屏蔽导联线进行共模抑制比测量。共模放大倍数的测量方法是，将差分放大电路的两端输入端短接，并输入 5 V(rms)正弦信号，测量输出电压。根据所测差模和共模放大倍数计算共模抑制比。

④ 输出动态范围的测试：从小增大输入信号幅值，通过测量最大不失真输出电压的峰 - 峰值得到。

(2) 对于基本要求(2)项的说明。

对人体心电信号进行实测：

① 用示波器观测心电放大器输出波形时，一般应将 X 轴置于 0.2 s/div，Y 轴置于 0.5 ~ 2 V/div(因人而异)，用数字示波器观测效果更好。

② 在示波器上测量放大器输出心电信号基线上的噪声(峰 - 峰值)，然后计算输入端等效噪声(峰 - 峰值)。

(3) 对于基本要求(3)项的说明应在心电放大器正常工作条件下用示波器(置为交流输入模式)测量稳压电源的输出噪声。

(4) 对于发挥部分与基本部分的测试法相同。

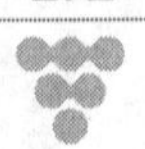

（5）实际测量值达到指标值的给满分，低于指标值的酌情给分，但要求作出详细的实测记录。

2.6.1 简易心电图仪作品解析

一、题目意图及知识范围

本题侧重于弱信号的检测，其内容涵盖了较丰富的模拟电子技术知识，主要包括放大器、噪声抑制、有源滤波等。在1999年举行的第四届全国大学生电子设计竞赛中曾有测量放大器（A题）的设计课题与本题属同一类型，但本题对噪声抑制的要求更高，并增添了有源滤波器的内容。本题具有一定趣味性，且难度适中容易入手。

本题基本部分涉及基本仪表放大电路和稳压电路及放大器的增益、频率响应、共模抑制比、输出电压动态范围、稳压电源噪声等基本知识。在本题示意图（图2.6.1）的帮助下，不同类型学校和专业的学生应该都能完成本题所要求的内容。

本题发挥部分要求学生具备较宽的知识面和应变能力，对模拟电路提出了更高的技术指示；如果要实现心电波形的存储、回放，还必须加入单片机基本系统，从而包含了有关数字电路、微机接口电路等课程的基本内容，一般需要将硬件和软件的知识密切配合才能达到；能较好地考核学生是否能综合运用所学知识解决本专业的问题及是否具备一定的创新能力。此外，发挥部分允许加入其他功能，给学生留有一定的发挥空间。

考虑到电子设计竞赛的实际情况，简易心电图仪只要求记录一路或两路心电图（标准Ⅰ、Ⅱ导联），而不像标准心电图仪那样能记录12路心电图，以避免涉及过多的心电图学知识。与人体皮肤接触的电极也不要求使用标准的银/氯化银电极，只需用铜皮自制（题目说明中给出制作和使用方法）。除此之外，本题的基本技术要求大部分已十分接近于实际心电图仪。为便于学生进行人体实测心电图，题目说明中也指出测试中应注意的事项。

二、设计重点与方法

1. 基本要求

本题基本部分的设计重点在于心电信号放大器、有源滤波器和低噪声稳压电源。其中，设计一个良好的低噪声稳压电源将有利于使系统达到噪声指标。

（1）心电信号放大器设计

心电信号放大器的设计是使系统达到各项技术指标的关键环节。

① 基本差分放大电路存在的问题。使用基本差分放大电路可以抑制共模干扰，但是，用图2.6.3(a)所示电路测量人体心电信号存在以下两个问题。

一是信号源电阻是变化的。以心电作为信号源的等效电路如图2.6.3(b)所示，其中信号源电阻R_{s1}，R_{s2}包括电极与皮肤的接触电阻，肌肉、骨骼等组织的电阻。它们不但因各人的身体差异而有相当大的变化，就同一个人来说，也随时间和环境的不同而变化，范围可能在kΩ至MΩ数量级之间。这种情况下，心电信号的放大增益是极不稳定的。

二是输入信号中含有很强的共模成分，主要是工频干扰。R_{s1}和R_{s2}不可能相等，这会造成差分放大电路的共模抑制比急剧下降，共模干扰可能完全淹没微弱的差模心电信号。

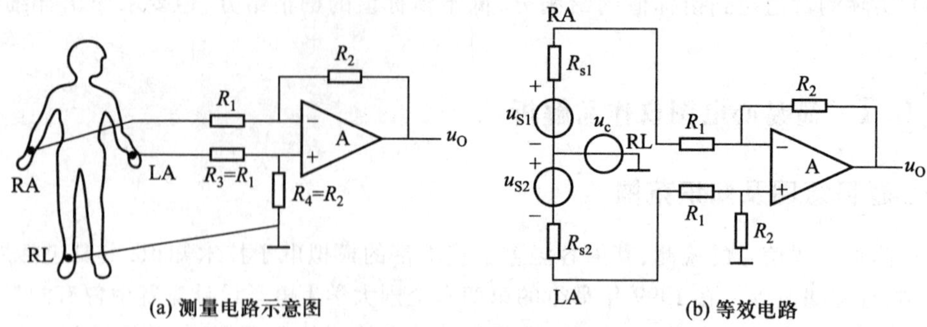

(a) 测量电路示意图　　(b) 等效电路

图 2.6.3　用简单差分电路测量人体心电信号

② 仪表放大电路。如图 2.6.4 所示,三运放构成的仪表放大电路可解决上述问题。根据运放虚短和虚断的工作原理,从图中可得

$$u_{R1} = u_{I1} - u_{I2}, u_{R1}/R_1 = (u_3 - u_4)/(2R_2 + R_1)$$

故

$$u_3 - u_4 = \frac{2R_2 + R_1}{R_1} u_{R1} = \left(1 + \frac{2R_2}{R_1}\right)(u_{I1} - u_{I2})$$

由此可得

$$u_O = -\frac{R_4}{R_3}(u_3 - u_4) = -\frac{R_4}{R_3}\left(1 + \frac{2R_2}{R_1}\right)(u_{I1} - u_{I2}) \tag{2.6.1}$$

图 2.6.4 所示电路的第一级为电压串联负反馈放大,输入电阻很高,应等于运放 A_1 和 A_2 的共模输入电阻。若用这样的电路测量心电信号,则图 2.6.3(b)所示信号源电阻 R_{s1} 和 R_{s2} 变化的影响几乎可以忽略不计,能真正检测到心电在相应方向上的电动势。如果 A_1 和 A_2 特性相同,且两个 R_2 相等,则 u_3 和 u_4 中的共模成分也相等,电路总的共模抑制特性取决于 A_3 构成的差分放大电路。A_1、A_2 在深度负反馈下输出电阻极低,其差异与 R_3 相比可以忽略不计。只要选择高共模抑制比的 A_3 并仔细匹配 R_3 和 R_4,电路的共模抑制比很容易达到 80 dB 以上。

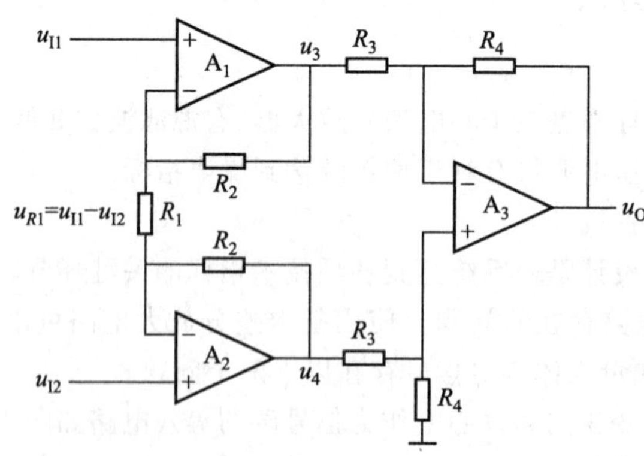

图 2.6.4　三运放组成的仪表放大电路

③ 心电信号放大器。心电信号检测时,电极与皮肤会产生直流极化电势,应在电路中设计隔直流电路,即高通电路。该电路不应引起心电信号的显著失真。虽然心电信号的最低可能频率成分只达到 0.5 Hz(相应于心脏搏动 30 次/min),但为降低信号因相移而产生的线性

失真，心电信号放大电路的低频截止频率必须达到心电信号的低频截止频率的 1/10，即 0.05 Hz。本题未对低频截止频率的特性作特殊要求，可用简单 RC 高通电路实现。于是，完整的心电放大器电路如图 2.6.5 所示。

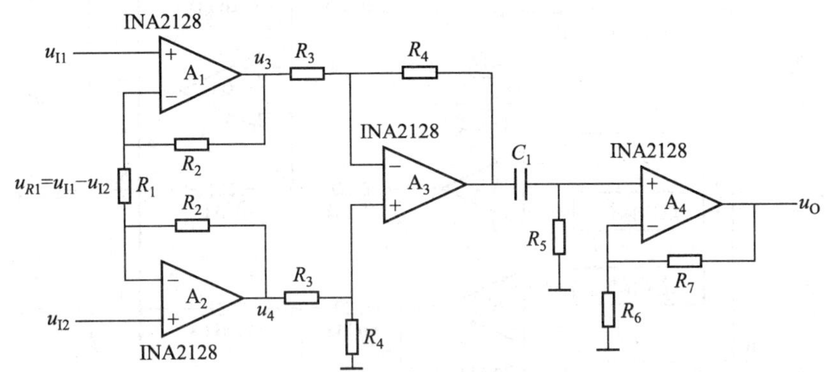

图 2.6.5　心电放大器电路

由于电容 C_1 漏电会引起 u_O 的漂移，所以 C_1 不应选用电解电容，而应使用介质特性较好的电容。这里，取 $C_1=1\ \mu F$，$R_5=3\ M\Omega$。虽然提高放大器的第一级增益有利于降低输出噪声，但考虑到极化电动势，三运放构成的仪表放大电路增益不应太大，其电压增益可以取 40，则 A_4 构成的同相放大电路电压增益应为 25，总增益为 1 000。为提高电路的共模抑制比，图中标号相同的各两个 R_2、R_3、R_4 应做到两两匹配，整个电路共模抑制比基本取决于这些电阻的匹配程度。电阻匹配得好，其共模抑制比是不难达到 80 dB 的。

电路中，$A_1 \sim A_4$ 应选用如 LF347 之类以 FET 作为输入级的运放，以保证足够低的偏置电流。使用这种低成本运放构成心电放大器完全可达到题目要求的技术指标。

④ 使用集成仪表放大器。使用如图 2.6.6 所示的 INA2128 集成仪表放大器组成图 2.6.5 所示的仪表放大电路，可以省却电阻匹配的麻烦，并易于达到更高的共模抑制比、更小的偏置电流和更高的温度稳定性。该电路中包含两个相互独立的仪表放大电路，正好满足两路心电信号放大的要求。

(2) 有源滤波器设计

有源滤波器主要使简易心电图仪的高频响应特性达到题目要求。

① 滤波特性的选择。心电信号的典型波形如图 2.6.2 所示，它具有脉冲波形的特征，为保证其不失真放大，必须注意滤波器的相位特性。有三种典型的滤波器：巴特沃思滤波器、切比雪夫滤波器和贝塞尔滤波器。其中，贝塞尔滤波器具有线性相移特性，最适用于心电信号的滤波处理。巴特沃思滤波器和切比雪夫滤波器都会引起心电波形的失真，尤其是后者，会造成心电输出信号的振铃效应。

② 贝塞尔滤波器电路。由于题目对电路高频响应的截止特性没有提出要求，可选用较简单的二阶贝塞尔滤波器，其典型电路如图 2.6.7 所示。图中开关可控制电路的高频截止频率在 100 Hz 和 500 Hz 之间切换。元件参数可参考相关电子手册应用公式计算得到。

如果需要更陡峭的截止特性，可将图 2.6.7 的两个滤波电路级联，组成四阶贝塞尔滤波器。当然，所有的阻容元件参数都应按四阶滤波电路计算。

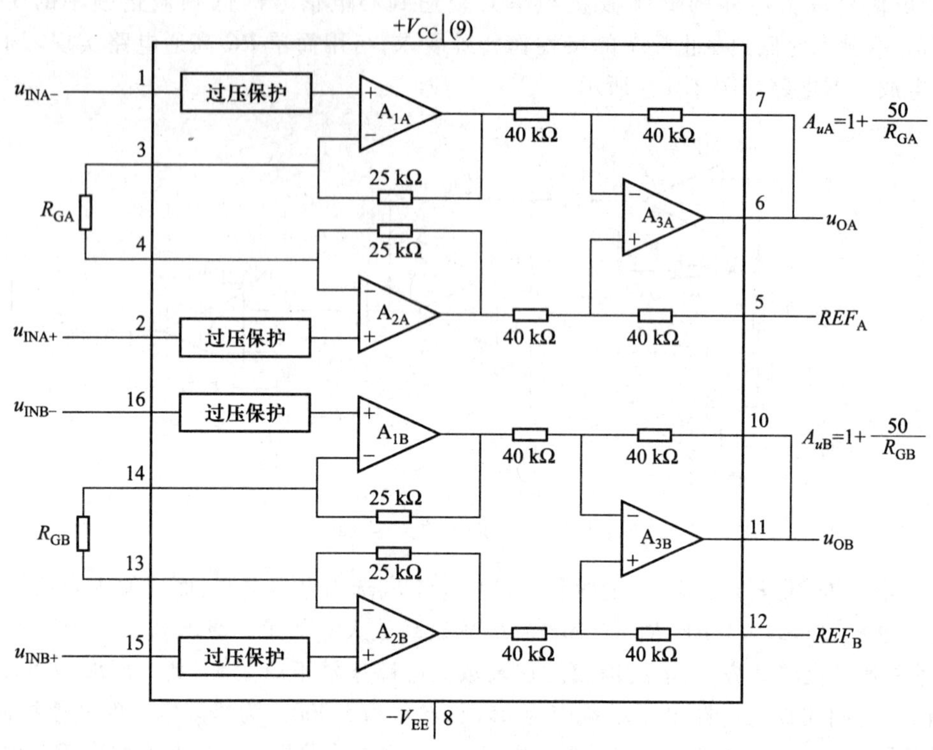

图 2.6.6　INA2128 内部电路结构图

（3）低噪声稳压电源设计

由于题目要求"输出电压动态范围大于 ±10 V",所以放大器供电稳压电源必须是 ±12 V 或 ±15 V。

用普通集成三端稳压电路直接构成稳压电源是难以达到题目提出的" <3 mV(峰 - 峰值)"噪声要求的。需要在集成三端稳压电路外增加放大环节,才能进一步抑制噪声,图 2.6.8 所示的为正电源电路一例。负电源可采取类似的设计。

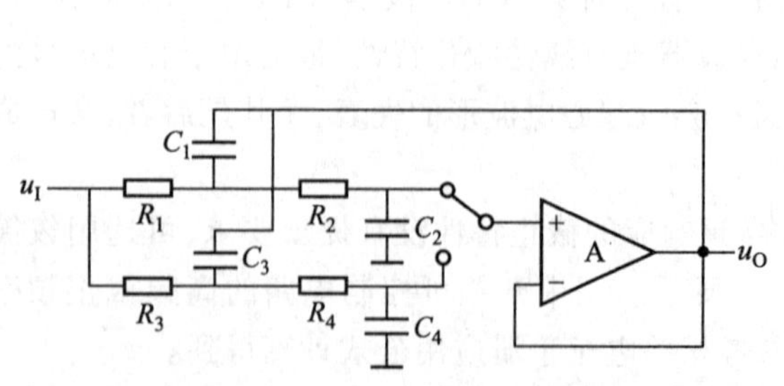

图 2.6.7　100/500 Hz 滤波器电路

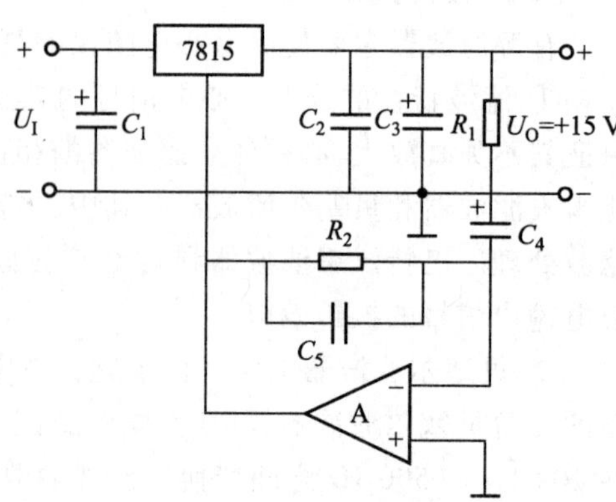

图 2.6.8　低噪声稳压电源电路

2. 发挥部分

本题的发挥部分难度较大。同时测量两路心电图,将高频截止频率扩展到 500 Hz 都会增加输出噪声,将心电放大器(含屏蔽导联线)的共模抑制比提高到 80 dB,一般需要增加屏蔽驱动和右腿驱动电路才容易实现。而要实现发挥部分的第二项要求:"具有存储、回放已测心电图的功能",则需增加单片机系统。数字电路的加入,会使噪声电平增大,必须仔细考虑电路的布局、布线、接地等工艺问题。

三、竞赛作品评述

此次湖北省电子设计竞赛主要由学校组织评审,送交的设计报告只有 18 份,其中只有 5 个参赛队参加全省测评,因此下面的评述不一定全面。

1. 心电放大器

各校送来测评的作品 100% 都采用仪表放大电路作为心电放大器的第一级,其中很多都使用集成仪表放大电路。因此,大多数作品的共模抑制比都较高。但是,一些队的增益分配不够合理,实际进行人体测试时,极化电势易造成放大电路饱和,尤其在使用普通铜皮作为接触电极的条件下。个别参赛队采用隔离放大电路,这是现代心电图仪普遍采用的先进方案,但对布线工艺、电源要求较高。使用隔离放大电路的参赛队若没有很好掌握这一点,反而会造成作品技术指标的降低。4/5 的测评作品可实际检测到人体心电信号,并清晰地将波形显示在示波器显示屏幕上。

2. 高通电路

绝大多数参赛队采用简单的 *RC* 高通电路实现,有少数队采用有源高通滤波电路,增加了电路的复杂性。

3. 有源滤波器

大部分参赛队采用二阶或四阶巴特沃思有源滤波器。因为在测试中采用的是频域测量方法,所以在作品的测试指标中不会反映出很大问题。但如果采用时域测量方法,输入方波信号以后,就会发现其输出波形会在上升沿和下降沿出现小幅度过冲。如果采用贝塞尔滤波器,就不会发生这种现象,可不失真地放大心电信号。对于初学者来说,这一点可不必苛求。

4. 50 Hz 陷波问题

很多参赛队在电路中插入 50 Hz 陷波电路,以便降低输出噪声。这种做法对抑制 50 Hz 工频干扰十分有效,但也将心电信号的有效成分衰减了。图 2.6.9(a)所示的是心电信号的一般频谱分布,而图 2.6.9(b)所示的为某作品用双 T 有源滤波器构成的 50 Hz 陷波电路的仿真特性。可以明显看出,信号在 30 ~ 80 Hz 之间的能量损失是很大的。特别是这种双 T 陷波电路在 50 Hz 附近的相频特性存在剧烈的跳动,还会使心电波形出现较大失真。这些参赛队没有仔细研究题目要求。基本要求的第(1)项④款为"频带内响应波动在 ±3 dB 之内"。这一条限定了不能使用 50 Hz 陷波电路。若信号通路中存在 50 Hz 陷波电路,在 0 ~ 100 Hz 带宽内的响应波动就不可能达到 ±3 dB 之内。对 50 Hz 干扰的抑制,应主要靠提高电路的平衡和共模抑制比来实现,需要在电路工艺上下工夫。

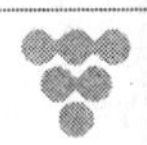

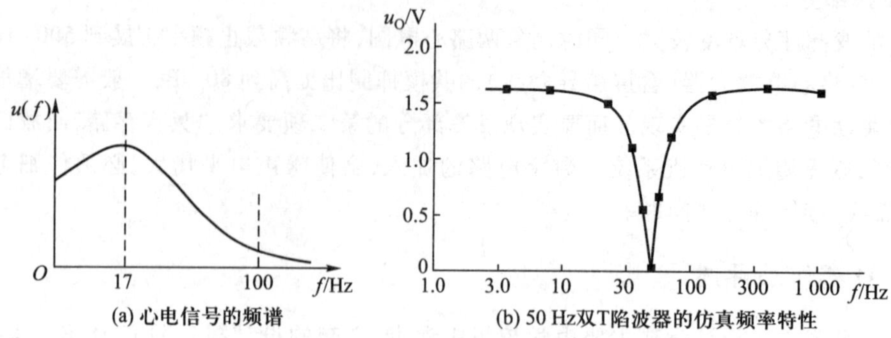

图 2.6.9 不能使用 50 Hz 陷波电路

5. 稳压电源

题目要求设计低噪声稳压电源。大多数参赛队实际没有认真设计电源电路,仅使用三端稳压集成电路来实现对心电放大器的供电。由于这种稳压集成电路的输出噪声达不到设计要求,故大多数参赛队实测时在这一项都被扣了分。实际上,稳压电源噪声过高,特别是 50 Hz 纹波抑制不足,是心电放大器噪声电平过高的主要原因之一。

6. 微控制器系统

很多参赛队均采用单片机来实现对系统的控制功能,大部分采用 8051 系列的单片机,有少数使用性能更加完善的凌阳单片机系统。从功能实现上看没有显著差别。

2.6.2 系统设计

一、系统总体方案设计

根据设计的要求,经过仔细分析,充分考虑各种因素,制定了整体的设计方案:以前置小信号放大模块、滤波网络模块、数字处理模块三部分为主体,电极采用双极肢体导联的标准Ⅰ和标准Ⅱ连接,通过屏蔽驱动和右腿驱动等措施有效抑制干扰。系统原理框图如图 2.6.10 所示。

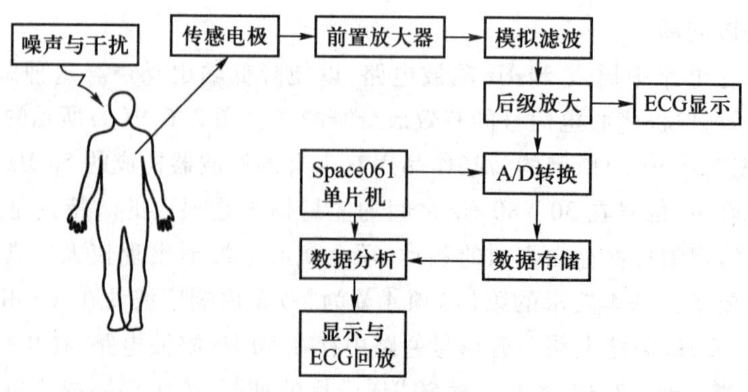

图 2.6.10 系统原理框图

设计心电图仪的主要依据如下:心脏跳动产生的电信号,使身体不同部位的表面发生电位变化,将其记录下来即可得到心电图(Electro Cardio Graph,ECG)。人体心电信号的幅值约为 20 μV ~5 mV,频带宽度为 0.05 ~100 Hz,心电信号源阻抗为 1 ~50 kΩ。它的三组参数是设计心电图仪的主要依据。相对于环境干扰,主要指市电 50 Hz 的干扰,当人的手指头夹住 1.5 m 左右的导线时,其感应电压在几伏的数量级。而心电信号(20 μV ~5 mV)是非常微弱的。如何在强干扰环境下提取非常弱的有用信号,其系统设计的关键和难点就在于此。

二、前置放大电路设计

前置放大电路如图 2.6.11 所示。它是整个系统的核心部件。决定了整机的主要技术指标。ECG 前置放大器要求噪声尽可能低,抗干扰尽可能强和共模抑制比 K_{CMR} 尽可能高。

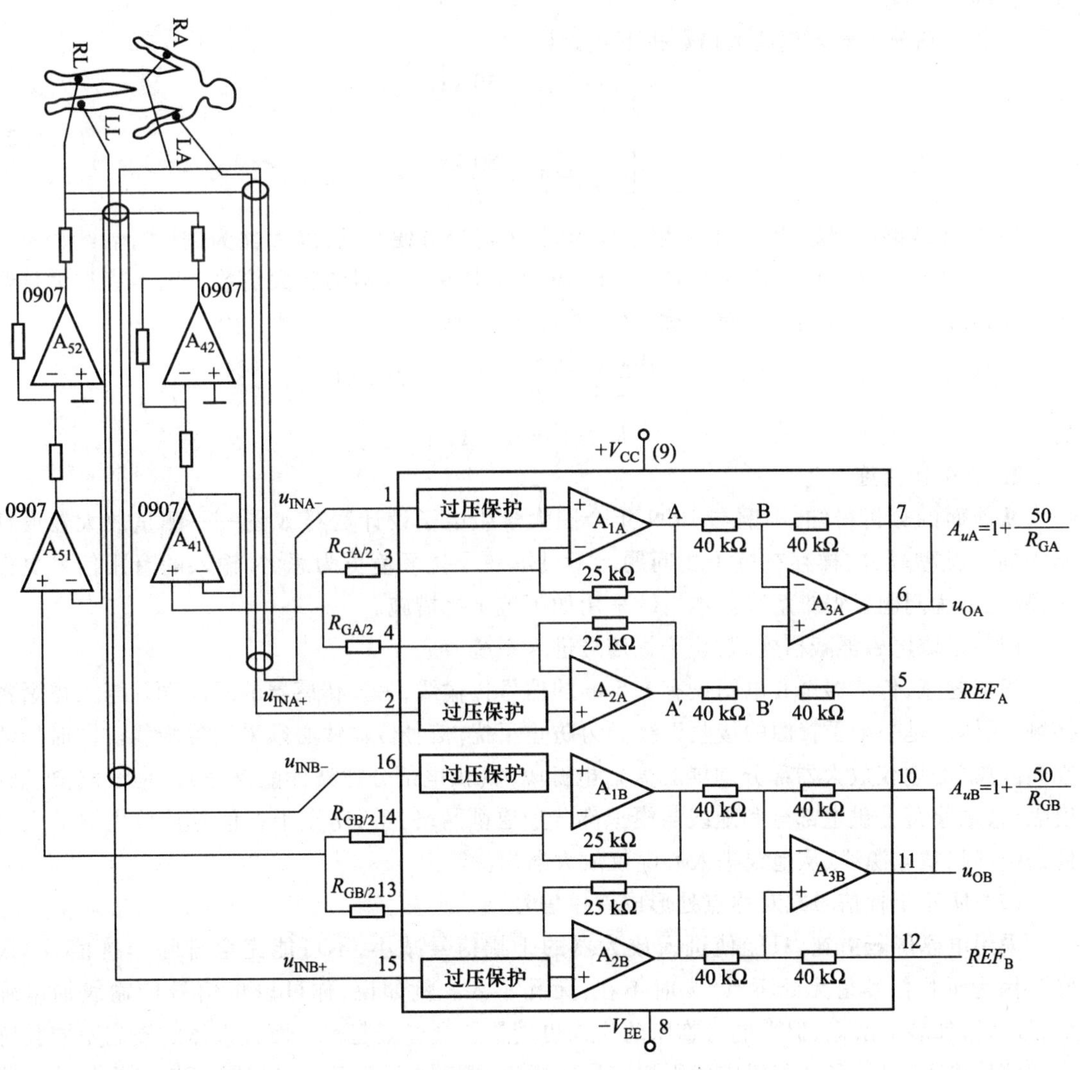

图 2.6.11　前置放大器原理图

1. 前置主放大器设计及参数计算

在本系统中前置放大器直接采用低噪声、高共模抑制比、高输入阻抗、低功耗的高性能双仪表放大器 INA2128,它的功能相当于两个 INA128 芯片。INA128 于 20 世纪 90 年代利用激光校准技术制成的仪表放大器,简化了 ECG 前置放大电路,使仪器稳定性大大提高。而 INA2128 是基于 INA128 发展成双路仪用放大器。特别适合本题的要求。

第一路心电信号,即标准Ⅰ导联的电极接法:RA(右臂)接放大器反相输入端(-)(即 1 脚),LA(左臂)接放大器同相输入端(+)(即 2 脚),RL(右腿)作为参考电极,接心电放大器的参考点。

第二路心电信号,即标准Ⅱ导联的电极接法:RA(右臂)接另一个放大器反相输入端(-)(即 16 脚),LL(左腿)接另一个放大器同相输入端(+)(即 15 脚),RL 作为参考电极,接心电放大器的参考点。

A、B 两路放大器差模放大倍数按下式计算

$$\begin{cases} A_{uA} = 1 + \dfrac{50\ \text{k}\Omega}{R_{GA}} \\ A_{uB} = 1 + \dfrac{50\ \text{k}\Omega}{R_{GB}} \end{cases} \tag{2.6.2}$$

因 A、B 两路电路结构、技术参数完全相同,为讨论方便起见,以 A 路为例进行后续讨论。

由式(2.6.2)可知,只要改变 R_{GA} 的值,就可以改变放大器的放大倍数。因本级放大倍数不宜取得过大,它要承担整机抗干扰重任,故选 $A_{uA}=40$。

于是

$$R_{GA} = \frac{50\ \text{k}\Omega}{A_{uA}-1} = \frac{50}{39}\ \text{k}\Omega = 1.282\ \text{k}\Omega$$

故

$$R_{GA}/2 = 641\ \Omega$$

2. 抗干扰措施

从前面的分析得知,本题与 1999 年全国大学生电子设计竞赛 A 题——测量放大器设计属于同一类型题,同样存在抗干扰问题。不过本题干扰环境更为恶劣,输入的有用信号更微弱,故抗干扰问题显得难解决。本系统采用如下抗干扰措施。

(1) 采取电磁屏蔽措施,防止干扰信号进入系统

根据题意,传感器至心电图仪有 1.5 m 的信号传输线,另外传感器的感应铜片与人体紧密接触,人体就是一个干扰源的接收天线。为防止干扰,信号传输线必须采用屏蔽线。同时加装空间隔离(心电仪放大器部分加屏蔽盒)、电源隔离(供电部分滤波性能要好)。地线隔离、数/模隔离(数字部分供电部分和地线与模拟部分加退耦网络)等,防止干扰信号从放大器的入口处、从空间、从电源线、从地线进入心电仪放大器内。

(2) 防止干扰信号在对称点处形成差模信号

采用电磁屏蔽措施,只能使进入放大器的干扰信号减小,不可能完全排除干扰信号“入侵”,因为干扰信号是无处不有,无时不在,无孔不入。例如说,你可以将信号传输线加以屏蔽,放大器加装屏蔽盒,但不能将临床的病人也用金属盒屏蔽起来。而且人体的姿态不同其感应的信号也不一样,且两路感应的干扰信号在幅度和相位上也不一定相同。若在差分放大器的输入端口处存在干扰信号的差信号,经过后面的放大电路,同样得到放大。为了使输入到

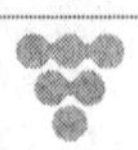

INA2128 输入端口处(即 1 脚与 2 脚)不形成干扰差信号,必须使两条传输线平行放置。且线的型号、规格、长度均一样,甚至人体卧床的姿势也要对称,例如左、右两手垂直,则两路感应的干扰信号存在幅度和相位的差异。

要保证干扰信号在放大器对称点处(A 与 A′,B 与 B′)不形成差信号,就应该选择 A_{1A}、A_{2A} 的内部参数和外接电阻完全对称。

内部电路对称已由集成芯片保证了,外部对称靠结构、工序给予保证。

(3) 提高放大器的共模抑制比 K_{CMR}

选择高共模抑制比集成仪用放大器 INA2128,它的 $K_{CMR} \geqslant 120$ dB。如果心电信号取最小值 20 μV,50 Hz 市电的共模信号为 5 V,则噪信比为

$$\frac{5\ 000 \times 10^3}{20} \text{dB} = 108 \text{ dB}$$

能满足题目要求。为了进一步提高 K_{CMR} 的值,必须另想办法。若系统采用右腿驱动的方法,它的原理与图 2.3.6 介绍的浮动负反馈的原理一样。它的基本原理是保持差模电压放大倍数的前提下,引入共模电压负反馈,使共模放大倍数进一步减小,从而使 K_{CMR} 进一步提高,其效果非常明显。

(4) 割断共模信号的传输通路

在同相高阻放大器(A_{1A}、A_{2A})之后引入差分放大器(A_{3A})。只要两路共模信号不形成差模信号,不管 A_{1A}、A_{2A} 输出的共模信号的绝对值多大,其 A_{3A} 输出的共模信号趋近于 0。这一条由 INA2128 集成芯片得到保证。

三、有源高通滤波电路设计

有源高通滤波电路如图 2.6.12 所示。C_1、R_5 组成高通滤波器,集成运放 A_4、电阻 R_6、R_7 等组成电压串联负反馈放大器。

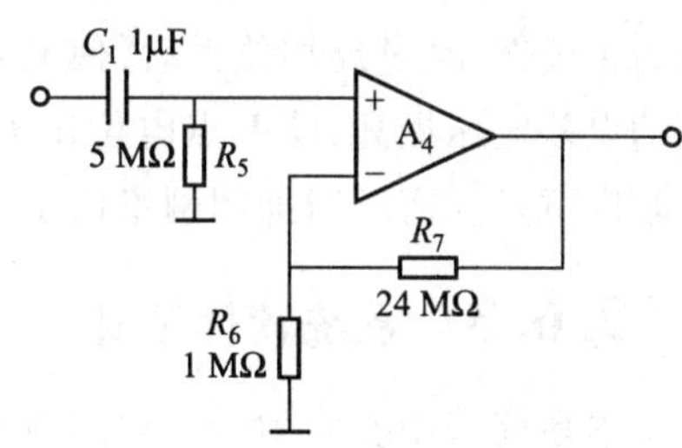

图 2.6.12　有源高通滤波电路

心电信号检测时,电极与皮肤会产生直流极化电势,应在电路中设计隔直流电路,即高通电路。该电路不应引起心电信号的明显失真。根据 2.6.1 节剖析,$f_L = 0.05$ Hz。我们选取 $C_1 = 1$ μF,$R_5 = 5$ MΩ,则

$$f_L = \frac{1}{2\pi R_5 C_1} = \frac{1}{2\pi \times 5 \times 10^6 \times 1 \times 10^{-6}} \text{ Hz} = 0.032 \text{ Hz}$$

因

$$A_u = 1 + \frac{R_7}{R_6} = 25$$

取

$$\begin{cases} R_6 = 1 \text{ M}\Omega \\ R_7 = 24 \text{ M}\Omega \end{cases}$$

四、贝塞尔滤波器电路设计

贝塞尔滤波器如图 2.6.13 所示。由于题目对电路高频响应的截止特性没有提示要求,可

选用简单的二阶贝塞尔滤波器。图中的开关控制电路的高频截止频率在 100 Hz 和 500 Hz 之间切换。元件参数可参考相关手册来确定。

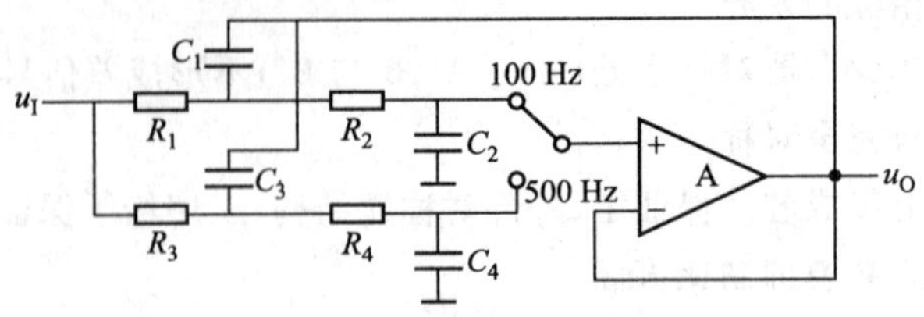

图 2. 6. 13　100/500 Hz 滤波电路

$C_1=510\ \text{pF}$　$C_2=510\ \text{pF}$　$C_3=102\ \text{pF}$　$C_4=102\ \text{pF}$

$R_1=2.2\ \text{M}\Omega$　$R_2=2.2\ \text{M}\Omega$　$R_3=2.2\ \text{M}\Omega$　$R_4=2.2\ \text{M}\Omega$

五、稳压电源设计

稳压电源原理图如图 2. 6. 14 所示。

它由 ±15 V、±5 V 两组直流稳压电源组成。

±15 V 稳压电源是为心电信号通道放大器供电的，对纹波要求很高，根据题目要求输出噪声电压小于 3 mV(峰 - 峰值，在对放大器供电条件下测试)，为了满足这个技术指标，增加一级抑制噪声电压的放大电路。抑制纹波电路如图 2. 6. 15 所示，其原理如下。

当不加反馈抑制网络时，其 7815 对噪声(含纹波)的抑制倍数为 $A_u=\left(1+\dfrac{R_1+R'_{P2}}{R_2+R''_{P2}}\right)$。

当加入抑制噪声网络后，若某一个时刻 t 使 A 点输出一个正极性噪声，经 R_4、C_2 耦合至 B 也为正极性，经过反相放大后，使 C 点电位下降，于是加在运放同相端的电位下降，运放 A_1 输入的误差电压提高，使 F 点电位比不加抑制网络时下降得更大。于是控制调整管使 A 点的噪声幅度下降。而反馈抑制网络由于 C_2 的存在，对直流成分不起作用。

2. 6. 3　系统软件设计

本系统采用凌阳 16 位单片机控制 ECG 存储和显示。单片机在空闲时扫描键盘，当有按键按下的时候，执行按键对应的子程序，流程图如图 2. 6. 16 所示。

本程序充分利用了单片机的集成资源，包括 A/D 转换、D/A 转换、闪存和计数器，做到了物尽其用，提高了整个作品的性价比，其具体工作原理如下。

单片机上有 32 KB 闪存，这就决定了在存储、回放时，采样频率和存储时间是成反比的。

当存储按键按下时，通过模拟开关选择录入哪一路波形，然后擦除闪存，为录入波形作准备，系统开中断。选用 2 000 Hz 的采点频率，触发 A/D 转换对输入波形进行采样，并将采样数据逐点写入片上闪存存储，写入地址为“0X8500”，此地址既能保证远离程序代码存储段，又能最大程度地利用闪存，在高频率采样保持波形完好的前提下存储尽可能长时间的波形，结束地址为“0xfeff”，实际利用闪存空间为

$$\text{0xfeff}-\text{0x8500}=\text{0x79ff}=31\ 231$$

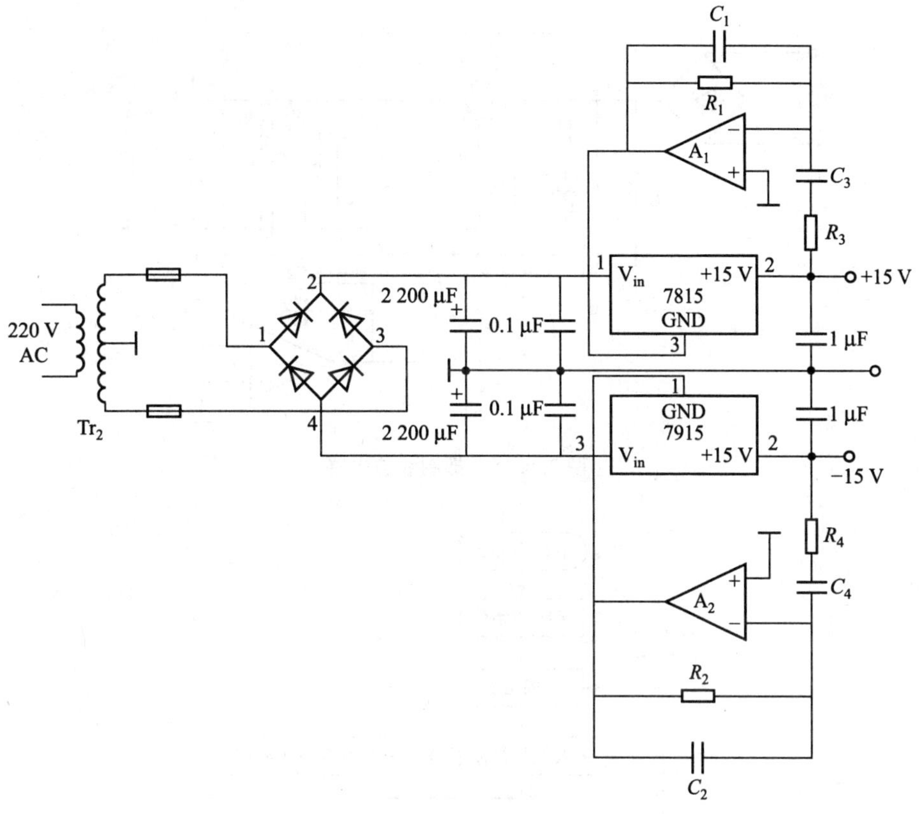

(a) ±15 V直流稳压电源

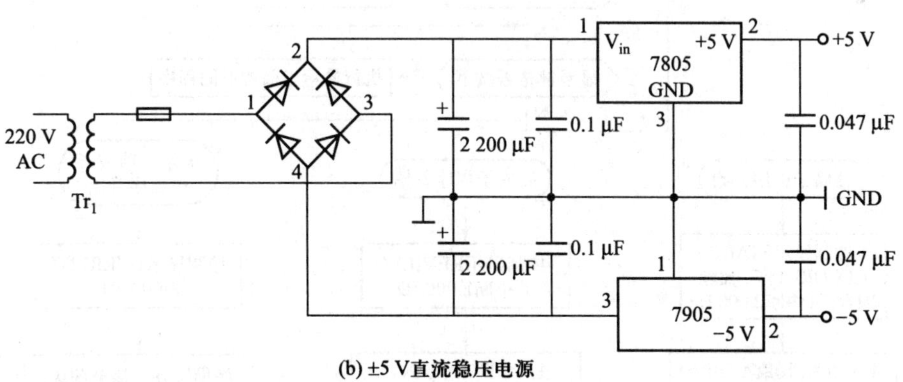

(b) ±5 V直流稳压电源

图 2.6.14　稳压电源电路图

以 8 位、2 000 Hz/s 的频率采点计算，存储波形在 15 s 以上，在兼顾较高频率波形存储和存储时间的前提下达到题目要求。

当回放按键按下时，模拟开关实现从单片机输出，单片机通过不断读取闪存中的存储值，送给 D/A 输出，实现回放。闪存读取完毕后，显示提示回放结束。

显示部分采用 LCD，将显示语句编辑成为独立的函数，并将调用命令放入合适的程序段中，实现友好直观的状态显示。

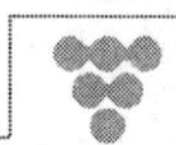

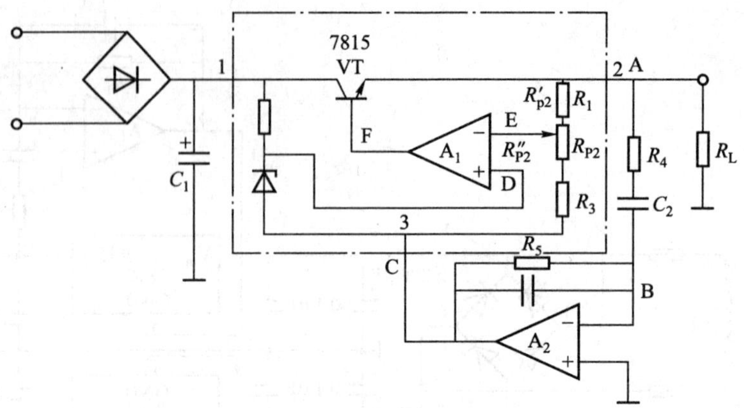

图 2.6.15　抑制纹波电路

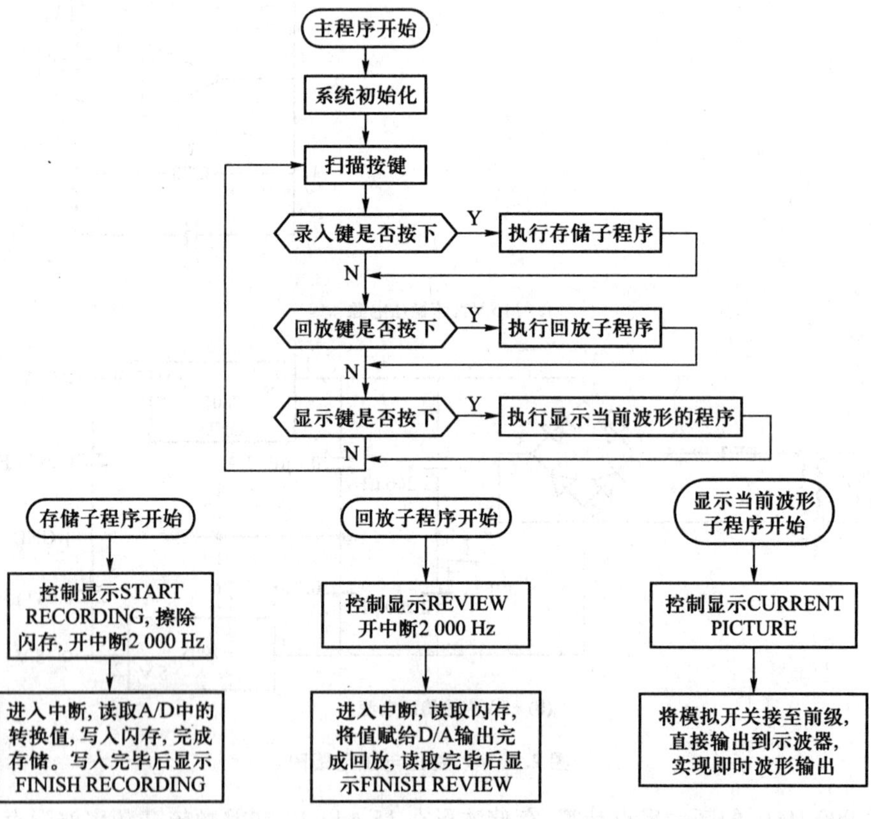

图 2.6.16　系统软件流程图

2.6.4　系统测试方法及数据

1. 测试方法

① 功能测试：被测人员静卧在床上，使用酒精棉球仔细将与电极接触部位的皮肤擦净，然

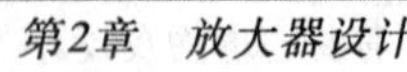

后再捆绑电极。为减小电极与皮肤间的接触电阻,在电极下滴 2 滴 5% 的盐水,进行功能测试。

② 指标测试:利用信号源产生信号,输送到心电图仪中,进行单元和指标测试。

2. 测试数据和结果

(1) 通带内增益及频率

对信号源输出进行电阻分压获得 5 mV 输入电压,测得输入/输出电压及增益如表 2.6.1 所示。

表 2.6.1 通带内增益测试数据表

	10 Hz	20 Hz	40 Hz	50 Hz	60 Hz	80 Hz	90 Hz	101 Hz	110 Hz	200 Hz
U_i/mV	5	5	5	5	5	5	5	5	5	5
U_o/V	5.2	5.4	3.4	0.4	3.2	4.2	4.1	3.5	3.1	0.8
增益 A_u/倍数	1 040	1 080	680	80	640	840	820	680	620	160

从表 2.6.1 可知,−3 dB 高频截止频率约为 101 Hz,误差为 1 Hz,远小于题目要求的 10 Hz 标准。

(2) 电源纹波测试

在给运放供电时,用示波器交流耦合方式测得自制电源输出电压纹波峰 − 峰值为 2.2 mV,小于题目要求的 3 mV。

(3) 共模抑制比测试(含 1.5 m 屏蔽线)

分别按如图 2.6.17 和图 2.6.18 所示接好电路,图中,电阻 R 为导联线等效阻抗。测出共模放大倍数 A_{uC} 和差模放大倍数 A_{uD},则共模抑制比为

$$K_{CMR} = 20 \lg \frac{A_{uD}}{A_{uC}} \tag{2.6.3}$$

经测量并由式(2.6.3)计算得共模抑制比为 $K_{CMR} = 91$ dB。

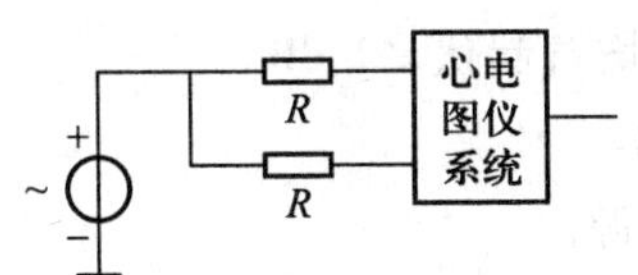

图 2.6.17 共模增益测试原理图

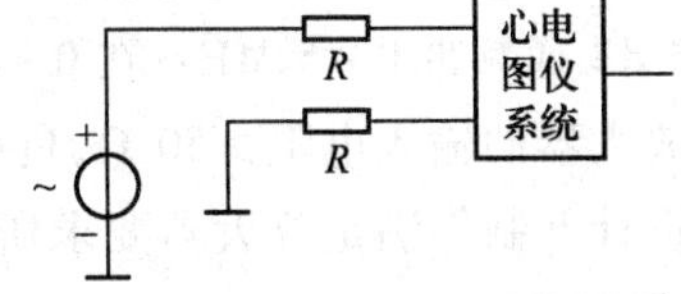

图 2.6.18 差模增益近似测试原理图

(4) 测量输出电压动态范围

用函数发生器和数字示波器测得电路输出电压的最大不失真幅度为 22.4 V。

(5) 系统功能测试

① 人体心电图测试。按照标准 Ⅰ 导联实测人体心电图,测得波形如图 2.6.19 所示。

② 两路测量。扩展为两路相同的心电放大器,同时实时测量和显示标准 Ⅰ 和标准 Ⅱ 导联两路心电图。可以清晰地在示波器上同时观察到两路心电信号,满足设计要求。

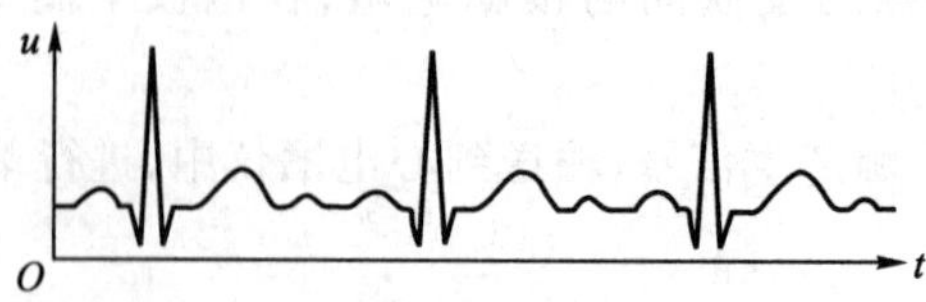

图 2.6.19　实测人体心电波形显示拍摄图

③ 波形存储与回放。选按键进行存储，系统提示"存储完毕"后将输入端断开，按键回放波形，与存储的波形匹配，从而验证了波形存储、回放功能。

3. 测试结果分析

从以上测试结果可以看出，本简易心电图仪在提高共模抑制比、抑制外界噪声等方面有一定的成效，在功能上也达到了赛题的要求，实现了双路测量和波形的存储、回放。

2.7　宽带直流放大器

［2009 年全国大学生电子设计竞赛 C 题（本科组）］

2.7.1　设计任务与要求

一、任务

设计并制作一个宽带直流放大器及所用的直流稳压电源。

二、要求

1. 基本要求

(1) 电压增益 $A_U \geq 40$ dB，输入电压有效值 $U_i \leq 20$ mV。A_U 可在 0 ~ 40 dB 范围内手动连续调节。

(2) 最大输出电压正弦波有效值 $U_o \geq 2$ V，输出信号波形无明显失真。

(3) 3 dB 通频带 0 ~ 5 MHz；在 0 ~ 4 MHz 通频带内增益起伏≤1 dB。

(4) 放大器的输入电阻≥50 Ω，负载电阻(50 ±2)Ω。

(5) 设计并制作满足放大器要求所用的直流稳压电源。

2. 发挥部分

(1) 最大电压增益 $A_U \geq 60$ dB，输入电压有效值 $U_i \leq 10$ mV。

(2) 在 $A_U = 60$ dB 时，输出端噪声电压的峰 - 峰值 $U_{ONPP} \leq 0.3$ V。

(3) 3 dB 通频带 0 ~ 10 MHz；在 0 ~ 9 MHz 通频带内增益起伏≤1 dB。

(4) 最大输出电压正弦波有效值 $U_o \geq 10$ V，输出信号波形无明显失真。

(5) 进一步降低输入电压提高放大器的电压增益。

(6) 电压增益 A_U 可预置并显示，预置范围为 0 ~ 60 dB，步距为 5 dB(也可以连续调节)；放大器的带宽可预置并显示(至少 5 MHz、10 MHz 两点)。

(7) 降低放大器的制作成本,提高电源效率。

(8) 其他(例如改善放大器性能的其他措施等)。

三、评分标准

	项目	主要内容	分数
设计报告	系统方案	比较与选择 方案描述	2
	理论分析与计算	带宽增益积 通频带内增益起伏控制 线性相位 抑制直流零点漂移 放大器稳定性	9
	电路与程序设计	电路设计	8
	测试方案与测试结果	测试方案及测试条件 测试结果完整性 测试结果分析	8
	设计报告结构及规范性	摘要 设计报告正文的结构 图表的规范性	3
	总分		30
基本要求	实际制作完成情况		50
发挥部分	完成第(1)项		7
	完成第(2)项		2
	完成第(3)项		7
	完成第(4)项		6
	完成第(5)项		12
	完成第(6)项		5
	完成第(7)项		6
	其他		5
	总分		**50**

宽带直流放大器(C题)测试记录与评分表

赛区________ 代码________ 测评人________ 2009年9月 日

类型	序号	项目与指标		满分	测试记录	评分	备注
基本要求	(1)	放大器增益	电压增益≥40 dB 见测试说明(4)	10	$U_{i\ min}$ =____ V U_o =____ V A_U =____ dB 计算 P_o =____ W		
			增益手动连续调节 0~40 dB	5			
	(2)	输出电压	最大输出电压有效值≥2 V,无明显失真	10	U_o =____ V		
	(3)	-3 dB通频带	0~5 MHz 见测试说明(2)	12	f_1 =0 Hz U_{o1} =____ f_2 =2 MHz U_{o2} =____ f_3 =4 MHz U_{o3} =____ f_4 =5 MHz U_{o4} =____		
			在0~4 MHz通频带内增益起伏≤1 dB	5	最大值 =____ V 最小值 =____ V		
	(4)	负载电阻	负载电阻(50±2) Ω。如不符合要求,基本和发挥部分最多累计扣除18分 见测试说明(3)		负载电阻实际标称值或检测阻值 R_o =____ Ω		
	(5)	直流稳压电源	设计并制作满足放大器要求所用的直流稳压电源 (在选项打√)	8	满足要求 不满足要求		
	总分			50			

续表

类型	序号	项目与指标		满分	测试记录	评分	备注
发挥部分	(1)	放大器增益	电压增益≥60 dB 见测试说明(4)	7	$U_{i\,min}$ =____ V U_o =____ V A_U =____ dB 计算 P_o =____ W		
	(2)	噪声电压	在 A_U = 60 dB 时,输出端噪声电压 U_{ONPP}≤0.3 V 见测试说明(5)	2	A_U =____ dB 噪声电压 U_{ONPP} =____ V		
	(3)	-3 dB 通频带	0 ~ 10 MHz 见测试说明(2)	6	f_1 = 0 Hz, U_{o1} =____ f_2 = 2 MHz, U_{o2} =____ f_3 = 9 MHz, U_{o3} =____ f_4 = 10 MHz, U_{o4} =____		
			在 0 ~ 9 MHz 通频带内增益起伏≤1 dB	1	最大值 =____ V 最小值 =____ V		
	(4)	输出电压	最大输出电压有效值≥10 V,无明显失真 见测试说明(6)	6	U_o =____ V		
	(5)	提高电压增益	进一步降低输入电压提高放大器的电压增益,电压增益每提高 2 dB 加 1 分 见测试说明(7)	12	$U_{i\,min}$ =____ V U_o =____ V A_U =____ dB		
	(6)	可预置并显示	A_U 可预置并显示(3) A_U 可连续调节(2) 带宽可预置并显示(2) (在选项打√)	5	A_U 可预置并显示 A_U 可连续调节 带宽可预置并显示		
	(7)		降低放大器的制作成本(2) 提高电源效率 η(3) 见测试说明(8)	6	电源效率 $\eta = P_o/P_E$ =________		
	(8)		其他(例如改善放大器性能的其他措施等)	5			
	总分			50			

宽带直流放大器(C 题)测试说明:

(1) 此表仅限赛区专家在制作实物测试期间使用,竞赛前、后都不得外传,每题测试组至少配备三位测试专家,每位专家独立填写一张此表并签字;表中凡是判断特定功能有、无的项目打“√”表示;凡是指标性项目需如实填写测量值,有特色或问题的可在备注中写明,表中栏目如有缺项或不按要求填写的,全国评审时该项按零分计。

(2) 幅频特性建议测 4 个频点,即在通频带为 0 ~ 5 MHz,输入电压有效值≤20 mV,A_U = 40 dB 时,测量直流、2 MHz、4 MHz、5 MHz 4 个频点的输出电压值并记录,如带宽内不含直流,扣 8 分;在通频带为 0 ~ 10 MHz,输入电压有效值≤10 mV,A_U = 60 dB 时,测量直流、2 MHz、9 MHz、10 MHz 四个频点电压值并记录,如带宽内不含直流,再扣 2 分。

(3) 负载电阻 50 Ω 应预留测试用检测口和明显标识,如负载电阻不符合(50 ± 2)Ω 要求则酌情扣除最大输出电压有效值项的所得分数,基本和发挥部分 100 分中最多累计扣除 18 分。

(4) 若放大器增益达不到基本要求规定指标的 40 dB 和发挥部分规定指标的 60 dB,可以视测量情况酌情给分,但基本要求部分的指标不得低于 30 dB 和发挥部分的指标不得低于 50 dB,低于者不得分。

(5) 发挥部分第(2)项的测试条件为:输入交流短路,增益为 60 dB。若放大器增益达不到规定指标,可以在作品最大电压增益点测量。

(6) 发挥部分第(4)项的得分条件为:最大输出电压正弦波有效值 U_o≥10 V,输出信号波形无明显失真,得 6 分,否则不得分。

(7) 发挥部分第(5)项的加分条件为:在满足 3 dB 通频带 0 ~ 10 MHz,在通频带内增益起伏≤1 dB;电压增益为 60 dB,输入电压有效值≤10 mV,最大输出电压正弦波有效值 U_o≥10 V,输出信号波形无明显失真的条件下。进一步降低输入电压提高放大器的电压增益,电压增益每提高 2 dB 加 1 分。

(8) 降低放大器的制作成本重点考核:在指标满足要求的同等条件下,采用价格较低的分立元件与通用芯片的作品加 2 分。电源效率重点考核:在满足指标要求的同等条件下,如实记录电源效率 η = 放大器输出功率 P_o/电源输出总功率 P_E,最高给 4 分。

(9) 可采用信号发生器与示波器/交、直流电压表组合的静态法或扫频仪进行幅频特性测量。

四、说明

(1) 宽带直流放大器幅频特性示意图如图 2.7.1 所示。

(2) 负载电阻应预留测试用检测口和明显标志,如不符合(50 ± 2) Ω 的电阻值要求,则酌情扣除最大输出电压有效值项的所得分数。

(3) 放大器要留有必要的测试点。建议的幅频特性测试框图如图 2.7.2 所示,可采用信号发生器与示波器/交、直流电压表组合的静态法或扫频仪进行幅频特性测量。

2.7.2 题目分析

此题属模电类指标性题目。根据设计任务与要求,将需要完成的技术指标列于表 2.7.1 中。

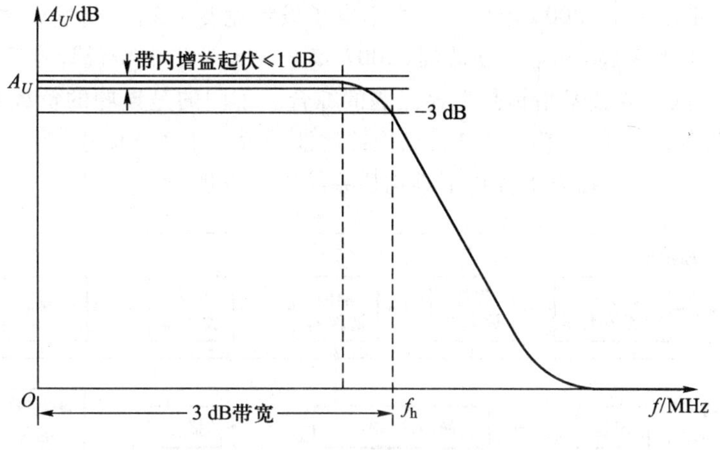

图 2.7.1　幅频特性示意图

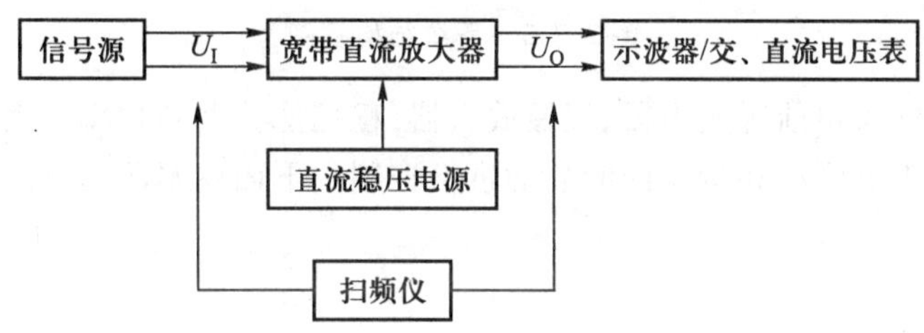

图 2.7.2　幅频特性测试框图

表 2.7.1　宽带直流放大器技术指标一览表

项目＼指标＼要求	基本要求	发挥部分
输入阻抗 R_i/Ω	≥50	≥50
负载 R_L/Ω	50 ± 2	50 ± 2
输入电压 U_i/mV	≤20	≤10
输出电压 U_o/V	≥2(无明显失真)	≥10(无明显失真)
电压增益 A_U/dB	≥40	≥60(U_i≤10 mV)
A_U 调节范围/dB	0 ~ 40	0 ~ 60
A_U 调节方式	手动连调	步距为 5 dB,预置并显示
输出端噪声电压 U_{ONPP}/V		≤0.3
−3 dB 通频带/MHz	0 ~ 5	0 ~ 10
带宽增益起伏/dB	≤1(0 ~ 4 MHz 内)	≤1(0 ~ 9 MHz 内)
带宽预置并显示		可预置并显示(至少 5 MHz、10 MHz 两点)
自制直流稳压电源	自制	提高电源效率
成本		降低放大器成本
进一步降低 U_i,提高 A_U		每提高 2 dB 加 1 分
其他		改善放大器性能的其他措施

此题是在宽带放大器(2003 年全国大学生电子设计竞赛 B 题)、测量放大器(1999 年全国大学生电子设计竞赛 A 题)和程控滤波器(2007 年全国大学生电子设计竞赛 D 题)的基础上综合改编而成的,其主要技术指标是上述三题的综合。不同的是该题的负载 $R_L=(50\pm2)\,\Omega$,比宽带放大器 $R_L=600\ \Omega$ 小,为其 1/12,比程控滤波器 $R_L=1\ 000\ \Omega$ 小,为其 1/20。故本题最大输出功率大于 2 W。根据以上分析不难构建系统结构框图,如图 2.7.3 所示。

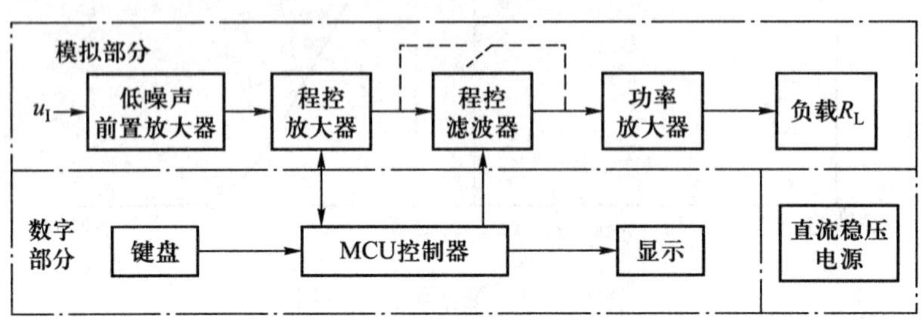

图 2.7.3　系统结构框图

本题的重点是低噪声前置放大器、程控放大器、程控滤波器和功率放大器的设计。难点是控制器如何对直流零点漂移和带宽内的波动进行控制。下面就本题的重点和难点进行探讨。

1. 整体考虑

(1) 增益分配

低噪声前置放大器 20 dB,程控放大器(-40 ~ 40 dB),程控滤波器 -3 dB,功率放大器 20 dB。

系统总增益为 $G_Z=20+(-40\sim40)-3+20=(-3\sim77)\,\text{dB}$。

(2) 带宽分配

多级放大电路的上限和下限截止频率按下式计算

$$\left.\begin{aligned} f_L &= 1.1\sqrt{f_{L1}^2+f_{L2}^2+f_{L3}^2+f_{L4}^2} \\ \frac{1}{f_H} &= 1.1\times\sqrt{\frac{1}{f_{H1}^2}+\frac{1}{f_{H2}^2}+\frac{1}{f_{H3}^2}+\frac{1}{f_{H4}^2}} \end{aligned}\right\} \tag{2.7.1}$$

(3) 总体结构设计

模拟通道应按图 2.7.3 所示的顺序进行线路排版。最好每个单元均安装一个屏蔽盒,且按图示的顺序放置。防止功放级的信号反馈(或感应)到前级,避免产生自激。注意数模隔离(防止 MCU 控制器的脉冲信号干扰模拟通道)、电源隔离、地线隔离等,有利于提高整机的信噪比。级与级之间的耦合一律采用直接耦合。

2. 分析设计考虑

(1) 低噪声前置放大器

低噪声前置放大器主要作用:一是隔离;二是低噪声;三是提高输入阻抗;四是具有一定的放大倍数。

根据多级放大器的总噪声系数计算公式

$$N_F = N_{F1}+\frac{N_{F2}-1}{G_{pa1}}+\frac{N_{F3}-1}{G_{pa1}G_{pa2}}+\frac{N_{F4}-1}{G_{pa1}G_{pa2}G_{pa3}} \tag{2.7.2}$$

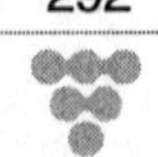

得知,降低前置的噪声系数 N_{F1},提高第一级的放大倍数 G_{pa1},对降低整机的噪声系数 N_F 是有益处的。

建议采用低噪声、低直流零点漂移运放作为前置放大,例如 TA7120P、OPA2864、OPA2690、OPA690、OPA642 等。

(2) 程控放大器(PGA)

程控放大器的作用就是要实现 A_U 可预置并显示,预置范围为 0 ~ 60 dB,步距为 5 dB(也可以连续调节)。一谈到 PGA,自然就会想到 AD603 芯片。其增益与控制电压的关系为

$$A_G(\mathrm{dB}) = 40U_g + 10 \tag{2.7.3}$$

式中 U_g 为控制电压,其值在(-0.5 ~ +0.5 V)。根据式(2.7.3)知,采用 AD603 作程控放大器的核心器件,极容易实现题目要求。但是 AD603 的直流零点漂移高达 30 mV。若两个 AD603 级联,再经功率放大,其直流零点漂移可达几伏。

查阅资料,VCA810 带宽为 25 MHz,增益控制范围为 -40 ~ 40 dB,而且直流零点漂移要比 AD603 小得多。VCA810 增益与电平的关系为

$$A_G(\mathrm{dB}) = -40(U_g + 1) \tag{2.7.4}$$

式中的下标 g 表示为控制电压,范围为 -2 ~ 0 V,同样可方便地实现题目要求,且增益范围宽。所以推荐 AD603 和 VCA810 两种芯片作为程控放大器的核心器件。

(3) 程控滤波器

▶方案一

采用 ADC 对输入信号采样,采样结果存储到 FPGA 内部进行数字处理,通过设置数字滤波器的参数,可以改变滤波器的截止频率等参数,经过处理后的数据通过 DAC 变换为模拟信号输出。该方案将滤波过程数字化,具有灵活性高,性能优异的优点,不足之处是硬件设计工作量大,软件算法实现困难。

▶方案二

采用集成的开关电容滤波器芯片。开关电路滤波器是由 MOS 开关、MOS 电容和 MOS 运算放大器构成的一种大规模集成滤波器。优点:精度高,具有良好的温度稳定性,改变滤波器的特性容易。但该滤波器的上限截止频率要达到 10 MHz,对时钟频率 f_{CLK} 要求太高,难于实现。

▶方案三

采用模拟方式,用分立元件构建截止频率分别为 5 MHz 和 10 MHz 的巴特沃思(或椭圆)滤波器,再利用开关进行切换即可。这种方案实现简单易行,是一个可取的方案。

(4) 功率放大器

这里介绍两种功率放大电路供大家参考。

① 集成运放扩压法:此方法就是利用集成运放扩压,然后用场效管扩流,实现功率放大的方法。集成扩压的原理图如图 2.7.4 所示,其扩压原理如下。

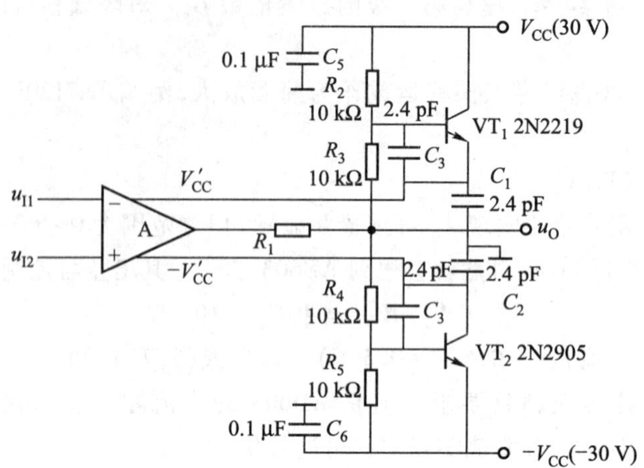

图 2.7.4　集成运放扩压电路

当输入信号 $u_I = u_{I1} - u_{I2} = 0$ 时，$u_O = 0$。两个三极管的 $U_{B1} = +15\ V$，$U_{B2} = -15\ V$，集成运放的正负电源端的电压为 $U'_{CC} = 14.3\ V$，$-V'_{CC} = -14.3\ V$，$V'_{CC} - (-V'_{CC}) = 28.6\ V$。加入信号 u_I 后，两三极管的基极电位分别为

$$\begin{cases} u_{B1} = \dfrac{1}{2}(V'_{CC} - u_O) + u_O = \dfrac{V_{CC}}{2} + \dfrac{u_O}{2} \\ u_{B2} = \dfrac{1}{2}(-V'_{CC} - u_O) + u_O = -\dfrac{V_{CC}}{2} + \dfrac{u_O}{2} \end{cases} \tag{2.7.5}$$

因 u_O 为大信号，当 u_O 为正半周时，VT_1(2N2219)导通，VT_2(2N2905)截止。$V'_{CC} = \dfrac{V_{CC}}{2} + \dfrac{u_O}{2} - 0.7 = 14.3 + \dfrac{u_O}{2}$。而运放内部的功放级一般也是 OCL 电路，上管导通，下管截止。于是输出电压近似为 $u_O + \dfrac{u_O}{2} = \dfrac{3}{2}u_O$。当 u_O 为负半周时，同理可得输出电压为$\dfrac{3}{2}u_O$。最大输出为 23 V 左右，其有效值约为 16 V，达到扩压的目的。然后将扩压后的信号去驱动后级场效应功放电路(此部分电路未画出)，就可以实现功率放大。

C_1、C_2 和 C_3、C_4 只是在 VT_1 或 VT_2 截止时才起作用。因为管子截止时，发射极对地为高阻抗，C_1、C_2 有储能作用，维护 V'_{CC}和 $-V'_{CC}$的直流电压基本不变，而 C_3、C_4 在管子截止时，起信号耦合作用。使得 $V'_{CC} - (-V'_{CC})$的值为恒定值。由于集成运放浮地，当大信号输入时不致击穿运放内部的管子。

② 功率合成法：有许多考生均采用 BUF634 作为末级功放。BUF634 性能不错，其带宽 30 MHz，压摆率为 2 000 V/μs，输出电流为 250 mA。但最大输出功率 $P_{omax} = 1.8\ W$。而题目要求 $P_{omax} \geq 2\ W$。显然单片 BUF634 不行。采用 2 片 BUF634 进行功率合成，理想情况下，$P_{omax} = 3.6\ W$。若采用 4 管合成，$P_{omax} = 7.2\ W$。完全可满足功率要求。在这里要提醒读者，简单的功率合成要求各支路电参数完全一致。若不完全一致，必须加平衡电阻。

3. 难点考虑

此题有两个难点：一是抑制直流零点漂移；二是如何控制通带内的增益起伏≤1 dB。

(1) 抑制直流零点漂移

所谓直流零点漂移,是指当输入端短路时,由于差动放大电路不完全对称,输出电压不为零。要使输出为零,需要在输入端加入补偿电压 U_{os}。那么这个补偿电压如何获得,又如何加入呢?抑制直流零点漂移的措施通常有如下三种:采用低漂移的运放作为放大电路的核心部件;硬件补偿——采用动态校零电路;软件补偿。

① 硬件补偿——采用动态校零电路:动态校零技术能有效地补偿直流零点漂移。现以一放大器为例来说明动态校零的原理。如图 2.7.5 所示,设放大电路的零点漂移电压为 U_{os},显然放大器既放大了有用信号 u_I,也放大了有害的漂移电压 U_{os}

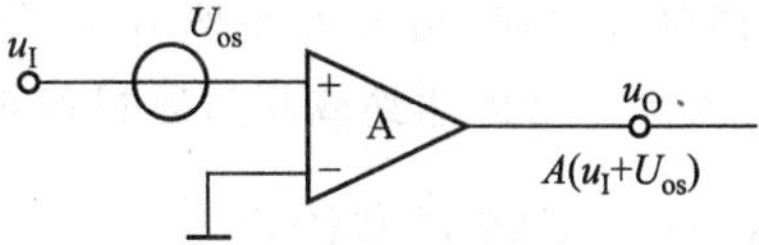

图 2.7.5　具有零点漂移的放大电路

$$u_O = A(u_I + U_{os}) \tag{2.7.6}$$

动态校零技术是在电路的工作过程中周期性地插入"零采样期",利用采样-保持技术,记录电路的零点的电压值,然后在工作期内用此电压去抵消电路中的漂移电压,从而达到消除漂移影响、自动校准零点的目的。一种简易硬件补偿方法是,将输入端短路,测出放大器输出直流漂移电压 U_{DC},然后再加上一个输入电压,测出放大器的放大倍数 A_U。将 U_{DC}/A_U 的电压值加至输入端即可。

② 软件补偿:软件补偿的原理是根据硬件补偿的原理,通过软硬结合的方式而进行补偿的。其原理框图如图 2.7.6 所示。将输出信号经过滤波与隔离,取出直流零点偏移电压,经过 A/D 转换成数字电压,然后交给 MCU 进行处理,D/A 转换,输出一个控制直流电压加至放大器的输入端,从而起到直流零点偏移的补偿作用。

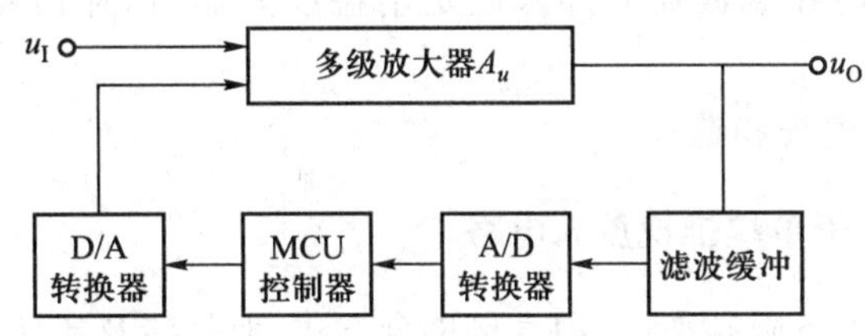

图 2.7.6　直流零点补偿原理框图

(2) 通频带内增益波动控制

采用 MCU 对通频带内增益波动控制的原理框图如图 2.7.7 所示。

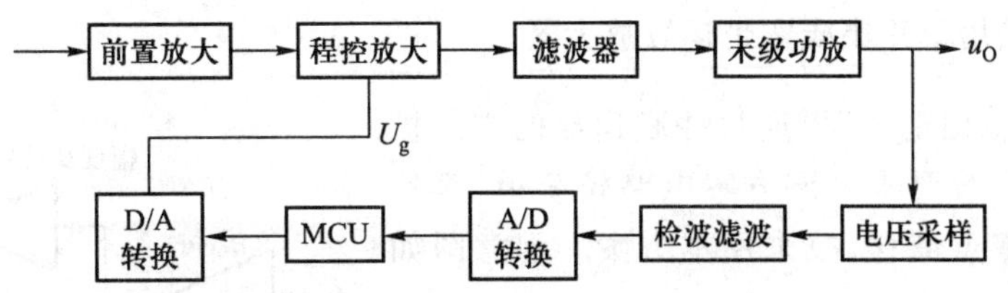

图 2.7.7　通频带内增益波动控制原理框图

它属于一个闭环控制系统,通过 MCU 控制,根据输出电压的高低,改变 U_g 的数值,控制程控放大器的增益,即可实现。

2.7.3 荣获全国特等奖的宽带直流放大器

来源:电子科技大学 沈军 陈虹佐 袁德生

摘要:本系统创造性地采用可控增益放大器 AD603 和宽带低噪声运放 OPA2846 结合的方式,通过继电器切换放大通路,很好地实现题目 0 ~ 60 dB 可调增益的要求。加入自动直流偏移调零模块,最大限度地减小了整个放大器的直流偏移。放大器带宽可预置并显示,经测试,大部分指标达到或超过题目发挥部分要求。

一、系统方案论证

经过仔细分析和论证,我们认为此次宽带直流放大器可分为可控增益放大、固定增益放大、程控滤波、功率放大、自动直流偏移调零这几个模块。

1. 可变增益电路方案论证和选择

可控增益芯片型号众多,本队在平时训练过程中常用 AD603,故由单片机通过控制 D/A 输出直流电压来控制 AD603 实现增益调节。其外围元件少,电路简单。

2. 固定增益电路方案论证

采用低噪声宽带电压反馈运放 OPA2846 对信号进行 30 dB 的放大。

3. 低通滤波器方案论证

结合题目要求,低通滤波器采用无源 *LC* 滤波器,它是利用电容和电感元件的电抗随频率的变化而变化的原理构成的。无源 *LC* 滤波器的优点是:电路比较简单,不需要直流电源供电,可靠性高;缺点是:通带内的信号有能量损耗。为了使通带尽量平坦,选用了通带比较平坦的巴特沃思滤波器。同时在滤波器后加入固定增益放大器,弥补信号通过滤波器时幅度的衰减。

4. 功率放大器方案论证和选择

▶方案一:采用晶体管单端推挽放大电路。

为获得较低的通频带下限频率,可用直接耦合方式,但是涉及的计算量大,调试繁琐,不易实现,并且若要得到较高的输出电压,输出较大的信号功率,管子承受的电压要高,通过的电流要大,功耗很大,不满足题目低功耗、低成本的要求。功率管损坏的可能性也比较大,不满足题目对放大器稳定性的要求。使用晶体管也不易控制其零点漂移。

▶方案二:采用单片集成宽带运算放大器。

提供较高的输出电压,再通过并联运放的方式扩流输出,以满足负载要求。该方案电路较简单,容易调试,易于控制零点漂移,故采用本方案。示意图如图 2.7.8 所示。

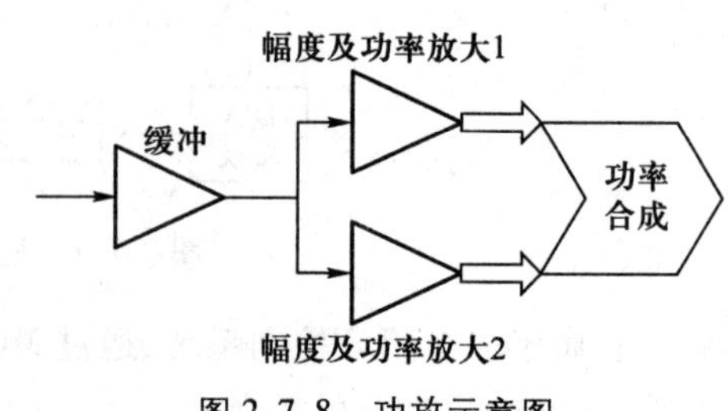

图 2.7.8 功放示意图

由于 AD603 输出最大有 30 mV 的漂移电压,为了尽量减小输出漂移电压,应尽量减少放大电路所用 AD603 的数量,但同时又要满足题目要求的0 ~ 40 dB 增

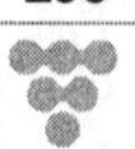

益连续可调、0～60 dB 增益程控步进可调的要求,我们采用可变增益放大和固定增益放大结合的方式,在不影响可控增益指标要求的前提下,最大限度地减小输出漂移。

最终确定的系统结构方框图如图 2.7.9 所示。

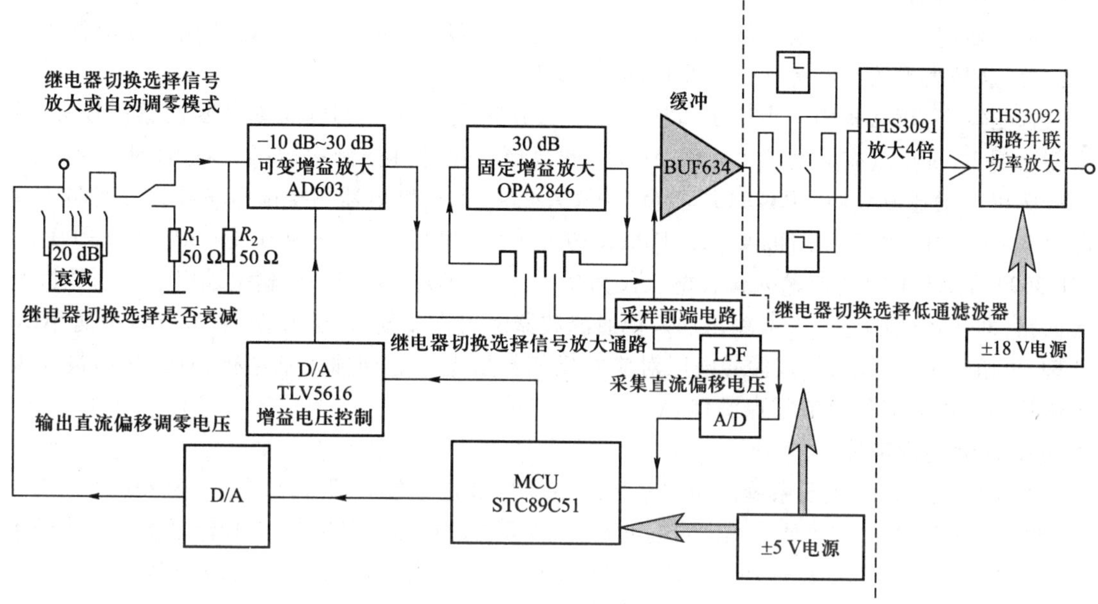

图 2.7.9　系统结构框图

二、理论分析与计算

1. 带宽增益积

按照题目发挥部分的要求,信号通频带为 0～10 MHz,最大电压增益 $A_U \geq 60$ dB,则增益带宽积为 $10 \times 10^{\frac{60}{20}}$ MHz = 10 GHz,采用分级放大的方式,使放大器整体增益超过 60 dB。

2. 通频带内增益起伏控制

对于通频带增益起伏的控制,设置放大器的频率范围从 DC 到超过 10 MHz,因此在 10 MHz 通频带内增益平坦。另外,选择通带最平坦的巴特沃思滤波器来预置带宽。设计并制作了 3 dB 带宽 5 MMHz 和 3dB 带宽 10 MMHz 的巴特沃思滤波器,使得放大器在两个预置频率范围内增益平坦。

AD603 的增益误差在 90 MHz 的通带内小于 ±0.5 dB,OPA2846 在 100 MHz 以下频带范围内增益起伏小于 0.1 dB,THS3091 在 ±5 V 电源供电时,在增益为 2 倍,65 MHz 通频带内增益起伏小于 0.1 dB,THS3092 具有 50 MHz 带宽的 0.1 dB 增益平坦度,均满足题目指标要求。

3. 线性相位

线性相位即输入信号通过系统后产生的相位延迟随频率呈线性变化。信号的相位随频率的变化会因放大器内部的电抗元件而失真。这种"线性"失真称为相位线性度,可通过矢量网络分析仪在放大器的整个工作频率范围内测得,本队在调试过程中使用示波器对系统的相位线性度进行观察和测试。系统相位线性度的标准尺度就是"组延迟",其定义为:完全理想的线性相位滤波器对于一定频率范围的组延迟是一个常数。可以看到，如果滤波器是对称或者反对称的，就可以实现线性相位，如果频率响应 $F(\omega)$ 是一个纯实或者纯虚函数，就可以实现固定的组延迟。

4. 抑制直流零点漂移

放大器输入为零时，输出端出现的电压随时间、温度、电源电压等一起变化的情况称为零点漂移，这是表现放大器特性的重要特性参数。

抑制零点漂移，我们分为控制和补偿两个部分完成。由于 AD603 本身零点漂移较大，最大能达到 30 mV，故应尽量减少使用 AD603 的数量。在增益控制中，我们创造性地采用一片 AD603 可变增益放大与 OPA2846 固定增益放大配合，通过继电器切换选择信号放大通路实现题目 0 ~ 60 dB 增益可调的要求。OPA2846 的输入偏置电压仅为 0.15 mV，THS3091 和 THS3092 在 ±5 V 供电时输入偏置电压仅为 0.3 mV。另外，在 AD603 输出端引入自动零偏调零回路，即在可变增益放大级输出加入低通滤波器滤出直流偏移，送入 A/D，A/D 输出送 MCU 处理，再通过 D/A 输出与该偏移电压对应的反相补偿电压送回输入端进行补偿，从而最大限度地抑制了放大器的直流零点漂移。

5. 放大器稳定性

系统的稳定性取决于系统的相位裕量。相位裕量是指放大器开环增益为 0 dB 时的相位与 180°的差值。放大器可能会出现自激问题，当放大器的相移为 180°时，其环流增益 $|\dot{A}\dot{F}|$ 仍然大于 1，这种情况可以在反馈环路中增加零点来做相位补偿。总体来说，自激振荡是由于信号在通过运放及反馈回路的过程中产生了附加相移，用 $\Delta\varphi_A$ 表示放大器的附加相移，$\Delta\varphi_F$ 表示反馈网络的附加相移，当输入某一信号频率为 f_0，使 $\Delta\varphi_A + \Delta\varphi_F = N\pi$（$N$ 为奇数），反馈量使输入量增大，电路产生正反馈，且满足自激的幅度条件（$|\dot{A}\dot{F}| > 1$），放大器就自激。

由于本系统中的反馈均为运放单级反馈，故应注意使每级运放自身产生的附加相移小于 180°。在电路调试过程中，对于电压反馈型运放 OPA2846，AD603，可以人为地引入电阻、电容，它们在 f_0 处产生的附加相移为 $\Delta\varphi_B$，若使得 $\Delta\varphi_B + \Delta\varphi_F + \Delta\varphi_A \neq N\pi$（$N$ 为奇数），则自激振荡得以消除。对于高速、宽带的电流反馈型运放 THS3091、THS3092，我们特别注意了走线布局，如反馈环一定要走最短路线，因为长的线也会引起更大的附加相移；计算选择了合适的反馈电阻阻值，使其不因阻值太大而产生更大的分布电容，导致更大的附加相移；也不因阻值太大而降低放大器的带宽。

三、电路与程序设计

1. 第一级放大电路设计

第一级放大电路包含可变增益放大模块及固定增益放大模块。设计 AD603 可变增益范围为 −10 ~ 30 dB，由于 AD603 的输入电阻为 100 Ω，故当继电器切换选择 −10 ~ 30 dB 可变增益放大时，接入的电阻为 100 Ω。采用单片机程控 D/A 输出电压控制 AD603 的电压增益，同时可手动按键预设电压增益。设计 OPA2846 的增益为 30 dB，电路如图 2.7.9 所示，当继电器选择下方导线通路时，放大器中没有接入固定增益模块，增益范围为 −10 ~ 30 dB 连续可调；当继电器选择上方 OPA2846 放大器模块时，增益范围 20 ~ 60 dB 连续可调，远远超过题目对增益指标的要求。

2. 第二级放大电路设计

第二级放大电路包含可切换滤波器模块及功率放大模块。为满足题目对放大器带宽可预置的要求，第二级放大电路加入 5 MHz 和 10 MHz 两个 *LC* 低通滤波器，如图 2.7.10 所示。亦用继电器选择切换滤波器。为获得放大器通频带内最平坦的幅频特性曲线，使用滤波器设计软件 Multism 设计并制作了三阶巴特沃思 5 MHz 低通滤波器及 5 阶巴特沃思 10 MHz 无源 *LC* 低通滤波器。测试表明信号经过滤波器后会衰减为原来的 1/2，故在滤波器后加入由 THS3091 搭建的 4 倍增益放大器，使信号恢复原来的幅度之后再送入功率放大电路。

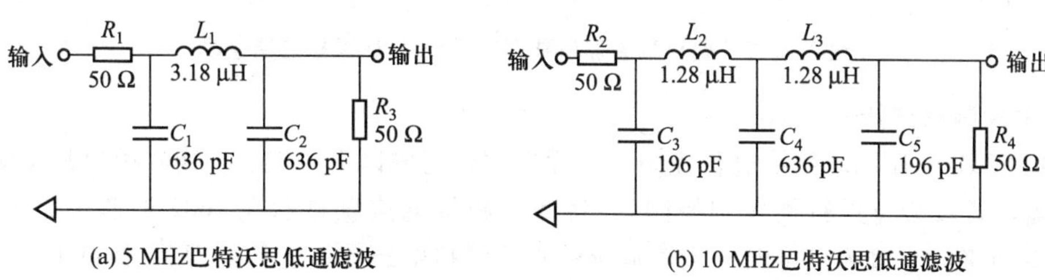

图 2.7.10　低通滤波器设计

信号经 THS3091 放大 4 倍输出后接缓冲，以推动后级功放。为获得 10 V 有效值及大电流输出，采用 4 路 THS3092 并联扩流的方式搭建功率放大模块。单路功放如图 2.7.11 所示，设置增益为 5 倍。该模块可同时对信号幅度和功率进行放大。

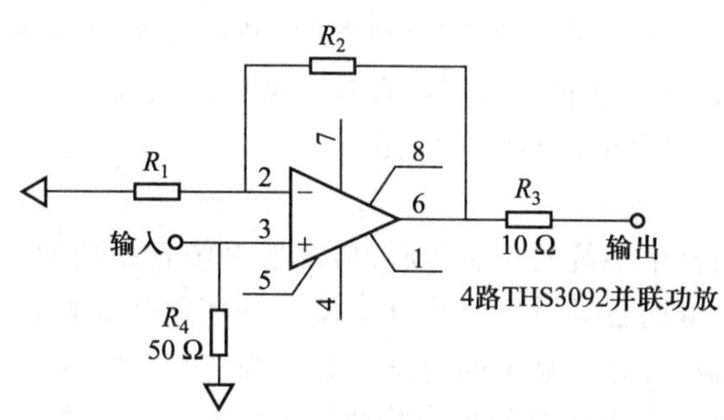

图 2.7.11　功放原理图

3. 抑制零漂电路设计

由于 AD603 最大有 30 mV 的输出漂移，因此在电路设计时必须要对其漂移进行调零处理，以免影响直流信号的放大。如图 2.7.12 所示，在第二级放大电路之后，缓冲器之前加入连接第一级信号输入端的反馈回路，经 A/D 采集并经单片机处理，测出当输入电压为零时，输出端存在的直流漂移电压，再由 D/A 输出与漂移电压大小成比例，极性相反的电压反馈给信号输入端，以调节输入端的零偏。此处我们选择 TI 公司的 TLV5616 作为调零用 D/A。

4. 各级电源设计

采用自制 ±5 V 电源为前级 AD603 可变增益放大及 OPA2846 固定增益放大器供电；为满足 10 V 有效电压的输出，采用自制 ±18 V 电源为后级功率放大电路，主要是 THS3902 并联功率放大电路供电；采用 ±5 V 电源为 MCU、光耦及继电器等供电。 ±5 V、±18 V 电源均由线性稳压块 7805、7905、7818、7918 搭建。

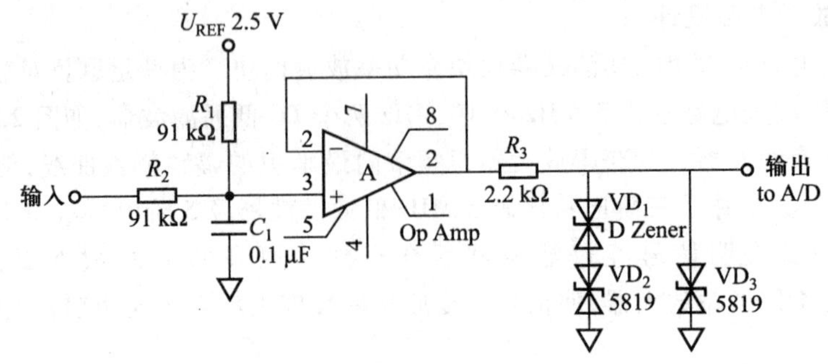

图 2.7.12　输出端直流漂移调零模块 A/D 采样前端电路

5. 主控制器选择

选用 8051 单片机对系统进行控制。单片机主要完成以下功能：① 接收用户的按键信息，对放大器增益及带宽进行预置和控制，并将增益和带宽信息显示在 1602 液晶屏幕上；② 对 A/D 采集回来的无输入信号时放大器输出的直流漂移电压数据进行处理，再控制 D/A 输出大小相同，极性相反的补偿电压反馈回输入级；③ 接收用户按键信息，切换选择 5 MHz 或 10 MHz 的低通滤波器模式。

6. 抗干扰处理

在实际制作中采用下述方法减少干扰，避免自激：

① 将输入部分和增益控制部分加入屏蔽盒中，以避免级间干扰和高频自激；② 将整个运放用很宽的地线包围，以吸收高频信号，减少噪声，在增益控制部分和后级功率放大部分也都采用了此方法；在功率放大级，这种方法可以有效地避免高频辐射；③ 各模块之间采用同轴电缆连接；④ 采用光耦隔离数字电路和模拟电路。

7. 程序设计

使用 51 单片机作为整个系统的控制核心，启动后系统自动读取上次关机前存入 Flash 的直流偏置调零控制信息，从而自动设置当前直流偏移补偿电压。此后单片机可接收用户按键信息使系统实现预置增益、带宽并显示的功能。单片机同时控制 AD 采集，此时直流偏置信息并将该信息存入 Flash 供下次开机时使用。其控制流程图如图 2.7.13 所示。

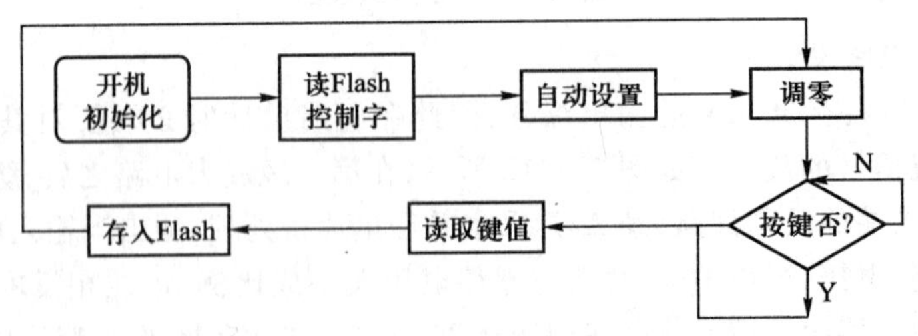

图 2.7.13　控制流程图

四、系统测试

1. 放大器的基本性能测试

测试方法：用函数发生器产生频率 1 MHz，有效值分别为 2.5 mV、10 mV、100 mV、1 V、

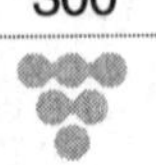

3.5 V 的正弦波送入进行测量。测试条件:空载。其放大器的基本性能测试结果如表 2.7.2 所示。

表 2.7.2 测试表格

输入信号有效值	预置增益	输出信号有效值	直流偏移	波形质量	增益误差
2.5 mV	70 dB	7.50 V	-1.4~1.3 V	无明显失真	5.1%
10 mV	60 dB	10.10 V	<20 mV	无失真	1.0%
100 mV	40 dB	9.93 V	-30~40 mV	无失真	0.7%
1 V	20 dB	9.99 V	90~100 mV	无失真	0.1%
3.5 V	0 dB	3.58 V	90~100 mV	无失真	2.3%

测量结果分析:从数据可以看出,信号增益程控可调,最大增益、最小输入信号幅度均达到题目发挥部分指标要求。最大输出电压正弦波有效值 $U_O \geq 10$ V,输出信号波形无明显失真。

2. 噪声测试

题目要求在 $A_U=60$ dB 时,输出端噪声电压的峰-峰值 $U_{ONPP} \leq 0.3$ V,故对放大器进行噪声测试。测试方法:增益预置 60 dB,示波器输入端加 50 Ω 电阻匹配到地,用示波器测量输出端噪声。测得噪声幅值为 800~900 mV。我们还另外测试了增益为 55 dB 时的噪声,幅度为 30~40 mV。测试结果表明放大器可在一定的增益时满足题目对噪声的指标要求。

3. 通频带测试

(1) 5 MHz 通频带测试

测试方法:输入有效值为 1 V 的正弦波信号,增益预置为 20 dB。用函数发生器产生多个单频点的方式,用示波器观测输出信号的峰-峰值。

(2) 10 MHz 通频带测试

测试方法同上。其测试数据一览表如表 2.7.3 所示。

表 2.7.3 测试数据一览表

5 MHz 通频带测试		10 MHz 通频带测试(5 MHz U_{P-P} 29.6 V)	
1 MHz	U_{P-P} 28.4 V	6 MHz	U_{P-P} 30.2 V
2 MHz	U_{P-P} 28.56 V	7 MHz	U_{P-P} 30.4 V
3 MHz	U_{P-P} 28.8 V	8 MHz	U_{P-P} 30.8 V
4 MHz	U_{P-P} 27.6 V	9 MHz	U_{P-P} 29.6 V
5 MHz	U_{P-P} 22.8 V	10 MHz	U_{P-P} 22.6 V

测试结果分析:通频带与题目要求的指标相比略微后延,表明放大器在预置增益的条件下带宽大于指标要求。

另外,系统在输入信号为 2.5 mV 时,预置增益为 70 dB,满足了题目发挥部分要求的进一步降低输入电压提高放大器的电压增益。

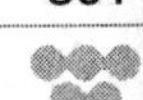

五、总结

本系统由前置 20 dB 衰减器、可变增益放大、固定增益放大、功率放大、单片机控制和显示模块及自动直流偏移调零等模块组成。第一级可变增益放大模块采用可变增益放大器 AD603 实现从 -10 dB 到 30 dB 可变增益放大；第二级固定增益放大模块采用宽带运放 OPA2864 实现 30dB 的固定增益放大，通过继电器对不同信号放大通路的切换选择，使两级放大电路配合实现 0 ~ 60 dB 连续可调的放大。本放大器含有可程控选择的 5 MHz、10 MHz 两个 *LC* 低通滤波器以实现放大器的带宽预置；第三级功率放大采用两路 THS3902 并联配扩流的方式分别对信号进行功率放大，再进行功率合成，从而实现题目要求的 10 V 有效值输出。本设计对压控增益器件和宽带高速运放进行合理的级联和匹配，同时加入自动直流偏移调零电路，全面提高了系统增益带宽积，增强了稳定性，抑制了零点漂移。

2.7.4 采用扩压扩流技术的宽带直流放大器

来源：电子科技大学　王康　胡航宇　耿东晛　（全国一等奖）

摘要：本作品以 AT89S52 单片机为控制核心，设计并制作了 10 MHz 带宽的宽带直流放大器，系统通过第一级 OPA2690 双运放跟随并放大 10 dB，放大后分挡位滤波，再通过单片机程控两级级联的 VCA810 实现 -40 ~ 40 dB 的动态增益变化，后级通过集成运放提高 THS3001 的电压摆幅以达到扩压效果，最后通过场效应管功放后接入 50 Ω 负载输出。整个系统放大器可放大 1 mV 有效值信号，增益可达到 70 dB，最大输出电压峰 - 峰值为 42 V，在通频带范围内起伏增益 1 dB 左右，放大器在 $A_U = 60$ dB 的时候，输出噪声电压的峰 - 峰值为 200 mV，通过单片机控制可以实现电压增益 A_U 和放大器的带宽可预置并显示的功能。整个系统工作可靠、稳定，而且成本低、效率高。

一、系统总体设计

1. 系统总体方案

根据题目要求，本系统总共分为四大部分：第一部分输入信号放大模块通过 OPA2690 双运放实现对有效值 10 mV 输入小信号放大 10 dB 的功能，使输入信号有效值达到 30.16 mV。第二部分为分挡滤波模块，题目要求放大器带宽可预置，至少得设计 5 MHz、10 MHz 两个低通滤波器。为此分别设计了 5 MHz、10 MHz 的 *LC* 巴特沃思低通滤波器，通过单片机控制继电器可以切换挡位以达到分挡滤波功能。第三部分为 -40 ~ 40 dB 的程控放大，一级 VCA810 理想情况下放大可达 -40 ~ 40 dB，但考虑到外界环境的影响和系统的稳定性，我们设计两级 VCA810 级联的形式来得到 -40 ~ 40 dB 的放大，而且在其频率带宽范围内，可以保证其幅频曲线稳定，为后级的功率放大电路稳定提供了保证。最后一部分是功率放大器，我们采用运放 THS3001，其压摆率高，且能支持 ±15 V 的供电，最具特色的是我们采用浮电源技术将输出的电压扩压，再利用场效应管实现其输出电流扩流，就能实现功率到达 2 W。通过单片机 AT89S52 控制既实现了放大器带宽和电压增益 A_U 可预置并显示，又降低了整个系统的成本。本系统效率高、成本低、工作可靠稳定。

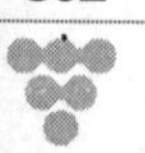

2. 系统总体框图

系统总体框图如图 2.7.14 所示。

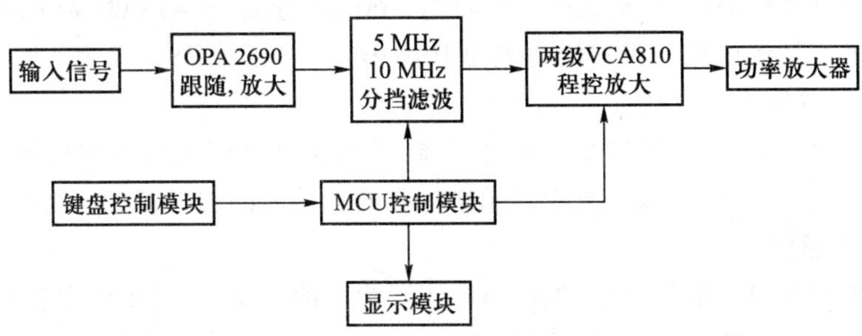

图 2.7.14　系统总体框图

二、理论分析及计算

1. 集成运放扩压电路原理

集成运放扩压电路如图 2.7.15 所示。当输入信号 u_I 为 0 时，输出信号 u_O 也为 0。两个三极管的基极电位分别为 $U_{B1}=+15\ \text{V}$ 和 $U_{B2}=-15\ \text{V}$，集成运放的正负电源端分别为 +14.3 V 和 -14.3 V，之间压的差为 28.6 V，加入信号 u_I 后，两个三极管的基极电位分别为

$$u_{B1}=\frac{1}{2}(V_{CC}-u_O)+u_O=\frac{V_{CC}}{2}+\frac{u_O}{2},u_{B2}=\frac{1}{2}(-V_{CC}-u_O)+u_O=-\frac{V_{CC}}{2}+\frac{u_O}{2}$$

$$V'_{CC\oplus}-V'_{CC\ominus}=(u_{B1}-u_{BE1})-(u_{B2}-u_{BE2})\approx\left(\frac{V_{CC}}{2}+\frac{u_O}{2}\right)-\left(\frac{-V_{CC}}{2}+\frac{u_O}{2}\right)=V_{CC}=30\ \text{V}$$

与 u_I 为 0 时的静态情况几乎一样，但经扩压后，u_O 输出可达到 ±24 V。通过浮电源技术我们可以实现输出电压的扩压。其扩压原理图如图 2.7.15 所示。

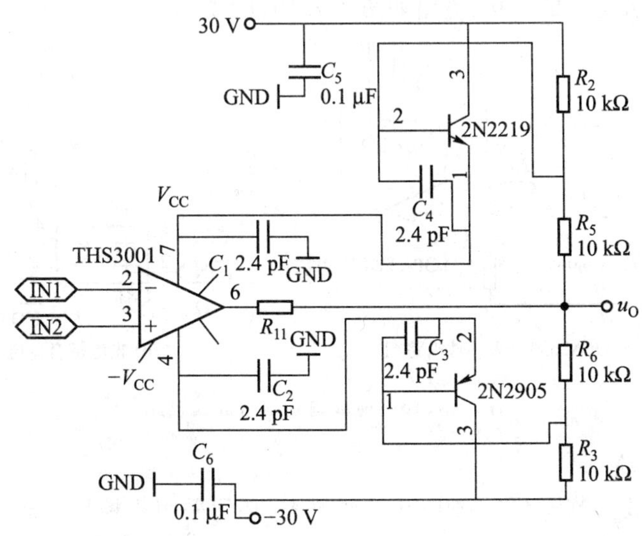

图 2.7.15　集成运放扩压原理图

2. 带宽增益积(Gain Bandwidth Product,GBP)

带宽增益积是衡量放大器性能的一个参数,这个参数表示的是增益和带宽的乘积,即 GBP = A_U × BW,根据整个系统,最大电压增益为 +60 dB,也就是 +1 000 V/V,带宽为 10 MHz,根据上式可得整个系统的最大带宽增益积为 10 GHz。

3. 通频带内增益起伏控制

随着频率的增高,放大器的增益会随之下降,可以通过补偿电容来添加极点,进而实现相位补偿和增益补偿,这样就可以将放大器的增益在通频带内的起伏控制在最小范围内。

4. 抑制零点漂流

零点漂移现象是输入电压为零,但输出电压不为零的现象,其产生的主要原因是温度漂移使得半导体元器件的参数变化,致使输出电压不为零。抑制零点漂移的有效方法是:采用加入直流偏置调节零偏,此方法可以放大交流。

5. 放大器稳定性

放大器的稳定性是指放大器在其带宽范围内幅频曲线的稳定性。

提高放大器的稳定性,可以采用相位超前补偿的方法,增加其零点、抵消极点来实现。

三、硬件电路设计及方案比较

1. 前级输入信号放大模块

按题目要求对 10 mV 有效值以下的小信号进行放大,要求对信号的干扰要小,所以必须采用一定方法减小对采集信号的干扰。

采用以下几种抗干扰方法:

① 前级采用低噪声高共模抑制比运放 OPA2690,最小可放大 1 mV 有效值信号;

② 采取对前级加屏蔽盒,减少外界环境电磁波干扰;

③ 采用光电耦合器将送给 DA0832 及继电器的数字信号与模拟信号彻底隔离,减小数字电路噪声对模拟放大电路的干扰,电路如图 2.7.16(b)所示。

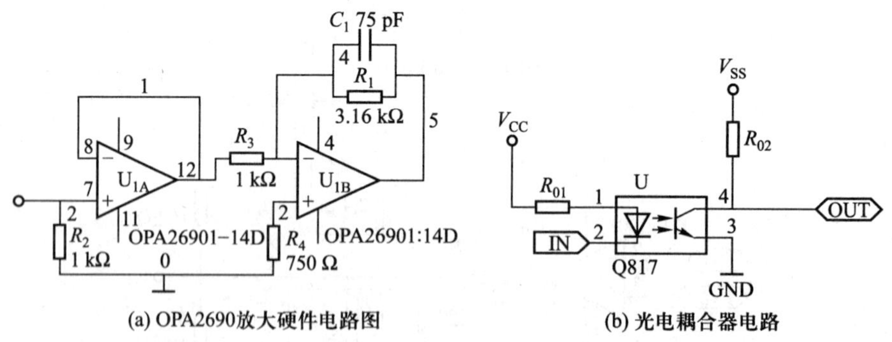

(a) OPA2690放大硬件电路图　(b) 光电耦合器电路

图 2.7.16　前级输入信号放大电路

2. 程控放大模块

由于题目要求放大范围在 0 ~ 60 dB 可调放大,必须采用程控增益放大的方法,并且动态变化范围有 60 dB,而题目又要求输出幅度达到 10 V 有效值,并驱动 50 Ω 负载,使得最后一级放大倍数固定,因此必须对前级放大的信号进行一定的衰减才能够达到 0 dB 输出。

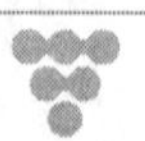

对于程控放大有以下几种方案。

▶方案一

用两级 AD603 实现 -40 ~ 40 dB 的程控放大。此方案虽然简单,但由于放大频率范围从直流到 15 MHz,使得放大器输入失调电压要小,而 AD603 输入失调电压可达 30 mV,并且随放大倍数不同而不同,再经过后级放大直流漂移显得严重。

▶方案二

采用高速低零偏的放大器,加 D/A 转换电阻网络构成 AD603 程控放大原理。此方法可以有效解决失调电压问题,但电路实现对放大器及 D/A 转换器要求均较高。

▶方案三

用两级 VCA810 级联实现 -40 ~ 40 dB 的程控放大。VCA810 具有低失调电压,一级放大倍数最大范围可达 -40 ~ 40 dB,并且外围电路简单。但由于单级放大倍数过大容易引起自激,故采用两级级联放大。

方案比较:方案一虽然简单,但不适应直接耦合方式的放大器电路。方案二虽然效果较好,但实现有一定难度。方案三虽然需要两级级联,但放大效果好,电路简单,并且可提升空间大,如图 2.7.17 所示。其单级运放增益 $A_G = -(40U_g + 1)$, U_g 从 -2 V 到 0 V。

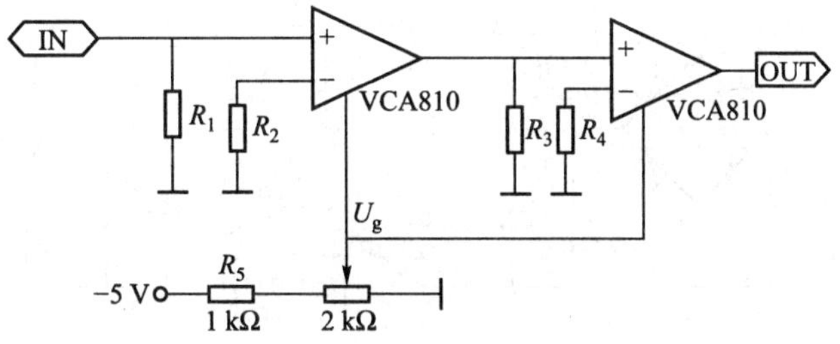

图 2.7.17　两级 VCA810 级联硬件电路图

3. 功率放大模块

▶方案一

用 BUF634 来实现功率放大。

▶方案二

利用集成运放扩压和 MOSFET 实现扩流来实现放大。

方案比较:方案一中,虽然 BUF634 外围电路简单,容易实现,但 BUF634 的最大输出功率为 1.8 W,达不到题目发挥部分 2 W 的要求;方案二中,该方案虽然实现较为麻烦,但是成本低廉,效果较好,故采用方案二,如图 2.7.18 所示。图中,2N2219 与 2N2905 为集成运放扩压晶体管;电容 $C_1 \sim C_4$ 为运放相位补偿电容,增加运放的稳定性;电容 $C_7 \sim C_{14}$ 的作用是提升功率输出级高频响应特性,弥补场效应管高频响应的不足。

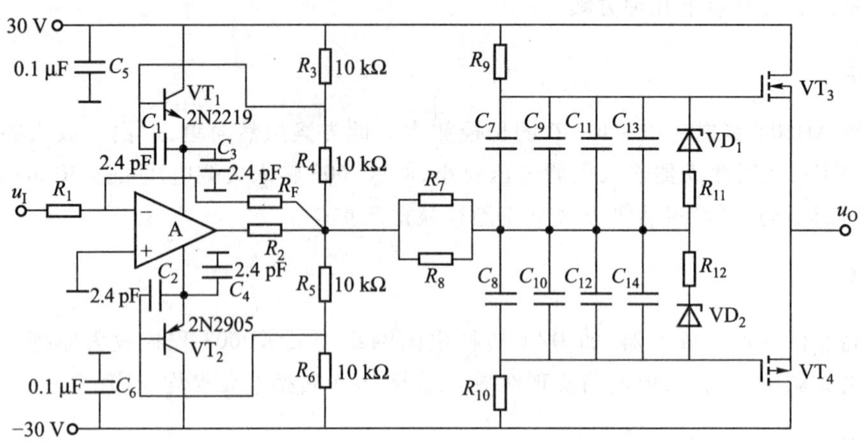

图 2.7.18　运放扩压及功率放大电路图

4. 自制电源模块

50 Hz、220 V 的市电经过变压器降至有效值为 2 × 24 V 的交流电压，经过桥式整流滤波后分别送入稳压芯片 LM7824 和 LM7924 中，通过稳压后得到 ±29.1 V 的直流电压，以供给功率放大模块，如图 2.7.19 所示。

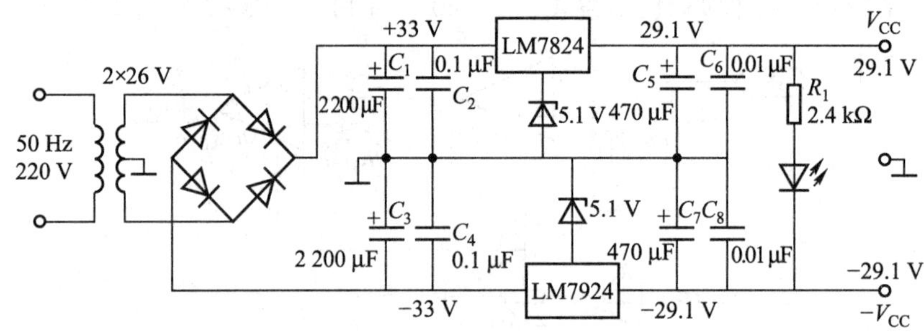

图 2.7.19　功率放大级电源电路图

5. 分挡滤波模块

为了实现放大器带宽可设置，设计了两路滤波器，使得放大器带宽分别为 5 MHz 和 10 MHz，通过单片机控制继电器来切换挡位，以得到不同带宽的幅频曲线。通过滤波软件设计得到模型，再经过仿真后最终确定滤波器参数分别如图 2.7.20 和图 2.7.21 所示。

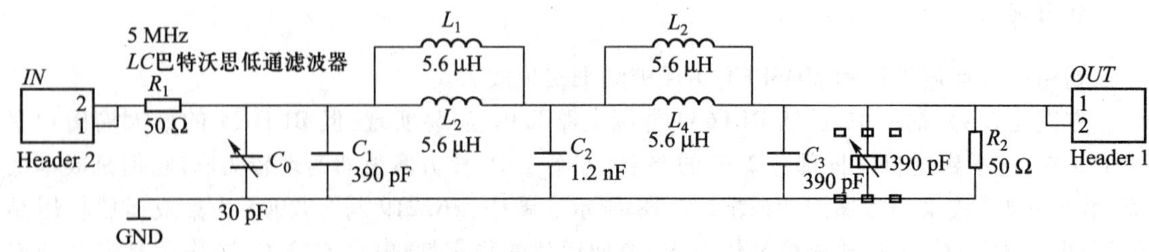

图 2.7.20　5 MHz *LC* 低通滤波器

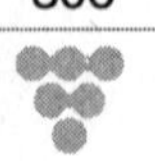

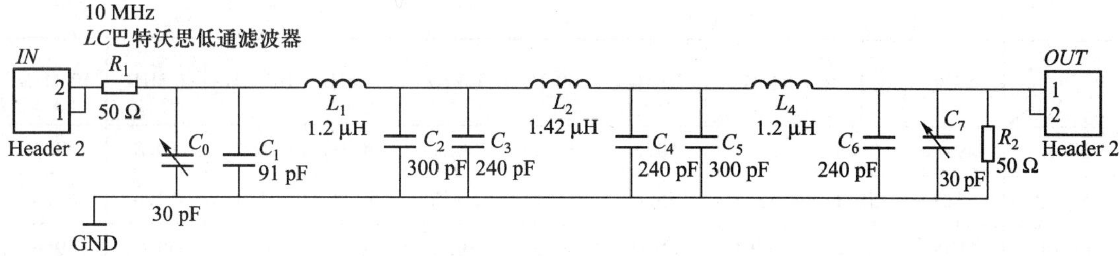

图 2.7.21　10 MHz *LC* 低通滤波器

四、指标测试方案及测试结果

1. 测试仪器

测试仪器清单,如表 2.7.4 所示。

表 2.7.4　测试仪器清单

序号	仪器名称	型号	指标
1	双踪示波器	TDS1012B	100 MHz 带宽 1 GS/s 采样率
2	数字合成函数信号发生器	F40	100 Hz ~ 40 MHz
3	三路直流稳压电源	YB1732A	
4	数字万用表	DT9203	4 位半

2. 放大器增益测试

测试方案选择:通过函数发生器产生直流和 10 MHz 以内有效值 10 mV 的正弦波,通过双踪示波器分别观测系统输入和输出信号的大小。其测试结果如表 2.7.5 所示。

表 2.7.5　测 试 结 果

F_{re} \ A_U	直流	0.1 Hz	1 Hz	10 Hz	100 Hz	1 kHz	10 kHz	100 kHz	1 MHz	10 MHz
0 dB	0.2	0.1	0.1	0.4	0.2	0.1	0.2	0.1	0.2	0.4
5 dB	4.8	5.1	5.2	4.9	5.3	5.2	5.1	5.2	4.9	4.8
10 dB	10.1	10.2	10.3	10.2	9.9	10.1	10.2	10.0	9.8	9.7
15 dB	15.1	15.1	15.2	15.2	15.2	14.9	15.2	15.2	15.0	14.7
20 dB	20.1	20.1	20.2	20.0	20.1	20.2	20.3	20.3	19.9	19.7
25 dB	25.0	25.1	25.0	25.2	25.1	25.2	25.2	25.1	24.8	24.6
30 dB	29.8	30.0	30.1	30.1	30.2	30.2	30.1	30.0	30.0	29.6
35 dB	34.9	35.0	35.1	35.0	35.2	35.2	35.3	35.2	34.8	34.7
40 dB	39.8	39.9	40.1	40.1	40.1	40.2	40.2	40.1	39.7	39.5
45 dB	45.0	45.1	45.1	45.0	45.1	45.1	45.2	45.3	44.5	44.4

续表

A_U \ F_{re}	直流	0.1 Hz	1 Hz	10 Hz	100 Hz	1 kHz	10 kHz	100 kHz	1 MHz	10 MHz
50 dB	49.9	50.1	50.2	50.2	50.2	50.3	50.3	50.2	50.0	49.3
55 dB	55.1	55.1	55.1	55.0	55.1	55.2	55.2	55.1	54.6	54.3
60 dB	59.8	60.0	60.1	60.0	60.2	60.2	60.2	60.1	59.7	59.6

3. 最大输出电压有效值测试

测试方案选择：在增益为 40 dB 时，增大输入信号幅度，观察最大不失真输出信号幅度，得测试结果：

$$U_{ipp}=420\ \text{mV}$$

$$U_{opp}=41.60\ \text{V}$$

4. 通频带内增益起伏测试

测试方案选择：以 1 MHz 为基准，在增益为 60 dB 时，输入峰－峰值为 20 mV 信号，从 DC 至 4 MHz(9 MHz)改变输入信号频率，测出输出信号幅度与放大 60 dB 时理论输出幅度之比，得到测试结果：0 ~ 4 MHz 内，平均 0.8 dB；0 ~ 9 MHz 内，平均 1.4 dB。

5. 放大器噪声电压测试

测试方案选择：在增益为 60 dB 时，将输入端与地短接，测出输出信号幅度。

测试结果：在 $A_U=60$ dB 时，输出端噪声电压的峰－峰值 U_{ONP-P}为 0.2 V。

6. 输入电阻与负载电阻阻值测试

测试方案选择：系统设计方案保证了输入阻抗大于 50 Ω，负载电阻用万用表直接测量。得测试结果：输入阻抗 >50 Ω；负载电阻：50.8 Ω。

五、总结

题目要求输入有效值小于等于 10 mV，实际输入的有效值可以达到 1 mV，但在现有的仪器条件下，信号幅度输出小时噪声大，造成输出波形噪声较大。放大器的增益最大可达 70 dB，但超过 70 dB 后放大器容易出现自激振荡，如改善电路加入补偿放大倍数还可提升。放大器最大输出幅度峰－峰值达到了 42 V，在驱动 50 Ω 负载时，通频带带宽超过 10 MHz，带内失真小，但带内衰减较大，主要是由于最后一级功率放大高频特性限制，如果继续改善补偿电路，可将通频带内起伏控制在 0.5 dB 内并且继续拓宽带宽。

2.7.5 高增益宽带直流放大器

来源：西安电子科技大学　陆懿　宋巍　王帅　（全国一等奖）

摘要：本系统以可控增益放大器 VCA810 为核心，外加宽带放大器 OPA690 的配合，实现了高增益可调的宽带直流放大器。系统主要由 4 个模块构成：前置放大电路、可控增益放大电路、后级功率放大电路、单片机显示控制模块。可控增益放大电路由 VCA810 构成，可实现 80 dB 的增益调节范围；后级功率放大电路由多个高速缓冲器 BUF634 并联，扩大输出电流，提升放大器的带负载能力。为解决宽带放大器自激问题及减小输出噪声，本系统采用多种形式的抗干扰措施，抑制噪声，改善放大器的稳定性。

一、系统方案

1. 方案比较与选择

(1) 可控增益放大

▶方案一

采用可编程放大器的思路，将输入交流信号作为高速 DAC 的基准电压，用 DAC 的电阻网络构成运放反馈网络的一部分，通过改变 DAC 数字控制量实现增益控制。理论上，只要 DAC 的速度足够快、精度足够高就可以实现很宽范围的精密增益控制，但是控制的数字量和最后的(dB)不呈线性关系而呈指数关系，造成增益调节不均匀，精度下降，因此不选用此方案。

▶方案二

选用集成可控增益放大器作为增益控制，集成可控增益放大器的增益(dB)与控制电压呈线性关系，控制电压由单片机控制 DAC 产生。集成可控增益放大器 VCA810 具有 -40 dB 到 +40 dB 的增益控制范围，精度达到 1 dB，带宽 25 MHz，可以满足题目指标要求。

采用集成可控增益放大器 VCA810 实现增益控制，外围电路简单，便于调试，而且具有较高的增益调节范围和精度，故采用此方案。

(2) 功率放大电路

▶方案一

采用分立元件实现宽带功率放大器，可以实现较大输出电压，但需采用多级高频放大电路，受电路分布参数影响，调试难度大，带宽难以保证，所以不选用此方案。

▶方案二

采用单片集成宽带运算放大器提供较高的输出电压，再由多个高速缓冲器 BUF634 并联实现扩流输出，提升放大器带负载能力。此方案电路较简单，容易调试，故采用此方案。

(3) 稳压电源

▶方案一：线性稳压电源。

其中包括并联型和串联型两种结构。并联型电路复杂，效率低，仅用于对调整速率和精度要求较高的场合；串联型电路比较简单，效率较高，有多种性价比较高的集成三端稳压器供选择。

▶方案二：开关稳压电源。

此方案效率高，但电路复杂，开关电源的工作频率通常为几十至几百 kHz，基波与很多谐波均在本放大器通频带内，极容易带来串扰。综上所述，选择方案一中的串联型稳压电源。

2. 方案描述

系统框图如图 2.7.22 所示，系统主要由 4 个模块构成：前置放大电路、可控增益放大电路、后级功率放大电路、单片机显示控制模块。系统增益调节范围为 0 ~ 80 dB，可控增益放大电路由 VCA810 构成，实现了 -40 ~ 40 dB 的增益调节范围。前级放大电路增益为 20 dB，由两级 OPA690 组成，实现输入阻抗匹配，增大了后级输入电压。后级功率放大电路增益为 20 dB，由电流反馈型运放 AD811 提供较高的输出电压，再通过多个缓冲器 BUF634 并联，扩大输出电流，提升放大器的带负载能力，实现了在 50 Ω 负载上输出 10V 有效值。系统具有增益预置并显示和增益手动连续调节功能，还通过挡位切换和无源低通滤波电路，实现了带宽预置与显示功能。

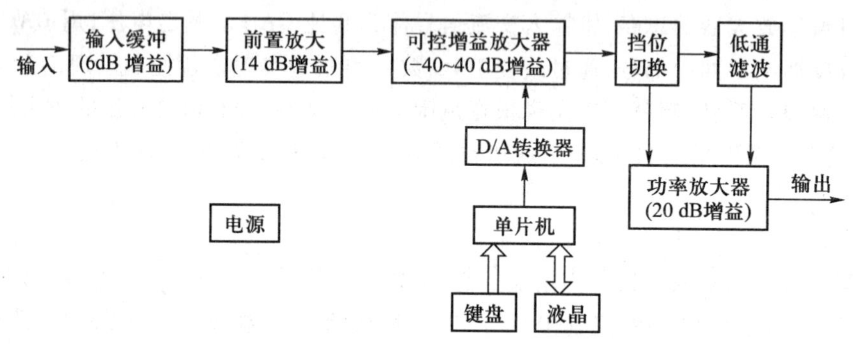

图 2.7.22 系统框图

二、理论分析与计算

1. 增益分配

本系统以可控增益放大器 VCA810 为核心，其增益调节范围为 -40 ~ 40 dB，其他各单元电路都是根据 VCA810 及题目要求设计。

题目要求最大增益要大于 60 dB，最大输出电压有效值大于等于 10V，输入电压有效值小于等于 10 mV，而中间级采用的可控增益放大器 VCA810 对输入电压和输出电压均有限制，所以，必须合理分配各级放大器的放大倍数。

VCA810 的最大输出电压峰 - 峰值为 3.6 V，假如要实现发挥部分的输出电压有效值大于等于 10 V 的要求，即输出电压峰 - 峰值 $U_{\min} = 2 \times 10 \times \sqrt{2}$ V = 28.28 V，为得到最大输出电压，则后级放大至少要有 7.86 倍。后级功率放大电路增益设置为 20 dB，则一级 VCA810 和功放级的级联可实现 -20 ~ 60 dB 的增益调节范围。

由于输入电压有效值小于等于 10 mV，为了提高 VCA810 的输入电压和进一步提高系统最高增益，VCA810 前级增加增益为 20 dB 的前置放大电路，则系统增益调节范围为 0 ~ 80 dB。

为实现输入阻抗匹配，系统第一级为输入缓冲级，为了扩展系统的通频带，输入缓冲级增益为 2，后级增加 5 倍增益放大电路，实现前置放大电路 20 dB 增益。

2. 通频带计算

放大器链路的组成如图 2.7.23 所示。

图 2.7.23 中注明了设计中每级增益的分配，并在下方依据器件的官方资料给出了各级 -3 dB 通频带的上限。

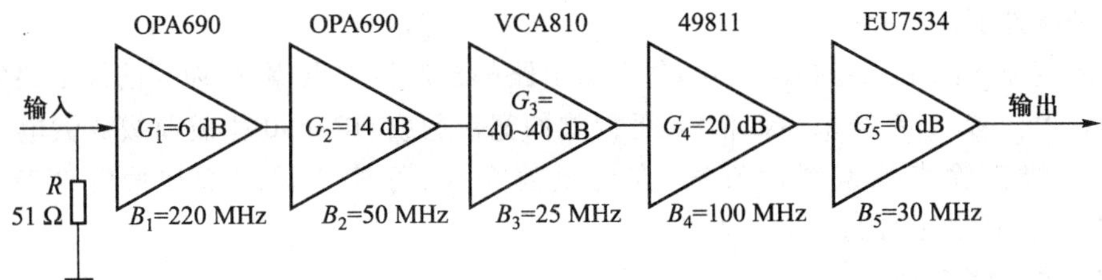

图 2.7.23　放大器链路的组成

如图 2.7.23 所示,系统通频带由两级 OPA690、VCA810、THS3001HV 和 BUF634 共同决定,由频率响应公式可知系统增益与频率的关系如下

$$|A_U(f)| = |A_{U1}|/[(1+(f/f_{690\_1})^2][1+(f/f_{690\_2})^2][1+(f/f_{810})^2]$$
$$[1+(f/f_{811})^2][1+(f/f_{634})^2]^{1/2}$$

式中,$f_{690\_1}=220$ MHz,$f_{690\_2}=50$ MHz,$f_{810}=25$ MHz,$f_{811}=100$ MHz,$f_{634}=30$ MHz,为器件资料中相应运放的通频带,$|A_{U1}|$为放大链路中各级放大器的中频电压放大倍数。经计算,系统 3 dB 带宽为 16 MHz,大于 10 MHz,符合题目要求。

3. 通频带内增益控制范围及精度

依据资料,VCA810 带宽为 25 MHz,增益控制范围为 $-40\sim40$ dB,增益与电平关系为

$$G_{\mathrm{VCA810}}(\mathrm{dB}) = -40(U_g+1)$$

式中,U_g 为 VCA810 的增益控制电压,范围为 $-2\sim0$ V。

两级 OPA690 级联的增益为 20 dB,后级 AD811 的增益为 20 dB,所以整个放大器的增益为

$$G(\mathrm{dB}) = G_{\mathrm{VCA810}}+20+20 = -40U_g$$

式中,U_g 的变化范围为 $-2\sim0$ V,因此理论上的增益控制范围为 $0\sim80$ dB。

单片机通过 DAC 的输出电压控制 VCA810 的增益,若采用的是 12 位 D/A 转换器,DAC 基准为 3 V 则 DAC 输入值 K_{DA}与 VCA810 控制电压的对应关系为

$$U_g = -\frac{3}{4\ 095}\times K_{\mathrm{DA}}$$

式中,K_{DA}为 DAC 的输入值。

增益 G 与 DAC 输入值 K_{DA}的对应关系为

$$K_{\mathrm{DA}} = \frac{4\ 095G}{3\times40}$$

增益控制的理论精度为

$$\Delta G = \frac{3(G_{\max}-G_{\min})}{2\times(2^{12}-1)} = 0.03\ \mathrm{dB}$$

由以上分析可知,该电路满足对增益控制范围及精度的指标要求。

4. 抑制直流零点漂移

本系统主要由前置放大级、可控增益级和功率放大级这三级组成,由于系统为宽带直流放大器,所以各级之间必须采用直流耦合方式,然而对于高增益电路,直流耦合时前级的微小的偏置电压经放大后也将在后级产生较大偏置。对于宽带直流放大器,必须对于直流零点漂移

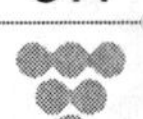

有很好的抑制性能。

系统的直流零漂由三级共同决定，每一级电路都会产生零点漂移，而且前级电路的偏置对系统影响较大。首先，系统采用低偏压、低温漂的宽带运放 OPA690 构成前级放大电路；其次，系统采用分级消除直流偏置的方法，在前置放大级、可控增益级增加偏置调节电路，将 VCA810 接成偏置电压可调的电路形式。

5. 放大器的稳定性

本作品主要通过采取抗干扰措施提高放大器的稳定性，系统全部采用印制板，减小寄生电容和寄生电感，采用铜板大面积接地，减小地回路。级间采用同轴电缆相连，避免级间干扰和高频自激。

三、系统电路设计

1. 前级放大电路

前级放大电路由两级 OPA690 构成，第一级 OPA690 增益为 6 dB，3 dB 带宽为 220 MHz，在其同相输入端并联 51 Ω 电阻到地，实现阻抗匹配。第二级 OPA690 增益为 14 dB，3 dB 带宽为 50 MHz，在其同相输入端增加偏置调节电路。电路如图 2.7.24 所示。

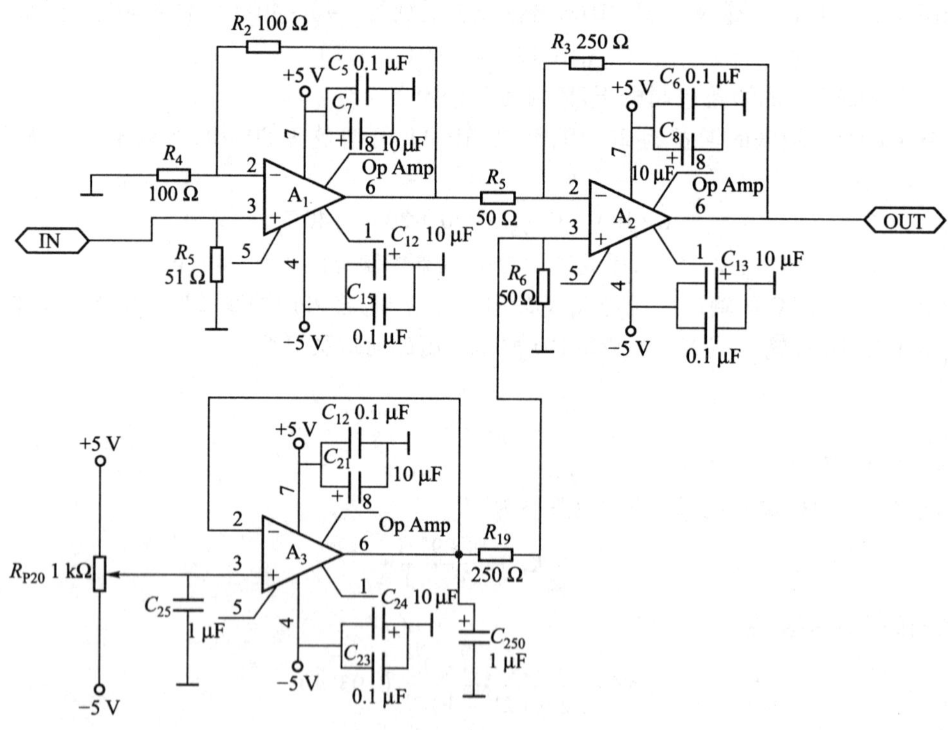

图 2.7.24　前级放大电路

2. 可控增益放大电路

系统可控增益放大电路采用 VCA810 实现，VCA810 有高达 ±40 dB 的增益调整范围，最高的线性增益误差(dB/V)只有 0.3 dB/V，且具有 25 MHz 的高增益控制带宽。控制电压由单

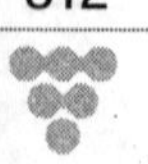

片机控制 12 位 DAC 产生,能够非常容易地实现增益设置。

VCA810 接成偏置电压可调模式,电路如图 2.7.25 所示。

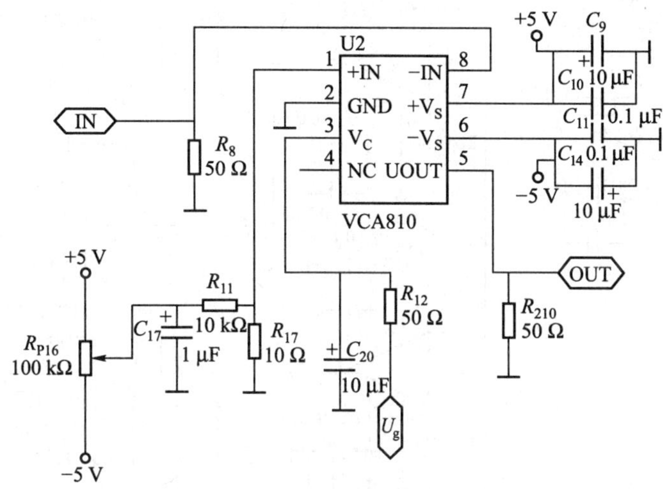

图 2.7.25　可控增益的大电路

3. 低通滤波器电路

低通滤波器采用四阶低通椭圆滤波器实现,电路如图 2.7.26、图 2.7.27 所示。

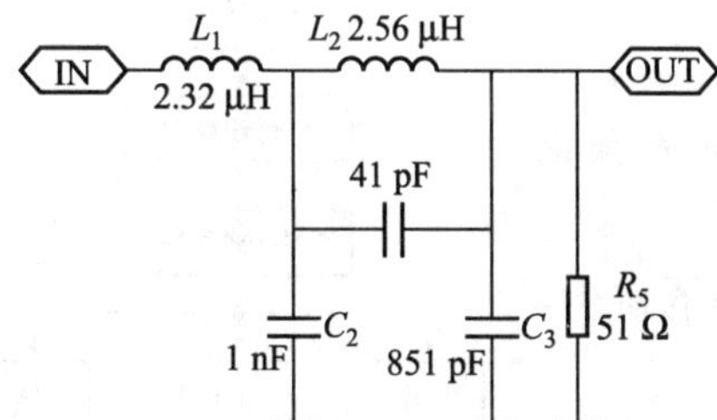

图 2.7.26　5 MHz 低通滤波器电路

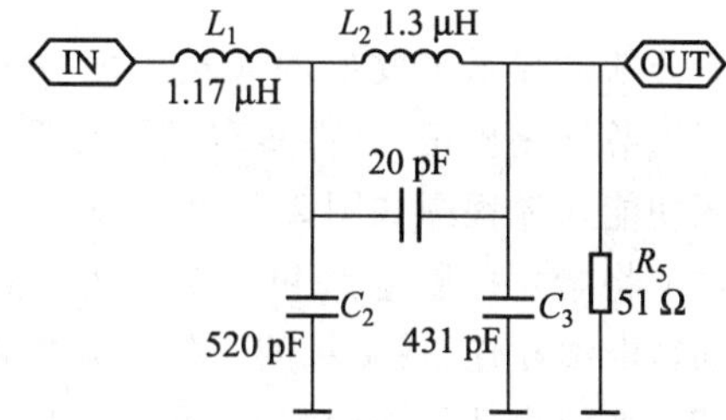

图 2.7.27　10 MHz 低通滤波器电路

4. 功率放大电路

功率放大电路由电流反馈型运放 AD811 和高速电流缓冲器 EU7534 构成,AD811 和 EU7534 均可用 ±15 V 供电,能够满足题目高输出电压的要求,AD811 为电流反馈型运放,具有 2 500 V/μs 高压摆率,当增益设为 20 dB 时,其带宽为 100 MHz。EU7534 的带宽为 30 MHz,压摆率为 2 000 V/μs,输出电流为 250 mA。

AD811 具有高压摆率,用来实现高输出电压摆幅,20 dB 增益。但 AD811 输出电流有限,用 EU7534 实现扩流输出。

给运放扩流输出有多种方式,最常用的为三极管射随输出,但会稍微降低输出电压幅度,难以实现 10 V 有效值输出,为此在运放 AD811 输出端加入 4 个并联的 EU7534 来驱动负载。为消除偏置电压,整个电路接成一个大的闭环反馈形式,将 EU7534 置于反馈环内。

功率放大电路如图 2.7.28 所示。

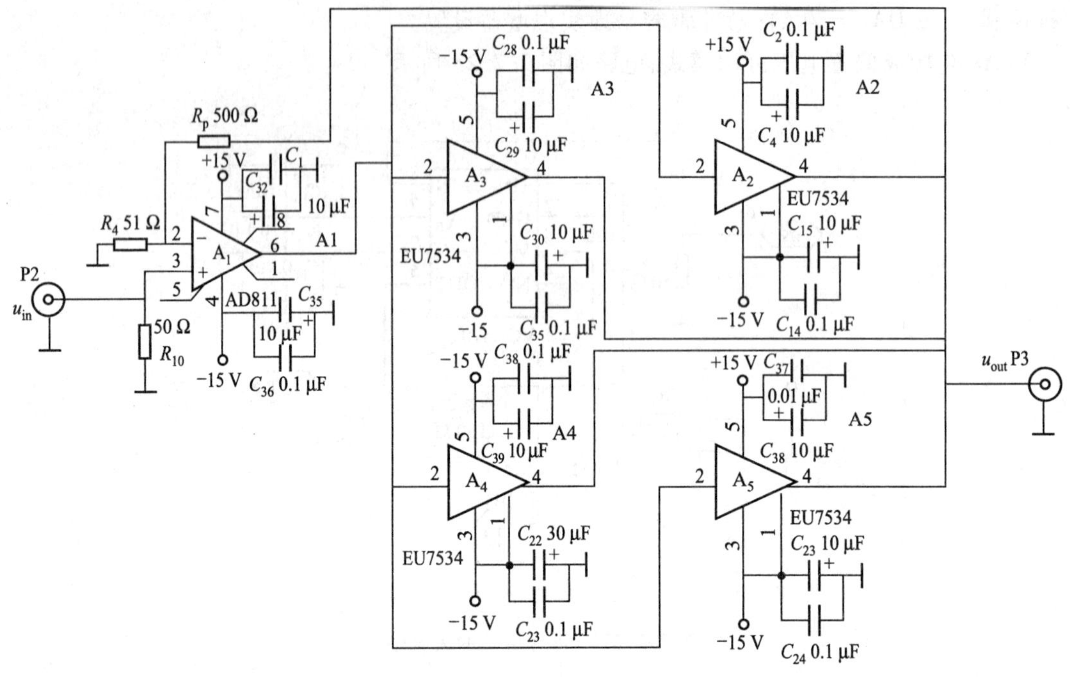

图 2.7.28　功率放大电路

四、系统软件设计及抗干扰措施

系统软件显示了友好的人机界面，采用非线性补偿的方法实现了增益误差校正，软件实现了增益手动连续设置、带宽预置和显示功能。流程图如图 2.7.29 所示。

(1) 将增益控制电路和功率放大电路分别装在屏蔽盒中，通过同轴电缆相连，避免级间干扰和高频自激。

(2) 系统全部采用印制板，元器件尽量排布紧凑，连线尽量短，设置合理线宽实现阻抗匹配，元器件尽量采用表贴封装。

(3) 在电路板下面采用铜板接地，增大系统的接地面积，减小地线上的噪声。

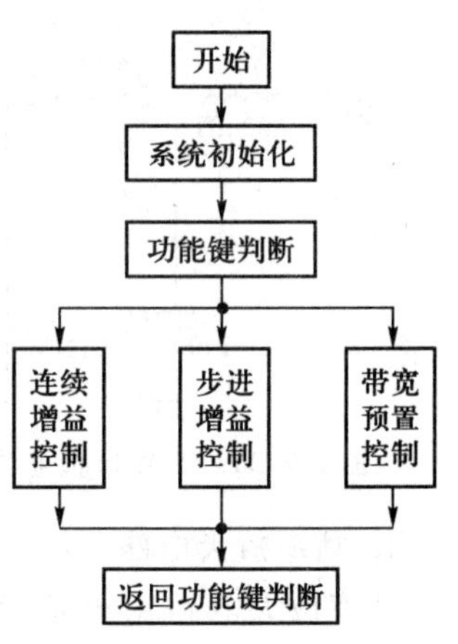

图 2.7.29　流程图

五、测试方案与测试结果

1. 测试仪器

序号	名称、型号、规格	数量
1	Agilent54622D 混合信号示波器	1
2	QF1055A 高频信号发生器	1
3	DT9205 数字万用表	1
4	EE1641B1 型函数信号发生器	1
5	DA22A 超高频毫伏表	1

2. 测试方案及结果

（1）最大输出电压有效值测量

输入端加 1 MHz 正弦波，调节电压和增益测得不失真最大输出电压有效值。

输入有效值：10 mV

预置增益：60 dB

输出有效值：10.1 V

（2）输出噪声电压测量

增益调节到 60 dB，将输入端短路，用超高频毫伏表测量输出电压有效值。

输出电压有效值：0.08 V

（3）频率特性测试

增益预置为 60 dB，输入有效值为 5 mV 的正弦波，改变输入信号的频率，用示波器测量不同频率时输出的有效值。

频率/MHz	1	2	4	6	8
输出 RMS/mV	4 940	4 840	4 716	4 672	4 792
增益/dB	60.0	59.7	59.5	59.4	59.6
频率/MHz	9	10	11	12	13
输出 RMS/mV	4 860	4 876	4 839	4 665	4 396
增益/dB	59.7	59.7	59.7	59.4	59.4

（4）高增益测试

输入端加 0.5 mV 的正弦信号，改变输入信号的频率，测量输出信号的有效值，计算出实际增益。

信号频率/MHz	1	2	4	6	8	10	11	13	15
输出 RMS/mV	2 452	2 560	2 370	2 190	2 112	2 238	2 250	2 219	1 971
实际增益/dB	73.8	74.1	73.5	72.8	72.5	73.0	73.0	72.9	71.9

2.8 低频功率放大器

［2009 年全国大学生电子设计竞赛 G 题（高职高专组）］

2.8.1 设计任务与要求

一、任务

设计并制作一个低频功率放大器，要求末级功放管采用分立的大功率 MOS 场晶体管。

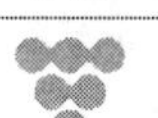

二、要求

1. 基本要求

(1) 当输入正弦信号电压有效值为 5 mV 时，在 8 Ω 电阻负载(一端接地)上，输出功率≥5 W，输出波形无明显失真。

(2) 通频带为 20 Hz ~ 20 kHz。

(3) 输入电阻为 600 Ω。

(4) 输出噪声电压有效值 U_{on}≤5 mV。

(5) 尽可能提高功率放大器的整机效率。

(6) 具有测量并显示低频功率放大器输出功率(正弦信号输入时)、直流电源的供给功率和整机效率的功能，测量精度优于 5%。

2. 发挥部分

(1) 低频功率放大器通频带扩展为 10 Hz ~ 50 kHz。

(2) 在通频带内低频功率放大器失真度小于 1%。

(3) 在满足输出功率≥5 W、通频带为 20 Hz ~ 20 kHz 的前提下，尽可能降低输入信号幅度；

(4) 设计一个带阻滤波器，阻带频率范围为 40 ~ 60 Hz，在 50 Hz 频率点输出功率衰减≥6 dB。

(5) 其他。

三、说明

(1) 不得使用 MOS 集成功率模块。

(2) 本题输出噪声电压定义为输入端接地时，在负载电阻上测得的输出电压，测量时使用带宽为 2 MHz 的毫伏表。

(3) 本题功率放大电路的整机效率定义为：功率放大器的输出功率与整机的直流电源供给功率之比。电路中应预留测试端子，以便测试直流电源供给功率。

(4) 发挥部分(4)制作的带阻滤波器通过开关接入。

(5) 设计报告正文中应包括系统总体框图、核心电路原理图、主要流程图、主要的测试结果。完整的电路原理图、重要的源程序用附件给出。

四、评分标准

	项　目	主要内容	满分
设计报告	系统方案	总体方案设计	4
	理论分析与设计	电压放大电路设计 输出级电路设计 带阻滤波器设计 显示电路设计	8
	电路与程序设计	总体电路图；工作流程图	3

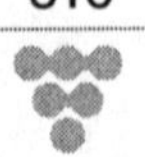

续表

	项　目	主要内容	满分
设计报告	测试方案与测试结果	调试方法与仪器 测试数据完整性 测试结果分析	3
	设计报告结构及规范性	摘要;设计报告正文的结构图表的规范性	2
	总分		20
基本要求	实际制作完成情况		50
发挥部分	完成第(1)项		10
	完成第(2)项		10
	完成第(3)项		15
	完成第(4)项		10
	其他		5
	总分		50

2.8.2 题目分析

低频功率放大器作为本届高职高专组的赛题之一,是一道典型的模拟类题目。功率放大是模拟技术的重要内容,曾多次出现在本科组的历届竞赛中,如 1995 年的 A 题、2003 年的 B 题和 2001 年的 D 题等。应该说,单从设计角度分析,题目的难度并不大,原因有两个:首先,作为大赛常考知识点,选择模拟题目的参赛队赛前大都做了比较充分的准备;其次,低频功放是成熟技术,其中关键技术在很多教材、论文和散布于网站的技术文章均有阐述。据此分析,题目重点考查的应是两个方面:一是方案择优,二是制作工艺,即在规定时间内选择最优方案,并采用合理的工艺予以实现的能力。众所周知,模拟类题目常常是工艺决定成败,原理上相同的电路仅因工艺水平的差异就可能导致性能大相径庭,大赛中因工艺的原因功亏一篑的例子屡见不鲜。功率放大器对工艺的要求较高,而强调制作工艺正是高职类题目的特色。当然,题目在设计要求方面与往届相比也不尽相同,特别是限定了功放管要用 MOS 型,另外还增加了自测功能。以下从设计和工艺两方面对该题加以分析。

一、低频功率放大器设计要点

如果一个电路的输出端带有扬声器、继电器和电机等功率设备,就必然要求输出级能够提供足够的功率信号,这样的输出级通常叫做"功率放大器"。与普通放大器相比,因为功放电路要提供高电压和大电流,不仅振荡、失真和温漂等问题更为突出,还会出现热击穿等普通放大器没有的问题。这些问题的存在也决定了功率放大器在设计和工艺方面有诸多需要考虑的因素。

1. 低频功率放大器的一般结构

功率是电压和电流的乘积,在电源电压的约束下,功率放大意味着输出电压和电流都要尽可能的大,因此低频功率放大电路的结构一般包括电压放大和电流放大两部分。由于题中还要求具有带阻滤波、功率测量和显示的功能,该低频功率放大器的总体结构如图 2.8.1 所示。

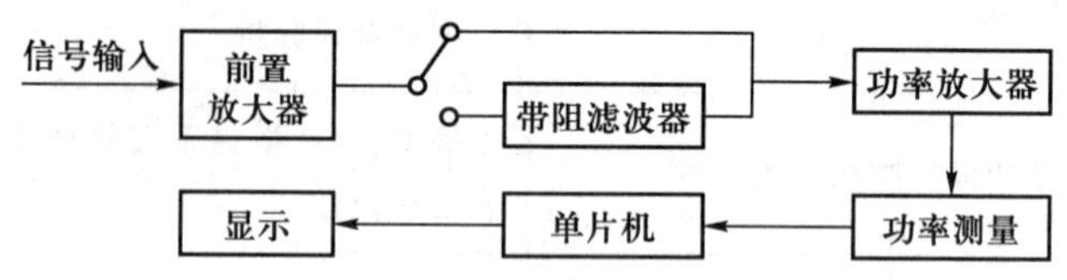

图 2.8.1 低频功率放大器的总体结构

2. 电压放大级

输入信号一般比较小,首先要经过电压放大级提升电压幅度。电压放大级不仅决定了整个电路增益,而且对噪声和失真度指标也有重要影响。

电压放大级后面连接电流放大级,电流放大级是否要求电压放大级提供驱动电流,这要分情况讨论。如果电流放大级由晶体管组成,由于晶体管是电流放大器件,电压放大级要提供必需的输出电流。反之,如果电流放大级采用的是 MOS 管,例如本题,则因 MOS 管是电压放大器件,没必要提供栅极电流,从而使设计得以简化,这也是 MOS 型功放的一个优势。

电压放大级可以采用分立元件,也可以用集成运放,两者各有利弊。分立元件的好处是噪声小,但增益不高,且增大了电路复杂度和调试难度 。集成运放的好处是使用简便,增益高,缺点是噪声一般比单纯分立元件大。对本题两者均可行,具体选用何种类型的电路,取决于具体需求和设计者的经验。

3. 电流放大级

电流放大级直接与负载相连,将前级放大的电压和本级放大的电流传递给负载,完成功率输出。这级需要很强的带负载能力,一般采用射级跟随器(晶体管)或源级跟随器(MOS 管)。对于低频功放,为避免直流损耗,一般采用推挽式结构。推挽式电路的两个对管静态时处于微导通状态,静态电流即直流分量很小,可以大大降低直流损耗。

4. 克服交越失真的电路

当输入信号小于晶体管或 MOS 管的开启电压时,推挽电路的两管均处在截止状态,无信号输出,称为交越失真。消除交越失真的基本思想是设法使两管静态时处于临界导通状态,其结构如图 2.8.2 所示。图中 $U_{GS1}+U_{GS2}=U_{D1}+U_{D2}$,由 VD_1 和 VD_2 两个二极管的导通电压 VT_1 和 VT_2 提供静态偏压,使其处于临界导通状态。这里 VD_1、VD_2 根据 MOS 型场效应管的开启电压可选用数个晶体管串联而成。

5. 温度补偿电路

工作状态下推挽电路由于通过大电流,管温升高,MOS 管的 U_{GS} 也会随之变化,影响电路的稳定。为减少温度变化对功放的影响,需要采取合适的温度补偿措施。图 2.8.2 中可以选择具有负温度系数的二极管,当温度升高时二极管结电压变化趋势与推挽管相反,从而实现温度补偿。图 2.8.3 的电路同样具有温度补偿能力,当温度上升时,漏极电流有增加的趋势,但 U_{BE} 随温度升高而下降,减小了栅－栅极电压,进而使漏极电流下降,达到补偿的目的。以上做

法尽管不能完全抵消温度变化的影响,但在很大程度上削弱了这种不利影响,而且能保护电路免受热击穿的损害。

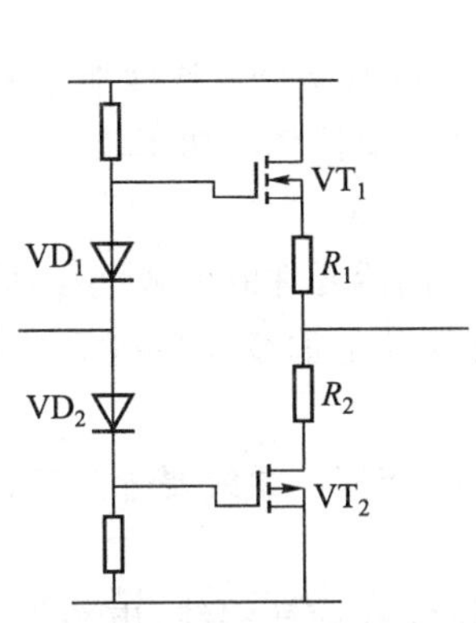

图 2.8.2 克服交越失真的电路

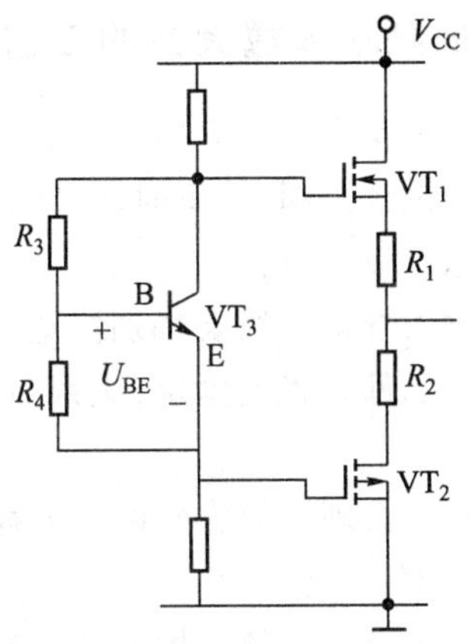

图 2.8.3 具有温度补偿的偏置电路

6. 负反馈电路

功放电路工作在极限状态,管温较高,非线性失真和参数漂移的问题十分突出。为保持电路工作稳定,一般要引入负反馈,除了可解决上述问题外,还可起到展宽频带的作用。

7. 带阻滤波器

发挥部分要求设计一个带阻滤波器,阻带频率范围为 40 ~ 60 Hz,在 50 Hz 频率点输出功率衰减≥6 dB。很显然,带阻滤波器的目的是抑制 50 Hz 的工频干扰。关于带阻滤波器的设计,可以用运放和阻容元件搭建有源滤波器,也可以采用集成的滤波器;题目未做限定。自行搭建有源滤波器可以用理论计算和仿真分析相结合的方式,如利用 MULTI - SIM 的滤波器辅助设计功能,提高设计效率。集成的有源滤波器种类很多,如美国 MAXIM 公司推出的集成滤波器 MAX261,它是 CMOS 双二阶通用开关电容有源滤波器,可以采用微处理器控制其精确滤波器函数,无需外围元件即可构成多种带通、低通、高通、带阻、全通滤波器,处理速度快、整体结构简单。

8. 输出功率测量

基本功能中要求具有测量并显示低频功率放大器输出功率(正弦信号输入时)、直流电源的供给功率和整机效率的功能。由于负载电阻已定为 8 Ω,根据 $P_o = U_o^2/R_L$,只要测出输出电压的有效值,即可求出输出功率。题中指定功率测量的条件是正弦信号输入,因此,输出电压的有效值的测量可以有两种方法:

(1) 用 A/D 转换器直接采集输出电压,再经单片机处理计算出有效值。对于单一频率的正弦信号,有效值计算比较简单,单片机完全可以胜任。

(2) 采用专用芯片测量有效值。因题中对有效值的测量方法未做限定,完全可以采用专用的有效值测量芯片,如 AD536、AD637 等。这些专用芯片测量精度高,使用简单方便,可以大大提高设计效率。

为求出整机效率,除了输出功率的测量,还要知道电源的供给功率。效率 $\eta = P_o/P_s$,其中 P_o 为输出功率,电源的供给功率 $P_s = E_s I_o$,电源电压 E_s 已知,因此求电源供给功率的关键是要

测出系统的总电流 I_o，可以用取样电阻法测此电流，即用一阻值已知的小电阻串联在电源线上，再用精度较高的 A/D 转换器测出小电阻两端电压，由欧姆定律求出系统的总电流。

二、低频功率放大器的工艺设计

工艺水平是影响放大器性能的重要因素。工艺上的缺陷不仅会导致性能指标下降，难以实现原始的设计意图，严重时还会缩短产品寿命，甚至损坏重要器件。功率放大器在制作工艺方面应注意以下几点：

(1) 放大器第一级要特别注意。尽量采取屏蔽措施。包括元件的屏蔽，引线的屏蔽等等。此外第一级元件布置要紧凑，走线尽可能短，第一级的元件与电源变压器等大功率元件尽量远离。

(2) 布线合理。放大器的输入线与大信号线的输出线、交流电源线要分开走，不要平行布线，更不要绑在一起。

(3) 接地合理。放大器的地线应采用 1 mm 左右的裸铜线或镀银线，电路板上地线应由末级到前级依次连接，不要乱接。最好采取一点接地（指接机壳或大地），避免采用底盘当地线和多点接地。一般接地点可选在放大器直流电源输出端的滤波电容的地端，切勿将接地点选在放大器输入端。第一级输入回路的元件最好集中于一点再接地线。

(4) 注意焊接质量。焊接质量直接影响到放大器的性能，尤其是不允许有虚焊现象出现。因此焊接前都要清洗元件和导线并且镀上锡，在焊接时，焊点要光滑。焊接时可以用松香当焊剂，最好不用焊油，因为焊油有腐蚀性。

(5) 在所有电源滤波电解电容两端并联 0.1 μF 的 CBB 电容，滤除高频噪声。

三、主要元器件选型

为满足功放的各项指标要求，正确选择元件型号十分重要。要根据耐压值、过流值、耐温值、噪声系数、频率特性等具体要求选择合适元件。下面简要介绍主要元件的选择原则。

1. 前置放大器

前置放大器完成小信号的放大任务，主要影响系统的噪声、失真度和增益指标，因此要选择低噪声、高保真、快速响应和宽频带的放大电路。

2. 电流放大器

电流放大器即末级推挽电路的对管。对管的选择首先要求对称性好，另外要注意以下参数：

(1) 特征频率 f_T 与集电极最大允许耗散功率。特征频率 f_T 与上限频率 f_H 的关系为

$$f_T \approx f_H \beta_H$$

对乙类 OCL 放大器来说，单管最大管耗 P_{TM} 与输出功率 P_{oM} 的关系为

$$P_{TM} \approx 0.2P_{oM}$$

应根据题目对上限频率和输出功率的要求，选择合适的 MOS 管。

(2) 耐压和过流值。由于输出电压达到正负峰值时，MOS 管的漏极 - 源极间所加电压是正电源与负电源之间电压。正负电源一般对称，因此 MOS 管的耐压值应大于电源电压 2 倍。MOS 管的过流值应大于向负载提供的最大输出电流，如果电源电压为 V_{CC}，负载为 R_L，则

最大输出电流 $I_{omax} \approx V_{CC}/R_L$，具体选择时要留有余量。

(3) 散热片。题目要求输出功率在 5 W 以上，根据 $P_{TM} \approx 0.2P_{oM}$，MOS 管的功耗最大可达 1 W，必须加装散热片。并依据散热器的外型尺寸在电路板上预留出安装位置。

(4) 其他元件。为保证电路稳定工作，一些辅助元件如去耦电容、隔直电容和限流电阻的选择也十分重要。为防止后端大信号经电源干扰前级电路，前级电路的电源去耦电容必不可少，一般选择去耦特性好的钽电容。为防止直流信号馈入，信号输入端应加装隔直电容。隔直电容 C 与输入阻抗 R_i 形成了高通滤波器，截止频率为 $f_L = 1/(2\pi CR_i)$，应根据系统的频带合理选择电容值。为避免负载加重或短路造成的过流损坏功率管，MOS 功率管的输出一般要加限流电阻，其取值要兼顾保护能力和损耗两个方面，同时根据功率值选择电阻的型号。

下面举两例，介绍低频功率放大器的完整设计。

2.8.3 具备参数检测及显示功能的低频功率放大器

来源：兰州工业高等专科学校 蔡卓恩 郭宁 董红生

摘要：本设计的低频功率放大器是基于甲乙类互补对称功率放大电路原理，采用集成运放 NE5532 构成三级前置放大电路有效放大弱信号。末级功放管采用大功率 MOS 晶体管 IRF9640 和 IRF640 对管，构成推挽式输出电路，有效地减少非线性失真。采用集成滤波器 MAX261 消除工频信号干扰，放大器输出功率、直流电源的供给功率和整机效率等参数的检测及显示由单片机 AT89C51 控制实现，另外还针对本系统制作了自带的直流电源，可保证对负载的功率输出。

一、总体方案设计

根据需要，本设计包括：弱信号前置放大级电路、功率放大电路、功率检测电路、显示电路和带阻滤波电路 5 个部分，电路的结构如图 2.8.4 所示。

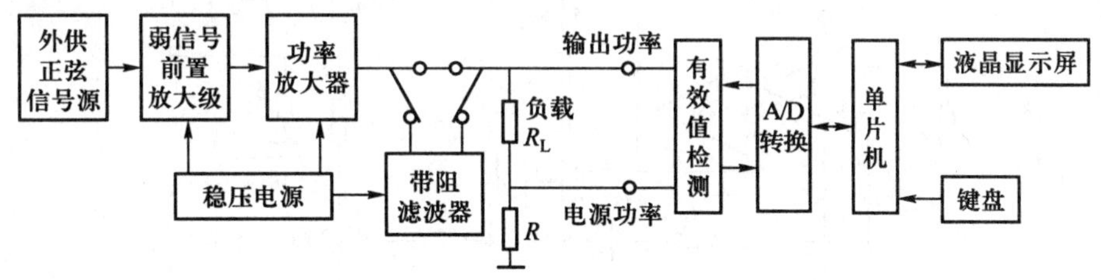

图 2.8.4 电路结构框图

二、单元电路设计

1. 弱信号前置放大级电路

弱信号前置放大电路如图 2.8.5 所示，从信号源输出的信号非常微弱(5 mV)，只有经过放大之后才能激励功率放大器。为满足指标要求，减小非线性失真，提高电路的高频和低频特性，我们在前置放大电路中采用集成运放 NE5532。NE5532 是高性能、低噪声运放，与很多标准运放相似，它具有较好的噪声性能，优良的输出驱动能力和相当宽的小信号放大的动态范

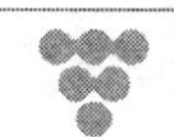

围。一般用做前置放大,性能甚佳。因为电压并联负反馈具有良好的抗共模干扰能力,两级放大器都设计为带有并联负反馈的放大器,调节电位器可改变电路增益和跨导,信号增益调节电路如图 2.8.5 所示,电位器滑动端上下移动时,可改变放大器的增益。

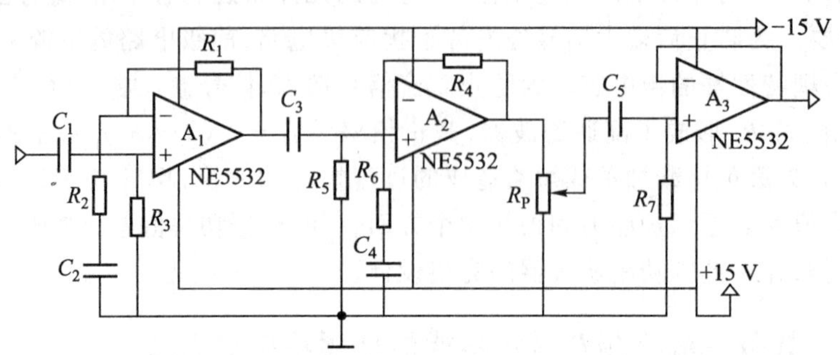

图 2.8.5 弱信号前置放大级电路

2. 甲乙类互补对称功率放大电路

末级输出管采用分立的大功率 MOS 场效应管,IRF9640 和 IRF640 是一对互补管,形成很好的对称。如图 2.8.6 所示,功率放大电路采用两管推挽电路,使两个 MOS 管在两个半周期内轮流工作,这种互补对称功率放大电路有利于获得低失真。这种对称结构还有两个优点:一是由于输出级的电压增益小于 1,而且响应速度比从漏极输出高,可大大减少出现振荡的可能性;二是由于漏极没有信号,没有把寄生振荡通过杂散电容传送到电路其余部分的可能性,这样就再一次减少产生振荡的机会,且可防止频率响应的降低。

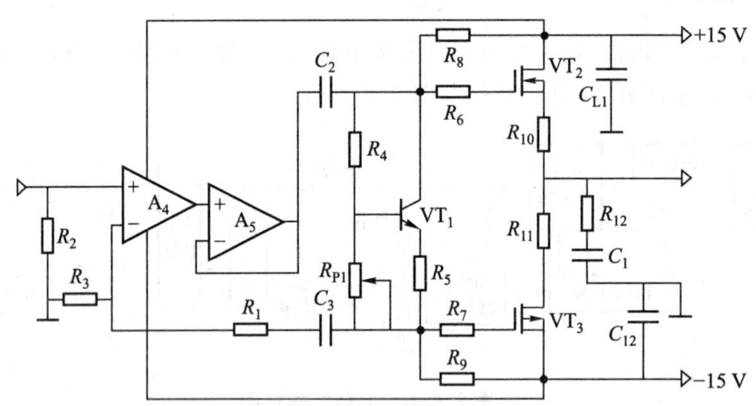

图 2.8.6 功率放大电路

另外,本设计通过三极管 VT_1 及相关电阻和电位器供给两管栅源极间电压,静态时使得两个对称的管子微导通,克服了死区电压而减小交越失真。

3. 带阻滤波器

工频干扰是仪器仪表信号中的重要干扰因素,采用 40 ~ 60 Hz 的带阻滤波器,对中心频率 $f_0 = 50$ Hz 信号输出功率衰减 2 倍。考虑到电路稳定性及效率问题,本设计采用集成滤波器 MAX261,该芯片是美国 MAXIM 公司推出的 CMOS 双二阶通用开关电容有源滤波器,可以采

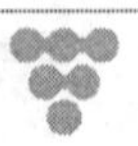

用微处理器控制其精确滤波器函数，不需要外围元件即可构成多种带通、低通、高通、带阻、全通滤波器，处理速度快、整体结构简单。MAX261 的引脚及其与单片机接口如图 2.8.7 所示，采用模式 3，运用片内运放把模式 3 中高通与低通输出相加构成独立的带阻输出，通过调整运放外接反馈电阻比率独立设置 f_0。

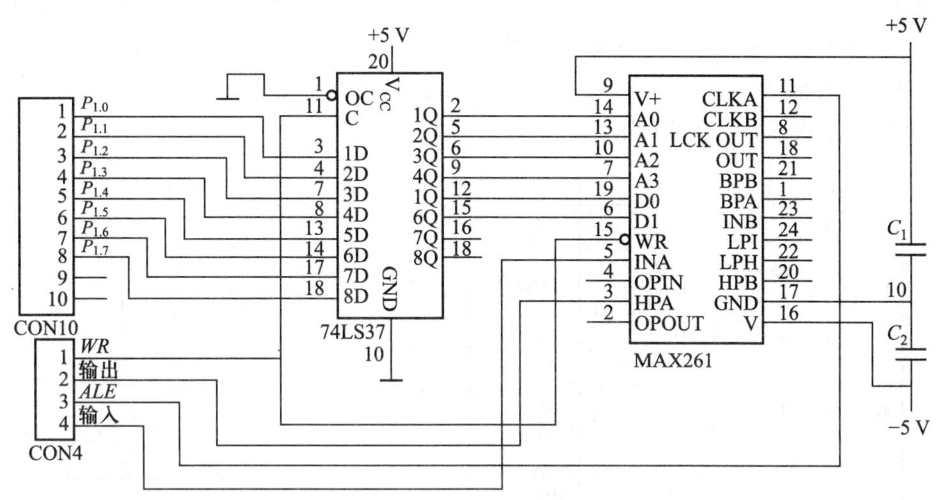

图 2.8.7　带阻滤波器电路

4. 输出功率测量电路

根据题目要求，需测量低频功率放大器输出功率和直流电源的供给功率，并计算整机效率。本设计根据有效值计算功率。有效值的测量是通过有效值测量芯片 AD536，把交流量转成直流量，再通过变送电路及 A/D 转换送入单片机测得有效值，有效值测量电路如图 2.8.8 所示。

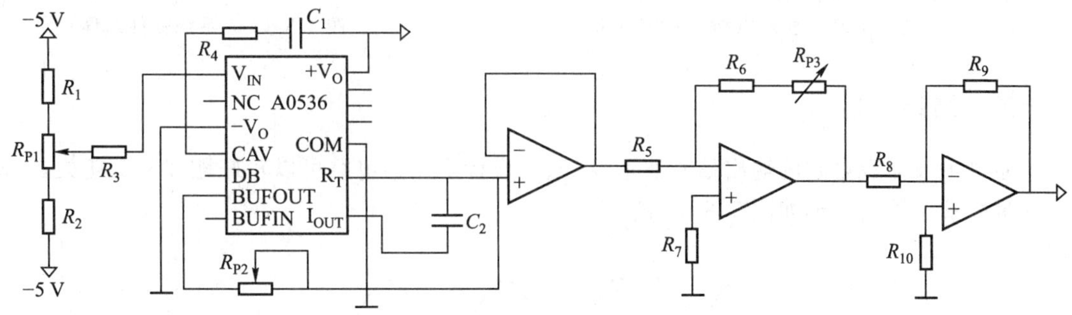

图 2.8.8　有效值测量电路

5. 功率传输效率计算

输入信号为正弦波信号，负载获得的功率及功率传输效率的计算如下。

负载获得的功率　　$P_o = UI_o$

E_s 提供的电源功率　　$P_s = E_sI$

（**注意**：原文此处认为电源总电流近似为 I，忽略了除功放管外其他部分的耗能，严格来说不算精确。正确做法是通过实测得出直流电源的供给电流，可以采用取样电阻法测量。）

功率传输效率　　　　　　　　　　$\eta = P_o/P_s$

6. 显示电路设计

YM12864J 是一种图形点阵液晶显示器,它主要采用动态驱动原理由行驱动控制器和列驱动器两部分组成了 128(列)×64(行)的全点阵液晶显示,可显示 8(行)×4(行)个(16×16 点阵)汉字,也可完成图形,字符的显示,与 CPU 接口如图 2.8.9 所示,采用 5 位控制总线和 8 位并行数据总线输入输出,适配 M6800 系列时序。

7. 系统软件设计

系统软件流程如图 2.8.10 所示。

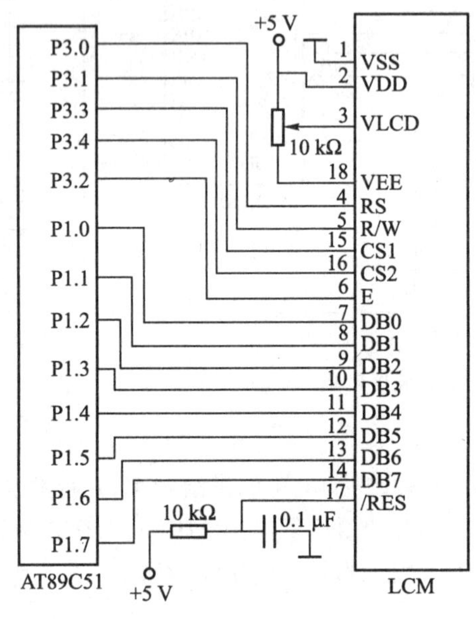

图 2.8.9　显示电路与 CPU 接口

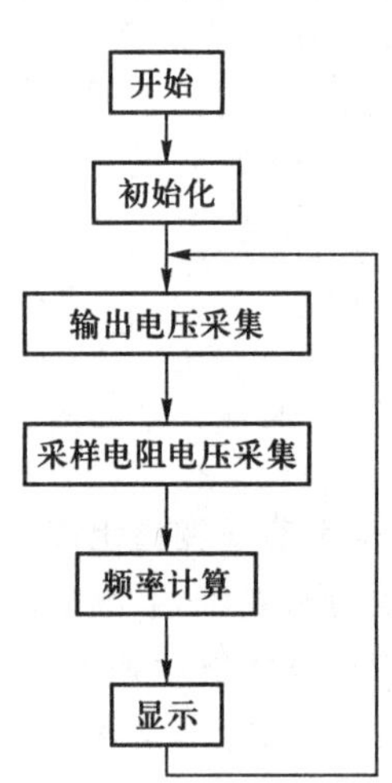

图 2.8.10　系统软件流程图

三、结果分析

通过示波器观察到的输出信号波形良好,本设计采用的电路可以较好地抑制交越失真,基本满足要求。输出波形如图 2.8.11 所示。

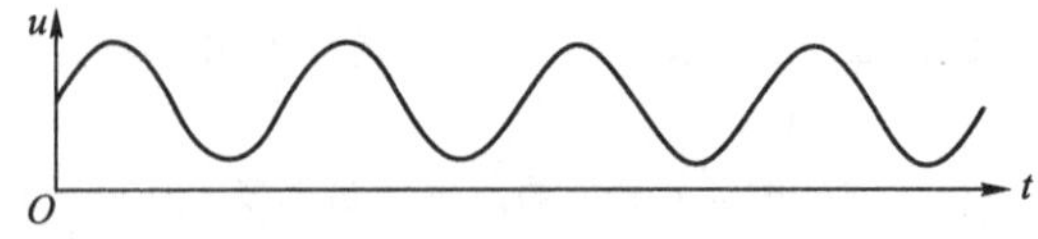

图 2.8.11　功率放大器输出电压波形

结束语:本文设计的低频功率放大器电路,基于甲乙类互补对称功率放大电路的原理,采用集成运放 NE5532 构成三级前置放大电路进行放大。末级功放管采用大功率 MOSFET IRF9640 和 IRF640 构成推挽式输出电路,有效减少非线性失真,并针对克服交越失真采取了一定的措施。实测波形表明,达到了较好的设计效果。同时测量和显示电路对功率放大器的使用具有一定的参考作用,使得功率放大器的功能更加完善。

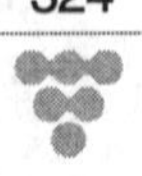

2.8.4 基于MOS管低频功率放大器

来源：黄冈职业技术学院　马中秋　夏继军

摘要：基于集成运放NE5532设计而成的一种低频功率放大器，由直流稳压电源、电压放大电路、MOS管功率放大电路、带阻滤波电路及数据采集显示模块5部分组成，其主要功能是将10 Hz～50 kHz的低频小信号放大，输出功率大于5 W且波形无明显失真，并将系统的输出功率、直流电源的供给功率和整机效率实时显示出来。

一、系统总体方案

本系统主要由电压放大级、功率放大级、带阻滤波器及数据采集显示模块组成。系统设计框图如图2.8.12所示。其中，前置放大器由双运算放大器NE5532及外围器件实现两级放大，可选择通过带阻滤波器将40～60 Hz的信号进行衰减，然后经过由运算放大器NE5532和大功率MOS管构成的功率放大器进行功率放大。由AD637和AD1674采集相关数据，经MSP430F2274单片机处理后，将输出功率、直流电源供给功率和整机效率等参数实时显示在液晶上。

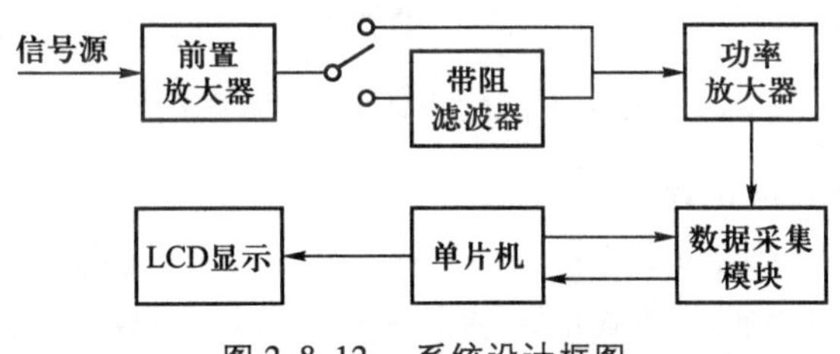

图2.8.12　系统设计框图

二、单元硬件电路设计

1. 电压放大电路的分析与设计

电压放大电路是整个系统的第一环节，主要完成小信号电压放大的任务，对整个系统的稳定性起着关键的作用。本设计采用高精度、低噪声集成运放NE5532两级级联对输入的小信号进行放大，保障整个系统的失真度和噪声最小。电压放大电路采用集成运放NE5532构成的二级放大电路。电路结构采用同相输入比例运算电路，实现所需要的电压放大倍数。具体电路如图2.8.13所示。

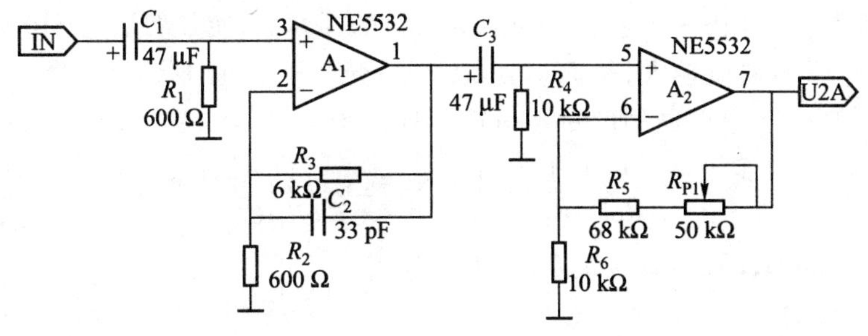

图2.8.13　前置放大电路

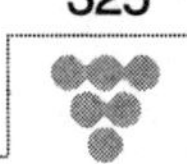

由图可知，第一级和第二级前置级闭环电压总的增益约等于 42 dB。

2. 功率放大级电路分析与设计

功放级电路主要由 NE5532 和末级电路的两只大功率 MOS 管组成。两只 MOS 管构成甲乙类功放电路，NE5532 将电压信号放大，以推动 MOS 管工作。R_{P3}控制反馈深度稳定输出信号。功率放大器电路如图 2.8.14 所示。

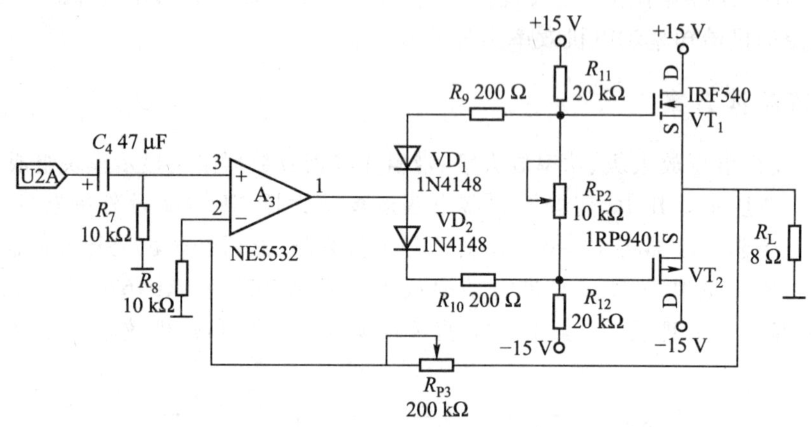

图 2.8.14　功率放大器电路

3. 带阻滤波器的分析与设计

将输入电压同时作用于低通滤波器和高通滤波器，再将两个电路的输出电压求和，就可以得到带阻滤波器。设低通滤波器的截止频率f_1应低于高通滤波器的截止频率f_2。带阻滤波器能衰减f_1和f_2之间的信号。带阻滤波电路幅频特性如图 2.8.15 所示，采用二阶带阻滤波如图 2.8.16 所示。

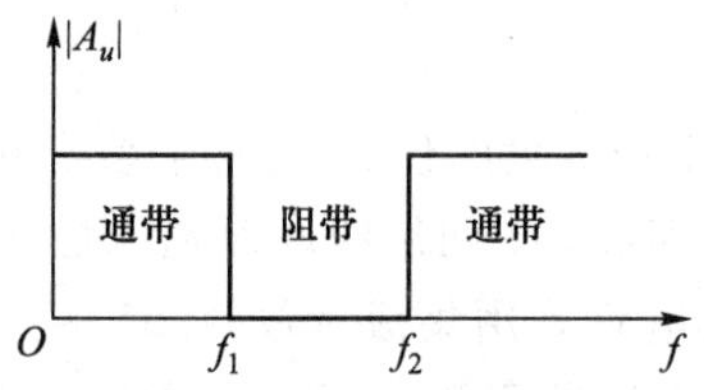

图 2.8.15　带阻滤波电路幅频特性

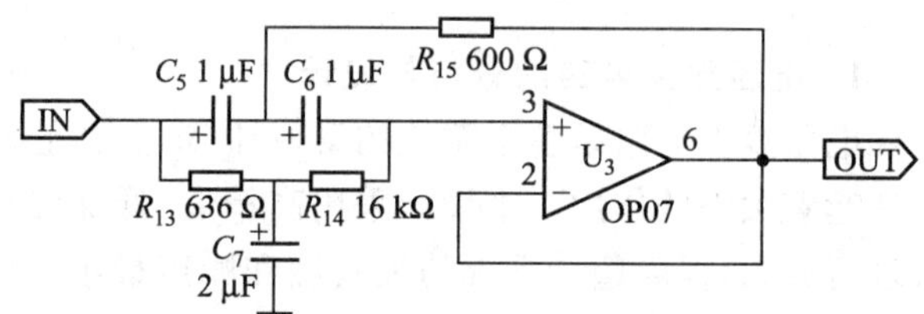

图 2.8.16　带阻滤波器电路

根据截止频率f_c，选定一个电容 C（单位为 μF）的标称值，使其满足 $K=100/f_cC$（K 值不能太大，否则会使电阻的取值较大，从而引入的误差增加，通常取 $1\leqslant K\leqslant 10$）。在本设计中取 $C=2$ μF，$f_c=50$ Hz。由电路结构可知 $A_u=1$，并且

$$\frac{1}{R_{15}}=\frac{1}{R_{13}}+\frac{1}{R_{14}},\quad w_0^2=\frac{1}{R_{13}R_{14}C^2}$$

计算可得到 $R_{13}=636\ \Omega$，$R_{14}=16\ \text{k}\Omega$，$R_{15}=600\ \Omega$。

4. 显示电路设计

由单片机处理通过数据采集模块采集的数据，经计算得到系统输出功率、电源供给功率和

整机效率后，通过液晶显示出来。单片机与液晶采用模拟串口方式通信，以节省 I/O 接口。具体电路如图 2.8.17 所示。

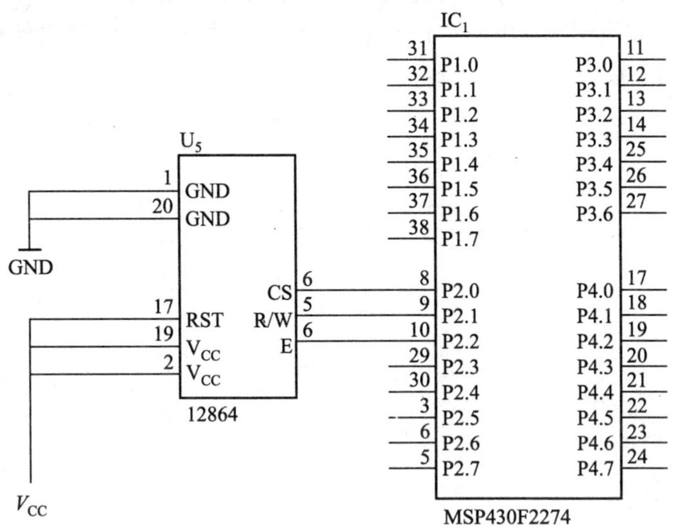

图 2.8.17　显示电路

三、软件设计

本系统主要软件流程图如图 2.8.18 所示，中断程序流程图如图 2.8.19 所示。主程序主要通过 A/D 转换，接收 A/D 采集的数据并计算出系统的输出功率、电源供给功率及整机效率。中断程序控制系统进入低功耗模式，并允许按键唤醒。

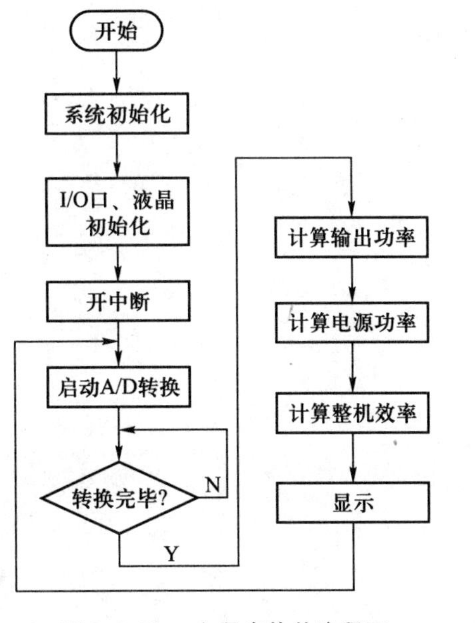

图 2.8.18　主程序软件流程图

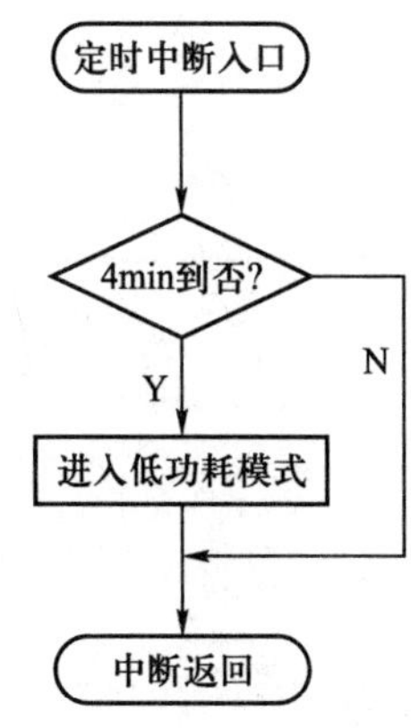

图 2.8.19　中断程序流程图

结果分析：经过测试验证，该系统实现了在 8 Ω 负载下，将 10 Hz ~ 50 kHz 的低频小信号放大，输出功率大于 5 W 且波形失真度小于 1%，输出噪声电压有效值 $U_{oN} \leq 5$ mV，并将系统的输出功率、直流电源的供给功率和整机效率实时显示出来，通过 40 ~ 60 Hz 的带阻滤波器对 50 Hz 信号的功率衰减大于 20 dB。本设计具有功耗低，性价比高，稳定性好，应用广泛等优点，可应用于音频功率放大器、电子仪器仪表等领域。

第3章 信号源设计

3.1 信号源设计基础

信号发生器一般可分为正弦波发生器、非正弦波发生器，以及任意波发生器等。它广泛地应用于仪器仪表、无线电发射与接收系统中。也是全国大学生电子设计竞赛主要考点之一。本章先介绍信号源设计的基础，然后举几个设计实例进行介绍。

3.1.1 正弦波振荡器

振荡器是自动地将直流能量转换为一定波形参数的交流振荡信号的装置。根据波形的不同，可将振荡器分为正弦波振荡器及非正弦波振荡器。

正弦波振荡器形式多种多样，如图 3.1.1 所示

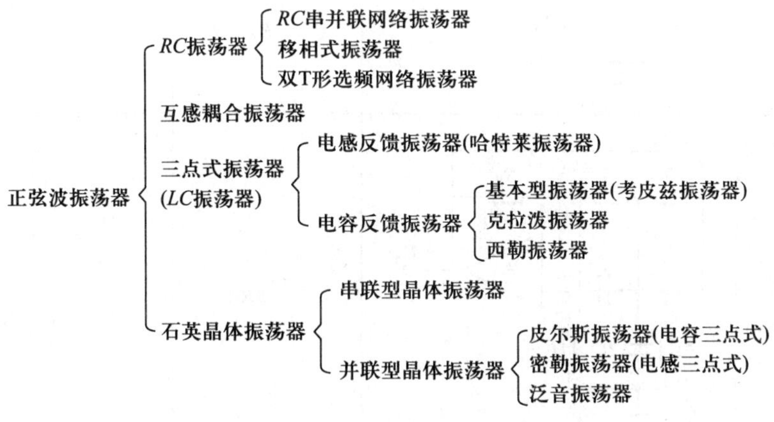

图 3.1.1　正弦波振荡器分类

正弦波振荡器要起振和稳定的工作必须满足起振条件和平衡条件。起振条件为

$$|\dot{A}\dot{F}| > 1$$

$$\arg\dot{A}\dot{F} = \varphi_{A} + \varphi_{F} = \pm 2n\pi \qquad (n = 0, 1, 2, \cdots)$$

平衡条件为

$$|\dot{A}\dot{F}| = 1 \tag{3.1.1}$$

$$\arg\dot{A}\dot{F} = \pm 2n\pi \qquad (n = 0, 1, 2, \cdots)$$

一般振荡器其幅度条件容易满足，关键是相位是否满足。相位条件的判断方法常采用瞬

时极性法。

现将常见的各类正弦波振荡器列表进行比较，详见表 3.1.1。

表 3.1.1　几种常见正弦波振荡器一览表

	振荡器名称	典型电路	振荡频率	起振条件	电路特点及应用场合
RC 正弦波振荡器	RC 串并联网络振荡器	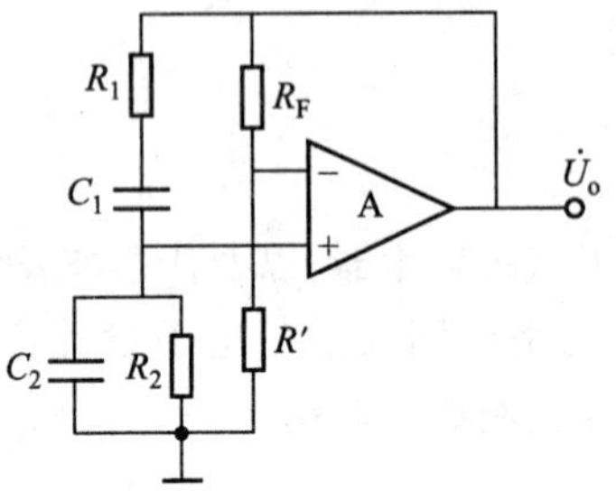	$f_o=\frac{1}{2\pi RC}$ 令 $R_1=R_2=R$ $C_1=C_2=C$	$1+\frac{R_F}{R'}>3$ $R_F>R'$	可方便连续调节振荡频率，便于加负反馈稳幅电路，容易得到良好的振荡波形
	移相式振荡器	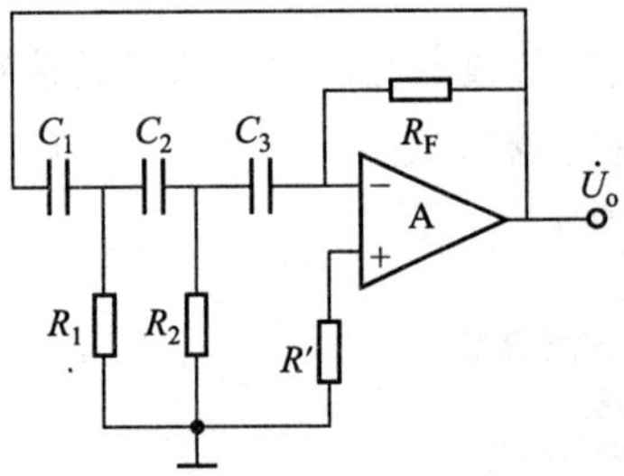	$f_o=\frac{1}{2\sqrt{3}RC}$ 令 $C_1=C_2=C_3=C$ $R_1=R_2=R$	$R_F>12R$	电路简单，经济方便，适用于波形要求不高的轻便测试设备中
	双 T 型选频网络振荡器	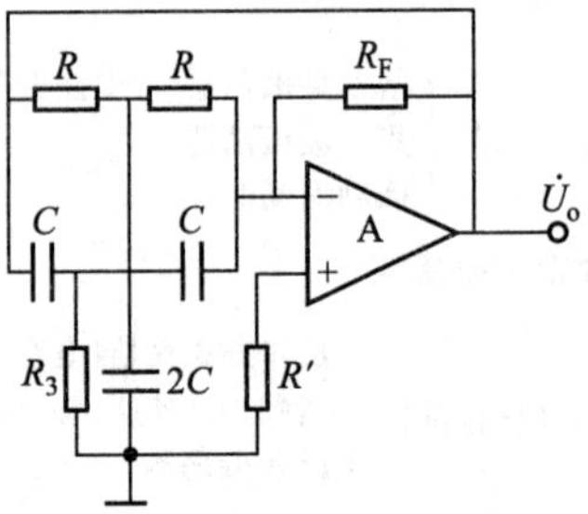	$f_o\approx\frac{1}{5RC}$	$R_3<\frac{R}{2}$ $\lvert\dot{A}\dot{F}\rvert>1$	选频特性好，适用于产生单一频率的振荡波形
LC 正弦波振荡器	电感三点式振荡器——哈特莱振荡器	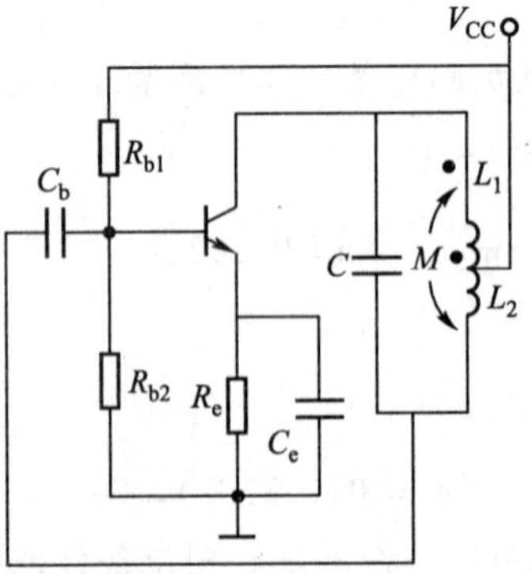	$\omega_g\approx\frac{1}{\sqrt{LC}}$ $L=L_1+L_2+2M$	$g_m>(g_m)_{min}=\frac{1}{F}g_{oe}+Fg_{ie}$	优点：起振较容易、调整方便 缺点：输出波形不好；在频率较高时，不易起振

续表

振荡器名称		典型电路	振荡频率	起振条件	电路特点及应用场合
LC正弦波振荡器	电容三点式振荡器——考皮兹振荡器	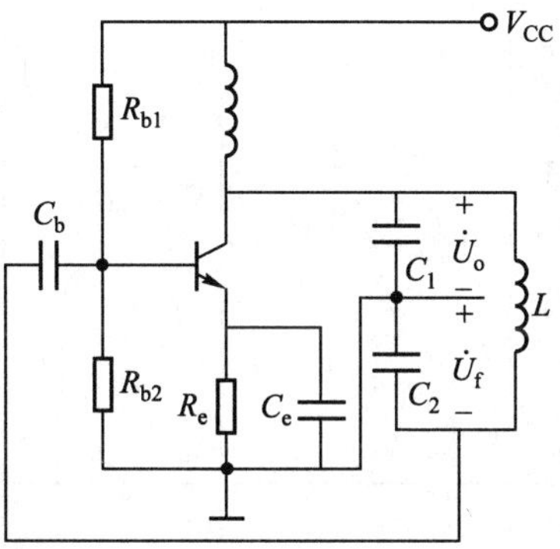	$\omega_g=\sqrt{\frac{1}{LC}+\frac{g_{ie}g_{oe}}{C_1C_2}}$ $\omega_g\approx\frac{1}{\sqrt{LC}}$ $C=\frac{C_1C_2}{C_1+C_2}$	$g_m>(g_m)_{min}$ $=\frac{1}{F}g_{oe}+Fg_{ie}$ $F=\frac{C_1}{C_2}$	优点：输出波形好，工作频率可以做得较高 缺点：调整频率困难，起振困难
	克拉泼振荡器	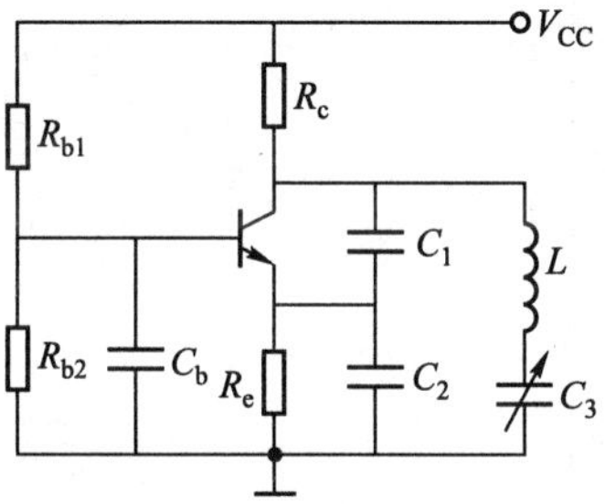	$\omega_g=\omega_o$ $\approx\frac{1}{\sqrt{LC_3}}$	$g_m>(g_m)_{min}$ $=\frac{1}{F}(g_{oe}+g_L)$ $+Fg_{ie}$	优点：减小了C_{oe}、C_{ie}对频率的影响
	西勒振荡器	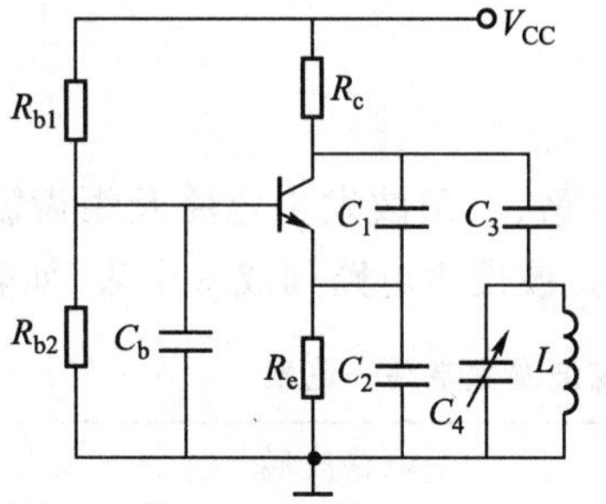	$\omega_g\approx\omega_o$ $=\frac{1}{\sqrt{L(C_3+C_4)}}$	$g_m>(g_m)_{min}$ $=\frac{1}{F}(g_{oe}+g_L)$ $+Fg_{ie}$ $F=\frac{C_1}{C_2}$	优点：减小了C_{oe}、C_{ie}对频率的影响
石英晶体振荡器	皮尔斯振荡器	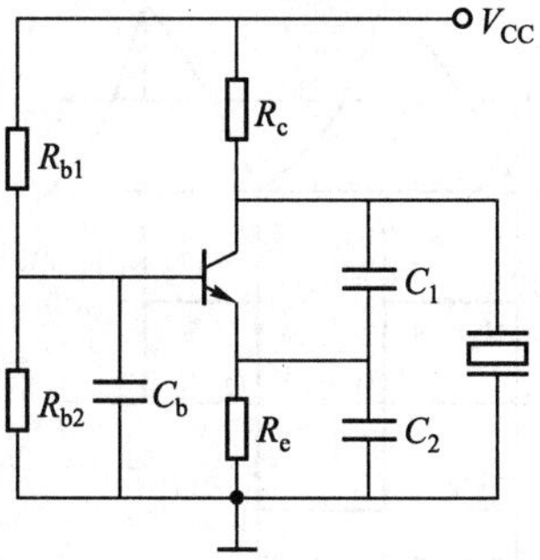	$\omega_o=\omega_q$ $\sqrt{1+\frac{C_q}{C_o+C_L}}$ $C_L=\frac{C_1C_2}{C_1+C_2}$		优点：频率稳定性高，最高可达$10^{-7}\sim10^{-5}$之间 缺点：改变频率困难，只能点频

续表

振荡器名称		典型电路	振荡频率	起振条件	电路特点及应用场合
石英晶体振荡器	密勒振荡器	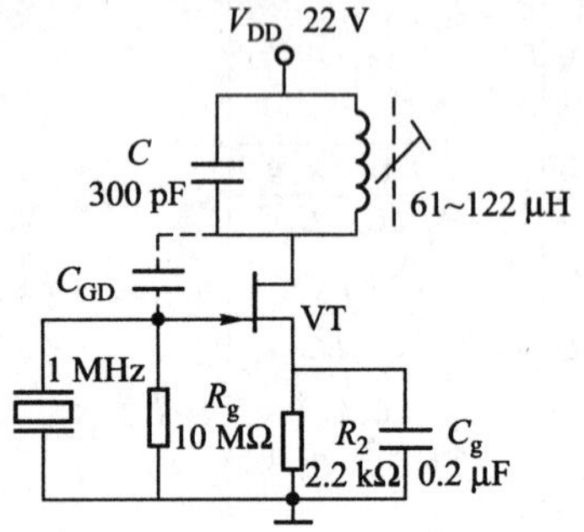	$f_o = 1\ \text{MHz}$		频率稳定度高，但改变频率难
	串联型晶体振荡器	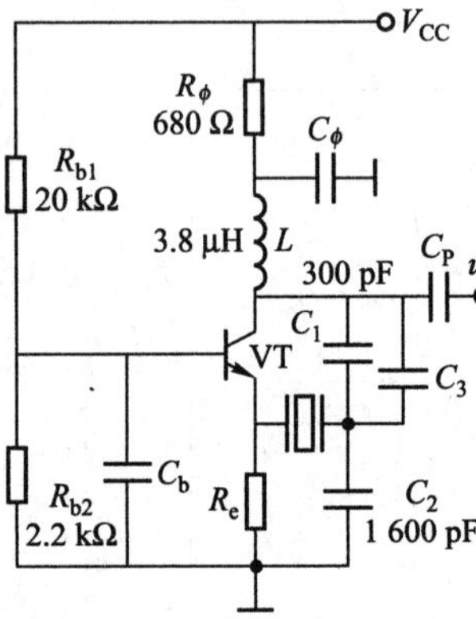			频率稳定度高，但改变频率困难

3.1.2 非正弦波振荡器

常用的非正弦波发生电路有矩形波发生电路、三角波发生电路及锯齿波发生电路等。为了便于直观地进行比较，现将常用的几种非正弦波发生电路列成一个表，如表 3.1.2 所示。

表 3.1.2 非正弦波发生电路一览表

电路名称	典型电路	电路波形	主要参数
矩形波发生电路	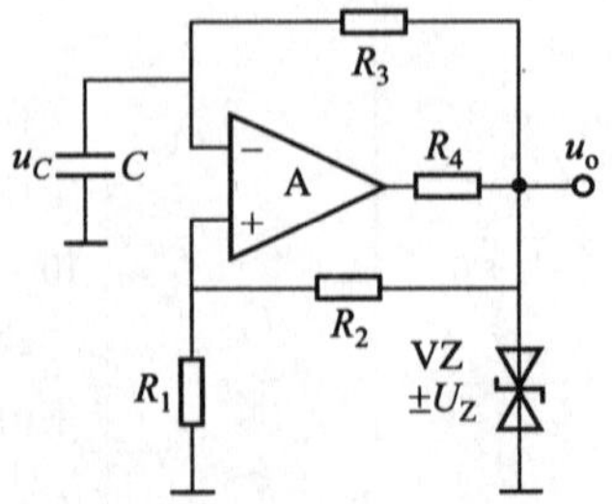	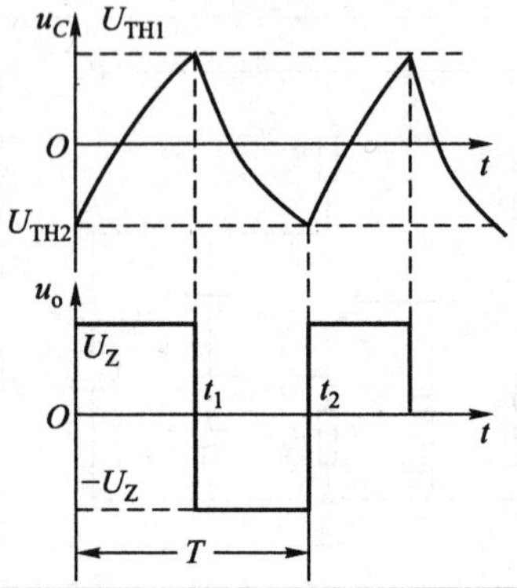	$U_{TH1} = \frac{R_1}{R_1 + R_2} U_Z$ $U_{TH2} = -\frac{R_1}{R_1 + R_2} U_Z$ $T = 2R_3 C \ln\left(1 + \frac{2R_1}{R_2}\right)$

续表

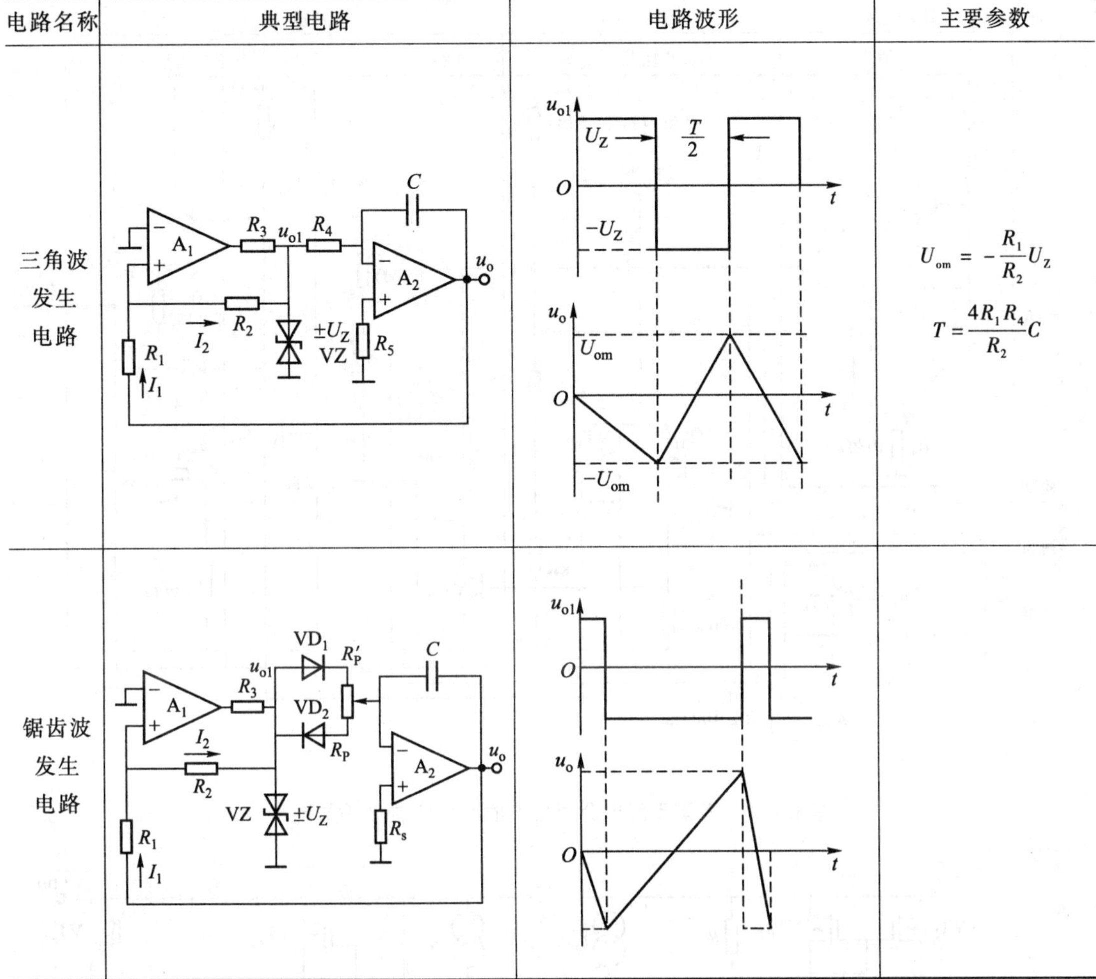

电路名称	典型电路	电路波形	主要参数
三角波发生电路			$U_{om} = -\frac{R_1}{R_2}U_Z$ $T = \frac{4R_1R_4}{R_2}C$
锯齿波发生电路			

3.1.3 555 电路结构及应用

一、555 电路的结构及功能

时基电路 555 按结构分为 TTL 和 CMOS 两大类。它们的内部电路如图 3.1.2 和图 3.1.3 所示，其等效框图如图 3.1.4 所示。555 引出端真值表如表 3.1.3 所示。由上述原理图和真值表可知，555 电路实际上是一个电平型 *RS* 触发器。其特征方程可表示为

$$Q_{n+1} = S + \overline{R}Q_n \tag{3.1.2}$$

二、555 电路在波形产生和整形方面的应用

1. 用 555 定时器构成施密特触发器

用 555 定时器构成施密特触发器如图 3.1.5 所示。

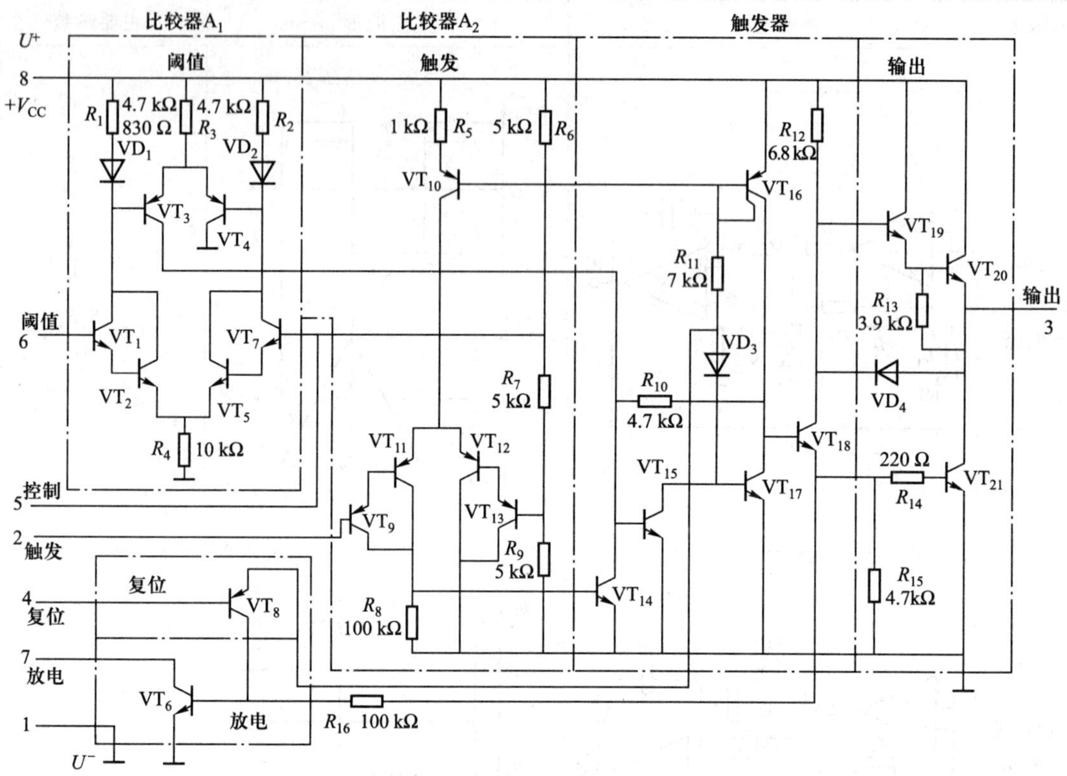

图 3.1.2　美国无线电公司生产的 CA555 内部等效电路

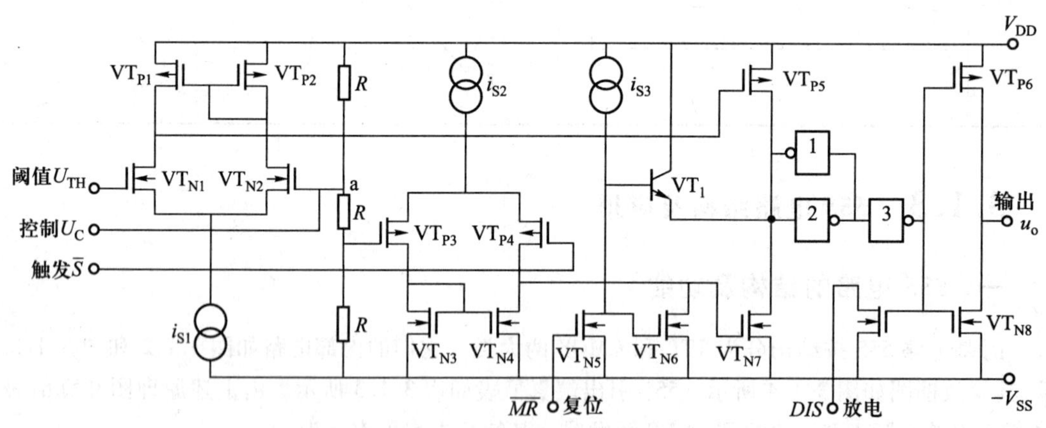

图 3.1.3　5G7556 CMOS 时基电路内部等效电路

2. 用 555 时基电路构成单稳态触发器

用 555 时基电路构成单稳态触发器如图 3. 1. 6 所示。

3. 用 555 时基电路构成多谐振荡器

用 555 时基电路构成多谐振荡器如图 3. 1. 7 所示。

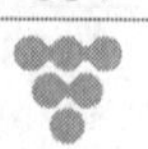

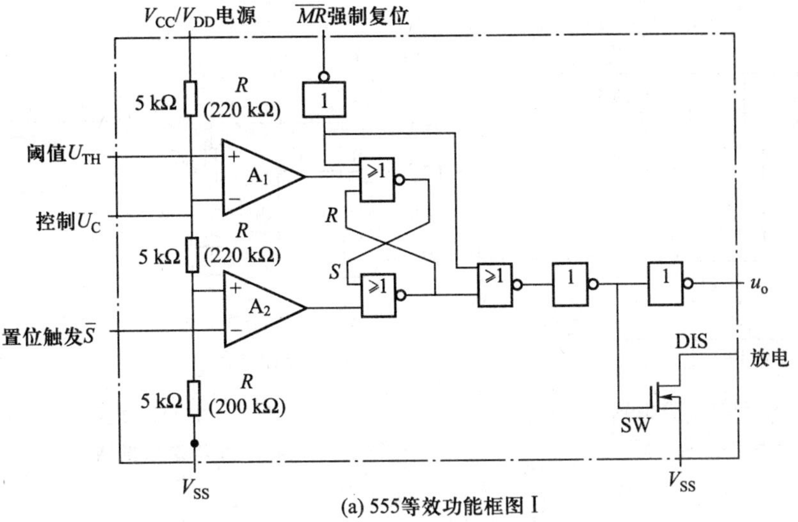

(a) 555等效功能框图Ⅰ

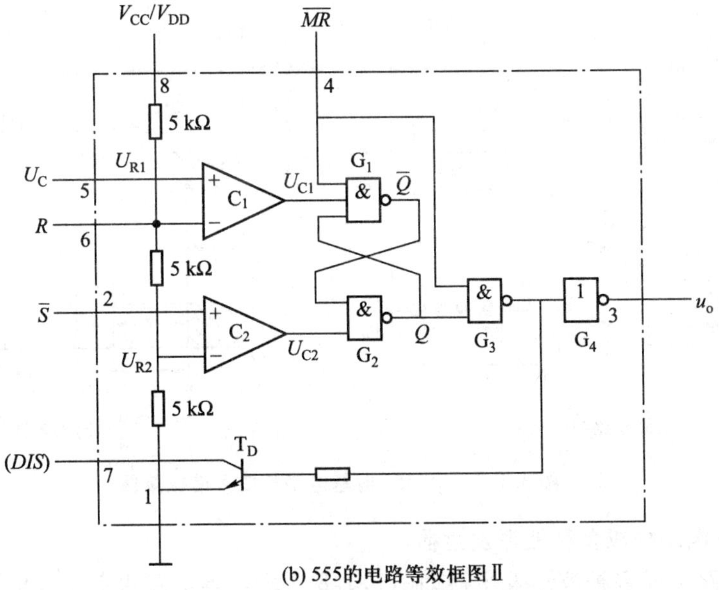

(b) 555的电路等效框图Ⅱ

图 3.1.4　555 的电路等效框图

表 3.1.3　555 引出端真值表

引脚	2($\overline{S}$)	6(R)	4($\overline{MR}$)	3(u_o)	7(Q)
电平	$\leqslant\frac{1}{3}V_{CC}/V_{DD}$	*	>1.4 V	高电平	悬空状态
电平	$>\frac{1}{3}V_{CC}/V_{DD}$	$\geqslant\frac{2}{3}V_{CC}/V_{DD}$	>1.4 V	低电平	低电平
电平	$>\frac{1}{3}V_{CC}/V_{DD}$	$<\frac{2}{3}V_{CC}/V_{DD}$	>1.4 V	保持原电平	保持
电平	*	*	<0.3 V	低电平	低电平

注：* 表示任意电平。

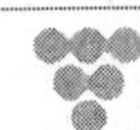

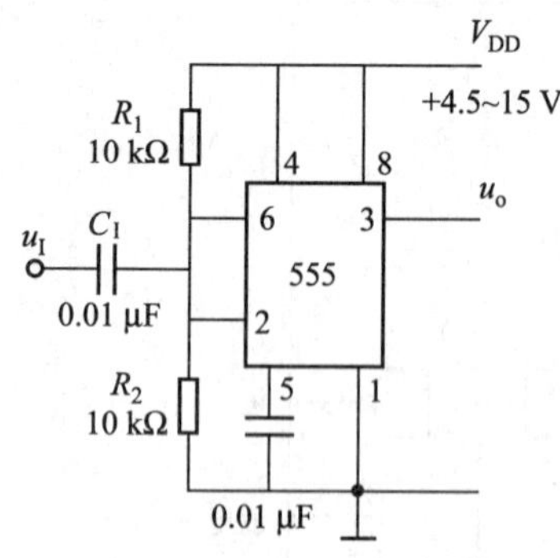

图 3.1.5　用 555 定时器构成的施密特触发器

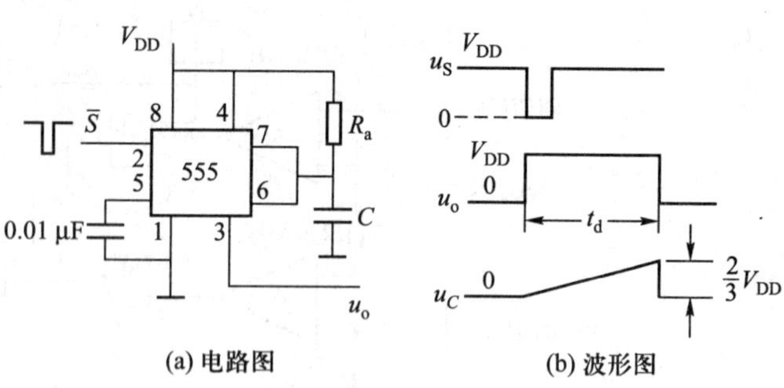

图 3.1.6　用 555 时基电路构成单稳态触发器

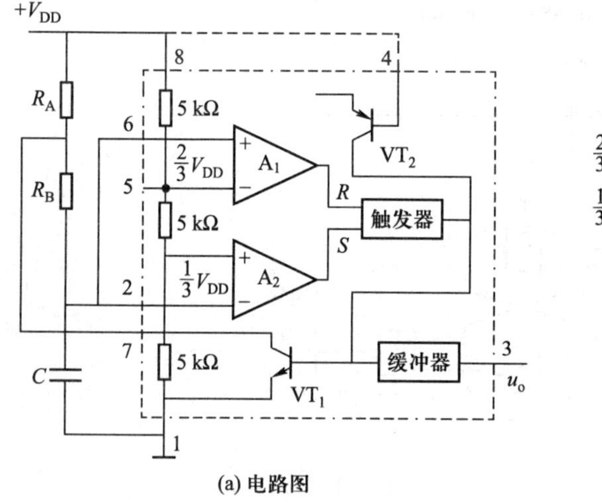

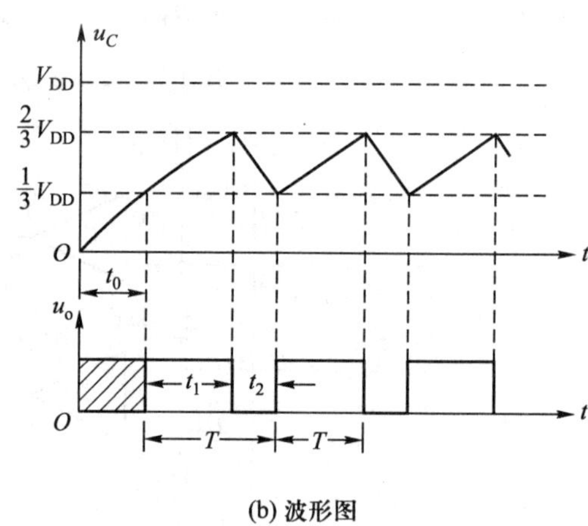

图 3.1.7　用 555 时基电路构成多谐振荡器

4. 用 555 电路构成多种波形发生器

用 555 电路构成多种波形发生器如图 3.1.8 所示。本电路由 555 和电容 C_1 及恒流源充放电回路组成多谐振荡器。IC_2 采用 5G28C 作为高输入阻抗的跟随器，起隔离和阻抗变换的作用。振荡器的充放电均为恒流源充放，因而其锯齿波有良好的线性。R_{P1}、R_{P2} 分别用于调节充电和放电的时间常数，调节占空比。

图示参数的周期为 0.2 ms ~ 60 s。当 S_1 闭合时，形成锯齿波，其周期为三角波的一半。

3.1.4　直接数字频率合成技术

随着科学技术的发展，对信号频率的稳定度和准确度提出了越来越高的要求。例如，在手机通信系统中，信号频率稳定度的要求必须优于 10^{-6}；在卫星发射中要求更高，必须优于 10^{-8}。同样，在电子测量技术中，如果信号源频率的稳定度和准确度不够高，就很难对电子设备进行准确的频率测量。因此，频率的稳定度和准确度是信号源的一个重要技术指标。

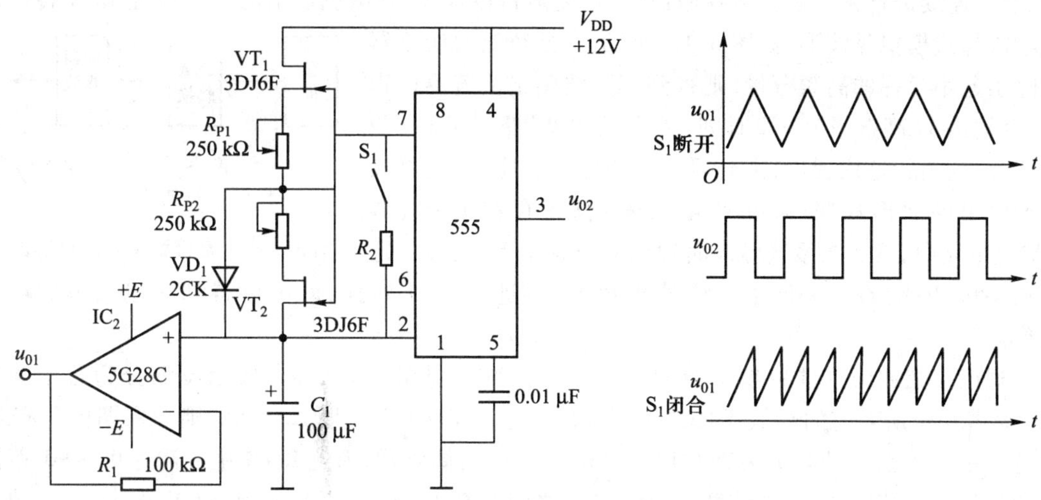

图 3.1.8　多种波形发生器电路

在以 RC、LC 为主振级的信号源中，频率准确度只能达到 10^{-2}量级，频率稳定度只能达到 10^{-3} ~ 10^{-4}量级，远远不能满足现代电子测量和无线电通信等方面的要求。另一方面，以石英晶体组成的振荡器稳定度优于 10^{-8}量级，但是它只能产生某些特定的频率。为此，需要采用频率合成技术。该技术是对一个或几个高稳定度频率进行加、减、乘、除算术运算，得到一系列所要求的频率。采用频率合成技术制成的频率源称为频率合成器，用于各种专用设备或系统中，例如，通信系统中的激励源和本振，或者做成通用的电子仪器，称为合成信号发生器（或称合成信号源）。频率的加、减通过混频获得，乘、除通过倍频、分频获得，也广泛运用锁相技术来实现频率合成。采用频率合成技术，可以把信号发生器的频率稳定度、准确度提高到与基准频率相同的水平，并且可以在很宽的频率范围内进行精细的频率调节。合成信号源可工作于调制状态，可对输出电平进行调节，也可输出各种波形。它是当前用得最广泛的性能较高的信号源。

频率合成的方法很多，但基本上分为两大类：直接合成法和间接合成法。在具体实现中可分为下面三种方法：直接模拟频率合成法（Direct Analog Frequency Synthesis，DAFS）、直接数字频率合成法（Direct Digital Frequency Synthesis，DDS）、间接锁相式合成法。

本节中只介绍直接数字频率合成法（DDS），其他频率合成方法放在高频电子线路篇中进行详细介绍。

模拟频率合成方法是通过对基准频率人为地进行加减乘除算术运算得到所需的输出频率。自 20 世纪 70 年代以来，由于大规模集成电路的发展及计算机技术的普及，开创了另一种信号合成方法——直接数字频率合成法（DDS）。它突破了模拟频率合成法的原理，从“相位”的概念出发进行频率合成。这种合成方法不仅可以给出不同频率的正弦波，而且还可以给出不同初始相位的正弦波，甚至可以给出各种任意波形。这在模拟频率合成方法中是无法实现的。这里先讨论正弦波的合成问题，关于任意波形将在后面进行讨论。

1．直接数字合成基本原理

在微机内，若插入一块 D/A 转换插卡，然后编制一段小程序，如连续进行加 1 运算到一定

值，然后连续进行减 1 运算回到原值，再反复运行该程序，则微机输出的数字量经 D/A 转换成为小阶梯式模拟量波形，如图 3.1.9 所示。再经低通滤波器滤除引起小阶梯的高频分量，则得到三角波输出。若更换程序，令输出 **1**（高电平）一段时间，再令输出 **0**（低电平）一段时间，反复运行这段程序，则会得到方波输出。实际上，可以将要输出的波形数据（如正弦函数表）预先存在 ROM（或 RAM）单元中，然后在系统标准时钟（CLK）频率下，按照一定的顺序从 ROM（或 RAM）单元中读出数据，再进行 D/A 转换，就可以得到一定频率的输出波形。

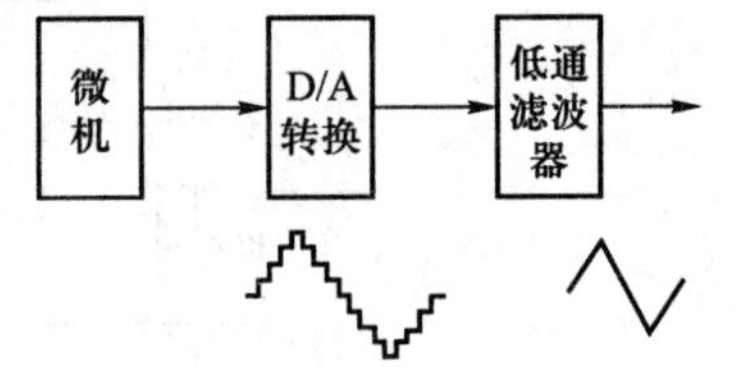

图 3.1.9　直接数字合成原理图

现以正弦波为例进一步说明如下。在正弦波一周期（360°）内，按相位划分为若干等分 $\Delta\varphi$，将各相位所对应的幅值 A 按二进制编码并存入 ROM 中。设 $\Delta\varphi=6°$，则一周期内共有 60 等分。由于正弦波对 180°为奇对称，对 90°和 270°为偶对称，因此 ROM 中只需存 0°～90°范围内的幅值码。若以 $\Delta\varphi=6°$计算，在 0°～90°之间共有 15 等份，其幅值在 ROM 中占 16 个地址单元。因为 $2^4=16$，所以可以按 4 位地址码对数据 ROM 进行寻址。现设幅值码为 5 位，则在 0°～90°范围内编码关系如表 3.1.4 所示。

表 3.1.4　正弦函数表（正弦波信号相位与幅度的关系）

地址码	相位	幅度（满度值为 1）	幅值编码	地址码	相位	幅度（满度值为 1）	幅值编码
0000	0°	0.000	**00000**	**1000**	48°	0.743	**11000**
0001	6°	0.105	**00011**	**1001**	54°	0.809	**11010**
0010	12°	0.207	**00111**	**1010**	60°	0.866	**11100**
0011	18°	0.309	**01010**	**1011**	66°	0.914	**11101**
0100	24°	0.406	**01101**	**1100**	72°	0.951	**11110**
0101	30°	0.500	**10000**	**1101**	78°	0.978	**11111**
0110	36°	0.588	**10011**	**1110**	84°	0.994	**11111**
0111	42°	0.669	**10101**	**1111**	90°	1.000	**11111**

2. 信号的频率关系

在图 3.1.10 中，时钟 CLK 的频率为固定值 f_c。在 CLK 的作用下，如果按照 **0000**，**0001**，

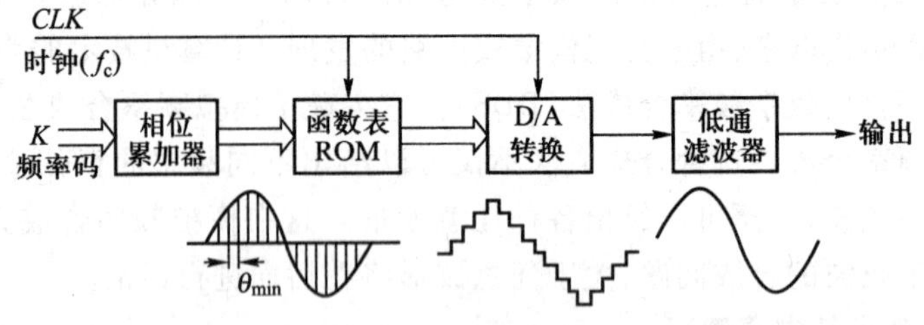

图 3.1.10　以 ROM 为基础组成的 DDS 原理图

0010,…,**1111** 的地址顺序读出 ROM 中的数据,即表 3.1.4 中的幅值编码,其输出正弦信号频率为 f_{o1};如果每隔一个地址读一次数据(即按 **0000**,**0010**,**0100**,…,**1110** 顺序),其输出信号频率为 f_{o2},且 f_{o2} 将比 f_{o1} 提高一倍,即 $f_{o2}=2f_{o1}$;依次类推。这样,就可以实现直接数字频率合成器的输出频率的调节。

上述过程是由控制电路实现的,由控制电路的输出决定选择数据 ROM 的地址(即正弦波的相位)。输出信号波形的产生是相位逐渐累加的结果,这由累加器实现,称为相位累加器,如图 3.1.10 所示。在图中,K 为累加值,即相位步进码,也称频率码。如果 $K=1$,每次累加结果的增量为 1,则依次从数据 ROM 中读取数据;如果 $K=2$,则每隔一个 ROM 地址读一次数据;依次类推。因此 K 值越大,相位步进越快,输出信号波形的频率就越高。在时钟 *CLK* 频率一定的情况下,输出的最高信号频率为多少?或者说,在相应于 n 位常见地址的 ROM 范围内,最大的 K 值应为多少?对于 n 位地址来说,共有 2^n 个 ROM 地址,在一个正弦波中有 2^n 个样点(数据)。如果取 $K=2^n$,就意味着相位步进为 2^n,则一个信号周期中只取一个样点,它不能表示一个正弦波,因此不能取 $K=2^n$;如果取 $K=2^{(n-1)}$,$2^n/2^{(n-1)}=2$,则一个正弦波形中有两个样点,这在理论上满足了取样定理,但实际难以实现。一般地,限制 K 的最大值为

$$K_{max}=2^{n-2}$$

这样,一个波形中至少有 4 个样点[$2^n/2^{(n-2)}=4$],经过 D/A 变换,相当于 4 级阶梯波,即图 3.1.10 中的 D/A 输出波形由 4 个不同的阶跃电平组成。在后继低通滤波器的作用下,可以得到较好的正弦波输出。相应地,K 为最小值($K_{min}=1$)时,一共有 2^n 个数据组成一个正弦波。

根据以上讨论,可以得到如下一些频率关系。假设控制时钟频率为 f_c,ROM 地址码的位数为 n。当 $K=K_{min}=1$ 时,输出频率 f_o 为

$$f_o=K_{min}\times\frac{f_c}{2^n}$$

故最低输出频率 f_{omin} 为

$$f_{omin}=f_c/2^n \tag{3.1.3}$$

当 $k=k_{max}=2^{n-2}$ 时,输出频率 f_o 为

$$f_o=K_{max}\times\frac{f_c}{2^n}$$

故最高输出频率 f_{omax} 为

$$f_{omax}=f_c/4 \tag{3.1.4}$$

在 DDS 中,输出频率点是离散的,当 f_{omax} 和 f_{omin} 已经设定时,其间可输出的频率个数 M 为

$$M=\frac{f_{omax}}{f_{omin}}=\frac{f_c/4}{f_c/2^n}=2^{n-2} \tag{3.1.5}$$

现在讨论 DDS 的频率分辨率。如前所述,频率分辨率是两个相邻频率之间的间隔,现在定义 f_1 和 f_2 为两个相邻的频率,若

$$f_1=K\times\frac{f_c}{2^n}$$

则
$$f_2 = (K+1) \times \frac{f_c}{2^n}$$
因此，频率分辨率 Δf 为
$$\Delta f = f_2 - f_1 = (K+1) \times \frac{f_c}{2^n} - K \times \frac{f_c}{2^n}$$
故得频率分辨率
$$\Delta f = f_c / 2^n \tag{3.1.6}$$

为了改变输出信号频率，除了调节累加器的 K 值以外还有一种方法，就是调节控制时钟的频率 f_c。由于 f_c 不同，读取一轮数据所花时间不同，因此信号频率也不同。用这种方法调节频率，输出信号的阶梯仍取决于 ROM 单元的多少，只要有足够的 ROM 空间都能输出逼近正弦的波形，但调节比较麻烦。

3. 噪声分析

在 DDS 中，噪声有两种。

（1）量化噪声

相位和幅度量化噪声，简称为量化噪声。在一定的电路中，它一般是不变的。对于合成正弦波来说，相位和幅度的量化值都是相应的相位和幅度的近似值（参见表 3.1.4），存在量化误差，或称为量化噪声。

（2）滤波器

另一种是数模转换器产生的阶梯波中的杂散频率通过非理想低通滤波器而带来的噪声。这类噪声将随频率增高而加大。

4. 直接数字合成信号源实例

根据上述原理完全可以自行设计制作数字直接合成信号源，但是由一般通用集成电路（如累加器、存储器、D/A 等）搭建的系统性能不佳，可靠性也差。由于大规模集成电路技术的发展，已有多种型号的直接数字频率合成的 DDS 芯片可供选用，如 AD9850、AD9851、AD9852、AD9853、AD9854 等。下面介绍用 DDS 芯片 AD9850 组成跳频合成信号源的方案，如图 3.1.11 所示。

AD9850 是美国 Analog Devices 公司生产的 DDS 单片频率合成器，其内部原理框图如图 3.1.12 所示。图中核心部分是高速 DDS，其下方是频率码输入控制电路，右边是 10 位 DAC（数/模转换器），同时还备有电压比较器，可将正弦波转换为方波输出。在 DDS 的 ROM 中已预先存入正弦函数表：其幅度按二进制分辨率量化，其相位一个周期 360° 按 $\theta_{min} = 2\pi/2^{32}$ 的分辨率设立相位取样点，然后存入 ROM 的相应地址中。工作时，单片微机通过接口和缓冲器送入频率码。频率码的输入，芯片提供了两种方法：一种是并行输入，8 位一个字节，分 5 次输入，其中 32 位是频率码，另 8 位中的 5 位是初始相位控制码，3 位是掉电控制码；另一种是串行 40 位输入，由用户选用。

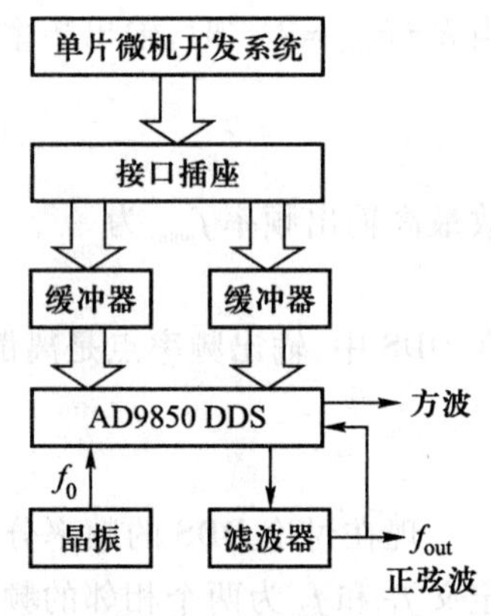

图 3.1.11　DDS 跳频系统组成框图

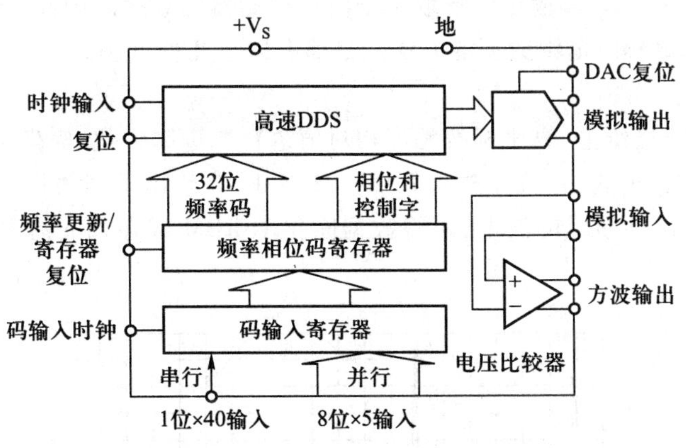

图 3.1.12　AD9850 内部原理框图

实用中,改变读取 ROM 的地址数目,即可改变输出频率。若在系统时钟频率 f_c 的控制下,依次读取全部地址中的相位点,则输出频率最低。因为这时一个周期要读取 2^{32} 个相位点,点间间隔时间为时钟周期 T_c,则 $T_{out} = 2^{32} T_c$,因此这时输出频率为

$$f_{out} = \frac{f_c}{2^{32}} \tag{3.1.7}$$

若隔一个相位点读一次,则输出频率就会提高一倍。依次类推,可得输出频率的一般表达式为

$$f_{out} = k \frac{f_c}{2^{32}} \tag{3.1.8}$$

式中,k 为频率码,是个 32 位的二进制值,可写成

$$k = A_{31}2^{31} + A_{30}2^{30} + \cdots + A_1 2^1 + A_0 2^0 \tag{3.1.9}$$

式中,$A_{31}, A_{30}, \cdots, A_1, A_0$ 对应于 32 位码值(**0** 或 **1**)。为便于看出频率码的权值对控制频率高低的影响,将式(3.1.9)代入式(3.1.8)得

$$f_{out} = \frac{f_c}{2^1}A_{31} + \frac{f_c}{2^2}A_{30} + \cdots + \frac{f_c}{2^{31}}A_1 + \frac{f_c}{2^{32}}A_0 \tag{3.1.10}$$

按 AD9850 允许最高时钟频率 $f_c = 125$ MHz 来进行具体说明。当 $A_0 = \mathbf{1}$,而 $A_{31}, A_{30}, \cdots, A_1$ 均为 **0** 时,则输出频率最低,也就是 AD9850 输出频率的分辨率

$$f_{outmin} = \frac{f_c}{2^{32}} = \frac{125}{4\ 294\ 967\ 296}\text{MHz} = 0.029\ 1\ \text{Hz}$$

与上面从概念导出的结果一致。当 $A_{31} = 1$,而 $A_0, A_1, \cdots, A_{30}$ 均为 0 时,输出频率最高

$$f_{outmax} = \frac{f_c}{2} = \frac{125}{2}\text{MHz} = 62.5\ \text{MHz}$$

应当指出,这时一周期只有两个取样点,已到取样定理的最小允许值,所以当 $A_{31} = \mathbf{1}$ 后,以下码值只能取 **0**。实际应用中,为了得到好的波形,设计最高输出频率小于时钟频率的 1/3。这样,只要改变 32 位频率码值,就可得到所需要的频率,且频率的准确度与时钟频率同数量级。

5. 任意波形的产生方法

直接数字频率合成技术还有一个很重要的特色,就是它可以产生任意波形。从上述直接

数字频率合成的原理可知，其输出波形取决于波形存储器的数据。因此，产生任意波形的方法取决于向该存储器(RAM)提供数据的方法。目前有以下几种方法。

(1) 表格法

将波形画在小方格纸上，纵坐标按幅度相对值进行二进制量化，横坐标按时间间隔编制地址，然后制成对应的数据表格，按序放入 RAM。图 3.1.13 给出了用表格法绘制心电图的示意图。对经常使用的定了“形”的波形，可将数据固化于 ROM 或存入非易失性 RAM 中，以便反复使用。

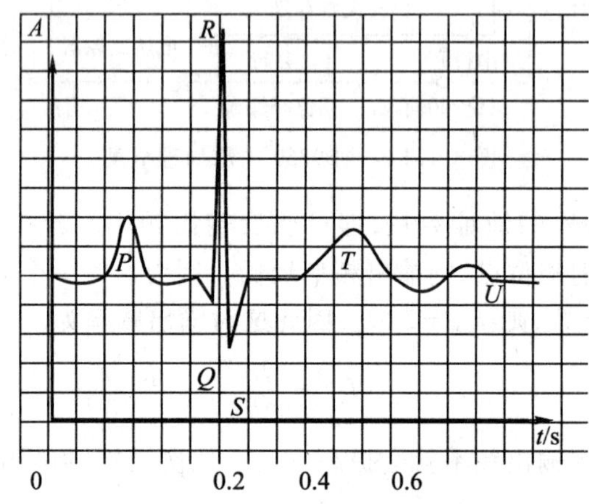

图 3.1.13 表格法示意图

(2) 数学方程法

对能用数字方程描述的波形，先将其方程(算法)存入计算机，在使用时输入方法中的有关参量，计算机经过运算提供波形数据。

(3) 折线法

对于任意波形可以用若干线段来逼近，只要知道每一段的起点和终点的坐标位置(X_1Y_1 和 X_2Y_2)就可以按照下式计算波形各点的数据

$$Y_i = Y_1 + \frac{Y_2 - Y_1}{X_2 - X_1}(X_i - X_1)$$

(4) 作图法

在计算机显示器上移动光标作图，生成所需波形数据，将此数据送入 RAM。

(5) 复制法

将其他仪器(如数字存储示波器，X－Y 绘图仪)获得的波形数据通过微机系统总线或 GPIB 接口总线传输给波形数据存储器。该法适于复制不再复现的信号波形。

在自然界中有很多无规律的现象，例如，雷电、地震及机器运转时的振动等现象都是无规律的，甚至可能不再出现。为了研究这些问题，就要模拟这些现象的产生。过去只能采用很复杂的方法来实现，现在采用任意波形产生器则方便得多。国内外已有多种型号的任意波形产生器可供选用。例如，HP33120A 函数/任意波形发生器可以产生 10 种标准波形和任意波形，采样速率为 40 MS/s，输出最高频率为 15 MHz(正弦波)，波形幅度分辨率为 12 位。

3.2 实用信号源的设计和制作

(1995年全国大学生电子设计竞赛B题)

一、任务

在给定±15 V电源电压条件下,设计并制作一个正弦波和脉冲波信号源。

二、要求

1. 基本要求

(1) 正弦波信号源

① 信号频率:20 Hz~20 kHz步进调整,步长为5 Hz;

② 频率稳定度:优于10^{-4};

③ 非线性失真系数:≤3%。

(2) 脉冲波信号源

① 信号频率:20 Hz~20 kHz步进调整,步长为5 Hz;

② 上升和下降时间:≤1 μs;

③ 平顶斜降≤5%;

④ 脉冲占空比:2%~98%步进可调,步长为2%。

(3) 上述两个信号源公共要求

① 频率可预置;

② 在负载为600 Ω时,输出幅度为3 V;

③ 完成5位频率的数字显示。

2. 发挥部分

(1) 正弦波和脉冲波频率步长改为1 Hz。

(2) 正弦波和脉冲波幅度可步进调整,调整范围为100 mV~3 V,步长为100 mV。

(3) 正弦波和脉冲波频率可自动步进,步长为1 Hz。

(4) 降低正弦波非线性失真系数。

三、评分标准

	项　　目	满分
基本要求	设计与总结报告:方案设计与论证,理论分析与计算,电路图,测试方法与数据,结果分析	50
	实际制作完成情况	50
发挥部分	完成第(1)项	10
	完成第(2)项	10
	完成第(3)项	5
	完成第(4)项	5
	特色与创新	20

3.2.1 题目分析

在对题目进行仔细地阅读、分析后，将题目要求完成的功能、技术指标归纳成一个表格，使之更加明了，详见表 3.2.1。由表 3.2.1 可知，本题的重点和难点如下：

本题的重点：

① 正弦波、脉冲波的生成；

② 频率变化范围及步进；

③ 输出电压的调整范围及步进；

④ 脉冲波占空比的变化范围及步进。

本题的难点：

① 频率变化范围及步进；

② 脉冲波占空比的变化范围及步进。

表 3.2.1 系统功能、指标一览表

波形类型	技术指标 \ 数据 \ 要求	基本要求	发挥部分
正弦波	频率范围	20 Hz ~ 20 kHz	1 Hz ~ 200 kHz(特色)
	频率步进	5 Hz	手动步进 1 Hz，自动步进 1 Hz
	频率稳定度	10^{-4}	10^{-5}(特色)
	失真度	≤3%	进一步降低失真度
	频率预置	要求预置	
	输出电压幅度	3 V(负载为 600 Ω)	100 mV ~ 3 V，10 mV ~ 10 V(特色)
	幅度步进		10 mV
	显示	5 位频率显示	
脉冲波	频率范围	20 Hz ~ 20 kHz	
	频率步进	5 Hz	手动 1 Hz，自动 1 Hz
	脉冲占空比	2% ~ 98% 步进可调	
	步进	2%	
	上升、下降时间	≤1 μs	
	平顶斜降	≤5%	
	频率预置	要求预置	
	输出幅度范围	3 V(负载为 600 Ω)	100 mV ~ 3 V，10 mV ~ 10 V(特色)
	幅度步进		100 mV，10 mV(特色)
	显示	5 位频率数字显示	

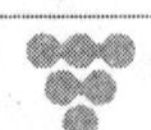

3.2.2 方案论证

通常在电子设计大赛中容易犯三种错误:一是系统方案错误;二是系统设计错误;三是系统实现错误。其中系统方案错误是致命的错误。如果在竞赛后期才发现它,几乎没有挽救的余地。为避免方案错误,在设计前要进行周密的方案论证。

系统方案论证一定要围绕题目的重点和难点。

一、波形生成方案

▶**方案一:采用专用单片函数发生器**。

采用专用单片函数发生器(如 8038),8038 可同时产生正弦波、脉冲波,方法简单易行,用 D/A 转换器的输出来改变调整电压,也可以实现数控调整频率。但频率步进难于满足要求,而且频率稳定度不太高。

▶**方案二:采用直接数字频率合成器(DDS)**。

采用直接数字频率合成器(DDS)可以很方便地生成正弦波和脉冲波。DDS 特别适合于生成频率偏低、频带较宽、频率稳定性和准确性较高及波形复杂的波形。故采用方案二。

二、利用 DDS 生成正弦波和脉冲波的工作原理

(1) 方波的生成原理

在微机中,若插入一块 D/A 插卡,然后编写一段小程序,令输出 **1**(高电平)一段时间(T_1),再令输出 **0**(低电平)一段时间(T_2),反复运行这段程序,则会得到脉冲波输出。其中 $T = T_1 + T_2$ 为脉冲波重复周期,$D = \frac{T_1}{T}$为脉冲波占空比,$f = \frac{1}{T}$为脉冲波重复频率。

(2) 正弦波的生成原理

在正弦波一周(360°)内,按相位划分为若干等分 $\Delta\varphi$,将各相位对应的幅值 A_i 按二进制编码并存入 ROM(或 RAM)中,形成离散化的函数表。正弦波信号与幅度的关系如表 3.1.4 所示。当需要输出正弦波形时,通过微机(或单片机)控制,顺序从函数表取出对应的幅值,然后经过 D/A 转换成为模拟量,再经过低通滤波器就可生成正弦波信号。其输出频率为

$$f_o = K\frac{f_c}{2^n} \tag{3.2.1}$$

式中:f_c 为时钟频率;K 为频率控制字;2^n 为一周内采样点数。

三、频率变化范围及步进方案论证

频率变化范围与步进必须与失真度结合一块考虑。

根据题目要求:频率范围为 20 Hz ~ 20 kHz,步进为 1 Hz;失真度 < 3%,且越小越好。取频率步进为 1 Hz,频率范围暂定 1 Hz ~ 20 kHz,于是有 2×10^4 个频点。

因 DDS 的失真度除受 D/A 转换器本身的噪声影响外,与离散点数 N 和 D/A 字长有密切

关系,设 g 为均匀量化间隔,则其近似数字关系为

$$THD = \sqrt{\left[1+\frac{g^2}{6}\right]\left[\frac{\pi/N}{\sin(\pi/N)}\right]^2 - 1} \times 100\% \tag{3.2.2}$$

按上式计算,当一周内取样点数为 $1\ 024 = 2^{10}$ 时,失真度约为 0.260%。当采样点数为 32 时,失真度约为 5.676%。

为了使整个频段内失真度满足题目要求,关键在于最高输出频率信号应满足要求。即 $f_{omax} = 20$ kHz 保证有 1 024 个采样点。那么对应 1 Hz 信号的采样点数为 $N = 1\ 024 \times 20 \times 10^3$。则 $n = \log_2 N \approx 24 \sim 25$,取 $n = 24$。

根据公式

$$\Delta f = \frac{f_c}{2^n}$$

则

$$f_c = 2^n \cdot \Delta f = 2^{24} \times 1\ \text{Hz} = 16.777\ 216\ \text{MHz}$$

根据公式

$$f_{omax} = \frac{f_c}{4} = \frac{16.777\ 216}{4}\ \text{MHz} = 4.194\ 304\ \text{MHz}$$

因频率为 200 kHz ~ 4.19 MHz 的正弦波信号失真度难于保证。最后取频率变化范围为 1 Hz ~ 200 kHz。不仅满足题目要求,而且超过技术指标。至于手控步进 1 Hz,还是自动控制步进 1 Hz,可通过软件编程来解决。

四、输出电压幅度变化范围及步进方案论证

▶方案一:利用 DDS 本身的调幅功能实现输出电压的变化范围及步进。

DDS 本身具有调幅功能。DDS 函数表中幅度是经过归一化的,即最大输出幅度为 1 V。若幅度改为 A,只需将函数表中存储的幅值均乘以常数 A 就行了。

根据题目要求,输出电压的范围为 100 mV ~ 3 V,步进为 10 mV。考虑发挥部分特色与创新的要求,设输出电压的范围改为 10 mV ~ 10 V,步进 10 mV。若输出电压从 0.01 V 开始,依次输出为 0.01 V,0.02 V,…,10 V。则有 $\frac{10}{0.01} = 1\ 000$ 种工作状态,考虑符号位,可取 11 位幅度码。于是后续的 D/A 转换器必须选用 11 位 ~ 12 位的高速 D/A 转换器。

▶方案二:采用双 D/A 转换器的设计方案。

采用双 D/A 转换器。函数表中存储的是幅度数字量。先将该数字量通过第一个 D/A 转换器转换成模拟量,注意调节参考电压使输出最大幅度满足题目要求。然后将该模拟量作为第二个 D/A 转换器的参考电压,第二个 D/A 转换器受数字量的控制,输出被衰减的模拟量。

上述两种方案均可行。

五、脉冲占空比可调范围及步进方案论证

根据技术要求,脉冲占空比可调范围为 2% ~ 98%。要完成此功能可采取计数法。

若时钟频率 f_c 已经选定,根据前面论证,$f_c = 16.777\ 216$ MHz。而频率变化范围为 20 Hz ~ 20 kHz,周期变化范围为 50 ms ~ 50 μs,时钟周期为:$T_c \approx 0.059\ 604\ 6$ μs。

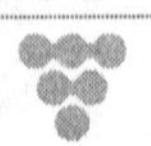

当输出频率为最高时，即 $f_{omax}=20\ \text{kHz}$，则 $T_{omin}=50\ \mu\text{s}$。步进宽度为：

$$\Delta T = T_{omin}\times 2\% = 1\ \mu\text{s}$$

采用计数法，占空比从 2% 开始变化到 98%，对应的脉宽内所记的脉冲个数为：16.777～822 个。

这种方法带来的最大误差为 ±1 时钟周期，即 $\Delta t = \pm 0.059\ 604\ 6\ \mu\text{s}$，这种方法产生的误差完全可以接受。

脉冲占空比按 2% 的步进从 2% 变化到 98% 需 49 个状态，要占用 6 位控制字。

六、频率预置方案论证

频率预置必须通过输入“预置”信号给单片机，单片机根据频率控制字 K、脉冲占空比控制字 D（若为正弦波不输入 D 信号）和幅度控制字 A。将 ROM 中的正弦函数表的数据（或脉冲函数表的数据）调到程序控制单元。重新生成预置函数表再存入 ROM 中或 RAM 中，等待用户调用。

七、总体原理框图论证

►方案一：根据上述方案论证。

就可以构建总体原理框图，其总体原理框图如图 3.2.1 所示。

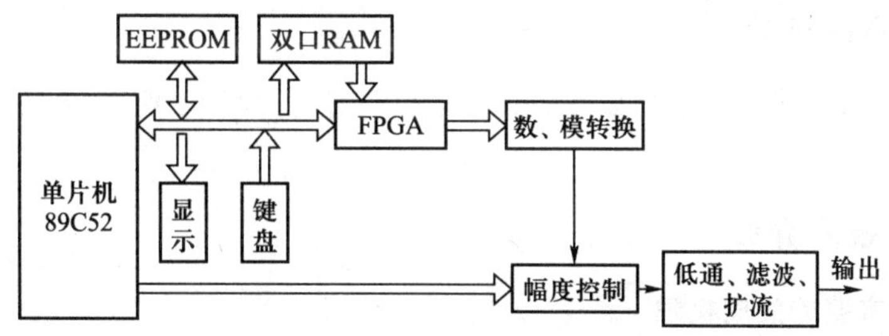

图 3.2.1　方案一总体原理框图

►方案二：该方案正弦波生成采用单片机控制动态生成程序。

该方法引入了动态编程和吞时钟技术，使用普通单片机 8031 便可产生 50 kHz 的正弦波，能达到指标要求。单片机在此不仅是控制器还是信号发生器，用软件产生正弦波，使硬件开销达到最省。

脉冲信号生成采用计数定时的方法，先将正弦波变为方波，再用它的上升沿触发一计时电路，该电路在计时期间输出高电平，计时终止后输出为低电平，该输出波形即为所需方波。其总体原理框图如图 3.2.2 所示。

方案比较：方案一与方案二均是可行的。波形生成、D/A 转换、幅度、频率变换的原理均大同小异。不过方案一采用以单片机加 FPGA 作为控制器，而方案二利用一般单片机作为控制器，可编程逻辑器件 GAL 仅仅只作为时钟分频器。显然方案一速度快、精度高，各项技术指标可以满足，且部分指标可以超标。方案二在竞赛那年（1995 年）应该说是先进的，而且采用了“吞时钟技术”、“动态编程技术”等新技术，能满足各项技术指标。在赛前培训时不妨两种均试一试。因 2001 年全国大学生电子设计竞赛 A 题与本题属于同一个性质的题目。下节对方案一还会作详细介绍。故本题采用方案二进行详细介绍。

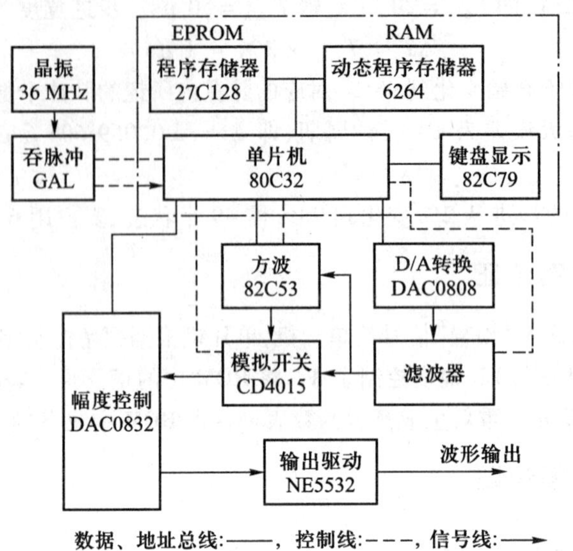

图 3.2.2　方案二总体原理框图

3.2.3　系统设计

系统设计包括硬件设计和软件设计，在具体介绍软硬件设计之前，先介绍一下本方案采用的几项新技术。

一、几项新技术介绍

1. 正弦波与方波的生成机理

① 正弦波的产生:800 Hz 以下(包括 800 Hz)的正弦波采用软件相位累加 DDS 方案来实现。

输出频率 f_o 为

$$f_o = \frac{f_c}{2^n} \cdot K$$

式中,f_c 为时钟频率(此处取 10 kHz);n 为累加器位数;K 为由输出频率确定的累加值。

800 Hz ~ 50 kHz 的正弦波采用动态生成程序的方法来实现。该方案引入的动态编程和吞时钟技术，将在后面专门介绍。

② 方波的产生:方波由同频率的正弦波产生，采用计数定时方案来实现占空比的步进调整。为提高占空比的精度，采用了预分频和择优技术(后面介绍)。

2. 动态编程

由于用 8032 单片机软件相位累加(24 bit 累加)的方法，最少得 7 条指令。15 个机器周期，即用 15 μs 才可输出一个正弦波数据给 D/A(当时钟为 12 MHz 时)，这不可能产生 50 kHz 的正弦波。

为了提高数据的传输速率，波形生成程序中应没有计算、判转等指令，而只有送正弦波数据的指令。这样 2 μs 就可输出一个正弦波数据，要产生 50 kHz 的正弦波就不困难了。但这

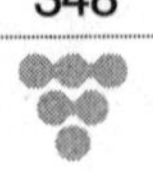

样波形生成程序随所需信号频率而异，不能预先固化于程序存储器 EPROM 中，因此采用了动态编程技术，由单片机根据输出频率的需要，现场生成这一动态变化的程序。

具体方法是：将外部数据存储器 RAM 映射到程序存储器空间，动态编程时用写入外部数据存储器的方式写入波形生成程序的指令代码，然后跳转到该程序段，反复执行这段程序完成产生波形的功能。

在 RAM 中可以动态生成产生一个周期正弦波的程序，然后用 LJMP 指令循环运行它，就能产生连续不断的正弦波。当然也可以产生两个周期正弦波的程序，然后循环运行。不妨设这段动态程序产生 n 个周期的正弦波，那么要求 $nt_0 = t_{prg}$，其中 t_0 为正弦波的周期，t_{prg}为程序运行周期，即运行一遍的时间。

动态生成程序主要由送数指令 MOV P1,#XXX 组成（其中 P1 口接 D/A 转换器，#XXX 为正弦波数据），偶尔穿插 NOP 和 CPL XX 指令来调整时序，程序段尾用 LJMP 指令完成循环功能，就能提供 50 kHz 正弦波所需的 D/A 转换数据。在这个系统里，指令 NOP 延时 1 μs，指令 CPL C36 的执行时间不是常规的一个指令周期，而是 37/36 个指令周期，指令 CPL C6 的执行时间 7/6 个指令周期。（关于 CPL XX 的作用在吞时钟部分介绍，C36 和 C6 分别对应 80C32 的 P3.5 和 P3.1 端口位，具体实现见硬件部分）。

设在动态生成程序中有 x 条 MOV P1,#XXX 指令，y 条 NOP 指令，z 条 CPL C36 指令，u 条 CPL C6 指令，而且必须要有一条 LJMP 指令使程序循环运行。这样

$$t_{prg} = \left(2x + y + \frac{37}{36}z + \frac{7}{6}u + 2\right) \times 1 = nt_0$$

只要选择合适的 n,x,y,z,u 即可产生要求的正弦波。但因为动态程序存储器的空间是有限的，所以 t_{prg}的值也是有限的，在确定了最大的 t_{prg}后，可以导出 n 的最大值（因为 t_0 的值能够由 f_o 确定）。同时因 n,x,y,z,u 只能取整数，所以可以穷举 n 的所有可能取值（$n = 1,2,\cdots,n_{max}$），求出相应的 x,y,z,u，取整后，再计算出实际产生的频率 f_o，将这个频率和要求的频率 F_o 相比较，取其误差最小的，作为实际生成程序的一组参数。

用 TURBO C 语言编写一段程序，按照以上算法在计算机上从 800 Hz～50 kHz 步进 1 Hz 逐点进行验证。当动态程序存储器为 3 072 字节时，实际输出频率 f_o 和所需频率 F_o 之间的误差，在 20 kHz 以下时不超过 0.2 Hz，在 50 kHz 以下时最大不超过 0.3 Hz。由此证明这种方法是切实可行的。（f_o 虽有误差，但非常稳定，完全可以满足任务要求。）

3. 吞脉冲技术

波形生成程序要保证正弦信号首尾相位相同，就须满足 $t_{prg} = nt_0$，而动态程序存储空间是有限的，故 t_{prg}的值是有限的，只靠 NOP 指令来调整 t_{prg}的时间，误差最大为 1 μs，显然精度不够。采用吞脉冲技术可使 t_{prg}的精度调整到 1/36 μs。

具体方法是：将 36 MHz 的晶振信号送入一片 GAL16V8，GAL 通常完成 3 分频工作，将 12 MHz时钟送入单片机。而它还有两个控制输入端 C36 和 C6，编程 GAL 使得当 C36 端出现跳变时，36 MHz 的晶振时钟被吞掉一个，从单片机执行指令的时间上看，原先 36 个晶振周期 1 μs的指令，现吞掉一个脉冲，执行时间变 37/36 μs，即执行时间延长 1/36 μs。控制端 C36 是由单片机指令控制的，如 CPL C36 指令就能完成这项功能。同理，当 C6 端出现跳变时，吞掉 6 个晶振脉冲，使 CPL C6 指令的执行时间变为 7/6 μs。

二、硬件系统

信号源的硬件系统框图如图 3.2.2 所示。下面将分别介绍各组成部分的功能和实现方法。

1. 单片机系统

单片机系统(见图 3.2.2 虚线框内)是整个硬件系统的核心,它既是协调整机工作的控制器,又是波形数据的产生器,其构成如下:

① 由单片机 80C32(内部 RAM 为 256Byte)、程序存储器 EPROM27C128 和地址锁存器 373 构成的最小系统。

② 由 RAM6264 构成动态程序存储器。将 80C32 的$\overline{PSEN}$接 6264 的$\overline{RD}$,它既占据 8 KB 的程序存储器空间,同时又占据 8 KB 的数据存储器空间。

③ 由可编程键盘、显示接口芯片 82C79 构成的键盘显示电路,82C79 用中断方式与 80C32 通信。

功能键:Enter,Stop,A,K,Auto$^+$,Auto$^-$,正弦波/脉冲波

数字键:0 ~9

系统复位键:Reset(不由 82C79 控制)

④ 由 2 线 -4 线译码器 74LS139 和 GAL16V8 组成译码电路。

整机系统地址空间分配如下:

27C128	0000H ~3FFFH 的程序存储空间
6264	6000H ~7FFFH 的程序和数据空间
82C53	4000H ~5FFFH
82C55	8000H ~9FFFH
DAC0832	0A000H ~0BFFFH
82C79	0E000H ~0FFFFH

2. 主振和吞时钟脉冲电路

电路示意图如图 3.2.3 所示。主振电路产生 36 MHz 的时钟信号,吞脉冲电路是可控分数分频器,它为 80C32 提供时钟信号。用 ABEL2.0 编程 GAL,使之通常完成 3 分频工作,当 C36 或 C6 端有跳变时,就在 36 个晶振时钟中吞掉 1 个或 6 个时钟脉冲。其中 C36、C6 端由 80C32 的 P3.5、P3.1 控制。

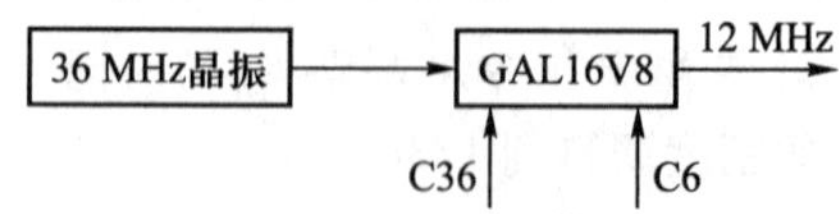

图 3.2.3　主振与吞时钟脉冲电路

3. 正弦波形成电路

D/A 转换器将 80C32 的 P1 口送来的正弦波数据,变换成阶梯正弦波,再经滤波器滤波后送入 LM311 和 CD4051,经 DAC0832 进行幅度控制,由 NE5532 驱动后输出。

D/A 转换器由建立时间为 150 ns 的 DAC0808 实现,DAC0808 的基准电压由稳压块 7805

提供。

4. 滤波器

(1) 阶梯正弦波的频谱分析

设阶梯正弦波的幅值为 1,周期 $T=2\pi$,每个周期由 $2N$ 个阶梯脉冲组成,则第 i 个周期脉冲可表示为

$$F_i(t)=\begin{cases}\sin\left[\dfrac{\pi}{N}\left(i-\dfrac{1}{2}\right)+2M\pi\right] & \dfrac{\pi}{N}(i-1)+2M\pi\leqslant t\leqslant\dfrac{\pi}{N}i+2M\pi \\ & (\text{其中 } i=1,2,\cdots,2N;M=0,1,2) \\ 0 & t\text{ 为其他值}\end{cases}$$

进行傅里叶分析得

$$F(t)=\sum_{i=1}^{2N}F_i(t)=\sum_{i=1}^{2N}\sum_{k=1}^{\infty}a_ik\sin kt$$

各次谐波幅值为

$$|I_k|=\begin{cases}\dfrac{2N}{(2nN+1)\pi}\sin\dfrac{\pi}{2N} & k=2nN+1 \\ \dfrac{2N}{(2nN-1)\pi}\sin\dfrac{\pi}{2N} & k=2nN-1 \\ 0 & k\neq 2nN\pm 1\end{cases}$$

则

$$|I_k|_{\max}=\frac{2N}{k\pi}\sin\frac{\pi}{2N}$$

基波幅值为

$$|I_1|_{\max}=\frac{2N}{\pi}\sin\frac{\pi}{2N}$$

在本例中,N 较大,谐波主要存在于基频的 $2N\pm1$ 次倍频上,其幅值为 $1/(2N\pm1)$。

所以滤波器应主要滤去 $2N\pm1$ 次谐波,提出对滤波器的要求为:

① 通带内的不平坦波动应小于 3 dB,以便于单片机进行幅度补偿;

② 非线性失真小于 1%。

(2) 滤波器设计

由于正弦波产生时以 800 Hz 为界分为两部分,而 800 Hz 以上的频域覆盖系数较大,为了减小谐波失真,故将滤波器分为四个波段,由单片机根据需要选择合适的滤波器。每个滤波器都用 3dB 通带波动的切比雪夫二阶滤波器构成,电路选用压控电压源的形式,增益为 1。

由于切比雪夫滤波器在通带内有波动,所以应进行幅度补偿。方法是:产生正弦波后,用逐点描迹法求出 4 个滤波器的幅频特性曲线,将这些点迹存入单片机中,在输出正弦波时根据具体的频率进行插值,求出补偿系数,再在幅度控制中进行补偿。

5. 方波形成电路

方波形成电路由比较器 LM311 和计数定时电路构成,计数定时电路采用程控计数器 82C53 实现。正弦波经 LM311 比较器后,变为方波,其上升沿触发 82C53 的 GATE1,开始计数并输出低电平,82C53 计满后输出高电平。改变 80C32 预置 82C53 的计数初值就可使输出方波的占空比改变。82C53 输出经 74HC14 反相(电路中 74HC14 由 +5 V 基准电压供电,这样方波输出就为 0 V 或 5 V),进入 DAC0832 幅度控制,再经驱动后输出。同时考虑到占空比为

2% 和 98% 的方波波形正好反相，4% 和 96% 的波形也正好反相，依此类推。为了减少计数的容量，故方波分为两路输出，占空比小于 50% 的方波在 74HC14 处只有一级反相器，而占空比大于 50% 的方波加有两级反相器。

由于 82C53 的最高工作频率为 2.6 MHz，计数分辨率为 0.4 μs，无法满足任务要求，故采取措施：先用 GAL 对 82C53 的计数时钟进行预分频，即将 18 MHz 的信号分别进行 8、9、10、…、15 次分频，频率点分别为 2.25、2.0、1.8、1.636、1.5、1.385、1.286、1.2 MHz，然后将其中之一提供给 82C53。根据所需方波的频率、占空比，由 80C32 进行计算比较，选择占空比误差最小的时钟频率提供给 82C53。

对上述预分频和优化方法在微机上用 C 语言验证过，对所有的频率点、占空比，按照上述算法进行分频比和计数值的选择，在 20 kHz 以下时，最大相对于周期的占空比误差不超过 0.3%，所以这种方法是切实可行的。

6. 幅度控制和驱动电路

模拟开关 CD4051 将从不同渠道来的正弦波（4 路）、方波（2 路）中选择一路送入幅度控制器，幅度调整后的信号经运放 NE5532 缓冲驱动输出。幅度控制器由 DAC0832 实现，正弦波或方波送入 DAC0832 的 U_{REF} 端，在这里 DAC0832 起数控电位器的作用。

输出 $U_{out}=(N/2^8)U_{in}$，其中 $U_{in}=U_{REF}$，N 为幅度控制值。

三、软件设计

软件完成各部分硬件的控制和协调，同时它还要产生正弦波的数据。下面介绍软件的组成结构和动态程序的生成算法。

1. 软件组成和结构

总体流程框图如图 3.2.4 所示。下面分别介绍每个模块的功能和工作过程。

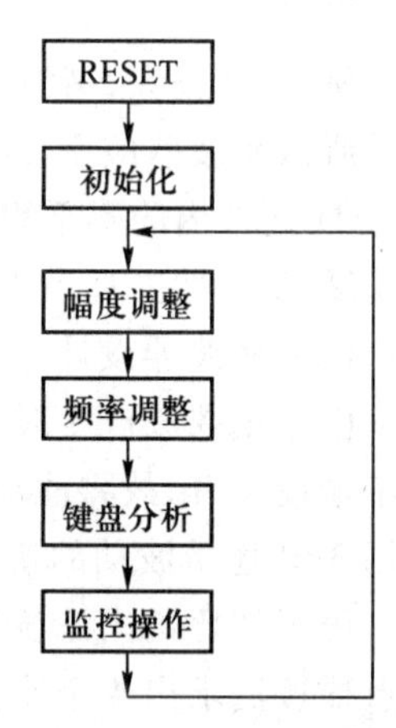

图 3.2.4　总体流程框图

（1）初始化

在系统加电后，初始化模块完成对系统硬件和系统变量的初始化。其中包括外围硬件，如 8253、8279 和 8255 等的状态设定；置中断和定时器的状态；给系统变量，如当前机器状态、当前输出频率等赋默认初值。它是后续模块工作的基础。

（2）幅度调整

该模块用来调整正弦波和方波输出的幅度。具体来说，对于正弦波，为了补偿滤波器频幅特性的波动，需要对不同频率的信号进行插值，以调整正弦波幅度；而对于方波则不需要这种补偿和插值。插值算法使用线性插值，简单易实现。

（3）频率调整

该模块先要根据产生波形的不同设置一组开关（模拟开关），以便需要的信号到达输出端。对于正弦波，它要按波段选择合适的滤波器；对于方波，它要完成占空比的设置。最后进行波形的生成。

对于 800 Hz 以下的正弦波（包括 800 Hz），采用软件相位累加的方法生成。由内部定时器每 100 μs 产生一次中断,中断后进行相位累加、查表,输出正弦波的 D/A 转换值。800 Hz 以上的波形采用动态编程和吞时钟的方法产生。

产生方波时,仍然要产生正弦波,以此作为方波的频率基准。只是有关输出的选择开关设置不同。方波的占空比由专门的硬件来控制。

(4) 键盘管理

由两个模块实现:一个是键盘分析;另一个是监控操作,采用状态转移的程序结构,由键盘来驱动。在单片机产生波形时,无论是方波还是正弦波,无论是小于 800 Hz 还是大于 800 Hz,单片机都要处于循环状态中,而当有键按下时单片机要能退出这种循环转入后续的键盘处理。工作在 800 Hz 以下时,设置一标志位"wave-end",当它的值为 **1** 时程序退出循环。工作在 800 Hz以上时,由于动态程序的时序非常紧张,不可能检查某一位的状态,但只要在动态程序的开头添入"22H",它是 RET 的机器代码,就能使程序退出循环。

① 键盘分析部分。它的功能是由键盘码产生相应的功能码,并设置相应的功能号。如,"1"键,它的键盘码为 K-1,转换为功能码 F-DIG,同时置功能号为 1。对于无定义的键产生 IDLE 码(空操作)。

② 监控操作部分。它根据系统当前的状态和相应的功能码,调用预定的功能函数,然后更新系统的状态。整个过程是典型的状态机。

监控完成后,系统进入下一轮的幅度调整、频率调整……。在没有键按下时,系统在频率调整模块运行,产生设定的波形。

2. 动态程序生成算法

动态程序生成包含两个部分:一个是求最优解;另一个是代码生成。

(1) 求最优解

现在要求出最优的 x,y,z,u,使产生信号的频率和预定的频率误差最小。(x,y,z,u 的定义见前面总体方案的动态编程部分)。

具体做法是:动态程序存储器的容量是有限的,设为 MEM,一个正弦波的周期 $t=1/f$。MOVP1,#XXX 指令字长 3 字节,执行这条指令要 2×10^{-6} s,故

$$n_{\max}=\frac{\text{MEM}}{3}\times2\times10^{-6}\times t^{-1}=\frac{\text{MEM}\times2\times10^{-6}\times f}{3}$$

在$[1,n_{\max}]$中穷举所有的 n 的取值,计算出 x,y,z,u 的值和相应实际产生的频率,找出其中设定频率最接近的一个解。

(2) 代码生成

代码生成根据求得的 x,y,z,u 产生波形发生程序。

按照执行到 MOV P1,#XXX 的相位,填写这条指令的立即数。例如,0°相位时为 MOV P1,#128;90°相位时为 MOV P1,#255;270°相位时为 MOV P1,#0 等。

当有 NOP、GPL G36、GPL G6 调整时序时,尽量使它们均匀地分布在 MOV P1,#XXX 序列中,以减小对谐波分量的影响。

3.2.4 调试过程

1. 使用的仪器仪表

PG 机,386DX40,5 M 内存　　　　真空管毫伏表,DYC-5

MIGE－51 仿真器　　　　BSIA 失真度测量仪
20 MHz 双踪示波器　　　　JWY-30F 稳压电源
数字频率计,8610A 型　　　　890 型数字万用表
XD 低频信号源

2. 调试过程

调试过程是发现错误、改正错误的过程。能够越早地发现错误,纠正它的代价就越小。错误可以分为:系统方案错误、系统设计错误,系统实现错误。

系统方案错误是致命的,如果在竞赛后期才发现它,几乎就没有挽救的方法。为避免方案错误,在设计前要进行周密的方案论证。这时要查找大量的文献资料,必要时开发部分原型或进行计算机模拟。例如,这个系统在选择方案时,不知道动态编程能否满足频率要求(原因见软件部分)。于是用穷举法对 800 Hz～50 kHz 逐个频率点进行验证,在得到可行的结论后才可使用。

系统设计错误通常意味着要对设计线路作较大的改动。例如,器件选择错误,在高速应用中使用了低速器件;元件参数计算错误以致达不到预定的指标。这些都是设计上的错误。在这里采用两种手段来减少设计错误,或减少设计错误造成的影响。一是使用计算机对电路进行模拟,例如,验证滤波器的特性,而且模拟的结果为调试提供了参考依据。另一个是使用可编程逻辑器件,如 GAL,这样在发现错误时只要重新改变编程,不需要做大的改动。

系统实现错误主要是器件接线错误或工作点设置错误。查找实现错误时可以根据模拟的结果进行对照调试,或由电路的因果关系确定故障的位置。

3. 系统测试结果

全部测试结果满足设计要求,同时以下指标优于设计要求:

频率范围:20 Hz～50 kHz;

步进精度:1 Hz,误差在 20 kHz 时以下 <0.2 Hz,在 50 kHz 以下时 <0.3 Hz;

正弦波失真:<0.5%;

方波占空比误差:<0.3%。

3.2.5 结束语

频率合成部分是信号源的关键。由于采用了动态编程和吞时钟脉冲技术,提高了软件的处理效率,使正弦波频率的高端扩展到 50 kHz,步进 1 Hz。从实际制作的结果来看,各方面的指标都达到课题要求,并有不同程度的提高,充分证明了该方案的正确性和可行性。

整个系统还得益于可编程逻辑器件和计算机模拟等技术的应用,同时各种器件的灵活运用为最后的成功铺平了道路。

3.3 波形发生器设计
(2001 年全国大学生电子设计竞赛 A 题)

一、任务

设计制作一个波形发生器,该波形发生器能产生正弦波、方波、三角波和由用户编辑的特定形状波形,波形发生器结构示意图如图 3.3.1 所示。

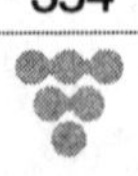

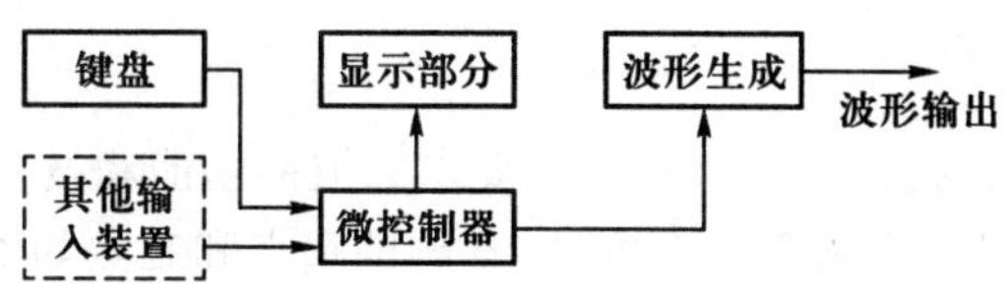

图 3.3.1 设计任务示意图

二、要求

1. 基本要求

(1) 具有产生正弦波、方波、三角波三种周期性波形的功能。

(2) 用键盘输入编辑生成上述三种波形(同周期)的线性组合波形,以及由基波及其谐波(5 次以下)线性组合的波形。

(3) 具有波形存储功能。

(4) 输出波形的频率范围为 100 Hz ~ 20 kHz(非正弦波频率按 10 次谐波计算);重复频率可调,频率步进间隔≤100 Hz。

(5) 输出波形幅度范围 0 ~ 5 V(峰 - 峰值),可按步进 0.1 V(峰 - 峰值)调整。

(6) 具有显示输出波形的类型、重复频率(周期)和幅度的功能。

2. 发挥部分

(1) 输出波形频率范围扩展至 100 Hz ~ 200 kHz。

(2) 用键盘或其他输入装置产生任意波形。

(3) 增加稳幅输出功能,当负载变化时,输出电压幅度变化不大于 ±3%(负载电阻变化范围:100 Ω ~ ∞)。

(4) 具有掉电存储功能,可存储掉电前用户编辑的波形和设置。

(5) 可产生单次或多次(1 000 次以下)特定波形(如产生 1 个半周期三角波输出)。

(6) 其他(如增加频谱分析、失真度分析、频率扩展 >200 kHz、扫频输出等功能)。

三、评分标准

	项目	满分
基本要求	设计与总结报告:方案比较、设计与论证,理论分析与计算,电路图及有关设计文件,测试方法与仪器,测试数据及测试结果分析	50
	实际制作完成情况	50
发挥部分	完成第(1)项	10
	完成第(2)项	10
	完成第(3)项	10
	完成第(4)项	5
	完成第(5)项	5
	完成第(6)项	10

3.3.1 题目分析

在对原题进行仔细的阅读分析后,将题目要求完成的功能和技术指标归纳成一个表格,使之更加明了,详见表 3.3.1。由表 3.3.1 可知,本题的重点和难点如下:

表 3.3.1 系统功能、指标对照表

内容 要求类型 项目	基本要求	发挥部分
波形生成类型	具有产生正弦波、方波、三角波三种周期波,编辑生成上述三种波(同周期)的线性组合波,编辑生成基波及谐波(5 次以下)线性组合波	生成锯齿波 产生任意波形 产生单次或多次(1 000 次以下)特定波形
频率变化范围及步进	正弦波频率范围:100 Hz ~ 20 kHz 非正弦波频率范围:100 Hz ~ 2 kHz 步进间隔≤100 Hz	正弦波频率范围:100 Hz ~ 200 kHz 非正弦波频率范围:100 Hz ~ 20 kHz 频率扩展:>200 kHz(其他)
幅度变化范围及步进	输出幅度范围:0 ~ 5 V(峰 - 峰值) 步进:0.1 V(峰 - 峰值)	输出电压幅度变化范围不大于 ± 3%(负载电阻变化范围:100Ω ~ ∞)
波形存储	具有波形存储功能	具有掉电存储功能,可存储掉电前用户编辑的波形和设置
波形显示	具有显示波形的类型、重复频率(周期)和幅度的功能	
其他		频谱分析,失真度分析(频率扩展 >200 kHz),扫频输出

本题的重点:

① 波形生成;

② 频率变化范围及步进;

③ 输出电压幅度范围,步进及稳幅。

本题的难点:

① 任意波形及各种组合波形的生成;

② 频谱分析,失真度分析,频率扩展(>200 kHz),扫频输出等。

本题只对失真度和频率稳定度提出明显的要求,但从其他要求中已间接保障这两项重要技术指标。这部分内容放在方案论证中再介绍。

3.3.2 方案论证

方案论证要围绕系统完成的功能和技术指标进行论证，特别是本题的重点与难点的内容要介绍清楚。

一、波形生成方案

▶方案一：采用分立元件和中小规模集成电路构成波形发生器。

采用 *RC* 串并联振荡器生成音频正弦信号，原理图如图 3.3.2 所示。这是 20 世纪常采用的方案，至今还有这类仪器存在，利用 555 电路构成非正弦信号。

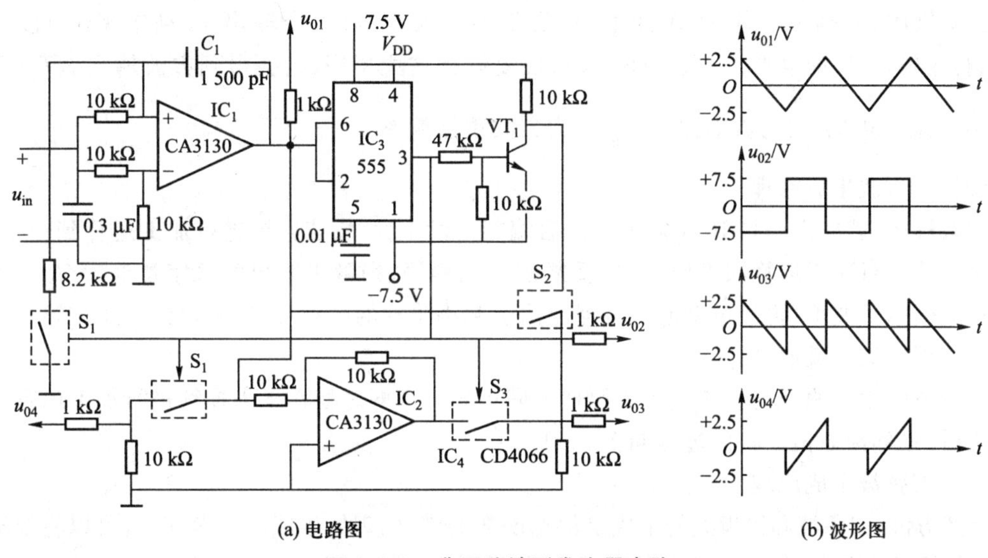

(a) 电路图　　(b) 波形图

图 3.3.2　非正弦波形发生器电路

该方案的优点：技术成熟，可供的资料较多。缺点：外围元器件多，调试工作量较大，频率稳定度和准确度差，很难满足频率变化的范围要求，更难准确地实现频率步进的要求，更重要的是无法生成任意波形。

▶方案二：采用单片压控函数发生器 MAX038 构成波形生成电路。

采用压控函数发生器 MAX038 构成波形生成电路可以产生正弦波、方波、三角波等，通过调整外部电路可以改变输出频率。该方案的优点：它具备方案一的全部优点，且在方案一的基础上缩小了体积，调试也方便。它的缺点：频率稳定度、准确度差，很难满足频率变化范围和步进的要求，更无法实现任意波的生成。

▶方案三：采用锁相式频率合成方案。

锁相式频率合成是将一个高稳定度和高精确度的标准频率经过加减乘除的运算产生同样稳定度和精确度的大量离散频率的技术，它在一定程度上解决了既要频率稳定精确、又要频率在较大范围可变的矛盾。但频率受 VCO 可变频率范围的影响，高低频率比不可能做得很高，

而且只能产生方波或正弦波,不能满足任意波形的要求。

▶**方案四:采用 DDFS,即直接数字频率合成方案。**

这是目前实际应用的任意波形发生器常采用的方案。故选择方案四。

二、波形生成原理

采用 DDS(又称 DDFS)技术不仅可以生成正弦波、方波、三角波、锯齿波以及可以编辑生成上述四种波(同周期)的线性组合波,基波和谐波(5 次以下)的线性组合波,还可以生成任意波和生成单次或多次(1 000 次以下)的特殊波形。

(1) 方波的生成原理

在微机内,若插入一块 D/A 插卡,然后编写一段小程序,令输出 **1**(高电平)一段时间(T_1),再令输出 **0**(低电平)一段时间(T_2),反复运行这段程序,则会得到方波输出。$T=T_1+T_2$ 为方波重复周期,$\frac{T_1}{T}$为占空比,$f=\frac{1}{T}$称为方波重复频率。

(2) 三角波生成原理

在微机中,若插入一块 D/A 插卡。然后编制一段小程序,若连续进行加 1 运算到一定值,然后再连续进行减 1 运算回到原值,再反复运行该程序,则微机输出的数字量经 D/A 变换成小阶梯式模拟量波形,再经过低通滤波器滤除引起小阶梯的高频分量,则得到三角波输出。

(3) 锯齿波生成原理

锯齿波的生成原理与三角波生成原理大同小异。不同之处在于当连续进行加 1 运算到一定值之后,立即回原值。其他过程同上。

(4) 正弦波生成原理

上述方波、三角波和锯齿波的生成是根据函数的定义,现场生成的。实际上,可以将要输出的波形数据预先存在 ROM(或 RAM)单元中,然后在系统标准时钟(CLK)频率下,按照一定的顺序从 ROM(或 RAM)单元中读出数据,再进行 D/A 转换、滤波就可以得到一定频率的输出波形。

现以正弦波为例,在正弦波一周期(360°)内,按相位划分为若干等分 $\Delta\varphi$,将各相位对应的幅值 A 按二进制编码并存入 ROM 中,设 $\Delta\varphi=6°$,则一周期内共有 60 等分。由于正弦波对 180°为奇对称,对 90°和 270°为偶对称,因此 ROM 中只需存 0°~90°范围内的幅度码。其 0°~90°范围内编码关系如表 3.1.4 所示。

以 ROM 为基础组成的 DDS 原理图如图 3.1.9 所示。

其输出频率通式为

$$f_o = K\frac{f_c}{2^n} \tag{3.3.1}$$

式中,f_c 为时钟频率,n 为地址位数,K 为相位控制字。

当 $K=1$ 时,可得到最低频率输出,即

$$f_{omin} = \frac{f_c}{2^n} \tag{3.3.2}$$

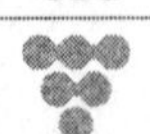

当 $K=2^{n-2}$时,可得最高频率输出,即

$$f_{omax} = \frac{f_c}{4} \tag{3.3.3}$$

频率分辨率为

$$\Delta f = \frac{f_c}{2^n} \tag{3.3.4}$$

(5) 正弦波、方波、三角波线性组合波生成原理

设正弦波、方波和三角波的函数分别为 $f_1(A)$、$f_2(A)$ 和 $f_3(A)$，其线性组合函数为

$$f(A) = Bf_1(A) + Cf_2(A) + Df_3(A) \tag{3.3.5}$$

因存储在 ROM 或 RAM 中的上述三种函数表一般是幅度归一化的函数表。且同频率线性组合。只需将采样对应的幅值先分别乘以固定系数 B、C、D，然后求和，得到新的函数表再存入 ROM 或 RAM 中，等待用户调用。

(6) 编辑生成基波及谐波(5 次以下)线性组合波的原理

理想的正弦波、方波、三角波和锯齿波的波形如图 3.3.3 所示。分别对四种波形进行傅里叶级数分解，其 4 种波形分别可分解成：

正弦波
$$f_1 = \sin \omega t \tag{3.3.6}$$

方波
$$f_2 = \frac{4}{\pi}\left(\sin \omega t + \frac{1}{3}\sin 3\omega t + \frac{1}{5}\sin 5\omega t\right) \tag{3.3.7}$$

三角波
$$f_3 = \frac{4}{\pi^2}\left(\cos \omega t + \frac{1}{9}\cos 3\omega t + \frac{1}{25}\cos 5\omega t\right) \tag{3.3.8}$$

锯齿波
$$f_4 = \frac{1}{\pi}\left(\sin \omega t - \frac{1}{2}\sin 2\omega t + \frac{1}{3}\sin 3\omega t\right) \tag{3.3.9}$$

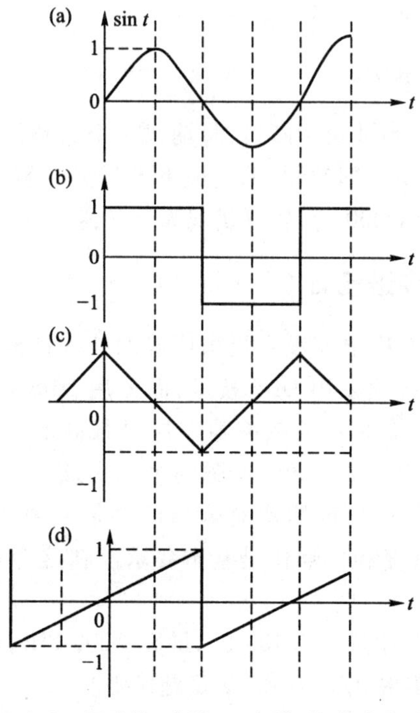

图 3.3.3　正弦波、方波、三角波、锯齿波的波形

从式(3.3.6)~式(3.3.9)可见，只要利用一个正弦函数表，通过改变频率、改变振幅的办法分别求出基波、各次谐波(5次以下)对应点的值，然后求和，就可以得到新的函数表，存放在ROM或RAM中，等待调用。

由此可见，采用此种方法，只许利用一个基本的正弦函数表，就可以近似地生成上述四种波形。这种方法还可以扩展到任意波形，其前提条件是该波形可以利用傅里叶进行分解成基波与它们的谐波之和。或者利用频谱分析法能求出它的基波和谐波的信号强度，便能生成任意波形。

(7) 任意波形的生成原理

▶**方法一：以触摸屏作为前向通道，采集用户在触摸屏上绘制的波形，并将其存储和显示。**

触摸屏与单片机之间通过串口进行数据传输，波特率为9 600 Hz。当触摸屏被触及时，它便将被触及点的坐标值进行适当的编码，并打包传给单片机，单片机接收到信号后，对接收到的数据进行适当的处理，然后存储起来，这样就完成了一次波形的输入操作。

▶**方法二：采用键盘输入。**

这是最基本的方法。优点是输入值精确，实现方便。但用户自定义输入时无法自由输入想要的特殊波形。

(8) 产生单次或多次(1 000次以下)特定波形的原理

▶**方法一：计数法。**

通过PLD(或FPGA)内部计数输出脉冲的方法，通过计数累加器进位信号来得到输出波形个数，当达到输出个数时就禁止输出的方法实现。

▶**方法二：单片机中断请求法。**

将进位信号反相后输入至单片机中断口，每输出一个完整波形就向单片机发送中断。单片机对中断次数计数，到达预定值即控制PLD(或FPGA)停止输出。当预定值为1时，就实现了单次生成。当预定值为$K<1\ 000$时，就可实现K次传送。

三、频率变化范围及步进论证

本题虽然对失真度和频率稳定度没有提出明确的技术指标。由上述波形生成方案论证可知，由于要生成任意波形，必须采用DDS技术，而采用DDS技术生成的波形，其频率稳定度取决于时钟的频率稳定度，而时钟的频率稳定度是很高的，一般优于10^{-5}。于是这就保证了系统的频率稳定度优于10^{-5}。另外，本题的名称是波形发生器，顾名思义波形发生器要求的输出波形要清晰，不失真。自然就对输出的波形失真度和信噪比提出了很高的要求。对波形发生器而言，失真度和信噪比是基本要求。在这个基础上再讨论频率变化范围及步进。

根据题目要求：输出信号频率最低为100 Hz，最高>200 kHz，步进≤100 Hz。现选定f_{omin} = 20 Hz，f_{omax} = 250 kHz，频率分辨率Δf = 10 Hz，满足题目要求。

由式(3.3.3)

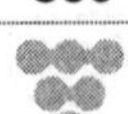

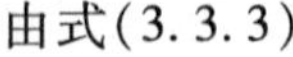

$$f_{omax} = \frac{f_c}{4} \tag{3.3.10}$$

求得 $f_c = 4f_{omax} = 4 \times 250\ \text{kHz} = 1\ \text{MHz}$

若按式(3.3.3)计算,在输出信号 $f = 250$ kHz 处,一个周期只采样 4 个点,经过后续低通滤波后,波形失真较大。为了保证输出波形无明显失真,在一个周期内至少保证有 32 个采样点。于是可得

$$f_c = 32 \times f_{omax} = 32 \times 250\ \text{kHz} = 8\ 000\ \text{kHz} = 8\ \text{MHz}$$

再由式(3.3.2)

$$f_{omin} = \frac{f_c}{2^n} \tag{3.3.11}$$

求得 $2^n = \frac{f_c}{f_{omin}} = \frac{8 \times 10^6}{20} = 4 \times 10^5$

则 $n = \log_2 4 \times 10^5$

取 $n = 19$,为了保证步进为整数 20 Hz,则

$$f_c = 2^{19} \times \Delta f = 2^{19} \times 20\ \text{Hz} = 10.485\ 76\ \text{MHz}$$

四、输出电压幅度变化范围及步进论证

▶方案一:利用 DDS 本身的调幅功能实现输出电压的变化范围及步进。

DDS 本身具有调幅功能。我们知道,函数表的幅度是经过归一化的。即最大幅度为 1 V。若幅度改为 A,只需将函数表中存储的幅值均乘以常量 A 就行了。

根据题目要求,输出电压的变化范围为 0 ~ 5 V,步进为 0.1 V。若输出电压从 0.0 V 开始,依次输出为 0.1 V,0.2 V,…,5.0 V,则有 51 种工作状态。考虑符号位取 7 位幅度码,则有 128 种工作状态。若 **000000** 对应 0 V,**000001** 对应 0.1 V,…,**111111** 对应 6.3 V,完全可以满足题目要求。

▶方案二:采用双 D/A 转换器的设计方案。

采用双 D/A 转换器。函数表中存储的是幅值数字量,先将该数字量通过第一个 D/A 转换器转换成模拟量,然后将该模拟量作为第二个 D/A 转换器的参考量,第二个 D/A 转换器输出受控制的模拟量。可选用 DAC0800,电流建立时间为 100 ns,完全可以满足转换速度要求。但必须指出,DAC0800 相当于一个数控衰减电位器,它的增益小于 1。

上述两种方案均可行,各有各的优势。

五、稳幅论证

根据题目要求,负载电阻变化范围为 100 Ω ~ ∞ 时,输出电压幅度变化范围在 -3% ~ +3% 内。为了满足这个技术指标,只要输出级采用跟随器就行。因为跟随器实际上属于电压串联负反馈,对输出电压有稳定作用,且输出电阻小,带负载能力强。

六、波形存储论证

▶方案一:采用 EEPROM 2817 作为存储器件。

对用户波形的存储,由于要求掉电不丢失数据,因此采用 EEPROM 2817 作为存储器件。2817 操作简单,易于实现与单片机的连接。其片选、读允许、写允许信号均与普通 RAM 接法相同。在写操作时,单片机对其 RDY 信号进行查询,有效则继续写入,无效则等待。每次输出波形之前,先对波形进行存储。

▶方案二

使用 FPGA 作为数据转换的桥梁,将波形数据存储在内部的 RAM 中,通过硬件扫描将波形数据传输给 DAC0832 产生波形输出。由于 FPGA 是一种高速高密可编程逻辑器件,可以满足题目要求。但是,FPGA 中的 RAM 容量有限,不足以存储足够的原始波形数据,所以,先将数据存储在 EPROM 27C512 中,通过单片机的控制将数据传输给 FPGA,再由 FPGA 将数据高速传送给 DAC0832。

七、波形显示

1. 液晶驱动

本系统采用 LCM12864C(128×64)点阵式液晶屏作为主要显示工具。该液晶屏自带双控制芯片,自动完成液晶控制。该液晶屏具有众多控制字。

程序开始时,先对液晶屏初始化。之后,每次先通过控制字指定开始位置,然后顺序写入点的信息。该液晶屏由两块控制芯片控制,各为(64×64)的方阵。图像点信息按照纵向每 8 个点组成一个字节,每次写入后,都要通过查询液晶屏的状态,等待其写入完成。由于液晶屏的点的组织比较复杂,且与习惯的方向不同,故在程序实现中一般都先在一块内存(即显示缓存)中将各个点全部置好,再一次性写入液晶屏。

程序中开发了对液晶屏上某一点置位的标准函数,使得所有的对液晶的操作可以不考虑液晶屏的点的组织方式。

2. 汉字显示

本系统支持全中文显示。全部的国标汉字点阵信息(12×12)存入在 Flash ROM 中,共192 KB。每个汉字的内码有两个字节(a,b)。每个汉字的内码与其在点阵字库中的偏移量的关系为

$$offset = (a - 0xA1) \times 94 \times 24 + 24 \times (b - 0xA1)$$

每个汉字的点阵信息占用 24 个字节,其结构如下:

000000000000 * * * *

010101001010 * * * *

⋮

001000001000 * * * *

上面每一行为 16 位,即两个字节,**1** 代表有点,**0** 代表没有点。* 是点阵字库为了索引方便而未使用的多余位。全部 32 个字节的点阵信息按照从左到右,从上到下的顺序存放。读取

后，利用位操作和对屏幕上某点置位的函数，可以方便地将点阵描至液晶屏上。

3. 菜单结构

本波形发生器采用全程菜单操作系统。菜单树结构如下。

(1) 预设波形

正弦波：立刻输出正弦波信号。

三角波：立刻输出三角波信号。

方波：立刻输出方波信号。

锯齿波：立刻输出锯齿波信号。

(2) 自定义波形

输入波形：转入手绘任意波形曲线。按“OK”键结束输入，按“C”键重新输入。

保存波形：将当前的波形保存至 Flash ROM 中，保存时要指定其保存的位置号。

输出波形：输出以前保存的自定义波形。需要指定保存的位置号。

退出。

(3) 波形叠加

新建波形：调入一个波形作为混叠的基础。这个波形可以是预设波形，也可以是保存的自定义波形。如果不指定，则使用当前输出的波形作为混叠的基础。

混入波形：指定与当前波形相混叠的波形。可以设置当前波形的幅度比率和频率比率以及混入波的幅度比率和频率比率。比如，若指定当前波形 $A(t)$ 的幅度比率为 a_1，频率比率为 b_1；混入波形 $B(t)$ 的幅度比率为 a_2，频率比率为 b_2，则得到的波形为

$$G(t) = [a_1 \times A(b_1 \times t) + a_2 \times B(b_2 \times t)]/(a_1 + a_2)$$

混叠得到的波形成为当前波形。可以继续与其他波形混叠。混入的波形可以是预设波形，也可以是保存过的手绘的自定义波形。

输出波形：将当前波形输出。

系统初始时以及选择输出波形后，将转入输出参数画面，此时可以对输出波形的频率、幅度进行调整，可以选择进行单次输出和扫频输出。这些调整适用于输出的任何波形。输出频率通过键盘指定，输出幅度通过单击调整按钮：“+/-”进行调整。频率输入最小单位为 10 Hz，可达 300 kHz 以上，幅度调整为 0.1 V 步进。按键盘上“C”键可以回到菜单画面，进行其他选择。

八、频谱分析论证

▶方案一：采用模拟式频谱分析仪。

模拟频谱分析仪以模拟滤波器为基础，通常有并行滤波法、顺序滤波法，可调滤波法、扫描外差法等实现方法，现在广泛应用的模拟频谱分析仪设计多为扫描外差法，此方式原理框图如图 3.3.4 所示。

图中的扫频振荡器是仪器内部的振荡源，当扫频振荡器的频率 f_ω 在一定范围内扫动时，输入信号中的各个频率分量 f_x 在混频器中产生差频信号($f_0 = f_x - f_\omega$)，依次落入窄带滤波器的通带内(这个通带是固定的)，获得中频增益，经检波后加到 Y 放大器，使亮点在屏幕上的垂直偏移正比于该频率分量的幅值。由于扫描电压在调制振荡器的同时，又驱动 X 放大器，从而

可以在屏幕上显示出被测信号的线状频谱图。这是目前常用模拟外差式频谱仪的基本原理。模拟外差式频谱仪具有高带宽和高频率分辨率等优点，但是在对频谱信息的存储和分析上，逊色于新兴的数字化频谱仪方案。

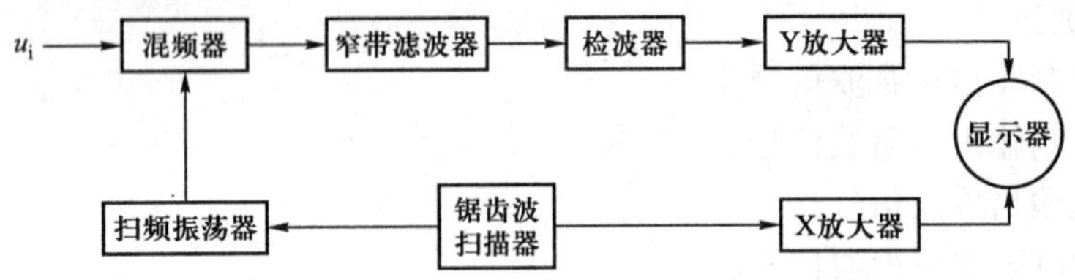

图 3.3.4　模拟外差式频谱分析仪原理框图

▶**方案二：采用数字式频谱分析仪**。

数字式频谱分析系统通常使用高速 A/D 采集被测信号，送入处理器处理，最后将得到的各频率分量幅度值数据送入显示器显示，其组成框图如图 3.3.5 所示。

图 3.3.5　数字式频谱仪组成框图

按照对信号处理方式的不同，数字式频谱仪可分为以下三种：

(1) 基于 FFT 技术的数字频谱仪

这种频谱仪利用快速傅里叶变换可以将被测信号分解成分立的频率分量，达到与传统频谱分析仪同样的结果。这种新型的频谱分析仪采用数字方法直接由模拟/数字转换器(ADC)对输入信号取样，再经 FFT 处理后获得频谱分布图。FFT 技术的数字式频谱分析仪在速度上明显超过传统的模拟式频谱分析仪，能够进行实时分析。但由于 FFT 所取的是有限长度，需要对信号加窗截取，因此，实现高扫频宽度和高频率分辨率需要高速 A/D 转换器和高速数字器件的配合。

(2) 基于数字滤波法的数字式频谱仪

这种频谱仪原理上等同于模拟频谱仪中的并行滤波法或可调整波法，通过设置多个窄带带通数字滤波器，或是中心频率可变的带通数字滤波器，提取信号经过数字滤波器的幅度值，实现测量信号频谱的目的，该方法受到数字器件资源的限制，无法设置足够多的数字滤波器，从而无法实现高频率分辨率和高扫频宽度。

(3) 基于外差原理的数字式频谱仪

"数字式外差"原理是把模拟外差式频谱分析仪中的各模块利用数字可编程器件实现，其原理框图如图 3.3.6 所示。

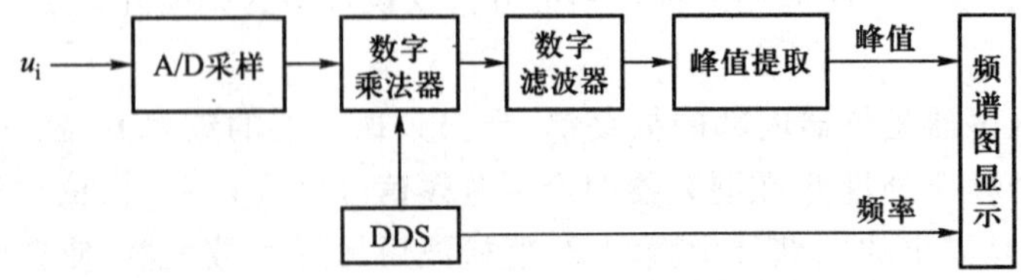

图 3.3.6　基于外差原理的数字式频谱仪原理框图

信号经高速 A/D 采集送入处理器，通过硬件乘法器与本地由 DDS 产生的本振扫频信号混频，下变频后信号不断移入低通数字滤波器，然后提取通过低通滤波器的信号幅度，根据当前频率和提取到的幅度值，绘制当前信号频谱图。

九、失真度分析论证

由式(3.2.2)可知，要进一步减小系统的波形失真，应从如下两方面想办法。

① 增加高频段的取样点数及减小量化间隔 g 值。由于频率范围已扩展到 20 Hz ~ 250 kHz，高频段采样点数偏小，而低频段采样点数又太多。可以将 20 Hz ~ 250 kHz 分为四个频段，Ⅰ:20 ~ 250 Hz；Ⅱ:250 Hz ~ 2.5 kHz；Ⅲ:2.5 kHz ~ 25 kHz，Ⅳ:25 kHz ~ 250 kHz，将高频的时钟频率降低。例如，Ⅳ频段取时钟频率为 10.457 6 × 4 MHz = 41.830 4 MHz。Ⅲ频段取时钟频率为 10.457 6 ÷ 2 MHz = 5.228 8 MHz，Ⅱ频段时钟频率为：5.228 8 ÷ 4 MHz = 1.307 2 MHz。工频段时钟频率为 0.522 88 MHz。这样一来，使高频段失真度下降，而使低频段失真度增加不多。整个系统的失真度下降到 2% 以下。

② D/A 变换后接低通滤波器，而且这个低通滤波器最好采用四阶巴特沃思有源低通滤波器，这对减小失真度极为有利。

十、扫频输出

采用 DDS 技术实现扫频输出非常方便。设扫频一周为 T，将 T 均分为 N 个时间等分，每一个时间间隔改变频率一次。只需改变频率控制字 K 就行了。K 值由低到高。于是频率变化也由低到高变化，当计时器到 T 时自动返回。可以编一段子程序就可实现自动频率扫描。

3.3.3 系统设计

1. 总体设计

(1) 系统框图如图 3.3.7 所示。

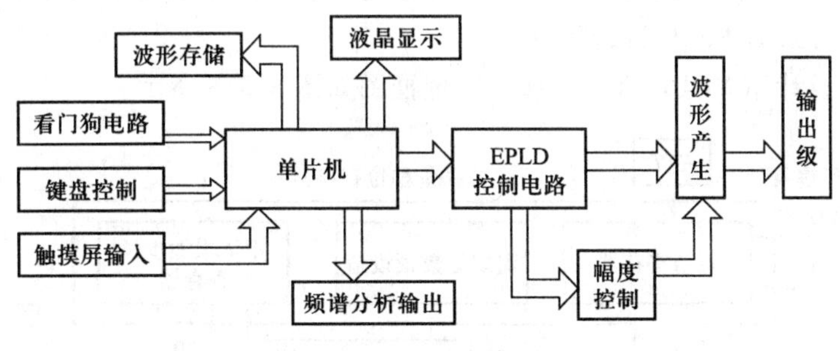

图 3.3.7 系统框图

(2) 各模块说明如下。

① 波形产生电路：用 EPLD 控制 DDS 电路，从存储器读出波形数据，把数据交给 D/A 转换器进行转换得到模拟波形。

② 键盘输入模块：用 8279 控制 4 × 4 键盘，8279 得到键盘码，通过中断服务程序把键盘信息送给单片机。此方案不用单片机控制键盘，使单片机可以腾出更多资源。

③ 液晶显示模块：采用液晶显示可以显示很多信息，接口电路简单，控制方便。

④ 任意波形输入模块：采用触摸屏将手写的任意波形的数据从单片机串口送入系统，也可通过具有 RS-232 接口的外设输入波形数据，供单片机处理。

⑤ 波形 A/D 采集模块：用 MAX574，以 10 kbps 速率对输入信号进行采集。

⑥ 频谱分析模块：采用高效实序列 FFT 算法计算采样信号的频谱。

⑦ 单片机控制模块：系统的主控制器，控制其他模块协调工作。

2．各模块设计及参数计算

（1）频率参数计算、EPLD 设计

题目要求波形频率范围为 100 Hz ~ 200 kHz，步进 ≤100 Hz。为使频率范围扩展到 200 kHz，步进达到 1 Hz，根据

$$f_{out} = \frac{f_{clk}}{2^n} \cdot N$$

$$\Delta f = \frac{f_{clk}}{2^n} = 1$$

因此选取的时钟频率必须为 2^nHz。另外要保证 200 kHz 以上时，取样点数不小于 32 点，以减小失真，这样时钟频率必须大于 6.4 MHz。综合考虑，选取相位累加器时钟频率 8.388 MHz，相位累加器位数为 23 位，频率步进为

$$f_s = \frac{8.388 \times 10^6}{2^{23}} \text{ Hz} = 1 \text{ Hz}$$

相位增量寄存器为 18 位，则最高输出频率为

$$f_{out} = \frac{8.388 \times 2^{18}}{2^{23}} \text{ MHz} = 262.125 \text{ kHz}$$

所以，最低输出频率为 1 Hz。

D/A 转换器的转换时间为 100 ns，可以保证在输出频率为 262 kHz 时，输出 32 个样点。用 EPLD 芯片作为控制电路输出地址，从存储器读出数据送到 D/A 转换器。EPLD 芯片选择了 EPM7128SLC84 - 15，在 8.388 MHz 频率下，时延影响可忽略。为节省单片机的输出引脚，采用串行输入的方式对 EPLD 进行控制。

控制电路的设计用 VHDL 语言实现。原理框图如图 3.3.8 所示。

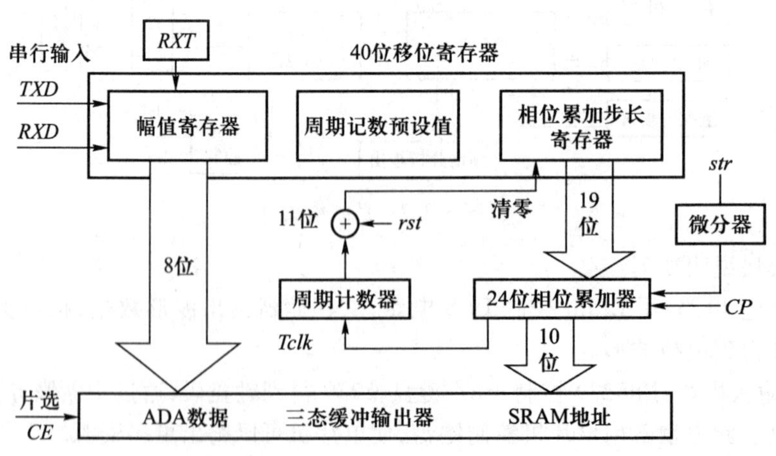

图 3.3.8 控制电路原理框图

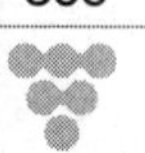

(2) 幅度控制,双 D/A 设计

双 D/A 转换是实现幅度可调和任意波形输出的关键,第一级 D/A 的输出作为第二级D/A 转换的参考电压,以此来控制信号发生器的输出电压。D/A 转换器的电流建立时间将直接影响到输出的最高频率。本系统采用的是 DAC0800,电流建立时间为 100 ns,在最高频率点,一个周期输出 32 点,因此极限频率大概是 300 kHz,本系统的设计为 250 kHz。幅度控制用 8 位 D/A 控制,最高峰 - 峰值为 12.7 V,因此幅度分辨率为 0.1 V。

(3) 滤波、缓冲输出电路(图 3.3.9)设计

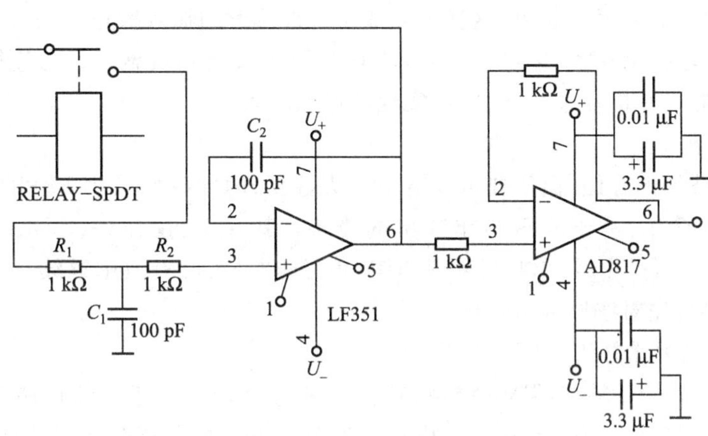

图 3.3.9 滤波、缓冲输出电路

D/A 输出后,通过滤波电路、输出缓冲电路,使信号平滑且具有负载能力。

二阶巴特沃思有源低通滤波器设计:

正弦波的输出频率小于 262 kHz,为保证 262 kHz 频带内输出幅度平坦,又要尽可能抑制谐波和高频噪声,综合考虑取

$$R_1 = 1\ \text{k}\Omega, R_2 = 1\ \text{k}\Omega, C_1 = 100\ \text{pF}, C_2 = 100\ \text{pF}$$

运放选用宽带运放 LF351,用 Electronics Workbench 分析表明:截止频率约为 1 MHz,262 kHz 以内幅度平坦。

为保证稳幅输出,选用 AD817,这是一种低功耗、高速、宽带运算放大器,具有很强的大电流驱动能力。实际电路测量结果表明:当负载 100 Ω、输出电压峰 - 峰值 10 V 时,带宽大于 500 kHz,幅度变化小于 ±1%。

(4) 液晶显示、键盘输入

显示单元采用点阵液晶显示模块。该 LCD 模块是由 LCD 驱动器、LCD 控制器、少量电阻电容以及 LCD 屏组成,具有质量轻、体积小、功耗低、显示内容丰富、指令功能强(可组合成各种输入、显示、移位方式)、接口简单方便(可与 8 位微处理器或控制器相连)、有 8 × 8 bit 的 RAM、可靠性高等优点。

键盘输入模块采用 8279 控制 4 × 4 阵列键盘,采用扫描方式由 8279 得到键盘码,并由中断服务程序把数据送给单片机。此方案不用单片机扫描,占用资源少。

(5) 单片机最小系统

本系统程序代码比较长,约二十几 kbit,使用 PHILIPY 公司的 89C58 单片机,片内有 32 KB

程序 ROM,不必扩展外部 ROM。

本程序需要的 RAM 也是比较大,以进行数据采集、波形存储、FFT 运算、失真度分析等操作,本系统扩展了 32 KB 外部 SRAM。为了方便单片机和 EPLD 存取数据,采用双端口 RAM。

(6) 任意波形输入

方法一:以触摸屏作为前向通道,采集用户在触摸屏上绘制的波形,并将其存储和显示。触摸屏和单片机之间通过串口进行数据传输,波特率为 9 600 Hz。当触摸屏被触及时,它便将被触及点的坐标值进行适当的编码,并打包传给单片机,单片机接收到数据后,对接收到的数据进行适当的处理,然后存储起来,这样就完成了一次波形的输入操作。

方法二:通过串行 RS-232 接口,实现与任何带 RS-232 接口的输入设备连接。只要外部通过 RS-232 接口,向单片机发来数据,即可实现波形的输入。

(7) 掉电存储

对用户输入波形的存储,由于要求掉电不丢失数据,因此我们采用 EEPROM 2817 作为存储器件,2817 操作简单,易于实现与单片机的连接。其片选、读允许、写允许信号均与普通 RAM 接法相同。在写操作时,单片机对其 RDY 信号进行查询,有效则继续写入,无效则等待。每次输出波形之前,先对波形进行存储。

(8) 对 A/D 信号采样进行频谱分析

采样选用 12 位 A/D 转换器 MAX574,其转换时间为 25 μs,考虑到存储及中断调用等时间,选择采样中断时间为 100 μs,这样采样频率为 10 kHz。根据奈奎斯特抽样定理,能够在不发生混叠的情况下对 5 kHz 以下的信号进行 FFT 变换。因此,在输入的前级加了一级截止频率为 5 kHz 的有源低通滤波器。

3. 软件系统

(1) 软件系统流程框图如图 3.3.10 所示。

(2) 波形发生程序和波形回放程序:本系统采取根据输出波形参数实时计算波形样值,把样值存入 SRAM,由 EPLD 控制读出。它可以灵活地输出任意波形,以及波形的任意组合。

(3) A/D 采样输入与存储程序、触摸屏输入与存储程序。

(4) 频谱分析程序:用数字信号处理的方法,通过离散傅里叶变换求出频谱。为了减小运算量,采用实序列 FFT 算法。一个 $2N$ 点的实序列通过一个 N 点复序列的 FFT 和一些简单运算就可以完成。

系统设计图如图 3.3.11 所示。

3.3.4 调试过程

根据方案设计的要求,调试过程共分三大部分:硬件调试、软件调试和软硬件联调。

电路按模块调试,各模块逐个调试通过后再联调。单片机软件先在最小系统板上调试,确保外部 EPROM 及 RAM 工作正常之后,再与硬件系统联调。

1. 硬件调试

(1) EPLD 控制电路和调试:调试时,使用逻辑分析仪,分析 EPLD 输入/输出,可以发现时序与仿真结果是否有出入,便于找出硬件电路中的故障。

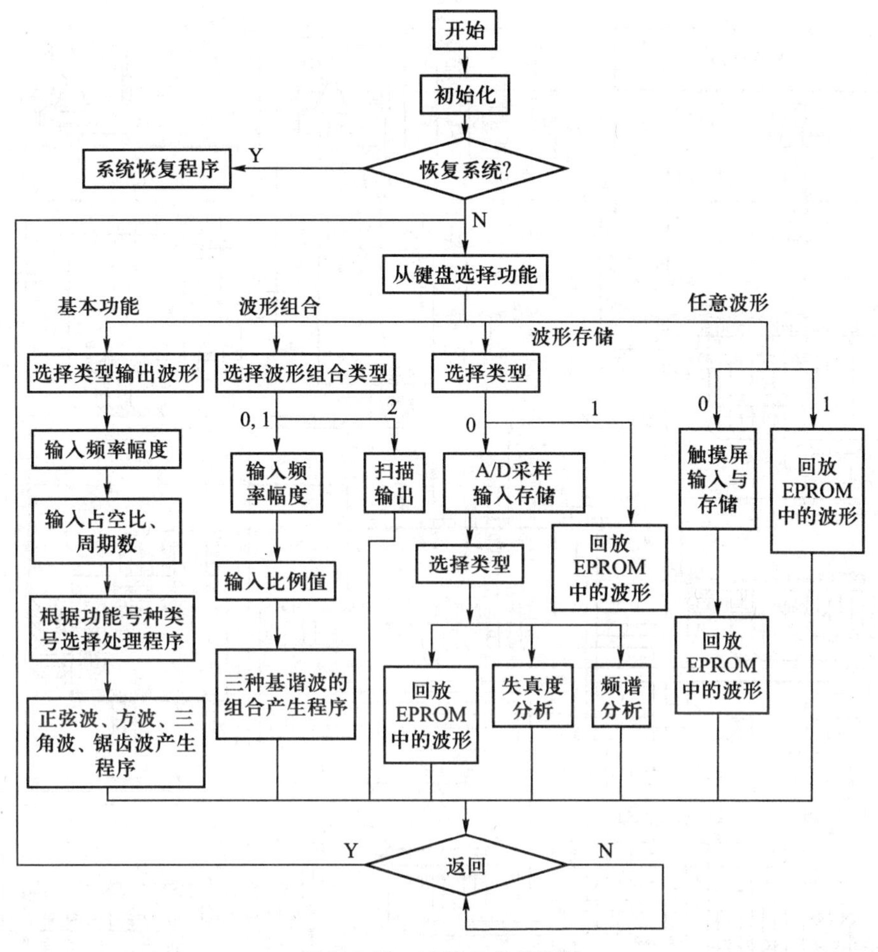

图 3.3.10　系统软件流程图

(2) 高频电路抗干扰设计:EPLD 的时钟频率很高,对周围电路有一定影响。设计采取了一些抗干扰措施。例如,引线尽量短,减小交叉,每个芯片的电源与地之间都接有去耦电容,数字地与模拟地分开。实践证明,这些措施对消除某此引脚上的"毛刺"及高频噪声起到了很好的效果。

(3) 运算放大器的选择:由于输出频率达到几百千赫兹,因此对放大器的带宽有一定要求。所以,在调试滤波电路和缓冲输出电路时,都选择了高速宽带运放。

2. 软件调试

本系统的软件系统很大,全部用 C51 来编写,由于一般仿真器对 C51 的支持都有一定的缺陷,软件调试比较复杂。除了语法差错和逻辑差错外,在确认程序没问题后,通过直接下载到单片机来调试。采取的是自下到上的调试方法,即单独调试好每一个模块,然后再连接成一个完整的系统调试。

3. 软、硬件联调

该系统的软件和硬件之间的联系不是十分紧密,一般是软件计算完毕之后,将数据存入 RAM,然后由 EPLD 控制读出 RAM 中的数据,从而产生波形。因此在软硬件都基本调通的情况下,系统的软硬件联调难度不是很大。

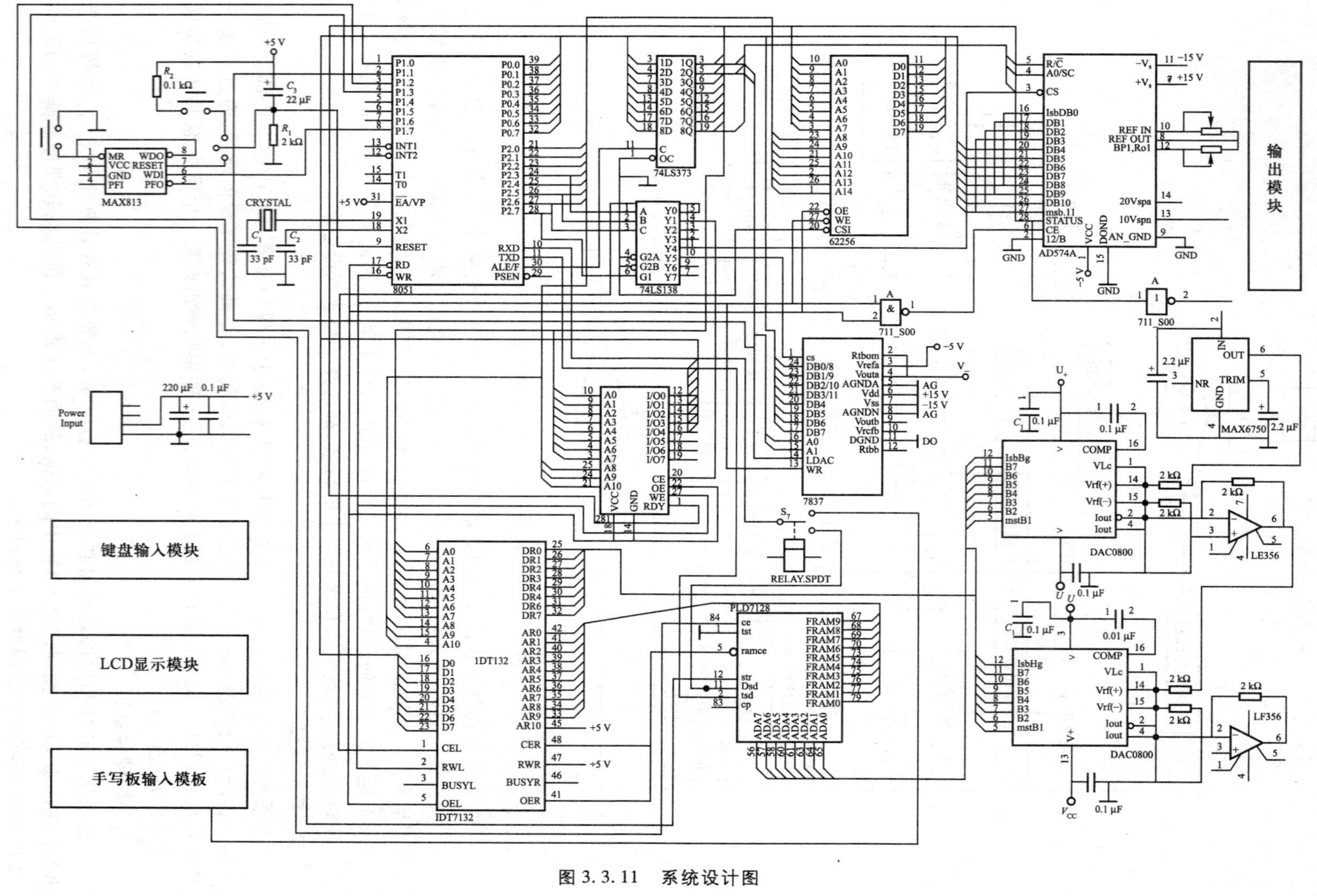
输出模块
键盘输入模块
LCD显示模块
手写板输入模块
AD574A
62256
74LS373
74LS138
8051
IDT7132
MAX813
MAX6750
DAC0800
LF356
7837
PLD7128
RELAY.SPDT
CRYSTAL
Power Input

图 3.3.11　系统设计图

3.3.5 指标测试

1. 测试仪器

频率计:SAMPO CN3165

交流有效值测试表:HP34401

存储示波器:Agilent 54622D

示波器:Hitachi V - 1060

2. 指标测试

(1) 输出波形频率范围测试,测试数据如表 3.3.2 所示。

表 3.3.2 输出波形频率范围测试数据一览表

预置频率/Hz	输出频率/Hz			负载电阻/Ω
	正弦波	方波	三角波	
1	1.000 2	1.000 2	1.000 2	100
10	10.003	10.003	10.003	100
100	100.020	100.02	100.02	100
200	200.050	200.05	200.05	100
1 000	1 000.2	1 000.2	1 000.2	100
2 000	2 000.5	2 000.5	2 000.5	100
10 000	10 002	10 002	10 002	100
20 000	20 005	20 005	20 005	100
100 000	100 020	100 020	100 020	100
200 000	200 050	200 050	200 050	100
250 000	250 070	250 070	250 070	100

由表可以看出,在频率稳定度方面,正弦波、方波、三角波在带负载的情况下均十分稳定,这正是体现了 DDS 技术的特点,输出频率稳定度和晶振稳定度在同一数量级。

(2) 输出波形幅度范围测试

在 250 kHz 正弦波条件下,测得的输出幅度数据如表 3.3.3 所示。

表 3.3.3 输出幅度测试数据一览表

预置幅度/V	输出幅度(负载电阻 97 Ω)		输出幅度(负载电阻∞)		负载变化率
	有效值/V	峰 - 峰值/V	有效值/V	峰 - 峰值/V	
0.1	0.035	0.098 980	0.035	0.098 980	0
0.5	0.176	0.497 728	0.177	0.500 560	0.56%
1.0	0.353	0.998 284	0.354	1.001 112	0.28%

续表

预置幅度/V	输出幅度(负载电阻 97 Ω)		输出幅度(负载电阻∞)		负载变化率
	有效值/V	峰-峰值/V	有效值/V	峰-峰值/V	
1.5	0.529	1.496 012	0.531	1.501 668	0.38%
2.0	0.706	1.996 568	0.708	2.002 224	0.28%
5.0	1.765	4.991 420	1.765	4.991 420	0
10.0	3.535	9.996 980	3.543	10.019 604	0.23%

由表可见,在电压稳定度方面:电压的绝对值和预置值之差,及带载和不带负载情况下输出电压之差均符合题目要求。

3.3.6 结论

本系统设计不仅完成了题目的基本功能、基本指标,而且有了很大的发挥,现将题目要求指标及系统实际性能列表如下。

基本要求	发挥要求	实际性能
产生正弦波、方波、三角波 3 种周期性波形		实现,还可产生锯齿波
三种基本波形的线性组合波形,以及基波及其谐波线性组合的波形		实现
波形存储功能		2k EEPROM 存储
频率范围 100 Hz ~ 20 kHz	100 Hz ~ 200 kHz	1 Hz ~ 250 kHz
频率步进≤100 Hz		步进 1 Hz
输出波形峰-峰值 0 ~ 5 V		峰-峰值 0 ~ 10 V
幅度步进 0.1 V		实现
显示输出波形的类型、频率、幅度		液晶显示
	用键盘或其他输入装置产生任意波形	A/D 采样,触摸屏输入,RS-232 串口输入
	稳幅输出功能,负载变化时,输出电压幅度变化不大于 3%(负载电阻变化范围 100 Ω ~ ∞)	小于 ±1%
	掉电存储功能	实现
	可产生单次或多次特定波形	任意半周期数输出(1 024 次以下)
	其他	对采样信号进行频谱分析,扫频输出,方波占空比可调,三角波上升,下降时间可调

3.4 信号发生器

[2007年全国大学生电子设计竞赛H题(高职高专组)]

一、任务

设计并制作一台信号发生器,使之能产生正弦波、方波和三角波信号,其系统框图如图3.4.1所示。

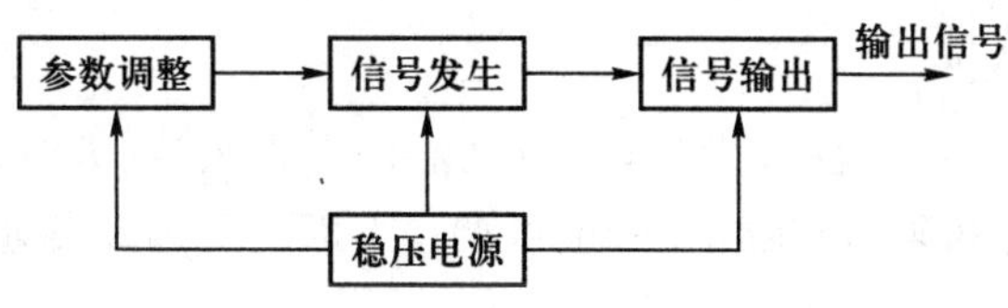

图3.4.1 信号发生器系统框图

二、要求

1. 基本要求

(1) 信号发生器能产生正弦波、方波和三角波三种周期性波形。

(2) 输出信号频率在100 Hz~100 kHz范围内可调,输出信号频率稳定度优于10^{-3}。

(3) 在1 kΩ负载条件下,输出正弦波信号的电压峰-峰值$U_{O(PP)}$在0~5 V范围内可调。

(4) 输出信号波形无明显失真。

(5) 自制稳压电源。

2. 发挥部分

(1) 将输出信号频率范围扩展为10 Hz~1 MHz,输出信号频率可分段调节:在10 Hz~1 kHz范围内步进间隔为10 Hz;在1 kHz~1 MHz范围内步进间隔为1 kHz。输出信号频率值可通过键盘进行设置。

(2) 在50 Ω负载条件下,输出正弦波信号的电压峰-峰值$U_{O(PP)}$在0~5 V范围内可调,调节步进间隔为0.1 V,输出信号的电压值可通过键盘进行设置。

(3) 可实时显示输出信号的类型、幅度、频率和频率步进值。

(4) 其他。

3.4.1 题目分析

信号发生器是课程设计、毕业设计和电子设计培训的常见题目,在往届的电子设计竞赛中也已出现过(如2001届的波形发生器),此次则是作为高职高专组的选题再度出现。根据近几届命题的特点来看,要求自制信号源、内置信号源的题目出现频率较高,因此作为信号源主流设计技术的DDS(直接数字频率合成)已成为参赛选手必备的一项基本功。通过对题目仔细分析,可以得出作品的设计指标和功能如下。

设计指标:

(1) 输出信号频率在100 Hz~100 kHz范围内可调,扩展为10 Hz~1 MHz,输出信号频率

稳定度优于 10^{-3}；

(2)在 1 kΩ 负载条件下，输出正弦波信号的电压峰－峰值 $U_{O(PP)}$ 在 0～5 V 范围内可调，扩展为在 50 Ω 负载条件下，调节步进间隔为 0.1 V；

(3) 输出信号波形无明显失真。

实现功能：

(1) 信号发生器能产生正弦波、方波和三角波三种周期性波形；

(2) 可实时显示输出信号的类型、幅度、频率和频率步进值。

3.4.2 方案论证

赛题要求设计并制作一台信号发生器，使之能产生正弦波、方波和三角波三种周期性波形，并要求输出信号频率可调，电压峰－峰值可调。下面对可选方案进行论证与比较：

►方案一：采用模拟分立元件或单片函数发生器方案。

采用模拟分立元件或单片函数发生器（如 8038），可产生正弦波、方波、三角波，通过调整外部元件参数可改变输出频率，但由于模拟电路元器件本身的离散性、热稳定性差和精度低等缺点，其频率稳定度较差、精度低、抗干扰能力弱、灵活性也不强。

►方案二：采用锁相环频率合成方案。

锁相式频率合成在一定程度上解决了既要频率稳定精确、又要频率在较大范围可调的矛盾。但输出频率受可变频率范围的影响，高低频率比不可能做得很高，而且只能产生方波或正弦波、不能满足三角波的要求。为实现三角波输出还需外加积分电路，使电路变复杂，也不便于调节。

►方案三：采用直接数字式频率合成方案。

DDS 技术具有输出频率相对带宽较宽，频率转换时间极短，频率分辨率高，全数字化结构便于集成，以及相关波形参数如：频率、相位和幅度等均可实现程控等优点，目前得到广泛应用。由于要求产生三种波形，而芯片只能产生正弦波，需外接积分电路才能产生相关波形导致电路复杂，加大误差。因此采用 FPGA 实现 DDS 功能代替集成芯片（AD9852）。

综上所述，选择方案三实现赛题要求。系统框图如图 3.4.2 所示，其工作流程为：首先通过键盘输入需要输出的波形参数，进入单片机处理，将相应参数通过 LCD 显示，同时数据输入到 FPGA 中，根据 DDS 原理生成相应波形，经 VGA 调整输出所需的波形幅度，通过滤波、功率放大，输出所需的波形由示波器显示。

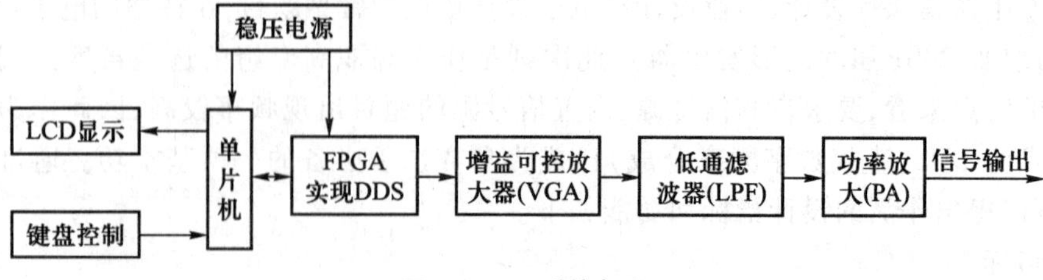

图 3.4.2　系统框图

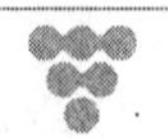

3.4.3 硬件设计

1. 信号发生器

DDS 的工作过程为根据时钟脉冲 f_c，n 位累加器将频率控制字循环累加，把相加后的结果通过相位寄存器作为取样地址送波形表，波形表根据这个地址值输出相应的波形数据。最后经 D/A 转换和滤波将波形数据转换成所需的波形，其原理框图如图 3.4.3 所示。

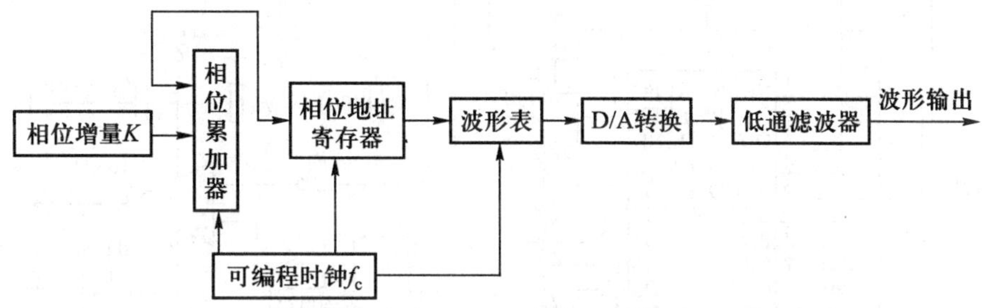

图 3.4.3　信号发生器原理框图

根据题目要求，设计输出频率为 1 Hz～1.2 MHz，且最小步进为 1 Hz。由 DDS 计算公式 $f_{out}=K\frac{f_c}{2^n}$，得到相位累加器 n 为 30 位，K 最大为 225，波形表的深度为 4096。

2. 稳压电源

根据需要自制一个输出的稳压电源。稳压电源一般由变压器、整流桥和稳压器三部分组成，从市电经变压、整流、滤波后，经稳压器 LM317、LM337 稳压输出。LM317、LM337 输出电压为：$U_o\approx1.25\times(R_3/R_4+1)$；$U_o\approx1.25\times(R_2/R_5+1)$，通过设置电阻可以得到需要的电压输出。稳压电源原理图如图 3.4.4 所示。

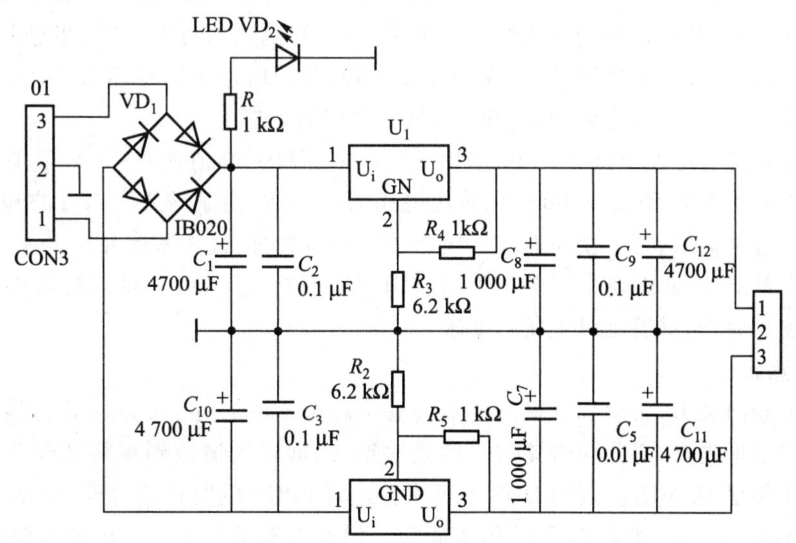

图 3.4.4　稳压电源原理图

3. DAC 电路

电路如图 3.4.5 所示。综合考虑赛题中的基本和发挥部分,为保证输出信号频率稳定度优于 10^{-3},D/A 转换芯片选用 MAX5181。MAX5181 是 10 bit,40 MHz 电流输出型的 DAC,双向输出。

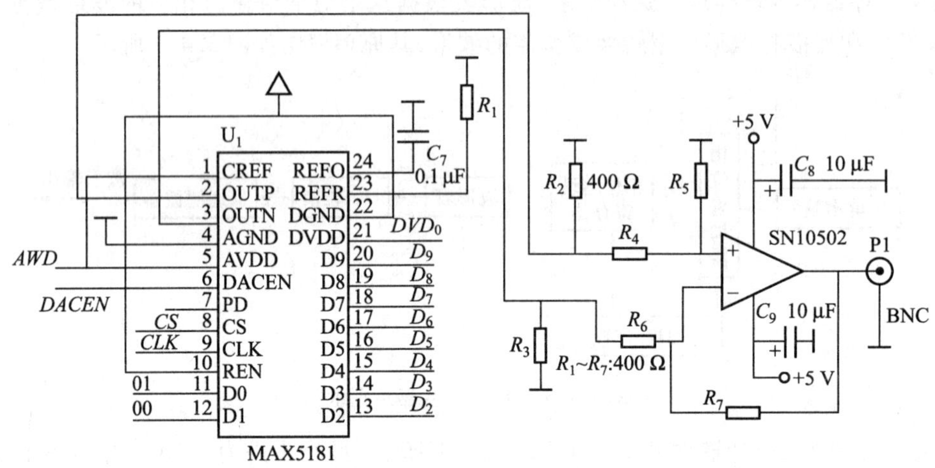

图 3.4.5 DAC 电路

电路的工作原理可简单概括为:通过 REFR 和 REFO 接参考电阻时,REN 为低电平,使它内部产生 1.2 V 的参考电压,当时钟端 *CLK* 认为低电平有效时采样数据通过 D0 ~ D9 的数据端经过 D/A 转换,转换到 OUTP 和 OUTN 输出,再经过 SN10502 运放组成的减法电路实现电流转换为电压单端输出到后级电路。

4. 可变增益放大及功率放大

电路如图 3.4.6 所示。在实验中发现频率越高、信号幅度衰减越严重,这样就不能实现发挥部分要求:输出正弦波信号的电压峰 - 峰值在 0 ~5 V 范围内可调,调节步进间隔为 0.1 V,根据以上的要求,通过计算倍数 $A=5\ \text{V}/0.1\ \text{V}=50$,选用增益可程控运放 AD603。通过合理设计控制电压,其放大倍数可以达到 100,满足了我们的需求。

为完成发挥部分中在负载条件下、输出正弦波电压峰 - 峰值在 0 ~5 V 范围内可调,计算其输出最大电流为 5 V/50 Ω = 100 mA、输出电压为 0 ~5 V,由于需要输出方波和三角波,它们是由高次谐波叠加而成,为了使所有输出波形没有明显失真,最大考虑九次谐波。题目中要求最大频率为 1 MHz,因此需要带宽至少为 10 MHz 的运放。总结以上对运放的要求,最终选用 THS3001 高速运放,能够满足以上所有要求。

5. 低通滤波器

为了保证输出波形,必须加入低通滤波器滤除高频分量。由于要求输出方波及三角波,为了不使其输出波形失真,必须包含该波形的高次谐波,即最大谐波频率将达到 7 MHz,所以滤波器的带宽要保证 10 MHz。因为 DDS 不可避免地将 FPGA 的时钟信号即(DDS 的采样频率)夹杂入输出波形中,必须要将该采样频率滤除。根据需要设计了三阶低通滤波器,结构如图 3.4.7 所示。

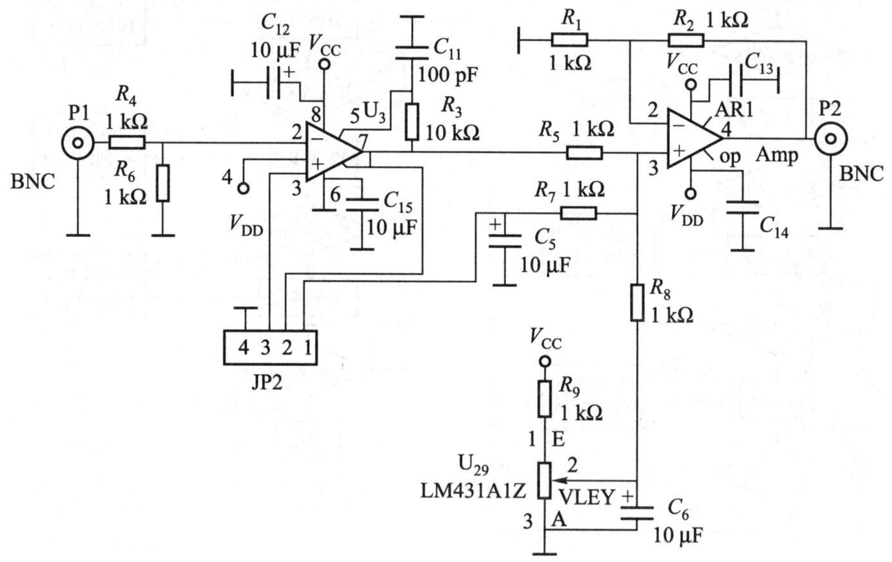

图 3.4.6　可变增益放大电路

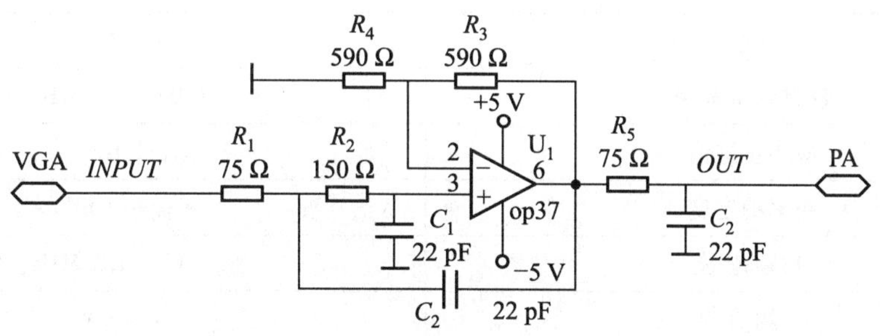

图 3.4.7　三阶低通滤波器

3.4.4　软件设计

软件部分主要完成控制和显示功能，各种波形可以通过键盘进行设置，并由 LCD 显示各个设置的数值，流程图如图 3.4.8 所示。

3.4.5　测试方案与测试结果

1. 指标要求（见表 3.4.1）

2. 测试结果分析

（1）本系统对波形一个周期存放 4096 个数据点，因此输出波形失真较小，精度较高。

（2）本系统的输出使用增益可程控运放和高速功率放大器，保证在负载条件下，输出正弦波信号的电压峰－峰值 $V_{O(PP)}$ 在 0～5 V 范围内可调。

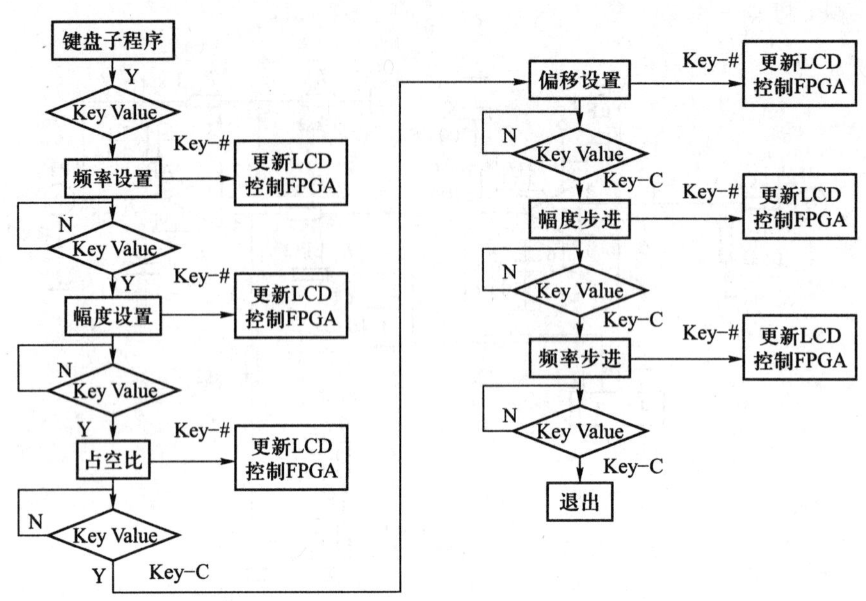

图 3.4.8　系统流程图

表 3.4.1　整 体 指 标

参数	指标
输出频率范围	1 Hz ~ 1.2 MHz
最小步进值	1 Hz
频率稳定度	优于 10^{-4}
扫频范围	1 Hz ~ 1.2 MHz
幅值	0 ~ 5 V
直流偏移量	0 ~ 5 V
占空比	20% ~ 80%

滤波器设计

全国大学生电子设计竞赛试题中涉及滤波器的设计内容很多,但单独出题的却少见。只是在2007年程控滤波器(D题)[本科组]和可控放大器(Ⅰ题)[高职高专组]两题涉及程控滤波器设计,本章主要介绍开关电容滤波器(SCF)原理及应用。

4.1 开关电容滤波器

在模拟电子技术基础课程介绍的有源 *RC* 滤波器电路,由于要求有较大的电容和精确的 *RC* 时间常数,以致在芯片上制造集成组件难度较大,甚至不可能。在信号与系统课程介绍的切比雪夫滤波器、椭圆滤波器等滤波器中,又涉及大电感和大电容,也难于在芯片上制造集成组件。随着 MOS 工艺的迅速发展,用模拟开关电容、运算放大器组成的开关电容滤波器(SCF)已于1975年实现了单片集成化。这种滤波器不需要模/数转换器,可以对模拟量的离散值直接进行处理。与数字滤波器比较,省略了量化过程,因而具有处理速度快、整体结构简单等优点。此外,它制造简易、价廉,因而受到各方面重视,是目前发展迅速的滤波器之一。

4.1.1 基本原理

开关电容滤波器的基本原理是电路两节点间接有带高速开关的电容器,其效果相当于该两节点间连接一个电阻。图4.1.1(a)是一个有源 *RC* 积分器。在图4.1.1(b)中,用一个接地电容 C_1 和用作开关的双 MOS 三极管 VT_1、VT_2 来代替输入电阻 R_1。

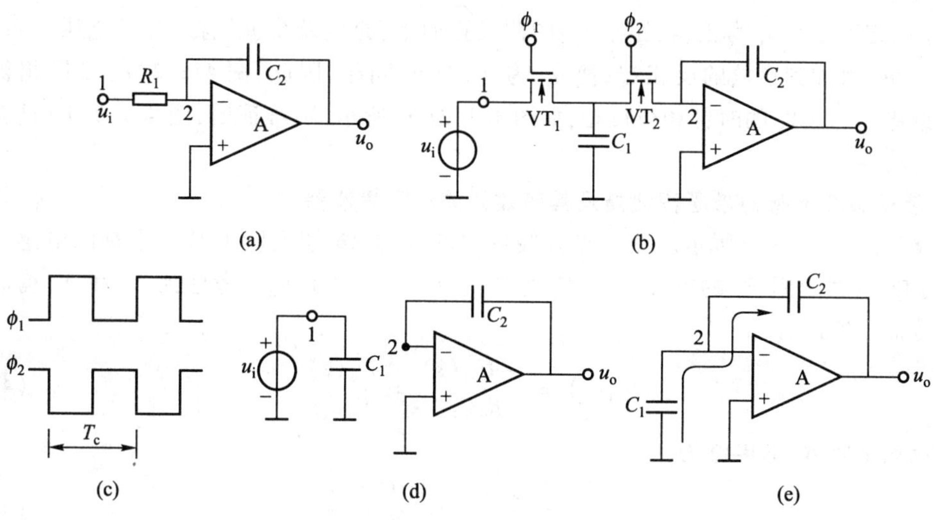

图4.1.1 开关电容滤波器的基本原理

图中 VT_1、VT_2 用一个不重叠的两相时钟脉冲来驱动。图 4.1.1(c)画出了这种时钟波形 ϕ_1 和波形 ϕ_2。假设时钟脉冲频率 $f_c(f_c=1/T_c)$ 远高于信号频率。那么,在 ϕ_1 为高电平时,VT_1 导通而 VT_2 截止如图 4.1.1(d)所示。此时 C_1 与输入信号 u_i 相连并被充电,即有

$$g_{C_1} = C_1 u_i$$

而在 ϕ_2 为高电平期间,VT_1 截止,VT_2 导通。于是,C_1 转接到运放的输入端,如图 4.1.1(e)所示。此时 C_1 放电,所充电荷 g_{C_1} 传输到 C_2 上。

由此可见,在每一个时钟周期 T_c 内,从信号源中提取的电荷 $g_{C_1}=C_1u_i$ 供给了积分电容 C_2。因此,在节点 1、2 之间流过的平均电流为

$$I_{av} = \frac{C_1 u_i}{T_c}$$

如果 T_c 足够短,可以近似认为这个过程是连续的,因而可以在两节点之间定义一个等效电阻 R_{eq},即

$$R_{eq} = \frac{u_i}{I_{av}} = \frac{T_c}{C_1} \tag{4.1.1}$$

这样,就可得到一个等效的积分器时间常数 τ,即

$$\tau = C_2 R_{eq} = T_c \frac{C_2}{C_1} \tag{4.1.2}$$

显然,影响滤波器频率响应的时间常数取决于时钟周期 T_c 和电容比值 C_2/C_1,而与电容的绝对值无关。在 MOS 工艺中,电容比值的精度可以控制在 0.1% 以内。这样,只要合理选用时钟频率(如 100 kHz),和不太大的电容比值(如 10),对于低频应用来说,就可获得合适的大时间常数(如 10^{-4} s)。

4.1.2 实际电路

1. 同相开关电容积分器和反相开关电容积分器

开关电容积分器电路如图 4.1.2 所示。由图 4.1.2(a)可知,当 ϕ_1 为高电平,VT_1、VT_3 导通,u_i 对 C_1 充电;当 u_i 为正,在图示 u_{C_1} 的假设正向下,充电结果 u_{C_1} 有一个负电压。当 ϕ_2 为高电平时,u_{C_1} 将加到运放的反相端,使 u_C 为正,与 u_i 同相,因此,图 4.1.2(a)是同相积分电路。如果将 VT_3、VT_4 的时钟相位反相,如图 4.1.2(b)所示,不难证明,图 4.1.2(b)具有反相积分器的功能。

2. 使用有源电感的带通滤波器及其等效开关电容滤波器

电路如图 4.1.3(a)所示。图中点画线框内部分的 AB 端实际上是一个有源电感。由图 4.1.3 可知,流过电阻 R_2 的电流由 u_{o3} 所决定,而 u_{o3} 又取决于 u_B。考虑到 A_2 和 A_3 构成一个同相积分器。所以有

$$U_{o3}(s) = \frac{-U_{o2}(s)}{R_3C_2s} = \frac{U_B(s)}{R_3C_2s} \tag{4.1.3}$$

故流过反馈电阻 R_2 的电流为

$$I_4(s) = \frac{U_{o3}(s)}{R_2} = \frac{U_B(s)}{R_2R_3C_2s} \tag{4.1.4}$$

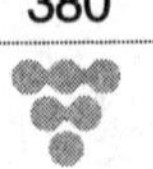

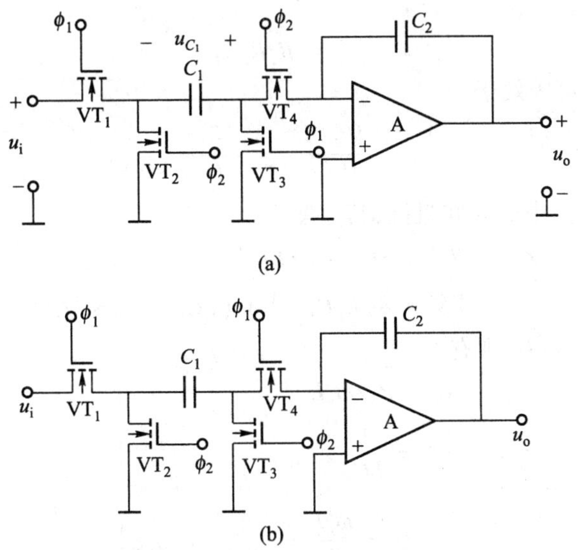

图 4.1.2　开关电容积分器电路

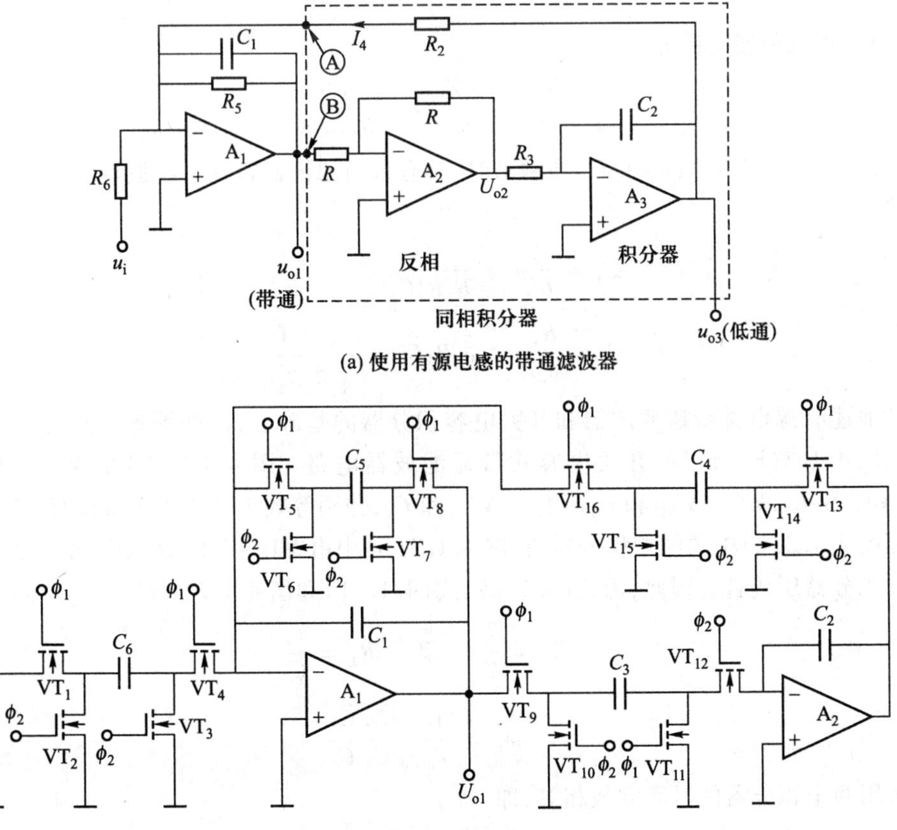

(a) 使用有源电感的带通滤波器

(b) 利用开关电容组成的带通滤波器

图 4.1.3

因此,等效有源电感为

$$L = R_2 R_3 C_2 \tag{4.1.5}$$

整个电路的传递函数可等效于

$$\frac{U_{o1}(s)}{U_i(s)} = -\frac{Z_f}{R_6} \tag{4.1.6}$$

式中,Z_f 为 A_1 反馈回路中的并联阻抗,其导纳为

$$\begin{aligned} Z_f^{-1} &= R_5^{-1} + SC_1 + (SL)^{-1} \\ &= [S^2 + S(R_5 C_1)^{-1} + (LC_1)^{-1}](S^{-1}C_1) \end{aligned} \tag{4.1.7}$$

如果引入特征频率 ω_n 和 Q,则有

$$\left.\begin{aligned} Q &= R_5/\omega_n L \\ \omega_n^2 &= \frac{1}{LC_1} \\ \omega_n/Q &= \frac{\omega_n^2 L}{R_5} = \frac{1}{R_5 C_1} = \omega_n \alpha \end{aligned}\right\} \tag{4.1.8}$$

$$\frac{1}{Z_f} = \frac{C_1}{S}(S^2 + \alpha\omega_n S + \omega_n^2) \tag{4.1.9}$$

因此,可求得其传递函数为

$$A(s) = \frac{U_{o1}(s)}{U_i(s)} = \frac{-Z_f}{Z_i} = -\frac{S}{R_6 C_1}\frac{1}{S^2 + \alpha\omega_n S + \omega_n^2} \tag{4.1.10}$$

上式表明,图 4.1.3(a)由 U_{o1} 端输出时,具有带通滤波器特性。滤波器的参数和元件值的关系是

$$\left.\begin{aligned} \omega_n^2 &= \frac{1}{LC_1} = \frac{1}{R_2 R_3 C_2 C_1} \\ \text{和} \quad Q &= \frac{R_5}{\omega_n L} = \omega_n R_5 C_1 = \frac{R_5 C_1}{\sqrt{R_2 R_3 C_2 C_1}} \end{aligned}\right\} \tag{4.1.11}$$

在前述有源电感带通滤波器和开关电容积分器的基础上,根据等效关系,由图 4.1.3(a)可得到图 4.1.3(b)所示的开关电容式带通滤波器电路。图 4.1.3(b)中 $VT_1 \sim VT_4$ 和 C_6,$VT_5 \sim VT_8$ 和 C_5,$VT_9 \sim VT_{12}$ 和 C_3,$VT_{13} \sim VT_{16}$ 和 C_4,分别等效于图 4.1.3(a)中的 R_6、R_5、R_3 和 R_2。而图 4.1.3(a)中的同相积分器,在图 4.1.3(b)中由 $VT_9 \sim VT_{12}$、C_3、C_2 和运放 A_2 所组成的同相积分器所代替。因此,由式(4.1.1)、式(4.1.11)和图 4.1.3 可得

$$R_3 = \frac{T_c}{C_3} \quad \text{和} \quad R_2 = \frac{T_c}{C_4} \tag{4.1.12}$$

$$\omega_n = \frac{1}{T_c}\sqrt{\frac{C_3}{C_2}\frac{C_4}{C_1}} \tag{4.1.13}$$

通常选用两个积分器的时间常数相等,即

$$\frac{T_c}{C_3}C_2 = \frac{T_c}{C_4}C_1 \tag{4.1.14}$$

若进一步令

$$C_1 = C_2 = C \tag{4.1.15}$$

$$C_3 = C_4 = kC \tag{4.1.16}$$

则由式(4.1.13)有

$$k = \omega_n T_c \tag{4.1.17}$$

由于时间常数相等,可求出

$$Q = \frac{C_4}{C_5} \tag{4.1.18}$$

于是 C_5 为

$$C_5 = \frac{C_4}{Q} = \frac{kC}{Q} = \omega_n T_c \frac{C}{Q} \tag{4.1.19}$$

由前面分析可知,电阻、电感、积分器、滤波器等均可以用有源模拟开关、运放、电容构成的电路进行等效。若将它们集成在一块芯片时,就可以构成各类滤波器芯片。例如 LTC1068、LTC1068 -200、LTC1068 -50、LTC1068 -25、MAX264 等均属于可编程滤波电路集成芯片。下面以 LTC1068 芯片为例,详细介绍它的内部结构、工作原理及应用电路。

4.1.3 LTC1068 介绍

一、LTC1068 的内部结构框图

LTC1068 集成芯片有 28 脚和 24 脚两种,其引脚图如图 4.1.4 所示。其内部原理框图如图 4.1.5 所示,它由四个同样的时钟可调的二阶滤波器所组成。

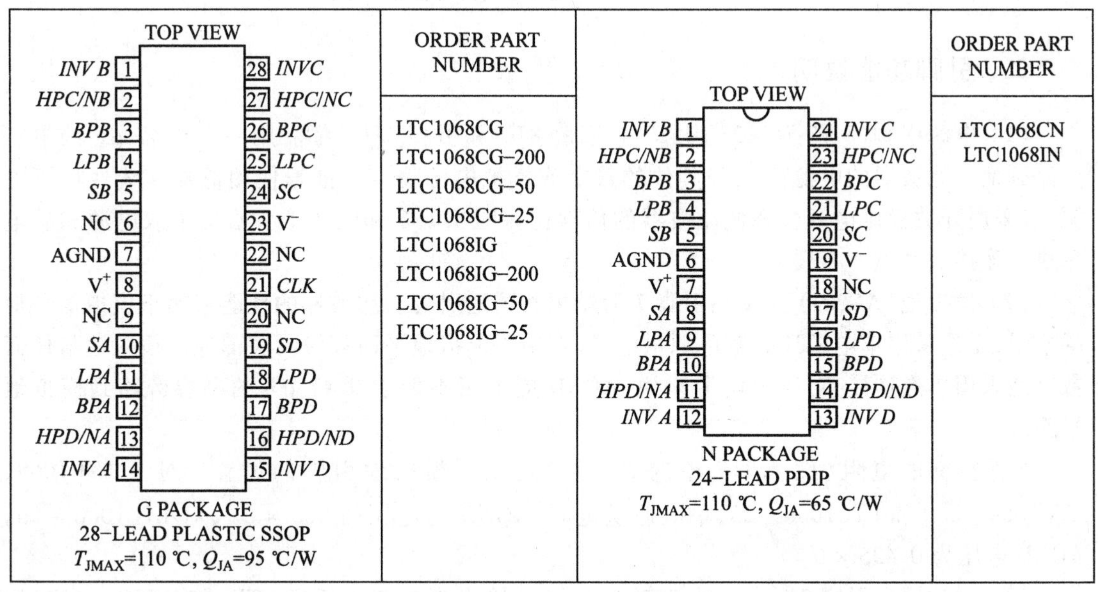

图 4.1.4 LTC1068 引脚图

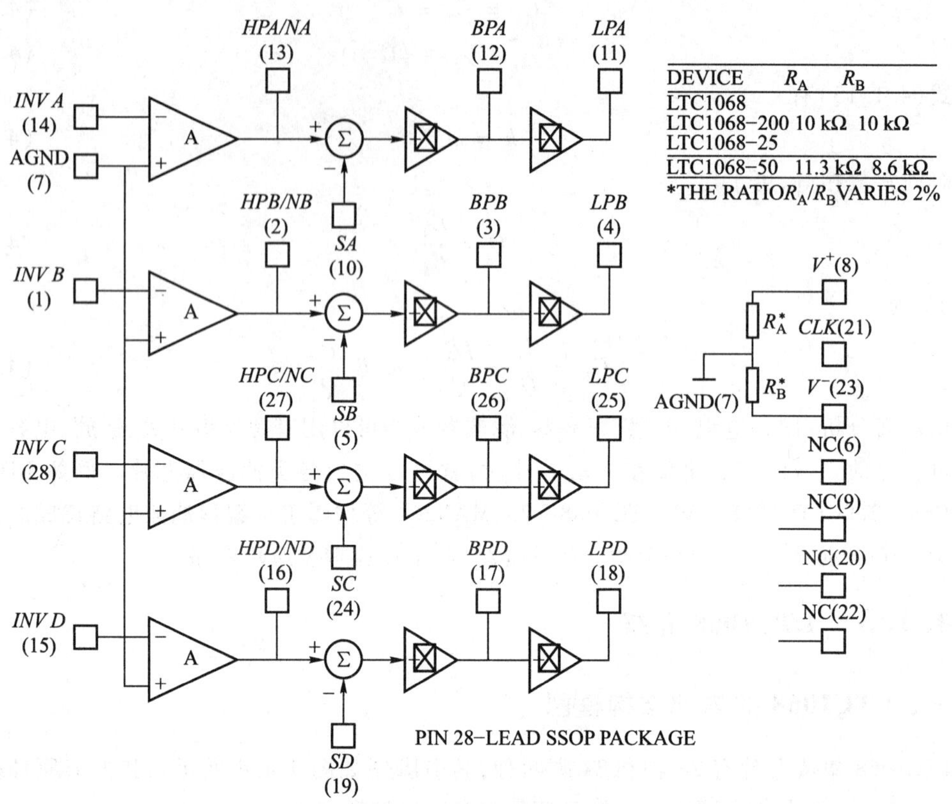

图 4.1.5　LTC1068(28 脚封装)内部原理框图

二、引脚功能说明

(1) 电源引脚(8 脚:U^+;23 脚:U^-):引脚 8U^+ 和引脚 23U^- 都需用一个 0.47 μF 的电容旁路到地。滤波器的电源应当与其他的数字或模拟电源隔离。推荐使用低噪声线性稳压电源,若采用开关稳压电源会降低滤波器的信噪比。图 4.1.6 和图 4.1.7 给出了双电源和单电源供电连接。

(2) 模拟地(AGND)引脚 7:引脚 7 为模拟共同地引脚。滤波器的性能依赖于模拟信号地的质量,无论采用单电源还是双电源供电,推荐采用模拟地平面环境封装部件。模拟地与任何数字地采用单点连接,对于单电源来说,AGND 应采用不低于 0.47 μF 的电容旁路到模拟地平面。

两个内部的电阻(图 4.1.7 中的 R_A、R_B)提供了模拟地引脚的偏置。对于 LTC1068, LTC1068 - 200 和 LTC1068 - 25,单电源供电时,AGND 的电压为 $0.5 \times U^+$;对 LTC1068 - 50, AGND 电压为 $0.435 \times U^+$。

(3) 时钟输入引脚 21:占空比 50% (±10%)输出为方波的任何 TTL 或者 CMOS 时钟源都能满足本部件,时钟源的电源不应是滤波器的电源,滤波器的模拟地只能单点连接于时钟地。表 4.1.1 给出了采用单电源或双电源时的时钟的高低阈值电平。

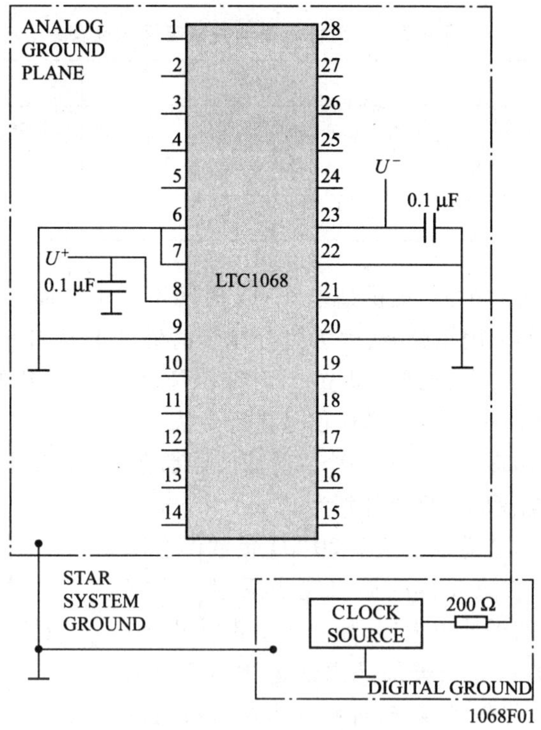

图 4.1.6　双电源供电连接图

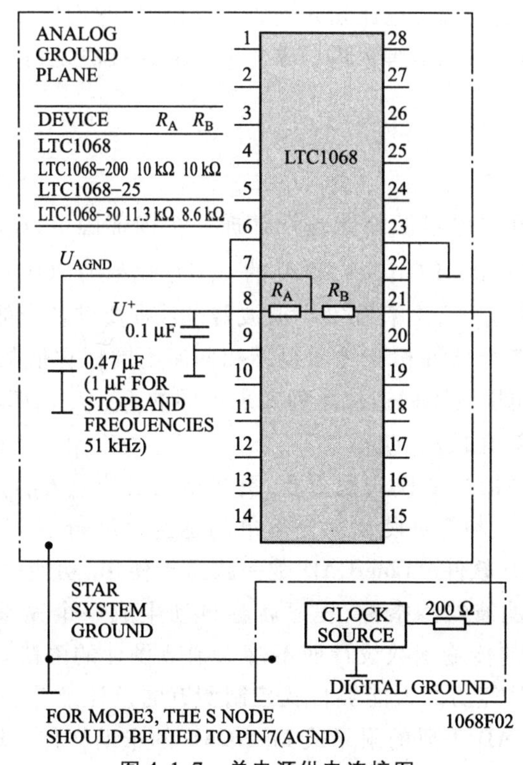

图 4.1.7　单电源供电连接图

表 4.1.1　时钟源高低阈值电平一览表

电源	高电平	低电平
双电源 = ±5 V	≥1.53 V	≤0.53 V
单电源 = ±5 V	≥1.53 V	≤0.53 V
单电源 = ±3.3 V	≥1.20 V	≤0.53 V

采用脉冲发生器作为时钟源,提供高电平 ON 时间不少于脉冲周期的 25%。输入频率少于 100 kHz 的时钟不推荐采用正弦波,因为过分减慢时钟的上升和下降时间会产生内部时钟不稳定(最大时钟上升或者下降时间≤1 μs),时钟信号应从 IC 封装的右面布线,并与模拟信号的走线互相垂直,防止时钟信号对模拟信号进行干扰。

(4) 输出引脚:LTC1068 部件的每一个二阶滤波器都有三个输出端口,如图 4.1.5 所示。每个输出的上拉电流和灌电流的典型值分别为 17 mA 和 6 mA。设计任何滤波器连接同轴电缆或者低于 20 kΩ 负载都会降低其总谐波失真性能。故滤波器的输出应当采用一个宽带、低噪声、高转换速率的缓冲放大器,如图 4.1.8 所示。

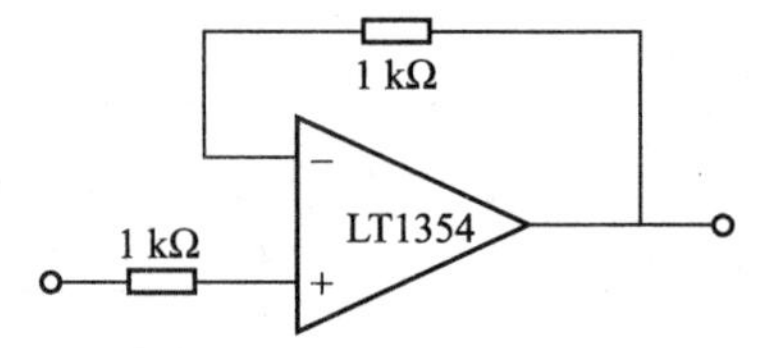

图 4.1.8　宽带缓冲器

(5) 反馈输入引脚:这些引脚都是内部运放的反馈输入端,在布线时应注意任何信号线、时钟线或者电源线对反馈引线的影响。

(6) 求和输入引脚:它们都是电压输入引脚。使用时,它们应该用阻抗低于 5 kΩ 的源来驱动。不使用时,它们与模拟地引脚相连。求和引脚的连接决定每个二阶滤波器的电路拓扑(模式),请参考模式操作。

三、工作模式

Linear 公司的通用开关电容滤波器被设计成一个内部固定 f_{CLK}/f_o 比率标定的滤波器,LTC1068 的 f_{CLK}/f_o 比率为 100,LTC1068 - 200 的 f_{CLK}/f_o 比率为 200,LTC1068 - 50 的 f_{CLK}/f_o 比率为 50,LTC1068 - 25 的 f_{CLK}/f,比率为 25。滤波器设计常要求各个部件的 f_{CLK}/f_o 比率与标定值不同且大多数情况下各个部件相互之间也不相同。不同标称值的比率可通过外接电阻实现。工作模式采用外部电阻的不同连接排列实现不同的 f_{CLK}/f_o 比率。通过选择不同的模式,可得高于或低于标称比率值的 f_{CLK}/f_o。

为满足特殊应用选择恰当的模式很重要,更多指的是调整 f_{CLK}/f_o 比率,此处所列模式是 20 种可用模式中的四种。为了使设计时更简单和迅速,Linear 技术公司已经开发了运行于 Windows 平台的 FilterCAD 软件。FilterCAD 是一款易于使用、功能强大的交互式滤波器设计程序。设计者输入一些滤波器的指标,程序就会自动生成一个完整的电路图,FilterCAD 允许设计者专注于滤波器的传输函数设计而不落入细节设计的陷阱。作为可选项,已有使用 Linear 技术公司系列产品经历的人能够自我控制所有的设计细节。为获得所有操作模式的完全列表,可查阅 FilterCAD 手册的附录或 FilterCAD 的帮助文件。FilterCAD 软件可从 Linear 技术公司的网站(www.linear - tech.com)自由购得或通过 Linear 技术公司市场部订购

FilterCAD CD-ROM 光盘。

(1) 模式 1:外部时钟频率与每个二阶滤波器分部的中心频率比率在内部被固定于部件的标称比率。图 4.1.9 说明了采用模式 1 可实现二阶带阻、低通和带通滤波器输出。模式 1 可用于设计更高阶的巴特沃斯低通滤波器,也可用于设计低 Q 值带阻滤波器和调频于相同中心频率的级联二阶带通滤波器。模式 1 比模式 3 更快。请参考应用信息中的操作限制部分,以熟悉电容 C_C 的使用。

图 4.1.9 是采用模式 1 实现带阻、带通和低通输出的二阶滤波器的原理图。

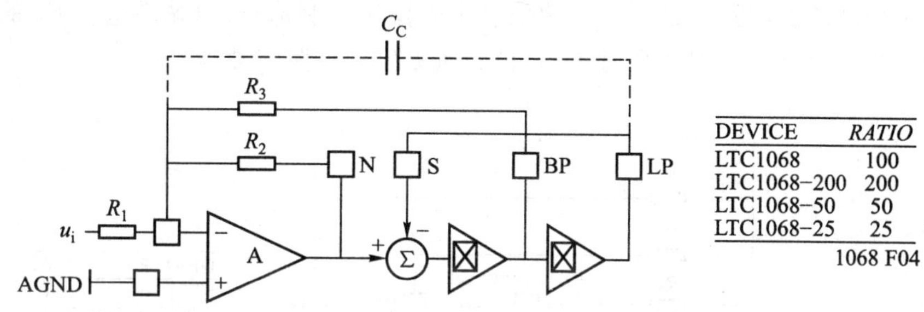

图 4.1.9 模式 1 原理图

(注:图中电容器 C_C 的值是通过实验确定,它的作用是调节带宽增益误差用的)

$$f_o = \frac{f_{CLK}}{RATIO};\ f_n = f_o;\ Q = \frac{R_3}{R_2};\ H_{ON} = -\frac{R_2}{R_1};\ H_{OBP} = -\frac{R_3}{R_1};\ H_{OLP} = H_{ON}$$

↓

比值

(2) 模式 1b:它是由模式 1 衍生来的。在模式 1b 中(如图 4.1.10 所示),增加的电阻 R_5 和 R_6 降低由低通输出反馈至 SA(SB)转换电容加法器的输入端的电压值。滤波器的时钟中心频率比率可调节出除部件标称比率之外的其他时钟中心频率比率。模式 1b 保留了模式 1 的速度优点,被认为是设计高 Q 且 f_{CLK} 与 f_{CUTOFF}(或 f_{CENTER})比率高于部件标称比率的最优化模式。R_5 和 R_6 并联电阻值要低于 5 kΩ。请参考应用信息中的操作限制部分,以熟悉电容 C_C 的使用。

图 4.1.10 采用模式 1b 实现带阻、带通和低通输出的二阶滤波器的原理图。

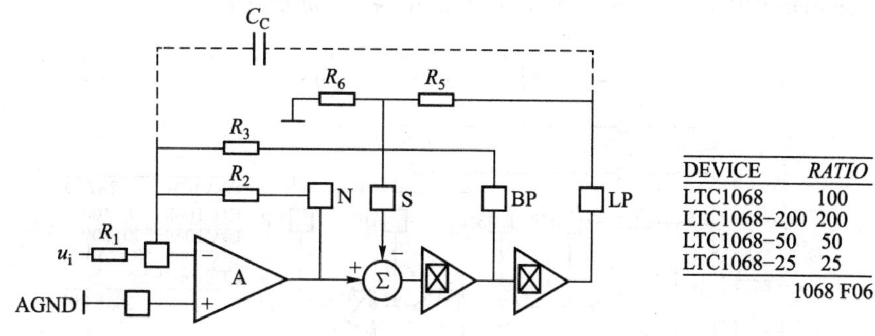

图 4.1.10 模式 1b 原理图

$$f_o = \frac{f_{CLK}}{RATIO}\sqrt{\frac{R_6}{(R_6+R_5)}};\quad f_n = f_o;\quad Q = \frac{R_3}{R_2}\sqrt{\frac{R_6}{(R_6+R_5)}}$$

$$H_{ON} = -\frac{R_2}{R_1};\quad H_{OBP} = -\frac{R_3}{R_1};\quad H_{OLP} = -\frac{R_2}{R_1}\left(\frac{R_6+R_5}{R_6}\right)$$

(3) 模式 3:在模式 3 中,每重二阶滤波器的外部时钟与中心频率的比率可调到高于或低于部件的标称时钟与中心频率比率,图 4.1.10 说明了模式 3 的应用,经典的可变配置,提供高通、带通和低通功能的二阶滤波器。模式 3 比模式 1 更慢。模式 3 可用于设计成高阶全极点的带通、低通和高通滤波器。请参考应用信息中的操作限制部分,以熟悉电容 C_C 的使用。

图 4.1.11 采用模式 3 实现高通、带通和低通输出的二阶滤波器。

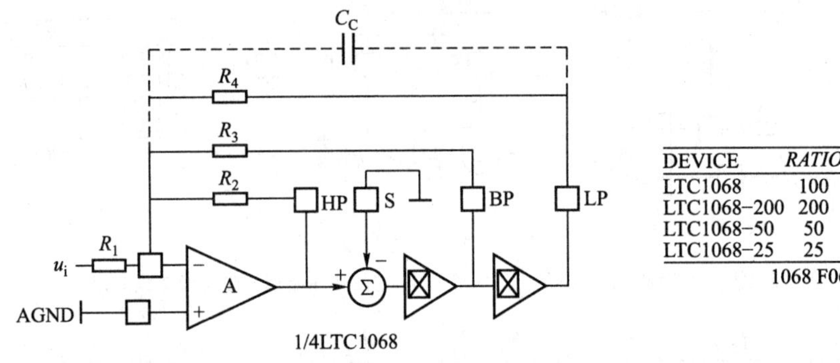

DEVICE	*RATIO*
LTC1068	100
LTC1068-200	200
LTC1068-50	50
LTC1068-25	25

1068 F06

图 4.1.11 模式 3 原理图

(可实现高通、带通和低通输出的二阶滤波器)

$$f_o = \frac{f_{CLK}}{RATIO}\sqrt{\frac{R_2}{R_4}};\quad H_{OHP} = -\frac{R_2}{R_1};\quad H_{OLP} = -\frac{R_4}{R_1}$$

$$H_{OBP} = -\frac{R_3}{R_1}\left\{\frac{1}{\left[1-\frac{R_3}{(RATIO)(0.32)(R_4)}\right]}\right\};\quad Q = 1.005\left(\frac{R_3}{R_2}\right)\sqrt{\frac{R_2}{R_4}}\left\{\frac{1}{\left[1-\frac{R_3}{(RATIO)(0.32)(R_4)}\right]}\right\}$$

模式 2:模式 2 是模式 1 和模式 3 的组合,如图 4.1.12 所示。采用模式 2,时钟中心频率比率 f_{CLK}/f_o 总是小于部件的标称比率。模式 2 的优点在于它对电阻公差的敏感度低于模式 3。模式 2 有一个高通陷波(notch)输出,这个陷波频率仅依赖于时钟频率,因此低于中心频率。请参考应用信息中的操作限制部分,以熟悉电容 C_C 的使用。

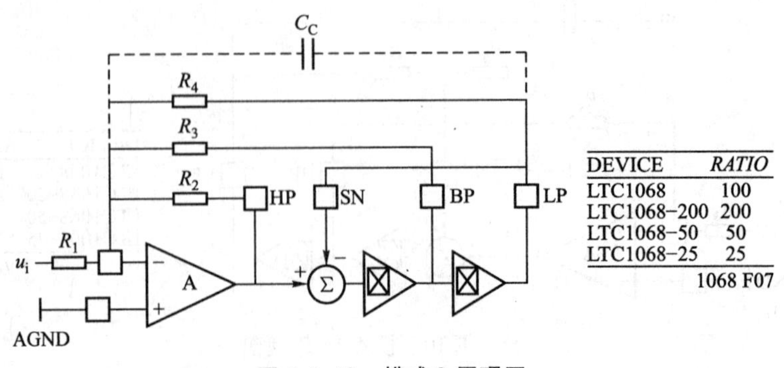

DEVICE	*RATIO*
LTC1068	100
LTC1068-200	200
LTC1068-50	50
LTC1068-25	25

1068 F07

图 4.1.12 模式 2 原理图

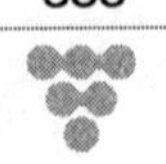

$$f_o = \frac{f_{CLK}}{RATIO}\sqrt{1+\frac{R_2}{R_4}};\quad f_n = \frac{f_{CLK}}{RATIO};$$

$$Q = 1.005\left(\frac{R_3}{R_2}\right)\sqrt{1+\frac{R_2}{R_4}}\left\{\frac{1}{\left[1-\frac{R_3}{(RATIO)(0.32)(R_4)}\right]}\right\}$$

$$H_{OHPN} = -\frac{R_2}{R_1}(\text{AC GAIN}, f \gg f_0);\quad H_{OHPN} = -\frac{R_2}{R_1}\left[\frac{1}{\left(1+\frac{R_2}{R_4}\right)}\right](\text{DC GAIN});$$

$$H_{OBP} = -\frac{R_3}{R_1}\left\{\frac{1}{\left[1-\frac{R_3}{(RATIO)(0.32)(R_4)}\right]}\right\};\quad H_{OLP} = -\frac{R_2}{R_1}\left[\frac{1}{\left(1+\frac{R_2}{R_4}\right)}\right]$$

图 4.1.12 采用模式 2 的提供高通陷波、带通和低通输出的二阶滤波器。

四、LTC1068 芯片特点

(1) SSOP 封装中包含四个同样的二阶滤波器。

(2) 二阶滤波器中心频率偏差:典型值(±0.3%),最大值(±0.8%)。

(3) 每个二阶滤波器都是低噪声,当 $Q \leqslant 5$ 时:LTC1068 - 200 为 50 μV_{RMS};LTC1068 - 50 为 75 μV_{RMS};LTC1068 - 25 为 90 μV_{RMS}(V_{RMS}——有效值)。

(4) 低电压供电:4.5 mA,单电源 5 V。

LTC1068 - 50:工作电压 ±5 V,单电源 5 V 供电或 3.3 V 供电。

五、用途

(1) 可作为低通或者高通滤波器使用,对于不同型号其频率范围不一样。

LTC1068 - 200,0.5 Hz ~ 25 kHz;LTC1068,1 Hz ~ 50 kHz;

LTC1068 - 50,2 Hz ~ 50 kHz;LTC1068 - 25,4 Hz ~ 200 kHz。

(2) 可作为带通或带阻滤波器使用,对于不同型号其频率范围也是不一样的。

LTC1068 - 200,0.5 Hz ~ 15 kHz;LTC1068,1 Hz ~ 30 kHz;

LTC1068 - 50,2 Hz ~ 30 kHz;LTC1068 - 25,4 Hz ~ 140 kHz。

六、典型应用

LTC1068 系列属于开关电容滤波器(SCF)专用集成芯片,关于开关电容滤波器的工作原理已在 4.1.1 节作了介绍,它是通过改变时钟频率来改变中心频率 f_o(或者截止频率 f_c 的。通过 Filter CAD 软件,设计者输入滤波器的指标,程序就会自动生成一个完整的电路图。下面列举几个应用实例,供大家参考。

1. 双四阶巴特沃思低通滤波器

该双四阶巴特沃思低通滤波器的时钟频率向上可调至 200 kHz, −3 dB 上限截止频率 f_H =

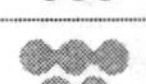

$\frac{f_{CLK}}{25}$,四阶滤波器的噪声电压有效值为 60 μV。其典型电路如图 4.1.13 所示,其幅频特性如图 4.1.14 所示。

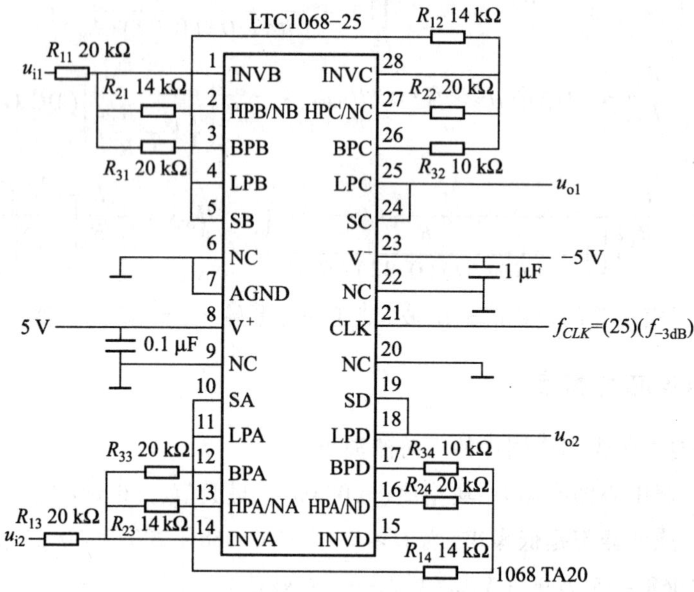

图 4.1.13 双四阶巴特沃思低通滤波器原理图

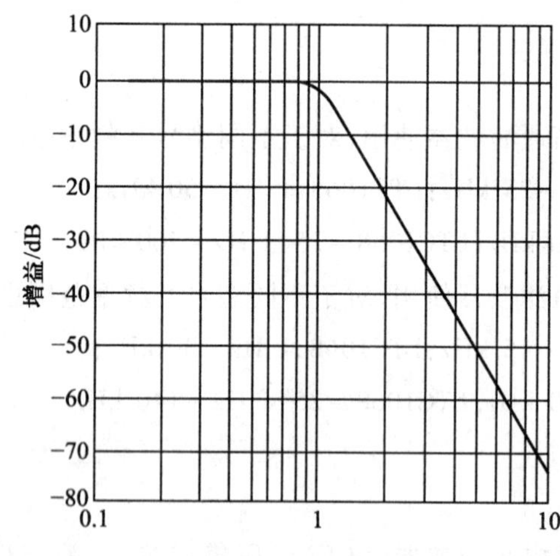

图 4.1.14 幅频特性曲线

2. 八阶椭圆滤波器

使用一片 LTC1068 - 25 集成芯片就可以构建一个八阶椭圆带通滤波器。70 kHz 椭圆带通滤波器,$f_{CENTER}=f_{CLK}/25$(最大 f_{CENTER} 是 80 kHz,$U_S=\pm 5$ V)。其原理图如图 4.1.15 所示,其增益与频率关系曲线如图 4.1.16 所示。

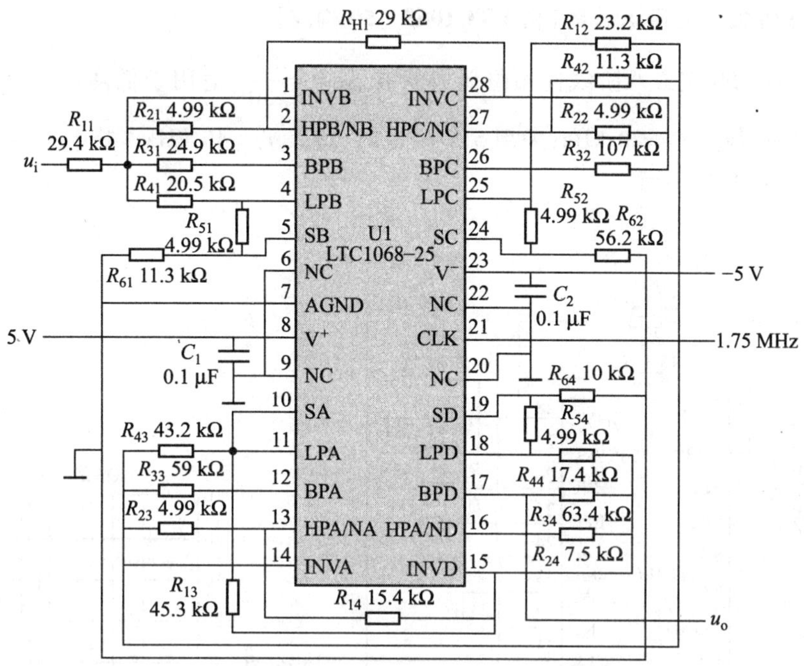

图 4.1.15　八阶椭圆滤波器原理图(由 LTC1068－25 构成)

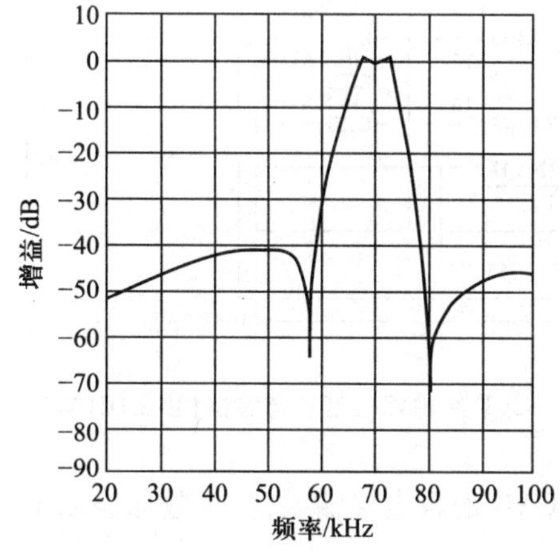

图 4.1.16　增益与频率关系曲线

若 Filter CAD 为 $f_c = 70$ kHz 自定义输入,其参数如表 4.1.2 所示。

表 4.1.2　Fillter CAD 自定义输入参数 $f_c = 70$ kHz

二阶部分编号	f_0/kHz	Q	f_N/kHz	滤波类型	工作模式
B	67.762 4	5.723 6	58.301 1	HPN	2b
C	67.085 1	20.550 0	81.681 0	LPN	1bn
A	73.932 4	15.133 9	81.029 5	LPN	2n
D	73.354 7	16.349 1		BP	2b

3. 八阶线性相位低通滤波器(由 LTC1068－50 构成)

由 LTC1068－50 组成八阶线性相位低通滤波器,$f_c=\frac{f_{CLK}}{50}$,适用于低功耗单电源供电。采用 3.3 V 供电时,最大 $f_c=20$ kHz;采用 5 V 供电时,最大 $f_c=40$ kHz。其中 f_c 为上限截止频率,原理图如图 4.1.17 所示。

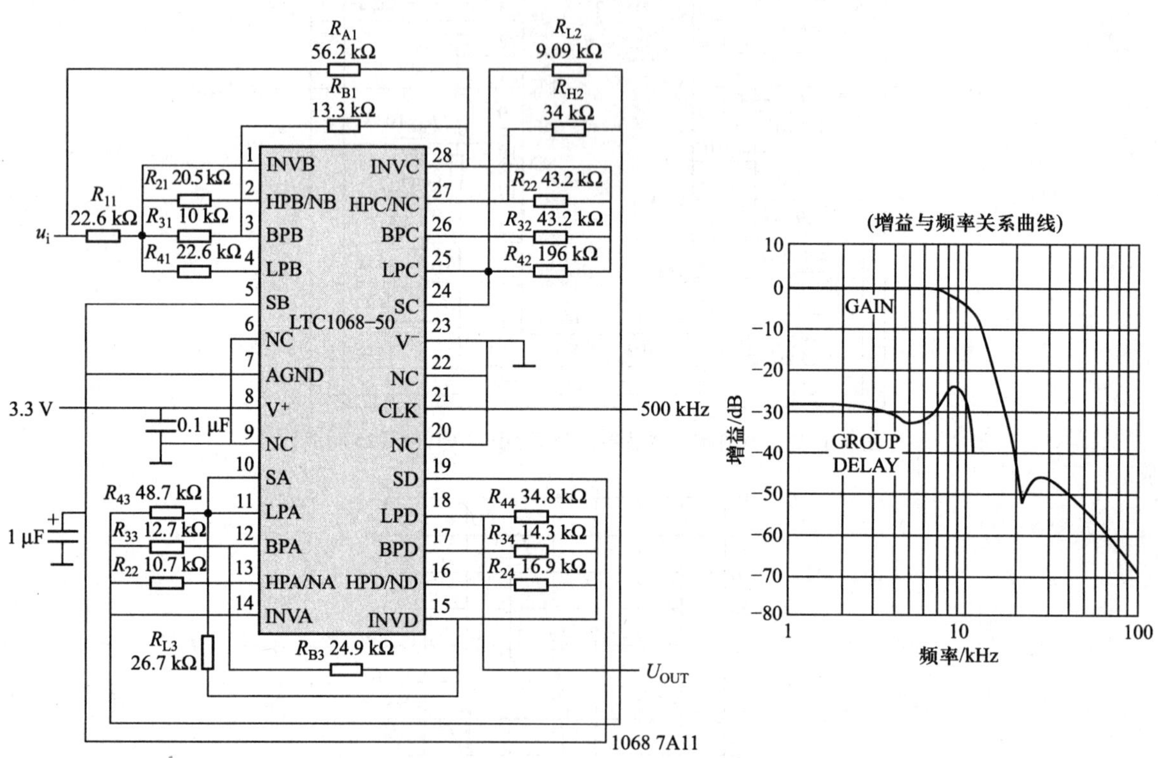

图 4.1.17　八阶线性相位低通滤波器(由 LTC1068－50 构成)

若 $f_c=100$ kHz 时,FilterCAD 的自定义输入,其参数如表 4.1.3 所示。

表 4.1.3　Filter CAD 自定义输入参数 $f_c=100$ kHz

二阶部分编号	f_0/kHz	Q	f_N/kHz	Q_N	滤波类型	工作模式
B	9.524 1	0.524 8		0.524 8	AP	4a3
C	11.047 2	1.125 8	21.772 4		LPN	2n
A	11.044 1	1.339 2		1.578 1	LPBP	2s
D	6.968 7	0.608 2			LP	3

4. 八阶线性相位低通滤波器(由 LTC1068－25 构成)

由 LTC1068－25 组成八阶线性相位低通滤波器，$f_c=\dfrac{f_{CLK}}{32}$，在(1.25)f_c 处，衰减为－50 dB；在(1.5)f_c 处，衰减为－60 dB。最大 $f_{cmax}=40$ kHz。其原理图如图 4.1.18 所示。

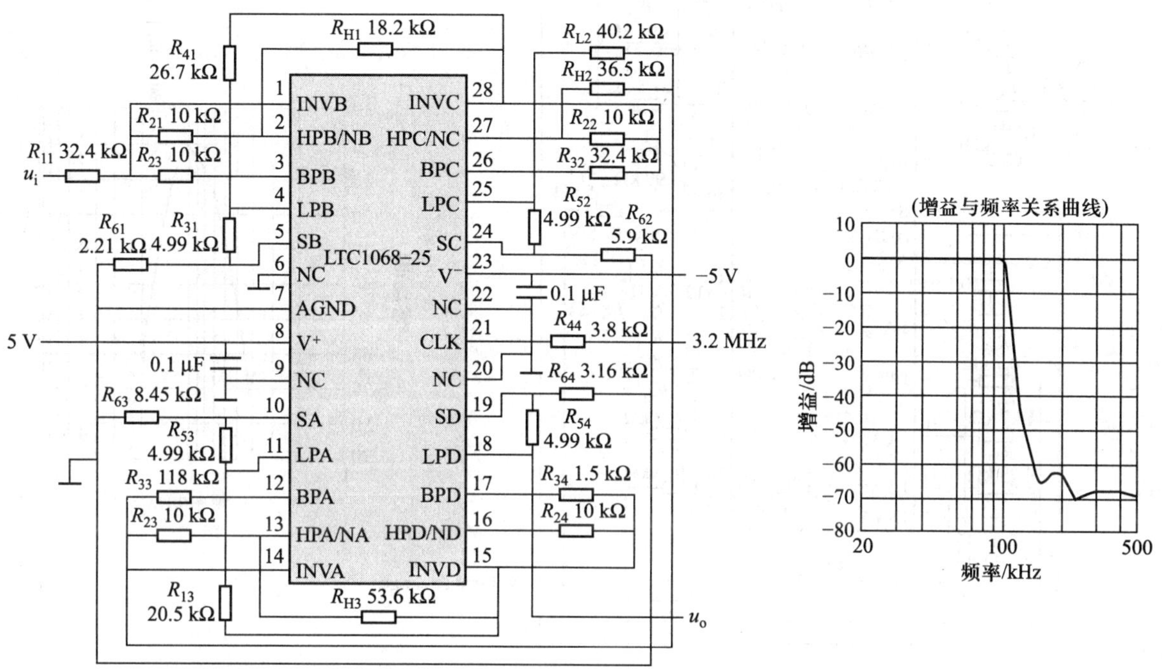

图 4.1.18　八阶线性相位低通滤波器(由 LTC1068－25 构成)

若 $f_c=100$ kHz 时，FilterCAD 的自定义输入，其参数如表 4.1.4 所示。

表 4.1.4　Filter CAD 自定义输入参数 $f_c=100$ kHz

二阶部分编号	f_o/kHz	Q	f_N/kHz	滤波类型	工作模式
B	70.915 3	0.554 0	127.267 8	LPN	1bn
C	94.215 4	2.384 8	154.118 7	LPN	1bn
A	101.493 6	9.356 4	230.519 2	LPN	1bn
D	79.703 0	0.934 0		LP	1b

5. 八阶线性相位带通滤波器(由 LTC1068 构成)

LTC1068 组成八阶线性相位带通滤波器，$f_{CENTER}=\dfrac{f_{CLK}}{100}$，在(0.88)$f_{CENTER}$ 和(1.12)f_{CENTER} 间定义为－3 dB 通带宽度。采用±5 V 电源供电，最大 $f_{CENTER}=50$ kHz。

其原理图如图 4.1.19 所示。

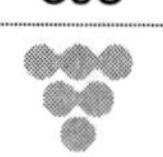

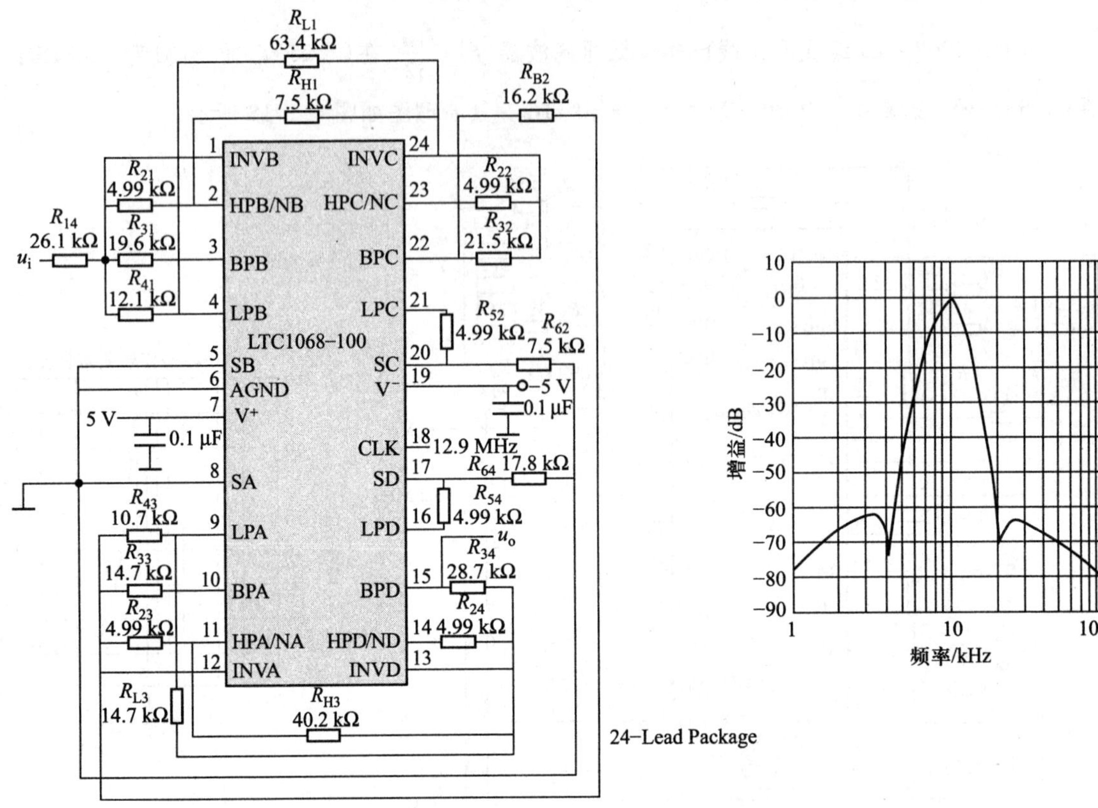

图 4.1.19　八阶线性相位带通滤波器(由 LTC1068 构成)

若 $f_c = 10$ kHz 时,Filter CAD 的自定义输入,其参数如表 4.1.5 所示。

表 4.1.5　Filter CAD 自定义输入参数 $f_c = 10$ kHz

二阶部分编号	f_0/kHz	Q	f_N/kHz	滤波类型	工作模式
B	8.219 9	2.670 2	4.402 5	HPN	3a
C	9.918 8	3.338 8		BP	1b
A	8.741 1	2.112 5	21.167 2	LPN	3a
D	11.312 2	5.083 0		BP	1b

6. 八阶高通滤波器(由 LTC1068-200 构成)

LTC1068-200 组成八阶高通滤波器,$f_{CENTER} = \frac{f_{CLK}}{200}$,在 $0.6f_{CENTER}$ 处衰减 −60 dB,应用于单电源供压低功率的情况。采用 ±5 V 供电时,最大 $f_{CUTOFF} = 20$ kHz。其原理图如图 4.1.20 所示。

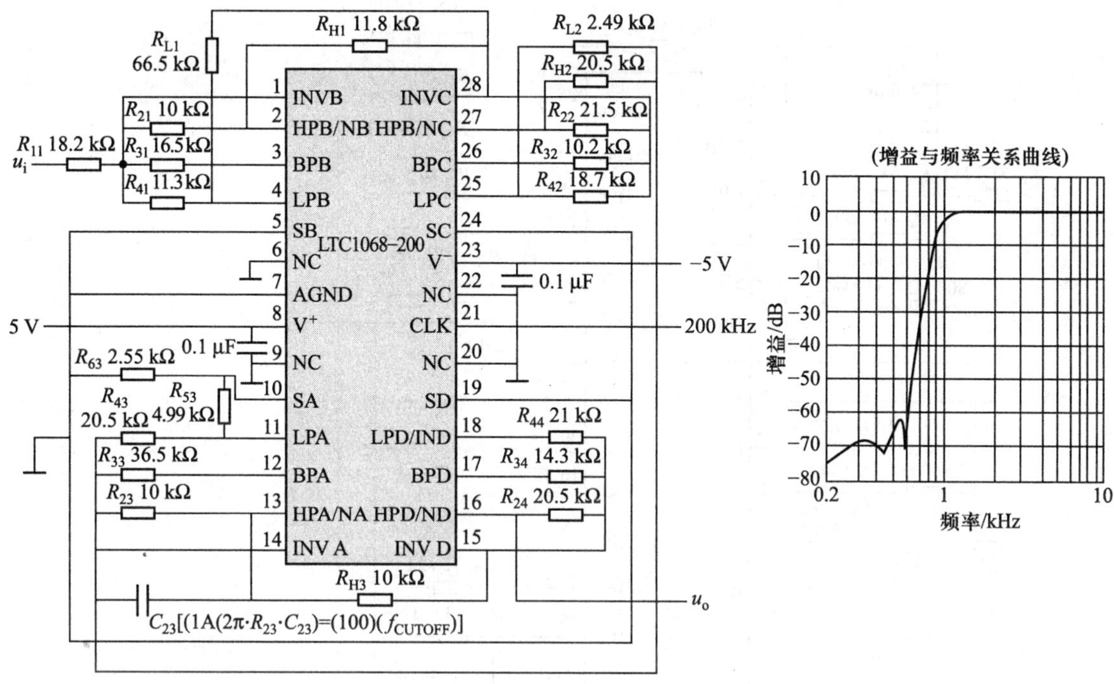

图 4.1.20 八阶高通滤波器(由 LTC1068－200 构成)

若 f_c =1 kHz 时,FilterCAD 的自定义输入如表 4.1.6 所示。

表 4.1.6 Filter CAD 自定义输入参数 f_c =1 kHz

二阶部分编号	f_0/kHz	Q	f_N/kHz	滤波器类型	工作模式
B	0.940 7	1.596 4	0.421 2	HPN	3a
C	1.072 3	0.515 6	0.286 9	HPN	3a
A	0.908 8	3.429 3	0.581 5	HPN	2b
D	0.988 0	0.700 1	0.000 0	HP	3

7. 八阶带阻滤波器(由 LTC1068－200 构成)

LTC1068－200 组成八阶带阻(notch)滤波器(陷波器),$f_{NOTCH}=\dfrac{f_{CLK}}{256}$,$f_{-3dB}$ 在 1.05f_{NOTCH} 和 0.9f_{NOTCH} 点,当 f_{NOTCH} 在 200 Hz 到 5 kHz 的频率范围内,在 f_{NOTCH} 点的衰减大于－70 dB。其原理图如图 4.1.21 所示。

相关芯片型号如表 4.1.7 所示。

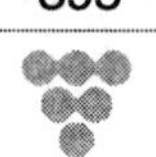

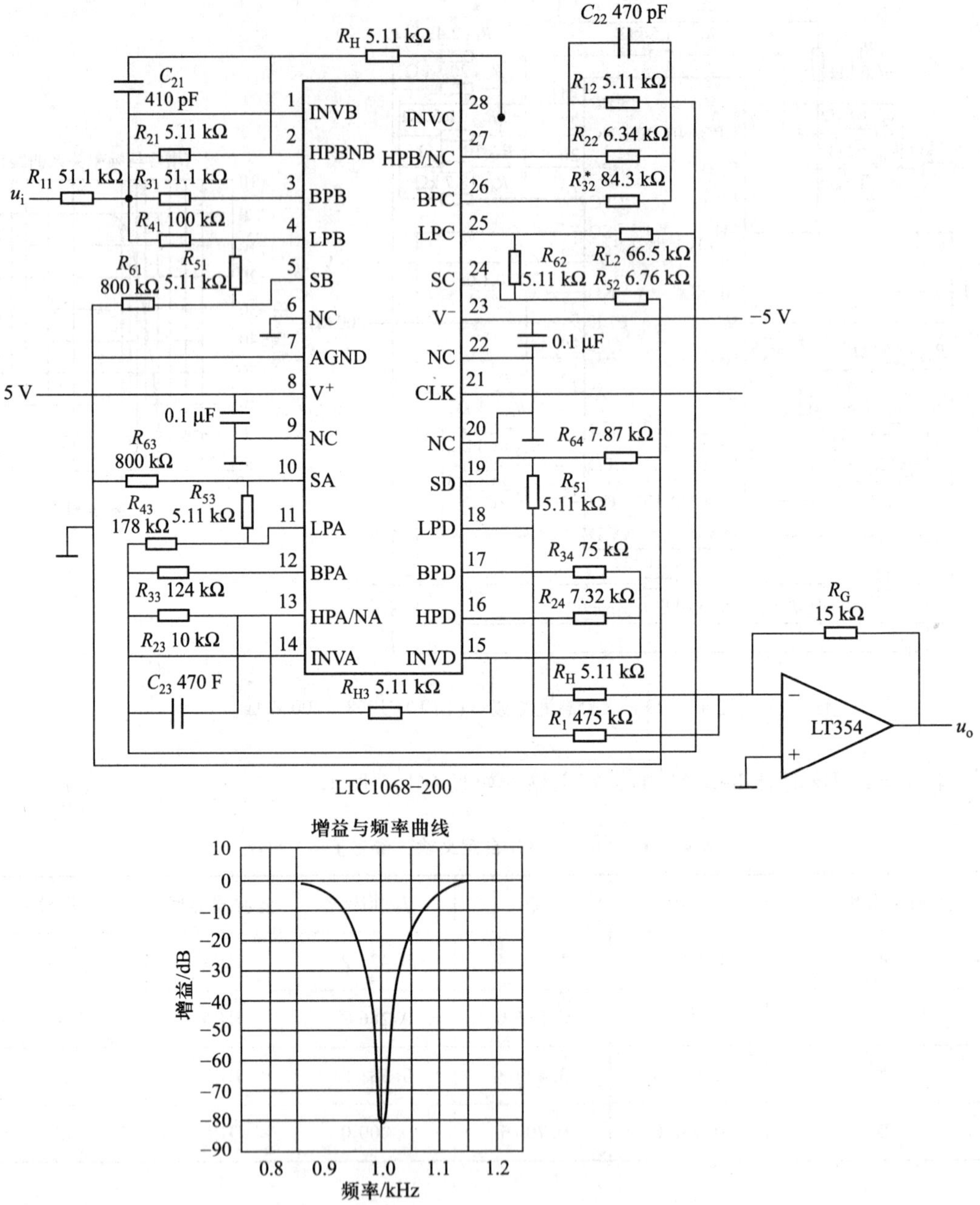

LTC1068−200

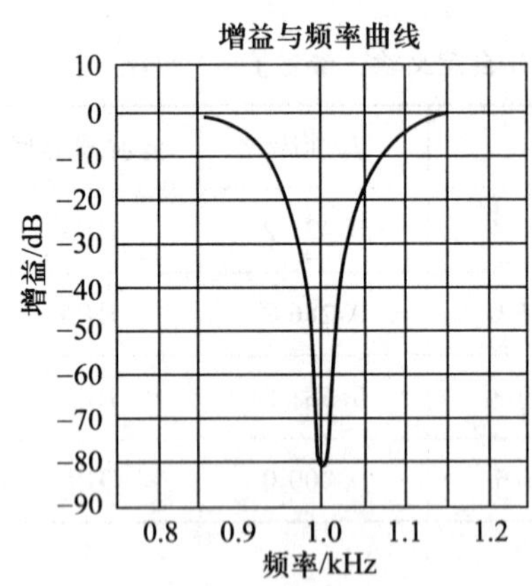

图 4.1.21　八阶带阻滤波器(由 LTC1068 − 200 构成)

表 4.1.7　相关芯片型号

芯片型号	说明	备注
LTC1064	通用滤波器,四重二阶	$f_{CLK}/f_0 = 50(100)$,f_0 可调至 100 Hz,U_s 可升至 ±7.5 V
LTC1067/LTC1067 − 50	低功率,双重二阶	轨到轨运放输入,$U_s = 3$ V 到 ±5 V

续表

芯片型号	说明	备注
LTC1164	低功率通用滤波器，四重二阶	$f_{CLK}/f_0=50(100)$，f_0 可调至 20 kHz，U_s 可升至 ±7.5 V
LTC1264	高速通用滤波器，四重二阶	$f_{CLK}/f_0=20$，f_0 可调至 200 kHz，U_s 可升至 ±7.5 V

4.2 程控滤波器

[2007 年全国大学生电子设计竞赛 D 题(本科组)]

一、任务

设计并制作程控滤波器，其组成如图 4.2.1 所示。放大器增益可设置；低通或高通滤波器通带、截止频率等参数可设置。

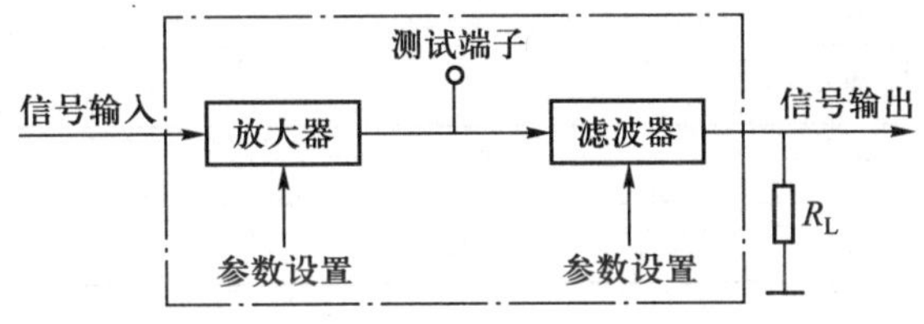

图 4.2.1　程控滤波器组成框图

二、要求

1. 基本要求

(1) 放大器输入正弦信号电压振幅为 10 mV，电压增益为 40 dB，增益 10 dB 步进可调，通频带为 100 Hz ~ 40 kHz，放大器输出电压无明显失真。

(2) 滤波器可设置为低通滤波器，其 −3 dB 截止频率 f_c 在 1 ~ 20 kHz 范围内可调，调节的频率步进为 1 kHz，$2f_c$ 处放大器与滤波器的总电压增益不大于 30dB，$R_L=1\ \mathrm{k\Omega}$。

(3) 滤波器可设置为高通滤波器，其 −3 dB 截止频率 f_c 在 1 ~ 20 kHz 范围内可调，调节的频率步进为 1 kHz，$0.5f_c$ 处放大器与滤波器的总电压增益不大于 30 dB，$R_L=1\ \mathrm{k\Omega}$。

(4) 电压增益与截止频率的误差均不大于 10%。

(5) 有设置参数显示功能。

2. 发挥部分

(1) 放大器电压增益为 60 dB，输入信号电压振幅为 10 mV；增益 10 dB 步进可调，电压增益误差不大于 5%。

(2) 制作一个四阶椭圆型低通滤波器，带内起伏 ≤1 dB，−3 dB 通带为 50 kHz，要求放大器与低通滤波器在 200 kHz 处的总电压增益小于 5 dB，−3 dB 通带误差不大于 5%。

(3) 制作一个简易幅频特性测试仪，其扫频输出信号的频率变化范围是 100 Hz ~ 200 kHz，频率步进 10 kHz。

(4) 其他。

三、评分标准

	项目	满分
设计报告	系统方案	15
	理论分析与计算	15
	电路与程序设计	5
	测试方案与测试结果	10
	设计报告结构及规范性	5
	总分	50
基本要求	实际制作完成情况	50
发挥部分	完成第(1)项	14
	完成第(2)项	16
	完成第(3)项	15
	其他	5
	总分	50

四、说明

设计报告正文应包括系统总体框图、核心电路原理图、主要流程图和主要的测试结果。完整的电路原理图、重要的源程序和完整的测试结果可用附件给出。

4.2.1 题目分析

本题目要求设计并制作一个程控滤波器。包括一个程控宽带放大器、一个程控滤波器、一个椭圆滤波器和一个简易幅频特性测试仪。其技术指标分别如表 4.2.1、表 4.2.2 和表 4.2.3 所示。其系统原理方框图如图 4.2.2 所示。

表 4.2.1 程控宽带放大器技术指标一览表

技术指标	基本要求	发挥部分
输入正弦信号电压幅度/mV	10	10
电压增益 G/dB	40	60
增益步进 ΔG/dB	10	10
带宽/Hz	100 ~ 40 000	20 Hz ~ 200 kHz
输出失真	无明显失真	无明显失真
增益误差(相对值)	≤10%	5%

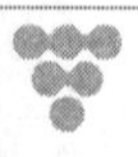

表 4.2.2 程控滤波器技术指标一览表

技术指标 \ 类型	低通滤波器	高通滤波器	椭圆滤波器
-3 dB 截止频率 f_c 的范围/kHz	1~20	1~20	50
调节的频率步进/kHz	1	1	无
带内起伏/dB	无	无	≤1
过渡带要求	$2f_c$ 处总增益≤30 dB	$0.5f_c$ 处总增益≤30 dB	200 kHz 处总增益 <5 dB
截止频率相对误差	≤10%	≤10%	≤5%

表 4.2.3 简易幅频特性测试仪技术指标一览表

扫频信号的频率变化范围	100 Hz~200 kHz
频率步进	10 kHz

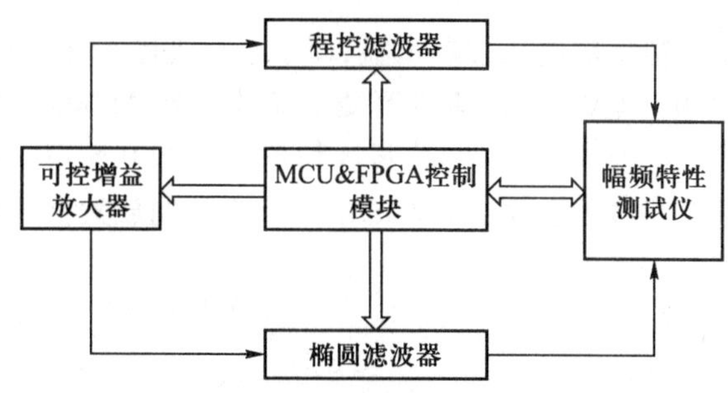

图 4.2.2 系统构成框图

由图 4.2.2 系统构成框图可见，可控增益宽带放大器是 2003 年全国大学生电子设计竞赛 B 题，幅频特性测量仪是 1999 年全国大学生电子设计竞赛 C 题，无知识盲点。凡选中此题的考生，一般在培训期间均训练过。而单片机与可编程 FPGA 最小系统对一般考生而言是一种必备的工具。剩下的只有程控滤波器和椭圆滤波器的设计与制作。故本题的重点与难点就是此处。关于模拟与数字滤波器的介绍在《信号与系统》和《数字信号处理》等教材中已经进行了较详尽的介绍。关于开关电容滤波器的原理及应用已在 4.1 节作了详细介绍。

国防科技大学李清江、肖志斌、银庆宏三位同学选做的就是此题，并荣获 2007 年全国大学生电子设计竞赛“索尼杯”奖。成功之处在于两点：第一是采用优质芯片增益可控的 AD603 芯片，实现了满足题目要求的程控放大器的设计。其电路设计部分的思路基本上是采用 2003 年华中科技大学参赛同学获得当年“索尼杯”奖作品。他们创新之处就是在工艺方面和技术指标方面作了较大改进和提高。在抗干扰性等项指标有较大提高，在频带宽度有较大加宽（分 3 个频段将频带宽度由原来 10 MHz 提高到 100 MHz），这方面的工作已在培训期间就完成了。第二是采用了性能优良的 LTC1068 开关电容滤波器。较圆满地完成了程控滤波器和椭圆滤波器的设计。

4.2.2 方案论证

根据题目要求,本系统由可控增益放大器、程控滤波器、椭圆滤波器、幅频特性和 MCU & FPGA 控制模块五个部分构成。如图 4.2.2 所示。放大器部分以 AD603 作为核心器件,实现增益可调;程控滤波器和椭圆滤波器以 LTC1068 为核心器件,通过改变时钟频率实现截止频率、带宽可调;以单片机和 FPGA 为控制核心,辅以 DDS 扫频和有效值测量电路实现幅频特性的测量和显示;系统可靠性高、用户界面友好。下面对各部分进行方案论证。

1. 可控增益放大器方案

▶方案一:使用数字电位器和普通运放组成放大电路。

通过控制数字电位器来改变放大器的反馈电阻实现可变增益。这种方案硬件实现较简单,但限于数字电位器的精度较低、挡位有限,这种方案很难实现增益的精确控制,同时数字电位器本身有通过信号的带宽限制,在运放环路中会影响整个系统的通频带宽。

▶方案二:采用控制电压与增益呈线性关系的可编程增益放大器 PGA。

用 DAC 可以产生一个精确的电压控制增益,便于单片机控制,同时可以降低干扰和噪声。

综上所述,本设计采用方案二,采用集成可变增益放大器 AD603。AD603 是一款低噪声,精密控制的可变增益放大器,温度稳定性高,最大增益误差为 0.5 dB,满足题目要求的精度,其增益(dB)与控制电压 U 呈线性关系,可以采用 DAC 来控制放大器的增益。

2. 程控滤波器方案

▶方案一

采用 ADC 对输入信号采样,采样结果存储到 FPGA 内部进行数字信号处理,通过设置数字滤波器的参数,可以改变滤波器的截止频率等参数,经过处理后的数据通过 DAC 变换为模拟信号输出。该方案将滤波过程数字化,具有灵活性高,性能优异的优点,不足之处是硬件设计工作量大,软件算法实现困难。

▶方案二:采用集成的开关电容滤波器芯片。

开关电容滤波器是由 MOS 开关、MOS 电容和 MOS 运算放大器构成的一种大规模集成电路滤波器。其特点是:(1) 当时钟频率一定时,开关电容滤波器的特性仅取决于电容的比值。由于采用了特种工艺,这种电容的比值精度可达 0.01%,并且具有良好的温度稳定性。(2) 当电路结构确定之后,开关电容滤波器的特性仅与时钟频率有关,改变时钟频率即可改变其滤波器特性。

通过比较两种方案,本系统的程控滤波器设计采用集成开关电容滤波器实现。

3. 椭圆滤波器方案

▶方案一:采用分立元件+普通运放实现。

实现四阶椭圆滤波器可以通过两级级联低通带阻滤波器实现。该方案优点是电路简单易于实现,不足之处在于电路设计精度很难保证,特别是对于关键指标如带内波动,-3 dB 带宽的微调很不便。

▶**方案二：采用集成的开关电容滤波器芯片。**

由于此种芯片滤波器的截止频率由外部时钟决定，只要有一个稳定的外部时钟，滤波器的截止频率是可以保证精度的，同时，为了校准元件误差，可以通过时钟频率的微调改变滤波器的截止频率，从而使其准确的达到设计要求。

为了提高设计精度，本系统椭圆滤波器设计采用集成开关电容滤波器 LTC1068 实现。

4. 幅频特性分析仪方案

▶**方案一**

用压控振荡器产生扫频信号，以单片机为控制核心，通过 A/D 转换、D/A 转换等接口电路，实现扫频信号频率的步进调整、数字显示及被测网络幅频特性的数显。此方案利用单片机控制，控制较为灵活，但是压控振荡器产生信号的频率稳定度较低，且电路复杂。

▶**方案二**

采用 DDS 产生扫频信号，利用真有效值测量芯片 AD637 和 A/D 接口电路实现扫频信号频率的步进调整及被测网络幅频特性的数显。DDS 产生信号的频率稳定度较高，而且信号频率的步进和信号幅度控制方便。

综上所述，本设计采用方案二，采用集成 DDS 芯片 AD9850 产生扫频信号，在测试网络输出端利用 AD637 和 A/D 转换芯片 TLC1549 进行信号有效值的转化和测量。

4.2.3 理论分析与计算

1. 低通滤波器参数选取

题目中要求 $2f_c$ 处放大器与滤波器总电压增益不大于 30 dB。而放大器的增益为 40 dB，所以滤波器在 $2f_c$ 处的衰减要不小于 10 dB。但为了保证设计指标的可靠性，本系统将此衰减定为 20 dB。由给定的条件写出 $|H_a(\mathrm{j}\Omega)|$ 在 $2f_c$ 点的方程（-20 dB 对应 $10^{-\frac{20}{20}}=10^{-1}$）。

$$|H_a(\mathrm{j}\Omega)| = \frac{1}{\sqrt{1+\left(\frac{2f_c}{f_c}\right)^{2N}}} = 10^{-1} \tag{4.2.1}$$

解此方程得 $N=3.3149$，取整数 $N=4$。

故本设计的低通滤波器采用四阶巴特沃思滤波器。查找巴特沃思多项式表得

$$\begin{aligned} R_N(S') &= (S')^4 + 2.6131(S')^3 + 3.4142(S')^2 + 2.6131S' + 1 \\ &= [(S')^2 + 0.76537S' + 1][(S')^2 + 1.84776S' + 1] \end{aligned} \tag{4.2.2}$$

于是可得到归一化巴特沃思的系统函数为

$$H_a(S') = \frac{1}{(S')^4 + 2.6131(S')^3 + 3.4142(S')^2 + 2.6131S' + 1} \tag{4.2.3}$$

2. 高通滤波器参数选取

根据题目要求，其 -3 dB 截止频率 f_c 在 1 ~ 20 kHz 范围内步进（1 kHz 的步进）可调，$0.5f_c$

处的放大器与滤波器的总电压增益 30 dB,即衰减 10 dB。但为了保证设计指标的可靠性,本系统将衰减定为 20 dB。

在工程实际中,设计高通滤波器的常用方法是借助对应的低通原型滤波器,经频率变换和元件变换得到,图 4.2.3 示意给出了设计流程。本系统按虚线框图流程实现。

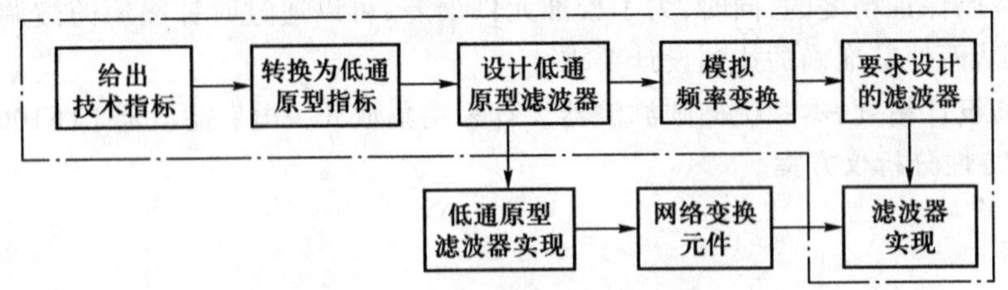

图 4.2.3　高通滤波器设计流程图

① 给定技术指标画出容差图,如图 4.2.4 所示。

② 转换成低通原型指标:

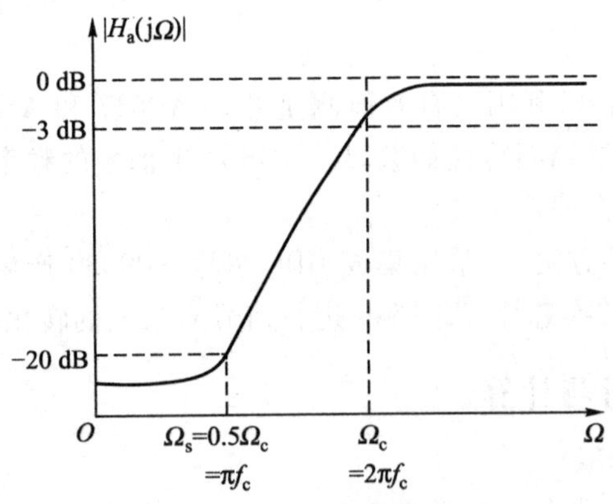

图 4.2.4　高通滤波器容差图

先将高通滤波器的各频率归一化,取参考频率 Ω_r 为 −3 dB 的归一化频率 $\Omega_c = 2\pi f_c$。其归一化各频率为

$$\lambda_s = \frac{\Omega_s}{\Omega_c} = \frac{0.5\Omega_c}{\Omega_c} = 0.5$$

$$\lambda_r = \lambda_c = \frac{\Omega_c}{\Omega_c} = 1$$

转换成低通原型频率及对应指标

$$\Omega'_s = -\frac{1}{\lambda_s} = -\frac{1}{0.5} = -2$$

$$\Omega'_c = 1$$

因而有

$$|H_{al}(j\Omega'_s)| = \frac{1}{\sqrt{1+\left(\frac{\Omega'_s}{\Omega'_c}\right)^{2N}}} = \frac{1}{\sqrt{1+\left(\frac{-2}{1}\right)^{2N}}} = 10^{-\frac{20}{20}} \tag{4.2.4}$$

③ 设计低通原型滤波器：

解方程(4.2.4)得 $N=3.3149$，取整数 $N=4$。查得四阶低通原型系统函数为

$$H_{a1}(S')=\frac{1}{(S')^4+2.6131(S')^3+3.4142(S')^2+2.6131S'+1} \tag{4.2.5}$$

④ 根据低通到高通的 S 域变换关系为

$$H_{HP}(\lambda')=H_{LP}(S)\big|_{\lambda'}=\Omega'_c/S' \tag{4.2.6}$$

可得到四阶高通滤波器归一化系统函数为

$$H(\lambda')=\frac{\lambda'^3}{[(\lambda')^2+6280\lambda'+6280^2][\lambda'+6280]} \tag{4.2.7}$$

⑤ 最后将高通滤波器的频率参数和指标输入给开关电容滤波器集成芯片 LTC1068，再构建所需的高通滤波器。其截止频率 f_o 是通过改变时钟频率实现步进可调的。

3. 椭圆滤波器参数选取

根据题目对椭圆滤波器的要求，阶数为 $N=4$，通常 $f_p=f_c=50$ kHz，阻带 $f_s=200$ kHz，带内起伏 $A_{max}\leqslant 1$ dB，带外衰减 $A_{min}\geqslant 55$ dB。根据以上数据画出椭圆滤波器的误差容限图。如图4.2.5所示。图中 $\Omega_c=2\pi\times 50$ kHz，$\Omega_s=2\pi\times 200$ kHz。我们知道，N 阶椭圆滤波器幅频响应的绝对值的平方为

$$|H(j\Omega)|^2=\frac{1}{1+\varepsilon^2R_N(\Omega/\Omega_c)} \tag{4.2.8}$$

式中，$R_N(x)$ 是 N 阶切比雪夫有理多项式。$R_N(x)$ 含有参数 Ω_c、k 和 k_1。所以椭圆滤波器有5个参数：N、ε、Ω_c、k 和 k_1。

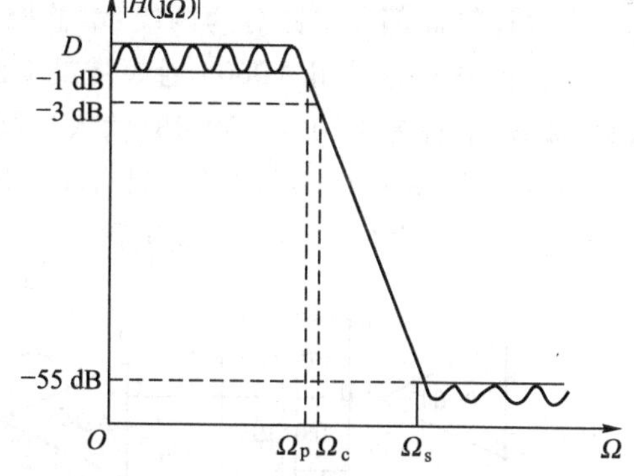

图 4.2.5 椭圆滤波器误差容限图

椭圆滤波器的设计步骤是：

(1) 由 -3 dB 的截止频率 Ω_c 确定通带频率 Ω_p

$$\Omega_p=\Omega_c=2\pi\times 50\times 10^3 \text{ rad/s} \tag{4.2.9}$$

(2) 由通带衰减 $A_p\leqslant 1$ dB，确定 ε

$$\varepsilon=\sqrt{10^{0.1A_p}-1} \tag{4.2.10}$$

(3) 由阻带 Ω_s 确定 k

$$k=\Omega_p/\Omega_s \tag{4.2.11}$$

(4) 由阻带衰减 A_s 确定 k_1

$$k_1=\varepsilon/\sqrt{10^{0.1A_s}-1} \tag{4.2.12}$$

(5) 确定滤波器的阶数 N

$$N=\frac{K(k)K(\sqrt{1-k_1^2})}{K(\sqrt{1-k^2})\cdot K(k_1)} \tag{4.2.13}$$

(6) 为了保证 $R_N(x)$ 为切比雪夫有理多项式，在 N 取整后还需调整椭圆滤波器的参数 k 或 k_1，使式(4.2.13)成立。

现取 $N=4$（题目要求），调整后的椭圆滤波器的参数为：

带内起伏 $A_{max} \leqslant 0.5$ dB，$\Omega_s = 2\pi \times 150 \times 10^3$ rad/s，$\Omega_c = \Omega_p = 2\pi \times 50 \times 10^3$ rad/s。

阻带与通带边界频率的比值为 $M = \frac{150}{50} = 3$。通过查找椭圆滤波器参数表，可以查得四阶椭圆函数在 $M=3$ 时可以达到 64.1 dB 的衰减，超出了题目要求，其归一化近似系统函数为

$$H(S') = \frac{[(S')^2 + 0.32979S' + 1.063281][(S')^2 + 0.86258S' + 0.37787]}{0.00062046[(S')^2 + 10.4554][(S')^2 + 58.471]} \tag{4.2.14}$$

4.2.4 系统电路设计

1. 程控放大器电路设计

本设计将此部分电路分为两级：增益控制部分和电压放大部分。

增益控制部分采用 AD603 通频带最宽的一种接法。电路图如图 4.2.6 所示，设计通频带为 90 MHz，增益为 −10 ~ +30 dB，输入控制电压为 −0.5 ~ +0.5 V。增益和控制电压的关系为：$A_u = 40 \times U_g + 10$。一级的增益只有 40 dB，使用两级串联，增益为：$A_u = 40 \times U_{g1} + 40 \times U_{g2} + 20$，增益范围是 −20 ~ +60 dB，满足题目要求。

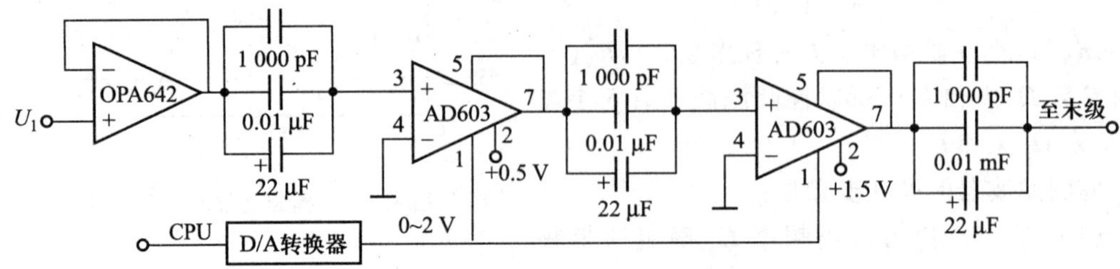

图 4.2.6 可控增益放大器电路

考虑到 AD603 的输出有效值小于 2 V，本设计在增益控制部分后选用两级三极管进行直流耦合和发射级直流负反馈来构建末级电压放大，同时提高放大电路的带负载能力。选用 2N3904 和 2N3906 三极管，可达到 25 MHz 的带宽，增益为 20 dB。功率放大器电路如图 4.2.7 所示。

2. 低通滤波器电路设计

LTC1068 是 LINEAR 公司的一款开关电容滤波器芯片，其中包含 4 个通用二阶模块，滤波器的外部元件参数一旦确定，便可以使用时钟来调节截止频率。LTC1068 共有模式 1、模式 1b、模式 2 和模式 3 共四种工作模式，对应不同的滤波特性。经过计算，低通滤波器电路设计采用 LTC1068 的两级滤波器模块组成四阶巴特沃思低通滤波器，第一级滤波器的 $Q=1.3066$，第二级滤波器的 $Q=0.5412$，$f_o=20$ kHz。两级滤波器模块都工作在模式 1 下的低通模式，根据芯片手册提供的元件参数计算公式计算出外围电阻值，最终电路如图 4.2.8 所示。

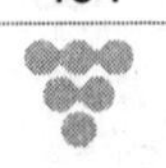

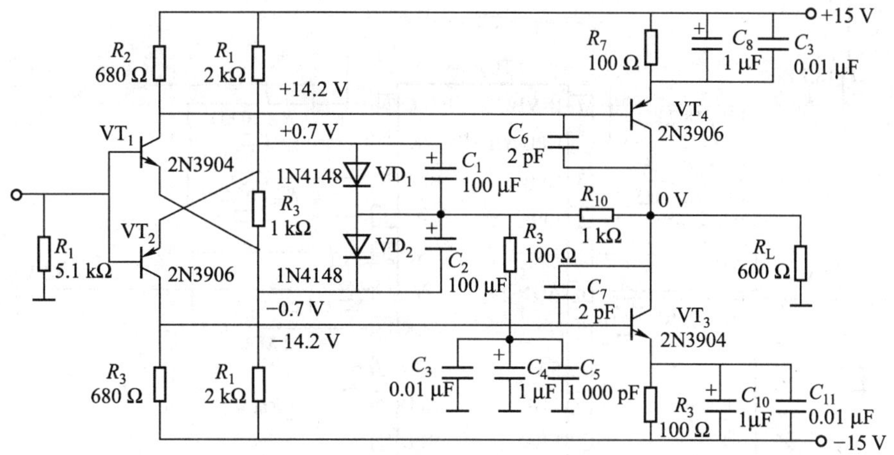

图 4.2.7　末级功率放大器电路

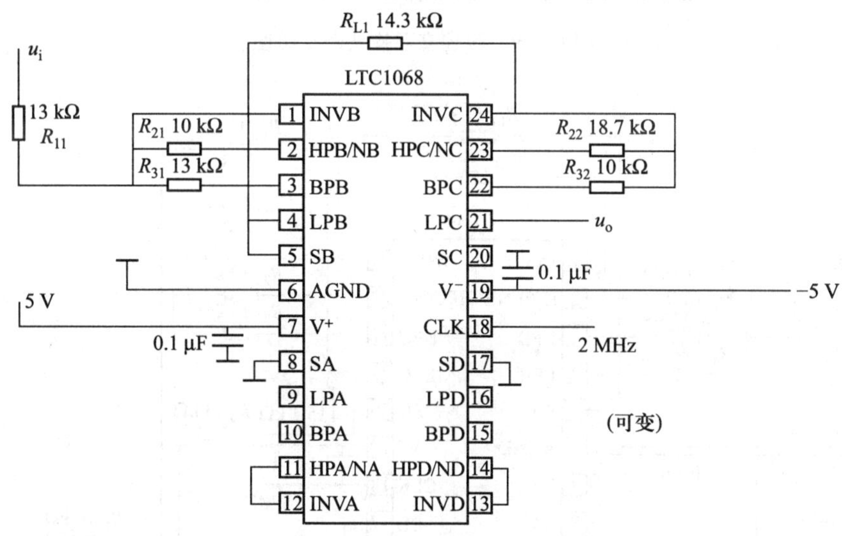

图 4.2.8　程控低通滤波器电路图

3. 高通滤波器电路设计

高通滤波器电路设计采用 LTC1068 的两级滤波器模块组成四阶巴特沃思高通滤波器，经过计算，第一级滤波器的 $Q=0.541\ 2$，第二级滤波器的 $Q\doteq 1.306\ 6$，$f_o=20$ kHz，两级滤波器模块都工作在模式 3 下的高通模式，根据滤波器的参数可以计算出每级滤波器对应的外围电阻值，最终设计电路图如图 4.2.9 所示。

4. 椭圆滤波器电路设计

椭圆滤波器电路设计采用 LTC1068 的两级滤波器模块组成四阶椭圆函数低通滤波器，经过计算，第一级滤波器的参数：$Q=3.126\ 7$，$f_c=51.557\ 8$ kHz，$f_s=161.674\ 0$ kHz；第二级滤波器的参数 $Q=0.712\ 6$，$f_c=30.735\ 6$ kHz，$f_s=382.331\ 7$ kHz，第一级滤波器模块工作在模式 2 下的低通模式，第二级滤波器模块工作在模式 1 b 下的低通模式，最终设计电路图如图 4.2.10 所示。

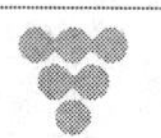

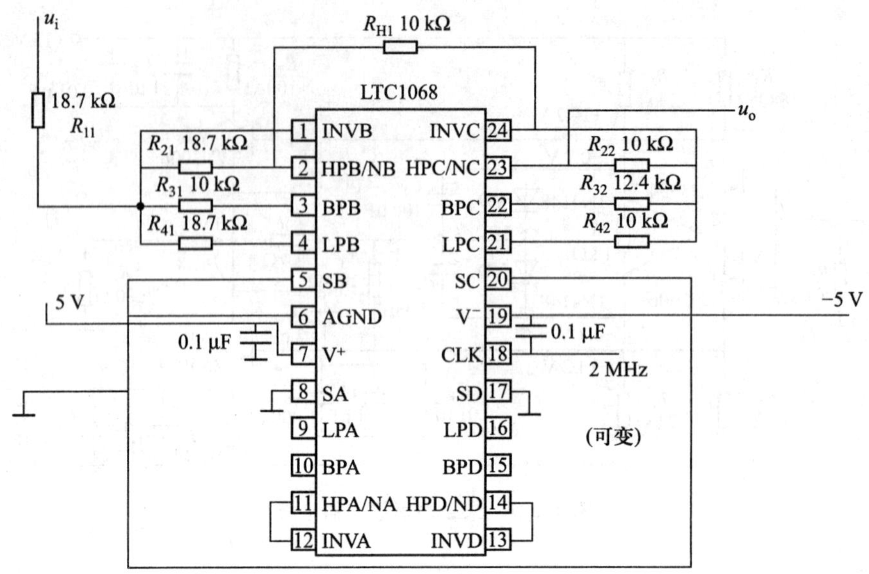

图 4.2.9　程控高通滤波器电路图

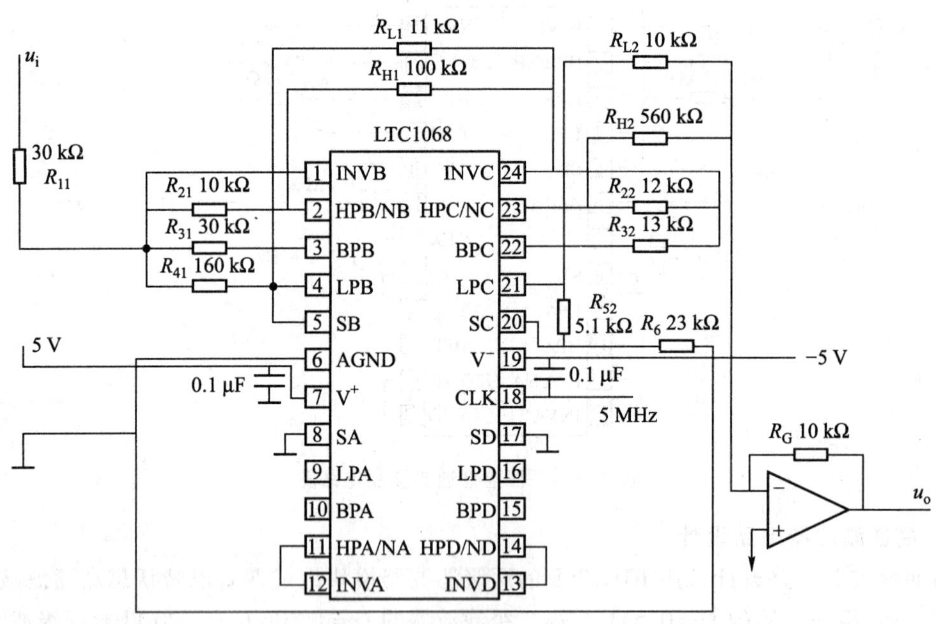

图 4.2.10　椭圆滤波器电路图

5. 简易幅频特性测试仪设计

幅频特性测试仪框图如图 4.2.11 所示，单片机与 FPGA 控制 DDS 扫频源 AD9850 以一定步进产生扫频信号，同时测量并记下其通过被测网络后的有效值，利用各个频点通过网络后的有效值可在液晶上画出其幅频特性图。有效值测量采用集成芯片 AD637，其外围电路简单，而且当输入峰－峰值大于 2 V 时，其测量误差在 100 Hz～1 MHz 的范围内基本上可以忽略。最终设计电路图如图 4.2.12 所示。

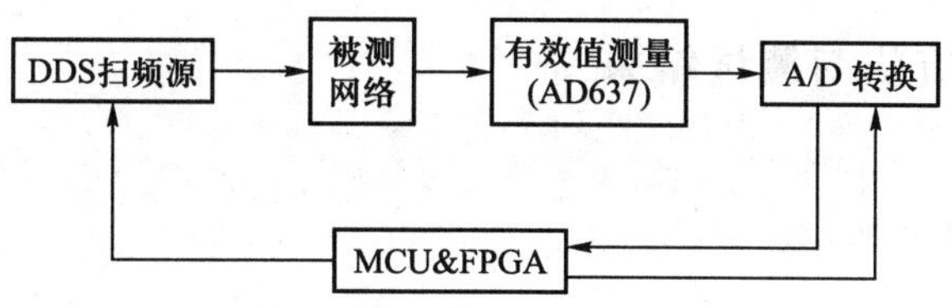

图 4.2.11　幅频特性分析仪框图

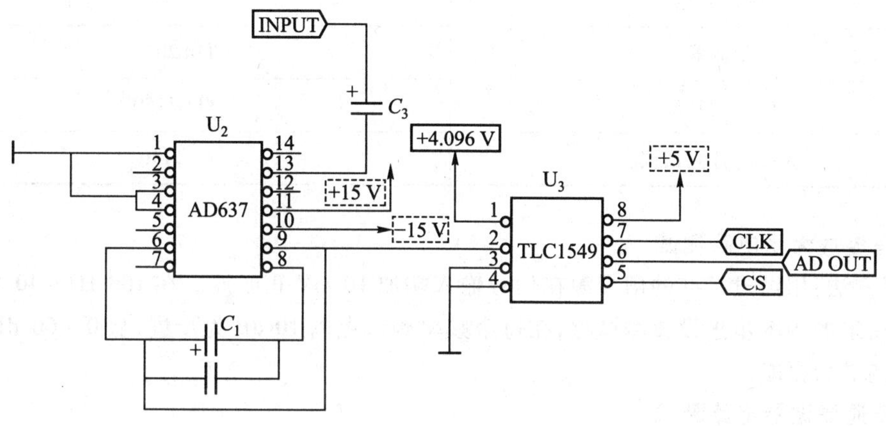

图 4.2.12　幅频特性分析仪电路图

4.2.5　系统软件设计

系统软件基于单片机开发系统 keilC51 以及 FPGA 开发系统 XILINX ISE 开发，本系统软件流程图如图 4.2.13 及图 4.2.14 所示，单片机通过扫描用户键盘输入进入相应功能模块。

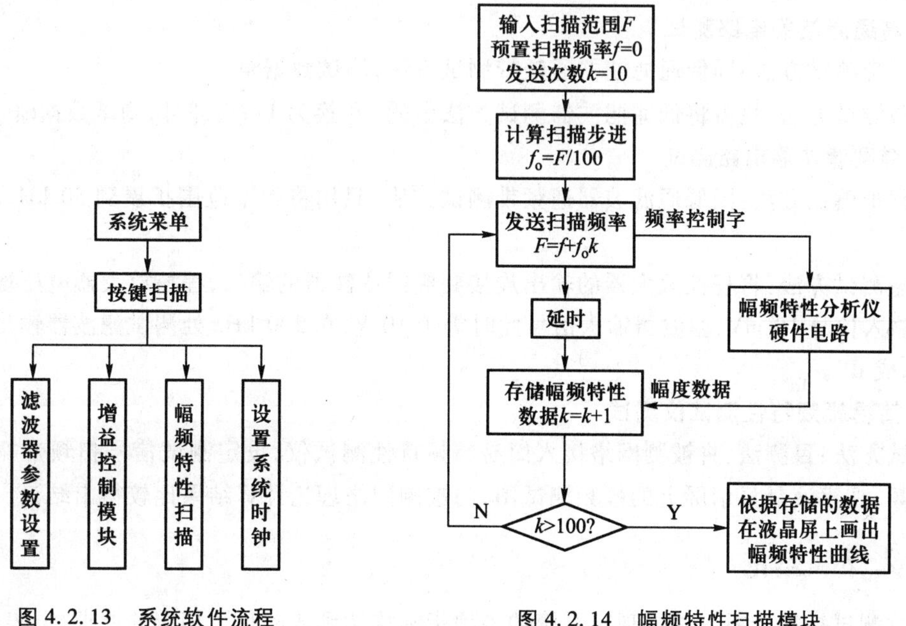

图 4.2.13　系统软件流程　　图 4.2.14　幅频特性扫描模块

4.2.6 测试方法与测试结果

1. 测试仪器

测试仪器如表 4.2.4 所示。

表 4.2.4 测试仪器一览表

仪器名称	型号
示波器	TDS2022
DDS 信号源	TFG3150
频率特性测试仪	SA1140

2. 程控放大器电路测试

测试方法:用经过校准的信号源在信号输入端加 10 mV 正弦波。在 100 Hz ~ 40 kHz 频带内,按照一定的频率步进设置测试点,在每个频率测试点以 10 dB 为步进,从 0 ~ 60 dB 测试七组数据,测试数据略。

3. 低通滤波器电路测试

通频带测试方法:使用标准信号源产生一个稳定的 5 V 正弦信号连接到滤波器的输入端,在 1 ~ 20 kHz 的频率范围内,以 1 kHz 为步进,调节低通滤波器的截止频率,测试滤波器的 -3 dB 带宽,测试数据略。

增益测试方法,将程控放大器的输出连接到低通滤波器的输入,程控放大器电压增益调节到 40 dB,输入信号 10 mV,滤波器输入信号此时大于等于 1 V,在 $2f_c$ 处测试滤波器输出电压幅度,换算成 dB,测试数据略。

4. 高通滤波器电路测试

通频带测试方法:同低通滤波器通频带测试方法,测试数据略。

增益测试方法:只需将低通滤波器测试方法中的 $2f_c$ 换为 $1/2f_c$ 即可,测试数据略。

5. 椭圆滤波器电路测试

通频带测试方法:同低通滤波器通频带测试方法,只用将频率范围扩展到 50 kHz,测试数据略。

增益测试方法:将程控放大器的输出连接到椭圆滤波器的输入,程控放大器电压增益调到 60 dB,输入信号 10 mV,滤波器输入信号此时等于 10 V,在 200 kHz 处测试滤波器输出电压幅度,换算成 dB。

6. 简易幅频特性测试仪测试

测试方法:目测法,将被测网络接入简易幅频特性测试仪,设定测试信号扫频带宽和步进开始扫频,观察液晶显示屏上的幅频测试图,与被测网络理论计算结果比较得出结论。

4.2.7 结论

通过测试结果分析可以发现本系统的各项指标均达到或超过了相应的要求,见表 4.2.5。

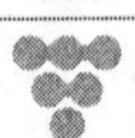

表 4.2.5　测试结果一览表

	指标名称	题目要求	本系统指标
可变增益放大器	最大增益	60 dB	60 dB
	增益步进	10 dB	1 dB,10 dB 可选
	增益误差	<5%	<2%
	放大器通频带	100 Hz ~ 40 kHz	100 Hz ~ 1 MHz
低通滤波器	-3 dB 截止频率	1 ~ 20 kHz 可调	1 ~ 50 kHz 可调
	截止频率调节步进	1 kHz	100 Hz
	$2f_c$ 处放大器与滤波器的总电压增益	<30 dB	<25 dB
高通滤波器	-3 dB 截止频率	1 ~ 20 kHz 可调	1 ~ 50 kHz 可调
	截止频率调节步进	1 kHz	100 Hz
	$0.5f_c$ 处放大器与滤波器的总电压增益	<30 dB	<25 dB
椭圆滤波器	带内起伏	<1 dB	<0.6 dB
	-3 dB 通频带	50 kHz	50.5 kHz
	200 kHz 处的总电压增益	<5 dB	<1 dB
	-3 dB 通带误差	<5%	<2%
幅频特性测试仪	扫频输出信号的频率变化范围	100 Hz ~ 200 kHz	100 Hz ~ 200 kHz
	频率步进	10 kHz	500 Hz

4.3　可控放大器

[2007 年全国大学生电子设计竞赛 I 题(高职高专组)]

一、任务

设计并制作一个可控放大器,其组成框图如图 4.3.1 所示。放大器的增益可设置;低通滤波器、高通滤波器、带通滤波器的通带、截止频率等参数可设置。

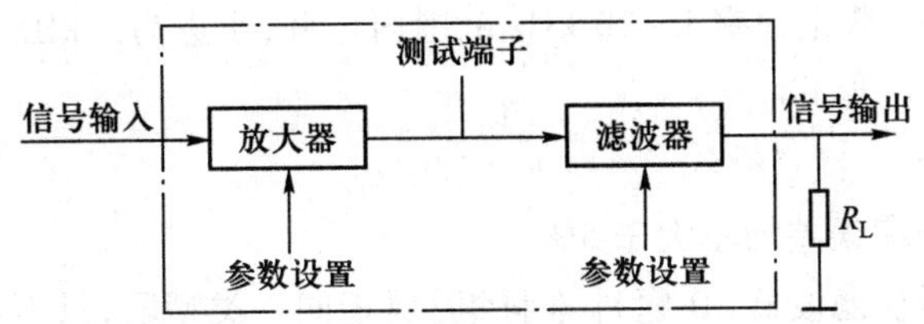

图 4.3.1　可控放大器组成框图

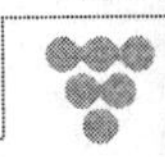

二、要求

1. 基本要求

(1) 放大器输入正弦信号电压振幅为 10 mV,电压增益为 40 dB,通频带为 100 Hz ~ 40 kHz,放大器输出电压无明显失真。

(2) 滤波器可设置为低通滤波器,其 -3 dB 截止频率 f_c 在 1 ~ 20 kHz 范围内可调,调节的频率步进为 1 kHz,$2f_c$ 处放大器与滤波器的总电压增益不大于 30 dB,$R_L = 1\ k\Omega$。

(3) 滤波器可设置为高通滤波器,其 -3 dB 截止频率 f_c 在 1 ~ 20 kHz 范围内可调,调节的频率步进为 1 kHz,$0.5f_c$ 处放大器与滤波器的总电压增益不大于 30 dB,$R_L = 1\ k\Omega$。

(4) 截止频率的误差不大于 10%。

(5) 有设置参数显示功能。

2. 发挥部分

(1) 放大器电压增益为 60 dB,输入正弦信号电压振幅为 10 mV,增益 10 dB 步进可调,通频带为 100 Hz ~ 100 kHz。

(2) 制作一个带通滤波器,中心频率 50 kHz,通频带 10 kHz,在 40 kHz 和 60 kHz 频率处,要求放大器与带通滤波器的总电压增益不大于 45 dB。

(3) 上述带通滤波器中心频率可设置,设置范围 40 ~ 60 kHz,步进为 2 kHz。

(4) 电压增益、截止频率误差均不大于 5%。

(5) 其他。

4.3.1 题目分析

题目要求制作一个可控放大器,包含放大器和滤波器两部分,放大器增益和滤波器截止频率均要求可程控设置。仔细分析题目要求,可以将要完成的指标和功能归纳如下。

1. 程控放大器

输入正弦信号电压振幅为 10 mV,电压增益 40 dB,扩展为 60 dB,增益 10 dB 步进可调,通频带为 100 Hz ~ 100 kHz。

2. 程控滤波器

低通滤波器 -3 dB 截止频率 1 ~ 20 kHz 可调,步进为 1 kHz,$2f_c$ 总电压增益不大于 30 dB。

带通滤波器中心频率 50 kHz,通频带 10 kHz,40 ~ 60 kHz 可调,步进为 2 kHz。在 40 kHz 和 60 kHz 频率处,要求放大器与带通滤波器的总电压增益不大于 45 dB。

高通滤波器 -3 dB 截止频率 1 ~ 20 kHz 范围内可调,步进为 1 kHz,$0.5f_c$ 处放大器与滤波器的总电压增益不大于 30 dB。

3. 调整误差

电压增益、截止频率误差均不大于 5%。

此题与 2007 年程控滤波器(D 题)[本科组]属于同一类型题,只不过要求略有不同。

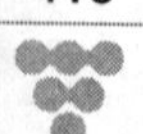

4.3.2 方案论证

一、滤波器的设计

▶方案一

采用传统分立元件组成无源滤波器，但存在诸如带内不平坦、频带范围窄且恒定、结构复杂等缺点。

▶**方案二：采用运算放大器构成的有源滤波器**。

这种有源滤波器有经典电路可以参考，还可借助滤波器设计工具，设计过程比较简单，但存在截止频率调节范围的局限性，难以实现高精度截止频率调节。

▶**方案三：引脚可编程的开关电容滤波器 MAX264**。

该器件内部集成了滤波器所需的电阻、电容，无需外接器件，且其中心频率、Q 值及工作模式都可通过引脚编程设置进行控制。MAX264 可工作于带通、低通、高通、带陷或是全通模式下，其通带截止频率可达 140 kHz。

综上所述，关于题目对截止频率和调整步进的指标，方案一、方案二因自身固有的局限性很难满足要求，因此系统滤波器部分的设计选用方案三。

二、放大器的设计

▶方案一

采用普通宽带运算放大器构成放大电路，分立元件构成 AGC 控制电路，利用包络检波反馈至放大器的方法控制放大倍数。采用场效应管作为 AGC 控制可实现高频率和低噪声，但温度、电源等漂移将引起分压比变化。采用这种设计方案难以实现系统增益的精确控制和稳定性。

▶方案二

采用可编程放大器的思想，将交流输入信号作为高速 D/A 转换器的基准电压，该 D/A 转换器可视为一个程控衰减器。理论上讲，只要 D/A 转换器的速度够快、精度够高就可实现宽范围的精密增益调节。但控制的数字量和最后的增益不是线性关系而是指数关系，导致增益调节不均匀，精度降低。

▶方案三

采用控制电压与增益呈线性关系的可编程增益放大器 PGA 实现增益控制。电压控制增益便于单片机控制，同时可减少噪声和干扰。采用可变增益放大器 AD603 作为增益控制。AD603 是一款低噪声、精密控制的可变增益放大器，温度稳定性高，其增益与控制电压呈线性关系，因此便于使用 D/A 转换器输出电压控制放大器增益。

综上所述,系统的放大器设计选用方案三。

三、系统结构

可控滤波器主要由程控放大器、滤波器和信号调理等模块组成,如图4.3.2所示。其工作原理为:输入10 mV信号送程控放大模块实现最大60 dB的可调增益,经过信号调理电路,调整(衰减)至滤波器可接受的幅度范围(0~5 V),放大器和滤波器的参数由单片机设置,根据用户命令选择相应的滤波器(高通、低通、带通),滤波器的输出经信号调电路处理(放大)后得到最终信号。

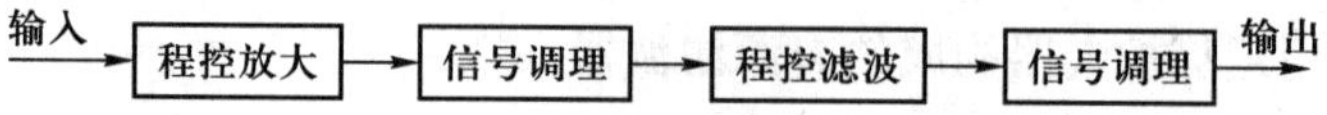

输入 → 程控放大 → 信号调理 → 程控滤波 → 信号调理 → 输出

图4.3.2 可控滤波器方框图

4.3.3 硬件设计

一、程控放大原理

增益控制采用AD603,AD603是低噪声、精密控制的可变增益放大器,最大增益控制误差为0.5 dB。其基本增益为:

$$G(\mathrm{dB}) = 40U_G + 10 \tag{4.3.1}$$

式中,U_G是差分输入的控制电压,单位是V;G是AD603的基本增益,单位是dB。由式(4.3.1)看出,以dB作单位的对数增益与控制电压呈线性关系。由此,单片机通过简单的线性计算就可控制增益,从而准确实现增益步进。

二、程控滤波原理

MAX264是MAXIX公司生产的开关电容滤波器,可编程设置MAX264的M0、M1引脚,使其工作在模式一、模式二、模式三和模式四多种模式下,由于只有模式三具有低通、带通和高通全部三种滤波功能,因而本系统设计采用模式三。

MAX264可以灵活配置成低通、带通和高通滤波器,截止频率可以通过外部输入的时钟信号进行调节。实际应用中外部时钟可由单片机、CPLD等器件编程产生,可以方便地实现对滤波器截止频率的程控调节。

模式三下的外部输入时钟与中心频率的关系(以下仅以低通滤波器作为分析,高通、带通滤波器类似)为:

$$f_{CLK}/f_o = \pi(N + 13) \tag{4.3.2}$$

式中,f_{CLK}为输入时钟频率,f_o为滤波器中心频率,N由外部输入。

f_o与截止频率f_c的关系:

$$f_c = f_o \times \sqrt{\left(1 - \frac{1}{2Q^2}\right) + \sqrt{\left(1 - \frac{1}{2Q^2}\right)^2 + 1}} \tag{4.3.3}$$

式中,Q为滤波器的品质因数,可通过外部引脚编程设置。从式(4.3.2)、式(4.3.3)两式可看出,对于确定的Q值,f_c与f_{CLK}具有线性关系,因此通过改变f_{CLK}即可精确地改变f_c,以达到题

目中滤波器截止频率可程控的要求。

三、硬件电路设计

1. 程控放大电路

根据题目要求和 AD603 性能,程控放大电路以 AD603 为核心,由三级放大电路组成。题目要求对 10 mV 的输入信号,最大增益要大于 60 dB,即最大输出电压有效值大于 7 V(峰值为 10 V),而中间级采用的可编程增益放大器 AD603 对输入电压和输出电压均有限制,所以,必须合理分配三级放大器的放大倍数。下面对各级放大电路的设计作具体分析。

(1) 前级放大电路

由于 AD603 的输入阻抗仅 100 Ω,要满足系统电阻要求,必须增加输入缓冲来提高输入阻抗。另外由于前级电路影响电路噪声,须尽量减少噪声,故采用视频放大器 AD818(其带宽有 100 MHz)构成的反相放大电路作为前级小信号放大器,如图 4.3.3 所示。

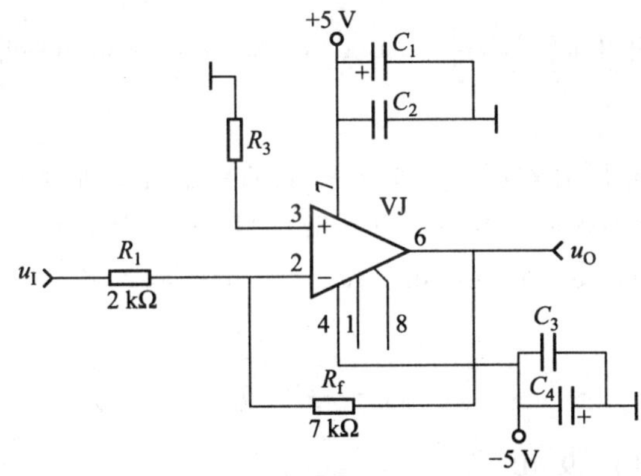

图 4.3.3 前级放大电路

AD603 的输入电压峰峰值为 1.4 V,所以前级放大不宜过大,以免输入大信号时会烧坏芯片。考虑到 AD603 输入电压范围,所以设定前级放大 3.5 倍,输入阻抗大于 1 kΩ,选取 $R_1 = 2\ \text{k}\Omega$,$R_f = 7\ \text{k}\Omega$,则放大倍数

$$A = -\frac{R_f}{R_1} = -\frac{7}{2} = -3.5$$

(2) 中间级程控放大

为加大中间级的放大倍数及增益调节范围,使用两片 AD603 级联作为中间级放大,如图 4.3.4 所示。如果将 AD603 的 5 脚和 7 脚相连,单级 AD603 增益调整范围为 -10 ~ +30 dB,带宽为 90 MHz,两级 AD603 级联,使得增益可调范围扩大到 -20 dB ~ 60 dB,完全满足题目要求。

两级 AD603 采用 +5 V, -5 V 电源供电,两级的控制端 GNEG(2 脚)都接地,另一控制端 GPOS(1 脚)接 D/A 输出,从而精确地控制 AD603 的增益。AD603 的增益与控制电压呈线性关系,其增益控制端输入电压范围为 -500 ~ +500 mV,增益调节范围为 40 dB。增益每步进 1 dB,控制电压需增大

$$\Delta U_G = \frac{500-(-500)}{40}\ \text{mV} = 25\ \text{mV}$$

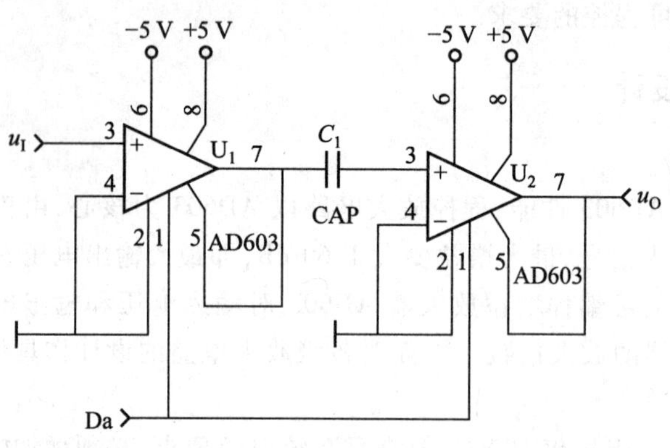

图 4.3.4　级联 AD603 电路图

由于两级 AD603 由同一电压控制，所以，步进 1 dB 的控制电压变化幅度为 25 mV/2 = 12.5 mV。因 AD603 的控制电压需要比较精确的电压值，设计中使用 12 位的 D/A 转换器 AD667，其内部自带 10 V 基准电压，其输出电压精度为$\frac{10}{2^{12}}=0.00244\ \text{V}=2.44\ \text{mV}$，可满足指标要求。

（3）后级放大电路

AD603 的最大输出电压有效值约为 1.2 V，假如要实现发挥部分的最大输出电压有效值大于等于 7 V 的要求，则后级放大至少要有 6 倍。AD603 在输出电压过大时，波形会有失真。为了实现输出不失真，同时尽量扩大输出电压，把 AD603 最大输出电压的有效值定为 1 V，则后级放大倍数

$$A=\frac{7}{1}=7$$

故后级需要放大 7 倍，即 16.9 dB。

后级输出电路采用输入阻抗较高的同相放大形式（如图 4.3.5 所示），为得到最大输出电压，后级放大倍数至少为 7 倍，则同相放大电路的增益 $A_f=1+\frac{R_f}{R_1}=7$，故

$$\frac{R_f}{R_1}=6$$

图 4.3.5　后级放大电路

实际应用时，选取 $R_f = 8.2\ k\Omega$，$R_1 = 1\ k\Omega$。

2. 程控滤波器电路

采用引脚可编程滤波器 MAX264 实现低通、带通和高通滤波器，如图 4.3.6 所示（衰减放大网络略）。电路设计采用单极性输入模式，在此模式下 MAX264 输入电压范围为 0～5 V，前面程控放大的信号可能会超出此范围，因此需要信号调理电路进行降幅处理。调整过程：信号首先经过衰减网络使其峰－峰值为 －2.5～＋2.5 V，再由加法器将信号调节为 0～5 V，滤波后，减法器将信号变为 －2.5～＋2.5 V，放大网络补偿衰减，恢复原信号的幅度。

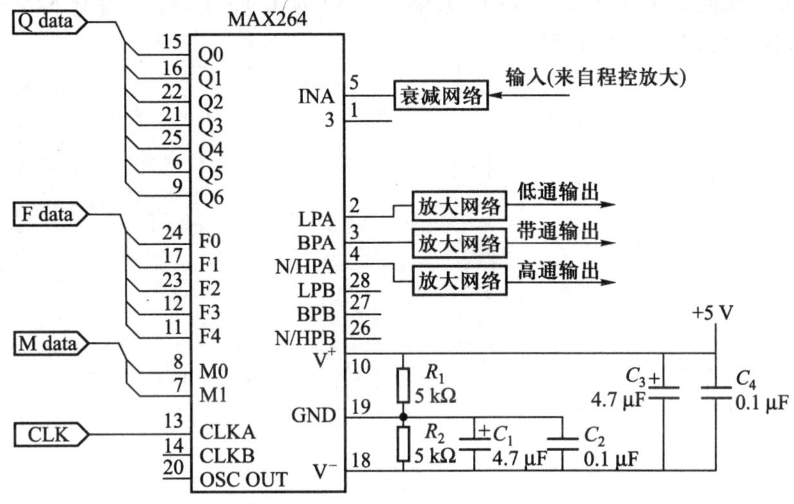

图 4.3.6　MAX264 滤波器电路

4.3.4　系统软件设计

系统软件设计采用软件工程设计思想，主要实现人机界面的交互，包括提示信息显示、系统状态选择、参数输入、输入参数显示、系统启动与复位。软件设计系统程序流程图如图 4.3.7 所示。

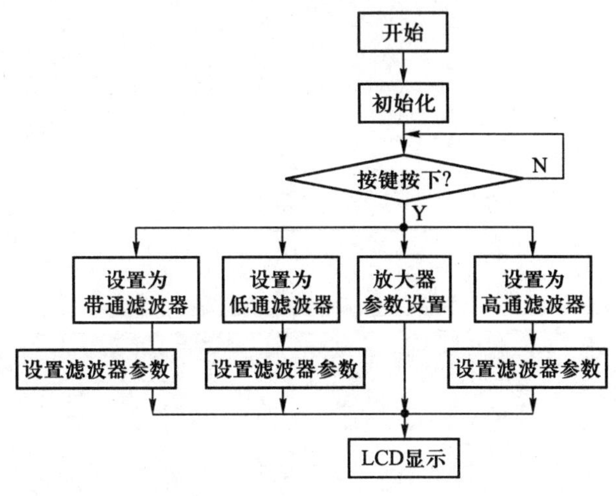

图 4.3.7　系统软件设计流程图

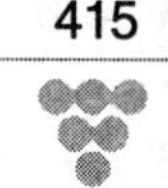

4.3.5 测试结果

系统设置为放大器电压增益范围测试模式，在放大器电压增益测试端口利用 Tektronix TDS1002 型数字示波器观察其输出信号在不失真的情况下，测量其输出幅度，满足系统要求。

系统分别设定为低通滤波器、带通滤波器和高通滤波器测试模式，在放大器电压增益测试端口以及滤波器输出端口中利用 Tektronix TDS1002 型数字示波器观察其输出信号在不失真的情况下，测量截止频率处及 2 倍截止频率处其输出幅度，各参数满足系统要求。

滤波器输入幅值为 1 V 时通带内最大输出幅值为 1.10 V，增益为 0.828 dB，带内起伏 ≤1 dB；-3 dB 通带误差不大于 5%。

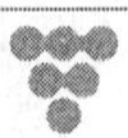

参 考 文 献

[1] 全国大学生电子设计竞赛组委会.第一届~第六届全国大学生电子设计竞赛获奖作品选编.北京:北京理工大学出版社,2005.

[2] 高吉祥.全国大学生电子设计竞赛培训系列教程——模拟电子线路设计.北京:电子工业出版社,2007.

[3] 高吉祥.全国大学生电子设计竞赛培训系列教程——基本技能训练与单元电路设计.北京:电子工业出版社,2007.

[4] 高吉祥.全国大学生电子设计竞赛培训系列教程——2007年全国大学生电子设计竞赛试题剖析.北京:电子工业出版社,2009.

[5] 高吉祥.全国大学生电子设计竞赛培训系列教程——2009年全国大学生电子设计竞赛试题剖析.北京:电子工业出版社,2011.

[6] 高吉祥.电子技术基础实验与课程设计(第三版).北京:电子工业出版社,2011.

[7] 高吉祥.模拟电子技术(第三版).北京:电子工业出版社,2011.

[8] 高吉祥.模拟电子技术学习辅导及习题详解.北京:电子工业出版社,2005.

[9] 高吉祥.数字电子技术(第三版).北京:电子工业出版社,2011.

[10] 全国大学生电子设计竞赛湖北赛区组委会.电子系统设计实践.武汉:华中科技大学出版社,2005.

[11] 李朝青.单片机原理及接口技术(简明修订版).北京:北京航空航天大学出版社,1999.

[12] 黄智伟,王彦.FPGA系统设计与实践.北京:电子工业出版社,2004.

[13] 李坚.电力电子学——电力电子变换和控制技术.北京:高等教育出版社,2002.

[14] 陈尚松,雷加,郭庆.电子测量与仪器,北京:电子工业出版社,2005.

[15] 李玉山,来新泉.电子系统集成设计技术.北京:电子工业出版社,2002.

[16] 刘畅生,张耀进,宣宗强,于建国.新型集成电路简明手册及典型应用(上册).西安:西安电子科技大学出版社.2004.

[17] 沙占友等.特种集成电源.北京:人民邮电出版社,2000.

[18] 吴定昌.模拟集成电路原理与应用.广州:华南理工大学出版社,2001.

参考文献

郑重声明